电网企业专业技能考核题库

高压线路带电检修工（输电）

国网宁夏电力有限公司　编

内 容 提 要

本书编写依据国家职业技能鉴定、电力行业职业技能鉴定与国家电网有限公司技能等级评价（认定）相关制度、规范、标准，立足宁夏电网生产实际，融合新型电力系统构建及新时代技能人才发展目标要求。本书主要内容为电网企业技能人员技能等级认定与评价实操试题，包含技能笔答及技能操作两大部分，其中技能笔答主要以问答题形式命题，技能操作以任务书形式命题，均明确了各个环节的考核知识点、标准答案和评分标准。

本书为电网企业生产技能人员的培训教学用书，可供从事相应职业（工种）技能人员学习参考，也可作为电力职业院校教学参考书。

图书在版编目（CIP）数据

高压线路带电检修工. 输电 / 国网宁夏电力有限公司编. 一北京：中国电力出版社，2022.9
电网企业专业技能考核题库
ISBN 978-7-5198-6329-6

Ⅰ. ①高… Ⅱ. ①国… Ⅲ. ①高电压–输配电线路–带电作业–检修–职业技能–鉴定–习题集 Ⅳ. ①TM84-44 ②TM726.1-44

中国版本图书馆 CIP 数据核字（2021）第 267606 号

出版发行：中国电力出版社
地　　址：北京市东城区北京站西街 19 号（邮政编码 100005）
网　　址：http://www.cepp.sgcc.com.cn
责任编辑：王冠一（010-63412726）　马　丹
责任校对：黄　蓓　常燕昆　朱丽芳　于　维
装帧设计：郝晓燕
责任印制：钱兴根

印　　刷：固安县铭成印刷有限公司
版　　次：2022 年 9 月第一版
印　　次：2022 年 9 月北京第一次印刷
开　　本：889 毫米×1194 毫米　16 开本
印　　张：31.25
字　　数：900 千字
定　　价：120.00 元

《电网企业专业技能考核题库　高压线路带电检修工（输电）》

编　委　会

《电网企业专业技能考核题库　高压线路带电检修工（输电）》

编　写　组

主　　编　刘世涛

副 主 编　徐兆国　刘宁波　李　翔

编写人员　路　涛　董慎学　刘　浩　伍　弘　杨　凯

贾磊瑞　贾小龙　张春龙　陈　炜　张　磊

马　威　李　宁　段春瑞

审稿人员　杨剑锋　张建国　陈　泓　郝金鹏　王　涛

郭元东

前　言

国网宁夏电力有限公司以国家职业技能鉴定、电力行业职业技能鉴定与国家电网有限公司技能等级评价（认定）相关制度、规范、标准为依据，主要针对电网企业各类技能工种的初级工、中级工、高级工、技师、高级技师等人员，以专业操作技能为主线，立足宁夏电网生产实际，结合新型电力系统构建要求，编写了《电网企业专业技能考核题库》丛书。丛书在编写原则上，以职业能力建设为核心；在内容定位上，突出针对性和实用性，涵盖了国家电网有限公司相关政策、标准、规程、规定及现代电力系统新设备、新技术、新知识、新工艺等内容。

丛书的深度、广度遵循了“适应发展需求、立足实践应用”的工作思路，全面涵盖了国家电网有限公司技能等级评价（认定）内容，能够为国网宁夏电力有限公司实施技能等级评价（认定）专业技能考核命题提供依据，也可服务于同类电网企业技能人员能力水平的考核与认定。本套丛书可供电网企业技能人员学习参考，可作为电网企业生产技能人员的培训教学用书，也可作为电力职业院校教学参考用书。

由于时间和水平有限，难免存在疏漏之处，恳请各位专家和读者提出宝贵意见。

目录

第一部分
初级工

第一章　高压线路带电检修工（输电）初级工技能笔答

Jb0001531001　什么叫工频交流电？（5分）

考核知识点：交流电

难易度：易

标准答案：

电压与电流随时间按正弦函数变化，频率为50Hz或国期为0.02s的交流电，称为工频交流电。

Jb0001531002　什么是交流电三要素？（5分）

考核知识点：交流电

难易度：易

标准答案：

频率、幅值、初相位被称为正弦交流电的三要素。

Jb0001531003　相电压与线电压、相电流与线电流的关系是怎样的？（5分）

考核知识点：相电压、线电压、相电流、线电流

难易度：易

标准答案：

在星形接线的三相交流电路中，线电压是相电压的$\sqrt{3}$倍，线电流等于相电流。在三角形接线的三相交流电路中，线电压等于相电压，线电流是相电流的$\sqrt{3}$倍。

Jb0001531004　什么叫电场强度？（5分）

考核知识点：电场

难易度：易

标准答案：

正电荷在电场中受到的力F与电荷量E的比值，定义为电场中该点的电场强度。很显然，电场强度是一个相量，既有大小，也有方向。

$$E=F/q$$

式中　E——电场强度，V/m；

F——力，N；

q——电荷量，C。

Jb0001531005　什么是导体？什么是绝缘体？什么是半导体？（5分）

考核知识点：绝缘材料

难易度：易

标准答案：

在一定条件下，物质内部如果具有大量的自由电子，能良好地传导电流，则该物质被称为导体。在一定条件下，物质内部如果没有自由电子（或极微量），不能（或几乎不能）传导电流，则该物质被称为绝缘体。介于导体与绝缘体之间的物质称为半导体。导体、绝缘体、半导体并不是绝对的，在特定的条件下，其传导电流的性能是可以改变的，关键是取决于自由电子的数量。

Jb0001532006　什么叫电路？它由什么组成？（5分）

考核知识点：电路原理

难易度：中

标准答案：

电流流通的闭合路径叫电路。

电路由电源、负载、开关（控制器装置）以及连接它们的导体组成。

（1）电源：它是提供电能的设备，是产生电流的能源。

（2）负载：它是电路中转换电能的元件，电流通过负载可将电能转变为机械能、光能、热能等。

（3）开关和导体：它们是电源与负载之间的连通和控制元件，电源与负载通过它们才能形成闭合回路。

Jb0001531007　什么叫直流电流？什么叫脉动电流？什么叫交流电流？（5分）

考核知识点：直流、交流

难易度：易

标准答案：

如果电流的大小和方向都不随时间变化，则称为直流电流。如果电流的大小随时间发生变化而方向不变，则称为脉动电流。如果电流的大小和方向均随时间变化，则称为交流电流。

Jb0001531008　什么叫电晕？（5分）

考核知识点：电晕

难易度：易

标准答案：

当带电体表面的电场大得足以使空气发生游离和局部放电，称为电晕。

Jb0001531009　什么叫电容器？（5分）

考核知识点：电容器

难易度：易

标准答案：

被介质分开的任意形状的两个导体的组合，都可以看作为电容器。

Jb0001531010　什么叫磁场？（5分）

考核知识点：磁场

难易度：易

标准答案：

磁铁周围或运动着的电荷周围存在着一种能传递磁场力作用的特殊物质，称为磁场。

Jb0001531011　什么叫电磁感应？（5分）

考核知识点：电磁感应

难易度：易

标准答案：

当导体切割磁力线或者导体周围的磁场发生变化时，能够在导体中产生电动势，这就称为电磁感应。

Jb0001531012　什么叫局部放电？（5分）

考核知识点：局部放电

难易度：易

标准答案：

指对电气设备绝缘中部分被击穿的电气设备放电现象，这种放电可以发生在导体附近，也可以发生在其他部位。

Jb0001531013　什么叫绝缘电阻？（5分）

考核知识点：绝缘电阻

难易度：易

标准答案：

不同的绝缘材料放在两个电极之间，在相同电压作用下，流过的泄漏电流也不同，反映出绝缘材料有不同的电阻，此电阻称为绝缘电阻。

Jb0001531014　什么叫直击雷过电压？（5分）

考核知识点：过电压

难易度：易

标准答案：

当雷电放电的先导通道不是击中地面，而是击中电力线路的导线、杆塔或其他建筑物时，大量雷电流通过被击物体，在被击物体的阻抗接地电阻上产生电压降，使被击点出现很高的电位，这就是直击雷过电压。

Jb0001531015　什么叫火花放电？（5分）

考核知识点：火花放电

难易度：易

标准答案：

对气体或液体介质而言，在外加电压的作用下不发生破坏性放电，放电时表现出火花样的形状，这种现象称为火花放电。如果电源容量足够大，短路电流足够大，放电的火花较粗和较亮时，通常又称为弧光放电。

Jb0001533016　什么叫击穿？（5分）

考核知识点：击穿

难易度：难

标准答案：

绝缘材料在电压的作用下，丧失了绝缘性能而产生贯穿性的导通或破坏，称为击穿。击穿的原因是电场与热共同作用的结果，简单说明如下：

（1）绝缘材料在泄漏电流作用下发热，当热效应累积至一定程度时，温度升高，导致材料中自由电子增加，更进一步加大了泄漏电流的热效应。

（2）绝缘材料的分子处于强电场及热效应中，其正负电荷、正负离子间的作用键断裂，形成导电

的自由电荷与离子。对固体绝缘来讲，击穿属永久性破坏，但对气体来说，击穿却表现为火花放电，外加电场一消失，气体的绝缘很快恢复，所以气体绝缘又称自恢复绝缘。

Jb0001533017　什么叫闪络？（5分）

考核知识点：闪络

难易度：难

标准答案：

固体绝缘周围的空气，在电场作用下发生的放电现象，称之为闪络。因此离开固体绝缘谈闪络是没有意义的。闪络的机理大致为：固体表面由于不是绝对光滑，总有凹凸不平的地方，凸出处电场强度因畸变而增大，当外加电场达到一定数值时，就能产生表面电晕，直至整个表面的空气游离击穿。在一般情况下，固体绝缘因闪络并不会导致固体绝缘的破坏，但是它却起到了"点火"的作用，随之而来的强电强高温则很可能烧伤绝缘体，使固体绝缘受损。

Jb0001521018　已知 p_1=40kg，p_2=30kg，当夹角为 90° 时，画出合力的大小和方向。（5分）

考核知识点：力的合成

难易度：易

标准答案：

如图 Jb0001521018 所示。

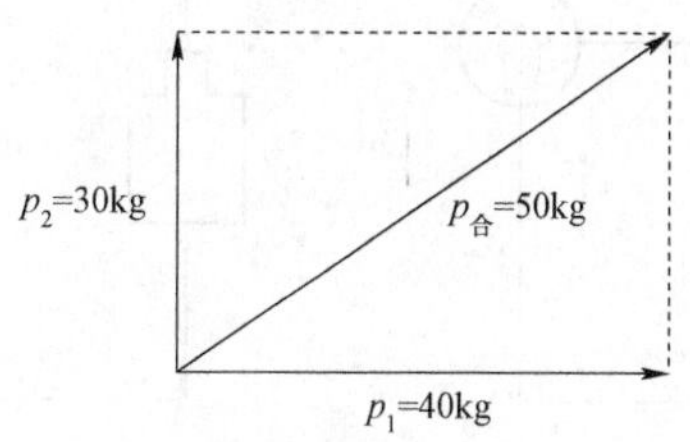

图 Jb0001521018

Jb0001521019　两只 40W 的电灯泡分别经过两个开关并联接在交流 220V 电源上，请画出电路图。（5分）

考核知识点：电路串并联

难易度：易

标准答案：

如图 Jb0001521019 所示。

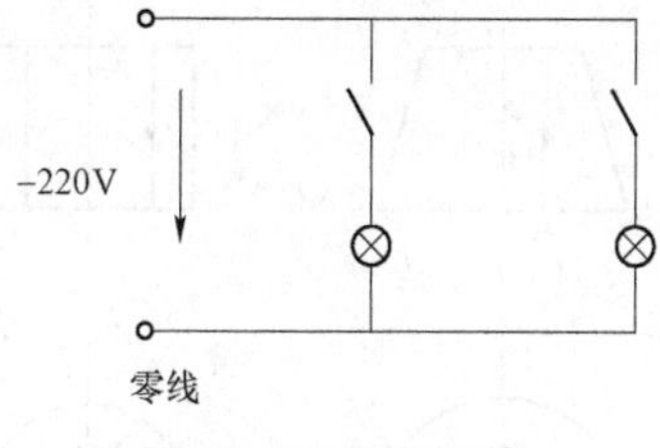

图 Jb0001521019

Jb0001521020　根据图 Jb0001521020 所示三视图，说出该物体为何体？（5分）

考核知识点：三视图

难易度：易

标准答案：

该物体为圆锥体。

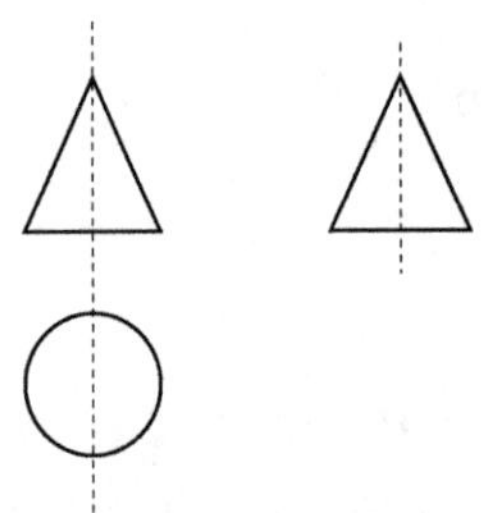

图 Jb0001521020

Jb0001521021　在图 Jb0001521021 中标出电源、负载和电流的方向。（5 分）

考核知识点：电流定义

难易度：易

标准答案：

如图 Jb0001521021 所示。

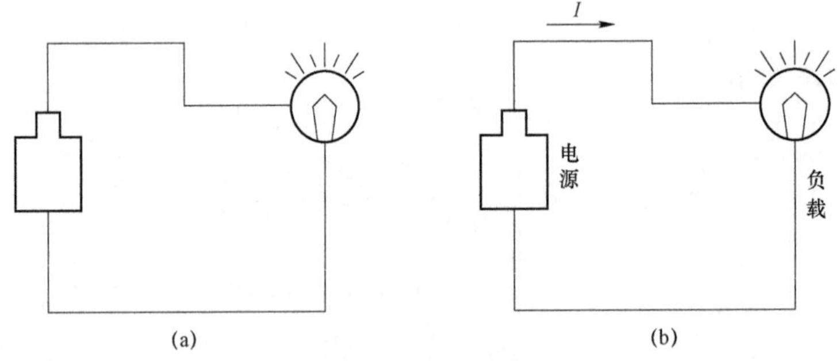

图 Jb0001521021

（a）题目；（b）答案

Jb0001521022　根据图 Jb0001521022 的两视图写出图形名称。（5 分）

考核知识点：三视图

难易度：易

标准答案：

图（a）为圆台形筒，图（b）为圆柱形筒。

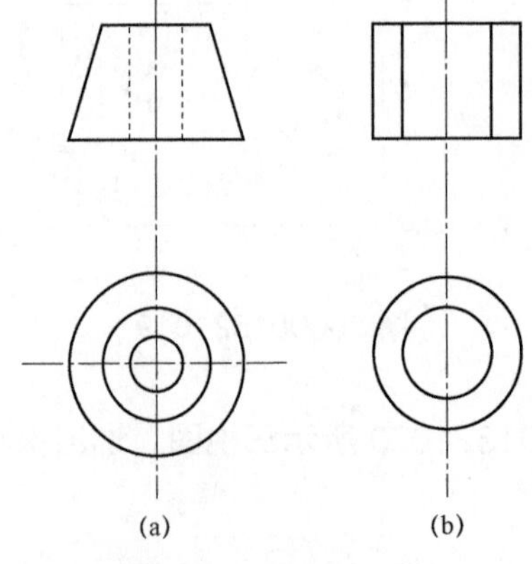

图 Jb0001521022

Jb0001521023 画出一个由 2 个串联电阻组成的电路。(5 分)

考核知识点：电路串并联

难易度：易

标准答案：

如图 Jb0001521023 所示。

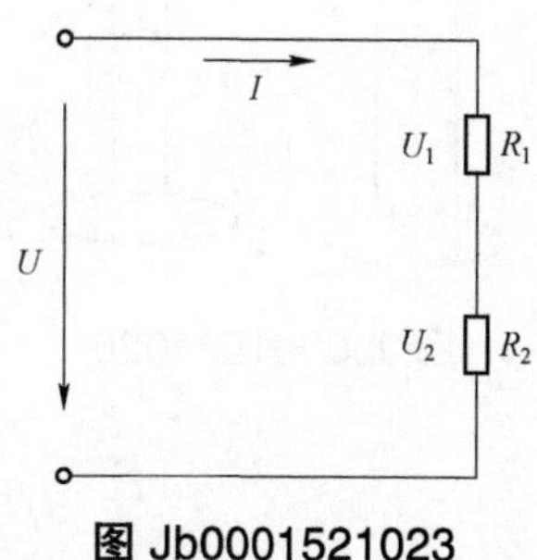

图 Jb0001521023

Jb0001521024 画出一个由 2 个并联电阻组成的电路。(5 分)

考核知识点：电路串并联

难易度：易

标准答案：

如图 Jb0001521024 所示。

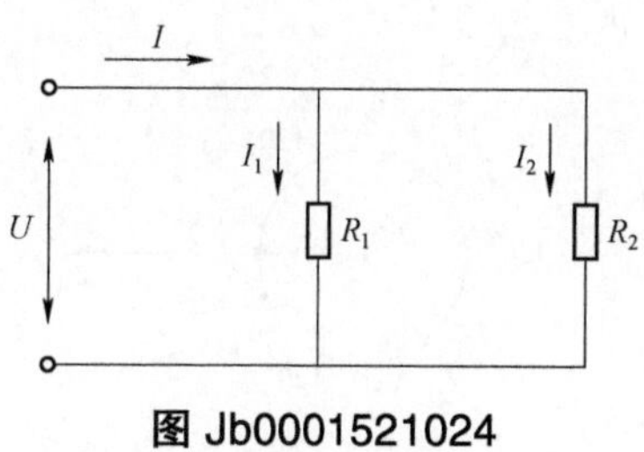

图 Jb0001521024

Jb0001521025 有一合力 F 为 1000N，分解成两个分力 F_1、F_2，F_1 与合力夹角 30°，F_2 与合力夹角 45°，画出分力图。(5 分)

考核知识点：力的合成

难易度：易

标准答案：

如图 Jb0001521025 所示。

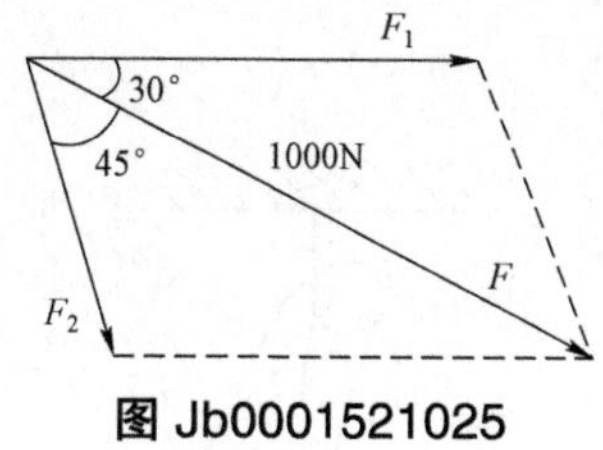

图 Jb0001521025

Jb0001521026 根据图 Jb0001521026 说出该物体的名称。(5 分)

考核知识点：三视图

难易度：易

标准答案：
如图 Jb0001521026 所示。

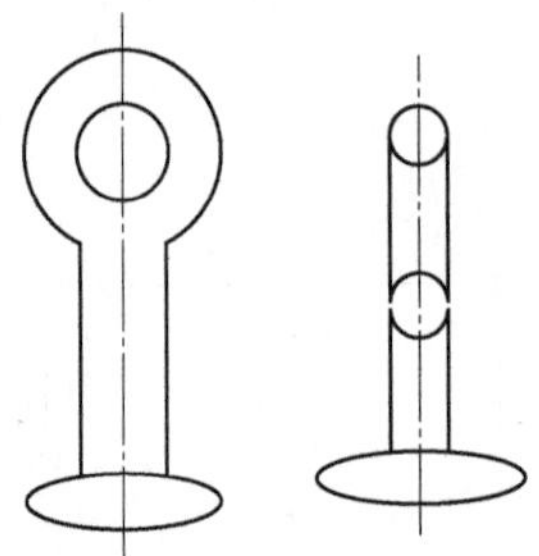

图 Jb0001521026

答：该物体为球头挂环。

Jb0001521027　请画出三相交流电动势的相量图。（5 分）
考核知识点：相量
难易度：易
标准答案：
如图 Jb0001521027 所示。

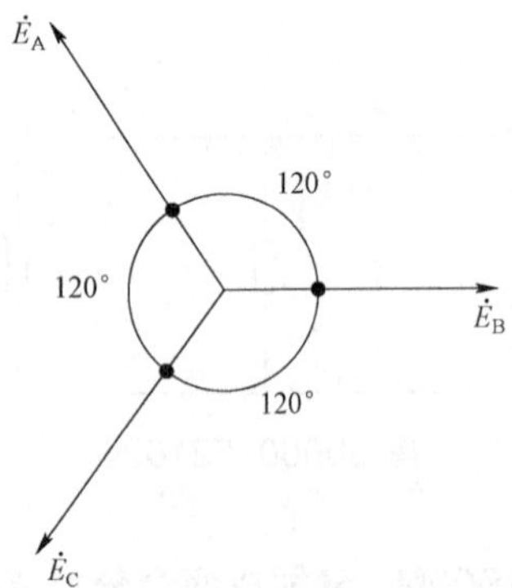

图 Jb0001521027

Jb0001521028　请画出牵引绳从定滑轮引出 1～2 滑轮组示意图。（5 分）
考核知识点：滑轮组
难易度：易
标准答案：
如图 Jb0001521028 所示。

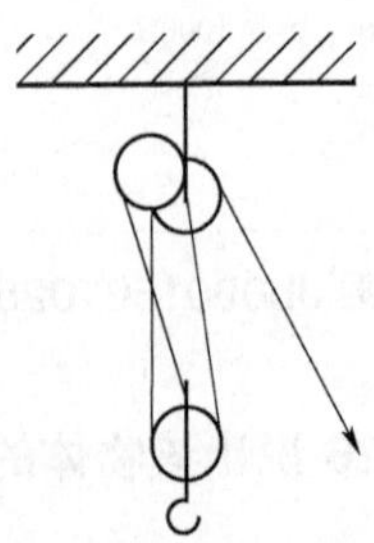

图 Jb0001521028

Jb0001521029　请画出牵引绳从动滑轮引出 1～2 滑轮组示意图。（5 分）

考核知识点：滑轮组

难易度：易

标准答案：

如图 Jb0001521029 所示。

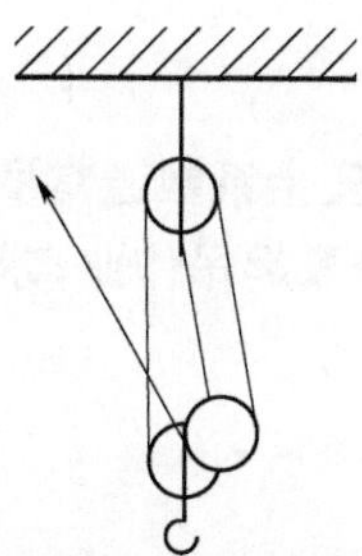

图 Jb0001521029

Jb0001521030　请画出输电线路全换位图。（5 分）

考核知识点：输电线路全换位图

难易度：易

标准答案：

如图 Jb0001521030 所示。

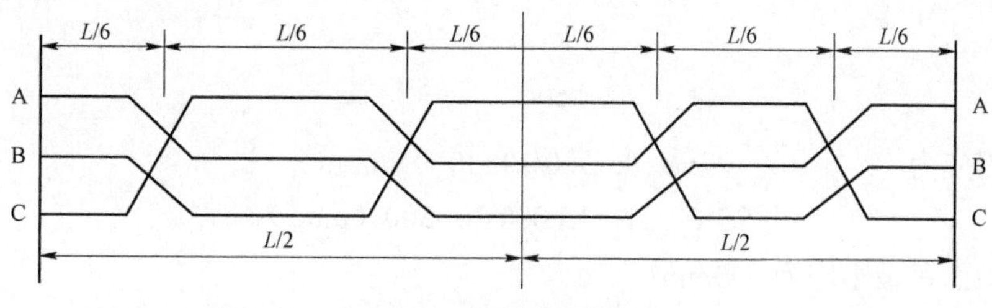

图 Jb0001521030

Jb0001521031　画出线路一个正循环，且两端相序一致的换位示意图。（5 分）

考核知识点：线路换位图

难易度：易

标准答案：

如图 Jb0001521031 所示。

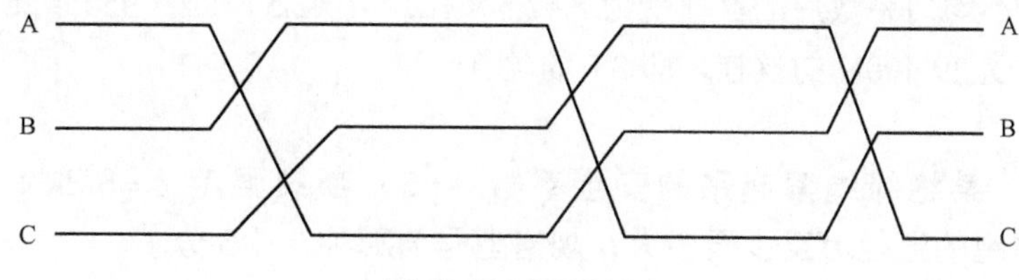

图 Jb0001521031

Jb0001511032　钢板长 4m，宽 1.5m，厚 50mm 求这块钢板的质量（钢的密度是 7.85g/cm^3）？（5 分）

考核知识点：基础知识

难易度：易
标准答案：
解：
体积 $V=400\times150\times5=3\times10^5$（$cm^3$）
质量 $W=7.85\times3\times10^5$（g）=2.355（t）
答：这块钢板重 2.355t。

Jb0001511033 麻绳的一般起吊作业安全系数通常取 k=5，若用直径 d=20mm、破断拉力 δ 为大于 16kN（1600kg）的旗鱼牌白麻绳进行一般起吊作业，求该麻绳可允许起吊重物的质量 G 为多少？（5 分）
考核知识点：基础知识
难易度：易
标准答案：
解： $G\leqslant\delta d/k=16\times20/5=64$（kN）=6.4（t）
答：允许起吊重物为 6.4t。

Jb0001511034 某绝缘板的极限应力 G_{jx}=300N/mm^2，如用这种材料做绝缘拉板，其最大使用荷重 F_{max} 为 15kN，要求安全系数 k 不低于 10，拉板的截面积最小应为多少？（5 分）
考核知识点：基础知识
难易度：易
标准答案：
解：
绝缘板的许用应力 $G=G_{jx}/k=300/10=30$（N/mm^2）
拉板的面积 $S\geqslant F_{max}/G=15\,000/30=500$（$mm^2$）
答：拉板的截面积最小应为 $500mm^2$。

Jb0001511035 用丝杠收紧更换双串耐张绝缘子中的一串绝缘子，如导线最大线张力为 19110N，应选择使用什么规格的丝杠？（安全系数取 2.5，不均匀系数取 1.2）（5 分）
考核知识点：基础知识
难易度：易
标准答案：
一串绝缘子受力大小 $F_1=1/2\times19\,110=9555$（N）
考虑安全系数和不均匀系数后的丝杆受力 $F=2.5\times1.2\times F_1=2.5\times1.2\times9555=28\,665$（N）
答：应选择可耐受 29 400N 的丝杠，即 3T 的丝杠。

Jb0001511036 某绝缘绳索起吊的安全系数 k=5，断裂强度 δ=8.3kN，允许起吊的重量 G = 17kN，求该绝缘绳的直径 d 至少要多大，规格型号为哪种？（5 分）
考核知识点：基础知识
难易度：易
标准答案：
解：

$$d = Gk/\delta = 17 \times 5/8.3 = 10.24 \text{（mm）}$$

答：至少采用直径为 10mm 的 TJS－12 绝缘绳。

Jb0001511037　已知 LGJ－400 型导线的瞬时拉断力 T_p=131kN，计算截面积 S=454.60mm²，导线的安全系数 k=2.5。试求导线的允许应力［σ］。（5 分）

考核知识点：基础知识

难易度：易

标准答案：

解：

$$[\sigma] = \frac{T_p}{kS} = \frac{131\times10^3}{454.6\times2.5} \approx 115.3 \text{（MPa）}$$

答：导线的允许应力为 115.3MPa。

Jb0001511038　更换某耐张绝缘子串，导线 LGJ－150 型。试估算收紧导线时工具需承受多大的拉力。（已知导线的应力σ=98MPa）（5 分）

考核知识点：基础知识

难易度：易

标准答案：

解：由题干可知 LGJ－150 型导线截面积 S＝150mm²

$$F = \sigma \times S = 98 \times 150 = 14\,700 \text{（N）}$$

答：需承受的拉力为 14 700N。

Jb0001511039　如图 Jb0001511039 所示，在检修作业中，需要提升工具或构件。已知滑轮组的综合效率 η_Σ=0.94，分别计算采用图中两种方法提升重物时，Q=100kg，所需拉力 p_1、p_2 各为多少？（5 分）

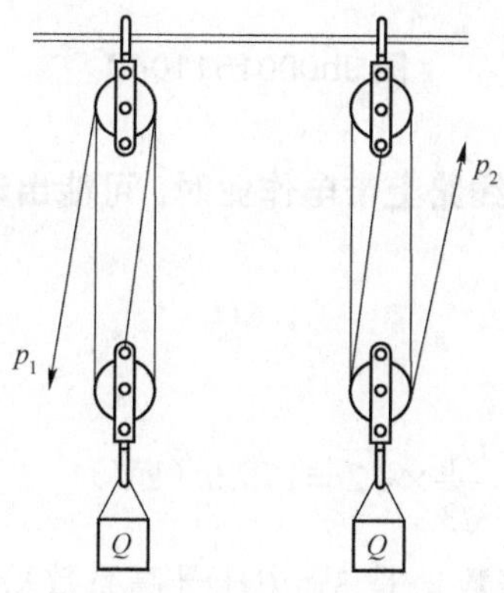

图 Jb0001511039

考核知识点：基础知识

难易度：易

标准答案：

解：

牵引绳由定滑车引出，滑轮数 n=3

$$p_1=\frac{Q}{n\times\eta_\Sigma}=\frac{100\times9.8}{3\times0.94}=0.35\text{（kN）}$$

p_2的牵引绳由动滑车引出，滑轮数 n=4

$$p_1=\frac{Q}{n\times\eta_\Sigma}=\frac{100\times9.8}{4\times0.94}=0.26\text{（kN）}$$

答：按上述方法提升器件时，p_1、p_2分别为 0.35、0.26kN。

Jb0001511040　在施工现场起吊一 4t 重的重物，用破断力为 48.94kN 的钢丝绳作牵引绳，现场有单轮一只、双轮滑轮两只，问：应如何组装滑轮组？画出示意图。（滑轮组综合效率 93%，钢丝绳安全系数 k=4，动荷系数 k_1=1.2，不平衡系数 k_2=1.2）（5 分）

考核知识点：基础知识

难易度：易

标准答案：

钢丝绳最大受力

$$T_{\max}=\frac{T}{kk_1k_2}=\frac{48.9}{4\times1.2\times1.2}=8.49\text{（kN）}$$

实际受力

$$T'=\frac{Q}{\eta(n+1)}=\frac{4\times9.8}{0.93\times(4+1)}=8.43\text{（kN）}$$

如图 Jb0001511040 所示。

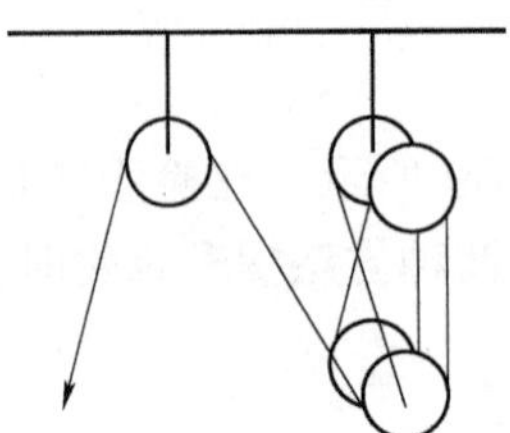

图 Jb0001511040

Jb0001511041　试求在 220kV 线路上带电作业时，可能出现的最大内过电压值是多少？（5 分）

考核知识点：基础知识

难易度：易

标准答案：

解：220kV 线路相电压峰值$U_n=\frac{U_L}{\sqrt{3}}\times\sqrt{2}=179.6$（kV）

根据 220kV 线路最大内过电压倍数 k_1是 3，电压升高系数 k_2是 1.1，则 220kV 线路可能出现的内过电压最大值为

$$U_m=k_1k_2U_n=3\times1.1\times179.6=592.7\text{（kV）}$$

答：220kV 线路上可能出现的最大内过电压值为 592.7kV。

Jb0001511042　某 220kV 输电线路，使用 XWP－70 型号绝缘子，有效泄漏距离 L=400mm，线路通过第二级污区，爬电比距 λ=2cm/kV（2.3cm/kV），系统最高工作电压取工作电压的 1.15 倍，

运行情况安全系数 k=2.7。（5 分）

问：（1）单串运行情况能够承受的最大荷载是多少？

（2）工作电压下需要多少片绝缘子？

考核知识点：基础知识

难易度：易

标准答案：

解：

(1) 型号为 XWP－70 型绝缘子额定荷载 $T=70\,\text{kN}$，其能承受的最大荷载 $T_{\max}=\dfrac{T}{\text{k}}=\dfrac{70}{2.7}\approx 26\text{（kN）}$

(2) 工作电压下所需绝缘子片数 $n=(\lambda U_{\text{m}})/L=\dfrac{2\times 1.15\times 220}{40}=12.65\approx 13\text{（片）}$

答：单串运行情况能够承受的最大荷载是 26kN，工作电压下需要 13 片绝缘子。

Jb0001511043　计算在 110kV 中性点直接接地系统中，作业人员发生单相触电事故后，流经人体的电流值并简述其后果（人体阻抗为 1500Ω。忽略杆塔接地电阻）。（5 分）

考核知识点：基础知识

难易度：易

标准答案：

解：

当人接触一根导线时，承受相电压，电流经人体、横担、接地引下线、大地和变压器中性点接地等形成回路，电流大小为：

$$I=\frac{U/\sqrt{3}}{R}=\frac{110\times 10^{3}}{\sqrt{3}\times 1500}=42.34\text{（A）}$$

答：这个电流将直接导致触电者立即死亡。

Jb0002531044　测量作业距离应注意哪些事项？（5 分）

考核知识点：测量作业

难易度：易

标准答案：

作业项目不同，各操作人员所处的操作位置是不同的。因此在测量作业距离时，绝不能只测静止状态下的某距离，而必须把可能的活动范围考虑在内。

Jb0002531045　常用绝缘绳索有几种？机械强度最高的是哪一种？综合机电性能最好的是哪一种？（5 分）

考核知识点：绝缘绳索

难易度：易

标准答案：

常用的主要有蚕丝绳、尼龙绳、绵纶绳和聚氯乙烯绳。

尼龙绳（绵纶）机械强度最高。

综合机电性能最好的是蚕丝绳。

Jb0002531046　工作班成员在工作现场应负哪些安全责任？（5分）

考核知识点：安全规范

难易度：易

标准答案：

明确工作内容、工作流程、安全措施、工作中的危险点，并履行确认手续；严格遵守安全规章制度、技术规程和劳动纪律，正确使用安全工器具和劳动防护用品；相互关心工作安全，并监督本规程的执行和现场安全措施的实施。

Jb0002531047　PNS系统中线路台账维护具有哪些功能？（5分）

考核知识点：PNS

难易度：易

标准答案：

线路台账维护模块提供新建、修改、删除线路台账的功能，架空线路的台账信息基本上都可以在此模块上维护完整，其中包括线路的杆塔、耐张段、杆塔绝缘子、金具、拉线、附属设施、线路导地线、同杆杆塔等信息。线路台账维护模块内嵌了线路履历的查询功能，履历查询功能包括线路的基本信息的统计、线路相序图、缺陷记录、故障记录、检测记录、检修记录等查询功能。

Jb0002531048　何为受累停运备用？（5分）

考核知识点：受累停运备用

难易度：易

标准答案：

受累停运备用是指设施本身可用，但因相关设施的停运而被迫退出运行状态者。其统计范围包括220kV及以上变压器断路器、架空线路这三大类设施。

Jb0002531049　绝缘工具在使用前应做好哪些检查工作？（5分）

考核知识点：绝缘工具使用

难易度：易

标准答案：

应详细检查工具有无损伤、变形等异常现象，并用清洁、干燥的毛巾擦净，若怀疑其绝缘有可能下降时，应用2500V绝缘电阻表进行测量（用宽2cm的引电极，相间距离为2cm），其绝缘电阻不得小于700MΩ。

Jb0002531050　常用的在线监测系统有哪几种？（5分）

考核知识点：在线监测系统

难易度：易

标准答案：

（1）微气象监测系统。

（2）无线视频监控系统。

（3）电力线路覆冰监测系统。

（4）杆塔倾斜监测系统。

（5）电力线路防盗报警系统。

（6）微风振动监测系统。
（7）导线及金具温度监测系统。
（8）舞动监测系统。
（9）弧垂、对地距离监测系统。
（10）风偏监测系统。
（11）盐密监测系统。
（12）杆塔振动监测系统。
（13）泄漏电流监测系统。

Jb0002531051 使用火花间隙检测绝缘子时，应遵守哪些规定？（5分）
考核知识点：检测绝缘子
难易度：易
标准答案：
检测前，应对检测器进行检测，保证操作灵活，测量准确；针式及少于3片的悬式绝缘子不得使用火花间隙检测器进行检测；检测不同电压等级的绝缘子串时，当发现一串中剩余良好绝缘子片数不能保证正常运行电压的要求，应立即停止检测；测量顺序应先从导线侧开始逐片向横担侧进行；应在干燥天气进行；应注意检测仪靠近导线时的放电声与火花间隙放电声的区别，以免误判。

Jb0003531052 间隔棒的作用是什么？（5分）
考核知识点：间隔棒
难易度：易
标准答案：
间隔棒用于保持分裂导线各子导线间的相互距离，避免导线鞭击，并有一定的预防作用。

Jb0003531053 绝缘子在电力线路中的作用是什么？（5分）
考核知识点：绝缘子作用
难易度：易
标准答案：
架空线路的绝缘子是用来支持导线的，它同金具组合将导线固定在杆塔上，并使导线同杆塔可靠绝缘，绝缘子在运行时不仅要承受工作电压作用，同时要承受操作过电压和雷电过电压作用，加之导线自重、风力、冰雪及环境温度变化的机械荷载作用，所以绝缘子不仅要有良好的电气绝缘性能，同时要具有足够的机械强度。

Jb0003531054 绝缘子有哪几种组合形式？作用如何？（5分）
考核知识点：绝缘子
难易度：易
标准答案：
绝缘子的组合形式有以下几种：
（1）悬垂绝缘子串。作用是承受导线垂直荷重，一般采用单联绝缘子串；对大截面积导线、分裂导线及特大档距者，也采用双联绝缘子串，个别塔型，为了限制导线摇摆，还有采用V形绝缘子串的。
（2）耐张绝缘子串。作用是锚固导线，承受导线的张力。一般采用单联和双联两种，还有三联或更多联绝缘子串，根据拉力大小决定。

Jb0003531055 线路金具的作用是什么？常用金具有哪些？（5分）

考核知识点：金具

难易度：易

标准答案：

线路金具主要用来支持、固定、保护及连接导线和绝缘子，并且连接、调整和紧固拉线。常用线路金具按用途可分为：① 线夹类金具；② 连接金具；③ 接续金具；④ 保护金具：⑤ 拉线金具。

Jb0003531056 选用绝缘子应满足哪些要求？（5分）

考核知识点：绝缘子

难易度：易

标准答案：

要有良好的绝缘性能，使其在干燥和阴雨的情况下，都能承受标准规定的耐压。绝缘子不但承受导线的垂直荷重和水平荷重，还要承受导线所受的风压和覆冰等外加荷载，因此要求绝缘子必须有足够的机械强度。架空线路处于野外，受环境温度影响较大，要求绝缘子能耐受较大的温度变化而不破裂。绝缘子长期承受高电压和机械力的作用，要求其绝缘性能的老化速度要比较慢，有较长的使用寿命。空气中的腐蚀气体会使绝缘子绝缘性能下降，要求绝缘子应有足够的防污秽和抵御化学气体侵蚀的能力。

Jb0003531057 什么叫合成绝缘子？其有何特点？（5分）

考核知识点：合成绝缘子

难易度：易

标准答案：

合成绝缘子是棒形悬式有机硅橡胶绝缘子的简称。合成绝缘子与传统的瓷质绝缘子、钢化玻璃绝缘子相比，具有质量轻、体积小、便于运输和安装、机械强度高以及耐污秽性能好等优点，同时在运行中可以免清扫，免预防性测试，可避免污闪事故。

Jb0003531058 钢管杆塔基础常用的形式有哪几种？（5分）

考核知识点：钢管杆

难易度：易

标准答案：

有钢套筒式基础、直埋式基础、转孔灌注桩基础、预制桩基础、台阶式基础、岩锚基础。

Jb0003531059 拉线由哪几部分组成？（5分）

考核知识点：拉线

难易度：易

标准答案：

架空电力线路的拉线由拉线盘、拉线U形挂环、拉线棒，UT型线夹、钢绞线、楔型线夹、拉线包箍七部分组成。

Jb0003531060 导线最大弧垂出现的条件是什么？（5分）

考核知识点：弧垂

难易度：易

标准答案：

在线路设计中，需按导线最大弧垂确定杆塔高度，校核对地距离，由于影响导线弧垂大小的因素是温度和垂直荷载，最大弧垂发生在下列两种情况下：

（1）最高气温。由于导线长度增加致使出现最大弧垂。

（2）最大比载。导线覆冰时，自重、冰重及风荷载之和使导线承受的荷载为最大而弹性增长，此时出现最大弧垂。

Jb0003531061　杆塔选用时应考虑哪些因素？（5分）

考核知识点：杆塔选用原则

难易度：易

标准答案：

杆塔选用时应考虑的因素有以下四种：

（1）杆塔高度选择。

（2）杆塔强度选择。

（3）杆塔允许线间距离选择。

（4）转角杆增选择。

Jb0003531062　杆塔荷载有哪些？（5分）

考核知识点：杆塔载荷

难易度：易

标准答案：

杆塔荷载包括导线和地线作用到杆塔上的荷载、杆塔自身荷载和安装荷载三部分。这些荷载可以分解为垂直荷载、横向荷载、纵向荷载三个分量。

Jb0003531063　杆塔拉线有哪些作用？（5分）

考核知识点：杆塔拉线

难易度：易

标准答案：

拉线是为了稳定杆塔而设置的。拉线可平衡杆塔各方向的拉力，使它不产生弯曲和倾倒。拉线有以下几个作用：

（1）用来平衡导线、架空地线的不平衡张力，这种拉线称为导拉线和地拉线。

（2）用来平衡导（地）线和塔身受风吹而构成的风压力，这种拉线称为抗风拉线。

（3）用来实现杆塔稳定性的，称为稳定拉线。

（4）施工中为了防止杆塔部件发生变形和倾斜而设置的临时拉线。在抢修施工中，往往因更换导（地）线等破坏了原来力系平衡，有可能引起杆塔某些部件的损坏，甚至倒杆。施工中临时拉线的作用就是使杆塔维持原来的力系平衡。

此外，还有些结构拉线，其作用是使杆塔的部件相互间保持一定的距离，是从结构上考虑而设置的。

Jb0003531064　带拉线的杆塔有何特点？（5分）

考核知识点：杆塔基础知识

难易度：易

标准答案：

电力线路的设计是按最大荷重（例如断线、最大覆冰最大风速等）考虑的，虽然不一定发生大荷重的情况，但杆塔强度必须按上述荷重进行设计，这对杆塔的结构和重量均有很大影响。带有拉线的杆塔，由于拉线承受荷载的主要部分，使杆塔重量大为减轻，从而可节约大量的钢材和投资。缺点是占地面积大，不适用于机耕地，运行难度大。

Jb0003531065　采用楔形线夹连接拉线，安装时有何规定？（5分）

考核知识点：拉线安装规定

难易度：易

标准答案：

（1）线夹的舌板与拉线应紧密接触，受力后不应滑动；线夹的凸肚在尾线侧，安装时不应使线股受损。

（2）拉线弯曲部分不应有明显的松股，尾线应露出线夹300～500mm，尾线与本线应扎牢。

（3）同组拉线使用两个线夹时其尾端方向应统一。

Jb0003531066　选择气象组合应满足送电线路的哪些要求？（5分）

考核知识点：安全规程

难易度：易

标准答案：

（1）线路在大风、覆冰及最低气温时仍能正常运行。

（2）线路在事故情况（指断线）下不使事故范围扩大，即耐张杆塔不致倾覆。

（3）线路在安装过程中不致发生人身及设备损坏事故。

（4）线路在正常运行条件下，在任何季节，导线对地面及与其他建筑物都应保持足够的安全距离。

（5）线路在长期运行中，应保证导地线具有足够的耐振性能。

Jb0004531067　带电作业工具中常用金属有哪些？（5分）

考核知识点：带电作业工具

难易度：易

标准答案：

主要有铝、铝合金、铜、铜合金、普通碳素钢。

Jb0004531068　带电作业的方法有哪几种？（5分）

考核知识点：带电作业方法

难易度：易

标准答案：

带电作业的方法分为零（地）电位法、中间电位法、等（同）电位法。

Jb0004531069　带电作业工具为什么要定期进行试验？（5分）

考核知识点：带电作业规程

难易度：易

标准答案：

带电作业工具经过一段时间的使用和储存后，无论在电气性能方面还是在机械性能方面，都可能出现一定程度的损伤或劣化，为了及时发现和处理这些问题，要定期进行试验。

Jb0004531070 带电作业对作业人员有哪些基本要求？（5分）

考核知识点：带电作业规程

难易度：易

标准答案：

（1）作业人员应身体健康，经医师鉴定无妨碍工作的病症，能适应高空作业（体格检查应每两年一次）。

（2）应具有一定的电气知识和带电作业基本知识，并应掌握一定的检修技术。

（3）能掌握触电急救法和紧急救护法。

（4）应有较强的组织纪律性和工作责任心。

（5）熟悉相关安全工作规程，并经考试合格。

（6）作业班长及作业负责人应具有丰富的带电作业经验和一定的组织能力。

Jb0004531071 带电作业过程中遇到设备突然停电时应怎样处理？（5分）

考核知识点：带电作业规程

难易度：易

标准答案：

带电作业过程中发生设备突然停电时，工作负责人应告诫全体人员不可掉以轻心，要高度警惕，视作业设备仍然带电。同时，应对工器具和自身安全措施进行检查，以防出现意外过电压而发生危险。为了尽快弄明原因，配合调度部门处理故障，恢复送电后开始工作，工作负责人应向调度部门报告工作现场状况，或者根据实际情况将工作人员暂时撤离作业现场待命。

Jb0004531072 带电水冲洗时应按什么顺序进行工作？（5分）

考核知识点：带电作业规程

难易度：易

标准答案：

应从导线侧向横担侧依次冲洗，先冲下风侧，后冲上风侧，对于垂直排列的导线先冲下层，后冲上层。

Jb0004531073 带电水冲洗时应注意哪些事项？（5分）

考核知识点：带电作业规程

难易度：易

标准答案：

带电水冲洗操作人员在工作中必须戴护目镜、口罩和防尘罩，作业时喷嘴不得垂直电瓷表面及定点冲洗，以免损坏电瓷和釉质表面层；如遇喷嘴阻塞时，应先减压，再消除故障。

Jb0004531074 带电作业中对绝缘器具的存放有什么要求？（5分）

考核知识点：带电作业规程

难易度：易

标准答案：

（1）带电作业的工具应置于通风良好，备有红外线灯泡或去湿设施的清洁干燥的专用房间存放。

（2）高架绝缘斗臂车的绝缘部分应用防潮保护罩罩好，并存放在通风、干燥的车库内。

（3）在运输过程中，带电绝缘工具应装在专用工具袋、工具箱或专用工具车内，防止受潮或损伤。

（4）带电作业工具应设专人保管，登记造册，并建立每件工具的试验记录。

Jb0004531075　带电水冲洗时影响水柱泄漏电流的主要因素有哪些？（5分）

考核知识点：带电作业规程

难易度：易

标准答案：

影响水柱泄漏电流的主要因素有：

（1）被冲洗电气设备的电压。

（2）水柱的水电阻率。

（3）水柱的长度。

（4）水枪喷口直径。

Jb0004531076　遇有电气设备着火时，应采取什么措施？（5分）

考核知识点：带电作业规程

难易度：易

标准答案：

遇有电气设备着火时，应立即切断有关设备的电源，然后进行救火。对带电设备应使用干式灭火器、二氧化碳灭火器或干燥的沙子灭火，不得使用泡沫灭火器灭火；对注油设备应使用泡沫灭火器或干燥的沙子灭火。发电厂和变电站控制室内应备有防毒面具，防毒面具要按规定使用并定期进行试验，使其经常处于良好状态。

Jb0004531077　制作带电作业工具的绝缘材料应满足哪些条件？（5分）

考核知识点：带电作业规程

难易度：易

标准答案：

绝缘材料应具有电气性能优良、强度高、质量轻、吸水性低、耐老化、易于加工等特点。

Jb0004531078　如何做好带电作业监护工作？（5分）

考核知识点：带电作业规程

难易度：易

标准答案：

带电作业必须设专人监护，监护人应由具有带电作业实践经验的人员担任，监护人不得直接操作，监护范围不得超过一个作业点，复杂的或高杆塔上的作业应增设塔上监护人。

Jb0004531079　确保带电作业人员安全的基本条件是什么？（5分）

考核知识点：带电作业规程

难易度：易

标准答案：

带电作业人员安全的基本条件为：

（1）流经人体的电流不超过人体感知水平 1mA。

（2）人体体表电场强度不超过人体感知水平 240kV/m。

（3）人体周围的起隔离作用的各种介质有充分的绝缘强度，在可能的过电压下不发生闪络与击穿。

Jb0004531080 等电位作业人员作业前必须采取哪些防护措施？（5分）

考核知识点：带电作业规程

难易度：易

标准答案：

必须穿合格的屏蔽服、屏蔽鞋，戴屏蔽手套和屏蔽帽，并应穿戴在最外层，其各部分间要有良好的连接。

Jb0005531081 线路的巡视和检查可分为哪几种？（5分）

考核知识点：线路安全规程

难易度：易

标准答案：

线路的巡视和检查，可分为以下几种。

（1）定期巡视。其目的在于经常掌握线路各部件运行情况及沿线情况，及时发现设备缺陷和威胁线路安全运行的情况。

（2）特殊巡视。在气候剧烈变化、自然灾害、外力影响、异常运行和其他特殊情况时，及时发现线路的异常现象及部件的变形损坏情况。

（3）夜间、交叉和诊断性巡线。根据运行季节特点、线路的健康状况和环境特点确定重点。

（4）故障巡视。查找线路的故障点，查明故障原因及故障情况。

（5）监察巡视。工区（所）及以上单位的领导干部和技术人员了解线路运行情况，检查指导巡线人员的工作。

定期巡视由专责巡线员负责，一般每月进行一次，其他巡视由运行单位根据具体情况确定。

Jb0005531082 电力线路覆冰的种类有哪些？（5分）

考核知识点：线路安全规程

难易度：易

标准答案：

电力线路覆冰的种类有雨凇、粒状雾凇、晶状雾凇、湿雪、混合冻结、霜。

Jb0005531083 电力线路的拉线有哪几种？（5分）

考核知识点：线路安全规程

难易度：易

标准答案：

（1）普通拉线。应用在终端杆、角度杆、分支杆及耐张杆等处，主要作用是用来平衡和固定不平衡的荷载。

（2）人字拉线。由两根普通拉线组成，装在线路垂直方向电杆的两侧，用来加强电杆防风倾倒的能力。

（3）X 形拉线。门形杆塔、A 形杆塔常采用 X 形拉线。此种拉线占地不大，适用于机耕地区。

（4）V 形拉线。主要用在电杆较高、横担较多、架设多条导线因而受力不均匀的杆塔。

Jb0005531084　线路巡视与检查的目的是什么？（5 分）

考核知识点：线路安全规程

难易度：易

标准答案：

线路的巡视与检查，是为了经常掌握线路的运行状况，及时发现设备缺陷和沿线情况，并为线路维修提供资料。

Jb0005531085　何为计划停运？何为非计划停运？（5 分）

考核知识点：计划停运、非计划停运

难易度：易

标准答案：

计划停运状态是指设施由于检修、试验和维修等需要而计划安排的停运状态，包括大修、小修、试验（专项试验）、清扫、改造施工。

非计划停运状态是指设施处于不可用而又不是计划停运的状态，包括第一类非计划停运、第二类非计划停运、第三类非计划停运、第四类非计划停运。

Jb0005531086　电力线路为什么要防雷？（5 分）

考核知识点：线路安全规程

难易度：易

标准答案：

电力线路暴露在旷野或高山峻岭，杆塔高出地面十几米到几十米，线路长度有时达数百公里或更多，遭受雷击的概率相当大，为防止线路因雷击而跳闸，应采取可靠的防雷保护措施。

Jb0005531087　导线的最大应力在哪些情况下可能出现？（5 分）

考核知识点：线路安全规程

难易度：易

标准答案：

（1）在最低气温、无风、无冰的情况下。

（2）在最大覆冰、相应风速、−5℃的情况下。

（3）在最大风速、无冰、相应气温下。

第二章 高压线路带电检修工（输电）初级工技能操作

Jc0003543001 杆塔接地电阻测量的操作。(100分)

考核知识点：接地电阻测量

难易度：难

技能等级评价专业技能考核操作工作任务书

一、任务名称

杆塔接地电阻测量。

二、适用工种

高压线路带电检修工（输电）初级工。

三、具体任务

选择35～220kV电压等级的直线水泥电杆一基，测量其接地电阻值。

四、工作规范及要求

选择35～220kV电压等级的线路的直线水泥杆一基，ZC－8型接地电阻测量仪1台，测量线、记录纸、笔若干。

五、考核及时间要求

（1）本考核1～4项操作时间为30分钟，时间到停止考试。

（2）按照技能操作记录单的操作要求进行操作，正确记录操作结果等。

（3）操作过程中作业人员有危及人身、设备安全等情况应停止考核并计0分。

技能等级评价专业技能考核操作评分标准

工种	高压线路带电检修工（输电）				评价等级	初级工
项目模块	高压线路的构成—设备技术规范			编号	Jc0003543001	
单位		准考证号			姓名	
考试时限	30分钟	题型	单项操作		题分	100分
成绩		考评员		考评组长	日期	
试题正文	杆塔接地电阻测量的操作					
需要说明的问题和要求	（1）告知接地体形式。 （2）提供接地体形式图。 （3）要求着装正确（穿工作服、工作胶鞋、戴安全帽）					
1	工作准备					
1.1	外观检查	检查合格，有有效的检测合格证	4	未检查扣4分		
1.2	将接地电阻测量仪桩头短接，摇动摇把	动态检查，阻值为0	4	阻值不为零扣4分		

续表

序号	项目名称	质量要求	满分	扣分标准	扣分原因	得分
1.3	连接线检查	截面积不小于1～1.5mm^2	4	截面积小于1～1.5mm^{2}扣4分		
1.4	连接线外绝缘层检查	绝缘层良好，无脱落和龟裂	3	连接线绝缘层脱落、龟裂等扣3分		
2	工作许可					
2.1	许可方式	向考评员示意准备就绪，申请开始工作	5	未向考评员示意即开始工作扣5分		
3	工作步骤及技术要求					
3.1	现场布置	查看有关图纸资料，了解接地形式及接地体的长度	5	未查阅及了解扣1～2分		
		断开架空地线接地引下线的连接	5	未断开扣2分，断开数量不足扣2分		
		布置电流极接线长度，未接地体长4倍左右	5	布置不标准扣1～5分		
		布置电压极接线长度，未接地体长2.5倍左右	5	布置不标准扣1～5分		
3.2	技术要求	布线方向应与线路或地下金属接地体垂直	4	不符合要求扣1～5分		
		连接线与接地棒接触良好	4	接触不良好扣1～3分		
		电压极与电流极引线保持1m以上距离	4	不符合要求扣1～2分		
		打入土中深度不小于接地棒长度的3/4，并与土壤接触良好	4	未打入土中扣1～3分		
		接地电阻测量仪上接线并保证接触可靠	4	接线不正确扣1～5分		
3.3	接地电阻测量及读数	将接地电阻测量仪放置于平坦处，一手扶住转盘并压住使其平稳	2	不正确扣1～2分		
		另一手摇动摇把	2	小于120r/min扣2分		
		使指针指向零位并平稳加速	1	指针不稳定或未指向零位扣1分		
		读数报出电阻值	2	读数不正确扣2分		
		在摇测一次	2	操作不正确扣1分		
		恢复架空地线接地引下线的连接	1	未恢复扣1分		
4	工作结束					
4.1	经纬仪装箱	经纬仪松开垂直及水平制动，仪器放置到位，拆卸电池	5	仪器设备未轻拿轻放扣5分		
4.2	三脚架和塔尺恢复	三脚架和塔尺恢复	5	仪器设备未轻拿轻放扣5分		
5	工作终结汇报	向考评员报告工作已结束，场地已清理	5	未向考评员报告工作结束扣3分；未清理场地扣2分		
6	其他要求					

续表

序号	项目名称	质量要求	满分	扣分标准	扣分原因	得分
6.1	操作动作	动作熟练流畅	3	操作不熟练扣1～3分		
6.2	整理工器具及工作现场	符合文明生产要求	3	未整理工作现场扣3分		
6.3	按时完成	在规定的时间内完成	3	超过时间不给分，每超过1分钟倒扣1分		
6.4	安全注意事项	连接螺栓打开后不允许接触与架空地线连接的部分	3	接触一次该项不得分		
6.5	正确着装	应穿工作服、工作胶鞋，戴安全帽	3	每漏一项扣1分，扣完为止		
合计			100			

Jc0006541002　结绳扣并说明其用途。（100分）

考核知识点：绳扣用途

难易度：易

技能等级评价专业技能考核操作工作任务书

一、任务名称

结绳扣并说明其用途（任选五种）。

二、适用工种

高压线路带电检修工（输电）初级工。

三、具体任务

向测试人展示完整的五种不同的结绳扣并说明其用途。

四、工作规范及要求

（1）测试人应在测试前列出多种绳扣的名称供被测人选择。

（2）尼龙绳若干，白纸、笔若干。

五、考核及时间要求

（1）本考核1～4项操作时间为30分钟，时间到停止考试。

（2）按照技能操作记录单的操作要求进行操作，正确记录操作结果等。

技能等级评价专业技能考核操作评分标准

<table>
<tr><td>工种</td><td colspan="5">高压线路带电检修工（输电）</td><td>评价等级</td><td>初级工</td></tr>
<tr><td>项目模块</td><td colspan="4">带电作业原理—带电作业的方法</td><td>编号</td><td colspan="2">Jc0006541002</td></tr>
<tr><td>单位</td><td colspan="2"></td><td>准考证号</td><td colspan="2"></td><td>姓名</td><td></td></tr>
<tr><td>考试时限</td><td colspan="2">30分钟</td><td>题型</td><td colspan="2">单项操作</td><td>题分</td><td>100分</td></tr>
<tr><td>成绩</td><td></td><td>考评员</td><td></td><td>考评组长</td><td></td><td>日期</td><td></td></tr>
<tr><td>试题正文</td><td colspan="7">结绳扣并说明其用途（任选五种）</td></tr>
<tr><td>需要说明的问题和要求</td><td colspan="7">（1）要求着装正确（穿工作服、工作胶鞋、戴安全帽）。
（2）地面作业</td></tr>
</table>

续表

序号	项目名称	质量要求	满分	扣分标准	扣分原因	得分
1	工作准备	正确佩戴安全帽，穿全套工作服、绝缘鞋	15	未正确穿戴安全劳动防护用品每项扣5分，扣完为止		
2	工作许可					
2.1	许可方式	向考评员示意准备就绪，申请开始工作	5	未向考评员示意即开始工作扣5分		
3	工作步骤及技术要求					
3.1	打结方法	绳子结法正确	20	打结方法不正确每一项扣5分，扣完为止		
3.2	调整绳结	将各部位调整顺滑，保证绳结均衡受力	20	未调整每一项扣1～2分，扣完为止		
3.3	绳结安全性	将绳结收紧，将绳松垮易滑出	5	未收紧每一项扣1～3分，扣完为止		
3.4	写出绳结主要用途	主要应用场所及对象正确	5	绳结用途不正确每一项扣1～5分，扣完为止		
4	工作结束					
4.1	整理工具，清理现场	清点工具，清理工作现场	10	错误一项扣5分，扣完为止		
5	工作结束汇报	向考评员报告工作已结束，场地已清理	5	未向考评员报告工作结束扣3分；未清理场地扣2分		
6	其他要求					
6.1	操作动作	动作熟练流畅	5	操作不熟练扣1～5分		
6.2	整理工器具及工作现场	符合文明生产要求	5	未整理工器具及工作现场扣5分		
6.3	按时完成	在规定的时间内完成	3	超过时间不给分，每超过1分钟倒扣1分		
6.4	正确着装	应穿工作服、工作胶鞋，戴安全帽	2	每漏一项扣1分，扣完为止		
合计			100			

Jc0003541003　测量金属圆管的内外径，并画图标注尺寸。（100分）

考核知识点：测量基础知识

难易度：易

技能等级评价专业技能考核操作工作任务书

一、任务名称

测量金属圆管的内外径，并画图标注尺寸。

二、适用工种

高压线路带电检修工（输电）初级工。

三、具体任务

使用游标卡尺测量GD－100接续管的内外径，并画图标注尺寸。

四、工作规范及要求

（1）GD－100接续管一根。

（2）游标卡尺、直尺，白纸、笔若干。

五、考核及时间要求

（1）本考核1～4项操作时间为20分钟，时间到即刻停止考试。

（2）按照技能操作记录单的操作要求进行操作，正确记录操作结果等。

（3）操作过程中作业人员有危及人身、设备安全等情况应停止考核并计0分。

技能等级评价专业技能考核操作评分标准

<table>
<tr><td>工种</td><td colspan="5">高压线路带电检修工（输电）</td><td>评价等级</td><td>初级工</td></tr>
<tr><td>项目模块</td><td colspan="5">高压线路的构成—设备技术规范</td><td>编号</td><td>Jc0003541003</td></tr>
<tr><td>单位</td><td colspan="3"></td><td>准考证号</td><td></td><td>姓名</td><td></td></tr>
<tr><td>考试时限</td><td colspan="2">20分钟</td><td>题型</td><td colspan="2">单项操作</td><td>题分</td><td>100分</td></tr>
<tr><td>成绩</td><td></td><td>考评员</td><td></td><td>考评组长</td><td></td><td>日期</td><td></td></tr>
<tr><td>试题正文</td><td colspan="7">测量金属圆管的内外径，并画图标注尺寸</td></tr>
<tr><td>需要说明的问题和要求</td><td colspan="7">要求着装正确（穿工作服、工作胶鞋、戴安全帽）</td></tr>
</table>

序号	项目名称	质量要求	满分	扣分标准	扣分原因	得分
1	工作准备					
1.1	安全劳动防护用品的准备	正确佩戴安全帽，穿全套工作服、绝缘鞋	10	未正确穿戴安全劳动防护用品每项扣5分		
1.2	工器具的准备	工器具准备齐全，质量合格	15	遗漏一项扣1分，发现不合格工器具一项扣1分，扣完为止		
2	工作许可	向考评员示意准备就绪，申请开始工作	5	未向考评员示意即开始工作扣5分		
3	工作步骤及技术要求					
3.1	游标卡尺的使用	（1）明确所用游标卡尺的精确度。 （2）读数准确。 （3）使用方法正确	20	不知精确度扣5分； 每误差±5mm扣2分，扣完为止； 不正确扣5分		
3.2	绘制三视图	（1）图视正确。 （2）标注方法正确，尺寸准确	10	不正确扣5分； 一项不合格扣2分，扣完为止		
3.3	时间限制	不超时间	10	每超1分钟扣2分，扣完为止		
3.4	着装正确	应穿工作服、工作胶鞋，戴安全帽	10	每漏一项扣2分，扣完为止		
4	工作结束					
4.1	整理工具，清理现场	清点工具，清理工作现场	10	未清点工具扣5分； 未清理工作现场扣5分		
5	工作结束汇报	向考评员报告工作已结束，场地已清理	5	未向考评员报告工作结束扣3分； 未清理场地扣2分		
6	其他要求					
6.1	动作要求	动作熟练顺畅	5	动作不熟练扣1～5分		
6.2	安全要求	严格遵守“四不伤害”原则，不得损坏工器具和设备	10	未遵守现场安全要求一次扣2分； 损坏工器具和设备一次扣2分		
合计			100			

Jc0005553004　220kV送电线路挂设、拆除地线的操作。（100分）

考核知识点：杆塔上基本作业

难易度：难

技能等级评价专业技能考核操作工作任务书

一、任务名称

220kV 送电线路挂设、拆除地线的操作。

二、适用工种

高压线路带电检修工（输电）初级工。

三、具体任务

使用 220kV 专用接地线在 220kV 送电线路杆塔上挂设、拆除地线。

四、工作规范及要求

1. 操作要求

（1）要求单独操作，杆塔下 1 人监护，2 人配合。

（2）要求着装正确（全套屏蔽服、安全帽）。

（3）工具。

1）220kV 专用接地线。

2）选用登杆工器具：安全带、延长绳、个人保安线、滑车及传递绳。

3）个人工器具。

4）在培训输电线路上操作。

2. 安全要求

（1）高处坠落，作业人员上下杆塔应有防坠落措施。

（2）物体打击，作业点下方不得有人逗留和通过。

（3）感应电伤人，作业人员应做好防感应电伤人措施。

五、考核及时间要求

考核时间共 30 分钟（从上塔开始计时），每超过 1 分钟扣 1 分，到 35 分钟终止考核。

技能等级评价专业技能考核操作评分标准

工种	高压线路带电检修工（输电）					评价等级	初级工
项目模块	高压线路检修方法—在杆塔上进行工作				编号	Jc0005553004	
单位			准考证号			姓名	
考试时限	30 分钟		题型	多项操作		题分	100 分
成绩		考评员		考评组长		日期	
试题正文	220kV 送电线路挂设、拆除地线的操作						
需要说明的问题和要求	（1）要求单人操作，地面人员配合，工作负责人监护。 （2）上下杆塔、作业、转位时不得失去安全保护。 （3）高处作业一律使用工具袋。 （4）上下传递工器具、材料应绑扎牢固，防止坠物伤人。 （5）工作地点正下方严禁站人、通过和逗留。 （6）作业人员在带电杆塔上作业时应与带电体保持 3.0m 安全距离						

序号	项目名称	质量要求	满分	扣分标准	扣分原因	得分
1	工作准备					
1.1	工器具的选用	（1）安全带、绝缘延长绳外观检查，进行冲击试验。 （2）全套静电服是否连接可靠	5	安全带或延长绳未检查做冲击试验扣 5 分； 全套静电服是否连接不可靠不得分		
1.2	材料的选用	检查接地线是否与电压相适应	10	不正确不得分		
2	工作许可					

续表

序号	项目名称	质量要求	满分	扣分标准	扣分原因	得分
2.1	许可方式	向考评员示意准备就绪，申请开始工作	5	未向考评员示意即开始工作扣5分		
3	工作步骤及技术要求					
3.1	登杆塔	（1）登杆时不得打滑。 （2）步幅与身体相互协调。 （3）上、下横担时动作规范。 （4）正确使用安全带，安全带应系在牢固的构件上，检查扣环闭锁是否扣好	20	登杆动作不协调熟练扣5分； 安全带、延长绳闭锁装置未按要求扣好扣10分		
3.2	接、拆接地线	起吊接地线时绑扎方法应正确	10	接地线绑扎不牢固扣5分		
		接设接地线时应先接接地端后接导线端	10	顺序不正确不得分		
		拆除时顺序相反	10	顺序不正确不得分		
4	工作结束					
4.1	下杆塔	（1）下杆塔时不得打滑。 （2）步幅与身体相互协调。 （3）上、下横担时动作规范。 （4）正确使用安全带，安全带应系在牢固的构件上，检查扣环闭锁是否扣好	10	下杆时出现打滑，步幅与身体不协调每项扣2分； 上、下横担动作不规范扣3分； 未正确使用安全带扣5分		
5	工作终结汇报	向考评员报告工作已结束，场地已清理	5	未向考评员报告工作结束扣3分； 未清理场地扣2分		
6	其他要求	（1）要求着装正确（工作服、工作胶鞋、安全帽）。 （2）操作动作熟练。 （3）高空不得落物。 （4）清理工作现场符合文明生产要求	15	不合格每项扣1分； 高空落物1次扣2分； 以上扣分，扣完为止		
	合计		100			

Jc0005553005 35kV 送电线路挂设、拆除地线的操作。（100分）

考核知识点： 杆塔上基本作业

难易度： 难

技能等级评价专业技能考核操作工作任务书

一、任务名称

35kV 送电线路挂设、拆除地线的操作。

二、适用工种

高压线路带电检修工（输电）初级工。

三、具体任务

使用 35kV 专用接地线在 35kV 送电线路杆塔上挂设、拆除地线。

四、工作规范及要求

1. 操作要求

（1）要求单独操作，杆塔下 1 人监护，2 人配合。

（2）要求着装正确（全套屏蔽服、安全帽）。

（3）工具。

1）35kV 专用接地线。
2）选用登杆工器具：安全带、延长绳、个人保安线、滑车及传递绳。
3）个人工器具。
4）在培训输电线路上操作。
2. 安全要求
（1）高处坠落，作业人员上下杆塔应有防坠落措施。
（2）物体打击，作业点下方不得有人逗留和通过。
（3）感应电伤人，作业人员应做好防感应电伤人措施。

五、考核及时间要求

考核时间共 30 分钟（从上塔开始计时），每超过 1 分钟扣 1 分，到 35 分钟终止考核。

技能等级评价专业技能考核操作评分标准

<table>
<tr><td>工种</td><td colspan="5">高压线路带电检修工（输电）</td><td>评价等级</td><td>初级工</td></tr>
<tr><td>项目模块</td><td colspan="4">高压线路检修方法—在杆塔上进行工作</td><td>编号</td><td colspan="2">Jc0005553005</td></tr>
<tr><td>单位</td><td colspan="2"></td><td>准考证号</td><td colspan="2"></td><td>姓名</td><td></td></tr>
<tr><td>考试时限</td><td colspan="2">30 分钟</td><td>题型</td><td colspan="2">多项操作</td><td>题分</td><td>100 分</td></tr>
<tr><td>成绩</td><td></td><td>考评员</td><td></td><td>考评组长</td><td></td><td>日期</td><td></td></tr>
<tr><td>试题正文</td><td colspan="7">35kV 送电线路挂设、拆除地线的操作</td></tr>
<tr><td>需要说明的问题和要求</td><td colspan="7">（1）要求单人操作，地面人员配合，工作负责人监护。
（2）上下杆塔、作业、转位时不得失去安全保护。
（3）高处作业一律使用工具袋。
（4）上下传递工器具、材料应绑扎牢固，防止坠物伤人。
（5）工作地点正下方严禁站人、通过和逗留。
（6）作业人员在带电杆塔上作业时应与带电体保持 1.0m 安全距离</td></tr>
</table>

序号	项目名称	质量要求	满分	扣分标准	扣分原因	得分
1	工作准备					
1.1	工器具的选用	（1）安全带、绝缘延长绳外观检查，进行冲击试验。 （2）全套静电服是否连接可靠	10	安全带或延长绳未检查做冲击试验扣 5 分； 全套静电服连接不可靠不得分		
1.2	材料的选用	检查接地线是否与电压相适应	5	不正确不得分		
2	工作许可					
2.1	许可方式	向考评员示意准备就绪，申请开始工作	5	未向考评员示意即开始工作扣 5 分		
3	工作步骤及技术要求					
3.1	登杆塔	（1）登杆时不得打滑。 （2）步幅与身体相互协调。 （3）上、下横担时动作规范。 （4）正确使用安全带，安全带应系在牢固的构件上，检查扣环闭锁是否扣好	20	登杆动作不协调熟练扣 5 分； 安全带、延长绳闭锁装置未按要求扣好扣 10 分		
3.2	接、拆接地线	起吊接地线时绑扎方法应正确	10	接地线绑扎不牢固扣 5 分		
		接设接地线时应先接接地端后接导线端	10	顺序不正确不得分		
		拆除时顺序相反	10	顺序不正确不得分		
4	工作结束					

续表

序号	项目名称	质量要求	满分	扣分标准	扣分原因	得分
4.1	下杆塔	（1）下杆塔时不得打滑。 （2）步幅与身体相互协调。 （3）上、下横担时动作规范。 （4）正确使用安全带，安全带应系在牢固的构件上，检查扣环闭锁是否扣好	10	安全带、延长绳闭锁装置未按要求扣好扣5分		
5	工作终结汇报	向考评员报告工作已结束，场地已清理	5	未向考评员报告工作结束扣3分； 未清理场地扣2分		
6	其他要求	（1）要求着装正确（工作服、工作胶鞋、安全帽）。 （2）操作动作熟练。 （3）高空不得落物。 （4）清理工作现场符合文明生产要求	15	不合格每项扣1分； 高空落物1次扣2分； 以上扣分，扣完为止		
	合计		100			

Jc0005553006　110kV 送电线路挂设、拆除地线的操作。（100 分）

考核知识点：杆塔上基本作业

难易度：难

技能等级评价专业技能考核操作工作任务书

一、任务名称

110kV 送电线路挂设、拆除地线的操作。

二、适用工种

高压线路带电检修工（输电）初级工。

三、具体任务

使用 110kV 专用接地线在 110kV 送电线路杆塔上挂设、拆除地线。

四、工作规范及要求

1. 操作要求

（1）要求单独操作，杆塔下 1 人监护，2 人配合。

（2）要求着装正确（全套屏蔽服、安全帽）。

（3）工具。

1）110kV 专用接地线。

2）选用登杆工器具：安全带、延长绳、个人保安线、滑车及传递绳。

3）个人工器具。

4）在培训输电线路上操作。

2. 安全要求

（1）高处坠落，作业人员上下杆塔应有防坠落措施。

（2）物体打击，作业点下方不得有人逗留和通过。

（3）感应电伤人，作业人员应做好防感应电伤人措施。

五、考核及时间要求

考核时间共 30 分钟（从上塔开始计时），每超过 1 分钟扣 1 分，到 35 分钟终止考核。

技能等级评价专业技能考核操作评分标准

工种	高压线路带电检修工（输电）				评价等级	初级工
项目模块	高压线路检修方法—在杆塔上进行工作			编号	Jc0005553006	
单位		准考证号			姓名	
考试时限	30 分钟	题型	多项操作		题分	100 分
成绩		考评员		考评组长	日期	
试题正文	110kV 送电线路挂设、拆除地线的操作					
需要说明的问题和要求	（1）要求单人操作，地面人员配合，工作负责人监护。 （2）上下杆塔、作业、转位时不得失去安全保护。 （3）高处作业一律使用工具袋。 （4）上下传递工器具、材料应绑扎牢固，防止坠物伤人。 （5）工作地点正下方严禁站人、通过和逗留。 （6）作业人员在带电杆塔上作业时应与带电体保持 1.5m 安全距离					

序号	项目名称	质量要求	满分	扣分标准	扣分原因	得分
1	工作准备					
1.1	工器具的选用	（1）安全带、绝缘延长绳外观检查，进行冲击试验。 （2）全套静电服是否连接可靠	10	安全带或延长绳未检查做冲击试验扣 5 分； 全套静电服连接不可靠不得分		
1.2	材料的选用	检查接地线是否与电压相适应	5	不正确不得分		
2	工作许可					
2.1	许可方式	向考评员示意准备就绪，申请开始工作	5	未向考评员示意即开始工作扣 5 分		
3	工作步骤及技术要求					
3.1	登杆塔	（1）登杆时不得打滑。 （2）步幅与身体相互协调。 （3）上、下横担时动作规范。 （4）正确使用安全带，安全带应系在牢固的构件上，检查扣环闭锁是否扣好	20	登杆动作不协调熟练扣 5 分； 安全带、延长绳闭锁装置未按要求扣好扣 10 分		
3.2	接、拆接地线	起吊接地线时绑扎方法应正确	10	接地线绑扎不牢固扣 5 分		
		接设接地线时应先接接地端后接导线端	10	顺序不正确不得分		
		拆除时顺序相反	10	顺序不正确不得分		
4	工作结束					
4.1	下杆塔	（1）下杆塔时不得打滑。 （2）步幅与身体相互协调。 （3）上、下横担时动作规范。 （4）正确使用安全带，安全带应系在牢固的构件上，检查扣环闭锁是否扣好	10	安全带、延长绳闭锁装置未按要求扣好扣 5 分		
5	工作终结汇报	向考评员报告工作已结束，场地已清理	5	未向考评员报告工作结束扣 3 分； 未清理场地扣 2 分		
6	其他要求	（1）要求着装正确（工作服、工作胶鞋、安全帽）。 （2）操作动作熟练。 （3）高空不得落物。 （4）清理工作现场符合文明生产要求	15	不合格每项扣 1 分； 高空落物 1 次扣 2 分； 以上扣分，扣完为止		
合计			100			

Jc0003542007　光学经纬仪对中、整平、对光、调焦操作。（100 分）

考核知识点：光学经纬仪操作

难易度：中

技能等级评价专业技能考核操作工作任务书

一、任务名称

光学经纬仪对中、整平、对光、调焦操作。

二、适用工种

高压线路带电检修工（输电）初级工。

三、具体任务

要求学员使用光学经纬仪在规定时间内对中、整平、对光、调焦操作。

四、工作规范及要求

（1）光学经纬仪使用常见的 J2 或 J6 型。

（2）使用光学对点器对中。

（3）在平坦的地面钉一木桩，桩头中心钉一颗铁钉作为测量站点。

（4）关键工序完整正确。

（5）考核时间结束终止考试。

五、考核及时间要求

考核时间共 35 分钟，每超过 2 分钟扣 1 分，到 40 分钟终止考核。

技能等级评价专业技能考核操作评分标准

工种	高压线路带电检修工（输电）				评价等级	初级工
项目模块	带电作业原理—带电作业的方法			编号	Jc0003542007	
单位		准考证号			姓名	
考试时限	35 分钟	题型	单项操作		题分	100 分
成绩		考评员		考评组长	日期	
试题正文	光学经纬仪对中、整平、对光、调焦操作					
需要说明的问题和要求	（1）使用时，应注意保持仪器的水平和稳定。 （2）使用时，应注意保证望远镜内部镜筒和镜座之间的垂直状态。 （3）需要严格按照说明书要求进行操作，以保证仪器的精度和使用寿命					

序号	项目名称	质量要求	满分	扣分标准	扣分原因	得分
1	工作准备					
1.1	将三脚架高度调节好后架于测站点上	高度便于操作	5	不正确扣 1～5 分		
1.2	仪器从箱中取出	一手握扶照准部，一手握住三角机座	5	单手操作扣 5 分		
1.3	将仪器放于三脚架上，转动中心固定螺旋	将仪器固定于脚架上，不能拧太紧，留有余地	5	未将仪器安全固定于脚手架扣 5 分		
2	工作许可					
2.1	许可方式	向考评员示意准备就绪，申请开始工作	5	未向考评员示意即开始工作扣 5 分		
3	工作步骤及技术要求					
3.1	旋转对点器目镜	使分化板清晰	3	不正确扣 1～3 分		

续表

序号	项目名称	质量要求	满分	扣分标准	扣分原因	得分
3.2	拉伸对点器镜管	使对中标志清晰	4	不正确扣1～4分		
3.3	两手各持三脚架中两脚，另一脚用右（左）手胳膊与右（左）腿配合好，将仪器平稳脱离地，来回移动	找到木桩	3	不正确扣1～3分		
3.4	将仪器平稳放落地，将分化板的圆圈套住桩上铁钉	仪器一次成功	5	超过一次扣5分		
3.5	仪器调平后再滑动仪器调整	使小铁钉准确处于分化的圆圈中心	5	圈外扣3分，不在中心视情况扣1～5分		
3.6	将三脚架踩紧或调整各脚的高度	使圆水泡中的气泡居中	1	不正确扣1分		
3.7	将仪器照准部转动180°后再检查仪器对中情况，然后拧紧中心固定螺栓	仪器调平后还要在精细对中一次，使铁钉准确处于分化板小圆圈中心	1	不正确扣1分		
3.8	转动仪器照准部	使长型水准器与任意两个脚螺旋的链接线平行	1	不正确扣1分		
3.9	以相反方向等量转动此两脚螺旋	使气泡正确居中	1	不正确扣1分		
3.10	将仪器转动90°，旋转第三个脚螺旋	使气泡居中	1	不正确扣1分		
3.11	反复调整两次	仪器旋转至任何位置，水准气泡最大偏离值都不超过1/4格值	1	反复超过二次倒扣1分		
3.12	仪器精对中后还要再检查调平一次	所有要求合格	1	每1/4扣1分		
3.13	将望远镜想着光亮均匀的背景（天空），转动目镜	使分划板十字丝清晰明确	2	不正确扣1～2分		
3.14	记住屈光度后再重调一次	要求两次屈光度一致	3	不一致扣1～3分		
3.15	从瞄准器上对准目标后，拧紧照准部制动手轮	对准目标	3	不正确扣1～3分		
3.16	旋转望远镜调焦手轮	使标杆的影像清晰	3	不正确扣1～3分		
3.17	旋动照准部微动手轮	使标杆在十字丝双丝正中	4	不正确扣1～4分		
3.18	眼睛上下左右移动检查有无视差	如有视差，再进行调焦清除	4	不正确扣1～4分		
3.19	旋动照准部微动手轮	仔细检查使标杆在十字丝双丝正中	3	不正确扣1～3分		
4	工作结束					
4.1	松动所有制动手轮	仪器活动	2	不正确扣1～2分		
4.2	松开仪器中心固定螺旋	一手握仪器，一手旋下固定螺旋	2	不正确扣1～2分		

续表

序号	项目名称	质量要求	满分	扣分标准	扣分原因	得分
4.3	双手将功能仪器轻轻拿下放进箱内	要求位置正确，一次成功	2	每失误一次扣1分		
4.4	清除三脚架上的泥土	将三脚架收回，扣上皮带	2	不正确扣1～2分		
4.5	操作时动作	熟练流畅	1	不熟练扣1分		
4.6	按时完成	按要求完成	1	超过时间不给分		
5	工作终结汇报	向考评员报告工作已结束，场地已清理	10	未向考评员报告工作结束扣5分；未清理场地扣5分		
6	其他要求	（1）要求着装正确（工作服、工作胶鞋、安全帽）。 （2）操作动作熟练。 （3）清理工作现场符合文明生产要求	10	不合格每项扣1分；高空落物1次扣2分；以上扣分，扣完为止		
合计			100			

Jc0004543008　复合绝缘子憎水性检测操作。（100分）

考核知识点：绝缘子检测

难易度：难

技能等级评价专业技能考核操作工作任务书

一、任务名称

复合绝缘子憎水性检测操作。

二、适用工种

高压线路带电检修工（输电）初级工。

三、具体任务

110kV某线2号塔（ZM）附近有化工厂，污染严重，输电工区计划对其进行憎水性检测。

四、工作规范及要求

1. 操作要求

给定条件：输电线路带电，只检测一相复合绝缘子。请按照以下要求完成检测操作。

（1）测量方法为喷水分级法。

（2）测量方法正确。

（3）测量工具质量符合要求。

（4）操作过程符合安全要求。

（5）测量结果要存档。

2. 安全要求

（1）高处坠落，作业人员上下杆塔应有可靠的防坠落措施。

（2）物体打击，作业点下方不得有人逗留和通过。

（3）高压伤人，作业人员应与带电设备保持足够的安全距离。

五、考核及时间要求

（1）考核时间共40分钟，每超过2分钟扣1分，到45分钟终止考核。

（2）按照技能操作记录单的操作要求进行操作，正确记录操作结果等。

（3）操作过程中作业人员有危及人身、设备安全等情况应停止考核并计0分。

技能等级评价专业技能考核操作评分标准

工种	高压线路带电检修工（输电）					评价等级	初级工
项目模块	高压线路检修方法—在杆塔上进行工作				编号	Jc0004543008	
单位			准考证号			姓名	
考试时限	40分钟	题型		单项操作		题分	100分
成绩		考评员		考评组长		日期	
试题正文	复合绝缘子憎水性检测操作						
需要说明的问题和要求	（1）检测工作由单人完成，两人配合，一人监护。 （2）检测前应对仪器设备进行校核						

序号	项目名称	质量要求	满分	扣分标准	扣分原因	得分
1	工作准备					
1.1	工器具	安全带、延长绳	5	工器具不正确酌情扣分		
1.2	仪器	照相机、喷壶	10	仪器不正确酌情扣分		
2	工作许可					
2.1	许可方式	向考评员示意准备就绪，申请开始工作	5	未向考评员示意即开始工作扣5分		
3	工作步骤及技术要求					
3.1	喷射角校正	（1）在距离喷嘴25cm的远处立一张报纸，喷射方向垂直于报纸。 （2）喷水10～1.5次，形成的湿斑应为直径25～35cm	20	无此项内容不得分，方法不正确酌情扣分		
3.2	登塔	（1）安全带、延长绳外观检查及冲击试验。 （2）作业时系好安全带和延长绳	10	无此项内容不得分，方法不正确酌情扣分		
3.3	喷水	（1）将装水的喷壶置于垂直于绝缘子伞群表面25cm左右。 （2）对准绝缘子，每秒喷水1次，共喷25次，每次喷水量0.7～1mL。 （3）喷射角50°～70°	10	无此项内容不得分，方法不正确酌情扣分		
3.4	拍照	喷水结束后30s内对绝缘子拍照	10	超出时间未拍照不得分		
4	工作结束					
4.1	下塔	带好喷壶、照相机下塔	2	出错一次，扣1分，扣完为止		
4.2	分级	对照憎水性分级示意图对所检测绝缘子的憎水性进行分级	3	分级错误不得分		
5	工作终结汇报	向考评员报告工作已结束，场地已清理	5	未向考评员报告工作结束扣3分；未清理场地扣2分		
6	其他要求	（1）要求着装正确（工作服、工作胶鞋、安全帽）。 （2）操作动作熟练。 （3）清理工作现场符合文明生产要求。 （4）在规定的时间内完成	20	一项不合格扣5分		
合计			100			

Jc0003543009　档端角度法测量导线弛度操作。（100 分）

考核知识点：导线弛度测量

难易度：难

技能等级评价专业技能考核操作工作任务书

一、任务名称

档端角度法测量导线弛度操作。

二、适用工种

高压线路带电检修工（输电）初级工。

三、具体任务

要求学员在规定时间内使用光学经纬仪完成档端角度法测量导线弛度操作。

四、工作规范及要求

（1）要求单独操作，1 人配合记录，写计算过程。

（2）给出档距、前后杆塔呼称高。

（3）工具。

1）选用光学经纬仪，J2、J6 型均可。

2）塔尺、钢卷尺、计算器。

3）在培训输电线路上操作。

五、考核及时间要求

（1）考核时间共 40 分钟，每超过 2 分钟扣 1 分，到 45 分钟终止考核。

（2）按照技能操作记录单的操作要求进行操作，正确记录操作结果等。

（3）操作过程中作业人员有危及人身、设备安全等情况应停止考核并计 0 分。

技能等级评价专业技能考核操作评分标准

<table>
<tr><td>工种</td><td colspan="4">高压线路带电检修工（输电）</td><td>评价等级</td><td>初级工</td></tr>
<tr><td>项目模块</td><td colspan="3">带电作业原理—带电作业的方法</td><td>编号</td><td colspan="2">Jc0003543009</td></tr>
<tr><td>单位</td><td colspan="2"></td><td>准考证号</td><td></td><td>姓名</td><td></td></tr>
<tr><td>考试时限</td><td>40 分钟</td><td>题型</td><td colspan="2">单项操作</td><td>题分</td><td>100 分</td></tr>
<tr><td>成绩</td><td>考评员</td><td></td><td>考评组长</td><td></td><td>日期</td><td></td></tr>
<tr><td>试题正文</td><td colspan="6">档端角度法测量导线弛度操作</td></tr>
<tr><td>需要说明的问题和要求</td><td colspan="6">（1）使用时，应注意保持仪器的水平和稳定。
（2）使用时，应注意保证望远镜内部镜筒和镜座之间的垂直状态。
（3）需要严格按照说明书要求进行操作，以保证仪器的精度和使用寿命</td></tr>
</table>

序号	项目名称	质量要求	满分	扣分标准	扣分原因	得分
1	工作准备					
1.1	工器具	经纬仪、塔尺、计算器	5	差一项不得分		
1.2	选定仪器的测量点	观测点位置，在该杆塔所测导线挂线点正投影至地面上的点	5	不正确扣 5 分		
2	工作许可					
2.1	许可方式	向考评员示意准备就绪，申请开始工作	5	未向考评员示意即开始工作扣 5 分		
3	工作步骤及技术要求					

续表

序号	项目名称	质量要求	满分	扣分标准	扣分原因	得分
3.1	仪器对中、整平、对光，采集该档观测点处杆塔呼称高	在观测点位置将仪器对中、整平、对光	5	不正确扣5分		
		量出经纬仪仪高（望远镜转轴中心至杆塔基面的高度）	5	不正确扣1～5分		
		并用观测点导线挂点至杆塔高度减去仪高	10	不正确扣1～10分		
		核对该档档距、观测点、导线挂点高度是否准确	10	不正确扣10分		
3.2	测量，计算	将仪器竖盘照明反光镜转动使显微镜中的读数最明亮、清晰	6	不正确扣6分		
		转动镜筒瞄准导线方向锁紧望远镜制动手轮	6	不正确扣6分		
		转动望远镜微动手轮使十字丝中横丝与导线弧垂最低点精确相切，精确读出垂直角 α	6	不正确扣1～6分		
		转动望远镜微动手轮使十字丝中横丝与导线挂线点精确相切，精确读出垂直角 β	6	不正确扣1～6分		
		计算： B=档距 $(\tan\beta-\tan\alpha)$； $f=\frac{1}{4}\left(\sqrt{a}+\sqrt{b}\right)^2$ 再按照异长法公式	6	不正确扣1～6分		
4	工作结束					
4.1	整理工具，清理现场	工具整理好，现场清理干净	10	错误一项扣5分，扣完为止		
5	工作终结汇报	向考评员报告工作已结束，场地已清理	5	未向考评员报告工作结束扣3分；未清理场地扣2分		
6	其他要求	（1）要求着装正确（工作服、工作胶鞋、安全帽）。 （2）操作动作熟练。 （3）将仪器一次性装箱成功。 （4）清理工作现场符合文明生产要求。 （5）在规定的时间内完成	10	错误一项扣2分		
合计			100			

Jc0004542010　杆塔测温记录登记的操作。（100分）

考核知识点：测温仪的使用

难易度：中

技能等级评价专业技能考核操作工作任务书

一、任务名称

杆塔测温记录登记的操作。

二、适用工种

高压线路带电检修工（输电）初级工。

三、具体任务

要求在规定时间使用PMS系统完成杆塔测温记录登记的操作。

四、工作规范及要求

此项工作在教室内完成，提供可登录PMS系统的计算机1台。

五、考核及时间要求

（1）操作考核时间共35分钟，时间到即刻终止考试。

（2）操作过程中作业人员有危及信息安全的情况应停止考核。

技能等级评价专业技能考核操作评分标准

工种	高压线路带电检修工（输电）			评价等级	初级工
项目模块	带电作业原理—带电作业技术条件		编号	Jc0004542010	
单位		准考证号		姓名	
考试时限	35分钟	题型	单项操作	题分	100分
成绩	考评员		考评组长		日期
试题正文	杆塔测温记录登记的操作				
需要说明的问题和要求	要求单人操作，在PMS系统完成杆塔测温记录登记的操作，时间到即刻终止考试				

序号	项目名称	质量要求	满分	扣分标准	扣分原因	得分
1	工作准备					
1.1	检查计算机	运行是否顺畅、稳定	15	不检查扣15分		
2	工作许可					
2.1	许可方式	向考评员示意准备就绪，申请开始工作	5	未向考评员示意即开始工作扣5分		
3	工作步骤及技术要求					
3.1	登录生产管理系统	操作正确，顺利打开、进入界面	4	单击错误一次扣1分，未打开该项扣4分		
3.2	单击“运行工作中心”在下拉线中单击“输电架空输电线路检测记录登记”	操作正确，顺利打开、进入界面	4	单击错误一次扣1分，未打开该项扣4分		
3.3	在打开的界面“工作类型”中选择“架空输电线路红外测温”	顺利打开、进入界面	4	单击错误一次扣1分，未打开该项扣4分		
3.4	在输电线路条件框中弹出的界面中选择输电线路	顺利打开、进入界面	4	单击错误一次扣1分，未打开该项扣4分		
3.5	单击“新建”按钮	单击正确，进入界面	4	单击错误一次扣1分，未打开扣4分		
3.6	在弹出的对话框中选择具体登记的杆塔号	单击正确，进入界面	4	单击错误一次扣1分，未打开扣4分		
3.7	填写“工作时间”并确定	填写正确	4	填写错误一次扣1分，未填写该项扣4分		
3.8	选择“工作班组”并确定	选择正确	4	选择错误一次扣1分，未选择扣4分		
3.9	选择“工作负责人”并确定	选择正确	4	选择错误一次扣1分，未选择扣4分		
3.10	选择“工作人员”并确定	选择正确	4	选择错误一次扣1分，未选择扣4分		
3.11	单击“确定”按钮	操作正确，顺利打开界面	2	操作错误一次扣1分，未打开该项扣2分		
3.12	在弹出的对话框中填写信息	填写正确	2	填写不正确扣2分		
3.13	单击“确定”按钮	操作正确	2	单击错误一次扣1分，未打开该项扣2分		

续表

序号	项目名称	质量要求	满分	扣分标准	扣分原因	得分
3.14	在新建信息中填入测量数值	填写正确，不得漏填	2	填写错误一次扣 1 分，未填写该项扣 2 分		
3.15	单击“保存”按钮	操作正确	2	单击错误一次扣 1 分，未打开该项扣 2 分		
4	工作结束					
4.1	退出系统	关闭计算机，检查电源	10	未关闭扣 5 分，不检查电源扣 5 分		
5	工作终结汇报	向考评员报告工作已结束，场地已清理	10	未向考评员报告工作结束扣 5 分；未清理场地扣 5 分		
6	其他要求	（1）要求着装正确（工作服、工作胶鞋、安全帽）。 （2）操作动作熟练。 （3）清理工作现场符合文明生产要求	10	不合格每项扣 1 分； 高空落物 1 次扣 2 分； 以上扣分，扣完为止		
合计			100			

Jc0004543011 测量 35kV 避雷器接地装置的接地电阻。（100 分）

考核知识点：接地电阻测量

难易度：难

技能等级评价专业技能考核操作工作任务书

一、任务名称

测量 35kV 避雷器接地装置的接地电阻。

二、适用工种

高压线路带电检修工（输电）初级工。

三、具体任务

使用电阻测量仪器测量 35kV 避雷器接地装置的接地电阻。

四、工作规范及要求

1. 操作要求

（1）要求单独操作，1 人配合记录。

（2）正确使用测量仪表，测量接线及方法应正确。

（3）仪器使用前应进行检查调平。

（4）对接地电阻值是否合格做出初步判断。

（5）要求着装正确（工作服、工作胶鞋、安全帽）。

2. 安全要求

正确使用仪器设备、操作方法及接线正确，测量过程中与带电部位保持足够的安全距离。

五、考核及时间要求

（1）考核时间共 40 分钟，每超过 1 分钟扣 2 分，到 45 分钟终止考核。

（2）按照技能操作记录单的操作要求进行操作，正确记录操作结果等。

（3）操作过程中作业人员有危及人身、设备安全等情况应停止考核并计 0 分。

技能等级评价专业技能考核操作评分标准

<table>
<tr><td>工种</td><td colspan="5">高压线路带电检修工（输电）</td><td>评价等级</td><td>初级工</td></tr>
<tr><td>项目模块</td><td colspan="4">高压线路带电检修方法及操作技巧—带电作业常用工具的使用</td><td colspan="2">编号</td><td>Jc0004543011</td></tr>
<tr><td>单位</td><td colspan="2"></td><td colspan="2">准考证号</td><td></td><td>姓名</td><td></td></tr>
<tr><td>考试时限</td><td colspan="2">40 分钟</td><td>题型</td><td colspan="2">单项操作</td><td>题分</td><td>100 分</td></tr>
<tr><td>成绩</td><td></td><td>考评员</td><td></td><td>考评组长</td><td></td><td>日期</td><td></td></tr>
<tr><td>试题正文</td><td colspan="7">测量 35kV 避雷器接地装置的接地电阻</td></tr>
<tr><td>需要说明的问题和要求</td><td colspan="7">（1）检查避雷器接地装置的接地方式和连接情况。
（2）注意测量环境条件的影响</td></tr>
</table>

序号	项目名称	质量要求	满分	扣分标准	扣分原因	得分
1	工作准备					
1.1	工作准备	拆开接地装置与避雷器之间的连接线	5	未拆开连接线扣 5 分		
		电流、电位探针与接地体成一直线，相距 20m，与大地可靠接触	10	不符合要求扣 10 分		
2	工作许可					
2.1	许可方式	向考评员示意准备就绪，申请开始工作	5	未向考评员示意即开始工作扣 5 分		
3	工作步骤及技术要求					
3.1	正确接线	电位探针 P′位于电流探针 C′与接地体 E′之间，电流电位探针与仪表接线端钮接线正确	15	P′C′E′位置接线错误扣 15 分		
3.2	测量操作	将仪表放平，检查检流计指针是否在红线上，否则进行调零	5	未调零扣 5 分		
		将倍率标度置于最大倍数，转动发电机手柄，同时调节标度盘，使检测计指针指向红线	5	倍率标度放置不正确扣 2 分； 调节方法错误扣 3 分		
		加快手摇转速至 120r/min，调整标度盘，使指针指在红线上，并保持平衡	5	转速不符合要求扣 2 分； 未调节指针平衡扣 3 分		
3.3	读数	若读数小于 1，则将倍率标度置于较小的倍数，重新测量以得到正确的读数	10	读数小于 1 而未重新测量扣 10 分		
		标度盘的读数乘以倍率标度	10	读数错误扣 10 分		
4	工作结束					
4.1	结果分析	接地电阻值一般不大于 10Ω为合格	10	结果未分析或分析错误扣 10 分		
4.2	清理现场	拆除测量探针和引线，恢复原接地连接线	10	未拆除探针和引线扣 5 分； 未恢复接地连接线扣 5 分		
5	工作终结汇报	向考评员报告工作已结束，场地已清理	5	未向考评员报告工作结束扣 3 分； 未清理场地扣 2 分		
6	其他要求	正确使用仪表进行测量	5	有损坏仪表的行为，从总分中扣 5 分		
合计			100			

Jc0004543012　悬式绝缘子绝缘电阻测量。（100 分）

考核知识点：绝缘子检测

难易度：难

技能等级评价专业技能考核操作工作任务书

一、任务名称

悬式绝缘子绝缘电阻测量。

二、适用工种

高压线路带电检修工（输电）初级工。

三、具体任务

个人独立完成悬式绝缘子绝缘电阻测量，并报告测量结论。

四、工作规范及要求

1. 操作要求

（1）要求个人独立完成，一次成功。

（2）要求着装正确（工作服、工作胶鞋、安全帽）。

（3）正确使用绝缘电阻测试仪，测量接线及方法应正确。

（4）仪器使用前应进行检查。

（5）测量前检查悬式绝缘子外观，清除表面污秽。

（6）工具。

1）工作服、安全帽。

2）电工工具一套。

3）绝缘电阻测试仪一台，相关导线若干。

2. 安全要求

防止人身触电，正确使用仪器设备、操作方法及接线正确，测量过程中与带电部位保持足够的安全距离。

五、考核及时间要求

（1）考核时间共30分钟，每超过1分钟扣2分，到35分钟终止考核。

（2）按照技能操作记录单的操作要求进行操作，正确记录操作结果等。

（3）操作过程中作业人员有危及人身、设备安全等情况应停止考核并计0分。

技能等级评价专业技能考核操作评分标准

<table>
<tr><td>工种</td><td colspan="4">高压线路带电检修工（输电）</td><td>评价等级</td><td>初级工</td></tr>
<tr><td>项目模块</td><td colspan="2">高压线路带电检修方法及操作技巧—带电作业常用工具的使用</td><td>编号</td><td colspan="3">Jc0004543012</td></tr>
<tr><td>单位</td><td colspan="2"></td><td>准考证号</td><td></td><td>姓名</td><td></td></tr>
<tr><td>考试时限</td><td>30 分钟</td><td>题型</td><td colspan="2">单项操作</td><td>题分</td><td>100 分</td></tr>
<tr><td>成绩</td><td></td><td>考评员</td><td></td><td>考评组长</td><td>日期</td><td></td></tr>
<tr><td>试题正文</td><td colspan="6">悬式绝缘子绝缘电阻测量</td></tr>
<tr><td>需要说明的问题和要求</td><td colspan="6">（1）检查绝缘子的完好性，确保其没有破损或裂缝。如果绝缘子表面有灰尘或污垢，应清洁表面。
（2）应严格按照说明书的要求进行测量。
（3）应注意测量环境条件的影响。
（4）应使用专业的仪器和方法进行测量</td></tr>
<tr><td>序号</td><td>项目名称</td><td>质量要求</td><td>满分</td><td>扣分标准</td><td>扣分原因</td><td>得分</td></tr>
<tr><td>1</td><td>工作准备</td><td></td><td></td><td></td><td></td><td></td></tr>
<tr><td rowspan="2">1.1</td><td rowspan="2">测量前准备工作</td><td>正确使用工作服、工作胶鞋、安全帽等安全防护用品</td><td>5</td><td>未正确使用扣 5 分</td><td></td><td></td></tr>
<tr><td>检查绝缘电阻测量仪是否在有效期内</td><td>5</td><td>未检查扣 5 分</td><td></td><td></td></tr>
<tr><td>1.2</td><td></td><td>绝缘电阻表进行开路、短路试验</td><td>5</td><td>未进行开路、短路试验扣 5 分</td><td></td><td></td></tr>
</table>

续表

序号	项目名称	质量要求	满分	扣分标准	扣分原因	得分
2	工作许可					
2.1	许可方式	向考评员示意准备就绪，申请开始工作	5	未向考评员示意即开始工作扣5分		
3	工作步骤及技术要求					
3.1	正确接线	绝缘电阻测试仪L、G、E与悬式绝缘子正确连接	10	未正确接线，每发现一处扣4分，扣完为止		
3.2	测量操作	检查绝缘子外观，清除表面污秽	5	未检查扣5分		
		使用正确档位，正确操作绝缘电阻测试仪	20	未使用正确档位扣10分； 未正确操作绝缘电阻测试仪扣10分		
		正确记录绝缘电阻值（15s和60s）	10	未正确记录绝缘电阻值一次扣5分		
		反复测量5次，求平均值	5	测量次数不足，每少一次扣2分，扣完为止		
4	工作结束					
4.1	结果分析	计算吸收比，并报告测量结果	5	计算结果不正确扣2分； 未报告测试结果扣3分		
4.2	清理现场	拆除测量接线，恢复原来状态	10	未拆除试验接线扣5分； 未恢复试验前状态扣5分		
5	工作终结汇报	向考评员报告工作已结束，场地已清理	10	未向考评员报告工作结束扣5分； 未清理场地扣5分		
6	其他要求	正确使用仪表进行测量	5	有损坏仪表的行为，扣5分		
合计			100			

Jc0004543013 测量导线对交跨物距离。（100分）

考核知识点：导线弛度校验

难易度：难

技能等级评价专业技能考核操作工作任务书

一、任务名称

测量导线对交跨物距离。

二、适用工种

高压线路带电检修工（输电）初级工。

三、具体任务

要求学员使用光学经纬仪在规定时间内完成110kV线路导线对交跨物距离的测量。

四、工作规范及要求

1. 操作要求

（1）要求单独操作，1人配合。

（2）由考评员随机指定测量点。

（3）写出计算过程。

（4）工具。

1）选用光学经纬仪，J_2、J_6型均可。

2）塔尺、计算器。

3）在培训输电线路上操作。

2. 安全要求

正确使用仪器设备、操作方法及接线正确，测量过程中与带电部位保持足够的安全距离。

五、考核及时间要求

（1）考核时间共35分钟，每超过2分钟扣1分，到40分钟终止考核。

（2）按照技能操作记录单的操作要求进行操作，正确记录操作结果等。

（3）操作过程中作业人员有危及人身、设备安全等情况应停止考核并计0分。

技能等级评价专业技能考核操作评分标准

工种	高压线路带电检修工（输电）					评价等级	初级工
项目模块	带电作业原理—带电作业技术条件				编号	Jc0004543013	
单位			准考证号			姓名	
考试时限	40分钟		题型	单项操作		题分	100分
成绩		考评员		考评组长		日期	
试题正文	测量导线对交跨物距离						
需要说明的问题和要求	正确使用仪器设备						

序号	项目名称	质量要求	满分	扣分标准	扣分原因	得分
1	工作准备					
1.1	工器具	经纬仪、塔尺、计算器	5	差一项不得分		
1.2	选定仪器的测量点	观测点位置，在输电线路交叉角的平分线上的四个位置任选一个	5	不正确扣5分		
1.3	观测点选择	观测点位置距离输电线路交叉点距离约20～40m	5	距离不合适扣5分		
2	工作许可					
2.1	许可方式	向考评员示意准备就绪，申请开始工作	5	未向考评员示意即开始工作扣5分		
3	工作步骤及技术要求					
3.1	仪器调整	指挥配合人员将塔尺立在输电线路交叉点正下方	10	不正确扣10分		
		在观测点位置将仪器整平、对光	10	不正确扣10分		
		将望远镜视线调至垂直90°，瞄准塔尺，调焦，转动照准部及望远镜锁紧螺旋将其锁紧	10	不正确扣10分		
		转动望远镜微调螺旋使十字丝上下丝与塔尺某一刻度重合	10	不正确扣10分		
		读出上丝及下丝所夹塔尺刻度利用L=(上丝－下丝)×100得出水平距离	10	计算不正确扣1～10分		
4	工作结束					
4.1	导线对地面距离的测量及计算	松开望远镜锁紧螺旋	2	不正确扣2分		
		将仪器竖盘照明反光镜转动使显微镜中的读数最明亮、清晰	2	不正确扣2分		
		转动镜筒瞄准上层导线（也可先测下层导线或被跨物）锁紧望远镜制动手轮	2	不正确扣1～2分		
		转动望远镜微动手轮使十字丝与上下导线或建筑物精确相切	2	不正确扣1～2分		
		精确到度、分、秒 计算：利用公式计算出交叉跨越间的距离$=L(\tan\beta-\tan 90°)$	2	不正确扣2分		

续表

序号	项目名称	质量要求	满分	扣分标准	扣分原因	得分
5	工作终结汇报	向考评员报告工作已结束，场地已清理	5	未向考评员报告工作结束扣 3 分；未清理场地扣 2 分		
6	其他要求	（1）要求着装正确（工作服、工作胶鞋、安全帽）。 （2）操作动作熟练。 （3）将仪器一次性装箱成功。 （4）清理工作现场符合文明生产要求。 （5）在规定的时间内完成	15	不满足要求每项扣 3 分		
合计			100			

Jc0004541014 经纬仪视距测量。（100 分）

考核知识点：经纬仪使用

难易度：易

技能等级评价专业技能考核操作工作任务书

一、任务名称

经纬仪视距测量。

二、适用工种

高压线路带电检修工（输电）初级工。

三、具体任务

要求学员使用光学经纬仪完成水平视距的测量。

四、工作规范及要求

1. 操作要求

（1）要求单独操作，1 人配合记录，写出计算过程。

（2）工具。

1）选用光学经纬仪，J_2、J_6 型均可。

2）塔尺、钢卷尺、计算器。

2. 安全要求

正确使用仪器设备、操作方法及接线正确，测量过程中与带电部位保持足够的安全距离。

五、考核及时间要求

（1）考核时间共 35 分钟，每超过 2 分钟扣 1 分，到 40 分钟终止考核。

（2）按照技能操作记录单的操作要求进行操作，正确记录操作结果等。

（3）操作过程中作业人员有危及人身、设备安全等情况应停止考核并计 0 分。

技能等级评价专业技能考核操作评分标准

<table>
<tr><td>工种</td><td colspan="5">高压线路带电检修工（输电）</td><td>评价等级</td><td>初级工</td></tr>
<tr><td>项目模块</td><td colspan="5">带电作业原理一带电作业技术条件</td><td>编号</td><td>Jc0004541014</td></tr>
<tr><td>单位</td><td colspan="3"></td><td>准考证号</td><td></td><td>姓名</td><td></td></tr>
<tr><td>考试时限</td><td>35 分钟</td><td>题型</td><td colspan="3">单项操作</td><td>题分</td><td>100 分</td></tr>
<tr><td>成绩</td><td></td><td>考评员</td><td></td><td>考评组长</td><td></td><td>日期</td><td></td></tr>
</table>

续表

试题正文	经纬仪视距测量
需要说明的问题和要求	正确使用仪器设备和操作方法

序号	项目名称	质量要求	满分	扣分标准	扣分原因	得分
1	工作准备					
1.1	工器具	经纬仪、塔尺、计算器	3	差一项不得分		
1.2	选定仪器的测量点	将仪器置于指定观测点位置	3	不正确扣3分		
		将塔尺置于指定被观测点位置	3	不正确扣3分		
1.3	仪器对中、整平、对光	在观测点位置将仪器对中、整平、对光	3	不正确扣3分		
		量取仪高	3	不正确扣3分		
2	工作许可					
2.1	许可方式	向考评员示意准备就绪，申请开始工作	5	未向考评员示意即开始工作扣5分		
3	工作步骤及技术要求					
3.1	测量水平视距及高差	将仪器竖盘照明反光镜转动使显微镜中的读数最明亮、清晰	10	不正确扣1～10分		
		转动镜筒瞄准塔尺方向锁紧望远镜制动手轮	10	不正确扣1～10分		
		转动望远镜微动手轮使上、下横丝对准塔尺上数值	10	不正确扣1～10分		
		精确读出上、下横丝在塔尺上的数值（利用上丝－下丝）求出视距间隔值	10	不正确扣1～10分		
		根据视距公式 $D=K$（上丝－下丝）计算出水平距离。 高差=（仪高－中横丝在塔尺上的读数）	10	不正确扣1～10分		
4	工作结束		10			
5	工作终结汇报	向考评员报告工作已结束，场地已清理	5	未向考评员报告工作结束扣3分；未清理场地扣2分		
6	其他要求	（1）要求着装正确（工作服、工作胶鞋、安全帽）。 （2）操作动作熟练。 （3）将仪器一次性装箱成功。 （4）清理工作现场符合文明生产要求。 （5）在规定的时间内完成	15	不满足要求每项扣3分		
合计			100			

Jc0004541015　导线接头温度测试。（100分）

考核知识点： 测温仪使用

难易度： 易

技能等级评价专业技能考核操作工作任务书

一、任务名称

导线接头温度测试。

二、适用工种

高压线路带电检修工（输电）初级工。

三、具体任务

使用远程红外测温仪完成导线接头温度测试的操作。

四、工作规范及要求

1. 操作要求

（1）根据给定条件完成导线接头温度的测量操作。

（2）工具。

1）WHT4030 型便携式远程红外测温仪 1 台，测温仪备用电池一块。

2）记录用笔、纸。

3）测试人员 1 名，记录人员 1 名。

4）测量对象由监考员指定。

2. 安全要求

正确使用仪器设备，测量过程中与带电部位保持足够的安全距离。

五、考核及时间要求

（1）考核时间共 20 分钟，每超过 2 分钟扣 1 分，到 25 分钟终止考核。

（2）按照技能操作记录单的操作要求进行操作，正确记录操作结果等。

（3）操作过程中作业人员有危及人身、设备安全等情况应停止考核并计 0 分。

技能等级评价专业技能考核操作评分标准

<table>
<tr><td>工种</td><td colspan="5">高压线路带电检修工（输电）</td><td>评价等级</td><td>初级工</td></tr>
<tr><td>项目模块</td><td colspan="4">带电作业原理—带电作业的方法</td><td>编号</td><td colspan="2">Jc0004541015</td></tr>
<tr><td>单位</td><td colspan="2"></td><td>准考证号</td><td colspan="2"></td><td>姓名</td><td></td></tr>
<tr><td>考试时限</td><td>20 分钟</td><td>题型</td><td colspan="3">单项操作</td><td>题分</td><td>100 分</td></tr>
<tr><td>成绩</td><td></td><td>考评员</td><td></td><td>考评组长</td><td></td><td>日期</td><td></td></tr>
<tr><td>试题正文</td><td colspan="7">导线接头温度测试</td></tr>
<tr><td>需要说明的问题和要求</td><td colspan="7">（1）要求 1 人操作，1 人配合记录。
（2）正确使用测量工器具</td></tr>
</table>

<table>
<tr><td>序号</td><td>项目名称</td><td>质量要求</td><td>满分</td><td>扣分标准</td><td>扣分原因</td><td>得分</td></tr>
<tr><td>1</td><td>工作准备</td><td></td><td></td><td></td><td></td><td></td></tr>
<tr><td rowspan="3">1.1</td><td rowspan="3">作业前准备</td><td>检查仪器完好，是否在有效期内</td><td>5</td><td>操作不正确扣 5 分</td><td></td><td></td></tr>
<tr><td>核对输电线路名称、杆号无误</td><td>5</td><td>操作不正确扣 5 分</td><td></td><td></td></tr>
<tr><td>应在测温仪有效距离内尽量靠近测试目标</td><td>5</td><td>距离不正确扣 5 分</td><td></td><td></td></tr>
<tr><td>2</td><td>工作许可</td><td></td><td></td><td></td><td></td><td></td></tr>
<tr><td>2.1</td><td>许可方式</td><td>向考评员示意准备就绪，申请开始工作</td><td>5</td><td>未向考评员示意即开始工作扣 5 分</td><td></td><td></td></tr>
<tr><td>3</td><td>工作步骤及技术要求</td><td></td><td></td><td></td><td></td><td></td></tr>
</table>

续表

序号	项目名称	质量要求	满分	扣分标准	扣分原因	得分
3.1	打开测温仪电源开关，检查电池电量	若仪器显示电池欠压，需及时更换电池	5	操作不正确不得分		
3.2	辐射率的设置	氧化铝的辐射率一般设置 0.90	10	操作不正确不得分		
3.3	报警设置	一般设置为初始报警值=环境温度+30°	5	操作不正确不得分		
3.4	打开仪器镜头盖，通过仪器目镜内的十字线对准被测接头	（1）测量时应选择最大测试面。 （2）禁止仪器瞄准太阳或高强度光源	10	错误一项扣 5 分		
3.5	按住测试开关，在被测导线接头的表面上扫描	测量时使观察孔中心十字线位于被测量目标中央，并保持 1s 时间以上	10	操作不正确不得分		
3.6	将测量结果告诉记录人	（1）应告诉记录人接头类型及接头所处的位置，包括输电线路名称、杆号、相序等，以及接头温度、环境温度、测量时间等。 （2）及时上报异常导线接头情况	10	错误一项扣 5 分		
4	工作结束	整理仪器和记录，清理场地	10	未按要求完成扣 10 分		
5	工作终结汇报	向考评员报告工作已结束，场地已清理	5	未向考评员报告工作结束扣 3 分； 未清理场地扣 2 分		
6	其他要求	（1）要求着装正确（工作服、工作胶鞋、安全帽）。 （2）操作动作熟练。 （3）将仪器一次性装箱成功。 （4）清理工作现场符合文明生产要求。 （5）在规定的时间内完成	15	每项酌情扣 1～3 分		
合计			100			

Jc0003543016　缠绕及预绞丝修补损伤 LGJ－185/25 导线的操作（地面）。（100 分）

考核知识点：预交丝缠绕

难易度：难

技能等级评价专业技能考核操作工作任务书

一、任务名称

缠绕及预绞丝修补损伤 LGJ－185/25 导线的操作（地面）。

二、适用工种

高压线路带电检修工（输电）初级工。

三、具体任务

缠绕及预绞丝修补损伤 LGJ－185/25 导线的操作（地面）。

四、工作规范及要求

（1）要求单独操作。

（2）导线两端固定，地面操作。

（3）一根导线两处损伤，一处缠绕处理，一处补修预绞丝处理。

（4）正确着装。

五、考核及时间要求

考核时间共 40 分钟。每超过 2 分钟扣 1 分，到 45 分钟终止考核。

技能等级评价专业技能考核操作评分标准

工种	高压线路带电检修工（输电）					评价等级	初级工
项目模块	高压线路检修方法—在杆塔上进行工作				编号	Jc0003543016	
单位			准考证号			姓名	
考试时限	40 分钟	题型	单项操作			题分	100 分
成绩	考评员		考评组长			日期	
试题正文	缠绕及预绞丝修补损伤 LGJ－185/25 导线的操作（地面）						
需要说明的问题和要求	本细则依据 GB 50233—2014《110～500kV 架空输电线路施工及验收规范》制定						

序号	项目名称	质量要求	满分	扣分标准	扣分原因	得分
1	工作准备					
1.1	选择缠绕补修点	正确	5	不正确不给分		
1.2	准备材料	缠绕材料应为铝单丝	5	不正确不给分		
1.3	铝单丝绕成直径约 15cm 的线圈	不能扭转单丝，保持平滑弧度	5	视情况扣 1～5 分		
2	工作许可					
2.1	许可方式	向考评员示意准备就绪，申请开始工作	5	未向考评员示意即开始工作扣 5 分		
3	工作步骤及技术要求					
3.1	顺导线方向平压一段单丝	位置正确	3	视情况扣 1～3分		
3.2	缠绕	缠绕时压紧，每圈都应压紧	3	1 圈不紧扣 1 分		
3.3	缠绕方向	与外层铝股绞制方向一致	2	不正确不给分		
3.4	铝单丝线圈位置	外侧方向应靠紧导线	2	不正确不给分		
3.5	线头处理	线头应与先压单丝头绞紧	3	视情况扣 1～3 分		
3.6	绞紧的线头位置	压平紧靠导线	3	视情况扣 1～3 分		
3.7	缠绕中心	应位于损伤最严重处	3	视情况扣 1～3 分		
3.8	缠绕位置	应将受伤部分全部覆盖	2	不正确不给分		
3.9	缠绕长度	最短不得小于 100mm	3	每少 2mm 扣 1 分，扣完为止		
3.10	选择预绞丝	正确	2	不正确不给分		
3.11	清洗预绞丝	干净并干燥	3	视情况扣 1～3 分		
3.12	损伤导线处理	处理平整	3	视情况扣 1～3 分		
3.13	判断导线损伤最严重处	正确	2	不正确不给分		
3.14	用钢卷尺量预绞丝	长度正确	3	不正确不给分		
3.15	定预绞丝在导线上的位置	正确	3	不正确不给分		
3.16	用记号笔在导线上画出预绞丝端头位置	正确	3	不正确不给分		
3.17	将预绞丝一根一根安装上	安装流畅	3	视情况扣 1～3 分		

续表

序号	项目名称	质量要求	满分	扣分标准	扣分原因	得分
3.18	用钢丝钳轻敲预绞丝头部	不能擦伤导线及损伤预绞丝	3	视情况扣1～3分		
3.19	补修预绞丝中心	应位于损伤最严重处	3	不正确不给分		
3.20	预绞丝不能变形	应与导线接触紧密	3	变形一根不给分，倒扣3分		
3.21	预绞丝端头	应对平齐	2	视情况扣1～2分		
3.22	预绞丝位置	应将损伤部位全部覆盖	2	不正确不给分		
4	工作结束					
4.1	着装正确	应穿工作服、工作胶鞋，戴安全帽	3	漏一项扣1分		
4.2	操作熟练	熟练流畅	3	不熟练不给分		
4.3	清理工作现场	整理工器具，符合文明生产要求	2	不合格扣1分		
4.4	工作顺利	按时完成	3	超过时间不给分，每超过1分钟倒扣1分		
5	工作终结汇报	向考评员报告工作已结束，场地已清理	5	未向考评员报告工作结束扣3分；未清理场地扣2分		
6	其他要求	修补一次性成功	5	酌情扣1～5分		
合计			100			

Jc0006541017　组装一套110kV输电线路耐张杆单串绝缘子串的操作（地面操作）。（100分）

考核知识点：绝缘子组装

难易度：易

技能等级评价专业技能考核操作工作任务书

一、任务名称

组装一套110kV输电线路耐张杆单串绝缘子串的操作。

二、适用工种

高压线路带电检修工（输电）初级工。

三、具体任务

按照图纸，完成一套110kV输电线路耐张杆单串绝缘子串及相关金具的组装。

四、工作规范及要求

（1）要求单独在地面操作。

（2）所有要用的材料应一次找齐，并按次序摆放好。

（3）给出一张组装图纸。

（4）指出导线型号，告知挂线点位置方向，告知线路受电方向。

（5）要求着装正确（穿工作服、工作胶鞋、戴安全帽）。

（6）绝缘子只检查2片，要求讲出检查内容。

（7）金具只检查2件，要求讲出检查内容。

（8）操作完毕要将绝缘子串拆开，材料运回。

（9）导线水平排列，组装中间一相绝缘子串（从直角挂板组装至螺栓式耐张线夹止）。

五、考核及时间要求

考核时间共10分钟，每超过2分钟扣1分，到15分钟终止考核。

技能等级评价专业技能考核操作评分标准

工种	高压线路带电检修工（输电）					评价等级	初级工
项目模块	高压线路带电检修方法及操作技巧—带电作业常用工具的使用				编号	Jc0006541017	
单位			准考证号			姓名	
考试时限	10分钟	题型		单项操作		题分	100分
成绩		考评员		考评组长		日期	
试题正文	组装一套110kV输电线路耐张杆单串绝缘子串的操作						
需要说明的问题和要求	（1）要求单人操作，地面完成。 （2）组装绝缘子时应戴手套。 （3）螺栓穿向应保持一致。 （4）应使用扳手、取销钳等工器具防止反击力伤人。 （5）考生示意工作结束后应离开工位，监考人员验收，考生不得继续作业						

序号	项目名称	质量要求	满分	扣分标准	扣分原因	得分
1	工作准备					
1.1	直角挂板	1块，符合图纸要求	2	不符合图纸要求扣1分，漏选扣1分		
1.2	球头挂环	1个，符合图纸要求	2	不符合图纸要求扣1分，漏选扣1分		
1.3	悬式瓷绝缘子	8片（要求型号、颜色一致），符合图纸要求	2	不符合图纸要求扣1分，漏选扣1分		
1.4	单联碗头	1只，符合图纸要求	2	不符合图纸要求扣1分，漏选扣1分		
1.5	耐张线夹	1只，符合图纸要求	2	不符合图纸要求扣1分，漏选扣1分		
1.6	个人工具	钢丝钳、扳手等	2	漏一项扣1分，扣完为止		
1.7	专用工具	拔销钳、棉纱等	3	漏一项扣1分，扣完为止		
2	工作许可					
2.1	许可方式	向考评员示意准备就绪，申请开始工作	5	未向考评员示意即开始工作扣5分		
3	工作步骤及技术要求					
3.1	镀锌层的检查	没有碰损、剥落或缺锌	5	不正确扣1～5分		
3.2	剥落或缺锌处理	更换	5	不正确扣1～5分		
3.3	型号	型号正确	5	不正确扣1～5分		
3.4	逐个将表面清擦	清擦干净并进行外观检查	5	不正确扣1～5分		
3.5	检查碗头、球头与弹簧销子之间的间隙	在安装好弹簧销子的情况下球头不得自碗头脱出	5	不正确扣1～5分		
3.6	材料摆放	整齐有序，绝缘子串方向正确	5	不整齐扣1～2分，方向错误扣5分，扣完为止		
3.7	取出弹簧销	操作正确	5	不正确扣1～5分		

续表

序号	项目名称	质量要求	满分	扣分标准	扣分原因	得分
3.8	绝缘子组装	将绝缘子 8 片组装成 1 串	5	不正确扣 1～5 分		
3.9	安装弹簧销	正确安装弹簧销	5	不正确扣 1～5 分		
3.10	组装时顺序	从横担部分开始向线夹方向组装	5	一次安装完成，每反复一次扣 2 分，扣完为止		
4	工作结束					
4.1	整理工具，清理现场	工具已整理，现场已清理	10	错误一项扣 5 分，扣完为止		
5	工作终结汇报					
5.1	耐张线夹出线方向	出线方向正确	2	方向错误不得分		
5.2	螺栓、穿钉方向，弹簧销子插入方向	螺栓、穿钉方向，弹簧销子插入方向正确（9 只弹簧销子、耐张线夹穿钉上的 1 只销钉和直角挂板连接球头挂环的螺栓上的 1 只销钉、直角挂板和横担连接的 1 只螺栓由上向下穿。直角挂板和横担连接螺栓上的销钉、直角挂板连接球头挂环的螺栓，耐张线夹穿钉面向受电方向，由左向右穿入）	3	穿入方向每错一项扣 1 分，扣完为止		
6	其他要求					
6.1	着装正确	应穿工作服、工作胶鞋、戴安全帽	3	漏一项扣 1 分		
6.2	清理工作现场	符合文明生产要求	3	不整理扣 2 分		
6.3	操作动作	熟练流畅	3	动作不熟练扣 1～3 分		
6.4	按时完成	不超时	6	每超时 2 分钟扣 3 分，扣完为止		
合计			100			

Jc0004553018　绝缘子表面盐密度取样及测量操作。（100 分）

考核知识点：绝缘子盐密测量

难易度：难

技能等级评价专业技能考核操作工作任务书

一、任务名称

绝缘子表面盐密度取样及测量操作。

二、适用工种

高压线路带电检修工（输电）初级工。

三、具体任务

110kV 某线 10 号杆（Z3）杆设置了一个盐密灰密的测量取样点，按照测量周期应对该取样点进行盐密、灰密测量。

四、工作规范及要求

给定条件。110kV 某线线路带电，取样点为一串防污瓷瓶串（7 片，型号 XP－7），取样点挂在横担边相，不带电。按照计划应该测量第四片绝缘子，盐密度测量仪型号为。请按照以下要求完成绝缘子表面盐密度取样及测量操作。

（1）测量方法正确。

（2）测量工具质量符合要求。

（3）操作过程符合安全质量要求。

（4）测量结果要存档。

（5）考核时间结束终止考试。

五、考核及时间要求

考核时间共 60 分钟，每超过 2 分钟扣 1 分，到 65 分钟终止考核。

技能等级评价专业技能考核操作评分标准

工种	高压线路带电检修工（输电）					评价等级	初级工
项目模块	带电作业原理—带电作业的方法				编号	Jc0004553018	
单位			准考证号			姓名	
考试时限	60 分钟		题型		多项操作	题分	100 分
成绩		考评员		考评组长		日期	
试题正文	绝缘子表面盐密度取样及测量操作						
需要说明的问题和要求	（1）检测工作由 2 人完成，1 人配合。 （2）检测前应对仪器设备进行复位。 （3）取样过程中不得将绝缘子表面接触到其他物体。 （4）要求着装正确（工作服、工作胶鞋、安全帽）						

序号	项目名称	质量要求	满分	扣分标准	扣分原因	得分
1	工作准备					
1.1	工器具	脚扣、安全带、延长绳、滑车、绳索选择合格	5	工具选择错误一项扣 5 分		
1.2	仪器	测量仪、烤箱、称重仪通电试验	5	一项未进行试验扣 5 分		
2	工作许可					
2.1	许可方式	向考评员示意准备就绪，申请开始工作	5	未向考评员示意即开始工作扣 5 分		
3	工作步骤及技术要求					
3.1	登杆	携带滑车、绳索登杆	5	工具漏一项扣 1 分； 登杆不熟练扣 1～3 分； 以上扣分，扣完为止		
3.2	摘取绝缘子串	（1）摘取过程中不得触碰绝缘子表面。 （2）绝缘子串应缓缓落在地面篷布上	5	一项错误扣 2.5 分		
3.3	清洗	（1）清洗过程中溶液不得洒落。 （2）清洗范围为绝缘子上表面和下表面，不包括钢脚和钢帽。 （3）样品存储瓶上应贴上标签，注明线路、杆号、绝缘子编号	5	一项错误扣 2 分，扣完为止		
3.4	恢复绝缘子串	（1）恢复过程中不得触碰绝缘子表面。 （2）绝缘子串的绝缘子顺序应保持不变	5	一项错误扣 2.5 分		
3.5	仪器准备	（1）将仪器通电，等待机器自检。 （2）用蒸馏水将电极清洗干净。 （3）将电极放入蒸馏水中，选择盐密测量菜单，测量蒸馏水的盐密导电率、盐密值、水温等，再按取消键，回到初始状态	15	一项错误扣 5 分		

续表

序号	项目名称	质量要求	满分	扣分标准	扣分原因	得分
3.6	盐密测量	（1）溶液应放置 15 分钟以后进行测量，测量前将溶液轻轻摇匀。 （2）将电极从蒸馏水中取出，放入溶液中，浸入深度不少于 4cm，时间保持 1 分钟。 （3）按下测量键，读取盐密值。 （4）测量完应将电极放入蒸馏水中，准备测量下一个样品溶液	15	一项错误扣 4 分，扣完为止		
3.7	灰密测量	（1）在滤纸上应标记线路、杆号、绝缘子编号。 （2）样品内的固体颗粒物应全部过滤，如未清洗干净，可增加蒸馏水进行清洗。 （3）过滤、烘烤及测量灰密过程中应用镊子操作，不得用手接触样品。 （4）烘干后应将样品放入除湿皿中进行除湿。 （5）称重前应将称重仪器置零，测量时应将称重仪器门关闭，待数字稳定后记录器重量	15	一项错误扣 3 分		
4	工作结束	整理测量结果和工具，清理现场	5	未整理测量结果和工具不得分		
5	工作终结汇报	向考评员报告工作已结束，场地已清理	5	未向考评员报告工作结束扣 3 分； 未清理场地扣 2 分		
6	其他要求	（1）要求着装正确（工作服、工作胶鞋、安全帽）。 （2）操作动作熟练。 （3）清理工作现场符合文明生产要求。 （4）在规定的时间内完成	10	一项错误扣 3 分，扣完为止		
合计			100			

Jc0005543019　35kV 线路进行架空地线防振锤滑跑复位的操作。（100 分）

考核知识点： 防振锤复位

难易度： 难

技能等级评价专业技能考核操作工作任务书

一、任务名称

35kV 线路进行架空地线防振锤滑跑复位的操作。

二、适用工种

高压线路带电检修工（输电）初级工。

三、具体任务

使用软梯等工具完成 35kV 线路进行架空地线防振锤滑跑复位的操作。

四、工作规范及要求

（1）杆上单独操作，杆下 1 人监护，1 人配合。

（2）进行此项工作的线路架空地线的型号应为 GJ－50 或 GJ－70。

（3）准备相同型号的防振锤 2 个。

（4）传递绳 1 根。

（5）软梯架（或滑动座椅）1 套。

五、考核及时间要求

考核时间共 60 分钟，每超过 2 分钟扣 1 分，到 65 分钟终止考核。

技能等级评价专业技能考核操作评分标准

工种	高压线路带电检修工（输电）			评价等级	初级工
项目模块	高压线路检修方法—在杆塔上进行工作		编号	Jc0005543019	
单位		准考证号		姓名	
考试时限	60分钟	题型	多项操作	题分	100分
成绩		考评员		考评组长		日期	
试题正文	35kV线路带电进行架空地线防振锤滑跑复位的操作				
需要说明的问题和要求	（1）工作从工作票宣读完毕后开始进行，既操作人员从听完工作票开始考核（工作前应通知调度等有关单位，停用重合闸）。 （2）工作现场应该设地面监护人1名，地面辅助工1名。 （3）进行此项工作的线路的架空地线的型号应为GJ－50或GJ－70				

序号	项目名称	质量要求	满分	扣分标准	扣分原因	得分
1	工作准备					
1.1	佩戴个人安全用具	大小合适，锁扣自如	15	不符合规定扣1～15分		
2	工作许可	向考评员示意准备就绪，申请开始工作	5	未向考评员示意即开始工作扣5分		
3	工作步骤及技术要求					
3.1	上塔杆过程中	（1）稳，手脚不乱。 （2）传递工具无磕碰，缠绕，不慌乱。 （3）各部连接可靠	10	失误一次扣3分		
3.2	杆塔上的准备工作	上下软梯架方法正确	10	失误一次扣1～5分，扣完为止		
3.3	更换防振锤	（1）方法正确，动作熟练。 （2）拆卸及安装过程中无零部件脱落。 （3）安装位置准确，符合工艺要求	20	失误一次扣1～5分		
3.4	下杆塔及传递工具	（1）稳，手脚不乱。 （2）传递工具无磕碰。缠绕。不慌乱各部连接可靠	10	失误一次扣5分		
4	工作结束					
4.1	整理工具，清理现场	整理好工具，清理好现场	10	错误一项扣5分，扣完为止		
5	工作结束汇报	向考评员报告工作已结束，场地已清理	5	未向考评员报告工作结束扣3分； 未清理场地扣2分		
6	其他要求	（1）要求着装正确（工作服、工作胶鞋、安全帽）。 （2）操作动作熟练。 （3）清理工作现场符合文明生产要求。 （4）在规定的时间内完成	15	一项不满足要求扣3～4分，扣完为止		
合计			100			

Jc0006563020 更换220kV线路悬垂线夹的操作（地面）。（100分）

考核知识点：更换悬垂线夹

难易度：难

技能等级评价专业技能考核操作工作任务书

一、任务名称

更换220kV线路悬垂线夹的操作。

二、适用工种

高压线路带电检修工（输电）初级工。

三、具体任务

使用软梯带电完成更换 220kV 线路直线杆塔悬垂线夹更换。

四、工作规范及要求

（1）杆上单独操作，杆下 1 人监护，1 人配合。

（2）准备与原线路相同型号的悬垂线夹 1 套。

（3）吊线杆 1 组，保护绳 1 根，传递绳 1 根，绝缘软梯及梯架 1 套。

（4）屏蔽服 1 套。

五、考核及时间要求

考核时间共 60 分钟，每超过 2 分钟扣 1 分，到 65 分钟终止考核。

技能等级评价专业技能考核操作评分标准

工种	高压线路带电检修工（输电）			评价等级	初级工
项目模块	高压线路检修方法—在杆塔上进行工作		编号	Jc0006563020	
单位		准考证号		姓名	
考试时限	60 分钟	题型	综合操作	题分	100 分
成绩		考评员	考评组长		日期	
试题正文	更换 220kV 线路悬垂线夹的操作				
需要说明的问题和要求	（1）工作从工作票宣读完毕后开始进行，即操作人员从听完工作票开始考核（工作前应通知调度等有关单位，停用重合闸）。 （2）工作现场应该设地面监护人 1 名，杆塔上辅助电工 1 名，地面辅助工 1 名				

序号	项目名称	质量要求	满分	扣分标准	扣分原因	得分
1	工作准备					
1.1	佩戴个人安全用具	大小合适，锁扣自如	5	酌情扣 1～5 分		
1.2	穿着屏蔽服	大小合适，各部连接可靠	5	酌情扣 1～5 分		
1.3	挂软梯（可要求地面辅助工配合）	方法正确，无返工现象	5	酌情扣 1～5 分		
2	工作许可	向考评员示意准备就绪，申请开始工作	5	未向考评员示意即开始工作扣 5 分		
3	工作步骤及技术要求					
3.1	攀登软梯	方法正确，动作熟练	10	失误一次扣 5 分，扣完为止		
3.2	更换悬垂线夹	（1）拆卸及安装过程中无零部件脱落。 （2）安装位置准确，符合工艺要求	20	失误一次扣 5 分，扣完为止		
3.3	下软梯	方法正确，动作熟练	20	失误一次扣 5 分，扣完为止		
4	工作结束					
4.1	整理工具，清理现场	整理好工具，清理好现场	10	错误一项扣 5 分，扣完为止		
5	工作结束汇报	向考评员报告工作已结束，场地已清理	5	未向考评员报告工作结束扣 3 分； 未清理场地扣 2 分		
6	其他要求					
6.1	安全注意事项	（1）保证人身与邻相导线的安全距离大于 2.5m。 （2）转移电位时符合《国家电网公司电力安全工作规程》要求	15	失误一次扣 5 分，扣完为止		
合计			100			

Jc0004543021　锈蚀拉线更换处理的操作。（100 分）

考核知识点：拉线更换

难易度：难

技能等级评价专业技能考核操作工作任务书

一、任务名称

锈蚀拉线更换处理的操作。

二、适用工种

高压线路带电检修工（输电）初级工。

三、具体任务

锈蚀拉线更换处理的操作。针对此项工作，考生须在规定时间内完成更换操作。

四、工作规范及要求

（1）要求安装临时拉线，在停电线路上操作。

（2）杆上 1 人，杆下 1 人均单独操作，设 1 人监护。

（3）两人 1 组，杆上、杆下交叉考核。

（4）要求着装正确（穿工作服、工作胶鞋、戴安全帽）。

（5）登杆工具、安全工具合格。

五、考核及时间要求

考核时间共 30 分钟，每超过 2 分钟扣 1 分，到 35 分钟终止考核。

技能等级评价专业技能考核操作评分标准

工种	高压线路带电检修工（输电）				评价等级	初级工
项目模块	带电作业原理—带电作业的方法			编号	Jc0004543021	
单位		准考证号			姓名	
考试时限	30 分钟	题型			题分	100 分
成绩		考评员		考评组长	日期	
试题正文	锈蚀拉线更换处理的操作					
需要说明的问题和要求	（1）需要进行现场勘查，确定拉线的位置和数量。 （2）需要进行拉线的切割和接长，以确保拉线的长度和强度符合要求。 （3）需要进行拉线的测试和检验，以确保其性能和可靠性。 （4）如果发现拉线存在缺陷或损坏情况，需要进行相应的修复和更换处理					

序号	项目名称	质量要求	满分	扣分标准	扣分原因	得分
1	工作准备					
1.1	拉线金具	NX－1 型、NUT－1 型各 1 只	2	每少 1 件或错 1 件扣 1 分，扣完为止		
1.2	钢绞线	GJ－50 型，长度够用	2	每少 1 件或错 1 件扣 1 分，扣完为止		
1.3	钢丝绳、传递绳各一根	长度够用	2	每少 1 件或错 1 件扣 1 分，扣完为止		
1.4	U 形环或卸扣	60kN 1 只，大型合格的 1 只	2	每少 1 件或错 1 件扣 1 分，扣完为止		

续表

序号	项目名称	质量要求	满分	扣分标准	扣分原因	得分
1.5	紧线器	双钩、棘轮等紧线器数量满足要求，质量合格	2	每少1件或错1件扣1分，扣完为止		
1.6	个人工具、登杆工具及木锤等	齐全	5	每少1件或错1件扣1分，扣完为止		
1.7	断线钳	合格	3	每少1件或错1件扣1分，扣完为止		
1.8	扎钢绞线及扎尾线回头的两种型号铁丝	合格	2	每少1件或错1件扣1分，扣完为止		
2	工作许可					
2.1	许可方式	向考评员示意准备就绪，申请开始工作	5	未向考评员示意即开始工作扣5分		
3	工作步骤及技术要求					
3.1	登杆动作	安全、熟练	3	不正确扣1～3分		
3.2	所站位置及使用安全带	操作正确	3	不正确扣1～3分		
3.3	吊钢丝绳	吊绳不与钢丝绳缠绕	3	不正确扣1～3分		
3.4	钢丝绳缠绕电杆	绕两圈，U形环螺丝拧到位	3	不正确扣1～3分		
3.5	在拉线棒上装一只U形环，在U形环上绑临时拉线	要求不影响正常拉线安装	3	不正确扣1～3分		
3.6	使用紧线工具	正确调紧临时拉线	3	不正确扣1～3分		
3.7	拆下紧线工具	操作正确	3	不正确扣1～3分		
3.8	拆下原NUT型线夹	动作熟练	3	不正确扣1～3分		
3.9	拆下原楔形线夹	旧拉线吊下电杆	3	不正确扣1～3分		
3.10	制作拉线上把并扎钢绞线回头尾线	按规定制作并按规定将钢绞线回头尾线扎牢	3	不正确扣1～3分		
3.11	传递绳把上把吊上电杆并挂好	正确安装螺栓及销钉	2	不正确扣1～2分		
3.12	NUT型线夹拆开，U型螺栓穿进拉线棒环，量出钢绞线所需要的长度并画印	画印准确	2	不正确扣1～2分		
3.13	制作拉线下把	按规定制作	2	不正确扣1～2分		
3.14	装上下把，必要时使用紧线工具	操作正确	2	不正确扣1～2分		
3.15	调整下把	使拉线受力正常，NUT型螺栓出丝正确	2	不正确扣1～2分		
3.16	将钢绞线回头尾线扎牢	按规定	2	不正确扣1～2分		
3.17	拧双螺母	双螺母应并住拧紧	2	不正确扣1～2分		
3.18	钢绞线出头位置正确	钢绞线出头位置正确，线夹凸肚应在尾线侧	2	钢绞线出头位置错误扣2分		
3.19	尾线长度检查	钢绞线回头长度正确为300～500mm	1	不正确扣1分		
3.20	尾线绑扎	钢绞线回头尾线扎牢	1	不正确扣1分		
3.21	拉线受力调整	拉线受力均匀合适	1	不正确扣1分		

续表

序号	项目名称	质量要求	满分	扣分标准	扣分原因	得分
3.22	NUT 型线夹出线检查	NUT 型线夹螺母出丝长度小于 1/2 的螺纹长度	1	每超过 0.5cm 扣 1 分，扣完为止		
4	工作结束					
4.1	整理工具，清理现场	整理好工具，清理好现场	5	错误 1 项扣 2 分，扣完为止		
5	工作终结汇报	向考评员报告工作已结束，场地已清理	5	未向考评员报告工作结束扣 3 分；未清理场地扣 2 分		
6	其他要求					
6.1	杆上不能掉东西	按安规操作	3	掉 1 件东西扣 1 分，扣完为止		
6.2	着装正确	应穿工作服、工作胶鞋，戴安全帽	3	漏 1 项扣 1 分，扣完为止		
6.3	整理工器具	符合文明生产要求	3	不正确扣 1～3 分		
6.4	操作动作	熟练流畅	3	不熟练扣 1～3 分		
6.5	按时完成	按要求完成	3	超过时间不给分，每延长 2 分钟扣 1 分		
合计			100			

Jc0004543022　带电铁塔拆除鸟窝。（100 分）

考核知识点：带电铁塔拆除鸟窝

难易度：难

技能等级评价专业技能考核操作工作任务书

一、任务名称

带电铁塔拆除鸟窝。

二、适用工种

高压线路带电检修工（输电）初级工。

三、具体任务

拆除 110kV 单回耐张塔鸟窝。

四、工作规范及要求

（1）工器具使用及安全措施。

（2）作业人员操作规范。

五、考核及时间要求

（1）考核时间为 30 分钟，时间到即刻停止考评。

（2）相序牌安装完成后向考评员汇报安装完毕。

技能等级评价专业技能考核操作评分标准

<table>
<tr><td>工种</td><td colspan="5">高压线路带电检修工（输电）</td><td>评价等级</td><td>初级工</td></tr>
<tr><td>项目模块</td><td colspan="4">高压线路检修方法—在杆塔上进行工作</td><td>编号</td><td colspan="2">Jc0004543022</td></tr>
<tr><td>单位</td><td colspan="2"></td><td>准考证号</td><td colspan="2"></td><td>姓名</td><td></td></tr>
<tr><td>考试时限</td><td colspan="2">30 分钟</td><td>题型</td><td colspan="2">单项操作</td><td>题分</td><td>100 分</td></tr>
<tr><td>成绩</td><td></td><td>考评员</td><td></td><td>考评组长</td><td></td><td>日期</td><td></td></tr>
<tr><td>试题正文</td><td colspan="7">带电铁塔拆除鸟窝</td></tr>
<tr><td>需要说明的问题和要求</td><td colspan="7">（1）要求 1 人登塔操作，1 人地面监护。
（2）操作时模拟线路带电。
（3）工作票已办理</td></tr>
</table>

续表

序号	项目名称	质量要求	满分	扣分标准	扣分原因	得分
1	工作准备					
1.1	检查工具	（1）正确佩戴个人安全用具：大小合适，锁扣自如。 （2）检查安全带完好	10	未检查个人安全用具或检查不全面扣 5 分； 未检查安全带是否完好扣 5 分		
1.2	宣读工作票，交代安全措施	作业人员要明确登塔作业的危险点以及安全注意事项	10	危险点不清楚扣 5 分； 安全注意事项不清楚扣 5 分		
2	工作许可					
2.1	许可方式	向考评员示意准备就绪，申请开始工作	5	未向考评员示意即开始工作扣 5 分		
3	工作步骤及技术要求					
3.1	核对线路双重名称	操作正确	10	未核对线路双重名称扣 10 分		
3.2	攀登杆塔	操作正确	10	操作不规范扣 5～10 分		
3.3	上铁塔登杆至横担鸟窝位置，系好安全带	在登塔时，必须使用安全带和戴安全帽，在杆塔上作业转位时，不得失去安全带保护	20	未使用安全带扣 10 分； 未使用双重保护扣 10 分		
3.4	拆除鸟窝	鸟窝拆除前应检查是否有铁丝	10	未检查鸟窝扣 5 分		
4	工作结束					
4.1	清理现场	清理现场及工具，认真检查杆（塔）上有无留遗物，工作负责人全面检查工作完成情况，无误后撤离现场，做到人走场清	10	未检查作业现场扣 5 分		
5	工作终结汇报	向考评员报告工作已结束，场地已清理	10	未向考评员报告工作结束扣 5 分； 未清理场地扣 5 分		
6	其他要求	操作动作熟练	5	不熟练扣 1～5 分		
合计			100			

Jc0004541023　导线损伤修补。（100 分）

考核知识点：输电线路检修工作

难易度：易

技能等级评价专业技能考核操作工作任务书

一、任务名称

导线损伤修补标准化作业指导书及操作。

二、适用工种

高压线路带电检修工（输电）初级工。

三、具体任务

导线 LGJ－240/25 钢芯铝绞线受损，需对导线进行修补。针对此项工作，考生须在规定时间内完成导线修补作业。

四、工作规范及要求

导线损伤修补。给定条件：受损导线 1 根。

（1）单独操作专人监护（监护人不计分）。

（2）穿工作服，戴安全帽。

（3）个人工具：1套、工具包。

五、考核及时间要求

考核时间共25分钟，每超过1分钟扣5分，到30分钟终止考核。

技能等级评价专业技能考核操作评分标准

<table>
<tr><td>工种</td><td colspan="5">高压线路带电检修工（输电）</td><td>评价等级</td><td>初级工</td></tr>
<tr><td>项目模块</td><td colspan="4">高压线路带电作业方法及操作技巧—带电作业常用工具的使用</td><td>编号</td><td colspan="2">Jc0004541023</td></tr>
<tr><td>单位</td><td colspan="3"></td><td>准考证号</td><td></td><td>姓名</td><td></td></tr>
<tr><td>考试时限</td><td colspan="2">25分钟</td><td>题型</td><td colspan="2">单项操作</td><td>题分</td><td>100分</td></tr>
<tr><td>成绩</td><td></td><td>考评员</td><td></td><td>考评组长</td><td></td><td>日期</td><td></td></tr>
<tr><td>试题正文</td><td colspan="7">导线损伤修补</td></tr>
<tr><td>需要说明的问题和要求</td><td colspan="7">（1）导线损伤修补操作为单人依次进行，在25分钟内完成。
（2）导线损伤修补给定条件：工作负责人已许可。
（3）导线损伤修补时，杆上独立操作。
（4）本细则依据GB 50233—2014《110～500kV架空输电线路施工及验收规范》制定</td></tr>
</table>

序号	项目名称	质量要求	满分	扣分标准	扣分原因	得分
1	工作准备					
1.1	准备工具及材料	齐全、符合质量要求	5	未准备工具和材料扣5分，准备不齐扣3分		
1.2	检查导线受伤程度及受伤情况损坏	外观检查，受损情况符合相关规定要求	5	没检查扣5分，少检查一项扣1分，扣完为止		
1.3	检查工具是否合格	外观检查符合要求	5	未检查扣5分		
2	工作许可					
2.1	许可方式	向考评员示意准备就绪，申请开始工作	5	未向考评员示意即开始工作扣5分		
3	工作步骤及技术要求					
3.1	正确使用工具	合理使用钳子、螺钉旋具等工具	10	不正确使用工具扣5分； 损坏工具扣5分		
3.2	缠绕绑线	缠绕方法正确	10	缠绕方法不正确扣10分		
3.3	绑线缠绕紧密	缠绕紧扣，不留空隙	10	缠绕不紧扣10分		
3.4	缠绕长度合适	缠绕长度合适（全部受伤表面，缠绕长度最少不低100mm）	10	一项不正确扣5分，扣完为止		
3.5	绑线末端扎实敲平	绑线末端扎实并敲平	10	一项不正确扣5分，扣完为止		
4	工作结束					
4.1	安全生产	正确执行《国家电网公司电力安全工作规程》	10	违章一次扣8分，严重违章取消考核资格		
5	工作结束汇报	向考评员报告工作已结束，场地已清理	5	未向考评员报告工作结束扣3分； 未清理场地扣2分		
6	其他要求	（1）要求着装正确（工作服、工作胶鞋、安全帽）。 （2）操作动作熟练。 （3）清理工作现场符合文明生产要求。 （4）在规定的时间内完成	15	不满足要求每项扣3～4分，扣完为止		
合计			100			

Jc0002541024　心肺复苏法救护。（100分）

考核知识点： 送电线路运维

难易度： 易

技能等级评价专业技能考核操作工作任务书

一、任务名称

心肺复苏法救护操作。

二、适用工种

高压线路带电检修工（输电）初级工。

三、具体任务

心肺复苏法救护模拟人。针对此项工作，考生须在规定时间内完成模拟人心肺复苏法救治作业。

四、工作规范及要求

心肺复苏法救护。给定条件：提供心肺复苏法救治模拟人1个。

（1）单独操作。

（2）穿工作服、安全帽、工作鞋。

五、考核及时间要求

考核时间共5分钟，每超过1分钟扣5分，到10分钟终止考核。

技能等级评价专业技能考核操作评分标准

工种	高压线路带电检修工（输电）					评价等级	初级工
项目模块	安全作业的有关规定及安全措施—安全的有关规定及安全措施				编号	Jc0002541024	
单位			准考证号			姓名	
考试时限	5分钟		题型	单项操作		题分	100分
成绩		考评员		考评组长		日期	
试题正文	心肺复苏法救护						
需要说明的问题和要求	（1）心肺复苏法救护为单人依次进行，在5分钟内完成。 （2）心肺复苏法救护给定条件：提供救护模拟人1个。 （3）本细则依据GB 50233—2014《110kV～750kV架空输电线路施工及验收规范》制定						

序号	项目名称	质量要求	满分	扣分标准	扣分原因	得分
1	工作准备					
1.1	模拟人放置	（1）将模拟人移到安全的地方。 （2）平卧，身体无扭曲，双手放于两侧，地下不平，可以垫木板	10	少一项扣5分		
2	工作许可					
2.1	许可方式	向考评员示意准备就绪，申请开始工作	5	未向考评员示意即开始工作扣5分		
3	工作步骤及技术要求					
3.1	判断意识	轻拍模拟人肩部，高喊“喂！你怎么了？”等轻呼，是否有意识	5	没判断扣5分		
3.2	触摸颈脉	触摸模拟人颈动脉，有无脉搏	5	没触摸扣5分		
3.3	听呼吸音	用耳朵贴贴模拟人口鼻处有无呼气气流，判断有无呼吸	10	没做扣10分		

续表

序号	项目名称	质量要求	满分	扣分标准	扣分原因	得分
3.4	畅通气道	（1）将模拟人口部打开，清除口鼻咽污物。 （2）对模拟人进行仰头举颏法进行通畅气道	10	没清除口鼻咽污物扣 5 分； 没进行仰头举颏法扣 5 分		
3.5	吹气	（1）用手拇指和食指捏住模拟人鼻孔下端，防止气体从口腔内经鼻孔逸出。每次向模拟人吹气持续 1～5s，同时观察模拟人胸部有无起伏，无起伏，说明气未吹进。每次吹气量约 600mL。 （2）开始向模拟人吹气两口	10	没捏鼻子扣 5 分； 每记录错误 1 次扣 1 分，扣完为止		
3.6	按压	（1）按压模拟人胸骨中 1/3 与下 1/3 交界处。 （2）双臂绷直，双肩在模拟人胸骨上方正中，靠自身重量垂直向下按压。按压深度成人 4～5cm。按压平稳，有节律进行，不能间断。按压频率保持在 100 次/min	10	选择错误扣 5 分； 每记录错误 1 次扣 1 分，扣完为止		
3.7	按压及吹气互换过程	按压与人工呼吸的比例通常是成人 30:2	10	每提示操作 1 次扣 1 分，扣完为止		
3.8	面部判断	口述以下内容： （1）心音及大动脉搏动恢复。 （2）肤色转红润。 （3）瞳孔缩小，光反应恢复。 （4）自主呼吸恢复	5	一项没判断或没讲扣 3 分，扣完为止		
3.9	文明救治	（1）模拟人正常工作。 （2）关心体贴患者、动作协调无野蛮动作	5	模拟人损坏退出操作（本项不得分）； 野蛮动作扣从所得总分中扣 5 分		
4	工作结束					
4.1	整理工具，清理现场	整理好工具，清理好现场	5	错误一项扣 2 分，扣完为止		
5	工作结束汇报	向考评员报告工作已结束，场地已清理	5	未向考评员报告工作结束扣 3 分； 未清理场地扣 2 分		
6	其他要求	操作工作熟练	5	不熟练扣 1～5 分		
	合计		100			

Jc0003543025　经纬仪测量交跨距离。（100 分）

考核知识点：经纬仪的使用、对地交跨距离的测量

难易度：难

技能等级评价专业技能考核操作工作任务书

一、任务名称

经纬仪测量交跨距离。

二、适用工种

高压线路带电检修工（输电）初级工。

三、具体任务

测量导线交跨树木的垂直距离。

四、工作规范及要求

（1）正确操作使用仪器，避免仪器受损。

（2）正确操平经纬仪，进行水平距离、角度测量。

（3）正确计算出导线与树木的垂直交跨距离。

五、考核及时间要求

（1）考核时间为30分钟，时间到即刻停止考评。

（2）计算完成后向考评员汇报测量结果。

技能等级评价专业技能考核操作评分标准

<table>
<tr><td>工种</td><td colspan="5">高压线路带电检修工（输电）</td><td>评价等级</td><td>初级工</td></tr>
<tr><td>项目模块</td><td colspan="4">高压线路带电检修方法及操作技巧—带电作业常用工具的使用</td><td>编号</td><td colspan="2">Jc0003543025</td></tr>
<tr><td>单位</td><td colspan="3"></td><td>准考证号</td><td></td><td>姓名</td><td></td></tr>
<tr><td>考试时限</td><td colspan="2">30分钟</td><td>题型</td><td colspan="2">单项操作</td><td>题分</td><td>100分</td></tr>
<tr><td>成绩</td><td></td><td>考评员</td><td></td><td>考评组长</td><td></td><td>日期</td><td></td></tr>
<tr><td>试题正文</td><td colspan="7">经纬仪测量交跨距离</td></tr>
<tr><td>需要说明的问题和要求</td><td colspan="7">（1）要求两人配合操作，完成树线交跨距离的测量。
（2）操作应注意安全，按照标准化作业书的技术安全说明做好安全措施</td></tr>
</table>

序号	项目名称	质量要求	满分	扣分标准	扣分原因	得分
1	工作准备					
1.1	各种工器具正确使用	熟练正确使用各种工器具	5	未正确使用一次扣1分，扣完为止		
1.2	相关安全措施的准备	正确佩戴安全帽，穿全套工作，包括工作服、绝缘鞋、棉手套	10	未正确佩戴安全帽，穿工作服、绝缘鞋、棉手套每项扣2分，扣完为止		
2	工作许可					
2.1	许可方式	向考评员示意准备就绪，申请开始工作	5	未向考评员示意即开始工作扣5分		
3	工作步骤及技术要求					
3.1	正确使用仪器	爱护仪器设备，轻开轻合，双手托举仪器安装在三脚架上。 仪器箱取出和装上仪器后，应关闭完好	20	拆装仪器动作粗放，每项扣2分； 单手安装三脚架、仪器每项扣5分； 仪器箱打开和关闭未妥善处置每项扣2分； 以上扣分，扣完为止		
3.2	正确使用塔尺	塔尺应轻拿轻放； 应注意塔尺与上方导线的安全距离，塔尺拔出不应过长； 塔尺使用过程中应竖直	10	塔尺不轻拿轻放扣3分； 塔尺存在与上方导线的安全距离不足，拔出过长危险，扣5分； 塔尺使用过程中不竖直扣2分		
3.3	正确读出塔尺上、下丝读数和方向角度	应够利用经纬仪正确读出塔尺上、下丝读数和方向角度	20	每个读数和测量角度不正确扣2分/项，扣完为止		
4	工作结束					
4.1	水平距离计算	利用经纬仪在塔尺上的读数正确计算水平距离	5	公式不正确扣5分，结果不正确但公式正确扣2分		
4.2	垂直交跨距离计算	利用水平距离和方向角度正确计算垂直交跨距离	5	公式不正确扣5分，结果不正确但公式正确扣2分		
5	工作结束汇报	向考评员报告工作已结束，场地已清理	5	未向考评员报告工作结束扣3分； 未清理场地扣2分		
6	其他要求					
6.1	水准仪恢复	水准仪恢复装箱	10	仪器设备未轻拿轻放扣5分		
6.2	三脚架和塔尺恢复	三脚架和塔尺恢复	5	仪器设备未轻拿轻放扣2分		
	合计		100			

Jc0003543026　铁塔斜材补装。（100分）

考核知识点： 识别图纸、塔材放样、打眼

难易度： 难

技能等级评价专业技能考核操作工作任务书

一、任务名称

铁塔斜材补装。

二、适用工种

高压线路带电检修工（输电）初级工。

三、具体任务

补装铁塔缺失的斜材。

四、工作规范及要求

（1）正确识别图纸。

（2）正确塔材放样。

（3）正确使用打眼机打眼。

五、考核及时间要求

（1）考核时间为30分钟，时间到即刻停止考评。

（2）完成后向考评员汇报结果。

技能等级评价专业技能考核操作评分标准

工种	高压线路带电检修工（输电）				评价等级	初级工
项目模块	高压线路检修方法—在杆塔上进行工作			编号	Jc0003543026	
单位		准考证号			姓名	
考试时限	30分钟	题型	单项操作		题分	100分
成绩	考评员		考评组长		日期	
试题正文	铁塔斜材补装					
需要说明的问题和要求	（1）要求两人配合操作，完成斜材的制作。 （2）操作应注意安全，按照标准化作业书的技术安全说明做好安全措施					

序号	项目名称	质量要求	满分	扣分标准	扣分原因	得分
1	工作准备					
1.1	各种工器具正确使用	熟练正确使用各种工器具	5	未正确使用工器具每次扣1分，扣完为止		
1.2	相关安全措施的准备	正确佩戴安全帽，穿全套工作，包括工作服、绝缘鞋、棉手套	10	未正确佩戴安全帽，穿工作服、绝缘鞋、棉手套每项扣2分，扣完为止		
2	工作许可					
2.1	许可方式	向考评员示意准备就绪，申请开始工作	5	未向考评员示意即开始工作扣5分		
3	工作步骤及技术要求					
3.1	选用正确尺寸的角钢	角钢规格正确	4	角钢规格不能正确读出扣2分		
3.2	量出正确尺寸的塔材	（1）塔材尺寸正确。 （2）塔材划线准确	4	塔材尺寸选择错误扣2分； 塔材划线错误扣2分		
3.3	正确使用老虎钳	老虎钳夹角钢平稳、牢固	4	角钢未夹紧、不牢固扣3分		

续表

序号	项目名称	质量要求	满分	扣分标准	扣分原因	得分
3.4	锯条安装正确	（1）锯条平直不扭曲。 （2）锯齿方向正确。 （3）锯条拉紧合适	4	锯条扭曲扣 1 分； 锯齿方向不正确扣 1 分； 锯条拉紧不合适扣 2 分		
3.5	保证锯断位置准确	定位准确锯出印子不伤镀锌层	4	伤镀锌层扣 3 分		
3.6	两手握锯子	姿势正确	4	姿势不正确扣 4 分		
3.7	压力适中	不能断锯条	4	锯断锯条扣 4 分		
3.8	角钢不落地	快锯断时，应扶住角钢，避免角钢头落地	4	角钢头掉地上扣 2 分； 快锯断时未放慢速度扣 2 分		
3.9	长度检查	完成的角钢尺寸正确	4	完成的角钢尺寸不正确扣 4 分		
3.10	断口检查	断口平直	4	断口不平直扣 4 分		
3.11	工器具恢复	恢复现场工器具	5	工器具未恢复原状扣 2～5 分		
3.12	作业现场恢复	恢复现场场地	5	未进行现场场地环境恢复扣 2～5 分		
4	工作结束					
4.1	整理工具，清理现场	整理好工具，清理好现场	15	错误一项扣 5 分，扣完为止		
5	工作结束汇报	向考评员报告工作已结束，场地已清理	5	未向考评员报告工作结束扣 3 分； 未清理场地扣 2 分		
6	其他要求	（1）要求着装正确（工作服、工作胶鞋、安全帽）。 （2）操作动作熟练。 （3）清理工作现场符合文明生产要求。 （4）在规定的时间内完成	10	不满足要求一项扣 3 分，扣完为止		
合计			100			

Jc0004541027 用 GJ－35 型钢绞线制作 NUT 型线夹拉线下把的制作的操作。（100 分）

考核知识点： 制作拉线下把时的选材及拉线制作的操作

难易度： 易

技能等级评价专业技能考核操作工作任务书

一、任务名称

用 GJ－35 型钢绞线制作 NUT 型线夹拉线下把的制作的操作。

二、适用工种

高压线路带电检修工（输电）初级工。

三、具体任务

用 GJ－35 型钢绞线制作 NUT 型线夹拉线下把的制作的操作。针对此项工作，考生须在规定时间内完成更换处理操作。

四、工作规范及要求

（1）要求单独操作。

（2）拉线上端楔形线夹固定。

（3）要求着装正确（工作服、工作胶鞋、安全帽）。

（4）要求一次性剪断钢绞线。

（5）工具。

1）断线钳、盒尺、木锤、紧线器、钢绞线卡头。

2）ϕ12 铁丝、GJ－35 钢绞线、NUT 线夹。
3）利用培训线路进行操作。
4）在培训线路上操作。

五、考核及时间要求

（1）本考核 1～5 项操作时间为 20 分钟，时间到停止考评。
（2）拉线下把制作更换完成后向考评员汇报安装完毕。

技能等级评价专业技能考核操作评分标准

工种	高压线路带电检修工（输电）				评价等级	初级工
项目模块	高压线路带电检修方法及操作技巧—带电作业辅助工作			编号	Jc0004541027	
单位		准考证号			姓名	
考试时限	20 分钟	题型	单项操作		题分	100 分
成绩		考评员		考评组长	日期	
试题正文	用 GJ－35 型钢绞线制作 NUT 型线夹拉线下把的制作的操作					
需要说明的问题和要求	（1）要求单人操作，地面完成。 （2）使用榔头、锤子等工器具不应戴手套。 （3）制作的拉线不应出现散股、连接不牢、工艺质量差等问题。 （4）制作拉线时应注意正确使用工器具、材料，防止伤人					

序号	项目名称	质量要求	满分	扣分标准	扣分原因	得分
1	工作准备					
1.1	工器具的选用	个人工器具齐全（钢丝钳一把、活动扳手两把）、专用工具（木锤、断线钳、紧线器）	10	错、漏一项扣 2 分，扣完为止		
1.2	材料的选用	扎钢绞线的铁丝（10～12 号铁丝、18～20 号铁丝）、GJ－35 钢绞线、NUT 型线夹（双螺母带平垫圈）	5	错、漏一项扣 2 分； 螺帽垫圈每漏一件扣 1 分，型号错扣 5 分； 以上扣分，扣完为止		
2	工作许可					
2.1	许可方式	向考评员示意准备就绪，申请开始工作	5	未向考评员示意即开始工作扣 5 分		
3	工作步骤及技术要求					
3.1	画印、断线	量出钢绞线的长度及断线位置进行准确画印和断线	10	不正确酌情扣 1～10 分		
3.2	安装线夹	钢绞线套入线夹方向正确放入楔子后，钢绞线与楔子弯曲处牢固、无缝隙	10	穿向反一次扣 3 分； 其他视情况扣 1～10 分； 以上扣分，扣完为止		
3.3	紧线、调整拉线	安装 NUT 型线夹用紧线器拉紧，按要求调紧拉线，并紧双螺帽	10	安装不上扣 10 分，要求返工继续进行，拉线及螺帽未达到要求各扣 1～4 分		
3.4	绑扎钢绞线尾线的要求	绑扎方向正确（先顺钢绞线平压一段扎丝，再缠绕压紧该端头）、每圈铁丝绑扎紧密、铁丝两端头及绞头处理合格	20	未按要求绑扎扣 1～5 分； 一圈铁丝绑扎不紧扣 5 分； 两端头为绞紧扣 1～5 分； 绞头为弯进两钢绞线中间或弯进不好扣 5 分		
4	工作结束					
4.1	整理工具，清理现场	整理好工具，清理好现场	10	错误一项扣 5 分，扣完为止		
5	工作结束汇报	向考评员报告工作已结束，场地已清理	5	未向考评员报告工作结束扣 3 分； 未清理场地扣 2 分		

续表

序号	项目名称	质量要求	满分	扣分标准	扣分原因	得分
6	其他要求					
6.1	工艺要求	（1）尾线的位置应在线夹的凸肚侧。 （2）尾线露出长度为300～500mm。 （3）钢绞线与线夹舌板半圆结合处不得有空隙，尾线与主线的绑扎长度为40～50mm。 （4）NUT线夹双母处丝不得大于丝纹总长的1/2	10	尾线位置错误扣2分； 尾线长度每长或短10mm扣3分； 钢绞线与舌板半圆结合处不紧密每1mm扣2分； NUT线夹出丝大于丝纹总长的1/2扣3分； 以上扣分，扣完为止		
6.2	考生着装及操作熟练度	（1）要求着装正确（工作服、工作胶鞋、安全帽）。 （2）操作动作熟练连贯。 （3）工作终结，清理工作现场按照规定时间完成此项目	5	动作不熟练扣1～3分； 不清理工作现场扣1～2分； 超时不给分		
合计			100			

第二部分
中级工

第三章　高压线路带电检修工（输电）中级工技能笔答

Jb0001421001　画出一个由 2 个串联电阻组成的电路。(5 分)
考核知识点：串联电路
难易度：易
标准答案：
如图 Jb0001421001 所示。

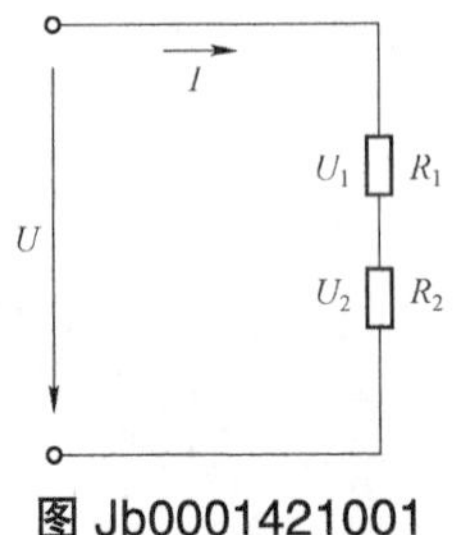

图 Jb0001421001

Jb0001431002　什么是电功、电功率？（5 分）
考核知识点：电功、电功率
难易度：易
标准答案：
在一段时间内电源力所做的功称为电功。单位时间内电场力所做的功称为电功率。

Jb0001421003　画出一个由 2 个并联电阻组成的电路。(5 分)
考核知识点：并联电路
难易度：易
标准答案：
如图 Jb0001421003 所示。

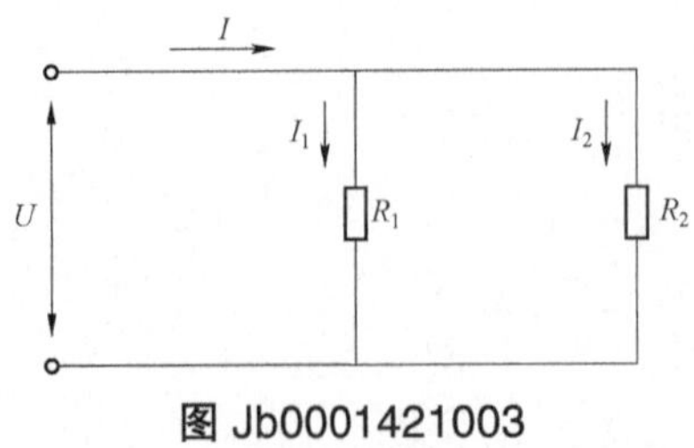

图 Jb0001421003

Jb0001411004　用长 L_1=2m 的铁棒撬起一线盘，若线盘质量 m=100kg，支点距重物距离 L_2=0.2m，计算在另一端加多大的力 F_1 才能将线盘撬起？（5 分）
考核知识点：基础知识
难易度：易

标准答案：

解：

线盘重力 $$G=mg=100\times9.8=980\text{（N）}$$

$$F_1=\frac{G\times L_2}{L_1-L_2}=\frac{980\times0.2}{2-0.2}=108.9\text{（N）}$$

答：在另一端加 108.9N 的力才能将线盘撬起。

Jb0001411005 在交流 220V 的供电线路中，若要使用一个 110V、40W 的灯泡，应串联多大的电阻？（5分）

考核知识点：基础知识

难易度：易

标准答案：

解：

已知 U=220V，U_1=110V，P_1=40W，串联电阻上的压降 $U_2=U-U_1$=220－110=110（V）$=U_1$。

又因为串联电路中电流相等，由欧姆定律可知应串联电阻的阻值 R 等于灯泡电阻 R_1，所以 $R=R_1=U_1^2/P=110^2/40=302.5$（Ω）

答：应串联阻值为 302.5Ω的电阻。

Jb0001431006 杆塔上螺栓的穿向是如何规定的？（5分）

考核知识点：杆塔螺栓

难易度：易

标准答案：

对立体结构：① 水平方向由内向外；② 垂直方向由下向上。

对水平结构：① 顺线路方向，由送电侧穿入或按统一方向穿入；② 横线路方向，两侧由内向外，中间由左向右（指面向受电侧）或按统一方向；③ 垂直方向由下向上。

Jb0001431007 什么叫绝缘强度？（5分）

考核知识点：绝缘强度

难易度：易

标准答案：

绝缘材料或绝缘结构在电压的作用下，能耐受而不被击穿的最高电场强度，称为绝缘材料或绝缘结构的绝缘强度。

Jb0001431008 什么叫电的热效应？什么叫热稳定？（5分）

考核知识点：电的热效应

难易度：易

标准答案：

电流流过物体，使物体发热的现象叫作电的热效应。这是由于自由电子在物质中运动时与分子或原子发生碰撞，结果使电场力给予电子的能量转化为热能，从而使导体发热。

当物体发热后，其温度超过了周围的气温，就要开始向空气散发热量。物体温度愈高，散发热量也愈大，当物体的发热量与散热量相等时，物体的温度就不再继续升高，此时就叫作进入了热稳定状态。此时物体与空气温差，即称为温升。

Jb0001431009　什么叫交流电的周期？频率？（5分）

考核知识点：交流电

难易度：易

标准答案：

交流电从某一瞬时值起，经过一个循环变化又全达到同样的瞬间时值，其间隔的时间叫作周期。用字母T表示，单位为秒。

交流电每秒钟变化的周期叫作频率。用字母 f 表示，单位为赫兹（Hz），显然，周期与频率互为倒数。T=1/f 或 f=1/T。

Jb0001431010　什么叫电力线？它有什么特点与作用？（5分）

考核知识点：电力线

难易度：易

标准答案：

电力线是用图示的方法来表现电场的方向和大小的线条。它有以下特点与作用。电力线从正电荷发生，到负电荷终止，即从正电荷指向负电荷。电力线垂直于带电体的表面，任何两条电力线不会相交。电力线的总和即为电场。电力线的疏密程度（即单位面积通过电力线的根数）可表示电场的强弱。电力线上每一点的切线方向，就是该点电场强度的方向。

Jb0001431011　人体对电场的感知水平是多？（5分）

考核知识点：电场

难易度：易

标准答案：

经过反复测试证明：当人体所处的电场达到240kV/m时，裸露的皮肤上首先开始感觉到有微风拂过，故现在普遍把240kV/m这个临界场强作为人体对电场的感知水平。

Jb0001411012　某单位带电班用4盏电灯照明，每盏灯都是60W，每天用电5h，问这个班一天消耗多少电？（5分）

考核知识点：基础知识

难易度：易

标准答案：

解：

$$电功率=4\times60\times5=1200（Wh）=1.2（kWh）$$

答：这个班一天消耗1.2kWh的电。

Jb0001411013　有一动滑轮，需要把300kg的重物升起，已知外加拉力为155kg，求该滑轮的效率为多少？（5分）

考核知识点：滑轮效率

难易度：易

标准答案：

解：

$$\eta=\frac{Q}{2F}=\frac{300}{2\times155}=0.968$$

答：该滑轮的效率为 0.968。

Jb0001411014　有一个电路，电源电压为 200V，两个电阻串联于电路中，其中 R_1=14Ω，R_2=8Ω；求 R_1 和 R_2 元件上的电压是多少？（5 分）

考核知识点：基础知识

难易度：易

标准答案：

解：

$$I=\frac{U}{R}=\frac{220}{14+8}=10\text{（A）}$$

$$U_1=R_1\times I=14\times 10=140\text{（V）}$$

$$U_2=R_2\times I=8\times 10=80\text{（V）}$$

答：R_1 和 R_2 元件上的电压分别是 140V 和 80V。

Jb0001411015　有一根高 L=15m 锥形电杆，顶部直径 d_1=0.19m，底部直径 d_2=0.39m，求电杆在正立面上的投影面积 S。（5 分）

考核知识点：基础知识

难易度：易

标准答案：

$$S=\frac{1}{2}(d_1+d_2)\times L=\frac{1}{2}(0.19+0.39)\times 15=4.35\text{（m}^2\text{）}$$

答：电杆在正立面的投影面积 S 为 4.35m^2。

Jb0002431016　架空线路导线应力与弧垂有什么关系？（5 分）

考核知识点：导线应力、弧垂

难易度：易

标准答案：

导线的应力与弧垂成反比关系。弧垂越大，导线的应力越小；反之，弧垂越小，导线的应力越大。

Jb0002431017　导线弧垂的允许偏差是多少？（5 分）

考核知识点：导线弧垂

难易度：易

标准答案：

（1）一般情况下 110kV 及以下电压等级的允许偏差为－2.5%～+6%，220kV 及以上电压等级的允许偏差为－2.5%、+3%。

（2）跨越通航河流的大跨越档其弧垂允许偏差不应大于±1%，其正偏差值不应超过 1m。

Jb0002431018　如何正确使用电气工具？（5 分）

考核知识点：电气工具

难易度：易

标准答案：

使用电气工具时，不准提着电气工具的导线或转动部分；在梯子上使用电气工具，应做好防止感电坠落的措施；在使用电气工具工作中，因故离开工作现场或暂时停止工作以及遇到临时停电时，需立即切断电源。

Jb0002433019　35kV 系统中性点直接接地运行的优点是什么？（5 分）

考核知识点：系统中性点

难易度：难

标准答案：

（1）由于 35kV 线路绝缘水平低，对地间隙小，很容易发生接地故障，采用中性点不接地方式，绝缘水平是按电压考虑的，线路接地时由于接地电流很小，有利于消除故障，减少停电次数。

（2）接地电流不超过 10A，不易发生间隙电弧，不需装设消弧线圈。

（3）若利用中性点直接接地方式，绝缘水平高一些，但费用降低不明显，而线路接地时停电次数将会明显增加。

Jb0002411020　用一只内电阻为 1800Ω，量程为 150V 的电压表来测量 600V 的电压，试问必须串接上多少欧姆的电阻？（5 分）

考核知识点：电路基础知识

难易度：易

标准答案：

解：

已知 R_1=1800Ω，U_1=150V，U_2=600V

串联电阻上的电压　　$U_r=U_2-U_1=600-150=450$（V）

串联电阻通过的电流　　$\dfrac{U_1}{R_1}=\dfrac{U_r}{R}$

需串联的电阻值　　$R=\dfrac{U_rR_1}{U_1}=\dfrac{450\times1800}{150}=5400$（Ω）

答：必须串联上 5400Ω的电阻。

Jb0002411021　用 2m 长的铁棒撬起一拉线拉盘，若拉盘质量为 100kg，支点距重物 0.2m，问在另一端点加多大的作用力才能将拉盘撬起？（5 分）

考核知识点：基础知识

难易度：易

标准答案：

已知拉盘 W=100kg，重力为 F_2；施加力为 F_1；支点距重物的距离 0.2m 为 L_2；铁棒长度为 2m，则 $L_1=2-0.2=1.8$（m）

由　　$F_1\times L_1=F_2\times L_2$

施加力　　$F_1=F_2\times\dfrac{L_2}{L_1}=100\times9.81\times\dfrac{0.2}{1.8}=109$（N）

答：应在另一端加 109N 的作用力才能将拉盘撬起。

Jb0002411022 拉线上挂线点高 15m，拉线对地夹角 60°，请计算拉线长度（不考虑拉线头返回长度，不考虑地形差）。（5 分）

考核知识点：基础知识

难易度：易

标准答案：

解：

设拉线长度为 L，则 $L=\dfrac{15}{\sin 60^\circ}=17.3$（m）

答：拉线长度为 17.3m。

Jb0002411023 拉线对电杆夹角 45°，拉线挂点距地面 14m，拉线盘埋深 3m，拉线坑中心地面高于施工基面 4m，求拉线坑中心至电杆中心距离？（5 分）

考核知识点：基础知识

难易度：易

标准答案：

解：

因为

$$\tan 45^\circ=1$$

所以拉线坑中心至电杆中心距离为 $S=(14+3-4)\times\tan 45^\circ=13\times 1=13$（m）

答：拉线坑中心至电杆中心距离 13m。

Jb0003431024 杆塔在选型方面应注意哪几方面的问题？（5 分）

考核知识点：杆塔选型

难易度：易

标准答案：

（1）应综合考虑运行安全、维护方便和节约投资，同时也要注意施工、运输和制造条件。

（2）在覆冰 15mm 及以上气象条件的地区，不宜采用导非对称排列的单柱拉线杆塔或无拉线单杆。

（3）在检修困难的山区，重冰区以及两侧档距或标高相差过大的地方，不应使用转动横担和变形横担。

（4）在一条线路中，应尽量减少杆塔的种类和规格型号。

（5）为减少对农业耕作的影响，少占农田。一般 110kV 及以上的送电线路应尽量少用带拉线的直线型杆塔。

Jb0003431025 导线接头过热的原因是什么？（5 分）

考核知识点：导线接头

难易度：易

标准答案：

导线接头在运行过程中，常因氧化、腐蚀。连接螺栓未紧固等原因而产生接触不良，使接头处的电阻远远大于同长度导线的电阻，当电流通过时，由于电流的热效应使接头处导线的温度升高，造成接头过热。

Jb0003431026 为什么压接管不能靠近线夹？（5分）

考核知识点：压接管

难易度：易

标准答案：

因为压接管处增加了导线的重量，所以当导线震动时，压接管附近的导线弯折得比较厉害，线夹出口处的导线在震动时是比较容易损伤的，如果压接管再靠近线夹，对线夹出口处的导线更不利。此外，压接管离耐张线夹太近，压接管与线夹间的一段导线的表面一层线股受力可能不均匀，接头附近导线的抗拉强度会下降。因此压接管离线夹越远越好。

Jb0003431027 悬垂线夹安装时应注意哪些问题？（5分）

考核知识点：悬垂线夹

难易度：易

标准答案：

悬垂线夹安装时，绝缘子串应垂直地平面。个别情况下，其顺线路方向与垂直位置的位移不应超过5°且最大偏移值不应超过200mm，连续上下山坡塔的悬垂线夹的安装位置应符合设计规定。

Jb0004431028 什么是等电位作业？（5分）

考核知识点：等电位作业

难易度：易

标准答案：

指带电体电位与作业人员身体电位相等的带电作业方式。

Jb0004431029 常见的电晕现象是如何引起的？（5分）

考核知识点：电晕现象

难易度：易

标准答案：

电晕现象是因为高电场强区位于导线表面附近的空间，由于导线附近的场强过高，使空气分子发生游离和局部放电而引起的。

Jb0004431030 带电作业中的有效绝缘长度指的是什么？（5分）

考核知识点：有效绝缘

难易度：易

标准答案：

绝缘有效长度指绝缘工具从握手（或接地）部分起至带电导体间的长度，并扣除中间的金属部件长度后的绝缘长度。

Jb0004431031 等电位作业法有无特殊的技术条件？它与地电位法的不同在何处？（5分）

考核知识点：地电位法

难易度：易

标准答案：

（1）技术条件是：绝缘工具限制流经人体电流；人体在绝缘装置上与接地体应保持一定的安全距离；等电位作业人员必须采用可靠的电场防护措施，使体表场强不超过感知水平（或有关卫生标准）。

（2）不同点：等电位作业法因人体在作业时绝缘体要占据部分净空尺寸，这样设备的净空尺寸将会变小，与间接作业法相比，场强发生畸变，放电电压降低了一些。

Jb0004431032 为什么带电作业中对绝缘子的良好个数要作出规定？（5分）

考核知识点：绝缘子个数规定

难易度：易

标准答案：

各级电压设备使用的绝缘子个数，在干燥气候条件下都有一定的安全裕度。因此，绝缘子串中坏了少量绝缘子并不会立即发生事故，但如果失效绝缘子超过了一定限度，是极不安全的，因此必须作出良好绝缘子个数的规定，使空气间隙、工具长度和绝缘子串的绝缘水平相互适应。

Jb0004411033 负荷为三角形接线的对称三相电路，电源的相间电压 U_{ph} 为 380V，负荷每相阻抗 Z 为 10Ω，求负荷的相电流 I_{ph} 是多少？（5分）

考核知识点：基础知识

难易度：易

标准答案：

解：

由于负荷为三角形接线，线电压为 380V，则 $U_L=U_{ph}=380V$ $I=U/Z=380/10=38$（A）

答：相电流 I_{ph} 为 38A。

Jb0005431034 中性点直接接地方式有哪些优缺点？（5分）

考核知识点：接地方式

难易度：易

标准答案：

优点：（1）系统内过电压比其他接地方式的过电压低 20%，因此可降低设备绝缘水平。

（2）与同电压线路比较，中性点直接接地方式可减少绝缘子数量，减小塔头尺寸。

（3）接地的继电保护动作可靠。

缺点：单相接地电流大，对邻近通信线路影响较大，必须在通信线路中采取措施。

Jb0005431035 常见的雷有几种？哪种雷危害最大？（5分）

考核知识点：雷电常识

难易度：易

标准答案：

平常所见的雷大多是线状雷，其放电痕迹呈线形树枝状，有时也会出现带形雷、链形雷和球形雷等。云团与云团之间的放电叫作空中雷，云团与大地之间的放电叫作落地雷。对电力设施、工业、民用建筑经常造成危害的是落地雷。

Jb0005431036 雷电参数有哪些？（5分）

考核知识点：雷电参数

难易度：易

标准答案：

雷电参数有以下几项：① 雷电波的波形。② 雷电流的幅值、波头及波长的测量数据。③ 雷电流的极性。④ 雷电通道波阻抗。⑤ 雷暴日及雷暴小时。⑥ 地面落雷密度。

Jb0006431037　采用心肺复苏法进行抢救的三项基本措施是什么？（5分）

考核知识点：心肺复苏法

难易度：易

标准答案：

基本措施是通畅气道、口对口（鼻）人工呼吸、胸外按压（人工循环）。

第四章　高压线路带电检修工（输电）中级工技能操作

Jc0006443001　带电更换 110kV 导线悬垂线夹的操作。（100 分）

考核知识点： 带电更换 110kV 导线悬垂线夹的操作方法

难易度： 难

技能等级评价专业技能考核操作工作任务书

一、任务名称

带电更换 110kV 导线悬垂线夹的操作。

二、适用工种

高压线路带电检修工（输电）中级工。

三、具体任务

（1）工作状态为模拟 110kV 带电线路，工作内容为更换导线悬垂线夹。

（2）工作任务。

1）现场工器具准备、穿着屏蔽服。

2）挂软梯，等电位作业更换悬垂线夹

四、工作规范及要求

（1）工器具使用及安全措施。

（2）按要求进行线夹更换。

五、考核及时间要求

（1）本考核 1～3 项操作时间为 30 分钟，时间到即刻停止考评，包括上下杆时间。

（2）绝缘子更换过程中，如操作流程错误，该项目不得分，但不影响其他项目。

（3）按照技能操作记录单的操作要求进行操作。

技能等级评价专业技能考核操作评分标准

<table>
<tr><td>工种</td><td colspan="5">高压线路带电检修工（输电）</td><td>评价等级</td><td>中级工</td></tr>
<tr><td>项目模块</td><td colspan="4">高压线路带电检修方法及操作技巧—输电线路带电作业</td><td>编号</td><td colspan="2">Jc0006443001</td></tr>
<tr><td>单位</td><td colspan="2"></td><td>准考证号</td><td colspan="2"></td><td>姓名</td><td></td></tr>
<tr><td>考试时限</td><td colspan="2">30 分钟</td><td>题型</td><td colspan="2">单项操作</td><td>题分</td><td>100 分</td></tr>
<tr><td>成绩</td><td></td><td>考评员</td><td></td><td>考评组长</td><td></td><td>日期</td><td></td></tr>
<tr><td>试题正文</td><td colspan="7">带电更换 110kV 导线悬垂线夹的操作</td></tr>
<tr><td>需要说明的问题和要求</td><td colspan="7">（1）工作从工作票宣读完毕后开始进行，即操作人员从听完工作票后开始考核（工作前应通知调度等有关单位，停用重合闸）。
（2）工作现场应设地面监护人一名，杆上辅助电工及地面辅助工各一名</td></tr>
</table>

续表

序号	项目名称	质量要求	满分	扣分标准	扣分原因	得分
1	工作准备	（1）穿全套工作服，佩戴安全帽，穿安全鞋。 （2）屏蔽服、安全带、软梯选择正确。 （3）更换线夹用工器具准备齐全	15	错漏一项扣1分，扣完为止		
2	工作许可					
2.1	许可方式	向考评员示意准备就绪，申请开始工作	5	未向考评员示意即开始工作扣5分		
3	工作步骤及技术要求					
3.1	佩戴个人安全用具	大小合适，锁扣自如	5	不正确扣1～5分		
3.2	穿着屏蔽服	大小合适，各部连接可靠	5	不正确扣1～5分		
3.3	挂软梯	方法正确，无返工现象	5	不正确扣1～5分		
3.4	攀登软梯	方法正确，动作熟练	25	攀登方法错误扣15分； 动作不熟练扣1～10分		
3.5	更换悬垂线夹	安装过程中无零部件脱落	5	不正确扣1～5分		
3.6	下软梯	安装位置准确，符合工艺要求	5	不正确扣1～5分		
4	工作结束					
4.1	整理工具，清理现场	整理好工具，清理好现场	10	错误一项扣5分，扣完为止		
5	工作结束汇报	向考评员报告工作已结束，场地已清理	5	未向考评员报告工作结束扣3分； 未清理场地扣2分		
6	其他要求					
6.1	安全注意事项	保证人身与邻相导线的安全距离大于1.4m	15	失误一次扣5分，扣完为止		
合计			100			

Jc0006552002　绝缘子表面盐密度取样及测量操作。（100分）

考核知识点：绝缘子盐密测量

难易度：中

技能等级评价专业技能考核操作工作任务书

一、任务名称

绝缘子表面盐密度取样及测量操作。

二、适用工种

高压线路带电检修工（输电）中级工。

三、具体任务

110kV某线10号杆（Z3）杆设置了一个盐密灰密的测量取样点，按照测量周期应对该取样点进行盐密、灰密测量。

四、工作规范及要求

110kV某线线路带电，取样点为一串防污绝缘子串（7片，型号XP－7），取样点挂在横担边相，不带电。按照计划应该测量第四片绝缘子，盐密度测量仪型号为TLHG－808。请按照以下要求完成绝缘子表面盐密度取样及测量操作。

（1）测量方法正确。

（2）测量工具质量符合要求。

（3）操作过程符合安全质量要求。
（4）测量结果要存档。
（5）考核时间结束终止考试。

五、考核及时间要求

考核时间共60分钟，每超过2分钟扣1分，到65分钟终止考核。

技能等级评价专业技能考核操作评分标准

<table>
<tr><td>工种</td><td colspan="5">高压线路带电检修工（输电）</td><td>评价等级</td><td>中级工</td></tr>
<tr><td>项目模块</td><td colspan="5">高压线路带电检修方法及操作技巧—带电测试工作</td><td>编号</td><td>Jc0006552002</td></tr>
<tr><td>单位</td><td colspan="3"></td><td>准考证号</td><td></td><td>姓名</td><td></td></tr>
<tr><td>考试时限</td><td colspan="2">60分钟</td><td>题型</td><td colspan="2">多项操作</td><td>题分</td><td>100分</td></tr>
<tr><td>成绩</td><td></td><td>考评员</td><td></td><td>考评组长</td><td></td><td>日期</td><td></td></tr>
<tr><td>试题正文</td><td colspan="7">绝缘子表面盐密度取样及测量操作</td></tr>
<tr><td>需要说明的问题和要求</td><td colspan="7">（1）检测工作双人完成，有1名配合人员。
（2）检测前应对仪器设备进行复位。
（3）取样过程中不得将绝缘子表面接触到其他物体。
（4）要求着装正确（工作服、工作胶鞋、安全帽）</td></tr>
</table>

序号	项目名称	质量要求	满分	扣分标准	扣分原因	得分
1	工作准备					
1.1	工器具	脚扣、安全带、延长绳、滑车、绳索选择合格	5	工具选择错误一项扣1分，扣完为止		
1.2	仪器	测量仪、烤箱、称重仪通电试验	5	未进行试验每项扣1分，扣完为止		
2	工作许可					
2.1	许可方式	向考评员示意准备就绪，申请开始工作	5	未向考评员示意即开始工作扣5分		
3	工作步骤及技术要求					
3.1	登杆	携带滑车、绳索登杆	5	工具漏一项扣1分； 登杆不熟练扣1～3分； 以上扣分，扣完为止		
3.2	摘取绝缘子串	（1）摘取过程中不得触碰绝缘子表面。 （2）绝缘子串应缓缓落在地面篷布上	5	一项错误扣2.5分		
3.3	清洗	（1）清洗过程中溶液不得洒落。 （2）清洗范围为绝缘子上表面和下表面，不包括钢脚和钢帽。 （3）样品存储瓶上应贴上标签，注明线路、杆号、绝缘子编号	5	一项错误扣2分，扣完为止		
3.4	恢复绝缘子串	（1）恢复过程中不得触碰绝缘子表面。 （2）绝缘子串的绝缘子顺序应保持不变	5	一项错误扣2.5分		
3.5	仪器准备	（1）将仪器通电，等待机器自检。 （2）用蒸馏水将电极清洗干净。 （3）将电极放入蒸馏水中，选择盐密测量菜单，测量蒸馏水的盐密导电率、盐密值、水温等，再按取消键，回到初始状态	15	一项错误扣5分		

续表

序号	项目名称	质量要求	满分	扣分标准	扣分原因	得分
3.6	盐密测量	（1）溶液应放置 15min 以后进行测量，测量前将溶液轻轻摇匀。 （2）将电极从蒸馏水中取出，放入溶液中，浸入深度不少于 4cm，时间保持 1min。 （3）按下测量键，读取盐密值。 （4）测量完应将电极放入蒸馏水中，准备测量下一个样品溶液	15	一项错误扣 4 分，扣完为止		
3.7	灰密测量	（1）在滤纸上应标记线路、杆号、绝缘子编号。 （2）样品内的固体颗粒物应全部过滤，如未清洗干净，可增加蒸馏水进行清洗。 （3）过滤、烘烤及测量灰密过程中应用镊子操作，不得用手接触样品。 （4）烘干后应将样品放入除湿皿中进行除湿。 （5）称重前应将称重仪器置零，测量时应将称重仪器门关闭，待数字稳定后记录器重量	15	一项错误扣 3 分		
4	工作结束					
4.1	整理工具，清理现场	整理好工具，清理好现场	5	错误一项扣 2 分，扣完为止		
5	工作终结汇报	向考评员报告工作已结束，场地已清理	5	未向考评员报告工作结束扣 3 分；未清理场地扣 2 分		
6	其他要求	（1）要求着装正确（工作服、工作胶鞋、安全帽）。 （2）操作动作熟练。 （3）清理工作现场符合文明生产要求。 （4）在规定的时间内完成	10	一项错误扣 3 分，扣完为止		
合计			100			

Jc0006441003　缠绕及预绞丝修补损伤导线的操作（地面）。（100 分）

考核知识点：预交丝缠绕

难易度：易

技能等级评价专业技能考核操作工作任务书

一、任务名称

缠绕及预绞丝修补损伤导线的操作（地面）。

二、适用工种

高压线路带电检修工（输电）中级工。

三、具体任务

在地面使用缠绕和预绞丝两种方式进行损伤导线修补操作。

四、工作规范及要求

（1）要求单独操作。

（2）导线两端固定，地面操作。

（3）一根导线两处损伤，一处缠绕处理，一处补修预绞丝处理。

（4）正确着装。

五、考核及时间要求

考核时间共 40 分钟。每超过 2 分钟扣 1 分，到 45 分钟终止考核。

技能等级评价专业技能考核操作评分标准

工种	高压线路带电检修工（输电）					评价等级	中级工
项目模块	高压线路检修方法—导、地线的连接与修补				编号	Jc0006441003	
单位			准考证号			姓名	
考试时限	40 分钟		题型	单项操作		题分	100 分
成绩		考评员		考评组长		日期	
试题正文	缠绕及预绞丝修补损伤导线的操作（地面）						
需要说明的问题和要求	本细则依据 GB 50233—2014《110kV～750kV 架空输电线路施工及验收规范》制定						

序号	项目名称	质量要求	满分	扣分标准	扣分原因	得分
1	工作准备					
1.1	选择缠绕补修点	正确	5	不正确不给分		
1.2	准备材料	缠绕材料应为铝单丝	5	不正确不给分		
1.3	铝单丝绕成直径约 15cm 的线圈	不能扭转单丝，保持平滑弧度	5	视情况扣 1～5 分		
2	工作许可					
2.1	许可方式	向考评员示意准备就绪，申请开始工作	5	未向考评员示意即开始工作扣 5 分		
3	工作步骤及技术要求					
3.1	顺导线方向平压一段单丝	位置正确	2	视情况扣 1～2 分		
3.2	缠绕	缠绕时压紧，每圈都应压紧	2	1 圈不紧扣 1 分，扣完为止		
3.3	缠绕方向	与外层铝股绞制方向一致	2	不正确不给分		
3.4	铝单丝线圈位置	外侧方向应靠紧导线	2	不正确不给分		
3.5	线头处理	线头应与先压单丝头绞紧	3	视情况扣 1～3 分		
3.6	绞紧的线头位置	压平紧靠导线	3	视情况扣 1～3 分		
3.7	缠绕中心	应位于损伤最严重处	3	视情况扣 1～3 分		
3.8	缠绕位置	应将受伤部分全部覆盖	3	不正确不给分		
3.9	缠绕长度	最短不得小于 100mm	3	每少 2mm 扣 1 分，扣完为止		
3.10	选择预绞丝	正确	3	不正确不给分		
3.11	清洗预绞丝	干净并干燥	3	视情况扣 1～3 分		
3.12	损伤导线处理	处理平整	3	视情况扣 1～3 分		
3.13	判断导线损伤最严重处	正确	3	不正确不给分		
3.14	用钢卷尺量预绞丝	长度正确	3	不正确不给分		
3.15	定预绞丝在导线上的位置	正确	3	不正确不给分		
3.16	用记号笔在导线上画出预绞丝端头位置	正确	3	不正确不给分		
3.17	将预绞丝一根一根安装上	安装流畅	3	视情况扣 1～3 分		

续表

序号	项目名称	质量要求	满分	扣分标准	扣分原因	得分
3.18	用钢丝钳轻敲预绞丝头部	不能擦伤导线及损伤预绞丝	3	视情况扣 1～3 分		
3.19	补修预绞丝中心	应位于损伤最严重处	3	不正确不给分		
3.20	预绞丝不能变形	应与导线接触紧密	3	变形一根不给分		
3.21	预绞丝端头	应对平齐	2	视情况扣 1～2 分		
3.22	预绞丝位置	应将损伤部位全部覆盖	2	不正确不给分		
4	工作结束					
4.1	着装正确	应穿工作服、工作胶鞋，戴安全帽	2	漏一项扣 1 分，扣完为止		
4.2	操作熟练	熟练流畅	2	不熟练不给分		
4.3	清理工作现场	整理工器具，符合文明生产要求	2	不合格扣 1 分		
4.4	工作顺利	按时完成	4	超过时间不给分，每超过 1 分钟倒扣 1 分		
5	工作终结汇报	向考评员报告工作已结束，场地已清理	5	未向考评员报告工作结束扣 3 分；未清理场地扣 2 分		
6	其他要求	操作动作熟练	5	动作不熟练扣 1～5 分		
合计			100			

Jc0003442004　110kV 铁塔带电拆除鸟窝。(100 分)

考核知识点：带电铁塔拆除鸟窝

难易度：中

技能等级评价专业技能考核操作工作任务书

一、任务名称

带电铁塔拆除鸟窝。

二、适用工种

高压线路带电检修工（输电）中级工。

三、具体任务

拆除 110kV 单回耐张塔鸟窝。

四、工作规范及要求

（1）工器具使用及安全措施。

（2）作业人员操作规范。

五、考核及时间要求

（1）本考核操作时间为 30 分钟，时间到即刻停止考评。

（2）相序牌安装完成后向考评员汇报安装完毕。

技能等级评价专业技能考核操作评分标准

<table>
<tr><td>工种</td><td colspan="5">高压线路带电检修工（输电）</td><td>评价等级</td><td>中级工</td></tr>
<tr><td>项目模块</td><td colspan="4">高压线路带电检修方法及操作技巧—输电线路带电作业</td><td>编号</td><td colspan="2">Jc0003442004</td></tr>
<tr><td>单位</td><td colspan="3"></td><td>准考证号</td><td></td><td>姓名</td><td></td></tr>
<tr><td>考试时限</td><td colspan="2">30 分钟</td><td>题型</td><td colspan="2">单项操作</td><td>题分</td><td>100 分</td></tr>
<tr><td>成绩</td><td></td><td>考评员</td><td></td><td>考评组长</td><td></td><td>日期</td><td></td></tr>
</table>

续表

试题正文	110kV 铁塔带电拆除鸟窝					
需要说明的问题和要求	（1）要求 1 人登塔操作，1 人地面监护。 （2）操作时模拟线路带电。 （3）工作票已办理					

序号	项目名称	质量要求	满分	扣分标准	扣分原因	得分
1	工作准备					
1.1	检查工具	（1）正确佩戴个人安全用具：大小合适，锁扣自如。 （2）检查安全带完好	5	未检查个人安全工器具或检查不全面一次扣 2 分，扣完为止		
1.2	宣读工作票，交代安全措施	作业人员要明确登塔作业的危险点以及安全注意事项	10	危险点不清楚扣 1～5 分； 安全注意事项不清楚扣 1～5 分		
2	工作许可					
2.1	许可方式	向考评员示意准备就绪，申请开始工作	5	未向考评员示意即开始工作扣 5 分		
3	工作步骤及技术要求					
3.1	核对线路双重名称	操作正确	10	未核对线路双重名称扣 10 分		
3.2	攀登杆塔	操作正确	10	操作不规范扣 5～10 分		
3.3	上铁塔登杆至横担鸟窝位置，系好安全带	在登塔时，必须使用安全带和戴安全帽，在杆塔上作业转位时，不得失去安全带保护	20	未使用安全带扣 10 分； 未使用双重保护扣 10 分		
3.4	拆除鸟窝	鸟窝拆除前应检查是否有铁丝	10	未检查鸟窝扣 10 分		
4	工作结束					
4.1	清理现场	清理现场及工具，认真检查杆（塔）上有无留遗物，工作负责人全面检查工作完成情况，无误后撤离现场，做到人走场清	20	一项未做到扣 5 分，扣完为止		
5	工作终结汇报	向考评员报告工作已结束，场地已清理	5	未向考评员报告工作结束扣 3 分； 未清理场地扣 2 分		
6	其他要求	作业人员及其所携带的工具、材料等应与带电体保持不小于 1.4m 安全距离	5	小于 1.4m 扣 5 分		
合计			100			

Jc0006452005　35kV 线路带电更换导线防震锤的操作。（100 分）

考核知识点：更换 35kV 导线防震锤的方法

难易度：中

技能等级评价专业技能考核操作工作任务书

一、任务名称

35kV 线路带电更换导线防振锤的操作。

二、适用工种

高压线路带电检修工（输电）中级工。

三、具体任务

（1）工作状态为模拟 35kV 带电线路，工作内容为带电更换导线防振锤。

（2）工作任务。

1）地面准备、佩戴个人安全用具。

2）挂软梯、等电位作业攀登软梯。

3）更换防振锤。

四、工作规范及要求

（1）工器具使用及安全措施。

（2）按要求进行防震锤更换。

五、考核及时间要求

（1）本考核1～3项操作时间为30分钟，时间到即刻停止考评，包括上下杆时间。

（2）防震锤更换过程中，如防震锤掉落，该项目不得分，但不影响其他项目。

（3）按照技能操作记录单的操作要求进行操作。

技能等级评价专业技能考核操作评分标准

工种	高压线路带电检修工（输电）				评价等级	中级工
项目模块	高压线路带电检修方法及操作技巧—输电线路带电作业			编号	Jc0006452005	
单位		准考证号			姓名	
考试时限	30分钟	题型	单项操作		题分	100分
成绩		考评员		考评组长	日期	
试题正文	35kV线路带电更换导线防震锤的操作					
需要说明的问题和要求	（1）要求多人配合操作，仅对等电位电工进行考评。 （2）操作应注意安全，按照标准化作业书的技术安全说明做好安全措施。 （3）严格按照带电作业流程进行，流程是否正确将列入考评内容。 （4）工具材料的检查由被考核人员配合完成。 （5）视作业现场线路重合闸已停用					

序号	项目名称	质量要求	满分	扣分标准	扣分原因	得分
1	工作准备					
1.1	各种工器具正确使用	熟练正确使用各种工器具	5	未正确使用一次扣1分，扣完为止		
1.2	相关安全措施的准备	（1）正确进行绝缘工具检查。 （2）带电作业现场条件复核。 （3）合理布置地面材料、工具	10	未进行绝缘工具绝缘性检查、擦拭扣3分； 未进行屏蔽服连接检查及电阻检测扣3分； 未进行现场风速、湿度检查扣2分； 地面工具、材料摆放不整齐、不合理扣2分		
2	工作许可					
2.1	许可方式	向考评员示意准备就绪，申请开始工作	5	未向考评员示意即开始工作扣5分		
3	工作步骤及技术要求					
3.1	作业中使用工具材料	能按要求正确选择作业工具，顺利完成工具的组合	15	软体及梯头组合不正确扣8分； 作业工具选择错误、不全扣7分		
3.2	作业程序	高空作业人员与地面人员相互配合，高空作业人员做好个人防护工作	20	作业人员作业时失去安全保护（无后备保护、未系安全带）扣10分； 绝缘绳固定位置不合适，导致重复移动的扣10分		
3.3	安全措施	塔上作业人员与带电体保持足够的安全距离，使用的带电工器具作业时保持有效的绝缘长度	20	登高作业前，未对登高工具及安全带进行检查和冲击试验的扣5分； 等电位电工电位转移时未向工作负责人申请或未经批准后进行转移的扣5分； 等电位人员与相邻导线距离小于0.7m每次扣5分； 电位转移时，人体裸露部分与带电体未保持0.2m以上距离，每次扣2.5分； 出现高空落物情况，扣5分 以上扣分，扣完为止		

续表

序号	项目名称	质量要求	满分	扣分标准	扣分原因	得分
4	工作结束					
4.1	作业结束	作业完成后检查检修质量，确认作业现场有无遗留物，申请下梯	5	作业结束后未检查防振锤安装情况及螺栓紧固安装情况的扣2分； 未向工作负责人申请下梯或工作负责人未批准下梯的扣2分； 下梯后导线上有遗留物的扣1分		
4.2	材料、工具规整	作业结束后进行现场工具材料规整	5	未进行现场工具材料规整扣5分		
5	工作结束汇报	向考评员报告工作已结束，场地已清理	5	未向考评员报告工作结束扣3分； 未清理场地扣2分		
6	其他要求	操作动作熟练	5	动作不熟练扣1～5分		
合计			100			

Jc0006452006　用预绞丝补修条带电补修35kV线路导线的操作。（100分）

考核知识点：用预绞丝补修条带电补修35kV线路导线的方法

难易度：中

技能等级评价专业技能考核操作工作任务书

一、任务名称

用预绞丝补修条带电补修35kV线路导线的操作。

二、适用工种

高压线路带电检修工（输电）中级工。

三、具体任务

（1）工作状态为模拟35kV线路，工作内容为用预绞丝补修条带电补修35kV线路导线。

（2）工作任务。

1）穿着屏蔽服挂软梯。

2）攀登软梯等电位作业安装预绞式补修条。

四、工作规范及要求

（1）工器具使用及安全措施。

（2）按要求安装预绞式补修条。

五、考核及时间要求

（1）本考核1～3项操作时间为30分钟，时间到即刻停止考评，包括上下杆时间。

（2）安装过程中，如预绞式补修条掉落，该项目不得分，但不影响其他项目。

（3）按照技能操作记录单的操作要求进行操作。

技能等级评价专业技能考核操作评分标准

<table>
<tr><td>工种</td><td colspan="5">高压线路带电检修工（输电）</td><td>评价等级</td><td>中级工</td></tr>
<tr><td>项目模块</td><td colspan="4">高压线路检修方法—导、地线的连接与修补</td><td>编号</td><td colspan="2">Jc0006452006</td></tr>
<tr><td>单位</td><td colspan="3"></td><td>准考证号</td><td></td><td>姓名</td><td></td></tr>
<tr><td>考试时限</td><td colspan="2">30分钟</td><td>题型</td><td colspan="2">多项操作</td><td>题分</td><td>100分</td></tr>
<tr><td>成绩</td><td></td><td>考评员</td><td></td><td>考评组长</td><td></td><td>日期</td><td></td></tr>
</table>

续表

试题正文	用预绞丝补修条带电补修35kV线路导线的操作
需要说明的问题和要求	（1）工作从工作票宣读完毕后开始进行，即操作人员从听完工作票后开始考核（工作前应通知调度等有关单位，停用重合闸）。 （2）工作现场应设地面监护人1名，地面辅助工1名

序号	项目名称	质量要求	满分	扣分标准	扣分原因	得分
1	工作准备					
1.1	佩戴个人安全用具	大小合适，锁扣自如	5	不正确扣1～5分		
1.2	穿着屏蔽服	大小合格，各部连接可靠	5	不正确扣1～5分		
1.3	挂软梯（可要求地面辅助工配合）	方法正确，无返工现场	5	不正确扣1～5分		
2	工作许可					
2.1	许可方式	向考评员示意准备就绪，申请开始工作	5	未向考评员示意即开始工作扣5分		
3	工作步骤及技术要求					
3.1	攀登软梯	方法正确，动作熟练	10	方法不正确扣5分； 动作不熟练扣1～5分		
3.2	安装预绞式补修条	安装过程中无零部件脱落；安装位置准确，符合工艺要求	20	安装过程中零部件掉落一次扣10分； 安装位置不准确扣5～10分		
3.3	下软梯	方法正确，动作熟练	20	方法不正确扣10分； 动作不熟练扣5～10分		
4	工作结束					
4.1	整理工具，清理现场	整理好工具，清理好现场	10	错误一项扣5分，扣完为止		
5	工作结束汇报	向考评员报告工作已结束，场地已清理	5	未向考评员报告工作结束扣3分； 未清理场地扣2分		
6	其他要求					
6.1	安全注意事项	保证人身与邻相导线的安全距离大于0.8m；转移电位时符合《国家电网公司电力安全工作规程》要求	15	失误一次扣4分，扣完为止		
合计			100			

Jc0006451007　带电更换35kV导线悬垂线夹的操作。（100分）

考核知识点： 带电更换35kV导线悬垂线夹的操作方法

难易度： 易

技能等级评价专业技能考核操作工作任务书

一、任务名称

带电更换35kV导线悬垂线夹的操作。

二、适用工种

高压线路带电检修工（输电）中级工。

三、具体任务

（1）工作状态为模拟35kV带电线路，工作内容为更换导线悬垂线夹。

（2）工作任务。

1）现场工器具准备、穿着屏蔽服。

2）挂软梯，等电位作业更换悬垂线夹。

四、工作规范及要求

（1）工器具使用及安全措施。

（2）按要求进行线夹更换。

五、考核及时间要求

（1）本考核1～3项操作时间为30分钟，时间到即刻停止考评，包括上下杆时间。

（2）绝缘子更换过程中，如操作流程错误，该项目不得分，但不影响其他项目。

（3）按照技能操作记录单的操作要求进行操作。

技能等级评价专业技能考核操作评分标准

工种	高压线路带电检修工（输电）					评价等级	中级工
项目模块	高压线路带电检修方法及操作技巧—输电线路带电作业				编号	Jc0006451007	
单位		准考证号				姓名	
考试时限	30分钟	题型	单项操作			题分	100分
成绩		考评员		考评组长		日期	
试题正文	带电更换35kV导线悬垂线夹的操作						
需要说明的问题和要求	（1）工作从工作票宣读完毕后开始进行，即操作人员从听完工作票后开始考核（工作前应通知调度等有关单位，停用重合闸）。 （2）工作现场应设地面监护人1名，杆上辅助电工及地面辅助工各1名						

序号	项目名称	质量要求	满分	扣分标准	扣分原因	得分
1	工作准备					
1.1	佩戴个人安全用具	大小合适，锁扣自如	5	不正确扣1～5分		
1.2	穿着屏蔽服	大小合适，各部连接可靠	5	不正确扣1～5分		
1.3	挂软梯	方法正确，无返工现象	5	不正确扣1～5分		
2	工作许可					
2.1	许可方式	向考评员示意准备就绪，申请开始工作	5	未向考评员示意即开始工作扣5分		
3	工作步骤及技术要求					
3.1	攀登软梯	方法正确，动作熟练	10	方法不正确扣5分； 动作不熟练扣1～5分		
3.2	更换悬垂线夹	安装过程中无零部件脱落	20	安装过程中零部件掉落一次扣10分； 安装位置不准确扣5～10分		
3.3	下软梯	方法正确，动作熟练	20	方法不正确扣10分； 动作不熟练扣5～10分		
4	工作结束					
4.1	整理工具，清理现场	整理好工具，清理好现场	10	错误一项扣5分，扣完为止		
5	工作结束汇报	向考评员报告工作已结束，场地已清理	5	未向考评员报告工作结束扣3分； 未清理场地扣2分		
6	其他要求					
6.1	安全注意事项	保证人身与邻相导线的安全距离大于0.7m	15	失误一次扣5分，扣完为止		
	合计		100			

Jc0006461008 35kV输电线路带电检测直线串绝缘子低零值。(100分)

考核知识点：

（1）带电作业原理和基本方法。

（2）带电作业的安全技术。

（3）带电作业工具的检查与使用。

难易度：易

技能等级评价专业技能考核操作工作任务书

一、任务名称

35kV 输电线路带电检测直线串绝缘子低零值。

二、适用工种

高压线路带电检修工（输电）中级工。

三、具体任务

35V 输电线路直线杆塔上按照带电检测要求进行直线串绝缘子低零值检测。

四、工作规范及要求

（1）作业中保持安全距离。

（2）正确进行带电作业工器具现场检查及使用。

（3）作业中各安全措施执行到位。

（4）带电作业操作流程正确，顺畅。

（5）作业人员配合默契。

五、考核及时间要求

（1）本考核整体操作时间为 30 分钟，时间到停止考评，包括作业场地工具、材料整理。

（2）项目工作人员共计 3 人。其中工作负责人 1 人，地面电工 1 人，杆塔上电工 1 人，本项目仅对杆塔上电工进行评审。

技能等级评价专业技能考核操作评分标准

工种	高压线路带电检修工（输电）					评价等级	中级工
项目模块	高压线路带电检修方法及操作技巧—带电测试工作				编号	Jc0006461008	
单位			准考证号			姓名	
考试时限	30 分钟		题型	单项操作		题分	100 分
成绩		考评员		考评组长		日期	
试题正文	35kV 输电线路带电检测直线串绝缘子低零值						
需要说明的问题和要求	（1）要求多人配合操作，仅对杆塔上作业人员进行考评。 （2）操作应注意安全，按照标准化作业书的技术安全说明做好安全措施。 （3）严格按照带电作业流程进行，流程是否正确将列入考评内容。 （4）工具材料的检查由被考核人员配合完成。 （5）视作业现场线路重合闸已停用						

序号	项目名称	质量要求	满分	扣分标准	扣分原因	得分
1	工作准备					
1.1	各种工器具正确使用	熟练正确使用各种工器具	5	未正确使用一次扣 1 分，扣完为止		
1.2	相关安全措施的准备	（1）正确进行绝缘工具检查。 （2）带电作业现场条件复核。 （3）进行绝缘子零值检查。 （4）合理布置地面材料、工具	10	未进行绝缘工具绝缘性检查扣 2 分； 未进行现场风速、湿度检查扣 2 分； 绝缘子零值检查操作错误扣 4 分； 地面工具、材料摆放不整齐、不合理扣 2 分		
2	工作许可					
2.1	许可方式	向考评员示意准备就绪，申请开始工作	5	未向考评员示意即开始工作扣 5 分		
3	工作步骤及技术要求					
3.1	作业中使用工具材料	能按要求正确选择作业工具，顺利完成工具的组合	20	未正确选择作业工具扣 10 分； 未正确组装作业工具扣 10 分		

续表

序号	项目名称	质量要求	满分	扣分标准	扣分原因	得分
3.2	作业程序	高空作业人员与地面人员相互配合，高空作业人员做好个人防护工作	20	作业人员作业时失去安全保护（无后备保护、未系安全带）扣10分； 绝缘绳固定位置不合适，导致重复移动的扣10分		
3.3	安全措施	塔上作业人员与带电体保持足够的安全距离，使用的带电工器具作业时保持有效的绝缘长度	20	登高作业前，未对登高工具及安全带进行检查和冲击试验的扣8分； 塔上作业人员与带电体安全距离小于0.4m的扣5分； 使用的绝缘承力工具安全长度小于0.4m、绝缘操作杆的有效长度小于0.7m，扣5分； 出现高空落物情况扣2分		
4	工作结束					
4.1	整理工具，清理现场	整理好工具，清理好现场	5	错误一项扣2分，扣完为止		
5	工作结束汇报					
5.1	作业结束	作业完成后检查检修质量，确认作业现场有无遗留物，申请下塔	8	作业结束后未向工作负责人申请下塔或工作负责人未批准下塔的扣3分； 下塔后塔上有遗留物的扣5分		
5.2	材料、工具规整	作业结束后进行现场工具材料规整	2	未进行现场工具材料规整扣2分		
6	其他要求	操作动作熟练	5	动作不熟练扣1～5分		
	合计		100			

Jc0005461009 35kV输电线路带电检测耐张串绝缘子低零值。（100分）

考核知识点：

（1）带电作业原理和基本方法。

（2）带电作业的安全技术。

（3）带电作业工具的检查与使用。

难易度：简单

技能等级评价专业技能考核操作工作任务书

一、任务名称

35kV输电线路带电检测耐张串绝缘子低零值。

二、适用工种

高压线路带电检修工（输电）中级工。

三、具体任务

35kV输电线路耐张杆塔上按照带电检测要求进行直线串绝缘子低零值。

四、工作规范及要求

（1）作业中保持安全距离。

（2）正确进行带电作业工器具现场检查及使用。

（3）作业中各安全措施执行到位。

（4）带电作业操作流程正确，顺畅。

（5）作业人员配合默契。

五、考核及时间要求

（1）本考核整体操作时间为30分钟，时间到即刻停止考评，包括作业场地工具、材料整理。

（2）项目工作人员共计3人。其中工作负责人1人，地面电工1人，杆塔上电工1人，本项目仅对杆塔上电工进行评审。

技能等级评价专业技能考核操作评分标准

<table>
<tr><td>工种</td><td colspan="5">高压线路带电检修工（输电）</td><td>评价等级</td><td>中级工</td></tr>
<tr><td>项目模块</td><td colspan="4">高压线路带电检修方法及操作技巧—带电测试工作</td><td>编号</td><td colspan="2">Jc0005461009</td></tr>
<tr><td>单位</td><td colspan="3"></td><td>准考证号</td><td></td><td>姓名</td><td></td></tr>
<tr><td>考试时限</td><td colspan="2">30分钟</td><td>题型</td><td colspan="2">单项操作</td><td>题分</td><td>100分</td></tr>
<tr><td>成绩</td><td>考评员</td><td colspan="2"></td><td>考评组长</td><td></td><td>日期</td><td></td></tr>
<tr><td>试题正文</td><td colspan="7">35kV输电线路带电检测耐张串绝缘子低零值</td></tr>
<tr><td>需要说明的问题和要求</td><td colspan="7">（1）要求多人配合操作，仅对杆塔上作业人员进行考评。
（2）操作应注意安全，按照标准化作业书的技术安全说明做好安全措施。
（3）严格按照带电作业流程进行，流程是否正确将列入考评内容。
（4）工具材料的检查由被考核人员配合完成。
（5）视作业现场线路重合闸已停用</td></tr>
</table>

序号	项目名称	质量要求	满分	扣分标准	扣分原因	得分
1	工作准备					
1.1	各种工器具正确使用	熟练正确使用各种工器具	5	未正确使用一次扣1分，扣完为止		
1.2	相关安全措施的准备	（1）正确进行绝缘工具检查。 （2）带电作业现场条件复核。 （3）进行绝缘子零值检查。 （4）合理布置地面材料、工具	10	未进行绝缘工具绝缘性检查扣2分； 未进行现场风速、湿度检查扣2分； 绝缘子零值检查操作错误扣4分； 地面工具、材料摆放不整齐、不合理扣2分		
2	工作许可					
2.1	许可方式	向考评员示意准备就绪，申请开始工作	5	未向考评员示意即开始工作扣5分		
3	工作步骤及技术要求					
3.1	作业中使用工具材料	能按要求正确选择作业工具，顺利完成工具的组合	20	未正确选择作业工具扣10分； 未正确组装作业工具扣10分		
3.2	作业程序	高空作业人员与地面人员相互配合，高空作业人员做好个人防护工作	20	作业人员作业时失去安全保护（无后备保护、未系安全带）扣10分； 绝缘绳固定位置不合适，导致重复移动的扣10分		
3.3	安全措施	塔上作业人员与带电体保持足够的安全距离，使用的带电工器具作业时保持有效的绝缘长度	20	登高作业前，未对登高工具及安全带进行检查和冲击试验的扣8分； 塔上作业人员与带电体安全距离小于0.7m的扣5分； 使用的绝缘承力工具安全长度小于0.4m、绝缘操作杆的有效长度小于0.7m，扣5分； 出现高空落物情况扣2分		
4	工作结束					
4.1	整理工具，清理现场	整理好工具，清理好现场	5	错误一项扣2分，扣完为止		
5	工作终结汇报					
5.1	作业结束	作业完成后检查检修质量，确认作业现场有无遗留物，申请下塔	8	作业结束后未向工作负责人申请下塔或工作负责人未批准下塔的扣3分； 下塔后塔上有遗留物的扣5分		
5.2	材料、工具规整	作业结束后进行现场工具材料规整	2	未进行现场工具材料规整扣2分		
6	其他要求	操作动作熟练	5	动作不熟练扣1～5分		
合计			100			

Jc0005461010 110kV 输电线路带电检测直线串绝缘子低零值。(100 分)

考核知识点：

（1）带电作业原理和基本方法。

（2）带电作业的安全技术。

（3）带电作业工具的检查与使用。

难易度：易

技能等级评价专业技能考核操作工作任务书

一、任务名称

110kV 输电线路带电检测直线串绝缘子低零值。

二、适用工种

高压线路带电检修工（输电）中级工。

三、具体任务

110kV 输电线路直线杆塔上按照带电检测要求进行直线串绝缘子低零值。

四、工作规范及要求

（1）作业中保持安全距离。

（2）正确进行带电作业工器具现场检查及使用。

（3）作业中各安全措施执行到位。

（4）带电作业操作流程正确，顺畅。

（5）作业人员配合默契。

五、考核及时间要求

（1）本考核整体操作时间为 30 分钟，时间到即刻停止考评，包括作业场地工具、材料整理。

（2）项目工作人员共计 3 人。其中工作负责人 1 人，地面电工 1 人，杆塔上电工 1 人，本项目仅对杆塔上电工进行评审。

技能等级评价专业技能考核操作评分标准

工种	高压线路带电检修工（输电）					评价等级	中级工
项目模块	高压线路带电检修方法及操作技巧—带电测试工作				编号	Jc0005461010	
单位			准考证号			姓名	
考试时限	30 分钟	题型		单项操作		题分	100 分
成绩		考评员		考评组长		日期	
试题正文	110kV 输电线路带电检测直线串绝缘子低零值						
需要说明的问题和要求	（1）要求多人配合操作，仅对杆塔上作业人员进行考评。 （2）操作应注意安全，按照标准化作业书的技术安全说明做好安全措施。 （3）严格按照带电作业流程进行，流程是否正确将列入考评内容。 （4）工具材料的检查由被考核人员配合完成。 （5）视作业现场线路重合闸已停用						

序号	项目名称	质量要求	满分	扣分标准	扣分原因	得分
1	工作准备					
1.1	各种工器具正确使用	熟练正确使用各种工器具	5	未正确使用一次扣 1 分，扣完为止		
1.2	相关安全措施的准备	（1）正确进行绝缘工具检查。 （2）带电作业现场条件复核。 （3）进行绝缘子零值检查。 （4）合理布置地面材料、工具	10	未进行绝缘工具绝缘性检查扣 2 分； 未进行现场风速、湿度检查扣 2 分； 绝缘子零值检查操作错误扣 4 分； 地面工具、材料摆放不整齐、不合理扣 2 分		

续表

序号	项目名称	质量要求	满分	扣分标准	扣分原因	得分
2	工作许可					
2.1	许可方式	向考评员示意准备就绪，申请开始工作	5	未向考评员示意即开始工作扣5分		
3	工作步骤及技术要求					
3.1	作业中使用工具材料	能按要求正确选择作业工具，顺利完成工具的组合	20	未正确选择作业工具扣10分； 未正确组装作业工具扣10分		
3.2	作业程序	高空作业人员与地面人员相互配合，高空作业人员做好个人防护工作	20	作业人员作业时失去安全保护（无后备保护、未系安全带）扣10分； 绝缘绳固定位置不合适，导致重复移动的扣10分		
3.3	安全措施	塔上作业人员与带电体保持足够的安全距离，使用的带电工器具作业时保持有效的绝缘长度	20	登高作业前，未对登高工具及安全带进行检查和冲击试验的扣8分； 塔上作业人员与带电体安全距离小于1m的扣5分； 使用的绝缘承力工具安全长度小于1m、绝缘操作杆的有效长度小于1.3m，扣5分； 出现高空落物情况扣2分		
4	工作结束					
4.1	整理工具，清理现场	整理好工具，清理好现场	5	错误一项扣2分，扣完为止		
5	工作终结汇报					
5.1	作业结束	作业完成后检查检修质量，确认作业现场有无遗留物，申请下塔	8	作业结束后未向工作负责人申请下塔或工作负责人未批准下塔的扣3分； 下塔后塔上有遗留物的扣5分		
5.2	材料、工具规整	作业结束后进行现场工具材料规整	2	未进行现场工具材料规整扣2分		
6	其他要求	操作动作熟练	5	动作不熟练扣1～5分		
合计			100			

Jc0005461011　110kV 输电线路带电检测耐张串绝缘子低零值。（100 分）

考核知识点：

（1）带电作业原理和基本方法。

（2）带电作业的安全技术。

（3）带电作业工具的检查与使用。

难易度：易

技能等级评价专业技能考核操作工作任务书

一、任务名称

110kV 输电线路带电检测耐张串绝缘子低零值。

二、适用工种

高压线路带电检修工（输电）中级工。

三、具体任务

模拟 110kV 输电线路带电检测耐张串绝缘子低零值。

四、工作规范及要求

（1）作业中保持安全距离。

（2）正确进行带电作业工器具现场检查及使用。

（3）作业中各安全措施执行到位。

（4）带电作业操作流程正确，顺畅。

（5）作业人员配合默契。

五、考核及时间要求

（1）本考核整体操作时间为30分钟，时间到即刻停止考评，包括作业场地工具、材料整理。

（2）项目工作人员共计3人。其中工作负责人1人，地面电工1人，杆塔上电工1人，本项目仅对杆塔上电工进行评审。

技能等级评价专业技能考核操作评分标准

工种	高压线路带电检修工（输电）				评价等级	中级工
项目模块	高压线路带电检修方法及操作技巧—带电测试工作			编号	Jc0005461011	
单位		准考证号			姓名	
考试时限	30分钟	题型	单项操作		题分	100分
成绩		考评员		考评组长		日期	
试题正文	110kV输电线路带电检测耐张串绝缘子低零值					
需要说明的问题和要求	（1）要求多人配合操作，仅对杆塔上作业人员进行考评。 （2）操作应注意安全，按照标准化作业书的技术安全说明做好安全措施。 （3）严格按照带电作业流程进行，流程是否正确将列入考评内容。 （4）工具材料的检查由被考核人员配合完成。 （5）视作业现场线路重合闸已停用					

序号	项目名称	质量要求	满分	扣分标准	扣分原因	得分
1	工作准备					
1.1	各种工器具正确使用	熟练正确使用各种工器具	5	未正确使用一次扣1分，扣完为止		
1.2	相关安全措施的准备	（1）正确进行绝缘工具检查。 （2）带电作业现场条件复核。 （3）进行绝缘子零值检查。 （4）合理布置地面材料、工具	10	未进行绝缘工具绝缘性检查扣2分； 未进行现场风速、湿度检查扣2分； 绝缘子零值检查操作错误扣4分； 地面工具、材料摆放不整齐、不合理扣2分		
2	工作许可					
2.1	许可方式	向考评员示意准备就绪，申请开始工作	5	未向考评员示意即开始工作扣5分		
3	工作步骤及技术要求					
3.1	作业中使用工具材料	能按要求正确选择作业工具，顺利完成工具的组合	20	未正确选择作业工具扣10分； 未正确组装作业工具扣10分		
3.2	作业程序	高空作业人员与地面人员相互配合，高空作业人员做好个人防护工作	20	作业人员作业时失去安全保护（无后备保护、未系安全带）扣10分； 绝缘绳固定位置不合适，导致重复移动的扣10分		
3.3	安全措施	塔上作业人员与带电体保持足够的安全距离，使用的带电工器具作业时保持有效的绝缘长度	20	登高作业前，未对登高工具及安全带进行检查和冲击试验的扣8分； 塔上作业人员与带电体安全距离小于1m的扣5分； 使用的绝缘承力工具安全长度小于1m、绝缘操作杆的有效长度小于1.3m，扣5分； 出现高空落物情况扣2分		

续表

序号	项目名称	质量要求	满分	扣分标准	扣分原因	得分
4	工作结束					
4.1	整理工具，清理现场	整理好工具，清理好现场	5	错误一项扣2分，扣完为止		
5	工作终结汇报					
5.1	作业结束	作业完成后检查检修质量，确认作业现场有无遗留物，申请下塔	8	作业结束后未向工作负责人申请下塔或工作负责人未批准下塔的扣3分；下塔后塔上有遗留物的扣5分		
5.2	材料、工具规整	作业结束后进行现场工具材料规整	2	未进行现场工具材料规整扣2分		
6	其他要求	操作动作熟练	5	动作不熟练扣1～5分		
合计			100			

Jc0005461012　220kV 输电线路带电检测直线串绝缘子低零值。（100 分）

考核知识点：

（1）带电作业原理和基本方法。

（2）带电作业的安全技术。

（3）带电作业工具的检查与使用。

难易度：易

技能等级评价专业技能考核操作工作任务书

一、任务名称

220kV 输电线路带电检测直线串绝缘子低零值。

二、适用工种

高压线路带电检修工（输电）中级工。

三、具体任务

模拟 220kV 输电线路带电检测直线串绝缘子低零值。

四、工作规范及要求

（1）作业中保持安全距离。

（2）正确进行带电作业工器具现场检查及使用。

（3）作业中各安全措施执行到位。

（4）带电作业操作流程正确，顺畅。

（5）作业人员配合默契。

五、考核及时间要求

（1）本考核整体操作时间为 30 分钟，时间到停止考评，包括作业场地工具、材料整理。

（2）项目工作人员共计 3 人。其中工作负责人 1 人，地面电工 1 人，杆塔上电工 1 人，本项目仅对杆塔上电工进行评审。

技能等级评价专业技能考核操作评分标准

工种	高压线路带电检修工（输电）					评价等级	中级工
项目模块	高压线路带电检修方法及操作技巧—带电测试工作				编号	Jc0005461012	
单位			准考证号			姓名	
考试时限	30 分钟		题型	单项操作		题分	100 分
成绩		考评员		考评组长		日期	

续表

试题正文	220kV 输电线路带电检测直线串绝缘子低零值					
需要说明的问题和要求	（1）要求多人配合操作，仅对杆塔上作业人员进行考评。 （2）操作应注意安全，按照标准化作业书的技术安全说明做好安全措施。 （3）严格按照带电作业流程进行，流程是否正确将列入考评内容。 （4）工具材料的检查由被考核人员配合完成。 （5）视作业现场线路重合闸已停用					

序号	项目名称	质量要求	满分	扣分标准	扣分原因	得分
1	工作准备					
1.1	各种工器具正确使用	熟练正确使用各种工器具	5	未正确使用一次扣 1 分，扣完为止		
1.2	相关安全措施的准备	（1）正确进行绝缘工具检查。 （2）带电作业现场条件复核。 （3）进行绝缘子零值检查。 （4）合理布置地面材料、工具	10	未进行绝缘工具绝缘性检查扣 2 分； 未进行现场风速、湿度检查扣 2 分； 绝缘子零值检查操作错误扣 4 分； 地面工具、材料摆放不整齐、不合理扣 2 分		
2	工作许可					
2.1	许可方式	向考评员示意准备就绪，申请开始工作	5	未向考评员示意即开始工作扣 5 分		
3	工作步骤及技术要求					
3.1	作业中使用工具材料	能按要求正确选择作业工具，顺利完成工具的组合	20	未正确选择作业工具扣 10 分； 未正确组装作业工具扣 10 分		
3.2	作业程序	高空作业人员与地面人员相互配合，高空作业人员做好个人防护工作	20	作业人员作业时失去安全保护（无后备保护、未系安全带）扣 10 分； 绝缘绳固定位置不合适，导致重复移动的扣 10 分		
3.3	安全措施	塔上作业人员与带电体保持足够的安全距离，使用的带电工器具作业时保持有效的绝缘长度	20	登高作业前，未对登高工具及安全带进行检查和冲击试验的扣 5 分； 塔上作业人员与带电体安全距离小于 1.8m 的扣 5 分； 使用的绝缘承力工具安全长度小于 1.8m、绝缘操作杆的有效长度小于 2.1m，扣 5 分； 出现高空落物情况扣 5 分		
4	工作结束					
4.1	整理工具，清理现场	整理好工具，清理好现场	5	错误一项扣 2 分，扣完为止		
5	工作终结汇报					
5.1	作业结束	作业完成后检查检修质量，确认作业现场有无遗留物，申请下塔	8	作业结束后未向工作负责人申请下塔或工作负责人未批准下塔的扣 3 分； 下塔后塔上有遗留物的扣 5 分		
5.2	材料、工具规整	作业结束后进行现场工具材料规整	2	未进行现场工具材料规整扣 2 分		
6	其他要求	操作动作熟练	5	动作不熟练扣 1～5 分		
	合计		100			

Jc0005461013　220kV 输电线路带电检测绝缘子低零值。(100 分)

考核知识点：

（1）带电作业原理和基本方法。

（2）带电作业的安全技术。

（3）带电作业工具的检查与使用。

难易度：易

技能等级评价专业技能考核操作工作任务书

一、任务名称

220kV 输电线路带电检测耐张串绝缘子低零值。

二、适用工种

高压线路带电检修工（输电）中级工。

三、具体任务

模拟 220kV 输电线路带电检测耐张串绝缘子低零值。

四、工作规范及要求

（1）作业中保持安全距离。

（2）正确进行带电作业工器具现场检查及使用。

（3）作业中各安全措施执行到位。

（4）带电作业操作流程正确，顺畅。

（5）作业人员配合默契。

五、考核及时间要求

（1）本考核整体操作时间为 30 分钟，时间到即刻停止考评，包括作业场地工具、材料整理。

（2）项目工作人员共计 3 人。其中工作负责人 1 人，地面电工 1 人，杆塔上电工 1 人，本项目仅对杆塔上电工进行评审。

技能等级评价专业技能考核操作评分标准

工种	高压线路带电检修工（输电）				评价等级	中级工
项目模块	高压线路带电检修方法及操作技巧—带电测试工作			编号	Jc0005461013	
单位		准考证号			姓名	
考试时限	30 分钟	题型	单项操作		题分	100 分
成绩		考评员	考评组长		日期	
试题正文	220kV 输电线路带电检测耐张串绝缘子低零值					
需要说明的问题和要求	（1）要求多人配合操作，仅对杆塔上作业人员进行考评。 （2）操作应注意安全，按照标准化作业书的技术安全说明做好安全措施。 （3）严格按照带电作业流程进行，流程是否正确将列入考评内容。 （4）工具材料的检查由被考核人员配合完成。 （5）视作业现场线路重合闸已停用					

序号	项目名称	质量要求	满分	扣分标准	扣分原因	得分
1	工作准备					
1.1	各种工器具正确使用	熟练正确使用各种工器具	5	未正确使用一次扣 1 分，扣完为止		
1.2	相关安全措施的准备	（1）正确进行绝缘工具检查。 （2）带电作业现场条件复核。 （3）进行绝缘子零值检查。 （4）合理布置地面材料、工具	10	未进行绝缘工具绝缘性检查扣 2 分； 未进行现场风速、湿度检查扣 2 分； 绝缘子零值检查操作错误扣 4 分； 地面工具、材料摆放不整齐、不合理扣 2 分		
2	工作许可					
2.1	许可方式	向考评员示意准备就绪，申请开始工作	5	未向考评员示意即开始工作扣 5 分		
3	工作步骤及技术要求					
3.1	作业中使用工具材料	能按要求正确选择作业工具，顺利完成工具的组合	20	未正确选择作业工具扣 10 分； 未正确组装作业工具扣 10 分		

续表

序号	项目名称	质量要求	满分	扣分标准	扣分原因	得分
3.2	作业程序	高空作业人员与地面人员相互配合，高空作业人员做好个人防护工作	20	作业人员作业时失去安全保护（无后备保护、未系安全带）扣10分； 绝缘绳固定位置不合适，导致重复移动的扣10分		
3.3	安全措施	塔上作业人员与带电体保持足够的安全距离，使用的带电工器具作业时保持有效的绝缘长度	20	登高作业前，未对登高工具及安全带进行检查和冲击试验的扣8分； 塔上作业人员与带电体安全距离小于1.8m的扣5分； 使用的绝缘承力工具安全长度小于1.8m、绝缘操作杆的有效长度小于2.1m，扣5分； 出现高空落物情况扣2分		
4	工作结束					
4.1	整理工具，清理现场	整理好工具，清理好现场	5	错误一项扣2分，扣完为止		
5	工作终结汇报					
5.1	作业结束	作业完成后检查检修质量，确认作业现场有无遗留物，申请下塔	8	作业结束后未向工作负责人申请下塔或工作负责人未批准下塔的扣3分； 下塔后塔上有遗留物的扣5分		
5.2	材料、工具规整	作业结束后进行现场工具材料规整	2	未进行现场工具材料规整扣2分		
6	其他要求	操作动作熟练	5	动作不熟练扣1～5分		
	合计		100			

Jc0005461014　架空输电线路杆塔接地电阻测量。（100分）

考核知识点：

（1）接地电阻测量原理和基本方法。

（2）测量工具的检查与使用。

难易度：易

技能等级评价专业技能考核操作工作任务书

一、任务名称

架空输电线路杆塔接地电阻测量。

二、适用工种

高压线路带电检修工（输电）中级工。

三、具体任务

要求学员在规定时间内完成某110kV输电线路杆塔接地电阻测量工作。

四、工作规范及要求

（1）正确进行测量工器具现场检查及使用。

（2）作业中各安全措施执行到位。

（3）操作流程正确，顺畅。

五、考核及时间要求

（1）本考核整体操作时间为30分钟，时间到即刻停止考评，包括作业场地工具、材料整理。

（2）项目工作人员共计2人。其中工作负责人1人，测量人员1人，本项目仅对测量人员进行评审。

技能等级评价专业技能考核操作评分标准

工种	高压线路带电检修工（输电）					评价等级	中级工
项目模块	高压线路带电检修方法及操作技巧—带电测试工作				编号	Jc0005461014	
单位			准考证号			姓名	
考试时限	30分钟	题型		单项操作		题分	100分
成绩		考评员		考评组长		日期	
试题正文	架空输电线路杆塔接地电阻测量						
需要说明的问题和要求	（1）仅对测量人员进行测评。 （2）操作应注意安全，按照标准化作业书的技术安全说明做好安全措施。 （3）严格按照测量流程进行，流程是否正确将列入考评内容。 （4）仪器仪表的检查由被考核人员完成						

序号	项目名称	质量要求	满分	扣分标准	扣分原因	得分
1	工作准备					
1.1	各种工器具正确使用	正确选择测量仪器	10	选择错误扣5分； 未检查测量仪器扣5分		
2	工作许可					
2.1	许可方式	向考评员示意准备就绪，申请开始工作	5	未向考评员示意即开始工作扣5分		
3	工作步骤及技术要求					
3.1	作业中使用工具材料	能按要求正确选择作业工具，顺利完成工具的组合	20	未正确选择作业工具扣10分； 未正确组装作业工具扣10分		
3.2	作业程序	测量前断开所有接地板螺栓	20	未全部断开接地板螺栓扣20分		
3.3	进行接地电阻测量	选择正确仪表量程，正确开展测量操作	20	仪表量程选择错误扣10分； 测量操作顺序紊乱、错误扣10分		
4	工作结束					
4.1	材料、工具规整	作业结束后进行现场工具材料规整	15	未进行现场工具材料规整扣15分		
5	工作结束汇报	向考评员报告工作已结束，场地已清理	5	未向考评员报告工作结束扣3分； 未清理场地扣2分		
6	其他要求	操作动作熟练	5	动作不熟练扣1～5分		
合计			100			

Jc0005461015 架空110kV输电线路绝缘子憎水性试验。（100分）

考核知识点：

（1）带电作业原理和基本方法。

（2）带电作业的安全技术。

（3）带电作业工具的检查与使用。

难易度：易

技能等级评价专业技能考核操作工作任务书

一、任务名称

架空110kV输电线路杆塔绝缘子憎水性试验。

二、适用工种

高压线路带电检修工（输电）中级工。

三、具体任务

要求学员在规定时间内完成110kV输电线路杆塔上进行绝缘子憎水性试验的操作。

四、工作规范及要求

（1）正确进行测量工器具现场检查及使用。

（2）作业中各安全措施执行到位。

（3）操作流程正确，顺畅。

五、考核及时间要求

（1）本考核整体操作时间为30分钟，时间到即刻停止考评，包括作业场地工具、材料整理。

（2）项目工作人员共计3人。其中工作负责人1人，地面配合人员1人，测量人员1人，本项目仅对测量人员进行评审。

技能等级评价专业技能考核操作评分标准

工种	高压线路带电检修工（输电）					评价等级	中级工
项目模块	高压线路带电检修方法及操作技巧—带电测试工作				编号	Jc0005461015	
单位			准考证号			姓名	
考试时限	30分钟		题型	单项操作		题分	100分
成绩		考评员		考评组长		日期	
试题正文	110kV输电线路绝缘子憎水性试验						
需要说明的问题和要求	（1）要求多人配合操作，仅对杆塔上作业人员进行考评。 （2）操作应注意安全，按照标准化作业书的技术安全说明做好安全措施。 （3）严格按照带电作业流程进行，流程是否正确将列入考评内容。 （4）工具材料的检查由被考核人员配合完成。 （5）视作业现场线路重合闸已停用						

序号	项目名称	质量要求	满分	扣分标准	扣分原因	得分
1	工作准备					
1.1	各种工器具正确使用	熟练正确使用各种工器具	5	未正确使用一次扣1分，扣完为止		
1.2	相关安全措施的准备	（1）正确进行绝缘绳索检查。 （2）合理布置地面材料、工具	10	未进行绝缘工具绝缘性检查扣5分； 地面工具、材料摆放不整齐、不合理扣5分		
2	工作许可					
2.1	许可方式	向考评员示意准备就绪，申请开始工作	5	未向考评员示意即开始工作扣5分		
3	工作步骤及技术要求					
3.1	作业程序	高空作业人员与地面人员相互配合，高空作业人员做好个人防护工作	30	作业人员作业时失去安全保护（无后备保护、未系安全带）扣20分； 绝缘绳固定位置不合适，导致重复移动的扣10分		
3.2	安全措施	塔上作业人员与带电体保持足够的安全距离，使用的带电工器具作业时保持有效的绝缘长度	20	登高作业前，未对登高工具及安全带进行检查和冲击试验的扣10分； 塔上作业人员与带电体安全距离小于1m的扣5分； 出现高空落物情况扣5分		
4	工作结束					

续表

序号	项目名称	质量要求	满分	扣分标准	扣分原因	得分
4.1	作业结束	作业完成后检查检修质量，确认作业现场有无遗留物，申请下塔	8	作业结束后未向工作负责人申请下塔或工作负责人未批准下塔的扣3分；下塔后塔上有遗留物的扣5分		
4.2	材料、工具规整	作业结束后进行现场工具材料规整	2	未进行现场工具材料规整扣2分		
5	工作结束汇报	向考评员报告工作已结束，场地已清理	5	未向考评员报告工作结束扣3分；未清理场地扣2分		
6	其他要求	（1）要求着装正确（工作服、工作胶鞋、安全帽）。 （2）操作动作熟练。 （3）清理工作现场符合文明生产要求。 （4）在规定的时间内完成	15	不满足要求一项扣3～4分，扣完为止		
合计			100			

Jc0005461016　架空220kV输电线路绝缘子憎水性试验。（100分）

考核知识点：

（1）带电作业原理和基本方法。

（2）带电作业的安全技术。

（3）带电作业工具的检查与使用。

难易度：易

技能等级评价专业技能考核操作工作任务书

一、任务名称

架空220kV输电线路杆塔绝缘子憎水性试验。

二、适用工种

高压线路带电检修工（输电）中级工。

三、具体任务

要求学员在规定时间内完成220kV输电线路杆塔上进行绝缘子憎水性试验的操作。

四、工作规范及要求

（1）正确进行测量工器具现场检查及使用。

（2）作业中各安全措施执行到位。

（3）操作流程正确，顺畅。

五、考核及时间要求

（1）本考核整体操作时间为30分钟，时间到停止考评，包括作业场地工具、材料整理。

（2）项目工作人员共计3人。其中工作负责人1人，地面配合人员1人，测量人员1人，本项目仅对测量人员进行评审。

技能等级评价专业技能考核操作评分标准

<table>
<tr><td>工种</td><td colspan="5">高压线路带电检修工（输电）</td><td>评价等级</td><td>中级工</td></tr>
<tr><td>项目模块</td><td colspan="4">高压线路带电检修方法及操作技巧—带电测试工作</td><td>编号</td><td colspan="2">Jc0005461016</td></tr>
<tr><td>单位</td><td colspan="3"></td><td>准考证号</td><td></td><td>姓名</td><td></td></tr>
<tr><td>考试时限</td><td>30分钟</td><td>题型</td><td colspan="3">单项操作</td><td>题分</td><td>100分</td></tr>
<tr><td>成绩</td><td></td><td>考评员</td><td></td><td>考评组长</td><td></td><td>日期</td><td></td></tr>
</table>

续表

试题正文	220kV 输电线路绝缘子憎水性试验					
需要说明的问题和要求	（1）要求多人配合操作，仅对杆塔上作业人员进行考评。 （2）操作应注意安全，按照标准化作业书的技术安全说明做好安全措施。 （3）严格按照带电作业流程进行，流程是否正确将列入考评内容。 （4）工具材料的检查由被考核人员配合完成。 （5）视作业现场线路重合闸已停用					

序号	项目名称	质量要求	满分	扣分标准	扣分原因	得分
1	工作准备					
1.1	各种工器具正确使用	熟练正确使用各种工器具	5	未正确使用一次扣 1 分，扣完为止		
1.2	相关安全措施的准备	（1）正确进行绝缘绳索检查。 （2）合理布置地面材料、工具	10	未进行绝缘工具绝缘性检查扣 5 分； 地面工具、材料摆放不整齐、不合理扣 5 分		
2	工作许可					
2.1	许可方式	向考评员示意准备就绪，申请开始工作	5	未向考评员示意即开始工作扣 5 分		
3	工作步骤及技术要求					
3.1	作业程序	高空作业人员与地面人员相互配合，高空作业人员做好个人防护工作	20	作业人员作业时失去安全保护（无后备保护、未系安全带）扣 20 分； 绝缘绳固定位置不合适，导致重复移动的扣 10 分		
3.2	安全措施	塔上作业人员与带电体保持足够的安全距离，使用的带电工器具作业时保持有效的绝缘长度	30	登高作业前，未对登高工具及安全带进行检查和冲击试验的扣 10 分； 塔上作业人员与带电体安全距离小于 1.8m 的扣 5 分； 出现高空落物情况扣 5 分		
4	工作结束					
4.1	作业结束	作业完成后检查检修质量，确认作业现场有无遗留物，申请下塔	8	作业结束后未向工作负责人申请下塔或工作负责人未批准下塔的扣 3 分； 下塔后塔上有遗留物的扣 5 分		
4.2	材料、工具规整	作业结束后进行现场工具材料规整	2	未进行现场工具材料规整扣 2 分		
5	工作结束汇报	向考评员报告工作已结束，场地已清理	5	未向考评员报告工作结束扣 3 分； 未清理场地扣 2 分		
6	其他要求	（1）要求着装正确（工作服、工作胶鞋、安全帽）。 （2）操作动作熟练。 （3）清理工作现场符合文明生产要求。 （4）在规定的时间内完成	15	不满足要求一项扣 3～4 分，扣完为止		
合计			100			

Jc0005463017　35kV 输电线路带电清扫绝缘子。（100 分）

考核知识点：

（1）带电作业原理和基本方法。

（2）带电作业的安全技术。

（3）带电作业工具的检查与使用。

难易度： 难

技能等级评价专业技能考核操作工作任务书

一、任务名称

35kV 输电线路带电清扫绝缘子。

二、适用工种

高压线路带电检修工（输电）中级工。

三、具体任务

要求学员在规定时间内完成35kV输电线路直线杆塔带电清扫绝缘子的操作。

四、工作规范及要求

（1）作业中保持安全距离。

（2）正确进行带电作业工器具现场检查及使用。

（3）作业中各安全措施执行到位。

（4）带电作业操作流程正确，顺畅。

（5）作业人员配合默契。

五、考核及时间要求

（1）本考核整体操作时间为30分钟，时间到即刻停止考评，包括作业场地工具、材料整理。

（2）项目工作人员共计3人。其中工作负责人1人，地面电工1人，杆塔上电工1人，本项目仅对杆塔上电工进行评审。

技能等级评价专业技能考核操作评分标准

工种	高压线路带电检修工（输电）				评价等级	中级工
项目模块	高压线路检修方法—输电线路带电作业			编号	Jc0005463017	
单位		准考证号			姓名	
考试时限	30分钟	题型	单项操作		题分	100分
成绩		考评员		考评组长	日期	
试题正文	35kV输电线路带电清扫绝缘子					
需要说明的问题和要求	（1）要求多人配合操作，仅对杆塔上作业人员进行考评。 （2）操作应注意安全，按照标准化作业书的技术安全说明做好安全措施。 （3）严格按照带电作业流程进行，流程是否正确将列入考评内容。 （4）工具材料的检查由被考核人员配合完成。 （5）视作业现场线路重合闸已停用					

序号	项目名称	质量要求	满分	扣分标准	扣分原因	得分
1	工作准备					
1.1	各种工器具正确使用	熟练正确使用各种工器具	5	未正确使用一次扣1分，扣完为止		
1.2	相关安全措施的准备	（1）正确进行清扫工具、绝缘工具检查。 （2）带电作业现场条件复核。 （3）进行绝缘子零值检查。 （4）合理布置地面材料、工具	10	未进行绝缘工具绝缘性检查扣2分； 未进行清扫工具工况检查扣2分； 未进行现场风速、湿度检查扣2分； 未进行绝缘子零值检查错误扣2分； 地面工具、材料摆放不整齐、不合理扣2分		
2	工作许可					
2.1	许可方式	向考评员示意准备就绪，申请开始工作	5	未向考评员示意即开始工作扣5分		
3	工作步骤及技术要求					
3.1	作业中使用工具材料	能按要求正确选择作业工具，顺利完成工具的组合，作业时清扫工具可靠接地	10	未正确选择并组装作业工具扣5分； 清扫前未进行清扫工具接地扣5分		
3.2	作业程序	高空作业人员与地面人员相互配合，高空作业人员做好个人防护工作	20	作业人员作业时失去安全保护（无后备保护、未系安全带）扣12分； 绝缘绳固定位置不合适，导致重复移动的扣8分		
3.3	安全措施	塔上作业人员与带电体保持足够的安全距离，使用的带电工器具作业时保持有效的绝缘长度，清扫时应站在上风侧	20	登高作业前，未对登高工具及安全带进行检查和冲击试验的扣2分； 作业时未处于上风侧扣5分； 塔上作业人员与带电体安全距离小于0.6m的扣5分； 使用的绝缘承力工具安全长度小于0.6m、绝缘操作杆的有效长度小于0.9m，扣5分； 出现高空落物情况扣3分		
4	工作结束					

续表

序号	项目名称	质量要求	满分	扣分标准	扣分原因	得分
4.1	作业结束	作业完成后检查检修质量，确认作业现场有无遗留物，申请下塔	8	作业结束后未向工作负责人申请下塔或工作负责人未批准下塔的扣3分；下塔后塔上有遗留物的扣5分		
4.2	材料、工具规整	作业结束后进行现场工具材料规整	2	未进行现场工具材料规整扣2分		
5	工作结束汇报	向考评员报告工作已结束，场地已清理	5	未向考评员报告工作结束扣3分；未清理场地扣2分		
6	其他要求	（1）要求着装正确（工作服、工作胶鞋、安全帽）。 （2）操作动作熟练。 （3）清理工作现场符合文明生产要求。 （4）在规定的时间内完成	15	不满足要求一项扣3～4分，扣完为止		
合计			100			

Jc0005463018　35kV输电线路带电安装导线限高牌。(100分)

考核知识点：

（1）带电作业原理和基本方法。

（2）带电作业的安全技术。

（3）带电作业工具的检查与使用。

难易度：难

技能等级评价专业技能考核操作工作任务书

一、任务名称

35kV输电线路带电安装导线限高牌。

二、适用工种

高压线路带电检修工（输电）中级工。

三、具体任务

模拟35kV输电线路绝缘人字梯等电位安装导线限高牌。

四、工作规范及要求

（1）作业中保持安全距离。

（2）正确进行带电作业工器具现场检查及使用。

（3）作业中各安全措施执行到位。

（4）带电作业操作流程正确，顺畅。

（5）作业人员配合默契。

五、考核及时间要求

（1）本考核整体操作时间为30分钟，时间到停止考评，包括作业场地工具、材料整理。

（2）项目工作人员共计3人。其中工作负责人1人，地面电工4人，等电位电工1人，本项目仅对等电位电工进行评审。

技能等级评价专业技能考核操作评分标准

<table>
<tr><td>工种</td><td colspan="5">高压线路带电检修工（输电）</td><td>评价等级</td><td>中级工</td></tr>
<tr><td>项目模块</td><td colspan="4">高压线路带电检修方法及操作技巧—输电线路带电作业</td><td>编号</td><td colspan="2">Jc0005463018</td></tr>
<tr><td>单位</td><td colspan="3"></td><td>准考证号</td><td></td><td>姓名</td><td></td></tr>
<tr><td>考试时限</td><td colspan="2">30分钟</td><td>题型</td><td colspan="2">单项操作</td><td>题分</td><td>100分</td></tr>
<tr><td>成绩</td><td></td><td>考评员</td><td></td><td>考评组长</td><td></td><td>日期</td><td></td></tr>
</table>

续表

试题正文	35kV 输电线路绝缘人字梯等电位安装导线限高牌					
需要说明的问题和要求	（1）要求多人配合操作，仅对杆塔上作业人员进行考评。 （2）操作应注意安全，按照标准化作业书的技术安全说明做好安全措施。 （3）严格按照带电作业流程进行，流程是否正确将列入考评内容。 （4）工具材料的检查由被考核人员配合完成。 （5）视作业现场线路重合闸已停用					
序号	项目名称	质量要求	满分	扣分标准	扣分原因	得分
1	工作准备					
1.1	各种工器具正确使用	熟练正确使用各种工器具	5	未正确使用一次扣 1 分，扣完为止		
1.2	相关安全措施的准备	（1）正确进行绝缘工具检查。 （2）带电作业现场条件复核。 （3）合理布置地面材料、工具	10	未进行绝缘工具绝缘性检查扣 3 分； 未进行清扫工具工况检查扣 3 分； 未进行现场风速、湿度检查扣 2 分； 地面工具、材料摆放不整齐、不合理扣 2 分		
2	工作许可					
2.1	许可方式	向考评员示意准备就绪，申请开始工作	5	未向考评员示意即开始工作扣 5 分		
3	工作步骤及技术要求					
3.1	作业中使用工具材料	能按要求正确选择作业工具，顺利完成工具的组合，作业前对屏蔽服连接、电阻进行检查	10	未正确选择并组装作业工具扣 5 分； 清扫前未对屏蔽服连接、电阻进行检查扣 5 分		
3.2	作业程序	高空作业人员与地面人员相互配合，高空作业人员做好个人防护工作	20	作业人员作业时失去安全保护（无后备保护、未系安全带）扣 12 分； 绝缘绳固定位置不合适，导致重复移动的扣 8 分		
3.3	安全措施	塔上作业人员与带电体保持足够的安全距离，使用的带电工器具作业时保持有效的绝缘长度，进入大电场时注意与带电体的距离，电位转移需得到负责人允许	20	登高作业前，未对登高工具及安全带进行检查和冲击试验的扣 5 分； 进入电场时人体裸露部分未与带电导线保持不小于 0.2m 的距离扣 2 分； 电位转移未得到工作负责人许可每次扣 3 分； 塔上作业人员与带电体安全距离小于 0.4m 的扣 5 分； 使用的绝缘承力工具安全长度小于 0.4m、绝缘操作杆的有效长度小于 0.7m，扣 3 分； 出现高空落物情况扣 2 分		
4	工作结束					
4.1	作业结束	作业完成后检查检修质量，确认作业现场有无遗留物，申请下梯	8	作业结束后未向工作负责人申请下梯或工作负责人未批准下塔的后 3 分； 下梯后导线上有遗留物的扣 5 分		
4.2	材料、工具规整	作业结束后进行现场工具材料规整	2	未进行现场工具材料规整扣 2 分		
5	工作结束汇报	向考评员报告工作已结束，场地已清理	5	未向考评员报告工作结束扣 3 分； 未清理场地扣 2 分		
6	其他要求	（1）要求着装正确（工作服、工作胶鞋、安全帽）。 （2）操作动作熟练。 （3）清理工作现场符合文明生产要求。 （4）在规定的时间内完成	15	不满足要求一项扣 3～4 分，扣完为止		
合计			100			

Jc0005462019　110kV 输电线路带电更换导线防振锤。（100 分）

考核知识点：

（1）带电作业原理和基本方法。

（2）带电作业的安全技术。

（3）带电作业工具的检查与使用。

难易度： 中

技能等级评价专业技能考核操作工作任务书

一、任务名称

110kV 输电线路地电位与等电位结合软梯法电更换导线防振锤。

二、适用工种

高压线路带电检修工（输电）中级工。

三、具体任务

模拟 66kV 输电线路等电位结合绝缘软梯法带电更换导线防振锤（防舞动失谐摆）。

四、工作规范及要求

（1）作业中保持安全距离。

（2）正确进行带电作业工器具现场检查及使用。

（3）作业中各安全措施执行到位。

（4）带电作业操作流程正确，顺畅。

（5）作业人员配合默契。

五、考核及时间要求

（1）本考核整体操作时间为 40 分钟，时间到停止考评，包括作业场地工具、材料整理。

（2）项目工作人员共计 4 人。其中工作负责人 1 人，地面电工 2 人，等电位电工 1 人，本项目仅对等电位电工进行评审。

技能等级评价专业技能考核操作评分标准

工种	高压线路带电检修工（输电）				评价等级	中级工
项目模块	高压线路带电检修方法及操作技巧—输电线路带电作业			编号	Jc0005462019	
单位			准考证号		姓名	
考试时限	60 分钟	题型	单项操作		题分	100 分
成绩		考评员		考评组长	日期	
试题正文	110kV 输电线路等电位结合绝缘软梯法带电更换导线防振锤（防舞动失谐摆）					
需要说明的问题和要求	（1）要求多人配合操作，仅对等电位电工进行考评。 （2）操作应注意安全，按照标准化作业书的技术安全说明做好安全措施。 （3）严格按照带电作业流程进行，流程是否正确将列入考评内容。 （4）工具材料的检查由被考核人员配合完成。 （5）视作业现场线路重合闸已停用					

序号	项目名称	质量要求	满分	扣分标准	扣分原因	得分
1	工作准备					
1.1	各种工器具正确使用	熟练正确使用各种工器具	5	未正确使用一次扣 1 分，扣完为止		
1.2	相关安全措施的准备	（1）正确进行绝缘工具检查。 （2）带电作业现场条件复核。 （3）合理布置地面材料、工具	10	未进行绝缘工具绝缘性检查、擦拭扣 3 分； 未进行屏蔽服连接检查及电阻检测扣 3 分； 未进行现场风速、湿度检查扣 2 分； 地面工具、材料摆放不整齐、不合理扣 2 分		
2	工作许可					
2.1	许可方式	向考评员示意准备就绪，申请开始工作	5	未向考评员示意即开始工作扣 5 分		
3	工作步骤及技术要求					
3.1	作业中使用工具材料	能按要求正确选择作业工具，顺利完成工具的组合	20	软体及梯头组合不正确扣 10 分； 作业工具选择错误、不全扣 10 分		

续表

序号	项目名称	质量要求	满分	扣分标准	扣分原因	得分
3.2	作业程序	高空作业人员与地面人员相互配合，高空作业人员做好个人防护工作	10	作业人员作业时失去安全保护（无后备保护、未系安全带）扣5分； 绝缘绳固定位置不合适，导致重复移动的扣5分		
3.3	安全措施	塔上作业人员与带电体保持足够的安全距离，使用的带电工器具作业时保持有效的绝缘长度	20	登高作业前，未对登高工具及安全带进行检查和冲击试验的扣2分； 等电位电工电位转移时未向工作负责人申请或未经批准后进行转移的扣3分； 等电位人员与相邻导线距离小于1.4m每次扣5分； 电位转移时，人体裸露部分与带电体未保持0.3m以上距离，每次扣2.5分； 出现高空落物情况，扣5分； 以上扣分，扣完为止		
4	工作结束					
4.1	作业结束	作业完成后检查检修质量，确认作业现场有无遗留物，申请下梯	10	作业结束后未检查防振锤安装情况及螺栓紧固安装情况的扣2分； 未向工作负责人申请下梯或工作负责人未批准下梯的扣3分； 下梯后导线上有遗留物的扣5分		
4.2	材料、工具规整	作业结束后进行现场工具材料规整	5	未进行现场工具材料规整扣5分		
5	工作结束汇报	向考评员报告工作已结束，场地已清理	5	未向考评员报告工作结束扣3分； 未清理场地扣2分		
6	其他要求	（1）要求着装正确（工作服、工作胶鞋、安全帽）。 （2）操作动作熟练。 （3）清理工作现场符合文明生产要求	10	不满足要求一项扣3分		
合计			100			

Jc0005462020　110kV 输电线路带电安装导线防舞鞭。（100 分）

考核知识点：

（1）带电作业原理和基本方法。

（2）带电作业的安全技术。

（3）带电作业工具的检查与使用。

难易度： 中

技能等级评价专业技能考核操作工作任务书

一、任务名称

110kV 输电线路带电安装导线防舞鞭。

二、适用工种

高压线路带电检修工（输电）中级工。

三、具体任务

模拟 110kV 输电线路等电位结合绝缘软梯法带电安装导线防舞鞭。

四、工作规范及要求

（1）作业中保持安全距离。

（2）正确进行带电作业工器具现场检查及使用。

（3）作业中各安全措施执行到位。

（4）带电作业操作流程正确，顺畅。

（5）作业人员配合默契。

五、考核及时间要求

（1）本考核整体操作时间为40分钟，时间到停止考评，包括作业场地工具、材料整理。

（2）项目工作人员共计5人。其中工作负责人1人，地面电工3人，等电位电工1人，本项目仅对等电位电工进行评审。

技能等级评价专业技能考核操作评分标准

工种	高压线路带电检修工（输电）				评价等级	中级工
项目模块	高压线路带电检修方法及操作技巧—输电线路带电作业			编号	Jc0005462020	
单位		准考证号			姓名	
考试时限	40分钟	题型	单项操作		题分	100分
成绩	考评员		考评组长		日期	
试题正文	110kV输电线路带电安装导线防舞鞭					
需要说明的问题和要求	（1）要求多人配合操作，仅对等电位电工进行考评。 （2）操作应注意安全，按照标准化作业书的技术安全说明做好安全措施。 （3）严格按照带电作业流程进行，流程是否正确将列入考评内容。 （4）工具材料的检查由被考核人员配合完成。 （5）视作业现场线路重合闸已停用					

序号	项目名称	质量要求	满分	扣分标准	扣分原因	得分
1	工作准备					
1.1	各种工器具正确使用	熟练正确使用各种工器具	5	未正确使用一次扣1分，扣完为止		
1.2	相关安全措施的准备	（1）正确进行绝缘工具检查。 （2）带电作业现场条件复核。 （3）合理布置地面材料、工具	10	未进行绝缘工具绝缘性检查、擦拭扣3分； 未进行屏蔽服连接检查及电阻检测扣3分； 未进行现场风速、湿度检查扣2分； 地面工具、材料摆放不整齐、不合理扣2分		
2	工作许可					
2.1	许可方式	向考评员示意准备就绪，申请开始工作	5	未向考评员示意即开始工作扣5分		
3	工作步骤及技术要求					
3.1	作业中使用工具材料	能按要求正确选择作业工具，顺利完成工具的组合	10	软体及梯头组合不正确扣5分； 作业工具选择错误、不全扣5分		
3.2	作业程序	高空作业人员与地面人员相互配合，高空作业人员做好个人防护工作	20	作业人员作业时失去安全保护（无后备保护、未系安全带）扣12分； 绝缘绳固定位置不合适，导致重复移动的扣8分		
3.3	安全措施	塔上作业人员与带电体保持足够的安全距离，使用的带电工器具作业时保持有效的绝缘长度	20	登高作业前，未对登高工具及安全带进行检查和冲击试验的扣2分； 等电位电工电位转移时未向工作负责人申请或未经批准后进行转移的扣3分； 等电位人员与相邻导线距离小于1.4m每次扣5分； 电位转移时，人体裸露部分与带电体未保持0.3m以上距离，每次扣2.5分； 出现高空落物情况，扣5分； 以上扣分，扣完为止		
4	工作结束					
4.1	作业结束	作业完成后检查检修质量，确认作业现场有无遗留物，申请下梯	10	作业结束后未检查防舞鞭安装情况的扣2分； 未向工作负责人申请下梯或工作负责人未批准下梯的扣3分； 下梯后导线上有遗留物的扣5分		

续表

序号	项目名称	质量要求	满分	扣分标准	扣分原因	得分
4.2	材料、工具规整	作业结束后进行现场工具材料规整	5	未进行现场工具材料规整扣 5 分		
5	工作结束汇报	向考评员报告工作已结束，场地已清理	5	未向考评员报告工作结束扣 3 分； 未清理场地扣 2 分		
6	其他要求	（1）要求着装正确（工作服、工作胶鞋、安全帽）。 （2）操作动作熟练。 （3）清理工作现场符合文明生产要求	10	不满足要求一项扣 3 分		
合计			100			

Jc0005462021　110kV 输电线路带修补导线。（100 分）

考核知识点：

（1）带电作业原理和基本方法。

（2）带电作业的安全技术。

（3）带电作业工具的检查与使用。

难易度：中

技能等级评价专业技能考核操作工作任务书

一、任务名称

110kV 输电线路带电修补导线。

二、适用工种

高压线路带电检修工（输电）中级工。

三、具体任务

模拟 110kV 输电线路等电位结合绝缘软梯法带电修补导线。

四、工作规范及要求

（1）作业中保持安全距离。

（2）正确进行带电作业工器具现场检查及使用。

（3）作业中各安全措施执行到位。

（4）带电作业操作流程正确，顺畅。

（5）作业人员配合默契。

五、考核及时间要求

（1）本考核整体操作时间为 40 分钟，时间到停止考评，包括作业场地工具、材料整理。

（2）项目工作人员共计 5 人。其中工作负责人 1 人，地面电工 3 人，等电位电工 1 人，本项目仅对等电位电工进行评审。

技能等级评价专业技能考核操作评分标准

工种	高压线路带电检修工（输电）				评价等级	中级工
项目模块	高压线路带电检修方法及操作技巧—输电线路带电作业			编号	Jc0005462021	
单位		准考证号			姓名	
考试时限	40 分钟	题型	单项操作		题分	70 分
成绩		考评员		考评组长	日期	
试题正文	110kV 输电线路等电位结合绝缘软梯法带电修补导线					

续表

需要说明的问题和要求	（1）要求多人配合操作，仅对等电位电工进行考评。 （2）操作应注意安全，按照标准化作业书的技术安全说明做好安全措施。 （3）严格按照带电作业流程进行，流程是否正确将列入考评内容。 （4）工具材料的检查由被考核人员配合完成。 （5）视作业现场线路重合闸已停用					
序号	项目名称	质量要求	满分	扣分标准	扣分原因	得分
1	工作准备					
1.1	各种工器具正确使用	熟练正确使用各种工器具	5	未正确使用一次扣1分，扣完为止		
1.2	相关安全措施的准备	（1）正确进行绝缘工具检查。 （2）带电作业现场条件复核。 （3）合理布置地面材料、工具	10	未进行绝缘工具绝缘性检查、擦拭扣3分； 未进行屏蔽服连接检查及电阻检测扣3分； 未进行现场风速、湿度检查扣2分； 地面工具、材料摆放不整齐、不合理扣2分		
2	工作许可					
2.1	许可方式	向考评员示意准备就绪，申请开始工作	5	未向考评员示意即开始工作扣5分		
3	工作步骤及技术要求					
3.1	作业中使用工具材料	能按要求正确选择作业工具，顺利完成工具的组合	10	软体及梯头组合不正确扣5分； 作业工具选择错误、不全扣5分		
3.2	作业程序	高空作业人员与地面人员相互配合，高空作业人员做好个人防护工作	20	作业人员作业时失去安全保护（无后备保护、未系安全带）扣12分； 绝缘绳固定位置不合适，导致重复移动的扣8分		
3.3	安全措施	塔上作业人员与带电体保持足够的安全距离，使用的带电工器具作业时保持有效的绝缘长度	20	登高作业前，未对登高工具及安全带进行检查和冲击试验的扣2分； 等电位电工电位转移时未向工作负责人申请或未经批准后进行转移的扣3分； 等电位人员与相邻导线距离小于1.4m每次扣5分； 电位转移时，人体裸露部分与带电体未保持0.3m以上距离，每次扣2.5分； 出现高空落物情况，扣5分； 以上扣分，扣完为止		
4	工作结束					
4.1	作业结束	作业完成后检查检修质量，确认作业现场有无遗留物，申请下梯	10	作业结束后未检查导线修补情况的扣2分； 未向工作负责人申请下梯或工作负责人未批准下梯的扣3分； 下梯后导线上有遗留物的扣5分		
4.2	材料、工具规整	作业结束后进行现场工具材料规整	5	未进行现场工具材料规整扣5分		
5	工作结束汇报	向考评员报告工作已结束，场地已清理	5	未向考评员报告工作结束扣3分； 未清理场地扣2分		
6	其他要求	（1）要求着装正确（工作服、工作胶鞋、安全帽）。 （2）操作动作熟练。 （3）清理工作现场符合文明生产要求	10	不满足要求一项扣3分		
合计			100			

Jc0006463022 110kV输电线路带电更换直线绝缘子串。（100分）

考核知识点：

（1）带电作业原理和基本方法。

（2）带电作业的安全技术。

（3）带电作业工具的检查与使用。

难易度：难

技能等级评价专业技能考核操作工作任务书

一、任务名称

110kV 输电线路地电位与等电位结合滑车组法带电更换直线绝缘子串。

二、适用工种

高压线路带电检修工（输电）中级工。

三、具体任务

要求学员在规定时间内完成模拟 110kV 输电线路地电位与等电位结合滑车组法带电更换直线绝缘子串的操作。

四、工作规范及要求

（1）作业中保持安全距离。

（2）正确进行带电作业工器具现场检查及使用。

（3）作业中各安全措施执行到位。

（4）带电作业操作流程正确，顺畅。

（5）作业人员配合默契。

五、考核及时间要求

（1）本考核整体操作时间为 60 分钟，时间到停止考评，包括作业场地工具、材料整理。

（2）项目工作人员共计 6 人。其中工作负责人 1 人，地面电工 3 人，杆塔上电工 1 人，等电位电工 1 人，本项目仅对杆塔上作业人员及等电位电工进行评审。

技能等级评价专业技能考核操作评分标准

工种	高压线路带电检修工（输电）				评价等级	中级工
项目模块	高压线路带电检修方法及操作技巧—输电线路带电作业			编号	Jc0006463022	
单位		准考证号			姓名	
考试时限	60 分钟	题型	单项操作		题分	100 分
成绩	考评员		考评组长		日期	
试题正文	110kV 输电线路地电位法与等电位结合紧线杆法带电更换直线双联任意一串绝缘子					
需要说明的问题和要求	（1）要求多人配合操作，仅对杆塔上作业人员及等电位电工进行考评。 （2）操作应注意安全，按照标准化作业书的技术安全说明做好安全措施。 （3）严格按照带电作业流程进行，流程是否正确将列入考评内容。 （4）工具材料的检查由被考核人员配合完成。 （5）视作业现场线路重合闸已停用					

序号	项目名称	质量要求	满分	扣分标准	扣分原因	得分
1	工作准备					
1.1	各种工器具正确使用	熟练正确使用各种工器具	5	未正确使用一次扣 1 分，扣完为止		
1.2	相关安全措施的准备	（1）正确进行绝缘工具检查。 （2）带电作业现场条件复核。 （3）进行绝缘子零值检查。 （4）合理布置地面材料、工具	10	未进行绝缘工具绝缘性检查、擦拭及屏蔽服电阻检测扣 2 分； 未进行现场风速、湿度检查扣 2 分； 未进行绝缘子零值检查扣 2 分； 绝缘子零值检查操作错误扣 2 分； 地面工具、材料摆放不整齐、不合理扣 2 分		
2	工作许可					
2.1	许可方式	向考评员示意准备就绪，申请开始工作	5	未向考评员示意即开始工作扣 5 分		
3	工作步骤及技术要求					

续表

序号	项目名称	质量要求	满分	扣分标准	扣分原因	得分
3.1	作业中使用工具材料	能按要求正确选择作业工具，顺利完成工具的组合	10	滑车组滑车组合不正确扣5分； 作业工具选择错误、不全扣5分		
3.2	作业程序	高空作业人员与地面人员相互配合，高空作业人员做好个人防护工作	20	作业人员作业时失去安全保护（无后备保护、未系安全带）扣15分； 滑车组和绝缘绳固定位置不合适，导致重复移动的扣5分； 绝缘承力工具受力后，未进行检查确认安全可靠后脱离绝缘子串的扣5分		
3.3	安全措施	塔上作业人员与带电体保持足够的安全距离，正确使用防导线脱落的后备保护，使用的带电工器具作业时保持有效的绝缘长度	20	登高作业前，未对登高工具及安全带进行检查和冲击试验的扣5分； 等电位电工电位转移时未向工作负责人申请或未经批准后进行转移的扣2分； 塔上作业人员与带电体安全距离小于1.0m的扣3分； 使用的绝缘承力工具安全长度小于1.0m、绝缘操作杆的有效长度小于1.3m，扣5分； 无防导线脱落后备保护或未提前装设的扣3分； 杆塔上电工无安全措施徒手摘开横担侧绝缘子，扣2分		
4	工作结束					
4.1	作业结束	作业完成后检查检修质量，确认作业现场有无遗留物，申请下塔	5	作业结束后未检查绝缘子两侧锁紧销安装情况的扣2分； 未向工作负责人申请下塔或工作负责人未批准下塔的扣2分； 下塔后塔上有遗留物的扣1分		
4.2	材料、工具规整	作业结束后进行现场工具材料规整	5	未进行现场工具材料规整扣5分		
5	工作结束汇报	向考评员报告工作已结束，场地已清理	5	未向考评员报告工作结束扣3分； 未清理场地扣2分		
6	其他要求	（1）要求着装正确（工作服、工作胶鞋、安全帽）。 （2）操作动作熟练。 （3）清理工作现场符合文明生产要求。 （4）在规定的时间内完成	15	不满足要求一项扣3～4分，扣完为止		
合计			100			

Jc0006453023　用紧线拉杆及托瓶架带电更换110kV耐张杆塔单串绝缘子的操作。（100分）

考核知识点：更换绝缘子

难易度：难

技能等级评价专业技能考核操作工作任务书

一、任务名称

用紧线拉杆及托瓶架带电更换110kV耐张杆塔单串绝缘子的操作。

二、适用工种

高压线路带电检修工（输电）中级工。

三、具体任务

（1）工作状态为模拟110kV带电线路，工作内容为带电更换耐张杆塔单串绝缘子。

（2）工作任务。

1）杆塔下准备、佩戴个人安全工器具。

2）检查、测试绝缘子及绝缘工具。

3）更换绝缘子串。

四、工作规范及要求

（1）工器具使用及安全措施。

（2）按要求进行绝缘子串更换。

五、考核及时间要求

（1）本考核 1～3 项操作时间为 30 分钟，时间到停止考评，包括上下杆时间。

（2）绝缘子更换过程中，如安全距离过小，该项目不得分，但不影响其他项目。

（3）按照技能操作记录单的操作要求进行操作。

技能等级评价专业技能考核操作评分标准

工种	高压线路带电检修工（输电）					评价等级	中级工
项目模块	高压线路带电检修方法及操作技巧—输电线路带电作业				编号	Jc0006453023	
单位			准考证号			姓名	
考试时限	30 分钟		题型	多项操作		题分	100 分
成绩		考评员		考评组长		日期	
试题正文	用紧线拉杆及托瓶架带电更换 110kV 耐张杆塔单串绝缘子的操作						
需要说明的问题和要求	（1）工作从工作票宣读完毕后开始进行，即操作人员从听完工作票后开始考核（工作前应通知调度等有关单位，停用重合闸）。 （2）工作现场应设地面监护人一名，杆上辅助电工及地面辅助工各一名						

序号	项目名称	质量要求	满分	扣分标准	扣分原因	得分
1	工作准备					
1.1	佩戴个人安全用具	大小合适，锁扣自如	5	佩戴错误扣 5 分		
1.2	检查测试绝缘子	会用绝缘电阻表测试，测试方法正确；绝缘子外观及绝缘电阻值符合标准	5	失误一次扣 2 分		
1.3	检查测试绝缘工具	会用绝缘电阻表测试，测试方法正确；能够对绝缘工具用目测法进行检查	5	方法错误扣 5 分		
2	工作许可					
2.1	许可方式	向考评员示意准备就绪，申请开始工作	5	未向考评员示意即开始工作扣 5 分		
3	工作步骤及技术要求					
3.1	上杆塔过程中	稳，手脚不乱	5	动作不熟练、慌乱扣 1～5 分		
3.2	杆塔上的准备工作	安全带系在牢固部件上并且位置合理；传递工具无磕碰、缠绕，不慌乱；检测绝缘子方法正确	5	一项不满足扣 1～2 分，扣完为止		
3.3	更换绝缘子串（可要求杆塔上辅助电工与地面辅助电工配合）	吊点及保护绳长度合理，操作顺序正确	20	吊点及保护绳长度不合理，扣 10 分；操作顺序错误，扣 10 分		
3.4	传递工具及下塔	工作方法正确，传递中无磕碰	20	方法错误扣 10 分；传递中存在磕碰扣 10 分		
4	工作结束					
4.1	清理现场	清理现场及工具，认真检查杆（塔）上有无留遗物，工作负责人全面检查工作完成情况，无误后撤离现场，做到人走场清	10	一项未做到扣 5 分，扣完为止		
5	工作结束汇报	向考评员报告工作已结束，场地已清理	5	未向考评员报告工作结束扣 3 分；未清理场地扣 2 分		
6	其他要求					
6.1	安全注意事项	保证人身与带电体的安全距离大于 1.0m；保证绝缘操作杆的有效绝缘长度大于 1.4m	15	失误一次扣 5 分，扣完为止		
合计			100			

第三部分
高级工

第五章　高压线路带电检修工（输电）高级工技能笔答

Jb0001331001　力的三要素是什么？（5分）

考核知识点：力的三要素

难易度：易

标准答案：

力对物体的作用效果决定于力的大小、方向和作用点，这三点称为力的三要素。

Jb0001331002　什么叫功率因数？（5分）

考核知识点：功率因数

难易度：易

标准答案：

交流电路中，有功功率 P 与视在功率 S 的比值叫作功率因数。

Jb0001331003　什么叫静电场？它的主要特征是什么？（5分）

考核知识点：静电场

难易度：易

标准答案：

所谓静电场，即不随时间而变化的电场。

主要特征是静电场内电荷受到作用力的大小与电荷本身的电量有关，电量大，作用力大；作用力还与电荷所处的位置有关，同一个点电荷放在不同位置上，作用力的大小和方向都不同。

Jb0001331004　为什么靠近导线的绝缘子劣化率高？（5分）

考核知识点：绝缘子劣化

难易度：易

标准答案：

根据绝缘子串的电压分布规律知道，靠近导线的绝缘子分布电压较其他绝缘子高，特别是靠近导线的第一片绝缘子，承受的分布电压最高，所以运行中最易劣化。

Jb0001331005　什么叫水平档距？（5分）

考核知识点：水平档距

难易度：易

标准答案：

水平档距指杆塔两边相邻两档距之和的 1/2。

Jb0001331006　什么叫雷暴日？雷暴日与地理条件有什么关系？（5分）

考核知识点：雷暴日

难易度：易

标准答案：

在一天内只要听到雷声就算一个雷暴日。雷暴日和地形有关，由于山地局部受热雷云的影响，雷电通常比平原多，其相对比值约为3:1。

Jb0001311007　何谓比载？与带电作业联系较密切的比载有几个？如何计算？（5分）

考核知识点：比载

难易度：易

标准答案：

单位长度和单位截面上所承受的载荷，称为比载。

与带电作业关系密切的比载有：

自重比载g_1。计算公式为　$g_1=\dfrac{q_1 g}{S}\times10^{-3}$

式中　S——导线截面积，mm^2；

q_1——导线每千米质量，kg/km；

g——重力加速度，$g=9.806\ 65m/s^2$。

冰重比载g_2。计算公式为　$g_2=\dfrac{q_2 g}{S}\times10^{-3}=27.728\times\dfrac{b(d+b)}{S}\times10^{-3}$

式中　b——冰层厚度，mm；

d——导线外径，mm；

S——导线截面积，mm^2；

q_2——每千米导线覆冰的质量。

垂直比载g_3。计算公式为$g_3=g_1+g_2$。

Jb0001331008　单齿纹锉刀和双齿纹锉刀各有何特点？（5分）

考核知识点：纹锉刀

难易度：易

标准答案：

单齿纹锉刀上只有一个方向的齿纹，用单齿纹锉刀锉削时，由于全齿宽度都参加锉削，所以锉削力度大。双齿纹锉刀上有向两个方向排列的深浅不同的齿纹，深浅齿纹与锉刀中心夹角不同，所锉出的锉痕不重叠，表面光洁度高。

Jb0001311009　如图Jb0001311009所示电路，求总电流I及各电阻上的电压是多少？（5分）

考核知识点：欧姆定律

难易度：易

标准答案：

解：

总电流　$I=U/R=220/(18+4)=10$（A）

R_1上的电压　$U_1=IR_1=10\times18=180$（V）

R_2上的电压　$U_2=IR_2=10\times4=40$（V）

答：总电流I为10A，R_1上的电压为180V，R_2上的电压为40V。

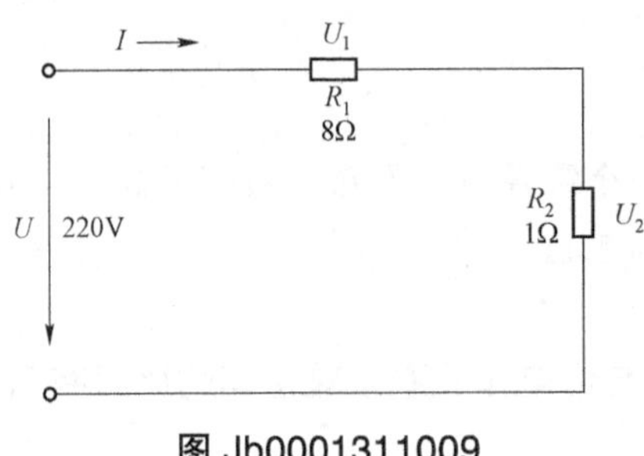

图 Jb0001311009

Jb0001311010 如图 Jb0001311010 所示电路，已知 $R_1=3\Omega$，$R_2=6\Omega$，$R_3=9\Omega$，求等效电阻 R 是多少？（5 分）

考核知识点：欧姆定律

难易度：易

标准答案：

解：

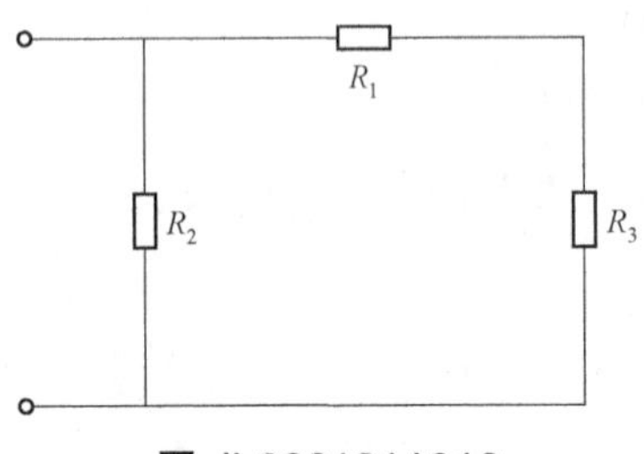

图 Jb0001311010

$$R=R_2//(R_1+R_3)=\frac{R_2\times(R_1+R_3)}{R_2+R_1+R_3}=\frac{6\times(3+9)}{6+3+9}=4\text{（}\Omega\text{）}$$

答：等效电阻 R 为 4Ω。

Jb0001311011 一电炉电阻 $R=48.4\Omega$，接到电压 $U=220\text{V}$ 交流电源上，使用时间 $t=2\text{h}$ 时所消耗的电能 W 是多少？（5 分）

考核知识点：电能计算

难易度：易

标准答案：

解：
$$W=\frac{U^2}{R}\times t=220^2\div 48.4\times 2=2000\text{（Wh）}=2\text{（kWh）}$$

答：该电炉 2h 耗电 2kWh。

Jb0001311012 一负载接到电压 $U=220\text{V}$ 单相交流电路中，电路中电流 $I=5\text{A}$，功率因数为 0.8，求该电路视在功率 S、有功功率 P、无功功率 Q 各是多少？（5 分）

考核知识点：功率计算

难易度：易

标准答案：

解：
$$S=UI=220\times 5=1100\text{（VA）}$$
$$P=UI\cos\phi=220\times 5\times 0.8=1100\times 0.8=880\text{（W）}$$

$$Q=UI\sin\phi=220\times5\times\sqrt{1-0.8^2}=660\text{（var）}$$

答：视在功率为1100VA，有功功率为880W，无功功率660var。

Jb0001311013 有一电热器的电阻值 R=44Ω，使用时通过的电流 I=5A，试求电热器供电电路的电压 U是多少？（5分）

考核知识点：电能欧姆定律

难易度：易

标准答案：

解：

$$U=RI=44\times5=220\text{（V）}$$

答：电路的电压 U 为220V。

Jb0001311014 有一个额定电压 U_n=10V、额定功率 P_n=20W 的灯泡，要用在电压 U=220V 的交流电路中，应选多大的串联电阻 R？（5分）

考核知识点：串联电路

难易度：易

标准答案：

解：

串联电路中 $$U=U_1+U_n$$

应串电阻的电压 $$U_1=U-U_n=220-10=210\text{（V）}$$

电流 $$I=P_n/U_n=20/10=2\text{（A）}$$

$$R=U_1/I=210/2=105\text{（Ω）}$$

答：应选 R 为105Ω的串联电阻。

Jb0001311015 对称三相感性负载，接于线电压 U_L=220V 的三相电源上，通过负荷的线电流 I_L 为20.8A、有功功率 P为5.5kW，求负荷的功率因数。（5分）

考核知识点：功率因数

难易度：易

标准答案：

解：

负荷的三相视在功率 $$S=\sqrt{3}U_LI_L=\sqrt{3}\times220\times20.8=7.926\text{（kVA）}$$

$$\cos\phi=P/S=5.5/7.926=0.694$$

答：负载的功率因数 $\cos\phi$ 为0.694。

Jb0001311016 负荷为三角形接线的对称三相电路，电源的相间电压 U_{ph} 为380V，负荷每相阻抗 Z=10，求线电流 I_L是多少？（5分）

考核知识点：线电流与相电流

难易度：易

标准答案：

解：

相电流 $I_{ph}=U_{ph}/Z=380/10=38$（A）

线电流 $I_L=\sqrt{3}I_{ph}=\sqrt{3}\times38=65.82$（A）

答：线电流 I_L 为 65.82A。

Jb0001311017 某带电值班室内有额定电压 $U_n=220V$、额定功率 $P_n=40W$ 日光灯 8 盏，每日平均开灯时间 $t=2h$，求一个月（$T=30$ 天）所消耗的电能 W？（5 分）

考核知识点：电能计算

难易度：易

标准答案：

解：

电灯的总功率 $P=8\times40=320$（W）

每日消耗电量 $W_1=Pt=320\times10^3\times2=0.64$（kWh）

一个月所用电能 $W=W_1T=0.64\times30=19.2$（kWh）

答：一个月（30 天）所消耗的电能为 19.2kWh。

Jb0001311018 有一对称三相电路，负荷做星形连接时线电压 $U_L=380V$，每相负荷阻抗为电阻 $R=10\Omega$与感抗 $X_L=15\Omega$串联，求负荷的相电流 I_{ph} 为多少？（5 分）

考核知识点：相电流

难易度：易

标准答案：

解：

$$相电压U_{ph}=U_L/\sqrt{3}=380/\sqrt{3}=220（V）$$

$$负荷阻抗Z=\sqrt{R^2+X_L^2}=\sqrt{10^2+15^2}=18（\Omega）$$

$$I_{ph}=U_{ph}/Z=220/18=12.2（A）$$

答：负载的相电流为 12.2A。

Jb0001311019 某新建 220kV 送电线路，其中一区间为Ⅱ级污秽区，每串绝缘子型号为 XWP－7（13 片），试校验绝缘配合是否合格（Ⅱ级污秽区中性点直接接地泄漏比距为 2.0～2.5cm/kV，XWP－7 型绝缘子的泄漏距离为 400mm）？（5 分）

考核知识点：绝缘校验

难易度：易

标准答案：

解：

线路所处地段要求 220kV 送电线路的最小泄漏距离 $220\times2.0=440$（cm）$=4400$（mm）

13 片 XWP－7 型绝缘子的泄漏距离 $13\times400=5200$（mm）

答：绝缘配合合格。

Jb0001311020 有一日光灯电路，额定电压 U_n 为 220V，电路的电阻 R 是 200Ω，电感 L 为 1.66H，试计算这个电路的功率因数。（5 分）

考核知识点：功率因数

难易度：易

标准答案：

解：

$$该电路感抗\ X_L = 2\pi fL = 2 \times 3.14 \times 50 \times 1.66 = 521\ (\Omega)$$

$$阻抗\ Z = \sqrt{R^2 + X_L^2} = \sqrt{200^2 + 521^2} = 558\ (\Omega)$$

$$功率因数\ \cos\phi = R/Z = 200/558 = 0.36$$

答：这个电路的功率因数是 0.36。

Jb0001311021 一个电压表有三个不同的量程，即 $U_1 = 3V$、$U_2 = 15V$ 和 $U_3 = 150V$，如图 Jb0001311021 所示。表头的电阻 R_0为 50Ω，流过电流 I为 30mA 时，表针指到满刻度，计算各量程的分压电阻 R_1、R_2、R_3应为多少？（5 分）

考核知识点：电压表

难易度：易

标准答案：

解：

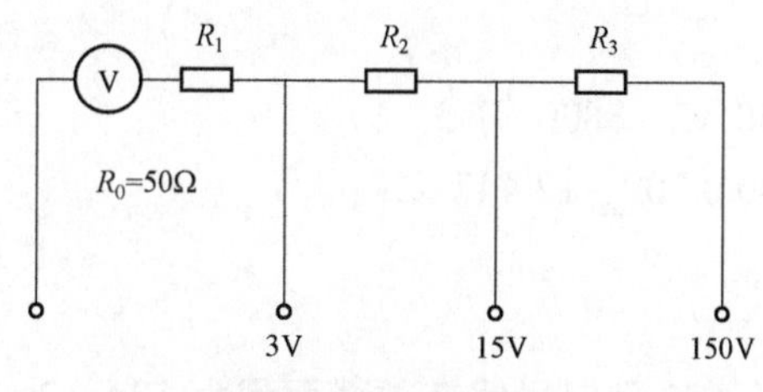

图 Jb0001311021

根据题意可知，电压表在各量程的最大值为 3V、15V 和 150V 时，流过电压表的电流 $I = 30mA = 0.03A$

$$R_1 = (U_1/I) - R_0 = 3 \div 0.03 - 50 = 50\ (\Omega)$$

$$R_2 = (U_2/I) - R_0 = 15 \div 0.03 - 50 = 450\ (\Omega)$$

$$R_3 = (U_3/I) - R_0 = 150 \div 0.03 - 50 = 4950\ (\Omega)$$

答：R_1为 50Ω，R_2为 450Ω，R_3为 4950Ω。

Jb0001311022 一照明电路的熔丝的熔断电流为 3A，若将 10 盏 220V、40W 的电灯同时并联接入电路，计算熔丝是否会熔断？（5 分）

考核知识点：熔断电流

难易度：易

标准答案：

解：

已知 $n = 10$，$P = 40W$，$U = 220V$

通过每盏灯的电流 $I = P/U = 40/220 = 0.182$（A）

电路总电流 $I_\Sigma = nI = 10 \times 0.182 = 1.82$（A）$< 3$（A）

I_Σ小于熔丝熔断电流，熔丝不会熔断。

答：熔丝不会熔断。

Jb0001311023 有电阻和电感线圈串联接在正弦交流电路上，已知电阻 $R = 30\Omega$，线圈的感抗 $X_L = 40\Omega$，电阻的端电压 $U_R = 60V$，试求电路中的有功功率 P和无功功率 Q。（5 分）

考核知识点：功率计算

难易度：易

标准答案：

解：

电路中流过的电流 $I=U_R/R=60/30=2$（A）

有功功率 $P=I^2R=2^2\times30=120$（W）

无功功率 $Q=I^2X_L=2^2\times40=160$（var）

答：有功功率是120W，无功功率是160var。

Jb0001311024　一条220kV送电线路，有一个转角塔，转角为90°，每相张力为1900N，双避雷线每根张力为1550N，求其内角合力是多少。（5分）

考核知识点：力的合成

难易度：易

标准答案：

解：

一侧张力之和 $1900\times3+1550\times2=8800$（N）

内角合力 $8800/\cos45°=8800/0.707=12\,447$（N）

答：内角合力为12 447N。

Jb0001311025　有一LGJ－150型铝导线有效截面积为134.12mm²，长为940mm，温度 $t_1=20$℃时，电阻 $R_1=0.1983\times10^3\Omega$。计算铝导线在温度 $t_2=30$℃时的电阻 R_2 是多少？电阻增加了多少（α=0.0042Ω/℃）？（5分）

考核知识点：电阻

难易度：易

标准答案：

解：

在 t_1 时，$R_1=0.1983\times10^3$（Ω）

$$R_2=R_1[1+\alpha(t_2-t_1)]=0.206\,6\times10^3\ (\Omega)$$

电阻增加量 $\Delta R=R_2-R_1=0.008\,3\times10^3$（Ω）

或 $\Delta R=R_1\alpha(t_2-t_1)=0.008\,3\times10^3$（Ω）

答：在温度为30℃时的电阻 R_2 是 $0.206\,6\times10^3$，电阻增加了 $0.008\,3\times10^3\Omega$。

Jb0001311026　某线电压 U_L=220kV的线路导线对地的总电容 C=50pF，求线路运行时，导线通过大地损耗的电流 I？（5分）

考核知识点：电流计算

难易度：易

标准答案：

解：

$$相电压\ U_n=U_L/\sqrt{3}=220/\sqrt{3}=127\ (\text{kV})$$

$$容抗\ X_C=\frac{1}{2\pi fC}=1/(2\times3.14\times50\times50\times10^{-12})=63\,694\ (\Omega)$$

$$I=U_n/X_C=127/63\,694=0.002\ (\text{A})$$

答：损耗的电流为0.002A。

Jb0001311027 某送电线路采用 LGJ－150/25 型钢芯铝绞线，在放线时受到损伤，损伤情况为铝股断 7 股，1 股损伤深度为直径的 1/2，导线结构为 28×2.5/7×2.2，应如何处理？（5 分）

考核知识点：导线断股

难易度：易

标准答案：

规程规定，导线单股损伤深度超过直径的 1/2 时按断股论。

该导线损伤情况为：断 8 股，断股导线所占比例为 8/28×100%＝28.6%＞25%。

因导线损伤已超过其导电部分的 25%，因此应剪断重接。

答：应剪断重接。

Jb0001311028 麻绳的一般起吊作业安全系数通常取 K＝5，若用直径 d＝20mm、破坏应力为 16kN/mm^{2}的旗鱼牌白麻绳进行一般起吊作业，求该麻绳可允许起吊重物的重力 G 为多少？（5 分）

考核知识点：重力计算

难易度：易

标准答案：

解：

$$G \leqslant 16\pi(d/2)^2/\mathrm{K}=1005\ (\mathrm{kN})$$

答：允许起吊重物为 1005kN。

Jb0001311029 某 66kV 送电线路，运行人员发现一电杆倾斜，如图 Jb0001311029 所示，计算说明应如何处理？（5 分）

考核知识点：电杆倾斜计算

难易度：易

标准答案：

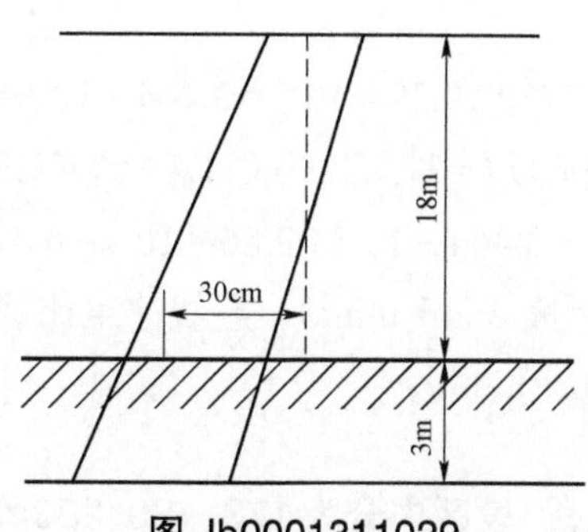

图 Jb0001311029

$$电杆倾斜度=0.3/18\times1000‰=16.7‰>15‰$$

电杆倾斜度已超出规程规定的 15‰的标准，因此应进行正杆。

答：应进行正杆。

Jb0001311030 某 66kV 新架送电线路，导线采用 LGJ－150 型钢芯铝绞线，耐张段代表档距为 200m，观测档档距为 l＝250m，观测温度为 20℃时，根据安装表查代表档距 l_0＝200m 时的弧垂 f_1＝2.7m，计算观测弧垂是多少？（5 分）

考核知识点：弧垂计算

难易度：易

标准答案：
解：

$$观测弧垂\ f = f_1\left(\frac{l}{l_0}\right)^2 = 2.7\times\left(\frac{250}{200}\right)^2 = 4.22\ （m）$$

答：观测弧垂为4.22m。

Jb0001311031 塔呼称高 H=43.2m，绝缘子串长 h=1.2m，观测弧垂 f=25m，低杆的导线悬挂点至测量点（弛度板）垂直距离 a=16m，确定高杆绝缘子串悬挂点至观测点距离 b 值及观测位置。（5分）

考核知识点：基础计算

难易度：易

标准答案：

解：

$$b = (2\sqrt{f}-\sqrt{a})^2 = (2\sqrt{25}-\sqrt{16})^2 = 36\ （m）$$

观测位置为横担下边缘距观测位水平线的距离 $b_a = b + 1.2 = 37.2$（m）

答：b 值为36m，观测位置为横担下边缘距观测位水平线的距离为37.2m。

Jb0001311032 某架空线路通过第Ⅱ典型气象区，导线为 LGJ－70 型，计算其比载为多少（LGJ－70型导线截面积 A=79.39mm^2、外径 d=11.4mm、G=2750N/km，Ⅱ区覆冰厚度 b=5mm）？（5分）

考核知识点：比载

难易度：易

标准答案：

解：

导线自重比载 $g_1 = G/A\times10^{-3} = 2750/79.39\times10^{-3} = 3.464\times10^{-2}$ [N/（m·mm^2）]

覆冰冰重比载 $g_2 = 27.728\times b(d+b)/A = 27.728\times5(11.4+5)/79.39\times10^{-3} = 2.86\times10^{-2}$ [N/（m·mm^2）]

导线自重和冰重比载 $g_3 = g_1 + g_2 = 3.464\times10^{-2} + 2.86\times10^{-2} = 6.324\times10^{2}$ [N/（m·mm^2）]

答：导线自重比载为 3.464×10^{-2}N/（m·mm^2），导线冰重比载为 2.86×10^{-2}N/（m·mm^2），导线自重和冰重比载为 6.324×10^{-2}N/（m·mm^2）。

Jb0001311033 某一线路耐张段，段区内分为173、180、230m三种档距，其规律档距 L_{np}=200m，设观测档的档距 L_1 为180m，测量时的温度为20℃，根据安装表查 L_{np}=200m 时的 f_0=4.405m，求观测档 L_1 的弧垂。（5分）

考核知识点：弧垂计算

难易度：易

标准答案：

解：

$$观测档的弧垂\ f = f_0\left(\frac{L_1}{L_{np}}\right)^2 = 4.405\times\left(\frac{180}{200}\right)^2 = 3.568\ （m）$$

答：观测档的弧垂为3.568m。

Jb0001311034　有一运行中的悬挂点等高的孤立档，档距 L=250m，弧垂 f_1=4m，要把弧垂调整为 f_2=3.5m，求应调整的线长ΔL是多少？（5分）

考核知识点：基础计算

难易度：易

标准答案：

解：

$$应调整的线长\Delta L=8(f_1^2-f_2^2)/3L=8(4^2-3.5^2)/(3\times250)=0.04\ (\text{m})$$

答：应调整的线长是0.04m。

Jb0001311035　某一重物重力为 W=7000N，用直径为19.1mm的麻绳牵引，于活动端由2～3滑轮组的动滑轮引出，其综合效率=0.77，求牵引力为多少？（5分）

考核知识点：牵引力计算

难易度：易

标准答案：

解：

$$牵引力 F=W/[(n+1)\times0.77]=7000/[(2+3+1)\times0.77]=1515\ (\text{N})$$

答：牵引力为1515N。

Jb0001311036　某线路在紧线时需用拉力 W=54kN 才能将线紧起，若采用直径为11mm的钢丝绳牵引，其活头端由2～3滑轮组的定滑轮引出，综合效率=0.9，求牵引力的大小。（5分）

考核知识点：牵引力

难易度：易

标准答案：

解：

$$牵引力 F=W/(n\times0.9)=54/(5\times0.9)=12\ (\text{kN})$$

答：牵引力为12kN。

Jb0001311037　利用等值盐量表用300ml蒸馏水进行附盐密度测量，测得XWP－7型绝缘子盐量 W=394mg，问测得附盐密度 W_0为多少（S=1970cm²）？（5分）

考核知识点：附盐密

难易度：易

标准答案：

解：

$$W_0=W/S=394/1970=0.2\ (\text{mg/cm}^2)$$

答：测得附盐密度 W_0为0.2mg/cm²。

Jb0001311038　用丝杠收紧更换双串耐张绝缘子中的一串绝缘子，如导线最大线张力为19110N，应选择使用什么规格的丝杠（安全系数取2.5，不均匀系数取1.2）？（5分）

考核知识点：基础计算

难易度：易

标准答案：

解：

$$一串绝缘子受力大小\ F_1=1/2\times 19\,110=9555\ (\text{N})$$

考虑安全系数和不均匀系数后的丝杠受力

$$F=2.5\times 1.2\times F_1=2.5\times 1.2\times 9555=28\,665\ (\text{N})$$

应选择可耐受 28 665N 的丝杠，即 3T 的丝杠。

答：应选择规格为 3T 的丝杠。

Jb0001311039　一终端电杆，拉线上端固定点至地面高度 $h=14$m，对地面夹角$\alpha=45°$，三根导线拉力均为 $F_{av}=4000$N，如果拉线用 8 号铁丝，其拉断力为 $F_{jx}=4400$N，安全系数 K=2.5 时，求拉线长度和股数。（5 分）

考核知识点：基础计算

难易度：易

标准答案：

解：

$$拉线长度\ L=h/\sin\alpha=14/\sin 45°=19.8\ (\text{m})$$

$$股数\ n=(3F_{av}/\cos\alpha)/(F_{jx}/\text{K})=(3\times 0.4/\cos 45°)/(0.44/2.5)\approx 10\ (股)$$

答：拉线长度为 19.8m，股数为 10 股。

Jb0001311040　在紧线施工中，设导线所受水平张力 $p=40\,000$N，已知导线半径 $r=13$mm（导线视为实心），试求导线所受的应力？如果导线的拉断力 $p_1=111\,200$N，计算此时是否满足允许应力的要求（安全系数取 1.7）？（5 分）

考核知识点：基础计算

难易度：易

标准答案：

$$导线所受应力\ F=\frac{P}{\pi r^2}=\frac{40\,000}{3.14\times 13^2}=75.4\ (\text{N/mm}^2)$$

$$导线允许应力\ F=\frac{P_1}{k\pi r^2}=\frac{111\,200}{1.7\times 3.14\times 13^2}=123.3\ (\text{N/mm}^2)$$

答：导线所受应力少于允许应力，满足相关要求。

Jb0001311041　如紧线时牵引滑车受力 p 为 17 640N，要用 8 号镀锌铁线（$d=4.0$mm）做扣滑车扣子，安全系数 K 取 4.0，铁线破坏应力 $F_0=362.6\text{N/mm}^2$，计算做这扣子不应少于几股（设所做的铁线扣为活动 V 形扣子）？（5 分）

考核知识点：基础计算

难易度：易

标准答案：

解：

8 号镀锌铁线所受拉力 F

$$F=F_0\times\frac{\pi r^2}{\text{K}}=362.6\times\frac{3.14\times\left(\frac{4}{2}\right)^2}{4}=1138.6\ (\text{N})$$

当镀锌铁线受滑车牵引时，为满足牵引受力需求，所用 8 号铁线的股数

$$n=p/F=17\,640/1138.6=15.5$$

取整后 n 为 16 股。

故应以 8 根并股铁线环一周，拧紧压扁对折即可。

答：做扣子的铁线不少于 8 股。

Jb0001311042　某 66kV 新架送电线路，导线型号为 LGJ－150，某耐张段代表档距 $l_0=220$m，选择观测档的档距 $l=260$m，观测温度为 20℃时，根据安装表查代表档距为 220m 时的弧垂 $f_0=3.2$m，试计算观测弧垂。（5 分）

考核知识点：弧垂

难易度：易

标准答案：

解：

$$\text{观测弧垂 } f=f_0\left(\frac{l}{l_0}\right)^2=3.2\times\left(\frac{260}{220}\right)^2=4.47\ (\text{m})$$

答：观测弧垂为 4.47m。

Jb0001311043　一铁塔为土壤基础，需加高度 $h_0=3$m，原塔埋深 $h=2.5$m，如图 Jb0001311043 所示，已知 $H=5$m，$a=4$m，$b=4.5$m，求加高后塔脚处的根开 X。（5 分）

考核知识点：基础计算

难易度：易

标准答案：

解：

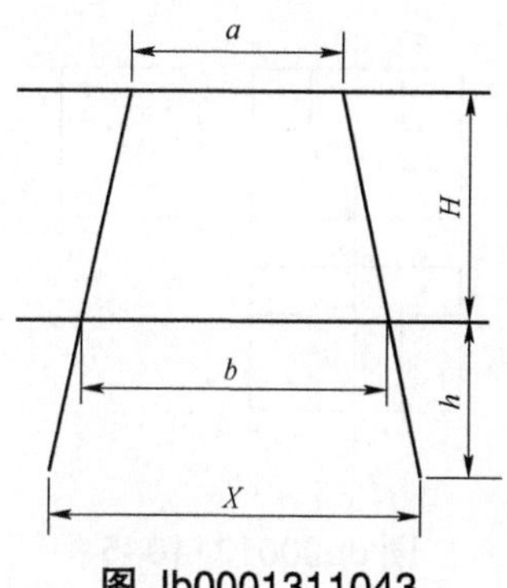

图 Jb0001311043

铁塔坡度比

$$K=(b+a)/2H=(4.5+4)/(2\times5)=0.85$$

塔腿处加高 3m 后的根开

$$X=b+K(h_0+h)\times2=4.5+0.85(3+2.5)\times2=13.85\ (\text{m})$$

答：加高后塔脚处根开 13.85m。

Jb0001311044　画出静电感应使人体受电击的两种情况示意图。（5 分）

考核知识点：静电感应

难易度：易

标准答案：

分别如图 Jb0001311044 所示。

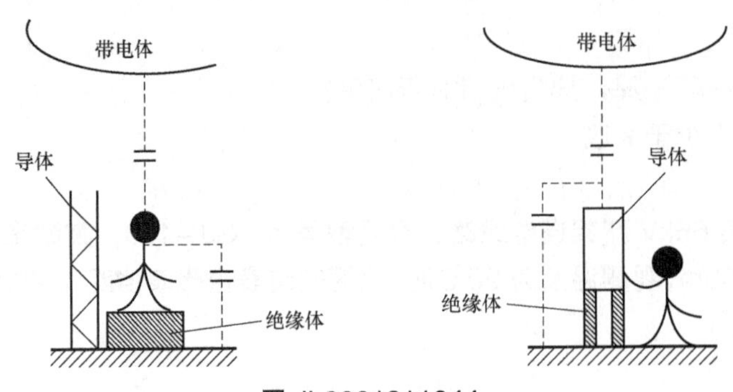

图 Jb0001311044

Jb0001311045　请补画图 Jb0001311045（a）中所缺的线。（5 分）

考核知识点：三视图

难易度：易

标准答案：

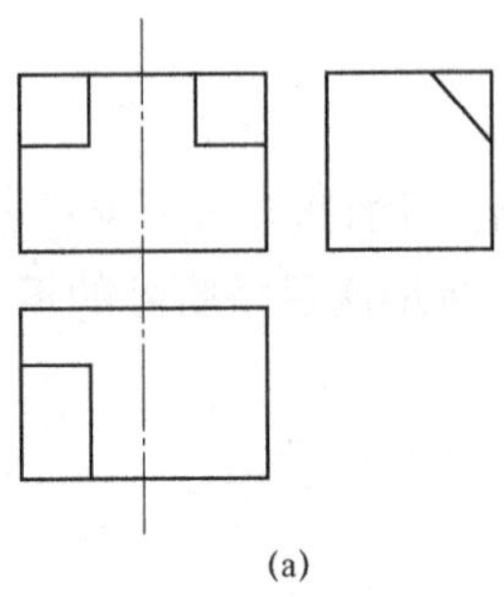

(a)

如图 Jb0001311045（b）所示。

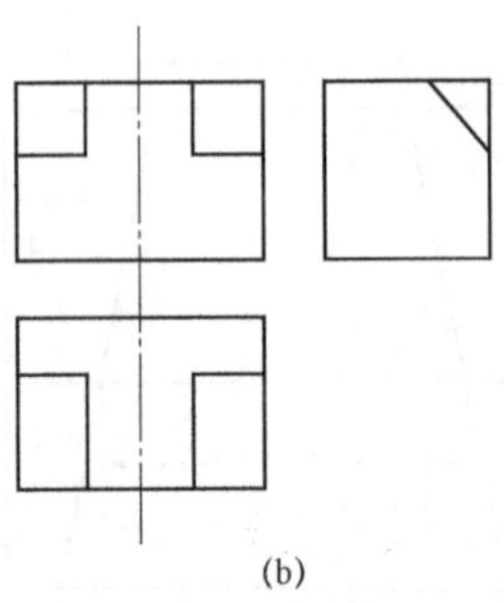

(b)

图 Jb0001311045

Jb0001311046　图 Jb0001311046 是 78mm × 7mm 的角钢，要冲单排 17.5mm 螺孔，说出它的间距、端距为多少？（5 分）

考核知识点：间距、端距

难易度：易

标准答案：

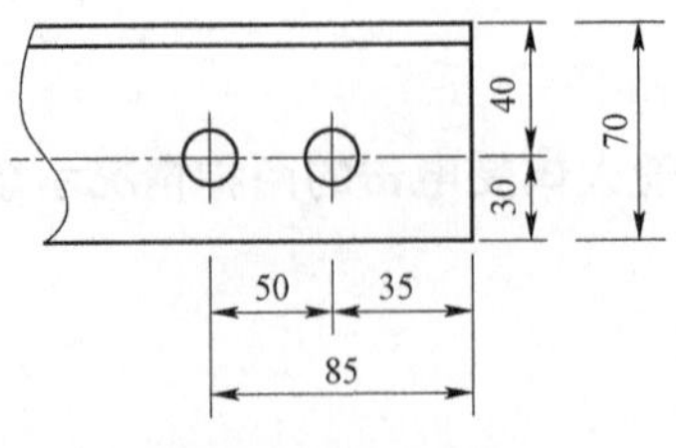

图 Jb0001311046

答：间距为 50mm，端距为 35mm。

Jb0001311047 经计算得知，一电杆的导线水平荷载 1620N，垂直荷载 2470N，画出该上字型杆的负荷图。（5 分）

考核知识点：负荷图

难易度：易

标准答案：

如图 Jb0001311047 所示。

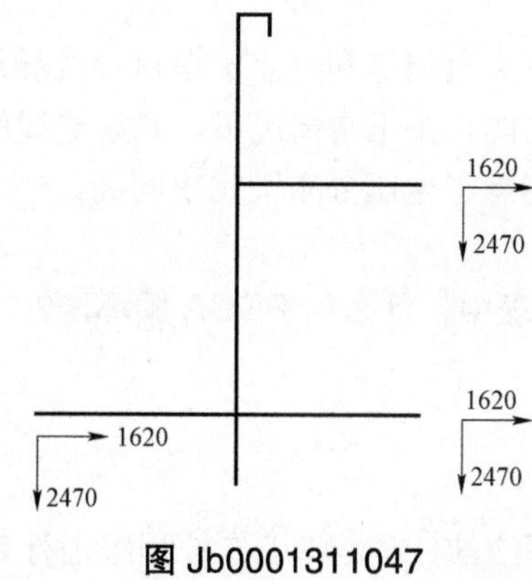

图 Jb0001311047

Jb0001311048 写出图 Jb0001311048 中 A～F 及 I 的名称。（5 分）

考核知识点：电力元件

难易度：易

标准答案：

A 为电源；B 为电力网；C 为输电系统；D 为配电系统；E 为用户；F 为电力系统；I 为升压变压器。

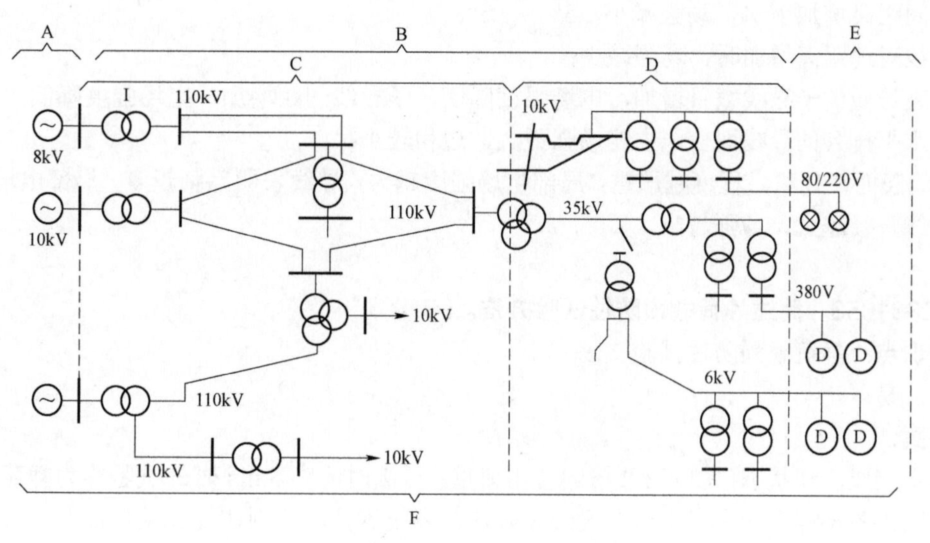

图 Jb0001311048

Jb0002331049 什么叫过电压，过电压有几种？（5 分）

考核知识点：过电压

难易度：易

标准答案：

电力系统在运行中，由于雷击、操作、短路等原因，导致危及绝缘的电压升高，称为过电压。主要分为雷电过电压、操作过电压。

Jb0002331050　绝缘子串上的电压按什么规律分布？（5分）

考核知识点：绝缘子串电压分布

难易度：易

标准答案：

由于各片绝缘子串本身的电容不完全相等和绝缘子串对地及导线的电容不对称分布，绝缘子串中的各片绝缘子上的电压分布是不均匀的。在正常情况下，靠近导线的绝缘子承受的电压最高，中间绝缘子的电压分布最小，靠近横担的绝缘子电压分布又比中间高。

Jb0002331051　在全面质量管理中，什么叫PDCA循环法？（5分）

考核知识点：PDCA

难易度：易

标准答案：

PDCA循环法是一种现代化管理方法，它是将工作按程序进行划分、管理、执行的科学管理方法，它充分利用计划—执行—检查—总结这一科学程序工作方法从事管理工作。

Jb0002331052　影响导线表面及周围空间电场强度的因素主要有哪些？各有什么影响？（5分）

考核知识点：电场强度影响因素

难易度：易

标准答案：

（1）与输电线路的电压成正比，运行电压越高，临界电场强度越大；

（2）相间距离增加10%，场强减小1.5%～2.5%；

（3）导线对地距离增加时，场强减少；

（4）分裂导线的子导线数目增加，电场强度降低，子导线间距增加，电场强度降低；

（5）对水平排列的导线而言，中相场强最大，边相较小；

（6）导线表面氧化积污程度越严重，局部电场强度越大，导线表面毛刺越多，局部电场强度越大；

（7）导线直径越大，场强越小。

Jb0002331053　简述静荷载预防性试验方法。（5分）

考核知识点：静荷载预防性试验

难易度：易

标准答案：

将工具组装成工作状态，加上1.2倍的使用荷重，持续时间为5min时的试验称为静荷载试验。如果在这个时间内各部构件均未发生永久变形和破坏、裂纹等情况，则认为试验合格。

Jb0002331054　什么是设备的全绝缘作业？（5分）

考核知识点：全绝缘作业

难易度：易

标准答案：

所谓对电气设备进行全绝缘作业，系指用绝缘薄膜、绝缘板、绝缘遮蔽罩等工具将设备可能使人触电的部分，以及可能造成相间短路和接地短路的部分可靠地遮盖好，只露出作业部分，以保证作业安全。

Jb0002331055　制定应用软梯进行等电位作业的培训计划，应包括哪些内容？（5分）

考核知识点：软梯

难易度：易

标准答案：

（1）介绍软梯的构成，特点及应用；

（2）攀登软梯练习；

（3）等电位作业练习。

Jb0003331056　导线上拔有什么危害？（5分）

考核知识点：导线上拔

难易度：易

标准答案：

导线上拔也就是导线“腾空”现象，即导线在自由状态下，高于导线固定点。采用悬式绝缘子的线路如发生导线上拔会造成导线对杆塔、拉线、横担的距离不足，发生对地放电，严重时会引起跳闸。

Jb0003331057　什么叫垂直档距？（5分）

考核知识点：垂直档距

难易度：易

标准答案：

垂直档距指杆塔两边相邻两档距弧垂最低点连线的水平距离。

Jb0003331058　送电线路的主要保护有哪些？（5分）

考核知识点：线路保护

难易度：易

标准答案：

线路主要的保护有过电流保护、接地保护、功率方向保护、距离保护和高频保护。

Jb0003311059　写出计算直线绝缘子串上荷重的公式。（5分）

考核知识点：直线绝缘子串荷重

难易度：易

标准答案：

$$G=\sqrt{Q^2+P^2}$$
$$Q=g_1SL_C$$
$$P=g_4SL_h$$

式中　G——直线绝缘子串总荷重；

Q——直线绝缘子串垂直荷重；

P——直线绝缘子串水平荷重；
g_1——自重比载；
S——导线截面；
L_C——垂直档距；
g_4——风压比载；
L_h——水平档距。

Jb0003331060 《国家电网公司电力安全工作规程（电力线路部分）》中，工作班成员的安全责任是什么？（5分）

考核知识点： 工作班成员的安全责任

难易度： 易

标准答案：

（1）明确工作内容、工作流程、安全措施、工作中的危险点，并履行确认手续；
（2）严格遵守安全规章制度、技术规程和劳动纪律，正确使用安全工器具和劳动保护用品；
（3）相互关心工作安全，并监督本规程的执行和现场安全措施的实施。

Jb0004331061 什么叫中间电位法带电作业？（5分）

考核知识点： 中间电位法带电作业

难易度： 易

标准答案：

此种作业方式既需与带电体绝缘，同时还与地绝缘，作业人员只在这两种绝缘体中间进行带电作业。

Jb0004331062 带电作业不适用于哪些地区和系统？（5分）

考核知识点： 带电作业

难易度： 易

标准答案：

（1）不适用于海拔1000m以上电力系统的输送电设备上的带电作业；
（2）不宜用于两线一地制电力系统中的带电作业。

Jb0004331063 带电作业“监护人”的安全责任是什么？（5分）

考核知识点： 安全规程

难易度： 易

标准答案：

（1）正确、安全地组织工作；
（2）严格执行工作票所列安全措施，必要时还应加以补充；
（3）正确地发布操作命令，对操作人员进行不间断地指导和监护，督促和监护作业人员遵守安全规程和现场安全措施。

Jb0004331064 强电场对带电作业人员的危害主要表现在哪些方面？（5分）

考核知识点： 强电场带电作业

难易度： 易

标准答案：

（1）带电作业人员在强电场中有不舒适的感觉，如“电风”“麻电”等现象；
（2）长期从事带电作业的人员在生理上的反应。

Jb0004331065　什么叫等电位人员的电位转移？（5分）

考核知识点：电位转移

难易度：易

标准答案：

所谓等电位人员的电位转移是指等电位作业人员在绝缘装置上逐渐接近带电体，当达到一定距离时通过火花放电，最后与带电体取得同一电位的过程。

Jb0004331066　在500kV电气设备上进行带电作业时，进入强电场的方法主要有哪几种？（5分）

考核知识点：进入强电场的方法

难易度：易

标准答案：

主要有以下三种：
（1）攀登软梯进入；
（2）使用吊篮法进入；
（3）沿耐张绝缘子串进入。

Jb0004331067　为什么带电作业要穿屏蔽服？（5分）

考核知识点：屏蔽服

难易度：易

标准答案：

因为屏蔽服能够屏蔽静电场，分流人体电容电流，保证人体在高压电场中安全工作。

Jb0004331068　带电水冲洗时影响水柱泄漏电流的主要因素有哪些？（5分）

考核知识点：泄漏电流

难易度：易

标准答案：

（1）被冲洗电气设备的电压；
（2）水柱的水电阻率；
（3）水柱的长度；
（4）水枪喷口直径。

Jb0004331069　为什么雷雨雪雾和大风天气不能进行带电作业？（5分）

考核知识点：带电作业的条件

难易度：易

标准答案：

主要原因是：

（1）雷雨时，无论是感应雷还是直击雷都可能产生大气过电压，不仅影响到电网的安全稳定运行，还可能使电气设备绝缘和带电作业工具遭到破坏，给人身安全带来严重危险。

（2）阴雨、雾和潮湿天气时，绝缘工具长时间在露天中作业会被潮侵，此时绝缘强度下降，甚至会使工具产生形变及其他绝缘问题。

（3）严寒风雪天气，导线本身弛度的减小又易于使拉伸应力增加，有时甚至接近至导线的最大使用拉力，在这种状况下进行工作，又将加大导线的荷载，如果过牵引时，就有发生断线危险的可能。

（4）当风力超过五级时，人员在空中作业会出现较大的侧向受力，使工作的稳定遭到破坏，给操作和作业造成困难，监护能见度变差，线路出现故障的机会也增加。

Jb0004331070　带电断、接引线前为什么应首先查明线路“三无一良”？（5分）

考核知识点：“三无一良”

难易度：易

标准答案：

“三无一良”线路无接地，无人工作，相位正确无误，绝缘良好，直接影响着断接引线的工作安全乃至整个系统的运行安全，具体分述如下：

（1）如果被接引的空载线路绝缘不良或存在接地，对中性点直接接地的系统将形成单相对地短路，在空载电压冲击下，绝缘薄弱环节将容易被击穿成为故障；对中性点不接地或经消弧线圈接地的系统，接地虽然不至于形成短路并能维持带电运行，但设备绝缘将受到线电压的作用。如果出现电容电流很大的接地，而断接所使用的消弧管容量有限，就会使其超容而爆炸，以上情况都将给人身和设备带来严重威胁。

（2）带电断、接引线时，线路不能有任何工作人员工作，规程要求要“查明”确保无人工作时，才能带电断、接引线。

（3）带电接引线工作前，必须核实线路相位。未经定相核实相位即开始接引线，如果相位搞错了，将会产生严重后果。

假如待接引的线路空载，则会在受端变电站操作加入电网时发生相间短路：而如果直接接引两端带电设备，则会立即发生相间短路，造成人身设备重大故障。

Jb0004331071　论述等电位作业是如何转移电位的？（5分）

考核知识点：等电位作业

难易度：易

标准答案：

等电位作业，是在人员绝缘良好和屏蔽完整的情况下进行的。在未进入电场之前，人体是没有电位的，他与大地是绝缘的，并保持一个良好的安全距离。当人体处在与带电体有一个很小的间隙时，存在一个电容，人在电场中就有了一定的电位，与带电体有一个电位差。这个电位差击穿间隙，使人体与带电体联通带电，这时有一个很大的充电暂态电流通过人体当电压很高时，用身体某部分去接触带电体是不安全的。因此在转移电位时，必须用等电位线进行，以确保安全。

Jb0004331072　等电位作业中，等电位作业人员在电位转移时应注意哪些？（5分）

考核知识点：等电位作业

难易度：易

标准答案：

等电位作业人员在电位转移时应注意以下几点：

在电位转移前应得到工作负责人的许可；系好安全带或高空保护绳；电位转移，人体裸露部分与带电体的安全距离不应小于表Jb0004331072的规定。

表 Jb0004331072　　电压等级的安全距离

电压等级（kV）	36～63（66）	110～220	330～500
安全距离（m）	0.2	0.3	0.4

Jb0004331073　带电作业中工（器）具的传递应注意哪些？（5分）

考核知识点：工器具传递注意事项

难易度：易

标准答案：

（1）带电作业时所需的工（器）具和材料必须用绝缘无头绳索圈传递，邻近带电体的滑车和吊点绳索套均应用绝缘材料制成。

（2）无头绳索圈与带电体应保持足够的距离。距离尺寸视传递物品中金属部件尺寸加上不同电压等级对地（或相间）安全距离而定。

（3）设备间距小、传递通道狭窄的现场，无头绳索圈的下端应用地锚固定。

（4）小型工（器）具和材料（金属扎线应盘成体积小的线盘）应装入工具袋内传递；尺寸较长的金属件，应将其多点固定于无头绳索圈上作定向传递。

（5）传给等电位电工而又不能盘卷的金属导线（如跨接线、预绞丝等），可用传递绳索将其平行于地面悬吊传递，并用控制绳索控制其活动方向和对带电体的距离。

（6）以上、下循环交换方式传递较重的工器具时，新、旧重物均应系以控制绳索，防止被传物品相互碰撞及误碰处于工作状态的承力工（器）具。

Jb0004331074　使用飞车进行带电作业应注意哪些问题？（5分）

考核知识点：飞车

难易度：易

标准答案：

使用前检查飞车的刹车装置和保险装置是否处于正常状态；驾车人员应有安全绳；越过障碍物（悬垂线夹，间隔棒等）时，要防止发生撞击；行走或作业时，要注意导线弛度下落后，弛度最低点对地面跨越物的距离满足有关规程的要求；行走速度不宜过快，以免刹车困难。

Jb0004331075　±500kV直流线路等电位带电作业有哪些要求？（5分）

考核知识点：带电作业要求

难易度：易

标准答案：

（1）等电位作业人员通过绝缘工具进入高电位时，作业人员与带电体和接地体之间的最小组合间隙不得小于3.8m。

（2）等电位作业人员与接地构架之间的安全距离不得小于3.4m。

（3）等电位作业人员与杆塔构架上作业人员传递物品应采用绝缘工具或绝缘绳索，绝缘传递工具的最小有效绝缘长度不得小于3.7m。

（4）等电位作业人员沿绝缘子串进入高电位或更换串中劣质绝缘子时，串中良好绝缘子的总片数不得少于22片（170mm）。

（5）等电位作业人员进行电位转移时，裸露部位与带电体的距离不得小于0.4m。

Jb0005331076　架空线路常用杆型有哪些？（5分）

考核知识点：杆塔类型

难易度：易

标准答案：

架空线路常用杆型有直线杆塔、耐张杆塔、转角杆塔、终端杆塔和特殊杆塔。

Jb0005331077　带电断、接耦合电容器时应注意什么问题？（5分）

考核知识点：耦合电容器

难易度：易

标准答案：

带电断、接耦合电容器时，应将其信号、接地开关合上，并停用高频保护，被断开的电容器应立即对地放电，带电的引流线应采取防止摆动的措施。

Jb0005331078　挂软梯的等电位工作，对导地线截面有什么要求？（5分）

考核知识点：挂软梯的等电位作业

难易度：易

标准答案：

挂软梯的等电位工作，在连续档距的导地线挂软梯其截面积不应小于：①钢芯铝绞线和铝合金绞线为120mm^2；②钢绞线为50mm^2（等同OPGW光缆和配套的LGJ–70/40导线）。

Jb0005331079　进行带电前的现场勘察时应了解哪些内容？（5分）

考核知识点：现场勘查

难易度：易

标准答案：

应了解地形状况、杆塔型式、设备间距、交叉跨越情况、缺陷部位及严重程度、需用的器材等。

Jb0005331080　在电力线路上工作，保证安全的组织措施应包括哪些内容？（5分）

考核知识点：安全规程

难易度：易

标准答案：

（1）现场勘察制度；
（2）工作票制度；
（3）工作许可制度；
（4）工作监护制度；
（5）工作间断制度；
（6）工作终结和恢复送电制度。

Jb0005331081　在电力线路上工作，保证安全的技术措施有哪些？（5分）

考核知识点：安全规程

难易度：易

标准答案：

停电；验电；接地；使用个人保安线；悬挂标示牌和装设遮栏（围栏）。

Jb0005331082　为了使螺栓拧得紧些，常在扳手上套一段钢管而把手柄接长，为什么？（5分）

考核知识点：基础知识

难易度：易

标准答案：

从力的概念我们得知，力对点的力矩与力的大小和力臂的乘积成正比。其中当力一定时，力臂越长，对点的力矩越大。所以手柄接长了，转动扳手时所用的力就小些。

第六章　高压线路带电检修工（输电）高级工技能操作

Jc0006352001　闭式卡具更换 220kV 耐张串单片绝缘子的操作。（100 分）

考核知识点：带电更换耐张串单片绝缘子

难易度：中

技能等级评价专业技能考核操作工作任务书

一、任务名称

闭式卡具更换 220kV 耐张串单片绝缘子的操作。

二、适用工种

高压线路带电检修工（输电）高级工。

三、具体任务

闭式卡具更换 220kV 耐张串单片绝缘子的操作。针对此项工作，考生须在规定时间内完成更换处理操作。

四、工作规范及要求

（1）要求单独操作，杆下 1 人监护，3 人配合。

（2）更换的绝缘子从横担向线夹数第 7 片。

（3）用闭式卡具进行带电更换单片绝缘子。

（4）要求着装正确（全套屏蔽服、安全帽）。

（5）工具。

1）绝缘子及弹簧销；

2）选用登杆工器具：脚扣、安全带、延长绳、个人保安线、滑车及传递绳、绝缘子；

3）个人工器具；

4）在培训输电线路上操作。

五、考核及时间要求

考核时间共 40 分钟，每超过 2 分钟扣 1 分，到 45 分钟终止考核。

技能等级评价专业技能考核操作评分标准

<table>
<tr><td>工种</td><td colspan="6">高压线路带电检修工（输电）</td><td>评价等级</td><td>高级工</td></tr>
<tr><td>项目模块</td><td colspan="5">高压线路带电检修方法及操作技巧—输电线路带电作业</td><td>编号</td><td colspan="2">Jc0006352001</td></tr>
<tr><td>单位</td><td colspan="3"></td><td>准考证号</td><td colspan="2"></td><td>姓名</td><td></td></tr>
<tr><td>考试时限</td><td colspan="2">40 分钟</td><td>题型</td><td colspan="3">单项操作</td><td>题分</td><td>100 分</td></tr>
<tr><td>成绩</td><td></td><td>考评员</td><td></td><td>考评组长</td><td colspan="2"></td><td>日期</td><td></td></tr>
<tr><td>试题正文</td><td colspan="8">闭式卡具更换 220kV 耐张串单片绝缘子的操作</td></tr>
</table>

续表

需要说明的问题和要求	（1）要求多人配合操作，仅对等电位电工进行考评。 （2）操作应注意安全，按照标准化作业书的技术安全说明做好安全措施。 （3）严格按照带电作业流程进行，流程是否正确将列入考评内容。 （4）工具材料的检查由被考核人员配合完成。 （5）视作业现场线路重合闸已停用					
序号	项目名称	质量要求	满分	扣分标准	扣分原因	得分
1	工作准备					
1.1	工器具的选用	（1）脚扣、安全带、绝缘延长绳外观检查，进行冲击试验。 （2）全套屏蔽服是否连接可靠	10	安全带、延长绳未检查、未做冲击试验不得分； 全套屏蔽服连接不可靠不得分		
1.2	材料的选用	检查绝缘子是否干净无缺陷	5	型号不正确不得分		
2	工作许可					
2.1	许可方式	向考评员示意准备就绪，申请开始工作	5	未向考评员示意即开始工作扣5分		
3	工作步骤及技术要求					
3.1	登杆	（1）登杆时脚扣不得相碰。 （2）步幅与身体相互协调。 （3）上、下横担时动作规范。 （4）正确使用安全带，安全带应系在牢固的构件上，检查扣环闭锁是否扣好	10	登杆动作不协调熟练扣1～5分； 安全带、延长绳闭锁装置未按要求扣好扣5分		
3.2	横担上的工作	绝缘延长绳应系在牢固的构件上检查扣环闭锁是否扣好	10	低挂高用扣5分； 未检查扣环闭锁扣5分		
3.3	更换绝缘子	（1）登杆。 （2）跨二短三法进入破损绝缘子处。 （3）安装好传递绳。 （4）拆除破损绝缘子。 （5）更换新绝缘子。 （6）按相反程序返回地面	5	少一步扣1分，扣完为止		
3.4	安装卡具	（1）卡具吊上安装时应按照卡四取二的方法进行。 （2）将卡具卡住要更换的绝缘子，检查卡具是否卡到位，对受力丝杠部件并作相应的冲击试验。 （3）取弹簧销，收紧卡具丝杠，至绝缘子一次取出，不得反复	10	卡具安装未一次到位扣4分； 未检查卡具丝杠等受力部件扣4分； 绝缘子未一次取出扣2分		
3.5	起吊绝缘子	起吊绝缘子时绝缘子绑扎方法应正确	5	绝缘子绑扎不正确扣5分		
3.6	穿弹簧销	安装新绝缘子时弹簧销方向应由上往下穿入	5	绝缘子弹簧销穿向不正确扣5分		
3.7	取下长具	松卡具丝杠时应检查绝缘子各部件连接可靠时方可取下并绑扎牢固放置地面	5	未按照要求上下传递物品扣5分		
3.8	作业人员返回	作业人员按照带电作业要求退出强电场并返回至地面	10	作业人员未按带电作业要求退出强电场扣10分		
4	工作结束					
4.1	整理工具，清理现场	整理好工具，清理好现场	10	错误一项扣5分，扣完为止		
5	工作结束汇报	向考评员报告工作已结束，场地已清理	5	未向考评员报告工作结束扣3分； 未清理场地扣2分		
6	其他要求	（1）要求着装正确（工作服、工作胶鞋、安全帽）。 （2）操作动作熟练。 （3）高空不得落物。 （4）清理工作现场符合文明生产要求。 （5）在规定的时间内完成	5	每项不正确扣1分； 高空落物不得分； 超过时间不给分，每超过1分钟倒扣2分（无上限）		
合计			100			

Jc0006351002　220kV 带电检测零值绝缘子的操作。（100 分）

考核知识点：带电检测零值绝缘子

难易度：易

技能等级评价专业技能考核操作工作任务书

一、任务名称

220kV 带电检测零值绝缘子的操作。

二、适用工种

高压线路带电检修工（输电）高级工。

三、具体任务

220kV 带电检测零值绝缘子的操作。针对此项工作，考生须在规定时间内完成更换处理操作。

四、工作规范及要求

（1）杆塔上单独操作，杆下设 1 人监护记录。

（2）如果发现一串悬垂绝缘子有 5 片零值绝缘子，耐张绝缘子有 6 片零值绝缘子，应停止检测工作。

五、考核及时间要求

（1）本考核 1～6 项操作时间为 60 分钟，时间到立即停止考试。

（2）按照技能操作记录单的操作要求进行操作，正确记录操作结果等。

（3）操作过程中作业人员有危及人身、设备安全等情况应停止考核并计 0 分。

技能等级评价专业技能考核操作评分标准

工种	高压线路带电检修工（输电）			评价等级	高级工
项目模块	高压线路带电检修方法及操作技巧—输电线路带电作业		编号	Jc0006351002	
单位		准考证号		姓名	
考试时限	60 分钟	题型	单项操作	题分	100 分
成绩		考评员	考评组长		日期
试题正文	220kV 带电检测零值绝缘子的操作				
需要说明的问题和要求	要求着装正确（穿工作服、工作胶鞋、戴安全帽）				

序号	项目名称	质量要求	满分	扣分标准	扣分原因	得分
1	工作准备					
1.1	认真检查放电间隙，调整放电间隙为 0.7mm	间隙正确	5	不正确扣 5 分		
1.2	检查操作杆是否干净	用干净的毛巾或布仔细擦拭	5	未擦拭操作杆扣 5 分；擦拭不干净扣 3 分		
1.3	检查吊绳	要求是绝缘绳	5	未检查吊绳扣 5 分；检查不仔细扣 3 分		
2	工作许可					
2.1	许可方式	向考评员示意准备就绪，申请开始工作	5	未向考评员示意即开始工作扣 5 分		
3	工作步骤及技术要求					
3.1	登杆塔	动作熟练，带传递绳上杆塔	3	动作不熟练扣 2 分；打滑一次扣 1 分		

续表

序号	项目名称	质量要求	满分	扣分标准	扣分原因	得分
3.2	定工作位置	在耐张杆塔上测量时，工作人员应站在横担上	3	测量时站位不正确扣3分		
3.3	使用安全带	安全带所系位置正确	3	安全带低挂高用或未系在牢固位置扣3分		
3.4	检查	检查扣环是否牢固	3	不检查不给分		
3.5	操作要求	动作熟练正确	3	动作不熟练扣2分		
3.6	技术要求	传递绳上升部分与吊绳尾绳不缠绕	3	缠绕一次扣1分，扣完为止		
3.7	测量要求	测量顺序正确，从导线侧向横担测量	3	测量顺序不正确不给分		
3.8	测量技术要求	测量位置正确，火花间隙短路叉两端切实分别接触瓷裙上下侧的铁件上	3	短路叉两端未分别接触瓷裙上下侧的铁件上扣3分		
3.9	杆塔上转移	杆塔上转移时测量杆放平稳	3	杆塔上转移时测量杆不平稳扣1分		
3.10	杆塔上测量	不漏测	3	每漏测1片绝缘子扣1分，扣完为止		
3.11	测量要求	将火花间隙短路叉翻一面再测一次	4	不正确扣2分		
3.12	技术要求	火花间隙短路叉保持原位，报告记录后才可移开火花间隙短路叉	4	未记录扣2分； 未保持原位扣2分		
3.13	吊绳绑扎要求	吊绳绑扎正确，杆朝下，叉朝上	4	不正确不给分		
3.14	操作要求	放下时测量杆不能碰杆塔	4	碰杆塔1次扣1分，扣完为止		
3.15	测量杆吊下要求	测量杆接近地面要减速，让监护人员接住	4	未减速扣2分； 未让人接住扣2分		
4	工作结束					
4.1	整理工具，清理现场	整理好工具，清理好现场	10	错误一项扣5分，扣完为止		
5	工作结束汇报	向考评员报告工作已结束，场地已清理	5	未向考评员报告工作结束扣3分； 未清理场地扣2分		
6	其他要求					
6.1	动作要求	动作熟练流畅	5	不熟练扣2分		
6.2	着装正确	应穿工作服、工作胶鞋，戴安全帽	5	每漏一项扣2分，扣完为止		
6.3	时间要求	按时完成	5	超过时间不给分，每超过1分钟倒扣2分（无上限）		
合计			100			

Jc0006341003 编写带电更换110kV直线杆防振锤的检修方案。（100分）

考核知识点：带电更换防振锤

难易度：易

技能等级评价专业技能考核操作工作任务书

一、任务名称

编写带电更换110kV直线杆防振锤的检修方案。

二、适用工种

高压线路带电检修工（输电）高级工。

三、具体任务

110kV 某线 8 号杆（杆型 Z3）A 相大号侧防振锤下滑 1m，计划对该防振锤进行更换。针对此项工作，考生编写一份带电更换 110kV 直线杆防振锤的检修方案。

四、工作规范及要求

请按以下要求完成带电更换 110kV 直线杆防振锤的检修方案；方案编写在教室内完成。

（1）人员配置分工合理（方案中不得出现真实单位名称及个人姓名）。

（2）工器具及材料清楚。

（3）主要作业程序正确。

（4）关键工序工艺质量标准清楚。

（5）组织、安全、技术措施齐全。

（6）考核时间结束终止考试。

五、考核及时间要求

考核时间共 60 分钟。每超过 2 分钟扣 1 分，到 65 分钟终止考核。

技能等级评价专业技能考核操作评分标准

工种	高压线路带电检修工（输电）				评价等级	高级工
项目模块	高压线路带电检修方法及操作技巧—输电线路带电作业			编号	Jc0006341003	
单位		准考证号			姓名	
考试时限	60 分钟	题型	单项操作		题分	100 分
成绩		考评员		考评组长	日期	
试题正文	编写带电更换 110kV 直线杆防振锤的检修方案					
需要说明的问题和要求	（1）所编写方案须注明检修时间、组织措施、现场工作环境、具体检修内容、检修分工、风险定级、技术措施、检修流程。 （2）所编写方案应包括事故应急处置措施。 （3）所编写方案应注明相应风险控制措施					

序号	项目名称	质量要求	满分	扣分标准	扣分原因	得分
1	工作准备					
1.1	标题	要写清楚输电线路名称、杆号及作业内容	5	少一项扣 2 分，扣完为止		
1.2	检修工作介绍	应对检修工作概况或该工作的背景进行简单描述	5	没有工程概况介绍扣 5 分		
1.3	工作内容	应写清楚工作的输电线路、杆号、工作内容	10	少一项内容扣 3 分，扣完为止		
1.4	工作人员及分工	（1）应写清楚工作班组和人数；或者逐一填写工作人员名字。 （2）单位名称和个人姓名不得使用真实名称。 （3）应有明确分工	5	一项不正确扣 2 分，扣完为止		
1.5	工作时间	应写清楚计划工作时间，计划工作开始及工作结束时间均应以年、月、日、时、分填写清楚	5	没有填写时间扣 5 分，时间填写不清楚的扣 3 分		
2	工作许可					
2.1	许可方式	向考评员示意准备就绪，申请开始工作	5	未向考评员示意即开始工作扣 5 分		
3	工作步骤及技术要求					
3.1	准备工作	（1）安全措施宣讲及落实（作业人员着装正确，戴安全帽，系安全带）。 （2）人员分工（杆上作业及地面配合人员）。 （3）作业开始前的准备（防振锤及螺栓、平垫、弹垫、铝包带的检查）	8	少一项扣 2 分		

续表

序号	项目名称	质量要求	满分	扣分标准	扣分原因	得分
3.2	更换防振锤	（1）登杆。 （2）沿软梯进入下导线。 （3）出导线。 （4）量出安装位置。 （5）缠绕铝包带。 （6）安装防振锤。 （7）拆除旧防振锤及铝包带。 （8）下杆	12	少一步扣2分，扣完为止		
3.3	防触电措施	（1）作业前应核对输电线路双重名称。 （2）着全套屏蔽服且各部位连接良好	5	少一项扣2分		
3.4	防止高坠措施	（1）安全带、延长绳外观检查及冲击试验。 （2）登杆过程中应全程使用安全带。 （3）杆上人员作业过程中不得失去保护	5	少一项扣2分，扣完为止		
3.5	防止高空落物伤人措施	（1）杆上作业人员应将工具放置在牢固的构件上。 （2）上下传递工具材料应使用绳索传递，不得抛掷。 （3）作业人员应正确佩戴安全帽。 （4）作业点下方不得有人逗留或通过	5	少一项扣2分		
3.6	质量要求	（1）铝包带的缠绕方向、出头及质量。 （2）螺栓穿向。 （3）防振锤安装位置及质量	5	一项错误扣2分，扣完为止		
3.7	工具	（1）应有工具清单。 （2）应含有安全带、延长绳、脚扣等安全工器具	5	少一项扣2分，扣完为止		
3.8	材料	（1）应有材料清单。 （2）应有防振锤及配件、铝包带等材料，并应根据情况选择适当的型号	5	少一项扣3分； 型号选择不正确扣2分； 以上扣分，扣完为止		
4	工作结束					
4.1	整理工具，清理现场	整理好工具，清理好现场	5	错误一项扣2分，扣完为止		
5	工作结束汇报	向考评员报告工作已结束，场地已清理	5	未向考评员报告工作结束扣3分； 未清理场地扣2分		
6	其他要求	操作动作熟练	5	操作动作不熟练扣1～5分		
	合计		100			

Jc0006342004　编写带电更换220kV耐张单片绝缘子检修方案。（100分）

考核知识点：带电更换耐张单片绝缘子

难易度：中

技能等级评价专业技能考核操作工作任务书

一、任务名称

编写带电更换220kV耐张单片绝缘子检修方案。

二、适用工种

高压线路带电检修工（输电）高级工。

三、具体任务

220kV某线30号杆（塔型ZB1）B相大号侧第7片玻璃绝缘子破损，计划对该绝缘子进行更换。

针对此项工作，考生编写一份带电更换220kV耐张单片绝缘子检修方案。

四、工作规范及要求

（1）请按以下要求完成带电更换220kV耐张单片绝缘子检修方案；方案编写在教室内完成。

1）人员配置分工合理（方案中不得出现真实单位名称及个人姓名）。

2）工器具及材料清楚。

3）主要作业程序正确。

4）关键工序工艺质量标准清楚。

5）组织、安全、技术措施齐全。

（2）安全要求。

1）防高处坠落，作业人员上下杆塔应有防坠落措施。

2）防物体打击，作业点下方不得有人逗留和通过。

3）防感应电伤人，作业人员应做好防感应电伤人措施。

五、考核及时间要求

考核时间共60分钟。每超过2分钟扣1分，到65分钟终止考核。

技能等级评价专业技能考核操作评分标准

工种	高压线路带电检修工（输电）				评价等级	高级工
项目模块	高压线路带电检修方法及操作技巧—输电线路带电作业			编号	Jc0006342004	
单位		准考证号			姓名	
考试时限	60分钟	题型	单项操作		题分	100分
成绩		考评员		考评组长	日期	
试题正文	编写带电更换220kV耐张单片绝缘子检修方案					
需要说明的问题和要求	（1）所编写方案须注明检修时间、组织措施、现场工作环境、具体检修内容、检修分工、风险定级、技术措施、检修流程。 （2）所编写方案应包括事故应急处置措施。 （3）所编写方案应注明相应风险控制措施					

序号	项目名称	质量要求	满分	扣分标准	扣分原因	得分
1	工作准备					
1.1	标题	要写清楚输电线路名称、杆塔号及作业内容	3	少一项扣2分，扣完为止		
1.2	工作介绍	应对检修工作概况或该工作的背景进行简单描述	3	没有工程概况介绍扣3分		
1.3	工作内容	应写清楚工作的输电线路、杆塔号、工作内容	3	少一项内容扣1分，扣完为止		
1.4	工作人员及分工	（1）应写清楚工作班组和人数；或者逐一填写工作人员名字。 （2）单位名称和个人姓名不得使用真实名称。 （3）应有明确分工	3	一项不正确扣2分，扣完为止		
1.5	工作时间	应写清楚计划工作时间，计划工作开始及工作结束时间均应以年、月、日、时、分填写清楚	3	没有填写时间扣3分，时间填写不清楚的扣1分		
2	工作许可					
2.1	许可方式	向考评员示意准备就绪，申请开始工作	5	未向考评员示意即开始工作扣5分		

续表

序号	项目名称	质量要求	满分	扣分标准	扣分原因	得分
3	工作步骤及技术要求					
3.1	准备工作	（1）安全措施宣讲及落实（作业人员着装正确，戴安全帽，系安全带）。 （2）人员分工（杆塔上作业及地面配合人员）。 （3）作业开始前的准备（防振锤及螺栓、平垫、弹垫、铝包带的检查）	5	少一项扣2分，扣完为止		
3.2	更换绝缘子	（1）登杆。 （2）跨二短三法进入破损绝缘子处。 （3）安装好传递绳。 （4）拆除破损绝缘子。 （5）更换新绝缘子。 （6）按相反程序返回地面	5	少一步扣1分，扣完为止		
3.3	防触电措施	（1）作业前应核对输电线路双重名称。 （2）着全套屏蔽服且各部位连接良好	15	少一项扣8分，扣完为止		
3.4	防止高坠措施	（1）安全带、延长绳外观检查及冲击试验。 （2）登杆过程中应全程使用安全带。 （3）杆上人员作业过程中不得失去保护	5	少一项扣2分，扣完为止		
3.5	防止高空落物伤人措施	（1）杆上作业人员应将工具放置在牢固的构件上。 （2）上下传递工具材料应使用绳索传递，不得抛掷。 （3）作业人员应正确佩戴安全帽。 （4）作业点下方不得有人逗留或通过	5	少一项扣2分，扣完为止		
3.6	质量要求	（1）绝缘子大口方向。 （2）W销是否安装到位	5	一项错误扣3分，扣完为止		
3.7	工具	（1）应有工具清单。 （2）应含有安全带、延长绳、闭式卡等安全工器具	5	少一项扣3分，扣完为止		
3.8	材料	（1）应有材料清单。 （2）应有绝缘子等材料，并应根据情况选择适当的型号	5	少一项扣3分； 型号选择不正确扣2分； 以上扣分，扣完为止		
4	工作结束					
4.1	整理工具，清理现场	整理好工具，清理好现场	10	错误一项扣5分，扣完为止		
5	工作结束汇报	向考评员报告工作已结束，场地已清理	5	未向考评员报告工作结束扣3分； 未清理场地扣2分		
6	其他要求	（1）要求着装正确（工作服、工作胶鞋、安全帽）。 （2）操作动作熟练。 （3）清理工作现场符合文明生产要求。 （4）在规定的时间内完成	15	不满足要求一项扣3～4分，扣完为止		
合计			100			

Jc0003341005　用经纬仪钉辅助桩的操作。（100分）

考核知识点：杆塔辅助桩的定位

难易度：易

技能等级评价专业技能考核操作工作任务书

一、任务名称

用经纬仪钉辅助桩的操作。

二、适用工种

高压线路带电检修工（输电）高级工。

三、具体任务

要求考生完成用经纬仪钉出辅助桩操作。

四、工作规范及要求

按照以下要求完成使用学经纬仪钉出辅助桩操作。

（1）要求单独操作，两人配合。

（2）要求着装正确（工作服、工作胶鞋、安全帽）。

（3）工具。使用常见的光学经纬仪 J_2、J_6、木桩、花杆、皮尺、手锤、铁钉。

五、考核及时间要求

考核时间共 15 分钟，每超过 2 分钟扣 1 分，到 20 分钟终止考核。

技能等级评价专业技能考核操作评分标准

工种	高压线路带电检修工（输电）					评价等级	高级工
项目模块	高压线路的构成—高压线路检修验收				编号	Jc0003341005	
单位			准考证号			姓名	
考试时限	15 分钟	题型	单项操作			题分	100 分
成绩		考评员		考评组长		日期	
试题正文	用经纬仪钉辅助桩的操作						
需要说明的问题和要求	（1）使用光学对点器对中。 （2）在平坦的地面丁一木桩，桩头中心钉一颗小铁钉作为测量站点						

序号	项目名称	质量要求	满分	扣分标准	扣分原因	得分
1	工作准备					
1.1	将三脚架高度调节好后架于杆塔桩桩位上	高度便于操作	2	不正确一项扣 1～2 分		
1.2	仪器从箱中取出	易受握扶照准部，一手握住三角机座	2	未对照准部保护扣 1 分		
1.3	将仪器放于三脚架上，转动中心固定螺旋	将仪器固定于脚架上，不能拧太紧，留有余地	2	过紧扣 1 分		
1.4	精确对中	找到杆塔桩桩位	2	未精确对中扣 2 分		
1.5	仪器调平	仪器旋转至任何位置水准气泡正确居中泡中	2	气泡未在中央扣 2 分		
1.6	对光	使分划板十字丝清晰明确	2	不清晰扣 2 分		
1.7	调焦	使标杆的影像清晰、使分划板十字丝清晰明确	3	不清晰扣 3 分		
2	工作许可					
2.1	许可方式	向考评员示意准备就绪，申请开始工作	5	未向考评员示意即开始工作扣 5 分		
3	工作步骤及技术要求					
3.1	将经纬仪安置在杆塔桩桩位上	根据前、后杆塔桩检查该桩位的位置是否正确	10	未检查 10 分		
3.2	顺输电线路方向桩	沿顺输电线路方向（A、C）瞄准前后杆塔桩，在视线前后方向钉 A、C 桩（辅助桩）	10	不正确 1 桩扣 5 分，扣完为止		

续表

序号	项目名称	质量要求	满分	扣分标准	扣分原因	得分
3.3	横输电线路方向桩	将经纬仪旋转 90° 在输电线路垂直方向的两侧钉 B、D 辅助桩	10	不正确 1 桩扣 5 分，扣完为止		
3.4	辅助桩	如因地形、地物的影响不能按照以上方法定辅助桩时，可在顺输电线路或横输电线路方向同一侧各钉两个辅助桩	10	不正确扣 10 分		
3.5	辅助桩与杆塔桩的距离	辅助桩与杆塔桩的水平距离应远一些，防止基础开挖时被埋或碰动，各辅助桩距杆塔桩的水平距离要用皮尺丈量	10	不正确扣 10 分		
4	工作结束					
4.1	整理工具，清理现场	整理好工具，清理好现场	10	错误一项扣 5 分，扣完为止		
5	工作结束汇报	向考评员报告工作已结束，场地已清理	10	未向考评员报告工作结束扣 5 分；未清理场地扣 5 分		
6	其他要求	（1）操作动作熟练。 （2）清理工作现场符合文明生产要求。 （3）在规定时间内完成	10	操作动作不熟练扣 2 分； 其余每项扣 1 分； 超过时间不给分，每超过 1min 倒扣 2 分（无上限）		
合计			100			

Jc0003351006　更换 110kV 直线整串绝缘子的操作。（100 分）

考核知识点：更换直线整串绝缘子

难易度：易

技能等级评价专业技能考核操作工作任务书

一、任务名称

停电更换 110kV 直线整串绝缘子的操作。

二、适用工种

高压线路带电检修工（输电）高级工。

三、具体任务

110kV 某输电线路有一直线杆 A 相绝缘子整串损坏，需更换。针对此项工作，考生须在规定时间内完成更换操作。

四、工作规范及要求

1. 更换操作

（1）杆上单独操作，地面 2 名辅工配合。

（2）用双钩紧线器提升导线。

（3）悬式绝缘子 8 片。

（4）专用工具：3T 双钩紧线器、钢丝套、无极绳一套、安全带、脚扣、导线保护绳。

（5）个人工具：平口钳、活动扳手、取销钳、工具包。

2. 安全要求

（1）高处坠落、作业人员上下杆塔应有防坠落措施。

（2）落物伤人、作业点下方不得有人逗留和通过。

五、考核及时间要求

考核时间共 45 分钟，每超过 2 分钟扣 1 分，到 50 分钟终止考核。

技能等级评价专业技能考核操作评分标准

<table>
<tr><td>工种</td><td colspan="5">高压线路带电检修工（输电）</td><td>评价等级</td><td>高级工</td></tr>
<tr><td>项目模块</td><td colspan="4">高压线路带电检修方法及操作技巧—输电线路带电作业</td><td>编号</td><td colspan="2">Jc0003351006</td></tr>
<tr><td>单位</td><td colspan="3"></td><td>准考证号</td><td></td><td>姓名</td><td></td></tr>
<tr><td>考试时限</td><td colspan="2">45 分钟</td><td>题型</td><td colspan="2">单项操作</td><td>题分</td><td>100 分</td></tr>
<tr><td>成绩</td><td></td><td>考评员</td><td></td><td>考评组长</td><td></td><td>日期</td><td></td></tr>
<tr><td>试题正文</td><td colspan="7">更换 110kV 直线整串绝缘子的操作</td></tr>
<tr><td>需要说明的问题和要求</td><td colspan="7">（1）绝缘子串的更换操作为单人依次进行，在 35 分钟内完成。
（2）绝缘子更换的给定条件：输电线路已做好停电、验电、装设接地线等技术措施。
（3）绝缘子更换操作时，杆上独立操作，地面 2 名辅工配合。
（4）各项得分均扣完为止</td></tr>
</table>

序号	项目名称	质量要求	满分	扣分标准	扣分原因	得分
1	工作准备					
1.1	个人工具检查	齐全、符合质量要求	3	少一项扣 1 分，扣完为止		
1.2	专用工具检查	外观检查符合要求，调整好双钩紧线器，登杆工具，安全带	3	少一项扣 1 分，扣完为止		
1.3	材料检查	外观检查符合要求	3	未检查扣 3 分		
1.4	登杆前检查	检查杆根、杆身、拉线、名称及编号	3	未作检查一项扣 1 分，扣完为止		
1.5	工器具冲击试验	在正式登杆前，对登杆工具和安全带进行冲击试验无异常	3	未作冲击试验扣 1 分； 漏一项扣 1 分，扣完为止		
2	工作许可					
2.1	许可方式	向考评员示意准备就绪，申请开始工作	5	未向考评员示意即开始工作扣 5 分		
3	工作步骤及技术要求					
3.1	调整脚扣皮带	松紧适度	2	不正确扣 1 分		
3.2	登杆	（1）抬脚使脚扣平面（金属杆圆弧面）与杆身成 90°，脚扣叩杆、脚背外翻挂实，下蹬。 （2）另一只脚上抬松脱脚扣，向上登杆，方法同（1）。 （3）调整脚扣尺寸，与混凝土杆直径配合，使脚扣胶皮面与混凝土杆接触可靠。 （4）双手扶杆及安全带，重心稍向后，动作正确。 （5）登杆过程中必须系主安全带；上横担前必须先把后备保险绳系在杆身或横担上	5	一项不正确扣 1 分； 动作不流畅扣 2 分； 有危险动作扣 2 分； 失去安全带的保护扣 3 分； 以上扣分，扣完为止		
3.3	横担上的操作	（1）登杆人员携带传递绳登杆塔至横担。 （2）安全带后备保护绳系在牢固的构件上，打好后再上横担。 （3）在合适的位置安装好钢丝绳套、单轮滑车和循环绳。 （4）在横担上操作不能失去安全带的保护	5	不正确系安全带扣 2 分； 没有带传递绳扣 1 分； 不正确安装循环绳扣 1 分； 有危险动作扣 1 分		
3.4	下至导线	（1）下之前检查连接金具并作冲击试验。 （2）在横担上打好二次保险绳后，沿绝缘子串下至导线。 （3）把主安全带打在绝缘子串合适的位置上	3	一项不正确扣 1 分		

续表

序号	项目名称	质量要求	满分	扣分标准	扣分原因	得分
3.5	做好导线的后备保护	（1）导线后备保护绳安装时应顺绝缘子方向，安装位置应合适。 （2）卸扣安装时应拧满丝扣。 （3）后备钢丝套应连接牢固，且松紧适度	3	一项不正确扣1分		
3.6	安装双钩紧线器	（1）利用循环绳把双钩紧线器、钢丝套提升至横担。 （2）将双钩紧线器上端挂在横担钢丝套上，下端钩在导线上，牢固可靠。 （3）双钩紧线器应安装在大档距侧，并与导线保护绳不在同一侧	3	一项不正确扣1分		
3.7	拴绝缘子串	作业人员将穿过滑车的循环绳系在横担侧第二、三片绝缘子之间	2	错漏1项扣1分		
3.8	脱空绝缘子串	（1）收紧双钩紧线器，使绝缘子串呈松弛状态。 （2）进行冲击试验无异常。 （3）取掉绝缘子串两侧碗头M销，先取导线侧、后取横担侧，使绝缘子串与导线脱离	3	错漏1项扣1分		
3.9	更换绝缘子串	（1）收紧白棕绳使绝缘子串脱离，缓慢将绝缘子串传递至地面。 （2）将新绝缘子串传递至杆塔上，安装新绝缘子串及M销，并检查M销是否到位。 （3）碗口朝向正确。 （4）动作流畅，无危险动作	4	错漏1项扣1分		
3.10	撤除工器具	（1）松出双钩紧线器，绝缘子串受力后进行冲击试验。 （2）取下双钩紧线器并传递至地面。 （3）撤出后备保护钢丝套并传递至地面	3	错漏1项扣1分		
3.11	检查并清理工作点	（1）M销位置正确。 （2）球头到位。 （3）绝缘子清扫。 （4）不得有遗留物。 （5）悬垂串垂直于地面	5	M销未穿到位扣2分； 球头不到位扣1分； 有遗留物扣1分； 其他项不符合要求每项扣1分，扣完为止		
3.12	上横担	（1）沿绝缘子串上至横担。 （2）不得失去保险绳的保护。 （3）动作流畅，无危险动作	3	失去保护扣3分； 其他项不符合要求每项扣1分； 以上扣分，扣完为止		
3.13	取下传递绳	（1）取下传递绳，随身携带。 （2）不得失去安全带的保护	4	一项不正确扣2分		
3.14	下杆	（1）正确下杆。 （2）不得失去保险绳的保护。 （3）动作流畅，无危险动作	5	下杆不正确扣2分； 下杆不系安全带扣2分； 动作不流畅，有危险动作扣1分		
4	工作结束					
4.1	整理工具，清理现场	整理好工具，清理好现场	10	错误一项扣5分，扣完为止		
5	工作结束汇报	向考评员报告工作已结束，场地已清理	5	未向考评员报告工作结束扣3分； 未清理场地扣2分		
6	其他要求					
6.1	塔上操作	（1）不得有高空坠物。 （2）动作流畅，无危险动作。 （3）吊绳使用正确，不得有缠绕死结	6	有高空坠物不得分； 其他项不符合要求每项扣2分，扣完为止		
6.2	着装	工作服、工作鞋、安全帽、劳保手套穿戴正确	5	漏一项扣2分，扣完为止		

续表

序号	项目名称	质量要求	满分	扣分标准	扣分原因	得分
6.3	清理现场	符合文明生产要求	2	不正确扣 2 分		
6.4	完成时间	在规定时间内按要求完成	2	每超过 2 分钟扣 1 分，到 40 分钟终止考核		
合计			100			

Jc0003351007　110kV 输电线路直线杆上安装导线防振锤的操作。（100 分）

考核知识点：安装防振锤的操作

难易度：易

技能等级评价专业技能考核操作工作任务书

一、任务名称

110kV 输电线路直线杆上安装导线防振锤的操作。

二、适用工种

高压线路带电检修工（输电）高级工。

三、具体任务

110kV 输电线路直线杆上安装导线防振锤的操作。针对此项工作，考生须在规定时间内完成更换处理操作。

四、工作规范及要求

1. 操作要求

（1）杆上单独操作，杆下 1 人监护配合。

（2）安装中相一侧防振锤。

（3）要求着装正确（穿工作服、工作胶鞋、戴安全帽）。

2. 安全要求

（1）防高处坠落、作业人员上下杆塔应有防坠落措施。

（2）防落物伤人、作业点下方不得有人逗留和通过。

五、考核及时间要求

考核时间共 40 分钟，每超过 2 分钟扣 1 分，到 45 分钟终止考核。

技能等级评价专业技能考核操作评分标准

工种	高压线路带电检修工（输电）					评价等级	高级工
项目模块	高压线路带电检修方法及操作技巧—输电线路带电作业				编号	Jc0003351007	
单位			准考证号			姓名	
考试时限	40 分钟		题型	单项操作		题分	100 分
成绩		考评员		考评组长		日期	
试题正文	110kV 输电线路直线杆上安装导线防振锤的操作						
需要说明的问题和要求	（1）要求多人配合操作，仅对等电位电工进行考评。 （2）操作应注意安全，按照标准化作业书的技术安全说明做好安全措施。 （3）严格按照带电作业流程进行，流程是否正确将列入考评内容。 （4）工具材料的检查由被考核人员配合完成。 （5）视作业现场线路重合闸已停用						

续表

序号	项目名称	质量要求	满分	扣分标准	扣分原因	得分
1	工作准备					
1.1	脚扣外观检查	无缺陷	2	不正确扣2分		
1.2	对脚扣、安全带进行人体冲击试验	在电杆0.3～0.5m高处人力冲击无问题，无损伤	2	没冲击试验扣2分		
1.3	材料选择	导线防振锤（含螺栓平垫圈、弹簧垫圈）铝包带	2	每错、漏一项扣1分，扣完为止		
1.4	调整脚扣皮带（脚扣登杆）	脚扣皮带调整正确	2	不正确扣1～2分		
1.5	脚扣扣在杆上（脚扣登杆）	位置正确	2	不正确扣2分		
1.6	手扶电杆，重心稍向后（脚扣登杆）	姿势正确	2	不正确扣2分		
1.7	一步一步升高（脚扣登杆）	每步升高高度正确	1	不正确扣1分		
1.8	体型协调	灵活、轻巧	1	不正确扣1分		
1.9	上横担	动作安全正确	1	不正确扣1分		
2	工作许可					
2.1	许可方式	向考评员示意准备就绪，申请开始工作	5	未向考评员示意即开始工作扣5分		
3	工作步骤及技术要求					
3.1	登杆工具杆上摆放	摆放正确，安全，不掉下	5	脚扣掉下扣5分		
3.2	正确使用安全带	符合安规要求	5	不正确扣1～5分		
3.3	人体沿绝缘子下至导线	动作正确	5	不正确扣1～5分		
3.4	出导线至工作点	动作正确	5	不正确扣1～5分		
3.5	量出安装尺寸，作好印记	尺寸正确	5	不正确扣5分		
3.6	缠绕铝包带	按规范要求	5	不正确扣5分		
3.7	吊材料上杆动作熟练	操作正确	5	不正确扣1～5分		
3.8	安装防振锤	操作正确	5	不正确扣1～5分		
3.9	按规定拧紧螺栓	操作正确	10	不正确扣1～10分		
4	工作结束					
4.1	整理工具，清理现场	整理好工具，清理好现场	5	错误一项扣2分，扣完为止		
5	工作结束汇报					
5.1	铝包带应紧密缠绕，其方向应与外层铝股的绞制方向一致	达到技术要求	2	不正确扣2分		
5.2	所缠铝包带可以露出夹口，但不应超过10mm，其端头应回夹于夹内压住	达到技术要求	1	不正确扣1分		

续表

序号	项目名称	质量要求	满分	扣分标准	扣分原因	得分
5.3	螺栓穿向：两边线由内向外穿，中线由左向右穿	达到技术要求	1	不正确扣1分		
5.4	安装距离偏差不应大于正负30mm	达到技术要求	1	有偏差扣1分		
5.5	防振锤应与地面垂直	达到技术要求	1	不正确扣1分		
5.6	着装正确	应穿工作服，工作胶鞋，戴安全帽	1	不正确扣1分		
5.7	操作动作	熟练流畅	1	不熟练扣1分		
5.8	按时完成	在规定时间内完成下杆至地面	1	超过时间不给分，每超过2分钟倒扣1分		
5.9	不能有高空坠物	按《国家电网公司电力安全工作规程》要求操作	1	发生高空坠物扣1分		
6	其他要求	（1）要求着装正确（工作服、工作胶鞋、安全帽）。 （2）操作动作熟练。 （3）清理工作现场符合文明生产要求。 （4）在规定的时间内完成	15	不满足要求一项扣3～4分，扣完为止		
合计			100			

Jc0003352008　制作110kV耐张引流的操作。（100分）

考核知识点：制作引流线的操作

难易度：中

技能等级评价专业技能考核操作工作任务书

一、任务名称

停电制作110kV耐张引流线的操作。

二、适用工种

高压线路带电检修工（输电）高级工。

三、具体任务

停电制作110kV耐张引流线的操作。针对此项工作，考生须在规定时间内完成更换处理操作。

四、工作规范及要求

（1）要求单独操作，杆下1人监护，1人配合。

（2）告知安装尺寸。

（3）要求着装正确（工作服、工作胶鞋、安全帽）。

（4）工具。

1）与导线型号相符的并沟线夹、铝包带；

2）选用登杆工器具：脚扣、安全带、延长绳、个人保安线、滑车及传递绳、断线钳、软梯；

3）个人工器具；

4）在培训输电线路上操作。

五、考核及时间要求

考核时间共50分钟，每超过2分钟扣1分，到55分钟终止考核。

技能等级评价专业技能考核操作评分标准

<table>
<tr><td>工种</td><td colspan="4">高压线路带电检修工（输电）</td><td>评价等级</td><td>高级工</td></tr>
<tr><td>项目模块</td><td colspan="3">高压线路的构成—高压线路检修验收</td><td colspan="2">编号</td><td>Jc0003352008</td></tr>
<tr><td>单位</td><td colspan="2"></td><td>准考证号</td><td></td><td>姓名</td><td></td></tr>
<tr><td>考试时限</td><td colspan="2">50 分钟</td><td>题型</td><td>单项操作</td><td>题分</td><td>100 分</td></tr>
<tr><td>成绩</td><td></td><td>考评员</td><td></td><td>考评组长</td><td>日期</td><td></td></tr>
<tr><td>试题正文</td><td colspan="6">停电制作 110kV 耐张引流线的操作</td></tr>
<tr><td>需要说明的问题和要求</td><td colspan="6">（1）要求单人操作，地面人员配合，工作负责人监护。
（2）上下杆塔、作业、转位时不得失去安全保护。
（3）接触或接近导线前应使用个人保安线防止感应电伤人。
（4）高处作业一律使用工具袋。
（5）上下传递工器具、材料应绑扎牢固，防止坠物伤人。
（6）工作地点正下方严禁站人、通过和逗留</td></tr>
</table>

序号	项目名称	质量要求	满分	扣分标准	扣分原因	得分
1	工作准备					
1.1	工器具的选用	（1）脚扣、安全带、延长绳外观检查，进行冲击试验。 （2）个人工器具（两板一钳、卷尺）。 （3）滑车及传递绳	5	安全带、延长绳未检查做冲击试验不得分； 差一项扣 1～3 分，扣完为止		
1.2	材料的选用	导线并沟线夹、铝包带	5	型号不正确不得分； 差一项扣 1～3 分，扣完为止		
1.3	登杆	（1）登杆时脚扣不得相碰。 （2）步幅与身体相互协调。 （3）上、下横担时动作规范	5	动作不规范不协调扣 1～5 分		
2	工作许可					
2.1	许可方式	向考评员示意准备就绪，申请开始工作	5	未向考评员示意即开始工作扣 5 分		
3	工作步骤及技术要求					
3.1	检查扣环、闭锁进入导线端	安全带、延长绳应系在牢固的构件上，检查扣环闭锁是否扣好	10	未按要求进行 10 分		
3.2	防感应电措施	挂好延长绳及个人保安线	10	未按要求进行 10 分		
3.3	就位	沿着软梯进入导线引流作业点	10	不正确扣 1～10 分		
3.4	量取引流对横担距离	（1）挂好滑车及传递绳。 （2）引流对横担距离 1.35～1.45m	5	未挂好滑车及传递绳扣 2 分； 距离量取不正确扣 3 分		
3.5	画印	（1）画印并进行铝包带的缠绕，铝包带的绕相长度必须符合要求。 （2）切断多余导线	5	画印不正确扣 5 分； 铝包带绕相不正确、不紧密扣 1～5 分		
3.6	安装并沟线夹	引流并沟线夹安装时应注意螺栓的穿向，两端并沟线夹导线出头 10mm	5	并沟线夹螺栓穿向反一次扣 1～5 分		
3.7	安装工艺	耐张引流必须自然垂直地面不得变形，并沟线夹螺栓穿向为从下往上穿入，弹簧垫片必须压紧	5	未按要求进行扣 1～5 分		
4	工作结束					
4.1	整理工具，清理现场	整理好工具，清理好现场	10	错误一项扣 5 分，扣完为止		
5	工作结束汇报					
5.1	其他要求	（1）要求着装正确（工作服、工作胶鞋、安全帽）。 （2）操作动作熟练。 （3）高空不得落物。 （4）清理工作现场符合文明生产要求。 （5）在规定的时间内完成	20	每项酌情扣 1～4 分		
合计			100			

Jc0003352009　处理损坏间隔棒的操作。(100分)

考核知识点：更换损坏间隔棒的操作

难易度：中

技能等级评价专业技能考核操作工作任务书

一、任务名称

处理损坏间隔棒的操作。

二、适用工种

高压线路带电检修工（输电）高级工。

三、具体任务

处理损坏间隔棒的操作。针对此项工作，考生须在规定时间内完成更换处理操作。

四、工作规范及要求

（1）杆塔上单独操作，使用飞车。

（2）杆塔下1人配合，1人监护。

（3）要求着装正确（穿工作服、工作胶鞋、戴安全帽）。

（4）直线杆塔上下飞车。

五、考核及时间要求

考核时间共60分钟，每超过2分钟扣1分，到65分钟终止考核。

技能等级评价专业技能考核操作评分标准

工种	高压线路带电检修工（输电）						评价等级	高级工
项目模块	高压线路带电检修方法及操作技巧—输电线路带电作业					编号	Jc0003352009	
单位			准考证号				姓名	
考试时限	60分钟		题型	单项操作			题分	100分
成绩		考评员		考评组长			日期	
试题正文	处理损坏间隔棒的操作							
需要说明的问题和要求	（1）要求多人配合操作，仅对等电位电工进行考评。 （2）操作应注意安全，按照标准化作业书的技术安全说明做好安全措施。 （3）严格按照带电作业流程进行，流程是否正确将列入考评内容。 （4）工具材料的检查由被考核人员配合完成。 （5）视作业现场线路重合闸已停用							

序号	项目名称	质量要求	满分	扣分标准	扣分原因	得分
1	工作准备					
1.1	结构牢固、无变形、无裂纹	检查部位正确、合格适用	5	不正确扣1～5分		
1.2	转动机构灵活，轮子挂胶完好	检查部位正确，合格适用	5	不正确扣1～5分		
1.3	刹车可靠，计算器可靠	检查部位正确，合格适用	5	不正确扣1～5分		
2	工作许可					
2.1	许可方式	向考评员示意准备就绪，申请开始工作	5	未向考评员示意即开始工作扣5分		
3	工作步骤及技术要求					
3.1	选择工作杆塔	选择直线杆塔上飞车	3	不正确扣1～3分		

续表

序号	项目名称	质量要求	满分	扣分标准	扣分原因	得分
3.2	登杆塔动作熟练	动作正确	3	不正确扣1～3分		
3.3	使用安全带	正确使用安全带，检查扣环是否扣牢	3	不正确扣1～3分		
3.4	吊飞车上杆塔	可挂滑车，由杆下人员拉上，也可以不用滑车，由杆上人员站在横担上，直接将飞车吊上	3	不正确扣1～3分		
3.5	打开前后活门，将飞车吊起超过导线高度，从两根导线中间插入	操作正确	3	不正确扣1～3分		
3.6	沿绝缘子串下至导线，检查飞车确实挂好	操作正确	3	不正确扣1～3分		
3.7	慢慢坐上飞车	稳住飞车（必要时用吊绳固定）	3	不正确扣1～3分		
3.8	关闭前后活门，系好安全带	安全带系在正确位置上（绕住导线，并且不妨碍飞车运行）	3	不正确扣1～3分		
3.9	将传递强带上飞车	操作正确	3	不正确扣1～3分		
3.10	慢慢蹬动飞车	用稳定速度行驶	3	不正确扣1～3分		
3.11	行至脱落的间隔棒边，拆除旧间隔棒，吊下旧间隔棒，吊上新间隔棒并安装好	操作正确	2	不正确扣1～2分		
3.12	装螺栓	螺栓由线束外侧向内穿入并切实拧紧	2	不正确扣1～2分		
3.13	过间隔棒	先拆除，飞车过后再安装	2	不正确扣1～2分		
3.14	下飞车	行至悬垂绝缘子边，稳住飞车，抱住绝缘子，人坐至导线上，打开飞车活门	2	不正确扣1～2分		
3.15	将飞车从导线上取出	吊绳绑好飞车，人站在导线上，安全带系在绝缘子串上将飞车取出	2	不正确扣1～2分		
3.16	飞车吊下杆塔	操作正确	5	不正确扣1～5分		
3.17	人沿绝缘子串上横担，下杆塔	动作正确	5	不正确不给分		
4	工作结束					
4.1	整理工具，清理现场	整理好工具，清理好现场	10	错误一项扣5分，扣完为止		
5	工作结束汇报	向考评员报告工作已结束，场地已清理	5	未向考评员报告工作结束扣3分；未清理场地扣2分		
6	其他要求					
6.1	动作要求	动作熟练流畅	5	不熟练扣1～5分		
6.2	着装正确	穿工作服、工作胶鞋、戴安全帽	5	漏一项扣2分，扣完为止		
6.3	时间要求	按时完成	5	超过时间不给分，每超过2分钟倒扣1分		
	合计		100			

Jc0003342010　缠绕及预绞丝补修导线的处理（地面）。（100分）

考核知识点：预绞丝修补导线

难易度：中

技能等级评价专业技能考核操作工作任务书

一、任务名称

缠绕及预绞丝补修导线的处理（地面）。

二、适用工种

高压线路带电检修工（输电）高级工。

三、具体任务

缠绕及预绞丝补修导线的处理（地面）。针对此项工作，考生须在规定时间内完成更换操作。

四、工作规范及要求

（1）要求单独操作。

（2）导线两端固定，地面操作。

（3）一根导线两处损伤，一处缠绕处理，一处补修预绞丝处理。

（4）正确着装。

五、考核及时间要求

考核时间共30分钟。

技能等级评价专业技能考核操作评分标准

工种	高压线路带电检修工（输电）					评价等级	高级工
项目模块	高压线路带电检修方法及操作技巧—输电线路带电作业				编号	Jc0003342010	
单位			准考证号			姓名	
考试时限	30分钟		题型	单项操作		题分	100分
成绩		考评员		考评组长		日期	
试题正文	缠绕及预绞丝补修操作导线的处理（地面）						
需要说明的问题和要求	本细则依据GB 50233—2014《110kV～750kV架空输电线路施工及验收规范》制定						

序号	项目名称	质量要求	满分	扣分标准	扣分原因	得分
1	工作准备					
1.1	选择缠绕补修点	正确	5	不正确不给分		
1.2	准备材料	缠绕材料应为铝单丝	5	不正确不给分		
1.3	铝单丝绕成直径约15cm的线圈	不能扭转单丝，保持平滑弧度	5	视情况扣1～5分		
2	工作许可					
2.1	许可方式	向考评员示意准备就绪，申请开始工作	5	未向考评员示意即开始工作扣5分		
3	工作步骤及技术要求					
3.1	顺导线方向平压一段单丝	位置正确	2	视情况扣1～2分		
3.2	缠绕	缠绕时压紧，每圈都应压紧	2	1圈不紧扣1分，扣完为止		
3.3	缠绕方向	与外层铝股绞制方向一致	2	不正确不给分		
3.4	铝单丝线圈位置	外侧方向应靠紧导线	2	不正确不给分		
3.5	线头处理	线头应与先压单丝头绞紧	2	视情况扣1～2分		

续表

序号	项目名称	质量要求	满分	扣分标准	扣分原因	得分
3.6	绞紧的线头位置	压平紧靠导线	2	视情况扣 1～2 分		
3.7	缠绕中心	应位于损伤最严重处	2	视情况扣 1～2 分		
3.8	缠绕位置	应将受伤部分全部覆盖	2	不正确不给分		
3.9	缠绕长度	最短不得小于 100mm	2	每少 2mm 扣 1 分，扣完为止		
3.10	选择预绞丝	正确	2	不正确不给分		
3.11	清洗预绞丝	干净并干燥	2	视情况扣 1～2 分		
3.12	损伤导线处理	处理平整	2	视情况扣 1～2 分		
3.13	判断导线损伤最严重处	正确	2	不正确不给分		
3.14	用钢卷尺量预绞丝	长度正确	2	不正确不给分		
3.15	定预绞丝在导线上的位置	正确	2	不正确不给分		
3.16	用记号笔在导线上画出预绞丝端头位置	正确	2	不正确不给分		
3.17	将预绞丝一根一根安装上	安装流畅	2	视情况扣 1～2 分		
3.18	用钢丝钳轻敲预绞丝头部	不能擦伤导线及损伤预绞丝	2	视情况扣 1～2 分		
3.19	补修预绞丝中心	应位于损伤最严重处	2	不正确扣 2 分		
3.20	预绞丝不能变形	应与导线接触紧密	2	变形一根不得分		
3.21	预绞丝端头	应对平齐	5	视情况扣 1～5 分		
3.22	预绞丝位置	应将损伤部位全部覆盖	5	不正确不得分		
4	工作结束					
4.1	整理工具，清理现场	整理好工具，清理好现场	10	错误一项扣 5 分，扣完为止		
5	工作结束汇报	向考评员报告工作已结束，场地已清理	5	未向考评员报告工作结束扣 3 分；未清理场地扣 2 分		
6	其他要求					
6.1	着装正确	应穿工作服、工作胶鞋，戴安全帽	4	漏一项扣 2 分，扣完为止		
6.2	操作熟练	熟练流畅	4	不熟练扣 1～4 分		
6.3	清理工作现场	整理工器具，符合文明生产要求	4	不合格扣 4 分		
6.4	工作顺利	按时完成	3	超过时间不给分，每超过 1 分钟倒扣 2 分		
合计			100			

Jc0003342011　编写一份 220kV 输电线路杆塔工程竣工验收的组织方案。（100 分）

考核知识点：高压线路验收规范

难易度：中

技能等级评价专业技能考核操作工作任务书

一、任务名称

编写一份 220kV 输电线路杆塔工程竣工验收的组织方案。

二、适用工种

高压线路带电检修工（输电）高级工。

三、具体任务

某 220kV 输电线路杆塔工程已经施工完成，根据安排，要对其进行验收。针对此项工作，要求考生编写一份 220kV 输电线路杆塔工程竣工验收的组织方案。

四、工作规范及要求

该输电线路杆塔工程全部为混凝土杆，请按以下要求完成 220kV 输电线路杆塔竣工验收的组织方案的编写；方案编写在教室内完成。

（1）人员配置分工合理、职责清楚（方案中不得出现真实单位名称及个人姓名）。

（2）工器具清楚。

（3）验收内容清楚。

（4）验收质量标准清楚。

（5）组织、安全、技术措施齐全。

（6）考核时间结束终止考试。

五、考核及时间要求

考核时间共 60 分钟，每超过 2 分钟扣 1 分，到 65 分钟终止考核。

技能等级评价专业技能考核操作评分标准

工种	高压线路带电检修工（输电）					评价等级	高级工
项目模块	高压线路的构成—高压线路检修验收				编号	Jc0003342011	
单位			准考证号			姓名	
考试时限	60 分钟		题型	单项操作		题分	100 分
成绩		考评员		考评组长		日期	
试题正文	编写一份 220kV 输电线路杆塔工程竣工验收的组织方案						
需要说明的问题和要求	（1）学员集中于教室在 60 分钟内完成方案编写。 （2）方案中施工班组、作业人员不指定，由考生自行填写，但不得出现真实单位名称和个人姓名。 （3）该输电线路杆塔工程全部为混凝土杆。 （4）所用工具、材料由考生根据施工需要进行安排						

序号	项目名称	质量要求	满分	扣分标准	扣分原因	得分
1	工作准备					
1.1	标题满分	要写清楚输电线路名称、杆号及作业内容	5	少一项扣 2 分，扣完为止		
1.2	工作概况介绍	应对工作概况或该工作的背景进行简单描述	5	没有工程概况介绍扣 5 分		
2	工作许可					
2.1	许可方式	向考评员示意准备就绪，申请开始工作	5	未向考评员示意即开始工作扣 5 分		
3	工作步骤及技术要求					
3.1	工作内容	应写清楚工作的输电线路、杆号、工作内容	5	少一项内容扣 3 分，扣完为止		
3.2	工作人员及分工	（1）应写清楚工作班组和人数；或者逐一填写工作人员名字。 （2）单位名称和个人姓名不得使用真实名称。 （3）应有明确分工	5	一项不正确扣 2 分，扣完为止		

续表

序号	项目名称	质量要求	满分	扣分标准	扣分原因	得分
3.3	工作时间	应写清楚计划工作时间，计划工作开始及工作结束时间均应以年、月、日、时、分填写清楚	5	没有填写时间扣5分，时间填写不清楚的扣3分		
3.4	表面	应对混凝土杆表面有以下明确要求： （1）焊口锈蚀及技术部件防腐情况（涂刷防锈漆）。 （2）表面纵向裂纹和横向裂纹情况	5	少一项扣2分		
3.5	杆身	应对杆身以下方面有明确要求： （1）杆身倾斜、弯曲、迈步、上端封堵及排水孔。 （2）叉梁质量。 （3）横担安装工艺。 （4）拉线安装工艺（交叉拉线摩擦，上下把尾线、扎线工艺、穿向、三油两麻、拉线培土、拉线防盗措施）	10	少一项扣2分		
3.6	基础回填土	有对杆根培土情况的要求	5	少一项扣2分，扣完为止		
3.7	资料	应对施工记录进行检查	20	少一项扣2分，扣完为止		
4	工作结束					
4.1	整理工具，清理现场	整理好工具，清理好现场	10	错误一项扣5分，扣完为止		
5	工作结束汇报	向考评员报告工作已结束，场地已清理	5	未向考评员报告工作结束扣3分；未清理场地扣2分		
6	其他要求					
6.1	登杆检查的安全措施	（1）有防高坠措施。 （2）有防止高空落物伤人的措施	5	无此项内容不得分，内容不全酌情扣分		
6.2	工器具的使用要求	应有测量工器具（经纬仪）的使用有明确的要求	5	无此项内容不得分，内容不全酌情扣分		
6.3	工具	应有工具清单，并根据需要对工器具的型号作出一定的要求	5	少一项扣2分； 没有型号要求扣2分		
合计			100			

Jc0003342012 编写35kV输电线路工程验收的组织方案。（100分）

考核知识点：高压线路验收规范

难易度：中

技能等级评价专业技能考核操作工作任务书

一、任务名称

编写35kV输电线路工程验收的组织方案。

二、适用工种

高压线路带电检修工（输电）高级工。

三、具体任务

某35kV输电线路工程已经施工完成，根据安排，输电工区要对该输电线路进行验收。针对此项工作，要求考生编写一份35kV输电线路工程验收的组织方案。

四、工作规范及要求

请按以下要求完成35kV输电线路工程验收的组织方案的编写；方案编写在教室内完成。

（1）人员配置分工合理、职责清楚（方案中不得出现真实单位名称及个人姓名）。

（2）工器具清楚。

（3）验收内容清楚。

（4）验收质量标准清楚。

（5）组织、安全、技术措施齐全。

（6）考核时间结束终止考试。

五、考核及时间要求

考核时间共60分钟，每超过2分钟扣1分，到65分钟终止考核。

技能等级评价专业技能考核操作评分标准

工种	高压线路带电检修工（输电）					评价等级	高级工
项目模块	高压线路的构成—高压线路检修验收				编号	Jc0003342012	
单位			准考证号			姓名	
考试时限	60分钟		题型	单项操作		题分	100分
成绩		考评员		考评组长		日期	
试题正文	编写35kV输电线路工程验收的组织方案						
需要说明的问题和要求	（1）学员集中于教室在60分钟内完成方案编写。 （2）方案中施工班组、作业人员不指定，由考生自行填写，但不得出现真实单位名称和个人姓名。 （3）验收范围应包括输电线路除基础外的所有内容。 （4）所用工具、材料由考生根据施工需要进行安排						

序号	项目名称	质量要求	满分	扣分标准	扣分原因	得分
1	工作准备					
1.1	标题	要写清楚输电线路名称、杆号及作业内容	5	少一项扣2分，扣完为止		
1.2	工作概况介绍	应对工作概况或该工作的背景进行简单描述	5	没有工程概况介绍扣5分		
2	工作许可					
2.1	许可方式	向考评员示意准备就绪，申请开始工作	5	未向考评员示意即开始工作扣5分		
3	工作步骤及技术要求					
3.1	工作内容	应写清楚工作的输电线路、杆号、工作内容、工作范围	10	少一项内容扣3分，扣完为止		
3.2	工作人员及分工	（1）应写清楚工作班组和人数；或者逐一填写工作人员名字。 （2）单位名称和个人姓名不得使用真实名称。 （3）应有明确分工	5	一项不正确扣2分，扣完为止		
3.3	工作时间	应写清楚计划工作时间，计划工作开始及工作结束时间均应以年、月、日、时、分填写清楚	5	没有填写时间扣5分，时间填写不清楚的扣3分		
3.4	导、地线	应对导、地线有以下明确的要求： （1）导线弛度。 （2）导线水平度。 （3）导线接头（压接管、接续管）数量。 （4）交跨距离。 （5）表面有无损伤、散股、折弯现象。 （6）引流线对杆塔距离	6	少一项扣1分		

续表

序号	项目名称	质量要求	满分	扣分标准	扣分原因	得分
3.5	附件	应对附件有以下方面有明确要求： （1）线夹安装质量。 （2）防振锤安装位置。 （3）螺帽及开口销是否齐全	6	少一项扣 2 分		
3.6	杆塔	应对杆塔有以下方面有明确要求： （1）杆塔倾斜度。 （2）塔材挠度。 （3）杆塔防腐、防盗。 （4）耐张塔预偏。 （5）混凝土杆表面裂纹、迈步。 （6）螺栓、脚钉数量、穿向及紧固情况	6	少一项扣 1 分		
3.7	接地装置	应对接地装置有以下方面有明确要求： （1）接地引下线连接情况。 （2）接地电阻要求	6	少一项扣 3 分		
3.8	通道	应对通道有以下方面有明确要求： （1）通道交跨。 （2）线下树木、道路、河流等方面的要求。 （3）档距核对。 （4）砌护情况	4	少一项扣 1 分		
3.9	资料	应对设计图纸、施工记录进行检查	2	少一项扣 1 分，扣完为止		
4	工作结束					
4.1	整理工具，清理现场	整理好工具，清理好现场	10	错误一项扣 5 分，扣完为止		
5	工作结束汇报	向考评员报告工作已结束，场地已清理	5	未向考评员报告工作结束扣 3 分； 未清理场地扣 2 分		
6	其他要求					
6.1	登杆的安全措施	（1）有防高空坠落措施。 （2）有防止高空落物伤人的措施	5	少一项扣 3 分，扣完为止		
6.2	防止感应电伤人的措施	接触带电体作业前须加挂个人保安线	5	无此项内容不得分		
6.3	工器具的使用要求	应有测量工器具（经纬仪）的使用有明确的要求和测距杆的使用要求	5	无此项内容不得分，内容不全酌情扣分		
6.4	测量仪器	应有测量仪器清单，并根据需要对仪器的型号作出一定的要求	3	无此项内容不得分，内容不全酌情扣分		
6.5	安全工器具	登杆塔的工器具，安全带、脚扣、延长绳等	2	无此项内容不得分，内容不全酌情扣分		
合计			100			

Jc0003342013　编写一份 110kV 输电线路基础工程验收的组织方案。（100 分）

考核知识点：高压线路验收规范

难易度：中

技能等级评价专业技能考核操作工作任务书

一、任务名称

编写一份 110kV 输电线路基础工程验收的组织方案。

二、适用工种

高压线路带电检修工（输电）高级工。

三、具体任务

某 110kV 输电线路基础工程已经施工完成，根据安排，要对其进行基础验收。针对此项工作，要求考生编写一份 110kV 输电线路基础工程验收的组织方案。

四、工作规范及要求

请按以下要求完成 110kV 输电线路基础工程验收的组织方案的编写；方案编写在教室内完成。

（1）人员配置分工合理、职责清楚（方案中不得出现真实单位名称及个人姓名）。

（2）工器具清楚。

（3）验收内容清楚。

（4）验收质量标准清楚。

（5）组织、安全、技术措施齐全。

（6）考核时间结束终止考试。

五、考核及时间要求

考核时间共 60 分钟，每超过 2 分钟扣 1 分，到 65 分钟终止考核。

技能等级评价专业技能考核操作评分标准

工种	高压线路带电检修工（输电）			评价等级	高级工
项目模块	高压线路的构成—高压线路检修验收		编号	Jc0003342013	
单位		准考证号		姓名	
考试时限	60 分钟	题型	单项操作	题分	100 分
成绩		考评员		考评组长		日期	
试题正文	编写一份 110kV 输电线路基础工程验收的组织方案				
需要说明的问题和要求	（1）学员集中于教室在 60 分钟内完成方案编写。 （2）方案中施工班组、作业人员不指定，由考生自行填写，但不得出现真实单位名称和个人姓名。 （3）所用工具、材料由考生根据施工需要进行安排				

序号	项目名称	质量要求	满分	扣分标准	扣分原因	得分
1	工作准备					
1.1	标题	要写清楚输电线路名称、杆号及作业内容	5	少一项扣 2 分，扣完为止		
1.2	工作概况介绍	应对工作概况或该工作的背景进行简单描述	5	没有工程概况介绍扣 5 分		
2	工作许可					
2.1	许可方式	向考评员示意准备就绪，申请开始工作	5	未向考评员示意即开始工作扣 5 分		
3	工作步骤及技术要求					
3.1	工作内容	应写清楚工作的输电线路、杆号、工作内容	10	少一项内容扣 3 分，扣完为止		
3.2	工作人员及分工	（1）写清楚工作班组和人数；或者逐一填写工作人员名字。 （2）单位名称和个人姓名不得使用真实名称。 （3）有明确分工	5	一项不正确扣 2 分，扣完为止		
3.3	工作时间	应写清楚计划工作时间，计划工作开始及工作结束时间均应以年、月、日、时、分填写清楚	5	没有填写时间扣 5 分，时间填写不清楚的扣 3 分		
3.4	表面	应对基础表面有明确的质量要求	5	无相关内容不得分		
3.5	强度	应对基础强度有明确的强度要求	5	无相关内容不得分		

续表

序号	项目名称	质量要求	满分	扣分标准	扣分原因	得分
3.6	尺寸	应包括以下方面明确的技术要求： （1）高差。 （2）根开。 （3）螺距。 （4）保护层厚度。 （5）断面尺寸	5	少一项扣1分		
3.7	基础培土	有对基础培土情况的要求	10	无相关内容不得分		
3.8	资料	应对施工记录进行检查	10	无相关内容不得分		
4	工作结束					
4.1	整理工具，清理现场	整理好工具，清理好现场	10	错误一项扣5分，扣完为止		
5	工作结束汇报	向考评员报告工作已结束，场地已清理	5	未向考评员报告工作结束扣3分； 未清理场地扣2分		
6	其他要求					
6.1	基础开挖时的安全措施	应对基础开挖时有一定的安全要求	10	无相关内容不得分，内容不全酌情扣分		
6.2	工器具的使用要求	应对测量工器具的使用有明确的要求	5	无相关内容不得分，内容不全酌情扣分		
合计			100			

Jc0003342014　编写35kV输电线路导、地线工程验收的组织方案。(100分)

考核知识点：高压线路验收规范

难易度：中

技能等级评价专业技能考核操作工作任务书

一、任务名称

编写35kV输电线路导、地线工程验收的组织方案。

二、适用工种

高压线路带电检修工（输电）高级工。

三、具体任务

35kV 某输电线路架线工程已经施工完成，根据安排，要对其进行验收。针对此项工作，要求考生编写一份35kV输电线路导、地线工程验收的组织方案。

四、工作规范及要求

请按以下要求完成35kV输电线路导、地线工程验收的组织方案的编写；方案编写在教室内完成。

（1）人员配置分工合理、职责清楚（方案中不得出现真实单位名称及个人姓名）。

（2）工器具清楚。

（3）验收内容清楚。

（4）验收质量标准清楚。

（5）组织、安全、技术措施齐全。

（6）考核时间结束终止考试。

五、考核及时间要求

考核时间共60分钟，每超过2分钟扣1分，到65分钟终止考核。

技能等级评价专业技能考核操作评分标准

工种	高压线路带电检修工（输电）					评价等级	高级工
项目模块	高压线路的构成—高压线路检修验收				编号	Jc0003342014	
单位			准考证号			姓名	
考试时限	60 分钟	题型		单项操作		题分	100 分
成绩		考评员		考评组长		日期	
试题正文	编写 35kV 输电线路导、地线工程验收的组织方案						
需要说明的问题和要求	（1）学员集中于教室在 60 分钟内完成方案编写。 （2）方案中施工班组、作业人员不指定，由考生自行填写，但不得出现真实单位名称和个人姓名。 （3）验收范围应包括导、地线和附件。 （4）所用工具、材料由考生根据施工需要进行安排						

序号	项目名称	质量要求	满分	扣分标准	扣分原因	得分
1	工作准备					
1.1	标题	要写清楚输电线路名称、杆号及作业内容	5	少一项扣 2 分，扣完为止		
1.2	工作概况介绍	应对工作概况或该工作的背景进行简单描述	5	没有工程概况介绍扣 5 分		
2	工作许可					
2.1	许可方式	向考评员示意准备就绪，申请开始工作	5	未向考评员示意即开始工作扣 5 分		
3	工作步骤及技术要求					
3.1	工作内容	应写清楚工作的输电线路、杆号、工作内容、工作范围	6	少一项内容扣 3 分，扣完为止		
3.2	工作人员及分工	（1）应写清楚工作班组和人数；或者逐一填写工作人员名字。 （2）单位名称和个人姓名不得使用真实名称。 （3）应有明确分工	3	一项不正确扣 1 分		
3.3	工作时间	应写清楚计划工作时间，计划工作开始及工作结束时间均应以年、月、日、时、分填写清楚	5	没有填写时间扣 5 分，时间填写不清楚的扣 3 分		
3.4	导、地线	应对导、地线有以下明确的要求： （1）导线弛度。 （2）导线水平度。 （3）导线接头（压接管、接续管）数量。 （4）交跨距离。 （5）导、地线外观检查。 （6）引流线距离	6	少一项扣 1 分		
3.5	附件	应对附件有以下方面有明确要求： （1）线夹、金具安装质量。 （2）防振锤安装位置、质量。 （3）螺帽及开口销是否齐全	6	少一项扣 2 分		
3.6	绝缘子	应对绝缘子有以下方面有明确要求： （1）悬瓶钢脚弯曲度、表面清洁度、绝缘子型号、片数是否符合设计要求。 （2）复合绝缘子外观检查、倾斜度检查	4	少一项扣 2 分		
3.7	资料	应对设计图纸、施工记录进行检查	20	无此项不得分		
4	工作结束					
4.1	整理工具，清理现场	整理好工具，清理好现场	10	错误一项扣 5 分，扣完为止		
5	工作结束汇报	向考评员报告工作已结束，场地已清理	5	未向考评员报告工作结束扣 3 分；未清理场地扣 2 分		

续表

序号	项目名称	质量要求	满分	扣分标准	扣分原因	得分
6	其他要求					
6.1	登杆的安全措施	（1）有防高空坠落措施。 （2）有防止高空落物伤人的措施	5	少一项扣 3 分，扣完为止		
6.2	防止感应电伤人措施	接触导线作业须先加挂个人保安线	5	无此项内容不得分		
6.3	工器具的使用要求	（1）测量工器具（经纬仪）的使用应有明确的要求。 （2）应有测距杆的使用要求	10	无此项内容不得分，内容不全酌情扣分		
合计			100			

Jc0003342015　组装一套 330kV 输电线路双联瓷绝缘子耐张串（含耐张线夹）。（100 分）

考核知识点：高压线路的元件名称规格及用途

难易度：中

技能等级评价专业技能考核操作工作任务书

一、任务名称

组装一套 330kV 输电线路双联瓷绝缘子耐张串（含耐张线夹）。

二、适用工种

高压线路带电检修工（输电）高级工。

三、具体任务

组装一套 330kV 输电线路双联瓷绝缘子耐张串（含耐张线夹）。针对此项工作，考生须在规定时间内完成更换操作。

四、工作规范及要求

（1）要求单独操作，地面操作。

（2）所有要用的材料应一次找出，并按次序摆放好。

（3）给出一张组装图纸。

（4）告知导线型号，告知挂线点位置方向，告知输电线路受电方向。

（5）要求着装正确（穿工作服、工作胶鞋、戴安全帽）。

（6）绝缘子只检查 2 片，要求讲出检查内容。

（7）金具只检查 2 件，要求讲出检查内容。

五、考核及时间要求

考核时间共 25 分钟，每超过 2 分钟扣 1 分，到 30 分钟终止考核。

技能等级评价专业技能考核操作评分标准

<table>
<tr><td>工种</td><td colspan="5">高压线路带电检修工（输电）</td><td>评价等级</td><td>高级工</td></tr>
<tr><td>项目模块</td><td colspan="4">高压线路带电检修方法及操作技巧—输电线路带电作业</td><td>编号</td><td colspan="2">Jc0003342015</td></tr>
<tr><td>单位</td><td colspan="3"></td><td>准考证号</td><td></td><td>姓名</td><td></td></tr>
<tr><td>考试时限</td><td colspan="2">25 分钟</td><td>题型</td><td colspan="2">单项操作</td><td>题分</td><td>100 分</td></tr>
<tr><td>成绩</td><td></td><td>考评员</td><td></td><td>考评组长</td><td></td><td>日期</td><td></td></tr>
<tr><td>试题正文</td><td colspan="7">组装一套 330kV 输电线路双联瓷绝缘子耐张串（含耐张线夹）</td></tr>
</table>

续表

需要说明的问题和要求	（1）要求单人操作，地面完成。 （2）组装绝缘子时应戴手套。 （3）螺栓穿向应保持一致。 （4）应使用扳手、取销钳等工器具防止反击力伤人。 （5）考生示意工作结束后应离开工位，监考人员验收，考生不得继续作业

序号	项目名称	质量要求	满分	扣分标准	扣分原因	得分
1	工作准备					
1.1	U 形环 3 只	符合图纸要求	1	不符合图纸要求扣 1 分		
1.2	延长环 1 只	符合图纸要求	1	不符合图纸要求扣 1 分		
1.3	二联板 2 块	符合图纸要求	1	不符合图纸要求扣 1 分		
1.4	直角挂板 2 块	符合图纸要求	1	不符合图纸要求扣 1 分		
1.5	球头挂环 2 个	符合图纸要求	1	不符合图纸要求扣 1 分		
1.6	悬式瓷绝缘子 50 片	符合图纸要求（要求型号、颜色一致）	1	不符合图纸要求扣 1 分		
1.7	双联碗头 2 只	符合图纸要求	1	不符合图纸要求扣 1 分		
1.8	耐张线夹 1 只	符合图纸要求	1	不符合图纸要求扣 1 分		
1.9	个人工具	钢丝钳、扳手等	1	型号错 1 件或漏 1 件扣 1 分		
1.10	专用工具	拔销钳、棉纱等	1	型号错 1 件或漏 1 件扣 1 分		
1.11	锌层	检查镀锌层有没有碰损、剥落或缺锌	1	不检查扣 1 分		
1.12	损坏锌层的处理	如有以上现象应更换	1	未更换扣 1 分		
1.13	型号	型号正确	1	不正确扣 1 分		
1.14	进行外观检查	逐个将表面清擦干净，并进行外观检查	1	不正确扣 1 分		
1.15	检查碗头、球头与弹簧销子之间的间隙	在安装好弹簧销子的情况下球头不得自碗头中脱出	1	不正确扣 1 分		
2	工作许可					
2.1	许可方式	向考评员示意准备就绪，申请开始工作	5	未向考评员示意即开始工作扣 5 分		
3	工作步骤及技术要求					
3.1	材料摆放	整齐有序，绝缘子串方向正确	10	不正确扣 10 分		
3.2	取出弹簧销	正确取出	10	不正确扣 10 分		
3.3	绝缘子组装	绝缘子组装成两串，每串片数按图纸要求组装	10	方向错误扣 5 分，排列不齐扣 1～5 分		
3.4	安装弹簧销	正确安装	10	不正确扣 10 分		
3.5	组装时顺序正确	从横担部分开始向线夹方向组装，依次完成	10	每反复一次扣 2 分，扣完为止		
4	工作结束					
4.1	整理工具，清理现场	整理好工具，清理好现场	10	错误一项扣 5 分，扣完为止		
5	工作结束汇报	向考评员报告工作已结束，场地已清理	5	未向考评员报告工作结束扣 3 分； 未清理场地扣 2 分		
6	其他要求					
6.1	耐张线夹安装	出线方向正确	2	不正确扣 1～2 分		
6.2	螺栓、穿钉、弹簧销子插入方向正确	一律由上向下穿，特殊情况由内向外，由左向右穿	2	每穿错一件扣 1 分，扣完为止		

续表

序号	项目名称	质量要求	满分	扣分标准	扣分原因	得分
6.3	着装正确	应穿工作服、工作胶鞋、戴安全帽	2	漏一项扣1分，扣完为止		
6.4	拆除瓷绝缘子串，材料运回	符合文明生产要求	3	不整理不给分		
6.5	操作动作	动作熟练流畅	3	不熟练扣1～3分		
6.6	按时完成	按要求时间完成	3	超过时间不给分，每延时2分钟扣1分		
合计			100			

Jc0003341016 组装一套110kV输电线路耐张杆单串绝缘子串的操作。（100分）

考核知识点：高压线路的元件名称规格及用途

难易度：易

技能等级评价专业技能考核操作工作任务书

一、任务名称

组装一套110kV输电线路耐张杆单串绝缘子串的操作。

二、适用工种

高压线路带电检修工（输电）高级工。

三、具体任务

组装一套110kV输电线路耐张杆单串绝缘子串的操作。针对此项工作，考生须在规定时间内完成更换操作。

四、工作规范及要求

（1）要求单独在地面操作。

（2）所有要用的材料应一次找齐，并按次序摆放好。

（3）给出一张组装图纸。

（4）指出导线型号，告知挂线点位置方向，告知输电线路受电方向。

（5）要求着装正确（穿工作服、工作胶鞋、戴安全帽）。

（6）绝缘子只检查2片，要求讲出检查内容。

（7）金具只检查2件，要求讲出检查内容。

（8）操作完毕要将绝缘子串拆开，材料运回。

（9）导线水平排列，组装中间一相绝缘子串（从直角挂板组装至螺栓式耐张线夹止）。

五、考核及时间要求

考核时间共15分钟，每超过2分钟扣1分，到20分钟终止考核。

技能等级评价专业技能考核操作评分标准

<table>
<tr><td>工种</td><td colspan="5">高压线路带电检修工（输电）</td><td>评价等级</td><td>高级工</td></tr>
<tr><td>项目模块</td><td colspan="4">高压线路带电检修方法及操作技巧—输电线路带电作业</td><td>编号</td><td colspan="2">Jc0003341016</td></tr>
<tr><td>单位</td><td colspan="3"></td><td>准考证号</td><td></td><td>姓名</td><td></td></tr>
<tr><td>考试时限</td><td colspan="2">15分钟</td><td>题型</td><td colspan="2">单项操作</td><td>题分</td><td>100分</td></tr>
<tr><td>成绩</td><td></td><td>考评员</td><td></td><td>考评组长</td><td></td><td>日期</td><td></td></tr>
<tr><td>试题正文</td><td colspan="7">组装一套110kV输电线路耐张杆单串绝缘子串的操作</td></tr>
</table>

续表

需要说明的问题和要求	（1）要求单人操作，地面完成。 （2）组装绝缘子时应戴手套。 （3）螺栓穿向应保持一致。 （4）应使用扳手、取销钳等工器具防止反击力伤人。 （5）考生示意工作结束后应离开工位，监考人员验收，考生不得继续作业

序号	项目名称	质量要求	满分	扣分标准	扣分原因	得分
1	工作准备					
1.1	直角挂板	1块，符合图纸要求	1	不符合要求扣1分		
1.2	球头挂环	1个，符合图纸要求	1	不符合要求扣1分		
1.3	悬式瓷绝缘子	8片（要求型号、颜色一致），符合图纸要求	2	不符合图纸要求扣1分，漏一项扣1分，扣完为止		
1.4	单联碗头	1只，符合图纸要求	1	不符合图纸要求扣1分		
1.5	耐张线夹	1只，符合图纸要求	2	不符合图纸要求扣1分，漏一项扣1分，扣完为止		
1.6	个人工具	钢丝钳、扳手等	2	漏一项扣1分，扣完为止		
1.7	专用工具	拔销钳、棉纱等	2	漏一项扣1分，扣完为止		
1.8	镀锌层的检查	没有碰损、剥落或缺锌	2	不正确扣1～2分		
1.9	剥落或缺锌处理	更换	1	不正确不得分		
1.10	型号	型号正确	1	不正确不得分		
2	工作许可					
2.1	许可方式	向考评员示意准备就绪，申请开始工作	5	未向考评员示意即开始工作扣5分		
3	工作步骤及技术要求					
3.1	逐个将表面清擦	清擦干净并进行外观检查	5	不正确扣1～5分		
3.2	检查碗头、球头与弹簧销子之间的间隙	在安装好弹簧销子的情况下球头不得自碗头脱出	5	不正确扣1～5分		
3.3	材料摆放	整齐有序，绝缘子串方向正确	5	方向错误扣3分，不整齐扣1～2分		
3.4	取出弹簧销	操作正确	5	不正确扣1～5分		
3.5	绝缘子组装	将绝缘子8片组装成1串	5	不正确扣1～5分		
3.6	安装弹簧销	正确安装弹簧销	5	不正确扣1～5分		
3.7	组装时顺序	从横担部分开始向线夹方向组装一次安装完成	20	每反复一次扣5分，扣完为止		
4	工作结束					
4.1	整理工具，清理现场	整理好工具，清理好现场	10	错误一项扣5分，扣完为止		
5	工作结束汇报	向考评员报告工作已结束，场地已清理	5	未向考评员报告工作结束扣3分；未清理场地扣2分		
6	其他要求					
6.1	耐张线夹出线方向	出线方向正确	3	方向错误扣3分		
6.2	螺栓、穿钉方向，弹簧销子插入方向	螺栓、穿钉方向，弹簧销子插入方向正确。（9只弹簧销子、耐张线夹穿钉上的1只销钉和直角挂板连接球头挂环的螺栓上的1只销钉、直角挂板和横担连接的1只螺栓由上向下穿。直角挂板和横担连接螺栓上的销钉、直角挂板连接球头挂环的螺栓，耐张线夹穿钉面向受电方向，由左向右穿入）	3	穿入方向每错一项扣1分，扣完为止		

续表

序号	项目名称	质量要求	满分	扣分标准	扣分原因	得分
6.3	着装正确	应穿工作服、工作胶鞋、戴安全帽	3	漏一项扣1分，扣完为止		
6.4	清理工作现场	符合文明生产要求	2	不整理扣1～2分		
6.5	操作动作	熟练流畅	2	动作不熟练扣1～2分		
6.6	按时完成	不超时	2	超过时间不给分，每延时2分钟扣1分		
合计			100			

Jc0003341017　测量导线对地距离的操作。（100分）

考核知识点：架空线路设计规程

难易度：易

技能等级评价专业技能考核操作工作任务书

一、任务名称

测量导线对地距离的操作。

二、适用工种

高压线路带电检修工（输电）高级工。

三、具体任务

测量导线对地距离的操作。针对此项工作，考生须在规定时间内完成更换处理操作。

四、工作规范及要求

（1）要求单独操作，1人配合。

（2）由考评员随机指定测量点，写出计算过程。

（3）工具。

1）选用光学经纬仪，J2、J6型均可；

2）塔尺、钢卷尺、计算器；

3）在培训输电线路上操作。

五、考核及时间要求

考核时间共35分钟。每超过2分钟扣1分，到40分钟终止考核。

技能等级评价专业技能考核操作评分标准

<table>
<tr><td>工种</td><td colspan="5">高压线路带电检修工（输电）</td><td>评价等级</td><td>高级工</td></tr>
<tr><td>项目模块</td><td colspan="4">高压线路的构成—高压线路检修验收</td><td>编号</td><td colspan="2">Jc0003341017</td></tr>
<tr><td>单位</td><td colspan="2"></td><td>准考证号</td><td colspan="2"></td><td>姓名</td><td></td></tr>
<tr><td>考试时限</td><td colspan="2">35分钟</td><td>题型</td><td colspan="2">单项操作</td><td>题分</td><td>100分</td></tr>
<tr><td>成绩</td><td></td><td>考评员</td><td></td><td>考评组长</td><td></td><td>日期</td><td></td></tr>
<tr><td>试题正文</td><td colspan="7">测量导线对地距离的操作</td></tr>
<tr><td>需要说明的问题和要求</td><td colspan="7">（1）要求单人操作测量，1人配合立塔尺，地面完成。
（2）经纬仪架设完毕后应经考官检查完毕后方可进行下一步。
（3）应有完整测量记录过程。
（4）测量仪器使用、安装应规范</td></tr>
</table>

续表

序号	项目名称	质量要求	满分	扣分标准	扣分原因	得分
1	工作准备					
1.1	工器具	经纬仪、塔尺、计算器	3	差一项不得分		
1.2	选定仪器的测量点	在输电线路与地面垂直位置任选一点作为观测点，观测点位置距离输电线路被测点距离约20～40m	10	不正确每项扣5分，扣完为止		
1.3	测量仪器高度	仪器高度测量准确	2	测量不准确不得分		
2	工作许可					
2.1	许可方式	向考评员示意准备就绪，申请开始工作	5	未向考评员示意即开始工作扣5分		
3	工作步骤及技术要求					
3.1	仪器对中、整平、对光、瞄准、精平和读数、水平测距	指挥配合人员将塔尺立在输电线路交叉点正下方	4	不正确扣4分		
3.2	仪器整平、对光	在观测点位置将仪器整平、对光	4	不正确扣4分		
3.3	仪器瞄准	将望远镜视线调至垂直90°，瞄准塔尺，调焦，转动照准部及望远镜锁紧螺旋将其锁紧	4	不正确扣4分		
3.4	仪器精平	转动望远镜微调螺旋使十字丝上下丝与塔尺某一刻度重合	4	不正确扣4分		
3.5	读数、测距	读出上丝及下丝所夹塔尺刻度利用$L=$（上丝－下丝）×100得出水平距离	4	计算不正确扣1～4分		
3.6	松开望远镜锁紧螺旋	松开望远镜锁紧螺旋，确定微调螺旋可调	5	不正确扣5分		
3.7	转动反光镜	将仪器竖盘照明反光镜转动使显微镜中的读数最明亮、清晰	5	不正确扣5分		
3.8	转动镜筒读数	转动镜筒瞄准导线下边缘锁紧望远镜制动手轮读出读数	10	不正确扣1～10分		
3.9	计算导线交跨距离	精确度出度、分、秒 计算：利用公式计算出交叉跨越间的距离$L=(\tan\beta-\tan 90°)+I$	10	不正确扣1～10分		
4	工作结束					
4.1	整理工具，清理现场	整理好工具，清理好现场	10	错误一项扣5分，扣完为止		
5	工作结束汇报	向考评员报告工作已结束，场地已清理	5	未向考评员报告工作结束扣3分；未清理场地扣2分		
6	其他要求	（1）要求着装正确（工作服、工作胶鞋、安全帽）。 （2）操作动作熟练。 （3）将仪器一次性装箱成功。 （4）清理工作现场符合文明生产要求。 （5）在规定的时间内完成	15	每项酌情扣1～3分		
合计			100			

Jc0003342018　等长法观测导线弧垂的操作。（100分）

考核知识点： 架空线路设计规程

难易度： 中

技能等级评价专业技能考核操作工作任务书

一、任务名称

测量导线对地距离的操作。

二、适用工种

高压线路带电检修工（输电）高级工。

三、具体任务

等长法观测导线弧垂的操作。针对此项工作，考生须在规定时间内完成更换处理操作。

四、工作规范及要求

（1）要求单独操作，1 人配合记录，写计算过程。

（2）给出档距、前后杆塔呼称高。

（3）工具。

1）选用光学经纬仪，J_2、J_6 型均可；

2）塔尺、钢卷尺、计算器；

3）在培训输电线路上操作。

五、考核及时间要求

考核时间共 40 分钟，每超过 2 分钟扣 1 分，到 45 分钟终止考核。

技能等级评价专业技能考核操作评分标准

工种	高压线路带电检修工（输电）					评价等级	高级工
项目模块	高压线路的构成—高压线路检修验收				编号	Jc0003342018	
单位		准考证号				姓名	
考试时限	40 分钟	题型		单项操作		题分	100 分
成绩		考评员		考评组长		日期	
试题正文	等长法观测导线弧垂的操作						
需要说明的问题和要求	（1）要求单人操作测量，1 人配合立塔尺，地面完成。 （2）经纬仪架设完毕后应经考官检查完毕后方可进行下一步。 （3）应有完整测量记录过程。 （4）测量仪器使用、安装应规范						

序号	项目名称	质量要求	满分	扣分标准	扣分原因	得分
1	工作准备					
1.1	工器具	经纬仪、塔尺、计算器	5	差一项不得分		
1.2	选定仪器的测量点	观测点位置，在该杆塔所测导线挂线点正投影至地面上的点	10	不正确每项扣 5 分，扣完为止		
2	工作许可					
2.1	许可方式	向考评员示意准备就绪，申请开始工作	5	未向考评员示意即开始工作扣 5 分		
3	工作步骤及技术要求					
3.1	仪器对中、整平、对光，采集该档观测点处杆塔呼称高	在观测点位置将仪器对中、整平、对光	5	不正确扣 5 分		
		量出经纬仪仪高（望远镜转轴中心至杆塔基面的高度）	5	不正确扣 1～5 分		
		并用观测点导线挂点至杆塔高度减去仪高	5	不正确扣 1～5 分		
		核对该档档距、观测点、导线挂点高度是否准确	5	不正确扣 5 分		

续表

序号	项目名称	质量要求	满分	扣分标准	扣分原因	得分
3.1	仪器对中、整平、对光，采集该档观测点处杆塔呼称高	将仪器竖盘照明反光镜转动使显微镜中的读数最明亮、清晰	5	不正确扣5分		
		转动镜筒瞄准导线方向锁紧望远镜制动手轮	5	不正确扣5分		
3.2	测量导线弧垂最低点垂直角度，计算弧垂	转动望远镜微动手轮使十字丝中横丝与导线弧垂最低点精确相切，精确读出垂直角α	5	不正确扣1～5分		
		转动望远镜微动手轮使十字丝中横丝与导线挂线点精确相切，精确读出垂直角β	5	不正确扣1～5分		
		计算： B=档距 再按照异长法公式 $f=\frac{1}{4}(\sqrt{a}+\sqrt{b})^2$	10	不正确扣1～10分		
4	工作结束					
4.1	整理工具，清理现场	整理工具并清理现场	10	错误一项扣5分，扣完为止		
5	工作结束汇报	向考评员报告工作已结束，场地已清理	5	未向考评员报告工作结束扣3分；未清理场地扣2分		
6	其他要求	（1）要求着装正确（工作服、工作胶鞋、安全帽）。 （2）操作动作熟练。 （3）将仪器一次性装箱成功。 （4）清理工作现场符合文明生产要求。 （5）在规定的时间内完成	15	每项酌情扣1～3分		
合计			100			

Jc0003351019　用 GJ－50 型钢绞线制作 NUT－2 型线夹拉线下把。（100 分）

考核知识点：拉线下把的制作

难易度：易

技能等级评价专业技能考核操作工作任务书

一、任务名称

用 GJ－50 型钢绞线制作 NUT－2 型线夹拉线下把。

二、适用工种

高压线路带电检修工（输电）高级工。

三、具体任务

用 GJ－50 型钢绞线制作 NUT－2 型线夹拉线下把。针对此项工作，考生须在规定时间内完成。

四、工作规范及要求

（1）要求单独操作。

（2）拉线上端楔形线夹固定。

（3）要求着装正确（工作服、工作胶鞋、安全帽）。

（4）要求一次性剪断钢绞线。

（5）工具。

1）断线钳、盒尺、木锤、紧线器、钢绞线卡头；

2）ϕ12 铁丝、GJ－50 钢绞线、NUT－2 型线夹；

3）利用培训输电线路进行操作；

4）在培训输电线路上操作。

五、考核及时间要求

考核时间共30分钟。每超过2分钟扣1分，到35分钟终止考核。

技能等级评价专业技能考核操作评分标准

工种	高压线路带电检修工（输电）					评价等级	高级工
项目模块	高压线路带电检修方法及操作技巧—输电线路带电作业				编号	Jc0003351019	
单位			准考证号			姓名	
考试时限	30分钟	题型		单项操作		题分	100分
成绩		考评员		考评组长		日期	
试题正文	用GJ－50型钢绞线制作NUT－2型线夹拉线下把						
需要说明的问题和要求	（1）要求单人操作，地面完成。 （2）使用榔头、锤子等工器具不应戴手套。 （3）制作的拉线不应出现散股、连接不牢、工艺质量差等问题。 （4）制作拉线时应注意正确使用工器具、材料，防止伤人						

序号	项目名称	质量要求	满分	扣分标准	扣分原因	得分
1	工作准备					
1.1	工器具的选用	个人工器具齐全（钢丝钳一把、活动扳手两把）、专用工具（木锤、断线钳、紧线器）	5	错、漏一项扣1分，扣完为止		
1.2	材料的选用	扎钢绞线的铁丝（10－12号铁丝、18－20号铁丝）、GJ－50钢绞线、NUT－2型线夹（双螺母带平垫圈）	5	错、漏一项扣2分； 螺帽垫圈每漏一件扣1分，型号错扣5分； 以上扣分，扣完为止		
2	工作许可					
2.1	许可方式	向考评员示意准备就绪，申请开始工作	5	未向考评员示意即开始工作扣5分		
3	工作步骤及技术要求					
3.1	画印、断线	量出钢绞线的长度及断线位置进行准确画印和断线	20	钢绞线长度量取不正确扣10分； 未成功断线扣10分		
3.2	安装线夹	钢绞线套入线夹方向正确放入楔子后，钢绞线与楔子弯曲处牢固、无缝隙	10	穿向反一次扣3分； 视情况扣1～10分； 以上扣分，扣完为止		
3.3	紧线、调整拉线	安装NUT型线夹用紧线器拉紧，按要求调紧拉线，并紧双螺帽	20	安装不上扣10分，要求返工继续进行，拉线及螺帽未达到要求各扣1～4分，扣完为止		
4	工作结束					
4.1	整理工具，清理现场	整理好工具，清理好现场	10	错误一项扣5分，扣完为止		
5	工作结束汇报					
5.1	绑扎钢绞线尾线的要求	绑扎方向正确（先顺钢绞线平压一段扎丝，再缠绕压紧该端头）、每圈铁丝绑扎紧密、铁丝两端头及绞头处理合格	5	未按要求绑扎扣1～2分； 一圈铁丝绑扎不紧扣1分； 两端头未绞紧扣1～2分； 绞头未弯进两钢绞线中间或弯进不好扣1分； 以上扣分，扣完为止		
5.2	工艺要求	尾线的位置应在线夹的凸肚侧、尾线露出长度为300～500mm、钢绞线与线夹舌板半圆结合处不得有空隙、尾线与主线的绑扎长度为40～50mm、NUT型线夹双母处丝不得大于丝纹总长的1/2	10	尾线位置错误扣10分； 尾线长度每长或短10mm扣1分； 钢绞线与舌板半圆结合处不紧密每1mm扣2分； NUT型线夹出丝大于丝纹总长的1/2扣5分； 以上扣分，扣完为止		

续表

序号	项目名称	质量要求	满分	扣分标准	扣分原因	得分
6	其他要求	（1）要求着装正确（工作服、工作胶鞋、安全帽）； （2）操作动作熟练连贯； （3）工作终结，清理工作现场按照规定时间完成此项目	10	动作不熟练扣 5 分； 不清理工作现场扣 1～2 分； 超时不给分		
合计			100			

Jc0003341020　使用 ZC－8 型接地电阻测量仪测量接地电阻的操作。（100 分）

考核知识点： 接地电阻的测量

难易度： 易

技能等级评价专业技能考核操作工作任务书

一、任务名称

使用 ZC－8 型接地电阻测量仪测量接地电阻的操作。

二、适用工种

高压线路带电检修工（输电）高级工。

三、具体任务

使用 ZC－8 型接地电阻测量仪测量接地电阻的操作。针对此项工作，考生须在规定时间内完成更换处理操作。

四、工作规范及要求

（1）使用国产 ZC－8 型接地电阻测量仪。

（2）只测一组接地体电阻值。

（3）要求着装正确（工作服、工作胶鞋、安全帽）。

（4）工具。

1）ZC－8 型接地电阻的测量测量仪；

2）连接线；

3）接地棒；

4）手锤；

5）在培训输电线路上操作（个人工器具）。

五、考核及时间要求

考核时间共 20 分钟，每超过 2 分钟扣 1 分，到 25 分钟终止考核

技能等级评价专业技能考核操作评分标准

<table>
<tr><td>工种</td><td colspan="5">高压线路带电检修工（输电）</td><td>评价等级</td><td>高级工</td></tr>
<tr><td>项目模块</td><td colspan="4">高压线路带电检修方法及操作技巧—输电线路带电作业</td><td>编号</td><td colspan="2">Jc0003341020</td></tr>
<tr><td>单位</td><td colspan="2"></td><td>准考证号</td><td colspan="2"></td><td>姓名</td><td></td></tr>
<tr><td>考试时限</td><td colspan="2">20 分钟</td><td>题型</td><td colspan="2">单项操作</td><td>题分</td><td>100 分</td></tr>
<tr><td>成绩</td><td></td><td>考评员</td><td></td><td>考评组长</td><td></td><td>日期</td><td></td></tr>
<tr><td>试题正文</td><td colspan="7">使用 ZC－8 型接地电阻测量仪测量接地电阻的操作</td></tr>
</table>

续表

需要说明的问题和要求	（1）测量前应将接地装置与被保护的电气设备断开。 （2）测量前仪表应水平放置，然后调零。 （3）接地电阻测量仪不准开路摇动手把，否则将损坏仪表。 （4）将倍率开关放在最大倍率档，按照要求调整再计算得出接地电阻值

序号	项目名称	质量要求	满分	扣分标准	扣分原因	得分
1	工作准备					
1.1	电阻测量仪的检查	（1）外观检查，具备有效的检测合格证。 （2）连接线的检查，截面积不小于 1～1.5mm²。 （3）联接线绝缘层良好，无脱落龟裂	10	不正确每项扣 3 分，扣完为止		
2	工作许可					
2.1	许可方式	向考评员示意准备就绪，申请开始工作	5	未向考评员示意即开始工作扣 5 分		
3	工作步骤及技术要求					
3.1	连接线现场布置及接地探针的连接	两根接地测量导线彼此相距 5m	5	不正确扣 1～5 分		
3.2	布置测量辅助射线	按本杆塔设计的接地线长度 L，布置测量辅助射线为 $2.5L$ 和 $4L$，或电压辅助射线应比本杆塔接地线长 20m，电流辅助射线比本杆塔接地线长 40m	5	不正确扣 1～5 分		
3.3	接地探针连接	将接地探针用砂纸擦拭干净，并使接地测量导线与探针接触可靠、良好	5	不正确扣 1～5 分		
3.4	插接地探针	探针应紧密不松动地插入土壤中 20cm 以上且应与土壤接触良好	5	不正确扣 1～5 分		
3.5	拆除接地引下线	用扳手将与杆塔连接的所有接地引下线螺栓拆除，并保持接地网与杆塔处于断开状态	5	不正确扣 1～5 分		
3.6	接线	（1）将接地引下线用砂纸擦拭干净，以确保连接可靠。 （2）将接地测量射线与 E、P、C 正确连接	5	不正确扣 3 分，扣完为止		
3.7	操作接地电阻的测量仪、读数					
3.7.1	调试电阻测量仪	将仪表放置水平，检查检流计是否指在中心线上，否则可用调零器调整指在中心线上	4	不正确扣 1～4 分		
3.7.2	选用适当倍率转动转盘	将倍率标度指在最大倍率上，慢慢摇动发电机摇把，同时拨动测量标度盘使检流计指针指在中心线上	4	不正确扣 1～4 分		
3.7.3	摇动摇把调整读盘	当检流计指针接近平衡时，加大摇把转速，使其达到 120r/min 以上，调整测量标度盘使指针指在中心线上	4	不正确扣 1～4 分		
3.7.4	读数	如测量标度盘的读数小于 1 时，应将倍率标度置于较小标度倍数上。 用测量标度盘的读数乘以倍率标度的倍数即为所测杆塔的工频接地电阻值，按季节系数换算后为本杆塔的实际工频接地电阻值	4	不正确扣 1～4 分		
3.7.5	恢复连接	测量结束，拆除绝缘电阻表，恢复接地体与杆塔连接，清除连接体表面的铁锈，并涂抹导电脂。确保所有接地引下线全部复位，并紧固	4	不正确扣 1～4 分		
4	工作结束					
4.1	整理工具，清理现场	整理好工具，清理好现场	10	错误一项扣 5 分，扣完为止		
5	工作结束汇报	向考评员报告工作已结束，场地已清理	10	未向考评员报告工作结束扣 5 分； 未清理场地扣 5 分		

续表

序号	项目名称	质量要求	满分	扣分标准	扣分原因	得分
6	其他要求	（1）测量过程中，裸手不得触碰绝缘电阻表接线头，防止触电。 （2）操作动作熟练连贯。 （3）按照规定时间完成此项目	15	不正确每项扣1～5分		
合计			100			

Jc0003341021　导线接头温度测试操作。（100分）

考核知识点：导线接头处的温度测量

难易度：易

技能等级评价专业技能考核操作工作任务书

一、任务名称

导线接头温度测试操作。

二、适用工种

高压线路带电检修工（输电）高级工。

三、具体任务

考生使用红外测温仪完成导线接头温度的测量操作。

四、工作规范及要求

请根据给定条件完成导线接头温度的测量操作。

（1）WHT4030型便携式远程红外测温仪1台，三角架1支，测温仪备用电池1块。

（2）记录用笔、纸。

（3）测试人员1名，记录人员1名。

（4）测量对象由监考员指定。

五、考核及时间要求

考核时间共20分钟，每超过2分钟扣1分，到25分钟终止考核。

技能等级评价专业技能考核操作评分标准

工种	高压线路带电检修工（输电）			评价等级	高级工
项目模块	高压线路带电检修方法及操作技巧—输电线路带电作业		编号	Jc0003341021	
单位		准考证号		姓名	
考试时限	20分钟	题型	单项操作	题分	100分
成绩	考评员		考评组长	日期	
试题正文	导线接头温度测试操作				
需要说明的问题和要求	（1）要求1人操作，1人配合记录。 （2）测量仪器为WHT4030型便携式远程红外测温仪				

序号	项目名称	质量要求	满分	扣分标准	扣分原因	得分
1	工作准备	（1）检查仪器完好，电池电量充足。 （2）核对输电线路名称、杆号无误	5	一项不正确扣2.5分		

续表

序号	项目名称	质量要求	满分	扣分标准	扣分原因	得分
1	工作准备	（1）应在测温仪有效距离内尽量靠近测试目标。测温仪的有效距离为8～30m。 （2）当测温仪内温度与环境温度有差别时，应将仪器在新环境下搁置10min以上时间，再开始测温	10	一项不正确扣5分		
2	工作许可					
2.1	许可方式	向考评员示意准备就绪，申请开始工作	5	未向考评员示意即开始工作扣5分		
3	工作步骤及技术要求					
3.1	打开测温仪电源开关，检查电池电量	若仪器显示电池欠压，需及时更换电池	5	操作不正确不得分		
3.2	距离设置	根据测温仪与导线接头间的距离是指距离	5	操作不正确不得分		
3.3	调节焦距	与距离设置的数值一致	5	操作不正确不得分		
3.4	辐射率的设置	氧化铝的辐射率一般设置0.90	5	操作不正确不得分		
3.5	报警设置	一般设置为初始报警值=环境温度+30℃	5	操作不正确不得分		
3.6	打开仪器镜头盖，通过仪器目镜内的十字线对准被测接头	（1）测量时应选择最大测试面。 （2）禁止仪器瞄准太阳或高强度光源，强光下应使用遮阳伞	10	错误一项扣5分		
3.7	按住测试开关，在被测导线接头的表面上扫描	测量时使观察孔中心十字线位于被测量目标中央，并保持1s时间以上	5	操作不正确不得分		
3.8	将测量结果告诉记录人	（1）应告诉记录人接头类型及接头所处的位置，包括输电线路名称、杆号、相序等，以及接头温度、环境温度、测量时间等。 （2）及时上报异常导线接头情况	10	错误一项扣5分		
4	工作结束					
4.1	整理工具，清理现场	应将仪器电源关闭，盖上镜头盖，然后装箱	10	错误一项扣5分，扣完为止		
5	工作结束汇报	向考评员报告工作已结束，场地已清理	5	未向考评员报告工作结束扣3分；未清理场地扣2分		
6	其他要求	（1）要求着装正确（工作服、工作胶鞋、安全帽）。 （2）操作动作熟练。 （3）清理工作现场符合文明生产要求。 （4）在规定的时间内完成	15	不满足要求一项扣3～4分，扣完为止		
合计			100			

Jc0003351022 锈蚀拉线更换处理的操作。（100分）

考核知识点：更换锈蚀拉线的操作

难易度：易

技能等级评价专业技能考核操作工作任务书

一、任务名称

锈蚀拉线更换处理的操作。

二、适用工种

高压线路带电检修工（输电）高级工。

三、具体任务

锈蚀拉线更换处理的操作。针对此项工作，考生须在规定时间内完成更换操作。

四、工作规范及要求

（1）要求安装临时拉线，在停电输电线路上操作。

（2）杆上 1 人，杆下 1 人均单独操作，设 1 人监护。

（3）两人一组，杆上、杆下交叉考核。

（4）要求着装正确（穿工作服、工作胶鞋、戴安全帽）。

（5）登杆工具、安全工具合格。

五、考核及时间要求

考核时间共 40 分钟。每超过 2 分钟扣 1 分，到 45 分钟终止考核。

技能等级评价专业技能考核操作评分标准

工种	高压线路带电检修工（输电）					评价等级	高级工
项目模块	高压线路带电检修方法及操作技巧—输电线路带电作业				编号	Jc0003351022	
单位			准考证号			姓名	
考试时限	40 分钟		题型	单项操作		题分	100 分
成绩		考评员		考评组长		日期	
试题正文	锈蚀拉线更换处理的操作						
需要说明的问题和要求	（1）地面及高空各一人均要求单人操作，地面人员配合，工作负责人监护。 （2）上下杆、作业、转位时不得失去安全保护。 （3）接触或接近导线前应使用个人保安线防止感应电伤人。 （4）高处作业一律使用工具袋。 （5）上下传递工器具、材料应绑扎牢固，防止坠物伤人。 （6）工作地点正下方严禁站人、通过和逗留。 （7）使用榔头、锤子等工器具不应戴手套。 （8）制作的拉线不应出现散股、连接不牢、工艺质量差等问题。 （9）制作拉线时应注意正确使用工器具、材料，防止伤人						

序号	项目名称	质量要求	满分	扣分标准	扣分原因	得分
1	工作准备					
1.1	拉线金具	NX－1 型、NUT－1 型各 1 只	2	每少一件或错一件扣 1 分，扣完为止		
1.2	钢绞线	GJ－50 型，长度够用	2	每少一件或错一件扣 1 分，扣完为止		
1.3	钢丝绳、传递绳各一根	长度够用	2	每少一件或错一件扣 1 分，扣完为止		
1.4	U 形环或卸扣	60kN 1 只，大型合格的 1 只	1	不正确不得分		
1.5	紧线器	双钩、棘轮等紧线器数量满足要求，质量合格	2	每少一件或错一件扣 1 分，扣完为止		
1.6	个人工具、登杆工具及木锤等	齐全	3	每少一件或错一件扣 1 分，扣完为止		
1.7	断线钳	合格	1	不正确不得分		
1.8	扎钢绞线及扎尾线回头的两种型号铁丝	合格	2	每少一件或错一件扣 1 分，扣完为止		
2	工作许可					
2.1	许可方式	向考评员示意准备就绪，申请开始工作	5	未向考评员示意即开始工作扣 5 分		
3	工作步骤及技术要求					

续表

序号	项目名称	质量要求	满分	扣分标准	扣分原因	得分
3.1	登杆动作	安全、熟练	3	不正确扣1～3分		
3.2	所站位置及使用安全带	操作正确	3	不正确扣1～3分		
3.3	吊钢丝绳	吊绳不与钢丝绳缠绕	3	不正确扣1～3分		
3.4	钢丝绳缠绕电杆	绕两圈，U型环螺栓拧到位	3	不正确扣1～3分		
3.5	在拉线棒上装一只U形环，在U形环上绑临时拉线	要求不影响正常拉线安装	3	不正确扣1～3分		
3.6	使用紧线工具	正确调紧临时拉线	3	不正确扣1～3分		
3.7	拆下紧线工具	操作正确	2	不正确扣1～2分		
3.8	拆下原NUT型线夹	动作熟练	2	不正确扣1～2分		
3.9	拆下原楔形线夹	旧拉线吊下电杆	2	不正确扣1～2分		
3.10	制作拉线上把并扎钢绞线回头尾线	先用细铁丝在钢绞线剪断处两侧扎紧，再将线夹套筒套入钢绞线，弯曲钢绞线后放入楔子并用木锤敲冲牢固；用铁丝将钢绞线回头尾线扎牢，铁丝绞头要弯进钢绞线中间	2	不正确扣1～2分		
3.11	传递绳把上把吊上电杆并挂好	正确安装螺栓及销钉	2	不正确扣1～2分		
3.12	NUT型线夹拆开，U形螺栓穿进拉线棒环，量出钢绞线所需要的长度并画印	画印准确	2	不正确扣1～2分		
3.13	制作拉线下把	量出准确位置后剪断钢绞线，将线尾及主线弯成开口销模样并将线尾穿入线夹，放入楔子并用木锤敲冲牢固；用铁丝将钢绞线回头尾线扎牢，铁丝绞头要弯进钢绞线中间	2	不正确扣1～2分		
3.14	装上下把，必要时使用紧线工具	操作正确	2	不正确扣1～2分		
3.15	调整下把	使拉线受力正常，NUT型螺栓出丝正确	2	不正确扣1～2分		
3.16	将钢绞线回头尾线扎牢	用铁丝将钢绞线回头尾线扎牢，铁丝绞头要弯进钢绞线中间	2	不正确扣1～2分		
3.17	拧双螺母	双螺母应并住拧紧	2	螺母未拧紧扣1～2分		
3.18	钢绞线出头位置正确	钢绞线出头位置正确，线夹凸肚应在尾线侧	2	钢绞线出头位置错误扣2分		
3.19	尾线长度检查	钢绞线回头长度正确为300～500mm	2	误差每超过1mm扣1分		
3.20	尾线绑扎	钢绞线回头尾线扎牢	2	不正确扣1～2分		
3.21	拉线受力调整	拉线受力均匀合适	2	不正确扣1～2分		
3.22	NUT型线夹出线检查	NUT型线夹螺母出丝长度小于1/2的螺纹长度	2	每超过0.5cm扣1分		
4	工作结束					
4.1	整理工具，清理现场	整理好工具，清理好现场	10	错误一项扣5分，扣完为止		
5	工作结束汇报	向考评员报告工作已结束，场地已清理	5	未向考评员报告工作结束扣3分；未清理场地扣2分		
6	其他要求					

续表

序号	项目名称	质量要求	满分	扣分标准	扣分原因	得分
6.1	杆上不能掉东西	按《国家电网公司电力安全工作规程》操作	2	掉一件东西扣1分，扣完为止		
6.2	着装正确	应穿工作服、工作胶鞋，戴安全帽	3	漏一项扣1分，扣完为止		
6.3	整理工器具	符合文明生产要求	2	不正确扣1～2分		
6.4	操作动作	熟练流畅	5	不熟练扣1～5分		
6.5	按时完成	按要求完成	3	超过时间不给分，每延长2分钟扣1分		
合计			100			

Jc0003342023　编写一份更换220kV直线塔单串绝缘子的检修方案。（100分）

考核知识点：停电更换直线塔单串绝缘子的操作

难易度：中

技能等级评价专业技能考核操作工作任务书

一、任务名称

编写一份停电更换220kV直线塔单串绝缘子的检修方案。

二、适用工种

高压线路带电检修工（输电）高级工。

三、具体任务

220kV某线5号塔（ZM型）A相绝缘子串的玻璃绝缘子由于表面脏污，某单位计划将其更换为防污绝缘子串，针对此项工作，考生编写一份停电更换220kV直线塔整串绝缘子的检修方案。

四、工作规范及要求

请按以下要求完成停电更换220kV直线塔单串绝缘子的检修方案；方案编写在教室内完成。

（1）人员配置分工合理（方案中不得出现真实单位名称及个人姓名）。

（2）工器具及材料清楚。

（3）主要作业程序正确。

（4）关键工序工艺质量标准清楚。

（5）组织、安全、技术措施齐全。

（6）考核时间结束终止考试。

五、考核及时间要求

考核时间共60分钟，每超过2分钟扣1分，到65分钟终止考核。

技能等级评价专业技能考核操作评分标准

<table>
<tr><td>工种</td><td colspan="5">高压线路带电检修工（输电）</td><td>评价等级</td><td>高级工</td></tr>
<tr><td>项目模块</td><td colspan="4">高压线路带电检修方法及操作技巧—输电线路带电作业</td><td>编号</td><td colspan="2">Jc0003342023</td></tr>
<tr><td>单位</td><td colspan="2"></td><td>准考证号</td><td colspan="2"></td><td>姓名</td><td></td></tr>
<tr><td>考试时限</td><td colspan="2">60分钟</td><td>题型</td><td colspan="2">单项操作</td><td>题分</td><td>100分</td></tr>
<tr><td>成绩</td><td></td><td>考评员</td><td></td><td>考评组长</td><td></td><td>日期</td><td></td></tr>
<tr><td>试题正文</td><td colspan="7">编写一份更换220kV直线塔单串绝缘子的检修方案</td></tr>
</table>

续表

需要说明的问题和要求	（1）学员集中于教室在60分钟内完成方案编写。 （2）方案中施工班组、作业人员不指定，由考生自行填写，但不得出现真实单位名称和个人姓名。 （3）导线提升工具可选择丝杠、倒链、手扳葫芦等。 （4）所用工具、材料由考生根据检修需要进行安排

序号	项目名称	质量要求	满分	扣分标准	扣分原因	得分
1	工作准备					
1.1	标题	要写清楚输电线路名称、杆号及作业内容	3	少一项扣1分，扣完为止		
1.2	检修工作介绍	应对检修工作概况或该工作的背景进行简单描述	3	没有工程概况介绍扣3分		
1.3	工作内容	应写清楚工作的输电线路、杆号、工作内容	3	少一项内容扣1分，扣完为止		
1.4	工作人员及分工	（1）应写清楚工作班组和人数；或者逐一填写工作人员名字。 （2）单位名称和个人姓名不得使用真实名称。 （3）应有明确分工	3	一项不正确扣1分		
1.5	工作时间	应写清楚计划工作时间，计划工作开始及工作结束时间均应以年、月、日、时、分填写清楚	3	没有填写时间扣3分，时间填写不清楚的扣1分		
2	工作许可					
2.1	许可方式	向考评员示意准备就绪，申请开始工作	5	未向考评员示意即开始工作扣5分		
3	工作步骤及技术要求					
3.1	准备工作	（1）安全措施宣讲及落实（作业人员着装正确，戴安全帽，系安全带，停电、验电、挂接地线）。 （2）人员分工（塔上作业及地面配合人员）。 （3）作业开始前的检查（绝缘子串的表面检查、安全带及延长绳的外观检查和冲击试验、导线提升工具的检查）	25	少一项扣8分		
3.2	登塔及更换绝缘子	（1）登塔。 （2）挂吊绳，起吊导线后备保护钢丝绳和提升工具。 （3）挂导线后备保护钢丝绳。 （4）挂好导线提升工具，提升导线。 （5）绑扎绝缘子串，取销子。 （6）落绝缘子串，并起吊新绝缘子串。 （7）安装新绝缘子串及销子。 （8）落导线提升工具和导线后备保护钢丝绳。 （9）下塔，清理现场	25	少一步扣3分，扣完为止		
4	工作结束					
4.1	整理工具，清理现场	整理好工具，清理好现场	10	错误一项扣5分，扣完为止		
5	工作结束汇报	向考评员报告工作已结束，场地已清理	5	未向考评员报告工作结束扣3分； 未清理场地扣2分		
6	其他要求					
6.1	防触电措施	（1）核对输电线路名称。 （2）停电，在作业点两端验电、挂接地线。 （3）加装个人保安线	3	少一项扣1分		
6.2	防止高坠措施	（1）安全带、延长绳外观检查及冲击试验。 （2）登杆过程中应全程使用安全带。 （3）杆上人员作业过程中不得失去保护	3	少一项扣1分		

续表

序号	项目名称	质量要求	满分	扣分标准	扣分原因	得分
6.3	防止高空落物伤人措施	（1）杆上作业人员应将工具放置在牢固的构件上。 （2）上下传递工具材料应使用绳索传递，不得抛掷。 （3）作业人员应正确佩戴安全帽。 （4）作业点下方不得有人逗留或通过	4	少一项扣1分		
6.4	防止掉线措施	（1）应使用导线后备保护钢丝绳。 （2）断开绝缘子前应检查导线提升工具	2	少一项扣1分		
6.5	工器具的使用要求	导线提升工具的使用要求	1	无此项内容不得分，内容不全酌情扣分		
6.6	质量要求	销子安装质量	2	无此项内容不得分，内容不全酌情扣分		
合计			100			

Jc0006363024 修补330kV输电线路导线上损伤（单丝缠绕修补法）。（100分）

考核知识点：修补损伤导线的操作

难易度：难

技能等级评价专业技能考核操作工作任务书

一、任务名称

修补330kV输电线路导线上损伤（单丝缠绕修补法）。

二、适用工种

高压线路带电检修工（输电）高级工。

三、具体任务

修补500kV输电线路导线上损伤（单丝缠绕修补法）的操作。针对此项工作，考生须在规定时间内完成更换处理操作。

四、工作规范及要求

1. 操作要求

（1）导线上修补损伤工作，要求个人操作，安全员监护，考生检录到现场，办理完相关手续后，经许可后开始工作，规范穿工作服或屏蔽服，安全帽，手套。

（2）选用铝单丝要相应同一导线铝股的规格，型号，数量符合要求。

（3）铝单丝绕成直径约15cm的线圈，要符合要求。

（4）登杆塔前要核对线路名称，杆塔号，全身安全带和防坠器要做冲击试验。

（5）在登杆塔过程中，动作熟练、站位合理。

（6）在杆塔上作业过程中，必须使用全身安全带和安全帽，在塔上作业转位时，不得失去安全带的保护。

（7）缠绕中心应位于损伤最严重处，绕位置应将受伤部分全部覆盖，缠绕长度最短不得小于100mm。绕完后，将小辫拧紧平整。

2. 工具

（1）安全用具：安全帽、屏蔽服1套、全身安全带、出线绳、走线保护绳、登塔防坠器或保护双钩、短接地线、安全围栏、标示牌。

（2）检修工器具：个人工具（包括手1把、12寸扳手2把、螺钉旋具1把）5m钢卷尺、画印笔、传递绳。

（3）检修材料：铝单丝1盘、棉纱、油盘、汽油、导电膏等。

（4）辅助用具：工具包、数码相机。

（5）场地设备：330kV 输电线路模拟培训基地。

五、考核及时间要求

考核时间共 30 分钟，每超过 2 分钟扣 1 分，到 35 分钟终止考核。

技能等级评价专业技能考核操作评分标准

工种	高压线路带电检修工（输电）					评价等级	高级工
项目模块	高压线路带电检修方法及操作技巧—输电线路带电作业				编号		Jc0006363024
单位			准考证号			姓名	
考试时限	30 分钟		题型	单项操作		题分	100 分
成绩		考评员		考评组长		日期	
试题正文	修补 330kV 输电线路导线上损伤（单丝缠绕修补法）						
需要说明的问题和要求	（1）要求单独操作，1 人配合记录。 （2）主要作业程序正确。 （3）要求着装正确（穿工作服、工作胶鞋、戴安全帽）						

序号	项目名称	质量要求	满分	扣分标准	扣分原因	得分
1	工作准备					
1.1	作业人员入场	（1）精神不振、注意力不集中、明显疲劳、明显困乏者不宜参加考核。 （2）服装不整齐、不符合要求	2	差一项不得分		
1.2	穿戴个人防护用品	（1）未按要求穿长袖工作服或屏蔽服、工作防滑鞋。 （2）作业人员安全帽佩戴不正确。 （3）所系安全帽带不符合要求。 （4）作业人员未戴手套。 （5）未使用全身安全带佩出线绳。 （6）肩、腿、腰带松弛，或安全带系佩。 （7）未检查安全安全带（绳）、保护双沟损坏。 （8）个人工具及安全防护用品不全	2	不正确一项扣 0.2～0.5 分，扣完为止		
1.3	工作申请	（1）申请内容缺项：线路名称、工作内容、现场环境。 （2）未经许可开始工作	2	一项不正确扣 1 分		
1.4	核对线路名称、杆塔号	（1）未核对线路名称及杆号。 （2）未报核对结果	2	一项不正确扣 1 分		
1.5	工具、材料检查	（1）所选取的工具、材料、数量与杆塔上安装的设备型号规格不符。 （2）工具、材料不齐全。 （3）作业人员裸手持、拿或脚踩工具、材料。 （4）未检查专用工具、活扳手、是否灵活好用。 （5）未检查提升卡具及配件是否齐全。 （6）工具材料检查结果未汇报	2	一项不正确扣 0.2～0.5 分		
1.6	杆塔检查	（1）未检查基础设施。 （2）未检查脚钉、塔材缺失和紧固情况。 （3）未报告检查结果	5	一项不正确扣 1.5 分		
2	工作许可					
2.1	许可方式	向考评员示意准备就绪，申请开始工作	5	未向考评员示意即开始工作扣 5 分		
3	工作步骤及技术要求					

续表

序号	项目名称	质量要求	满分	扣分标准	扣分原因	得分
3.1	攀登杆塔	（1）未进行安全带、绳、钩、扣环冲击试验。 （2）登塔电工未向工作负责人申请即开始登塔。 （3）未正确使用防坠器或保护锁卡。 （4）携带传递绳上塔手脚打滑、踏空。 （5）安全带、绳缠绕、钩住。 （6）高空掉落个人工具及材料。 （7）作业人员发生险情（后备保护起效）	7	一项不正确扣1分		
3.2	作业点	（1）塔上选择好适当的作业点未系好安全带就挂传递绳。 （2）未检查好扣环是否扣牢。 （3）未将出线绳系好后，解开安全带下串。 （4）未使用双重保护下绝缘子串出线。 （5）坐在导线上未调整好安全带，挂传递绳	10	一项不正确扣2分		
3.3	修补导线	（1）未得到负责人同意，携带传递绳走线到作业点。 （2）四分裂导线上行走过程中晃动幅度大。 （3）携带传递绳走线至作业点坐好，传递绳挂在损伤的导线上。 （4）接到传递的工具袋未将工具袋挂到线上合适的位置。 （5）补修前未对导线进行打磨，用砂纸清除导线氧化层。 （6）修补导线前，未均匀涂抹导电膏。 （7）未提前将单丝盘成均匀的线圈。 （8）单丝在缠绕的过程中出现间隙。 （9）缠绕方向与外层铝股绞制方向不一致。 （10）缠绕时端部未向平行导线方向平压一段单丝，再进行缠绕修补损伤导线。 （11）缠绕完毕后，两端绞线头未用钢丝绞紧，轻敲贴紧导线。 （12）工作完成后，未汇报作业结束。 （13）沿绝缘子上塔时未用双重保护。 （14）上塔后未系好安全带，拆开后备保护绳。 （15）缠绕好的预绞丝拍照	15	一项不正确扣1分		
3.4	技术要求	（1）将受伤处维绕正确，用克丝钳轻敲缠绕单丝不能擦伤导线。 （2）缠绕补修导线损伤最严重中心应位于铝单丝缠绕、绑扎后的中心。 （3）导线接触紧密单丝端头应对齐、平整损伤位置应将受伤部分全部覆盖间	18	一项不正确扣6分		
4	工作结束					
4.1	作业结束	（1）作业人员未检查塔上有无遗留物。 （2）报告了但工作负责人未同意即开始下塔	2	一项不正确扣1分		
4.2	下塔	（1）下塔未使用防坠器。 （2）下塔手脚打滑、踏空。 （3）绝缘绳、安全带缠绕、钩住	4	一项不正确扣1～2分，扣完为止		
4.3	报告工作结束、退场	（1）未汇报工作结束退场。 （2）汇报内容缺项：线路名称、工作完成情况、设备已恢复正常、人员已撤离、可恢复调度终结时间	4	一项不正确扣2分		
5	工作结束汇报	向考评员报告工作已结束，场地已清理	5	未向考评员报告工作结束扣3分； 未清理场地扣2分		
6	其他要求	规定时间内完成	15	超时1分钟扣2分，扣完为止		
合计			100			

Jc0006363025 检查330kV直线塔导线侧金具磨损情况。（100分）

考核知识点：停电检查金具磨损的操作

难易度：难

技能等级评价专业技能考核操作工作任务书

一、任务名称

检查330kV直线塔导线侧金具磨损情况。

二、适用工种

高压线路带电检修工（输电）高级工。

三、具体任务

停电检查330kV直线塔导线侧金具磨损情况的操作。针对此项工作，考生须在规定时间内完成更换处理操作。

四、工作规范及要求

1. 操作要求

（1）沿绝缘子电工，要求个人操作，安全员监护，考生检录到现场，办理完相关手续后，经许可后始工作，规范穿工作服或屏蔽服、安全帽、手套。

（2）工器具选用满足工作需要，进行外观检查。

（3）选用安全用具符合要求，进行外观检查。

（4）在杆塔上作业过程中，必须穿全身安全带和佩戴安全帽，在塔上作业转位时，不得失去全身安全带的保护。

（5）登杆塔前要核对线路名称、塔号，对安全带和防坠器做冲击实验，高空作业中动作熟练，站位合理。安全带应系在牢固的构件上，并系好后备绳，确保双重保护，转向位移穿越时不得失去保护。作业时不得失去监护。

（6）主要检查磨损、锈蚀、断裂和裂纹等，螺栓的紧固力矩符合规定，铝包带应缠绕紧密，其缠绕方向应与外层铝股的绞制方向一致所缠绕铝包带应露出线夹，但不得超过10mm，其端头应回缠绕于线夹内压住。

2. 工具

（1）安全用具：安全帽、全身安全带、工作服或全套屏蔽服、出线绳、登塔防坠器或保护双钩、验电器、短接地线、安全围栏。

（2）检修工器具：个人工具（包括手钳1把、12寸扳手2把、螺钉旋具1把）。

（3）检修材料：1套悬垂线夹配件。

（4）辅助用具：工具包、数码相机

（5）场地设备：330kV输电线路模拟培训基地

五、考核及时间要求

考核时间共30分钟，每超过2分钟扣1分，到35分钟终止考核。

技能等级评价专业技能考核操作评分标准

<table>
<tr><td>工种</td><td colspan="5">高压线路带电检修工（输电）</td><td>评价等级</td><td>高级工</td></tr>
<tr><td>项目模块</td><td colspan="4">高压线路带电检修方法及操作技巧—输电线路带电作业</td><td>编号</td><td colspan="2">Jc0006363025</td></tr>
<tr><td>单位</td><td colspan="3"></td><td>准考证号</td><td></td><td>姓名</td><td></td></tr>
<tr><td>考试时限</td><td>30分钟</td><td>题型</td><td colspan="3">单项操作</td><td>题分</td><td>100分</td></tr>
<tr><td>成绩</td><td>考评员</td><td></td><td>考评组长</td><td colspan="2"></td><td>日期</td><td></td></tr>
</table>

续表

试题正文	检查330kV直线塔导线侧金具磨损情况
需要说明的问题和要求	（1）要求单独操作，1人配合记录。 （2）主要作业程序正确。 （3）要求着装正确（穿工作服、工作胶鞋、戴安全帽）

序号	项目名称	质量要求	满分	扣分标准	扣分原因	得分
1	工作准备					
1.1	作业人员入场	（1）精神不振、注意力不集中、明显疲劳、明显困乏者不宜参加考核。 （2）服装不整齐、不符合要求	3	差一项不得分		
1.2	穿戴个人防护用品	（1）作业人员安全帽佩戴不正确。 （2）所系安全带不符合要求。 （3）作业人员未戴手套。 （4）塔上作业人员未系全方位安全带或安全带系佩错误。 （5）未检查安全带（绳）及后备保护绳、防坠器或保护双钩损坏情况。 （6）工具、材料及安全防护用品不齐全	3	不正确一项扣0.5～1分，扣完为止		
1.3	工作申请	（1）申请内容：线路名称、工作内容、现场环境。 （2）未经许可开始工作	3	不正确一项扣1.5分		
1.4	核对线路名称、杆塔号	（1）核对线路名称及杆号。 （2）报核对结果	3	不正确一项扣1.5分		
1.5	工具、材料检查	（1）工具摆放整齐。 （2）材料齐全。 （3）作业人员裸手持、拿或脚踩工具、材料。 （4）工具材料检查结果未汇报。 （5）所选取的材料与杆塔上安装的型号规格应符合	2	不正确一项扣0.5分，扣完为止		
1.6	杆塔检查	（1）未检查基础设施。 （2）未检查脚钉、塔材缺失和紧固情况。 （3）未报告检查结果	1	不正确一项扣0.5分，扣完为止		
2	工作许可					
2.1	许可方式	向考评员示意准备就绪，申请开始工作	5	未向考评员示意即开始工作扣5分		
3	工作步骤及技术要求					
3.1	攀登杆塔	（1）未进行安全带、绳、钩、扣环冲击试验。 （2）登塔电工未向工作负责人申请即开始登塔；申请了未得到同意即开始。 （3）未正确使用防坠器或保护扣环。 （4）上塔手脚打滑、踏空。 （5）安全带、绳缠绕、钩住。 （6）高空掉落个人工具及材料。 （7）作业人员发生险情（后备保护起效）	10	不正确一项扣1～2分，扣完为止		
3.2	作业点	（1）作业人员携带工具袋登塔，到达作业位置后未挂好安全带就工作。 （2）未检查扣环是否扣牢固	10	不正确一项扣5分		
3.3	塔上作业人员应采取的安全措施	（1）验电前操作人员站位，站位超过与带电体安全距离规定。 （2）站位距离验电器接触不到导线。 （3）验电前未检查验电器。 （4）未按照《国家电网公司电力安全工作规程》要求正确安装个人保安线。 （5）作业转位时安全带低挂高用或失去保护	10	不正确一项扣2分		

续表

序号	项目名称	质量要求	满分	扣分标准	扣分原因	得分
3.4	打开悬垂线夹工作	（1）未检查开口销子安装在正确的位置上。 （2）要检查线夹两侧铝包袋是否松弛。 （3）开口销子以小大。 （4）未检查U形螺栓是否松动。 （5）未检查线夹内压杠是否断裂。 （6）未检查单联碗头与绝缘了连接情况。 （7）未检查直角挂板螺栓松动及销子缺失	10	不正确一项扣1～2分，扣完为止		
3.5	技术要求	（1）开口销安装不到位。 （2）金具上所用的闭口销的直径应与孔径相对应，且弹力适度，销子不对应。 （3）未检查开口销有折断和裂纹等现象。 （4）未检查其他部位的开口销是否缺失。 （5）开口销子的螺母与金具没有紧平	10	不正确一项扣2分		
4	工作结束					
4.1	作业结束	（1）作业人员未检查塔上有无遗留物。 （2）报告了但工作负责人未同意即开始下塔	2	不正确一项扣1分		
4.2	下塔	（1）下塔未使用防坠器。 （2）下塔手脚打滑、踏空。 （3）绝缘绳、安全带缠绕、钩住	4	不正确一项扣1～2分，扣完为止		
4.3	报告工作结束、退场	（1）未汇报工作结束退场。 （2）汇报内容缺项：线路名称、工作完成情况、设备已恢复正常、人员已撤离、可恢复调度终结时间	4	不正确一项扣2分		
5	工作结束汇报	向考评员报告工作已结束，场地已清理	5	未向考评员报告工作结束扣3分； 未清理场地扣2分		
6	其他要求	规定时间内完成	15	超时1分钟扣2分，扣完为止		
合计			100			

Jc0003342026 组装一套330kV耐张塔绝缘子串的操作。（100分）

考核知识点：高压线路的元件名称规格及用途

难易度：中

技能等级评价专业技能考核操作工作任务书

一、任务名称

组装一套330kV耐张塔绝缘子串的操作。

二、适用工种

高压线路带电检修工（输电）高级工。

三、具体任务

组装一套330kV耐张塔绝缘子串的操作。针对此项工作，考生须在规定时间内完成更换处理操作。

四、工作规范及要求

1. 操作要求

（1）要求地面单独操作，经许可后开始工作规范穿戴工作服，绝缘靴、安全帽、手套等。正确使用围栏，警示牌。

（2）工器具选用满足工作需要，进行外观检查。

（3）选用材料的规格、型号、数量符合要求进行外观检查检验。

（4）各绝缘子及金具间的连接顺序数量无误，连接可靠转动灵活。

（5）严格遵守现场组装作业指导书流程进行现场操作，操作中所使用的工器具、材料应严格检查。合格后方可使用。

（6）按规定时间完成按所完成的内容计分要求操作过程熟练连贯，组装有序。

（7）组装有序，工具、材料存放整齐，现场清理干净。

（8）在组装过程中发生工器具、材料损坏和安全事故本项考核不及格。

2. 工具

（1）安全用具：安全帽、工作服、手套、绝缘摇表1台、安全围栏、标示牌。

（2）检修工器具：个人工具（包括手钳1把、12寸扳手2把、螺钉旋具1把）、拔销器（R销）等。

（3）检修材料：U形环16个、调节板6个、平行挂板4个、牵引板2个、绝缘子64片、球头挂环4个、双联碗头2个、联板2块、延长杆2根、直角挂板2个、耐张线夹4套、导线、R销子、开口销子。

（4）辅助用具：数码相机、抹布、防潮毡布。

（5）场地设备：330kV输电线路模拟培训基地。

五、考核及时间要求

考核时间共20分钟，每超过2分钟扣1分，到25分钟终止考核。

技能等级评价专业技能考核操作评分标准

工种	高压线路带电检修工（输电）				评价等级	高级工
项目模块	高压线路带电检修方法及操作技巧—输电线路带电作业			编号	Jc0003342026	
单位		准考证号			姓名	
考试时限	20分钟	题型	单项操作		题分	100分
成绩	考评员		考评组长		日期	
试题正文	组装一套330kV耐张塔绝缘子串的操作					
需要说明的问题和要求	（1）要求单独操作，1人配合记录。 （2）主要作业程序正确。 （3）要求着装正确（穿工作服、工作胶鞋、戴安全帽）					

序号	项目名称	质量要求	满分	扣分标准	扣分原因	得分
1	工作准备					
1.1	作业人员入场	（1）精神不振、注意力不集中、明显疲劳、明显困乏者不宜参加考核。 （2）服装不整齐、不符合要求	1	差一项不得分		
1.2	穿戴个人防护用品	（1）未按要求穿长袖工作服或屏蔽服、工作防滑鞋。 （2）作业人员安全帽佩戴不正确。 （3）所系安全帽带不符合要求。 （4）作业人员未戴手套。 （5）个人工具及安全防护用品不全	4	不正确一项扣1分，扣完为止		
1.3	工作申请	（1）未说明考核项目、工作内容。 （2）未经许可开始工作	2	不正确一项扣1分		
1.4	工器具	（1）钢丝钳、开口手、R销子拔销器选择不正确。 （2）未检查专用扳手、是否灵活、好用。 （3）所使用工具不齐全。 （4）工具检查结果未汇报	8	不正确一项扣2分		
2	工作许可					

续表

序号	项目名称	质量要求	满分	扣分标准	扣分原因	得分
2.1	许可方式	向考评员示意准备就绪，申请开始工作	5	未向考评员示意即开始工作扣5分		
3	工作步骤及技术要求					
3.1	材料准备	（1）U形挂环（U-20）4个。 （2）调整版（DB-20）2个。 （3）挂板（P-20）4个。 （4）牵引板（Y-20）2个。 （5）球头挂环（Q-20）2个。 （6）F02-160玻璃绝缘子（待定）。 （7）碗头挂板（WS-20）2个。 （8）四联板（L-2045）2个。 （9）U形挂环（U-10）12个。 （10）调整版（DB-10）4个。 （11）耐张线夹（NYG400/35B）2根。 （12）拉杆（YL-1050）2个。 （13）挂板（Z-10）2个。 （14）耐张线（NYG400/35A）2根。 （15）均压屏蔽环（FIP-500N）2个。 （16）支撑架（ZCJ-45）2个。 （17）隔棒（T2-12400）2个	10	每漏一项材料的名称、型号和数量，扣1分，扣完为止		
3.2	材料检查	（1）未按照图纸选择材料。 （2）导线型号选择错误。 （3）线路金具选择不符合要求。 （4）绝缘子选择错误。 （5）材料不齐全。 （6）用5000V绝缘电阻表进行绝缘测试，绝缘电阻表操作正确，读数不准确。 （7）作业人员裸手持、拿或脚踩工具、材料	10	不正确一项扣1～2分，扣完为止		
3.3	绝缘子组装	（1）考核电工未向工作负责人申请即开始工作。 （2）未使材料摆放齐有序，绝缘子方向不正确。 （3）球头与球头之间无间隙，插好销子，球头不能自行脱出。 （4）取出R销子，操作不正确。 （5）未将横担侧金具、28片绝缘子及导线侧金具组装一串。 （6）操作动作熟练，规范。 （7）未向工作负责人汇报作业结束	10	不正确一项扣1～2分，扣完为止		
3.4	技术要求	（1）未用扳手将绝缘子上下连接联板螺栓螺帽拧紧。 （2）未安装开口销子。 （3）未将开口掰开45°角。 （4）螺栓、穿钉方向，绝缘子方向不正确	20	不正确一项扣5分		
4	工作结束					
4.1	作业结束	（1）组装有序，工具、材料存放整齐，现场清理不，扣1分。 （2）操作动作不熟练，不规范	5	不正确一项扣2分		
4.2	报告工作结束、退场	（1）未汇报工作结束退场。 （2）汇报内容没有说明本项工作的名称。 （3）规定时间内完成，提前不加分，超时	5	不正确一项扣1分		
5	工作结束汇报	向考评员报告工作已结束，场地已清理	5	未向考评员报告工作结束扣3分； 未清理场地扣2分		
6	其他要求	（1）要求着装正确（工作服、工作胶鞋、安全帽）。 （2）操作动作熟练。 （3）清理工作现场符合文明生产要求。 （4）在规定的时间内完成	15	不满足要求一项扣3～4分，扣完为止		
合计			100			

Jc0006363027　更换 330kV 输电线路直线塔边相导线防振锤。（100 分）

考核知识点：更换直线塔边导线防振锤的操作

难易度：难

技能等级评价专业技能考核操作工作任务书

一、任务名称

更换 330kV 输电线路直线塔边相导线防振锤。

二、适用工种

高压线路带电检修工（输电）高级工。

三、具体任务

更换 330kV 输电线路直线塔边相导线防振锤的操作。针对此项工作，考生须在规定时间内完成更换处理操作。

四、工作规范及要求

1. 操作要求

（1）要求个人操作，安全员监护，考生检录到现场，办理完相关手续后，经许可后开始工作，规范穿工作服或屏蔽服，安全帽，手套。

（2）工器具选用满足工作需要，进行外观检查。

（3）选用安全用具符合要求，进行外观检查。

（4）在杆塔上作业过程中，必须穿全身安全带和佩戴安全帽，在塔上作业转位时，不得失去全身安全带的保护。

（5）登杆塔前要核对线路名称、塔号，对安全带和防坠器做冲击实验，高空作业中动作熟练，站位合理。安全带应系在牢固的构件上，并系好后备绳，确保双重保护，转向位移穿越时不得失去保护。作业时不得失去监护。

（6）防振锤安装工艺，防振锤安装好后，防振锤应与地面垂直，安装距离偏差不应大于±30mm。螺栓的紧固力矩符合规定，铝包带应缠绕紧密，其缠绕方向应与外层铝股的绞制方向一，所缠绕铝包带应露出防振锤线夹，但不得超过 10mm，其端头应回缠于线夹内并压住。

2. 工具

（1）安全用具：全方位安全带、登塔防坠器或保护双钩、安全帽、工作服或全套屏蔽服、验电器、短接地线。

（2）检修工器具：个人工具、传递绳、套筒扳手。

（3）检修材料：导线防振锤、铝包带。

（4）辅助用具：防潮苫布、工具袋、照相机

（5）场地设备：330kV 输电线路模拟培训基地。

五、考核及时间要求

考核时间共 30 分钟，每超过 2 分钟扣 1 分，到 35 分钟终止考核。

技能等级评价专业技能考核操作评分标准

<table>
<tr><td>工种</td><td colspan="5">高压线路带电检修工（输电）</td><td>评价等级</td><td>高级工</td></tr>
<tr><td>项目模块</td><td colspan="4">高压线路带电检修方法及操作技巧—输电线路带电作业</td><td>编号</td><td colspan="2">Jc0006363027</td></tr>
<tr><td>单位</td><td colspan="2"></td><td>准考证号</td><td colspan="2"></td><td>姓名</td><td></td></tr>
<tr><td>考试时限</td><td colspan="2">30 分钟</td><td>题型</td><td colspan="2">单项操作</td><td>题分</td><td>100 分</td></tr>
<tr><td>成绩</td><td></td><td>考评员</td><td></td><td>考评组长</td><td></td><td>日期</td><td></td></tr>
</table>

续表

试题正文	更换 330kV 输电线路直线塔边相导线防振锤
需要说明的问题和要求	（1）要求单独操作，1 人配合记录。 （2）主要作业程序正确。 （3）要求着装正确（穿工作服、工作胶鞋、戴安全帽）

序号	项目名称	质量要求	满分	扣分标准	扣分原因	得分
1	工作准备					
1.1	作业人员入场	（1）精神不振、注意力不集中、明显疲劳、明显困乏者不宜参加考核。 （2）服装不整齐、不符合要求	5	差一项不得分		
1.2	穿戴个人防护用品	（1）未按要求穿长袖工作服或屏蔽服、工作防滑鞋。 （2）作业人员安全帽佩戴不正确。 （3）作业人员未戴手套。 （4）未检查安全带（绳）、保护双钩是否损坏。 （5）个人工具及安全防护用品不全	5	不正确一项扣 1 分		
1.3	工作申请	（1）申请内容缺项：线路名称、工作内容、现场环境。 （2）未经许可开始工作	4	不正确一项扣 2 分		
1.4	核对线路名称、杆塔号	（1）未核对线路名称及杆号。 （2）未报核对结果	4	不正确一项扣 2 分		
1.5	工具、材料检查	（1）所选取的工具、材料、数量与杆塔上安装的设备型号规格不符。 （2）工具、材料不齐全。 （3）作业人员裸手持、拿或脚踩工具、材料。 （4）未检查专用工具、活扳手、是否灵活好用。 （5）未检查提升卡具及配件是否齐全。 （6）工具材料检查结果未汇报	6	不正确一项扣 1 分		
1.6	杆塔检查	（1）未检查基础设施。 （2）未检查脚钉、塔材缺失和紧固情况。 （3）未报告检查结果	6	不正确一项扣 2 分		
2	工作许可					
2.1	许可方式	向考评员示意准备就绪，申请开始工作	5	未向考评员示意即开始工作扣 5 分		
3	工作步骤及技术要求					
3.1	攀登杆塔	（1）未进行安全带、绳、钩、扣环冲击试验。 （2）登塔电工未向工作负责人申请即开始登塔。 （3）未正确使用防坠器或保护锁卡。 （4）上塔手脚打滑、踏空。 （5）安全带、绳缠绕、钩住。 （6）高空掉落个人工具及材料。 （7）作业人员发生险情（后备保护起效）。 （8）没有背工具包上塔	8	不正确一项扣 1 分		
3.2	作业点	（1）塔上选择好适当的作业点未系好安全带就挂传递绳。 （2）未检查好扣环是否扣牢。 （3）未将出线绳系好后，解开安全带下串。 （4）未使用双重保护下绝缘子串出线	8	不正确一项扣 2 分		
3.3	塔上作业人员应采取的安全措施	（1）验电前操作人员站位，应按照《国家电网公司电力安全工作规程》规定的人体与带电体保持的最小距离，站位超过安全距离。 （2）站位距离验电器接触不到导线。 （3）验电前未检查验电器。 （4）未按照安规要求正确安装个人保安线。 （5）作业转位时安全带低挂高用或失去保护	5	不正确一项扣 1 分		

续表

序号	项目名称	质量要求	满分	扣分标准	扣分原因	得分
3.4	复位防振锤工作	（1）未将导线防振锤安装在正确的位置上。 （2）防振锤铝包带缠绕不正确。 （3）螺栓紧固到位。 （4）防振安装距离不符合要求。 （5）导线防振锤应与地面垂直 （6）未按距离允许偏差±30mm 安装。 （7）螺栓紧固力没有达到扭矩要求。 （8）拆卸地线防振锤过程中，掉工具、材料。 （9）复位导线防振锤过程中，将导线损伤	10	不正确一项扣 1 分		
3.5	技术要求	（1）未用专用手将防振锤夹板螺栓螺帽拧紧。 （2）防振锤安装时大头朝塔身要求安装，不符合要求。 （3）防锤手螺栓由线路外侧向内侧穿入，不符合要求。 （4）导线防振锤应与地线平行，与地面垂直。不符合要求。 （5）半垫片，弹簧垫圈齐全，紧时弹簧垫图要压平，不符合要求	10	不正确一项扣 2 分		
4	工作结束					
4.1	作业结束	（1）作业人员未检查塔上有无遗留物。 （2）报告了但工作负责人未同意即开始下塔	2	不正确一项扣 1 分		
4.2	下塔	（1）下塔未使用防坠器。 （2）下塔手脚打滑、踏空。 （3）绝缘绳、安全带缠绕、钩住	3	不正确一项扣 1 分		
4.3	报告工作结束、退场	（1）未汇报工作结束退场。 （2）汇报内容缺项：线路名称、工作完成情况、设备已恢复正常、人员已撤离、可恢复调度终结时间	4	不正确一项扣 2 分		
5	工作结束汇报	向考评员报告工作已结束，场地已清理	5	未向考评员报告工作结束扣 3 分； 未清理场地扣 2 分		
6	其他要求					
6.1	时间要求	规定时间内完成	10	未按规定时间完成扣 5 分； 超出规定时间，10 分钟内扣 2 分		
合计			100			

Jc0003352028 压接引流线并安装的操作。（100 分）

考核知识点： 压接及安装引流线

难易度： 中

技能等级评价专业技能考核操作工作任务书

一、任务名称

压接引流线并安装的操作。

二、适用工种

高压线路带电检修工（输电）高级工。

三、具体任务

压接引流线（耐张跳线、弓子线）并安装的操作。针对此项工作，考生须在规定时间内完成。

四、工作规范及要求

（1）杆塔上两人操作，尽量2人同时鉴定，杆塔下1人监护。

（2）引流线长度已知，耐张绝缘子为1串。

（3）要求着装正确（穿工作服、工作胶鞋、戴安全帽）。

（4）准备工具：吊绳及个人工具、油盘、汽油、画线笔等，细钢丝刷、导电胶、卷尺、液压机、断线钳等。

五、考核及时间要求

考核时间共60分钟，每超过2分钟扣1分，到65终止考核。

技能等级评价专业技能考核操作评分标准

<table>
<tr><td>工种</td><td colspan="5">高压线路带电检修工（输电）</td><td>评价等级</td><td>高级工</td></tr>
<tr><td>项目模块</td><td colspan="5">高压线路带电检修方法及操作技巧—输电线路带电作业</td><td>编号</td><td>Jc0003352028</td></tr>
<tr><td>单位</td><td colspan="2"></td><td>准考证号</td><td colspan="2"></td><td>姓名</td><td></td></tr>
<tr><td>考试时限</td><td colspan="2">60分钟</td><td>题型</td><td colspan="2">单项操作</td><td>题分</td><td>100分</td></tr>
<tr><td>成绩</td><td></td><td>考评员</td><td></td><td>考评组长</td><td></td><td>日期</td><td></td></tr>
<tr><td>试题正文</td><td colspan="7">压接引流线（耐张跳线、弓子线）并安装的操作</td></tr>
<tr><td>需要说明的问题和要求</td><td colspan="7">（1）要求两名高空作业人员操作，地面人员配合，工作负责人监护。
（2）上下杆塔、作业、转位时不得失去安全保护。
（3）接触或接近导线前应使用个人保安线防止感应电伤人。
（4）高处作业一律使用工具袋。
（5）上下传递工器具、材料应绑扎牢固，防止坠物伤人。
（6）工作地点正下方严禁站人、通过和逗留。
（7）使用压接引流线时，中间不得有接头。引流线的走向应自然、顺畅、美观，呈近似悬链状自然下垂。
（8）引流线不宜从均压环穿过，避免与其他部件摩擦。
（9）连板的连接面应光滑平整、光洁，并沟线夹的接触面应光滑。
（10）引流线弧垂及引流线与杆塔构件的最小间隙应符合设计规程要求。
（11）如采用引流线专用悬垂线夹，其结构面应该垂直于引流线束</td></tr>
</table>

序号	项目名称	质量要求	满分	扣分标准	扣分原因	得分
1	工作准备					
1.1	检查钢芯铝绞线	符合设计要求，不扭曲	5	不正确扣1～5分		
1.2	检查液压引流板	符合设计要求，带螺栓及垫圈，无损伤及脏污	5	不正确扣1～5分		
1.3	检查液压机	性能正常，选用的压模合格	5	不正确扣1～5分		
2	工作许可					
2.1	许可方式	向考评员示意准备就绪，申请开始工作	5	未向考评员示意即开始工作扣5分		
3	工作步骤及技术要求					
3.1	用卷尺量出所需钢芯铝绞线	画印准确	5	不正确扣1～5分		
3.2	剪取所需的长度	长度正确	5	每误差2cm扣1分，扣完为止		
3.3	清洗引流板及导线压接部分并晾干	清洗部位正确	5	不正确扣1～5分		
3.4	画记号并按记号穿入导线	注意导线自然弧度方向	5	不正确扣1～5分		
3.5	引流板方向检查	平面与自然弧度一致（1人拿起一端引流板，让引流线离地进行检查）	4	不正确扣1～4分		

续表

序号	项目名称	质量要求	满分	扣分标准	扣分原因	得分
3.6	施压前检查印记	正确到位	4	不正确扣1～4分		
3.7	由管底向管口连续施压	正确使用液压机，按压接规程压接引流板	4	不正确扣1～4分		
3.8	检查压后尺寸并回答提问（判定合格的标准）	正确使用游标卡尺，判定正确	2	不正确扣1～2分		
3.9	修掉飞边毛刺	正确使用锉刀	2	不正确扣1～2分		
3.10	两人分别登杆塔	动作熟练安全	2	不正确扣1～2分		
3.11	坐上绝缘子串上移动或手扶一串，脚踩一串绝缘子移动至线夹侧	动作正确	2	不正确扣1～2分		
3.12	使用安全带	所系位置正确，检查扣环扣牢	2	不正确扣1～2分		
3.13	两人用两根吊绳，同时吊压接好的引流线，上杆塔	操作正确	2	不正确扣1～2分		
3.14	拆下螺栓，用钢丝刷沾导电胶，刷线夹与引流板接触面，清除其表面氧化膜，保留导电胶	操作正确	2	不正确扣1～2分		
3.15	先穿上方侧螺栓，螺栓用手拧紧	操作正确	2	不正确扣1～2分		
3.16	用脚蹬出引流线，使下方侧螺栓两孔对齐，穿入螺栓（另1人同样操作）	操作正确	2	不正确扣1～2分		
4	工作结束					
4.1	整理工具，清理现场	整理好工具，清理好现场	10	错误一项扣5分，扣完为止		
5	工作结束汇报	向考评员报告工作已结束，场地已清理	5	未向考评员报告工作结束扣3分；未清理场地扣2分		
6	其他要求					
6.1	对螺栓要求	螺栓穿入方向正确（边线由内向外，中间由左向右穿）	2	不正确扣1～2分		
6.2	对螺母要求	螺母按规定拧紧	2	不正确扣1～2分		
6.3	对引流线要求	检查并调整引渡线，使之美观	2	不正确扣1～2分		
6.4	检查要求	检查引流线至杆塔的电气间隙符合设计要求	2	不正确扣1～2分；不检查不得分		
6.5	着装正确	应穿工作服、工作胶鞋，戴安全帽	2	每漏一项扣1分，扣完为止		
6.6	动作要求	动作熟练流畅	2	不熟练扣1～2分		
6.7	安全要求	杆上不准掉东西	2	每掉一件材料扣1分，每掉一件工具扣1分，扣完为止		
6.8	时间要求	在规定时间内完成	1	超过时间不给分，每超过2分钟倒扣1分		
合计			100			

Jc0003352029 紧线前耐张杆横担安装一根临时补强拉线的操作。（100 分）

考核知识点：临时补强拉线的制作

难易度：中

技能等级评价专业技能考核操作工作任务书

一、任务名称

紧线前耐张杆横担安装一根临时补强拉线的操作。

二、适用工种

高压线路带电检修工（输电）高级工。

三、具体任务

紧线前耐张杆横担安装一根临时补强拉线的操作。针对此项工作，考生须在规定时间内完成更换操作。

四、工作规范及要求

（1）杆上 1 人，杆下 1 人均单独操作，设 1 人监护。

（2）或两人一组，杆上、杆下交叉考核。

（3）要求着装正确（穿工作服、工作胶鞋、戴安全帽）。

五、考核及时间要求

考核时间共 50 分钟，每超过 2 分钟扣 1 分，到 55 分钟终止考核

技能等级评价专业技能考核操作评分标准

工种	高压线路带电检修工（输电）					评价等级	高级工
项目模块	高压线路带电检修方法及操作技巧—输电线路带电作业				编号	Jc0003352029	
单位			准考证号			姓名	
考试时限	50 分钟		题型	单项操作		题分	100 分
成绩		考评员		考评组长		日期	
试题正文	紧线前耐张杆横担安装一根临时补强拉线的操作						
需要说明的问题和要求	桩锚已安装好或使用拉棒作为桩锚						

序号	项目名称	质量要求	满分	扣分标准	扣分原因	得分
1	工作准备					
1.1	登杆工具、安全带检查	外观检查无缺陷	2	每错、漏一项扣 1 分，扣完为止		
1.2	登杆工具、安全带冲击试验	在电杆 0.3～0.5m 高处人力冲击无问题	2	不正确扣 1～2 分		
1.3	钢丝绳一根，传递绳一根	直径 10～12.5mm，长度足够	2	不正确扣 1～2 分		
1.4	紧线器	双钩、棘轮紧线器均可，再配合用夹钢丝绳的钢丝绳卡头	2	不正确扣 1～2 分		
1.5	U 形环或卸口二只	60～100kN	2	不正确扣 1～2 分		
1.6	扎钢丝绳的铁丝	10 号铁丝	5	不正确扣 1～5 分		
2	工作许可					
2.1	许可方式	向考评员示意准备就绪，申请开始工作	5	未向考评员示意即开始工作扣 5 分		
3	工作步骤及技术要求					

续表

序号	项目名称	质量要求	满分	扣分标准	扣分原因	得分
3.1	登杆动作	登杆动作熟练，带吊绳上杆	4	不正确扣1～4分		
3.2	上横担动作	上横担时动作安全正确	4	不正确扣1～4分		
3.3	登杆工具放置	上横担后将登杆工具放稳当	4	不正确扣1～4分		
3.4	正确使用安全带	安全带系好后应检查扣环是否扣牢	4	未检查扣2分，未扣牢扣2分		
3.5	工作位置选择正确	不来回移动	4	不正确扣1～4分		
3.6	将钢丝绳一端头吊至杆上	动作熟练，吊绳与钢丝绳不缠绕	4	不正确扣1～4分		
3.7	钢丝绳缠绕横担头	缠绕正确，自上而下成8字形缠绕	4	不正确扣1～4分		
3.8	位置要求	钢丝绳不妨碍挂线	2	妨碍挂线扣2分		
3.9		临时拉线靠近挂线点	2	不正确扣1～2分		
3.10	临时拉线方向	方向正确（拉线在紧线挂线点反方向）	2	不正确不给分		
3.11	用钢丝绳卡头夹紧钢丝绳	夹紧	2	钢丝绳滑动不给分		
3.12	用双钩紧线器或棘轮紧线器收紧钢丝绳	使临时拉线受力正常	2	不正确扣1～2分		
3.13	紧线器使用	操作熟练正确	2	不正确扣1～2分		
3.14	钢丝绳尾在锚桩上或拉棒上绑扎正确	绳尾在钢丝绳上最少要折回两次	2	不正确扣1～2分		
3.15	钢丝绳绑扎时要拉紧	临时拉线受力合适	2	不正确扣1～2分		
3.16	钢丝绳绑扎	钢丝绳尾绳从折环中穿出	2	不正确扣1～2分		
3.17	钢丝绳尾用扎丝扎牢或用钢丝绳卡子卡住	扎丝不得小于10号、缠扎长度不小于50mm，钢丝绳卡子不少于3只	2	不正确扣1～2分		
3.18	拆除紧线工具	动作正确	2	不正确扣1～2分		
4	工作结束					
4.1	整理工具，清理现场	整理好工具，清理好现场	10	错误一项扣5分，扣完为止		
5	工作结束汇报	向考评员报告工作已结束，场地已清理	5	未向考评员报告工作结束扣3分；未清理场地扣2分		
6	其他要求					
6.1	工具用吊绳传递	杆上不能掉东西	2	每掉一件倒扣1分，扣完为止		
6.2	着装正确	应穿工作服、工作胶鞋，戴安全帽	3	每漏一项扣1分，扣完为止		
6.3	操作动作	动作熟练流畅	5	动作不熟练扣1～5分		
6.4	按时完成	按要求完成	5	超过时间不给分，每超过2分钟倒扣1分		
合计			100			

第四部分
技 师

第七章　高压线路带电检修工（输电）技师技能笔答

Jb0001231001　工作负责人的安全责任有哪些？（5分）

考核知识点：工作负责人安全责任

难易度：易

标准答案：

（1）正确组织工作。

（2）检查工作票所列安全措施是否正确完备，是否符合现场实际条件，必要时予以补充完善。

（3）工作前，对工作班成员进行工作任务、安全措施、技术措施交底和危险点告知，并确认每个工作班成员都已签名。

（4）组织执行工作票所列安全措施。

（5）监督工作班成员遵守规程、正确使用劳动防护用品和安全工器具以及执行现场安全措施。

（6）关注工作班成员身体状况和精神状态是否出现异常迹象，人员变动是否合适。

Jb0001231002　专责监护人的安全责任有哪些？（5分）

考核知识点：专责监护人

难易度：易

标准答案：

（1）确认被监护人员和监护范围。

（2）工作前，对被监护人员交代监护范围内的安全措施、告知危险点和安全注意事项。

（3）监督被监护人员遵守本规程和执行现场安全措施，及时纠正被监护人员的不安全行为。

Jb0001231003　工作票签发人的安全责任有哪些？（5分）

考核知识点：工作票签发人

难易度：易

标准答案：

（1）确认工作必要性和安全性。

（2）确认工作票上所填安全措施是否正确完备。

（3）确认所派工作负责人和工作班人员是否适当和充足。

Jb0001231004　工作许可人的安全责任有哪些？（5分）

考核知识点：工作许可人

难易度：易

标准答案：

（1）审票时，确认工作票所列安全措施是否正确完备，对工作票所列内容产生疑问时，应向工作票签发人询问清楚，必要时予以补充。

（2）保证由其负责的停、送电和许可工作的命令正确。

（3）确认由其负责的安全措施正确实施。

Jb0001231005　若工作期间工作负责人必须长时间离开工作现场时，有何规定？（5分）

考核知识点：安全规程

难易度：易

标准答案：

应由原工作票签发人变更工作负责人，履行变更手续，并告知全体工作人员及工作许可人。原、现工作负责人应做好必要的交接。

Jb0001233006　工作期间工作负责人若因故暂时离开工作现场时，有何规定？（5分）

考核知识点：安全规程

难易度：难

标准答案：

应指定能胜任的人员临时代替，离开前应将工作现场交代清楚，并告知工作班成员。原工作负责人返回工作现场时，也应履行同样的交接手续。

Jb0001231007　带电作业检修的流程有哪些？（5分）

考核知识点：安全规程

难易度：易

标准答案：

资料及分析准备、现场的勘察、人员准备及专业分工配合和安全教育、工艺培训、关键工艺步骤及危险点辨识、控制。

Jb0001221008　一纯电阻电路接到 U=220V 的单相交流电路中，测得负荷中得电流 I=5A，求该负荷功率 P 是多少？（5分）

考核知识点：功率计算

难易度：易

标准答案：

解：$P=UI=220\times5=1100$（W）

答：负荷功率 P 为1100W。

Jb0001221009　带电更换阻波器时，其电感量 L=2mH，当负荷电流 I=400A 时，计算阻波器两端的电压 U。（5分）

考核知识点：欧姆定律

难易度：易

标准答案：

已知频率 f=50Hz，阻波器的感抗

$$X_L=2\pi fL=2\times3.14\times50\times2\times10^{-3}=0.628\ (\Omega)$$

$$U=IX_L=400\times0.628=251.2\ (\text{V})$$

答：阻波器两端的电压为251.2V。

Jb0001221010　当两盏额定电压 $U_n=220V$、额定功率 $P_n=40W$ 的电灯，接到 $U=220V$ 的电源上，线路电阻 $R_0=2\Omega$.求:(1)电灯的电压 U_1、电流 I_1 和功率 P_1;(2)如再接入一个额定电压 $U_n'=220V$、额定功率 $P_n'=500W$ 的电炉，电灯的电压 U_1'、电流 I_1' 和功率 P_1' 变为多少？（5分）

考核知识点：功率计算

难易度：易

标准答案：

如图 Jb0001221010（a）所示，令电灯的电阻为 R_1、R_2

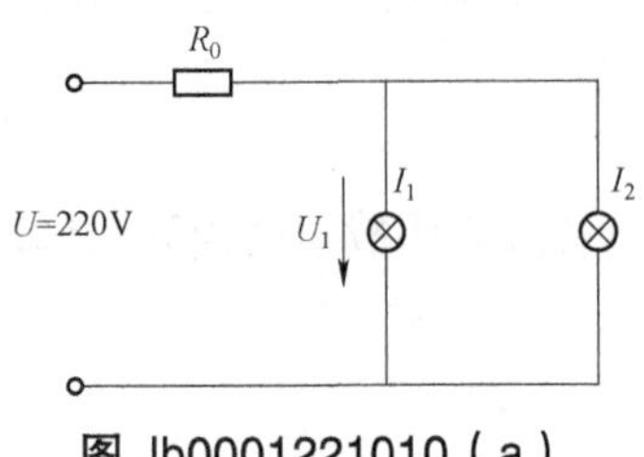

图 Jb0001221010（a）

因为 $P_n=U_nI_n=U_n^2/R$

所以 $R_1=R_2=U_n^2/P_n=220^2/40=1210$（Ω）

电路总电阻 $R_\Sigma=R_0+R_1R_2/(R_1+R_2)=2+\dfrac{1210^2}{1210+1210}=607$（Ω）

电路总电流 $I_\Sigma=U/R_\Sigma=220/607=0.362$（A）

$I_1=I_2=0.362/2=0.181$（A）

$U_1=U-I_\Sigma R_0=220-0.362\times2=219.726$（V）

$P_1=P_2=U_1I_1=219.726\times0.181\approx39.77$（W）

如再接电炉，如图 Jb0001221010（b）所示，得

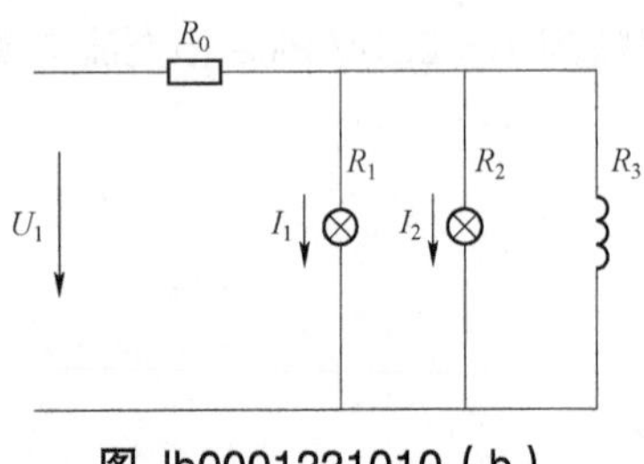

图 Jb0001221010（b）

电炉电阻 $R_3=U_n'^2/P_n'=220^2/500=96.8$（Ω）

电路总电阻 $R_\Sigma'=R_0+\dfrac{R_\Sigma\times R_3}{R_\Sigma+R_3}=2+\dfrac{605\times96.8}{605+96.8}=85.4$（Ω）

电路总电流 $I_\Sigma'=U_n/R_\Sigma'=220/85.4=2.58$（A）

$U_1'=U_n-I_\Sigma'/R_0=220-2.58\times2=214.84$（V）

$P_1'=P_2'=U_1'I_1=0.181\times219.3=39.69$（W）

$I_1'=I_2'=U_1'/R_1=214.8/1210=0.178$（A）

$P_1'=P_2'=U_1'I_1'=0.178\times214.8=38.24$（W）

答：电灯的电压 U_1 为 219.3V，电流 I_1 为 0.181A，功率 P_1 为 39.69W；在接入电炉后，电灯的电压 U_1' 为 214.8V，电流 I_1' 为 0.178A，功率 P_1' 为 38.24W。

Jb0001221011　具有电感 L=10mH 的线圈，接入到频率 f=50Hz 和电压 U=220V 的交流电路上，试求电路中的电流 I 和无功功率 Q。（5分）

考核知识点：功率计算

难易度：易

标准答案：

电路中的电流 $I=U/X_L=U/(2\pi fL)=220/(2\times3.14\times50\times10\times10^{-3})=70.1$（A）

无功功率 $Q=U^2/X_L=220^2/(2\times3.14\times50\times10\times10^{-3})=15.4$（kvar）

电流 I 为 70.1A，无功功率 Q 为 15.4kvar。

Jb0001221012　在电压 U=220V、频率 f=50Hz 的交流电路中，接入电容 C=33μF 的电容器，求容抗 X_C 和电流 I。如果将此电容接入电压为 220V、频率 f' 为 1000Hz 的交流电路中，X_C 和 I 等于多少？（5分）

考核知识点：基础计算

难易度：易

标准答案：

在 50Hz 的交流电路中

$$X_C=(1/2\pi fC)=1/(2\times3.14\times50\times33\times10^{-6})=96.5\ (\Omega)$$

$$I=U/X_C=220/96.5=2.28\ (A)$$

如接入 1000Hz 的交流电路中

$$X_C=(1/2\pi fC)=1/(2\times3.14\times1000\times33\times10^{-6})=4.8\ (\Omega)$$

$$I=U/X_C=220/4.8=45.8\ (A)$$

在 50Hz 的交流电路中容抗 X_C=96.5Ω，电流 I=2.28A；

如接入 1000Hz 的交流电路中容抗 X_C 为 4.8Ω，电流 I 为 45.8A。

Jb0001221013　有一根高 L=15m 的锥形电杆，顶部直径 d_1=0.19m，底部直径 d_2=0.39m，求电杆在正立面上投影面积 S 是多少？（5分）

考核知识点：基础计算

难易度：易

标准答案：

$$S=0.5(d_1+d_2)\times L=0.5\times(0.19+0.39)\times15=3.48\ (m^2)$$

Jb0001221014　某绝缘板的极限应力 G_{max}=300N/mm²(30kg/mm²)，如用这种材料做绝缘拉板，其最大使用荷重 F_{max} 为 15kN(1500kg)，要求安全系数 k 不低于 10，问拉板的截面积最小应为多少？（5分）

考核知识点：基础计算

难易度：易

标准答案：

绝缘板的许用应力 $G=G_{max}/k=300/10=30$（N/mm²）

拉板的面积 $S\geq F_{max}/G=15\,000/30=500$（mm²）=5（cm²）

拉板的截面积最小应为 5cm²

Jb0001221015　有一条三个 380/220V 的对称电路，负荷是星形接线，线电流 I=5A，功率因数 $\cos\varphi$=0.8，求负荷消耗的有功功率 P，并计算电路的无功功率 Q？（5 分）

考核知识点：功率计算

难易度：易

标准答案：

$$P=\sqrt{3}\,UI\cos\varphi=\sqrt{3}\times380\times5\times0.8=2630\text{（W）}=2.36\text{（kW）}$$

$$Q=\sqrt{3}\,UI\sin\varphi=\sqrt{3}\times380\times5\times\sqrt{1-0.8\times0.8}=1975\text{（var）}=1.975\text{（kvar）}$$

有功功率 P 为 2.36kW，无功功率 Q 为 1.975kvar。

Jb0001221016　已知某电容器的电容 C=0.159μF，接在电源电压 U=110V 的交流电路中，求在 f=1000Hz 时的电流 I 和无功功率 Q。（5 分）

考核知识点：功率计算

难易度：易

标准答案：

容抗 $X_C=1/(2\pi fC)=\dfrac{1}{2\times3.14\times1000\times0.159\times10^{-6}}=1001$（Ω）

$$I=U/X_C=110/1001=0.11\text{（A）}$$

$$Q=I^2X_C=0.11^2\times1001=12.11\text{（var）}$$

电流 I 为 0.11A，无功功率 Q 为 12.11var。

Jb0001221017　在某 110kV 线路上使用双紧线拉杆托瓶架法更换耐张绝缘子串。已知工具的最大使用荷重为 15kN，要求根据带电作业的实际情况验算工具是否合格？（已知导线为 LGJ－150，带电作业时的风速为 10m/s，气温为－5℃。作业耐张段由五档组成：L_1=250m、L_2=300m、L_3=290m、L_4=320m、L_5=350m。安全系数 k 取 2.5。）（5 分）

考核知识点：档距计算

难易度：易

标准答案：

该线代表档距 L_d

$$L_d=\sqrt{\frac{L_1^3+L_2^3+L_3^3+L_4^3+L_5^3}{L_1+L_2+L_3+L_4+L_5}}=\sqrt{\frac{250^3+300^3+290^3+320^3+350^3}{250+300+290+320+350}}=307\text{（m）}$$

根据 L_d 在安装特性曲线上，查得安装气象组合条件下的应力为 δ_m=61N/mm²。

查特性曲线表的比载表，得

$$S=174.6\text{mm}^2，g_m=3.69\times10^{-2}\ [\text{N/（m·mm}^2\text{）}]$$

$$t_m=-5℃，\alpha=19.0\times10^{-6}，E=83\,879.3\text{（N/mm}^2\text{）}$$

将上述已知条件及 t_m=－5℃代入状态方程求 σ，即

$$\sigma-\frac{307^2\times(3.69\times10^{-2})^2}{\dfrac{24}{83879.3}\times\sigma^2}=61-\frac{307^2\times(3.69\times10^{-2})^2}{\dfrac{24}{83879.3}\times61^2}-\frac{19\times10^{-4}}{\dfrac{1}{83879.3}}\times[-5-(-15)]$$

简化后得到一个一元（σ）三次方程，只能用拼凑方法求解，上述方程解得

$$\sigma=65.7\text{（N/mm}^2\text{）}$$

更换该耐张绝缘子串时导线的张力为 $F=\sigma\times S=65.7\times174.6=11\,470$（N）

作业方法是使用双紧线拉杆托瓶架法，考虑双拉杆受力的不平衡系数 1.2，则最大一条拉杆的受力为

$$F_1=\frac{11\ 470}{2}\times 1.2=6880\text{（N）}$$

安全系数取 2.5，则要求单根拉杆的最大受力为

$$F_m=6880\times 2.5=17\ 200\text{（N）}$$

工具的最大使用荷重为 15 000N，不能满足安全要求，必须用 20 000N 即 20kN 的拉杆才行。

Jb0001221018 在某 110kV 线路上使用双紧线拉杆托瓶架法更换耐张绝缘子串。导线为 LGJ－150，试估算一下导线的张力是多少？选用多大吨位的拉杆才能满足安全系数 2.5 的要求？选用多大吨位的绝缘滑车组才能满足安全系数 3.0 的要求？（5 分）

考核知识点：基础计算

难易度：易

标准答案：

根据钢芯铝绞线最大应力取 100N/mm^2 的要求，乘以导线的标称截面积 150mm^2，导线的最大张力为 15 000N（在上题计算得 11 470N，这是在没有考虑过牵引情况下的张力。如果考虑过牵引，则其张力也会接近 15 000N）。

作业方法是使用双紧线拉杆托瓶架法，考虑双拉杆受力的不平衡系数 1.2，则最大一条拉杆的受力为 $F_1=\frac{15\ 000}{2}\times 1.2=9000\text{（N）}$

用双拉杆收紧导线，安全系数取 2.5，则要求单根拉杆的最大受力为

$$F_m=9000\times 2.5=22\ 500\text{（N）}$$

即要求单根拉杆的最大受力不小于 25kN。

如果用双绝缘滑车组收紧导线，按照 DL/T 966—2005《送电线路带电作业技术导则》的要求，安全系数取 3.0，则要求单绝缘滑车组的最大受力为

$$F_m=9000\times 3=27\ 000\text{（N）}$$

所以必须选用 30kN 拉力的绝缘滑车组。

Jb0001221019 在某 220kV 线路上用绝缘子卡具更换双耐张绝缘子串中一片绝缘子，导线为 LGJ－240，安全系数取 2.5，试估算一下收紧导线时丝杆承受多大的力？（5 分）

考核知识点：基础计算

难易度：易

标准答案：

根据导线为 LGJ－240 可知 $S=240\text{mm}^2$，$\sigma=100\text{N/mm}^2$，则该导线可承载的拉力 F 为

$$F=S\cdot\sigma=100\times 240=24\ 000\text{（N）}$$

因为是用双丝杆更换双耐张绝缘子串中的一片绝缘子（即第三种作业方式），考虑到双绝缘子串和双丝杆双重力的不均衡系数，单丝杆所承受的力为

$$F_1=0.36\times 100\times 240=8640\text{（N）}$$

安全系数取 2.5，则 $F_1'=8640\times 2.5=21\ 600$（N），即应使用 25kN 拉力的丝杆。

如果是用大刀卡具配单拉杆更换其中的一串绝缘子（即第二种作业方式），这时拉杆受力为

$$F_2=0.33\times 100\times 240=7920\approx 8000\text{（N）}$$

安全系数取 2.5，则 $F_2'=8000\times2.5=20\,000$（N），即应该使用 20kN 拉力的拉杆和丝杆。

Jb0001221020　某 500kV 线路，导线为四分裂 LGJ－300 导线，问这时导线的张力是多少？采用双拉杆使两创绝缘子串都不受力的作业方式，问最大受力的拉杆受力多少？安全系数取 2.5，试计算要用多大拉力的拉杆才能保证安全作业？（5 分）

考核知识点：基础计算

难易度：易

标准答案：

已知 $S=300\text{mm}^2$，δ 取 100N/mm^2 则

$$F=4\times100\times300=120\,000\text{（N）}$$

采用双拉杆式两串绝缘子串都不受力的作业方式，所以最大受力的拉杆受力为

$$F_1=0.6\times120\,000=72\,000\text{（N）}$$

选用拉杆的吨位不应小于 $2.5\times72\,000=18\,0000$（N），即不应小于 180kN。

上述 500kV 线路采用沿绝缘子串进入电场更换单片绝缘子，试计算一条丝杆承受的拉力是多少？

上面已经计算出整个四分裂导线的拉力是 120 000N，受力最大的那条丝杆受力为

$$F_1=0.36\times120\,000=43\,000\text{（N）}$$

选用丝杆的吨位不应小于 $43\,000\times2.5=108\,000$（N），即不应小于 108kN。

Jb0001221021　某带电班计划用外径 ϕ40mm、内径 ϕ36mm 的 3640 管做一副换 220kV 耐张绝缘子串的托瓶架。绝缘子串共 14 片，每片重 50N，串长 2300mm，试验算托瓶架的强度是否满足要求？（5 分）

考核知识点：基础计算

难易度：易

标准答案：

绝缘子串的长度基本上就是托瓶架的跨度，即 $L=2300\text{mm}$。用上述管材做成的托瓶架估计重 150N，最大弯矩为

$$M_{\max}=\frac{(50\times14+150)\times2300\times10^{-1}}{8}=24\,437.5\text{（N/cm）}$$

$$\text{抗弯模数}\,W=\frac{\pi(4^4-3.6^4)}{16\times4}=4.32\text{（cm}^3\text{）}$$

$$\text{故最大使用应力}\,\sigma_{\max}=\frac{24\,437.5}{4.32}=5657\text{（N/cm}^2\text{）}$$

小于 3640 管的许用应力 $[\sigma]=6000$（N/cm^2），满足要求。

Jb0001221022　估算 LGJ－240 导线在直线杆塔上的垂直重量为 2400N，试问在带电更换悬垂绝缘子串时应选用多粗的保护绳？（5 分）

考核知识点：基础计算

难易度：易

标准答案：

$$\text{冲击载荷}\,P=1.5\times2400=3600\text{（N）}$$

查有关绝缘绳索的资料，直径 ϕ14mm 的桑蚕丝绝缘绳的断裂载荷为 16 000N，而 ϕ12mm 的锦纶长丝绝缘绳的断裂载荷也是 16 000N，安全系数取 3，所以选用上述规格的两种绝缘绳作保护绳是

满足要求的。

Jb0001221023　某带电班有一副（两块）厚 10mm、宽 60mm、前端开孔为 ϕ13mm 的拉板（材质为 40Cr 合金钢），试计算其最大使用拉力是多少？（5 分）

考核知识点：基础计算

难易度：易

标准答案：

因为最大弯矩处的抗弯模数为

$$W=\frac{2\times30\times10^3+6\times10\times30\times(10+30)^2+10\times30^3}{12\times\left(10+\dfrac{30}{2}\right)}=10\ 700\ (\text{mm}^2)$$

经查，40Cr 合金钢的屈服极限 $\delta_j=550\text{N/mm}^2$，安全系数 k 取 3，则许用应力为

$$\delta_{max}=\frac{\delta_j}{k}=\frac{550}{3}=183.3\ (\text{N/mm}^2)$$

记拉板最大使用拉力为 F，拉板力臂为 L，则两块拉板的最大弯矩为

$$M_{max}=2\times\frac{FL}{2}=FL=0.66\times130\times F=85.8F$$

则拉板最大使用拉力

$$F=\frac{M_{max}}{85.8}$$

由

$$M_{max}\leqslant W\cdot\delta_{max}$$

得

$$85.8F\leqslant10\ 700\times183.3$$

$$F=\frac{10\ 700\times183.3}{85.8}=22\ 859\ (\text{N})$$

该卡具的最大使用拉力约为 23kN。

Jb0001221024　如图 Jb0001221024 所示为绝缘三角板进行等电位作业时的受力情况。假设作业人员（包括工具）的总质量为 80kg，支撑杆与三角面板的夹角为 30°，试计算支撑杆和三角面板的合力各为多少？（5 分）

考核知识点：基础计算

难易度：易

标准答案：

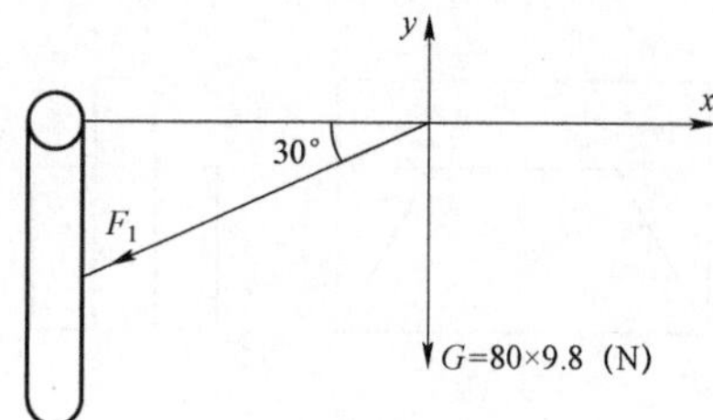

图 Jb0001221024

取图 Jb0001221024 所示坐标系，列平衡方程式求解。

$$\begin{cases}-F_1\cos30°+F_2=0\\-F_1\sin30°-G=0\end{cases}$$

代入 G 值得 $F_1=-1568$（N），$F_2=-1358$（N）

F_1、F_2 为负值，说明其实际指向和图中所设相反，即三角板的面板受拉力，而撑板受压力。

Jb0001211025　请补画图 Jb0001211025（a）中所缺的线。（5 分）

考核知识点：三视图

难易度：易

标准答案：

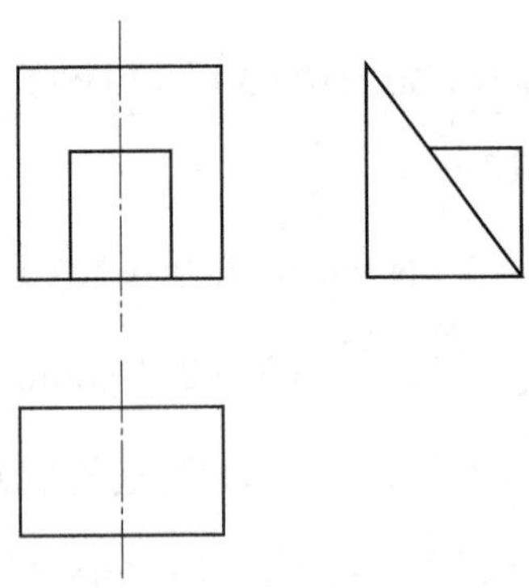

图 Jb0001211025（a）

答：如图 Jb0001211025（b）所示。

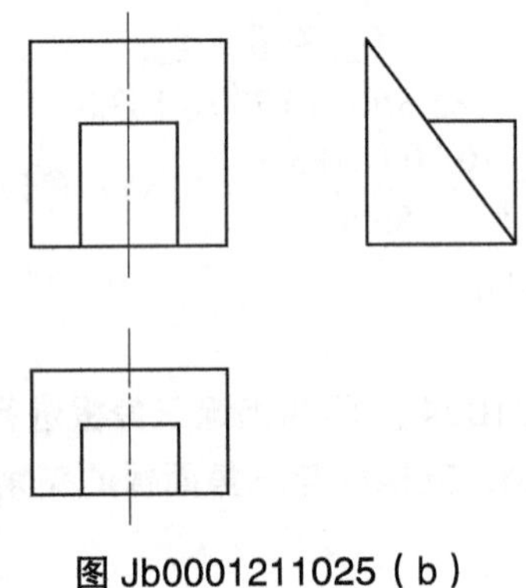

图 Jb0001211025（b）

Jb0001211026　请补画图 Jb0001211026（a）中所缺的线。（5 分）

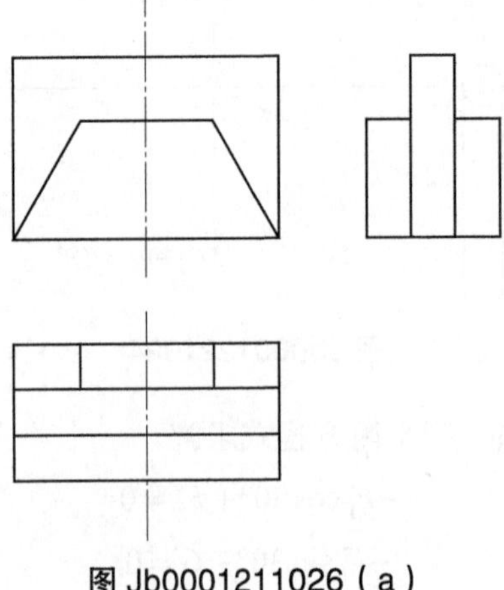

图 Jb0001211026（a）

考核知识点：三视图
难易度：易
标准答案：
答：如图 Jb0001211026（b）所示。

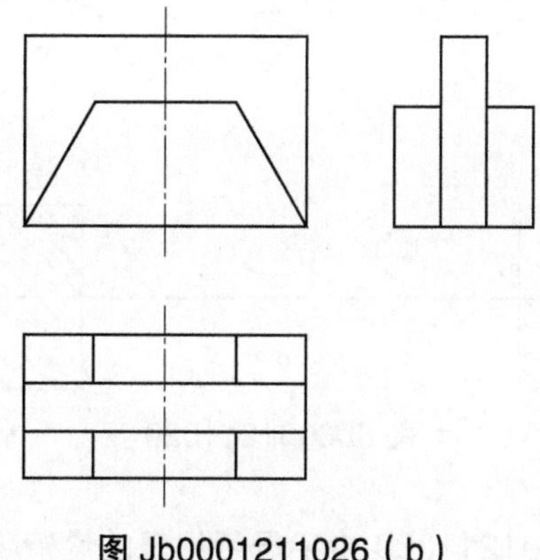

图 Jb0001211026（b）

Jb0001211027　画出铁塔向标图。（5 分）
考核知识点：向标图
难易度：易
标准答案：
答：如图 Jb0001211027 所示，Z1 为直线塔。

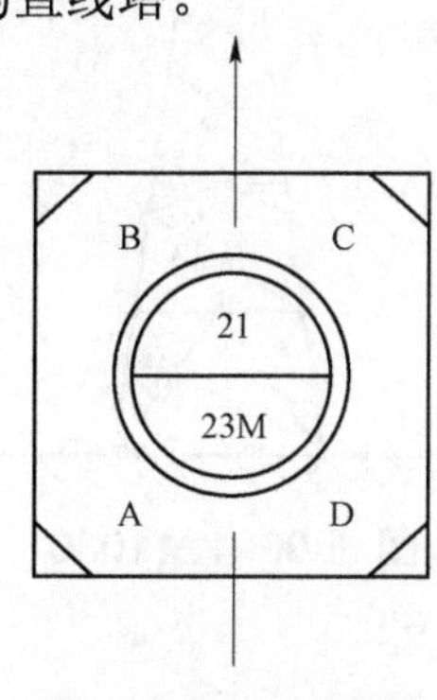

图 Jb0001211027

Jb0001211028　一条送电线路，在 10～11 号两塔间有一条铁路通过，两塔的呼称高相等，高程相等，铁路基高等于两塔的基面，铁路距 10 塔较近些，请画出断面示意图。（5 分）
考核知识点：三视图
难易度：易
标准答案：
答：如图 Jb0001211028 所示。

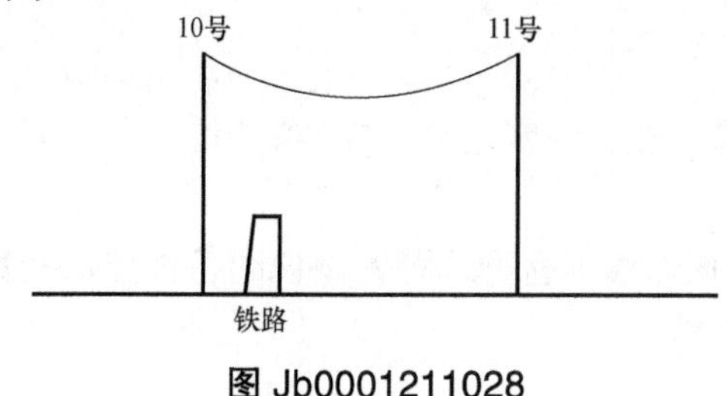

图 Jb0001211028

Jb0001211029　一条送电线路，在4～5号两塔间有一条通信线路通过，距4号塔较近，其交叉角为45°，画出平面图。（5分）

考核知识点：三视图

难易度：易

标准答案：

答：如图Jb0001211029所示。

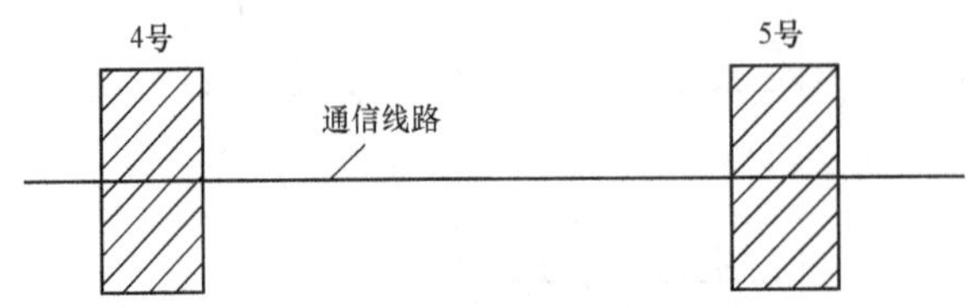

图 Jb0001211029

Jb0001211030　指出图Jb0001211030中字母所代表的设备名称。（5分）

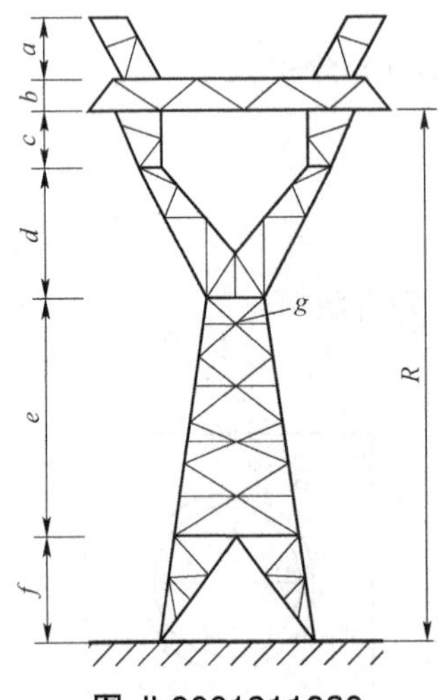

图 Jb0001211030

考核知识点：线路常识

难易度：易

标准答案：

*a*为架空地线支架；*b*为横担；*c*为上曲臂；*d*为下曲臂；*e*为塔身；*f*为塔腿；*g*为斜铁（斜材）；*R*为呼称高。

Jb0002231031　带电作业工具设计原则是什么？（5分）

考核知识点：带电作业原则

难易度：易

标准答案：

设计原则是选材恰当、结构合理、强度足够、轻便通用。

Jb0002231032　带电作业操作培训有哪几种？试说明每种培训的目的、程序和要求。（5分）

考核知识点：带电作业操作培训

难易度：易

标准答案：

在模拟设备上进行，分停电、带电两种培训。

在停电线路上培训的目的是让操作者熟悉工具的性能，掌握整个操作的要领和环节，要通过反复的操作练习，掌握好基本功，因此停电模拟训练的时间比较长。

在带电模拟设备上的培训是整个培训的验收阶段，每个操作者要克服在带电环境中产生的胆怯情绪，逐渐习惯在带电环境中正常工作。

Jb0002231033　确保带电作业人员安全的基本条件是什么？（5分）

考核知识点：带电作业

难易度：易

标准答案：

带电作业人员安全的基本条件为：

流经人体的电流不超过人体感知水平1mA。

人体体表电场强度不超过人体感知水平240kV/m。

人体周围的起隔离作用的各种介质有充分的绝缘强度、在可能的过电压下不发生闪络或击穿。

Jb0002231034　等电位作业法适用的场合有哪些？（5分）

考核知识点：等电位作业

难易度：易

标准答案：

等电位作业法的最大特点是人的双手可以解除设备进行作业。因此可以完成相当复杂的工作，其工效与停电时间没有多少区别：二是作业人员占据了一定的空间，无形中使带电设备的体积增大，从而缩小了对接地设备的距离。所以对于35kV及以下设备，不宜采用，当然，如果采取了特殊的防止人体误触接地体的有效措施后，还是可行的。在110kV特别是330kV及以上设备由于空气间隙较大，作业复杂，等电位作业法被普遍采用。

Jb0002231035　带电作业安全防护用具如何分类？（5分）

考核知识点：安全用具

难易度：易

标准答案：

带电作业安全防护用具主要分为绝缘防护用具［绝缘手套、绝缘袖套、绝缘服（披肩）、绝缘鞋（靴）、防机械穿刺手套、绝缘安全帽］。

绝缘遮蔽工具（硬质遮蔽罩、导线软质遮蔽罩、绝缘毯、绝缘垫），屏蔽用具（屏蔽服）。

Jb0002231036　什么叫人体电阻？如何确定人体电阻值？（5分）

考核知识点：人体电阻

难易度：易

标准答案：

人体电阻是由皮肤电阻和体内组织电阻的组合。

皮肤电阻最大，体内组织电阻从大到小依次为：脂肪、骨骼、肌肉、血液。通过科学实验得出：

（1）当皮肤干燥且无破损时，人体电阻约10 000～100 000Ω；

（2）当皮肤失去表面角质层时，人体电阻将下降到800～1000Ω；

（3）当整个皮肤损坏时，人体电阻将下降到600～800Ω。故一般情况下，人体电阻通常取1000Ω左右。

Jb0002231037　绝缘工具如何分类？（5分）

考核知识点：绝缘工具

难易度：易

标准答案：

带电作业绝缘工具可分为硬质绝缘工具（绝缘杆，操作杆，吊、拉、支杆，托瓶架等）。

软质绝缘工具（绝缘绳，绝缘软梯，绝缘绳索类工具）。

绝缘斗臂车。

Jb0002231038　屏蔽服的基本原理是什么？（5分）

考核知识点：屏蔽服

难易度：易

标准答案：

根据法拉第原理，金属导体内部的电场强度为零。

作业人员如果穿上由金属导体制成的衣服，从理论上讲，就可以不受外部电场的任何影响。即对外电场起到了屏蔽作用。

实际上，屏蔽服不可能也不需要做到金属壳那样密实，只要选择足够小的金属网眼尺寸，就可以达到理想的屏蔽效果。

Jb0002231039　安全距离由哪些因素决定？确定的方法有哪几种？怎样确定安全距离？（5分）

考核知识点：安全距离

难易度：易

标准答案：

安全距离主要由空气绝缘水平、带电作业时可能出现的过电压水平以及必需的安全裕度三种因素决定。

安全距离的确定常用的方法有惯用法和统计法两种。确定安全距离是使电气设备绝缘的最小击穿电压值高于系统可能出现的最大过电压值，并留有一定的安全裕度。

Jb0002231040　带电作业中影响安全的电流有哪几种？（5分）

考核知识点：带电作业

难易度：易

标准答案：

带电作业中影响安全的电流主要有泄漏电流和旁路电流；

泄漏电流有：① 绝缘工具的泄漏电流；② 绝缘子串的泄漏电流；③ 带电水冲洗中水柱泄漏电流。

旁路电流有：① 在载流设备上工作时的旁路电流；② 使用导流绳时的旁路电流；

Jb0002231041　为什么雷、雨、雪、雾和大风天气不能进行带电作业？（5分）

考核知识点：带电作业

难易度：易

标准答案：

雷电能够在线路上产生很高的过电压，也就是大气过电压，它能够击穿带电作业工具，并对带电作业人员人身安全构成威胁。

雨、雪、雾天气时，带电作业用的绝缘工具的绝缘性能降低，从而威胁带电作业人员的人身安全；大风天气会使带电作业人员、工具不能有效保持对带电体的距离。

所以在以上这几种天气情况下不能开展带电作业工作。

Jb0002231042 带电工器具在运输过程中应注意哪些问题？（5分）

考核知识点：带电工器具

难易度：易

标准答案：

带电作业工器具出库装车前必须用专用清洁帆布袋包装。

在运输过程中，绝缘工具应装在专用工具袋、工具箱或专用工具车内，以防受潮和损伤。

铝合金工具、表面硬度较低的卡具、夹具及不宜磕碰的金属机具。

运输时应采用专用的木质和皮革工具箱，每箱容量以1套工具为限，零散的部件在箱内应予固定。

Jb0002231043 停用重合闸的目的是什么？（5分）

考核知识点：重合闸

难易度：易

标准答案：

目的是防止万一带电作业时发生了事故，引起断路器跳闸，停用重合闸可以保证事故不再扩大，保护作业人员免遭第二次电压伤害，也是以防万一的后备措施。

Jb0002231044 安全距离不足的补救措施有哪些？（5分）

考核知识点：安全距离

难易度：易

标准答案：

（1）绝缘隔离措施。在人体与带电体之间，加装有使层间绝缘强度较大的挡板、护套、塑料盖布等设备来弥补空气间隙绝缘不足。

（2）加保护间隙。保护间隙的保护原理就是如果人身对带电部分的距离不能满足安全距离的要求，可以在导线与大地之间并联一个放电间隙。当放电间隙远远小于人身对带电部分的距离时，它就可以把沿着作业线路（或系统）传来的操作过电压暂时限制到某一个预定水平上。

Jb0002231045 何为带电作业中的安全距离？（5分）

考核知识点：安全距离

难易度：易

标准答案：

带电作业中的安全距离是指作业人员（施工器具中非绝缘部分）与不同电位、相位之间在系统出现最大内过电压幅值和最大外过电压幅值时，不会引起绝缘和绝缘工具闪络或空气间隙放电的距离。

Jb0002231046 绝缘工具最短有效长度是怎样规定的？（5分）

考核知识点：绝缘工具

难易度：易

标准答案：

绝缘工具最短有效绝缘长度是指绝缘工具的全长减去手握部分及金属连接部分的长度。

Jb0003231047　什么叫静电场？它的主要特征是什么？（5分）

考核知识点：静电场

难易度：易

标准答案：

所谓静电场，即不随时间而变化的电场。

主要特征是静电场内电荷受到作用力的大小与电荷本身的电量有关，电量大，作用力大；作用力还与电荷所处的位置有关，同一个点电荷放在不同位置上，作用力的大小和方向都不同。

Jb0003231048　何为剪应力？连接件不被剪断的条件是什么？许用剪应力与许用正应力的关系怎样？（5分）

考核知识点：剪应力

难易度：易

标准答案：

按题意分述如下：

（1）剪应力是剪力与剪切面之比。

（2）连接件不被剪断的条件是剪应力不大于许用剪应力。

（3）材料的许用剪应力小于其许用正应力。

Jb0003231049　什么叫力偶？（5分）

考核知识点：力偶

难易度：易

标准答案：

作用于一物体上的两个力大小相等，方向相反，但不在同一直线上，这样的一对力叫力偶。

Jb0003231050　导线电阻与导线长短、粗细有什么关系？（5分）

考核知识点：导线电阻

难易度：易

标准答案：

导线越长，电阻越大；导线越短，电阻越小。导线越细，电阻越大；导线越粗，电阻越小。

Jb0003231051　什么叫导线初伸长？（5分）

考核知识点：导线初伸长

难易度：易

标准答案：

架空电力线路的多股导线，当它第一次受到拉力以后，发生的塑性变形叫初伸长。初伸长使得导线的实际长度增加，应力相应减小。

Jb0003231052　什么叫绝缘击穿？（5分）

考核知识点：绝缘击穿

难易度：易

标准答案：

绝缘材料在电场中，由于极化、泄漏电流以及高电场强区局部放电所产生的热损耗的作用，当电场强度超过某数值时，就会在绝缘中形成导电通道而使绝缘破坏，这种现象称为绝缘击穿。

Jb0003231053　什么叫绝缘闪络？（5分）

考核知识点：绝缘闪络

难易度：易

标准答案：

绝缘材料在电场作用下，尚未发生绝缘结构的击穿时，在其表面或与电极接触的空气（离子化气体）中发生的放电现象，称为绝缘闪络。

Jb0003231054　什么是桁架，其特点是什么？（5分）

考核知识点：桁架

难易度：易

标准答案：

桁架由直杆组成，其所有接点均为铰接点，当只受到作用于接点的荷载时，各杆内将只产生轴向力。

Jb0003231055　什么是年平均运行应力？它有什么危害？（5分）

考核知识点：年平均运行应力

难易度：易

标准答案：

导线的年平均运行应力，是指导线在年平均气温及无外荷重条件下的静态应力，它是影响振动的关键因素。若此应力增加，就会增大导线振动的幅值，同时提高了振动的频率，在不同的防震措施下，应有相应的年平均运行应力的限制。若超过此限制，导线就会很快疲劳而导致破坏。

Jb0003231056　何谓绝缘材料的电击穿强度，它与材料的厚度能否成正比？（5分）

考核知识点：电击穿强度

难易度：易

标准答案：

绝缘材料抵抗电击穿的能力称为击穿强度。电击穿强度并不与材料的厚度成正比。

Jb0003231057　对继电保护的基本要求是什么？（5分）

考核知识点：继电保护

难易度：易

标准答案：

基本要求是快速性、可靠性、灵敏性和选择性。

Jb0003231058　影响空气绝缘强度的因素有哪些？（5分）

考核知识点：电气基本知识

难易度：易

标准答案：

影响空气绝缘强度的因素有电极间的电位差、电极的形状和大小、电极间的距离、周围气体介质的性质、环境温度、湿度、压力等。

Jb0003231059　什么是定滑轮？什么是动滑轮？它们的作用效果有何不同？（5分）

考核知识点：定滑轮

难易度：难

标准答案：

固定在一个位置可以转动但不能移动的滑轮叫定滑轮：可以随着起吊重物一起移动的滑轮叫动滑轮。定滑轮可以改变力的方向，使工作更方便，但并不省力；动滑轮可以省力，但不能改变力的方向。

Jb0003231060　何为带电作业的组合间隙？（5分）

考核知识点：组合间隙

难易度：易

标准答案：

带电作业的组合间隙是指等电位作业人员在绝缘梯上作业或进入强电场时，其与接地体和带电体两部分间隙之和的距离。

第八章　高压线路带电检修工（输电）技师技能操作

Jc0004251001　等电位更换 220kV 耐张单串绝缘子的操作。(100 分)

考核知识点：高压线路带电检修方法及操作技巧

难易度：易

技能等级评价专业技能考核操作工作任务书

一、任务名称

等电位更换 220kV 线路耐张双串中的单片绝缘子的操作。

二、适用工种

高压线路带电检修工（输电）技师。

三、具体任务

等电位更换 220kV 线路耐张双串中的单片绝缘子，更换从横担侧数第 10 片绝缘子。针对此项作业，考生必须在规定时间内完成。

四、工作规范及要求

（1）带电作业应在良好天气下进行。如遇雷、雨、雪、雾不得进行带电作业，风力大于 5 级时，一般不宜进行带电作业。

（2）利用闭式卡等电位作业法。

（3）工作负责人（监护人）1 人，杆上监护 1 人，等电位作业人员 1 人，地面作业人员 4～5 人。共 7～8 人。

（4）工作负责人（监护人）人办理工作票，组织并合理分配工作，进行安全教育，督促、监护作业人员遵守安全规程，检查工作票所写安全措施是否正确完备，安全措施是否符合现场实际条件。

（5）工作班成员：严格遵守、执行安全规程和现场带电操作规程，互相关心作业安全，认真执行质量要求。

五、考核及时间要求

（1）考核时间为 30 分钟。

（2）考评员宣布开始工作后，考核人员开始工作，记录考核开始时间。

（3）作业人员下塔，现场清理完毕后，汇报工作终结，记录考核结束时间。

技能等级评价专业技能考核操作评分标准

<table>
<tr><td>工种</td><td colspan="6">高压线路带电检修工</td><td>评价等级</td><td>技师</td></tr>
<tr><td>项目模块</td><td colspan="5">高压线路带电检修工—高压线路带电检修方法及操作技巧</td><td>编号</td><td colspan="2">Jc0004251001</td></tr>
<tr><td>单位</td><td colspan="3"></td><td>准考证号</td><td colspan="2"></td><td>姓名</td><td></td></tr>
<tr><td>考试时限</td><td colspan="2">30 分钟</td><td>题型</td><td colspan="3">单项操作</td><td>题分</td><td>100 分</td></tr>
<tr><td>成绩</td><td></td><td>考评员</td><td></td><td>考评组长</td><td colspan="2"></td><td>日期</td><td></td></tr>
</table>

续表

试题正文	等电位更换220kV线路耐张双串中的单片绝缘子的操作
需要说明的问题和要求	（1）要求多人配合操作，仅对等电位电工进行考评。 （2）操作应注意安全，按照标准化作业书的技术安全说明做好安全措施。 （3）严格按照带电作业流程进行，流程是否正确将列入考评内容。 （4）工具材料的检查由被考核人员配合完成。 （5）视作业现场线路重合闸已停用

序号	项目名称	质量要求	满分	扣分标准	扣分原因	得分
1	工作准备					
1.1	工器具选用	（1）脚扣、安全带、延长绳、双钩安全绳外观检查，进行冲击试验。 （2）全套屏蔽服是否连接可靠	10	脚扣、安全带、延长绳、双钩安全绳未做冲击试验扣5分； 全套屏蔽服连接不可靠扣5分		
1.2	材料的选用	检查绝缘子是否干净无缺陷	5	绝缘子不合格不得分		
2	工作许可					
2.1	许可方式	向考评员示意准备就绪，申请开始工作	5	未向考评员示意即开始工作扣5分		
3	工作步骤及技术要求					
3.1	攀登杆塔至作业位置	必须使用双钩安全绳登塔，携带传递绳到达绝缘子挂点处横担后，应使用双重保护	5	不使用双钩不得分； 到达作业位置不使用双重保护不得分		
3.2	检测绝缘子	（1）检测绝缘子时要有经验的工作人员操作或监督，要保证测量工具的使用正确无误，要保证良好绝缘子9片以上方可进行作业，如测量出5片零值时应立即停止检测。 （2）人身与带电体距离保持2.1m的安全距离	5	不进行零值检测不得分； 测量方法不正确扣3分； 人体与带电体的安全距离不满足要求扣1～2分		
3.3	沿绝缘子串进入作业点	（1）安全带、延长绳正确使用。 （2）不得出现危险动作	5	安全带、延长绳确使用不正确扣2分； 出现危险动作扣3分		
3.4	挂好绳索	绳索挂在不需要工作的绝缘子串上	5	挂绳索不正确扣1～5分		
3.5	安装卡具	（1）收紧闭式卡，使绝缘子呈松弛状态。 （2）安装方法正确。 （3）安装位置正确	5	未收紧闭式卡，绝缘子来呈松弛状态扣3分； 安装方法不正确扣1分； 安装位置不正确扣1分		
3.6	收紧丝杠	丝杠应同时收紧，防止受力不均，损坏丝杠	5	丝杠未同时收紧，受力不均扣5分		
3.7	更换绝缘子	（1）利用循环绳把卡具提升至需更换的绝缘子附近。 （2）冲击试验无异常。 （3）取掉待更换绝缘子两侧M销。 （4）采用上下交替法更换绝缘子。 （5）更换结束后检查M销是否到位，连接及受力情况	15	未利用循环绳把卡具提升至需更换的绝缘子附近扣3分； 冲击试验异常扣3分； 未取掉待更换瓷瓶两侧M销扣3分； 未采用上下交替法更换绝缘子扣3分； 更换结束后未检查M销是否到位，连接及受力情况扣3分		
3.8	沿绝缘子串返回横担	（1）取下传递绳，携带返回横担。 （2）安全带、延长绳正确使用。 （3）不得出现危险动作	5	未取下传递绳，携带返回横担扣1分； 安全带、延长绳未正确使用扣1分； 出现危险动作扣3分		

续表

序号	项目名称	质量要求	满分	扣分标准	扣分原因	得分
4	工作结束					
4.1	下塔	（1）正确下塔。 （2）下塔时应使用双钩安全绳。 （3）动作流畅，无危险动作	10	未正确下塔扣 2 分； 下塔时未使用双钩安全绳扣 4 分； 动作不流畅，有危险动作扣 4 分		
5	工作终结汇报					
5.1		（1）不得有高空坠物。 （2）吊绳使用正确，不得有缠绕死结。 （3）工作服、工作鞋、安全帽、劳保手套穿戴正确。 （4）符合文明生产要求。 （5）进入电场工作过程中满足组合间隙要求	15	高空坠物扣 3 分； 吊绳使用不正确，缠绕死结扣 3 分； 工作服、工作鞋、安全帽、劳保手套穿戴不正确扣 3 分； 不符合文明生产要求扣 3 分； 进入电场工作过程中不满足组合间隙要求扣 3 分		
6	其他要求	操作动作熟练	5	动作不熟练扣 1～5 分		
合计			100			

Jc0004251002　带电更换 220kV 耐张单串绝缘子的操作。（100 分）

考核知识点：高压线路带电检修方法及操作技巧

难易度：易

技能等级评价专业技能考核操作工作任务书

一、任务名称

带电更换 220kV 耐张单串绝缘子的操作。

二、适用工种

高压线路带电检修工（输电）技师。

三、具体任务

带电更换 220kV 耐张单串绝缘子的操作，针对此项工作，考生必须在规定时间内完成更换处理操作。

四、工作规范及要求

（1）带电作业应在良好天气下进行。如遇雷、雨、雪、雾不得进行带电作业，风力大于 5 级时，一般不宜进行带电作业。

（2）利用翼型卡间接作业法。

（3）工作负责人（监护人）1 人，杆上监护 1 人，等电位作业人员 1 人，地面作业人员 4～5 人。共 7～8 人。

（4）工作负责人（监护人）人办理工作票，组织并合理分配工作，进行安全教育，督促、监护工作人员遵守安全规程，检查工作票所写安全措施是否正确完备，安全措施是否符合现场实际条件。

（5）工作班成员：严格遵守、执行安全规程和现场带电操作规程，互相关心作业安全，认真执行质量要求。

五、考核及时间要求

考核时间为 50 分钟，每超过 2 分钟扣 1 分，到 55 分钟终止考核。

技能等级评价专业技能考核操作评分标准

工种	高压线路带电检修工					评价等级	技师
项目模块	高压线路带电检修工—高压线路带电检修方法及操作技巧				编号	Jc0004251002	
单位			准考证号			姓名	
考试时限	50分钟		题型	单项操作		题分	100分
成绩		考评员		考评组长		日期	
试题正文	带电更换220kV耐张单串绝缘子的操作						
需要说明的问题和要求	（1）要求多人配合操作，仅对等电位电工进行考评。 （2）操作应注意安全，按照标准化作业书的技术安全说明做好安全措施。 （3）严格按照带电作业流程进行，流程是否正确将列入考评内容。 （4）工具材料的检查由被考核人员配合完成。 （5）视作业现场线路重合闸已停用						

序号	项目名称	质量要求	满分	扣分标准	扣分原因	得分
1	工作准备					
1.1	工器具选用	（1）脚扣、安全带、延长绳、双钩安全绳外观检查，进行冲击试验。 （2）全套屏蔽服是否连接可靠	5	脚扣、安全带、延长绳、双钩安全绳未做冲击试验不得分； 全套屏蔽服连接不可靠不得分		
1.2	材料的选用	检查绝缘子是否干净无缺陷	5	绝缘子不合格不得分		
2	工作许可					
2.1	许可方式	向考评员示意准备就绪，申请开始工作	5	未向考评员示意即开始工作扣5分		
3	工作步骤及技术要求					
3.1	攀登杆塔	（1）将循环绳牢固绑扎在绝缘子上方的主材上。 （2）高处作业必须使用安全带和戴好安全帽。 （3）安全带的使用符合要求，上杆时要顺输电线路上，1号作业方便使用操作杆	5	循环绳挂点位置不合适扣1分； 安全带和安全帽佩戴不正确、不合格扣2分； 安全带使用不规范，影响使用操作杆扣2分		
3.2	绝缘子零值检测	测量绝缘子时要由有经验的工作人员操作或监督，要保证测量工具的使用正确无误，要保证良好绝缘子9片以上方可进行作业，人身与带电体距离保持不小于2.1m的安全距离，并按照《带电测量零值绝缘子作业指导书》进行作业	5	未进行零值测量扣2分； 测量方法不正确扣2分； 人体与带电体的安全距离不满足要求扣5分		
3.3	地面人员配合	（1）工具要在帆布上摆放、组装、防止受潮破损。 （2）上、下工具时要防止相互碰撞	5	工具直接放置地面上扣1分； 工具上下杆塔时碰撞1次扣1分，扣完为止		
3.4	安装卡具	（1）安装后卡具时一定要按照要求安装，不得虚挂，挂好后要再次确认是否挂好，前后卡的螺栓和销子一定要完全插到位置。 （2）杆上1、2号作业人员的站位要合理，使用操作杆和绝缘工具时要按照规定：绝缘操作杆保证2.1m有效绝缘长度，绝缘承力工具和绝缘绳索保证1.8m有效绝缘长度	10	卡具安装不合格扣3分； 未检查卡具安装情况扣2分； 绝缘工具最小绝缘长度不满足要求扣5分		
3.5	安装托瓶架	托瓶架要安装牢固一定要防止受力后出现翻转现象，导线保护绳应按实际受力情况选用长短合适，转角时，保护绳就打在外角	5	托瓶架安装不合格扣2分； 未使用导线后备保护绳扣3分		

续表

序号	项目名称	质量要求	满分	扣分标准	扣分原因	得分
3.6	拆除旧绝缘子	收紧丝杠前，应再次检查前卡封口销子是否穿好，后卡固定是否牢固。两条丝杠收紧时，受力要均衡。密切注意两个绝缘拉板和金具的受力情况，是否有变形和滑动。拔出弹簧销前要向工作负责人汇报，经同意后才可继续工作	10	未进行丝杠检查扣3分； 丝杠受力不均衡扣3分； 未汇报工作负责人扣4分		
3.7	安装新绝缘子	（1）绝缘子安装前应逐个将表面轻擦干净，并应进行外观检查。 （2）对绝缘子应不低于500V的绝缘电阻表逐个进行绝缘测定，在干燥的情况下绝缘电阻不小于500MΩ者，不得使用。 （3）安装时应检查碗头、球头与弹簧销之间的间隙，在安装好弹簧销的情况下，球头不得在碗头中脱出。复合绝缘子要统计编号，进行外观检查，无龟裂，破损	10	绝缘子未清扫表面扣3分； 绝缘子未检测电阻扣3分； 未检查连接情况扣4分		
3.8	安装弹簧销	安装新绝缘子时1、2号作业人员配合默契，并按照GB 50233—2014《110kV～750kV架空输电线路施工及验收规范》中7.4.1和7.4.6的质量标准安装	10	未按质量标准安装扣3分		
4	工作结束					
4.1	整理工具，清理现场	整理好工具，清理好现场	10	错误一项扣5分，扣完为止		
5	工作结束汇报	向考评员报告工作已结束，场地已清理	5	未向考评员报告工作结束扣3分； 未清理场地扣2分		
6	其他要求					
6.1	卸下工具、人员下杆，工作结束	拆除工具与安装工具程序相反	10	拆除工具不熟练扣5分； 安装工具不熟练扣5分		
	合计		100			

Jc0004251003　带电更换110kV耐张单串绝缘子的操作。（100分）

考核知识点：高压线路带电检修方法及操作技巧

难易度：易

技能等级评价专业技能考核操作工作任务书

一、任务名称

带电更换110kV耐张单串绝缘子的操作。

二、适用工种

高压线路带电检修工（输电）技师。

三、具体任务

带电更换110kV耐张单串绝缘子的操作，针对此项工作，考生必须在规定时间内完成更换处理操作。

四、工作规范及要求

（1）带电作业应在良好天气下进行。如遇雷、雨、雪、雾不得进行带电作业，风力大于5级时，一般不宜进行带电作业。

（2）利用翼型卡间接作业法。

（3）工作负责（监护）1人，杆上监护1人，等电位作业人员1人，地面作业人员4～5人。共7～8人。

（4）工作负责人（监护人）办理工作票，组织并合理分配工作，进行安全教育，督促、监护工作人员遵守安全规程，检查工作票所写安全措施是否正确完备，安全措施是否符合现场实际条件。

（5）工作班成员：严格遵守、执行安全规程和现场带电操作规程，互相关心作业安全，认真执行质量要求。

五、考核及时间要求

考核时间为50分钟，每超过2分钟扣1分，到55分钟终止考核。

技能等级评价专业技能考核操作评分标准

工种	高压线路带电检修工					评价等级	技师
项目模块	高压线路带电检修工—高压线路带电检修方法及操作技巧				编号	Jc0004251003	
单位			准考证号			姓名	
考试时限	50分钟		题型	单项操作		题分	100分
成绩		考评员		考评组长		日期	
试题正文	带电更换110kV耐张单串绝缘子的操作						
需要说明的问题和要求	（1）要求多人配合操作，仅对等电位电工进行考评。 （2）操作应注意安全，按照标准化作业书的技术安全说明做好安全措施。 （3）严格按照带电作业流程进行，流程是否正确将列入考评内容。 （4）工具材料的检查由被考核人员配合完成。 （5）视作业现场线路重合闸已停用						

序号	项目名称	质量要求	满分	扣分标准	扣分原因	得分
1	工作准备					
1.1	工器具选用	（1）脚扣、安全带、延长绳、双钩安全绳外观检查，进行冲击试验。 （2）全套屏蔽服是否连接可靠	10	脚扣、安全带、延长绳、双钩安全绳未做冲击试验不得分； 全套屏蔽服连接不可靠不得分		
1.2	材料的选用	检查绝缘子是否干净无缺陷	5	绝缘子不合格不得分		
2	工作许可					
2.1	许可方式	向考评员示意准备就绪，申请开始工作	5	未向考评员示意即开始工作扣5分		
3	工作步骤及技术要求					
3.1	攀登杆塔	（1）将循环绳牢固绑扎在绝缘子上方的主材上。 （2）高处作业必须使用安全带和戴好安全帽。 （3）安全带的使用符合要求，上杆时要顺输电线路上，1号作业方便使用操作杆	5	循环绳挂点位置不合适扣1分； 安全带和安全帽佩戴不正确、不合格扣2分； 安全带使用不规范，影响使用操作杆扣2分；		
3.2	绝缘子零值检测	测量绝缘子时要由有经验的工作人员操作或监督，要保证测量工具的使用正确无误，要保证良好绝缘子9片以上方可进行作业，人身与带电体距离保持2.1m的安全距离，并按照《带电测量零值绝缘子作业指导书》进行作业	5	未进行零值测量扣1分； 测量方法不正确扣2分； 人体与带电体的安全距离不满足要求扣2分		
3.3	地面人员配合	（1）工具要在帆布上摆放、组装、防止受潮破损。 （2）上、下工具时要防止相互碰撞	5	工具直接放置地面上扣3分； 工具上下杆塔时碰撞1次扣1分		

续表

序号	项目名称	质量要求	满分	扣分标准	扣分原因	得分
3.4	安装卡具	（1）后卡具时一定要按照要求安装，不得虚挂，挂好后要再次确认是否挂好，前后卡的螺栓和销子一定要完全插到位置。 （2）杆上1、2号作业人员的站位要合理，使用操作杆和绝缘工具时要按照规定：绝缘操作杆保证2.1m有效绝缘长度，绝缘承力工具和绝缘绳索保证1.8m有效绝缘长度	5	卡具安装不合格扣1分； 未检查卡具安装情况扣2分； 绝缘工具最小绝缘长度不满足要求扣2分		
3.5	安装托瓶架	托瓶架要安装牢固一定要防止受力后出现翻转现象，导线保护绳应按实际受力情况选用长短合适，转角时，保护绳就打在外角	5	托瓶架安装不合格扣2分； 未使用导线后备保护绳扣3分		
3.6	拆除旧绝缘子	收紧丝杠前，应再次检查前卡封口销子是否穿好，后卡固定是否牢固。两条丝杠收紧时，受力要均衡。密切注意两个绝缘拉板和金具的受力情况，是否有变形和滑动。拔出弹簧销前要向工作负责人汇报，经同意后才可继续工作	5	未进行丝杠检查扣1分； 丝杠受力不均衡扣1分； 未汇报工作负责人扣2分		
3.7	安装新绝缘子	（1）绝缘子安装前应逐个将表面轻擦干净，并应进行外观检查。 （2）对绝缘子应用不低于500V的绝缘电阻表逐个进行绝缘测定，在干燥的情况下绝缘电阻不小于500MΩ者，不得使用。 （3）安装时应检查碗头、球头与弹簧销之间的间隙，在安装好弹簧销的情况下，球头不得在碗头中脱出。复合绝缘子要统计编号，进行外观检查，无龟裂，破损	10	绝缘子未清扫表面扣3分； 绝缘子未检测电阻扣3分； 未检查连接情况扣4分		
3.8	安装弹簧销	安装新绝缘子时1、2号作业人员配合默契，并按照GB 50233—2014《110kV～750kV架空输电线路施工及验收规范》中7.4.1和7.4.6的质量标准安装	10	未按质量标准安装扣10分		
4	工作结束					
4.1	整理工具，清理现场	整理好工具，清理好现场	10	错误一项扣5分，扣完为止		
5	工作结束汇报	向考评员报告工作已结束，场地已清理	5	未向考评员报告工作结束扣3分； 未清理场地扣2分		
6	其他要求	（1）要求着装正确（工作服、工作胶鞋、安全帽）。 （2）操作动作熟练。 （3）清理工作现场符合文明生产要求。 （4）在规定的时间内完成	15	不满足要求一项扣3～4分，扣完为止		
合计			100			

Jc0006253004　某220kV送电线路7～8号塔左架空地线距7号塔20m处发现断一股，拟带电处理。请编写施工措施。（100分）

考核知识点：技术管理及培训

难易度：难

技能等级评价专业技能考核操作工作任务书

一、任务名称

拟带电处理导线断股，请编写施工措施。

二、适用工种

高压线路带电检修工（输电）技师。

三、具体任务

某220kV送电线路7～8号塔左架空地线距7号塔20m处发现断一股，拟带电处理。请编写施工措施。针对此项作业，考生必须在规定时间内完成。

四、工作规范及要求

（1）7～8号塔之间跨越一条通信线，一条公路。相邻杆塔8～9号之间跨越一条66kV架空线路，6～7号之间跨越一条10kV架空线路；

（2）架空线路无锈蚀，无外伤，而是由于加工点焊处断开而发生一股断股。请按正规格式制定一份上报审批的施工措施。

五、考核及时间要求

考核时间为60分钟，每超过2分钟扣1分，到65分钟终止考核。

技能等级评价专业技能考核操作评分标准

<table>
<tr><td>工种</td><td colspan="5">高压线路带电检修工</td><td>评价等级</td><td>技师</td></tr>
<tr><td>项目模块</td><td colspan="4">高压线路带电检修工—高压线路带电检修方法及操作技巧</td><td>编号</td><td colspan="2">Jc0006253004</td></tr>
<tr><td>单位</td><td colspan="2"></td><td>准考证号</td><td colspan="2"></td><td>姓名</td><td></td></tr>
<tr><td>考试时限</td><td colspan="2">60分钟</td><td>题型</td><td colspan="2">单项操作</td><td>题分</td><td>100分</td></tr>
<tr><td>成绩</td><td></td><td>考评员</td><td></td><td>考评组长</td><td></td><td>日期</td><td></td></tr>
<tr><td>试题正文</td><td colspan="7">某220kV送电线路7～8号塔左架空地线距7号塔20m处发现断一股，拟带电处理，请编写施工措施</td></tr>
<tr><td>需要说明的问题和要求</td><td colspan="7">（1）所编写施工措施须注明检修时间、组织措施、现场工作环境、具体检修内容、检修分工、风险定级、技术措施、检修流程。
（2）所编写施工措施须注明跨越通信线、公路、输电线路位置，防止感应电安全措施。
（3）所编写施工措施应包括事故应急处置措施</td></tr>
</table>

序号	项目名称	质量要求	满分	扣分标准	扣分原因	得分
1	工作准备					
1.1	工器具选用	（1）脚扣、安全带、延长绳、双钩安全绳外观检查，进行冲击试验。 （2）全套屏蔽服是否连接可靠	10	脚扣、安全带、延长绳、双钩安全绳未做冲击试验不得分； 全套屏蔽服连接不可靠不得分		
1.2	材料的选用	检查绝缘子是否干净无缺陷	5	绝缘子不合格不得分		
2	工作许可					
2.1	许可方式	向考评员示意准备就绪，申请开始工作	5	未向考评员示意即开始工作扣5分		
3	工作步骤及技术要求					
3.1	填写第二种工作票	人员满足工作要求，工作任务清楚，危险点清楚，安全措施正确	20	危险点不清楚扣10分； 安全措施不清楚扣10分		
3.2	工作进行顺序及方法	每个工作班成员任务明确，前后顺序正确，修补方法正确	30	工作班成员干工作任务不明确扣10分； 前后顺序不正确扣10分； 修补方法不正确扣10分		
4	工作结束					
4.1	整理工具，清理现场	整理好工具，清理好现场	10	错误一项扣5分，扣完为止		

续表

序号	项目名称	质量要求	满分	扣分标准	扣分原因	得分
5	工作结束汇报	向考评员报告工作已结束，场地已清理	5	未向考评员报告工作结束扣3分； 未清理场地扣2分		
6	其他要求					
6.1	质量要求	等于或高于检修工艺规程的要求，且明确、具体	5	质量达不到要求扣5分		
6.2	安全要求	措施具体无遗漏	5	不满足安全要求不得分		
6.3	组织措施	符合规程规定，组织合理	5	组织不合理不得分		
合计			100			

Jc0006252005　制定35kV直线绝缘子整串带电更换培训计划。（100分）

考核知识点：技术管理及培训

难易度：中

技能等级评价专业技能考核操作工作任务书

一、任务名称

制定35kV直线绝缘子整串带电更换培训计划。

二、适用工种

高压线路带电检修工（输电）技师。

三、具体任务

制定35kV直线绝缘子整串带电更换培训计划。针对此项作业，考生必须在规定时间内完成。

四、工作规范及要求

（1）被考核人员需独立完成。

（2）注意安全，不准触摸带电设备。

（3）考核过程中，遇有生产故障立即停止考核，所有人员立即退出现场。

五、考核及时间要求

考核时间为40分钟，每超过2分钟扣1分，到45分钟终止考核。

技能等级评价专业技能考核操作评分标准

工种	高压线路带电检修工					评价等级	技师
项目模块	技术管理及培训—技能培训				编号	Jc0006252005	
单位			准考证号			姓名	
考试时限	40分钟		题型	单项操作		题分	100分
成绩		考评员		考评组长		日期	
试题正文	制定35kV直线绝缘子整串带电更换培训计划						
需要说明的问题和要求	（1）所编写培训计划应包含培训对象、培训目标、培训形式、内容设置、考试安排、考核评价、工作要求。 （2）现场实操项目应含有相应作业的组织、技术、安全措施。 （3）使用工器具、材料应合格齐备						

序号	项目名称	质量要求	满分	扣分标准	扣分原因	得分
1	项目培训	（1）掌握滑车组的使用方法。 （2）掌握防止导线脱落的方法。 （3）工作人员互相配合默契。 （4）了解35kV线路直线杆的特点	20	未掌握滑车组的使用方法扣5分； 未掌握防止导线脱落的方法扣5分； 工作人员互相配合不够默契扣5分； 不了解66kV线路直线杆特点扣5分		

续表

序号	项目名称	质量要求	满分	扣分标准	扣分原因	得分
2	作业方法	了解滑车组更换绝缘子串的特点	10	不了解滑车组更换绝缘子串的特点扣10分		
3	操作顺序	（1）绝缘绳保护钩所系位置正确，长短合理。 （2）滑车组上下吊点位置合理。 （3）杆塔上电工与地面电工互相配合摘开碗头与绝缘子串的连接时迅速。 （4）新旧绝缘子串用交替法进行更换，无磕碰	30	绝缘绳保护钩所系位不置正确，长短不合理扣10分； 滑车组上下吊点位置不合理扣10分； 摘开碗头与绝缘子串的连接不迅速，新旧绝缘子串未用交替法进行更换，有磕碰扣10分		
4	安全措施	（1）保证人身与带电体的安全距离。 （2）保证绝缘操作杆的有效绝缘长度	20	未保持安全距离扣10分； 绝缘操作杆的有效绝缘长度不够扣10分		
5	其他要求	（1）戴安全帽。 （2）上杆塔系好安全带	20	戴安全帽扣10分； 上杆塔未系好安全带扣10分		
合计			100			

Jc0006253006　**指挥电压为220kV，导线型号为LGJ－300的送电线路直线塔带电更换绝缘子串。（100分）**

考核知识点：技术管理及培训

难易度：难

技能等级评价专业技能考核操作工作任务书

一、任务名称

指挥带电更换110kV直线塔绝缘子串。

二、适用工种

高压线路带电检修工（输电）技师。

三、具体任务

指挥电压为220kV，导线型号为LGJ－300的送电线路直线塔带电更换绝缘子串。针对此项作业，考生必须在规定时间内完成。

四、工作规范及要求

（1）工作准备及联系人工作由被考核人自行安排。

（2）试题发给被考核人时即视为考核开始。

（3）考核过程中出现不安全情况时停止考核。

五、考核及时间要求

考核时间为90分钟，每超过2分钟扣1分，到95分钟终止考核。

技能等级评价专业技能考核操作评分标准

<table>
<tr><td>工种</td><td colspan="5">高压线路带电检修工</td><td>评价等级</td><td>技师</td></tr>
<tr><td>项目模块</td><td colspan="4">高压线路带电检修工—高压线路带电检修方法及操作技巧</td><td>编号</td><td colspan="2">Jc0006253006</td></tr>
<tr><td>单位</td><td colspan="3"></td><td>准考证号</td><td></td><td>姓名</td><td></td></tr>
<tr><td>考试时限</td><td colspan="2">90分钟</td><td>题型</td><td colspan="2">单项操作</td><td>题分</td><td>100分</td></tr>
<tr><td>成绩</td><td></td><td>考评员</td><td></td><td>考评组长</td><td></td><td>日期</td><td></td></tr>
<tr><td>试题正文</td><td colspan="7">指挥电压为220kV，导线型号为LGJ－300的送电线路直线塔带电更换绝缘子串</td></tr>
</table>

续表

需要说明的问题和要求	（1）正确履行工作负责人职责。 （2）正确安全地组织工作。 （3）负责检查工作票所列安全措施是否正确完备，是否符合现场实际条件，必要时予以补充完善。 （4）工作前对工作班成员进行危险点告知、交代安全措施和技术措施，并确认每一个工作班成员都已知晓。 （5）关注工作班成员身体状况和精神状态是否出现异常迹象，人员变动是否合适。 （6）督促工作班成员遵守本规程，正确使用劳动防护用品和安全工器具及执行现场安全措施。 （7）现场作业过程中，重点抓好作业过程中风险管控落实，包括远程视频布控球设置、手机 App 执行；作业现场规范执行《风险控制卡》

序号	项目名称	质量要求	满分	扣分标准	扣分原因	得分
1	工作准备					
1.1	填用第二种工作票	填写正确、合格	5	一项填写错误扣 2 分，扣完为止		
1.2	工作票上所列人数	与组织分工人数相符	5	工作票上所列人数与分工人数不相符扣 5 分		
2	工作许可					
2.1	许可方式	向考评员示意准备就绪，申请开始工作	5	未向考评员示意即开始工作扣 5 分		
3	工作步骤及技术要求					
3.1	工作前检查	检查遥测绝缘工具	5	未检查遥测绝缘工具扣 5 分		
3.2	塔上工作人员	（1）戴安全帽。 （2）上杆塔使用双钩或者围杆带。 （3）到达工作位置必须使用双重保护。 （4）人身与带电体保持 1.8m 的安全距离	10	未戴安全帽扣 2.5 分； 上杆塔未使用双钩或者围杆带扣 2.5 分； 到达工作位置未使用双重保护扣 2.5 分； 未保持安全距离扣 2.5 分		
3.3	使用绝缘操作杆	保证有效长度在 2.1m 以上	10	使用绝缘操作杆有效长度未在 2.1m 以上扣 10 分		
3.4	工作负责人	严格履行监护职责，不准兼做其他工作	10	工作负责人未履行监护职责扣 10 分		
3.5	气象条件	遇有 5 级以上大风、雨（雪）、雾、雷天气停止工作	10	5 级以上大风、雨（雪）、雾、雷天气未停止工作扣 10 分		
3.6	所有工作人员	必须正确佩戴安全帽	5	未正确佩戴安全帽扣 5 分		
3.7	与有关部门联系	与电力调度联系，并取得许可	5	未与电力调度联系取得许可扣 5 分		
4	工作结束					
4.1	整理工具，清理现场	整理好工具，清理好现场	10	错误一项扣 5 分，扣完为止		
5	工作结束汇报	向考评员报告工作已结束，场地已清理	10	未向考评员报告工作结束扣 5 分； 未清理场地扣 5 分		
6	其他要求	（1）要求着装正确（工作服、工作胶鞋、安全帽）。 （2）操作动作熟练。 （3）清理工作现场符合文明生产要求	10	不满足要求一项扣 3 分		
合计			100			

Jc0005251007 使用推车式灭火器扑救初期火灾。（100 分）

考核知识点：起重及消防工作

难易度：易

技能等级评价专业技能考核操作工作任务书

一、任务名称

扑救初期火灾。

二、适用工种

高压线路带电检修工（输电）技师。

三、具体任务

使用推车式灭火器扑救初期火灾。针对此项作业，考生必须在规定时间内完成。

四、工作规范及要求

（1）正确识别灭火器类型。

（2）选择上风方向。

（3）考核过程中出现不安全情况时停止考核。

五、考核及时间要求

考核时间为 10 分钟，每超过 2 分钟扣 1 分，到 15 分钟终止考核。

技能等级评价专业技能考核操作评分标准

工种	高压线路带电检修工					评价等级	技师
项目模块	高压线路带电检修工—工具试验、消防、起重、触电急救—起重及消防工作				编号	Jc0005251007	
单位			准考证号			姓名	
考试时限	10 分钟	题型	单项操作			题分	100 分
成绩		考评员		考评组长		日期	
试题正文	使用推车式灭火器扑救初期火灾						
需要说明的问题和要求	（1）由两人操作完成，分别担任信号工、把钩工。 （2）信号工负责操作推车机，把钩工负责观测推车机推爪的工作情况。 （3）车辆掉道后，严禁使用推车机处理。 （4）推爪运行到位，把钩工必须离开车辆并转移至安全地点，并向信号工发出开动信号。 （5）推车到摘挂钩位置后，把钩工发出停车信号，待车辆停稳后，进行联环。滑头、保险绳未联好前，阻车器必须处于正常阻车状态						

序号	项目名称	质量要求	满分	扣分标准	扣分原因	得分
1	工作准备	（1）穿全套工作服，戴安全帽，穿绝缘鞋。 （2）准备好灭火器	15	不满足要求一项扣 3 分，扣完为止		
2	工作许可					
2.1	许可方式	向考评员示意准备就绪，申请开始工作	5	未向考评员示意即开始工作扣 5 分		
3	工作步骤及技术要求					
3.1	正确选择使用灭火器类型	干粉　二氧化碳　泡沫	10	未正确选择灭火器类型扣 10 分		
3.2	开始操作	两人操作将灭火器推至离起火点 10m 处停下	10	操作不规范扣 10 分		
3.3	风向	选择上风方向	10	未选择上风方向扣 10 分		
3.4	准备工作	一人迅速取下喷枪并展开喷射软管，然后一手握住喷枪枪管，另一手打开喷枪并将喷嘴对准燃烧物	10	未展开喷射软管扣 5 分； 一手未握住喷枪枪管，另一手未打开喷枪并将喷嘴对准燃烧物扣 5 分		

续表

序号	项目名称	质量要求	满分	扣分标准	扣分原因	得分
3.5	开始灭火	另一人迅速拔出保险销，并向上扳起手柄	10	开始灭火时未拔出保险销，向上扳起手柄扣8分		
4	工作结束					
4.1	整理工具，清理现场	整理好工具，清理好现场	10	错误一项扣5分，扣完为止		
5	工作结束汇报	向考评员报告工作已结束，场地已清理	5	未向考评员报告工作结束扣3分；未清理场地扣2分		
6	其他要求	（1）要求着装正确（工作服、工作胶鞋、安全帽）。 （2）操作动作熟练。 （3）清理工作现场符合文明生产要求。 （4）在规定的时间内完成	15	不满足要求一项扣3～4分，扣完为止		
	合计		100			

Jc0005251008　使用室内消火栓扑救初期火灾。（100分）

考核知识点：起重及消防工作

难易度：易

技能等级评价专业技能考核操作工作任务书

一、任务名称

扑救初期火灾。

二、适用工种

高压线路带电检修工（输电）技师。

三、具体任务

使用室内消火栓扑救初期火灾。针对此项作业，考生必须在规定时间内完成。

四、工作规范及要求

（1）熟悉室内消防栓的组成。

（2）连接正确。

（3）考核过程中出现不安全情况时停止考核。

五、考核及时间要求

考核时间为10分钟，每超过2分钟扣1分，到15分钟终止考核。

技能等级评价专业技能考核操作评分标准

<table>
<tr><td>工种</td><td colspan="5">高压线路带电检修工</td><td>评价等级</td><td>技师</td></tr>
<tr><td>项目模块</td><td colspan="4">高压线路带电检修工—工具试验、消防、起重、触电急救—起重及消防工作</td><td>编号</td><td colspan="2">Jc0005251008</td></tr>
<tr><td>单位</td><td colspan="2"></td><td>准考证号</td><td colspan="2"></td><td>姓名</td><td></td></tr>
<tr><td>考试时限</td><td colspan="2">10分钟</td><td>题型</td><td colspan="2">单项操作</td><td>题分</td><td>100分</td></tr>
<tr><td>成绩</td><td></td><td>考评员</td><td></td><td>考评组长</td><td></td><td>日期</td><td></td></tr>
<tr><td>试题正文</td><td colspan="7">使用室内消火栓扑救初期火灾</td></tr>
<tr><td>需要说明的问题和要求</td><td colspan="7">（1）消防箱周围不得堆放物品。
（2）扑灭火灾后将水带晾干后复位。
（3）灭火时注意现场供电是否断开。
（4）使用时不得扭转、弯曲水带</td></tr>
</table>

续表

序号	项目名称	质量要求	满分	扣分标准	扣分原因	得分
1	工作准备	（1）穿全套工作服，戴安全帽，穿绝缘鞋。 （2）准备好灭火器	15	不满足要求一项扣3分，扣完为止		
2	工作许可					
2.1	许可方式	向考评员示意准备就绪，申请开始工作	5	未向考评员示意即开始工作扣5分		
3	工作步骤及技术要求					
3.1	打开消火栓箱门	打开消火栓箱门	20	未打开消火栓箱门扣20分		
3.2	按下箱内控制按钮	按下箱内控制按钮	10	未按下箱内控制按钮扣10分		
3.3	取出水枪	取出水枪	10	未取出水枪扣10分		
3.4	把室内栓手轮顺开启方向旋开，同时双手紧握水枪喷水灭火	把室内栓手轮顺开启方向旋开，同时双手紧握水枪喷水灭火	10	未把室内栓手轮顺开启方向旋开，未双手紧握水枪喷水灭火扣8分		
4	工作结束					
4.1	整理工具，清理现场	整理好工具，清理好现场	10	错误一项扣5分，扣完为止		
5	工作结束汇报	向考评员报告工作已结束，场地已清理	5	未向考评员报告工作结束扣3分； 未清理场地扣2分		
6	其他要求	（1）要求着装正确（工作服、工作胶鞋、安全帽）。 （2）操作动作熟练。 （3）清理工作现场符合文明生产要求。 （4）在规定的时间内完成	15	不满足要求一项扣3～4分，扣完为止		
合计			100			

Jc0004251009　220kV带电检测零值绝缘子的操作。（100分）

考核知识点：高压线路带电检修方法及操作技巧

难易度：易

技能等级评价专业技能考核操作工作任务书

一、任务名称

220kV带电检测零值绝缘子的操作。

二、适用工种

高压线路带电检修工（输电）技师。

三、具体任务

采用火花间隙检测法，开展220kV绝缘子零值检测。针对此项作业，考生必须在规定时间内完成。

四、工作规范及要求

（1）杆塔上单独操作，杆下设1人监护记录。

（2）如果发现一串悬垂绝缘子有5片零值绝缘子，耐张绝缘子有6片零值绝缘子，应停止检测工作。

五、考核及时间要求

（1）本考核1～6项操作时间为40分钟，时间到停止考试。

（2）按照技能操作记录单的操作要求进行操作，正确记录操作结果等。

（3）操作过程中作业人员有危及人身、设备安全等情况应停止考核并计0分。

技能等级评价专业技能考核操作评分标准

工种	高压线路带电检修工					评价等级	技师
项目模块	高压线路带电检修工—高压线路带电检修方法及操作技巧				编号		Jc0004251009
单位			准考证号			姓名	
考试时限	40 分钟		题型	单项操作		题分	100 分
成绩		考评员		考评组长		日期	
试题正文	220kV 带电检测零值绝缘子的操作						
需要说明的问题和要求	要求着装正确（穿工作服、工作胶鞋、戴安全帽）						

序号	项目名称	质量要求	满分	扣分标准	扣分原因	得分
1	工作准备					
1.1	认真检查放电间隙，调整放电间隙为 0.7mm	间隙正确	5	间隙不正确扣 5 分		
1.2	检查操作杆是否干净	用干净的毛巾或布仔细擦拭	5	未擦拭操作杆扣 5 分； 擦拭不干净扣 2 分		
1.3	检查吊绳	要求是绝缘绳	5	未检查吊绳扣 5 分； 检查不仔细扣 2 分		
2	工作许可					
2.1	许可方式	向考评员示意准备就绪，申请开始工作	5	未向考评员示意即开始工作扣 5 分		
3	工作步骤及技术要求					
3.1	登杆塔	动作熟练，带传递绳上杆塔	5	动作不熟练扣 2 分； 打滑一次扣 2 分，扣完为止		
3.2	定工作位置	在耐张杆塔上测量时，工作人员应站在横担上	5	测量时站位不正确扣 3 分		
3.3	使用安全带	安全带所系位置正确	5	安全带低挂高用扣 2 分； 安全带未系在牢固位置扣 3 分		
3.4	检查	检查扣环是否牢固	5	未检查扣环是否牢固扣 5 分		
3.5	操作要求	动作熟练正确	5	操作动作不熟练扣 3 分		
3.6	技术要求	传递绳上升部分与吊绳尾绳不缠绕	5	传递绳上升部分与吊绳尾绳缠绕，缠绕一次扣 1 分，扣完为止		
3.7	测量要求	测量顺序正确，从导线侧向横担测量	5	测量顺序不正确扣 3 分		
3.8	测量技术要求	测量位置正确，火花间隙短路叉两端切实分别接触瓷裙上下侧的铁件上	5	短路叉两端未分别接触瓷裙上下侧的铁件上扣 5 分		
3.9	杆塔上转移	杆塔上转移时测量杆放平稳	5	杆塔上转移时测量杆不平稳扣 1 分，扣完为止		
3.10	杆塔上测量	不漏测	5	每漏测 1 片绝缘子扣 1 分，扣完为止		
4	工作结束	整理好工具，清理好现场	10	错误一项扣 5 分，扣完为止		
5	工作终结汇报					

续表

序号	项目名称	质量要求	满分	扣分标准	扣分原因	得分
5.1	测量要求	将火花间隙短路叉翻一面再测一次	2	未将火花间隙短路叉翻一面再测一次扣2分		
5.2	技术要求	火花间隙短路叉保持原位，报告记录后才可移开火花间隙短路叉	2	未记录扣1分； 未保持原位扣1分		
5.3	吊绳绑扎要求	吊绳绑扎正确，杆朝下，叉朝上	2	吊绳绑扎不正确扣2分		
5.4	操作要求	放下时测量杆不能碰杆塔	2	碰杆塔1次扣1分，扣完为止		
5.5	测量杆吊下要求	测量杆接近地面要减速，让监护人员接住	2	未减速扣1分； 未让人接住扣1分		
6	其他要求					
6.1	动作要求	动作熟练流畅	2	动作不熟练扣1～2分		
6.2	着装正确	应穿工作服、工作胶鞋，戴安全帽	5	未穿工作服扣1分； 未穿工作胶鞋扣1分； 未戴安全帽扣3分		
6.3	时间要求	按时完成	3	超过时间不给分，每超过1分钟扣2分（无上限）		
合计			100			

Jc0004251010　330kV 带电检测零值绝缘子的操作。（100分）

考核知识点： 高压线路带电检修方法及操作技巧

难易度： 易

技能等级评价专业技能考核操作工作任务书

一、任务名称

330kV 带电检测零值绝缘子的操作。

二、适用工种

高压线路带电检修工（输电）技师。

三、具体任务

采用火花间隙检测法，开展330kV 绝缘子零值检测。

四、工作规范及要求

（1）杆塔上单独操作，杆下设1人监护记录。

（2）如果发现一串悬垂绝缘子有7片零值绝缘子，耐张绝缘子有8片零值绝缘子，应停止检测工作。

五、考核及时间要求

（1）本考核1～6项操作时间为40分钟，时间到停止考试。

（2）按照技能操作记录单的操作要求进行操作，正确记录操作结果。

（3）操作过程中作业人员有危及人身、设备安全等情况应停止考核并计0分。

技能等级评价专业技能考核操作评分标准

工种	高压线路带电检修工				评价等级	技师
项目模块	高压线路带电检修工—高压线路带电检修方法及操作技巧			编号	Jc0004251010	
单位		准考证号			姓名	
考试时限	40 分钟	题型	单项操作		题分	100 分
成绩		考评员	考评组长		日期	
试题正文	330kV 带电检测零值绝缘子的操作					
需要说明的问题和要求	要求着装正确（穿工作服、工作胶鞋、戴安全帽）					

序号	项目名称	质量要求	满分	扣分标准	扣分原因	得分
1	工作准备					
1.1	认真检查放电间隙，调整放电间隙为 0.7mm	间隙正确	5	间隙不正确扣 5 分		
1.2	检查操作杆是否干净	用干净的毛巾或布仔细擦拭	5	未擦拭操作杆扣 5 分； 擦拭不干净扣 2 分		
1.3	检查吊绳	要求是绝缘绳	5	未检查吊绳扣 5 分； 检查不仔细扣 2 分		
2	工作许可					
2.1	许可方式	向考评员示意准备就绪，申请开始工作	5	未向考评员示意即开始工作扣 5 分		
3	工作步骤及技术要求					
3.1	登杆塔	动作熟练，带传递绳上杆塔	3	动作不熟练扣 2 分； 打滑一次扣 1 分		
3.2	定工作位置	在耐张杆塔上测量时，工作人员应站在横担上	4	测量时站位不正确扣 3 分		
3.3	使用安全带	安全带所系位置正确	4	安全带低挂高用扣 2 分； 安全带未系在牢固位置扣 2 分		
3.4	检查	检查扣环是否牢固	4	未检查扣环是否牢固扣 4 分		
3.5	操作要求	动作熟练正确	5	动作不熟练扣 5 分		
3.6	技术要求	传递绳上升部分与吊绳尾绳不缠绕	4	传递绳上升部分与吊绳尾绳缠绕一次扣 1 分，扣完为止		
3.7	测量要求	测量顺序正确，从导线侧向横担测量	4	测量顺序不正确扣 4 分		
3.8	测量技术要求	测量位置正确，火花间隙短路叉两端分别接触瓷裙上下侧的铁件上	5	短路叉两端未分别接触瓷裙上下侧的铁件上扣 5 分		
3.9	杆塔上转移	杆塔上转移时测量杆放平稳	4	杆塔上转移时测量杆不平稳扣 1～4 分		
3.10	杆塔上测量	不漏测	4	每漏测 1 片绝缘子扣 1 分，扣完为止		
3.11	测量要求	将火花间隙短路叉翻一面再测一次	4	未将火花间隙短路叉翻一面再测一次扣 4 分		

续表

序号	项目名称	质量要求	满分	扣分标准	扣分原因	得分
3.12	技术要求	火花间隙短路叉保持原位，报告记录后才可移开火花间隙短路叉	5	未记录扣3分； 未保持原位扣2分		
4	工作结束					
4.1	整理工具，清理现场	整理好工具，清理好现场	10	错误一项扣5分，扣完为止		
5	工作终结汇报					
5.1	吊绳绑扎要求	吊绳绑扎正确，杆朝下，叉朝上	3	吊绳绑扎不正确扣3分		
5.2	操作要求	放下时测量杆不能碰杆塔	3	碰杆塔1次扣1分，扣完为止		
5.3	测量杆吊下要求	测量杆接近地面要减速，让监护人员接住	4	未减速扣2分； 未让人接住扣2分		
6	其他要求					
6.1	动作要求	动作熟练流畅	2	动作不熟练扣1分		
6.2	着装正确	应穿工作服、工作胶鞋，戴安全帽	5	未穿工作服扣1分； 未穿工作胶鞋扣1分； 未戴安全帽扣3分		
6.3	时间要求	按时完成	3	超过时间不给分，每超过1分钟扣2分（无上限）		
合计			100			

Jc0006251011　编写更换110kV直线杆防振锤的检修方案。（100分）

考核知识点：技术管理及培训

难易度：易

技能等级评价专业技能考核操作工作任务书

一、任务名称

编写停电更换110kV直线杆防振锤的检修方案。

二、适用工种

高压线路带电检修工（输电）技师。

三、具体任务

110kV某线8号杆（杆型Z3）A相大号侧防振锤下滑1m，计划对该防振锤进行更换。针对此项工作，考生编写一份停电更换110kV直线杆防振锤的检修方案。

四、工作规范及要求

请按以下要求完成停电更换110kV直线杆防振锤的检修方案；方案编写在教室内完成。

（1）人员配置分工合理（方案中不得出现真实单位名称及个人姓名）。

（2）工器具及材料清楚。

（3）主要作业程序正确。

（4）关键工序工艺质量标准清楚。

（5）组织、安全、技术措施齐全。

（6）考核时间结束终止考试。

五、考核及时间要求

考核时间共40分钟。每超过2分钟扣1分，到45分钟终止考核。

技能等级评价专业技能考核操作评分标准

工种	高压线路带电检修工				评价等级	技师
项目模块	高压线路带电检修工—高压线路带电检修方法及操作技巧			编号	Jc0006251011	
单位		准考证号			姓名	
考试时限	40分钟	题型	单项操作		题分	100分
成绩		考评员	考评组长		日期	
试题正文	编写更换110kV直线杆防振锤的检修方案					
需要说明的问题和要求	（1）所编写方案须注明检修时间、组织措施、现场工作环境、具体检修内容、检修分工、风险定级、技术措施、检修流程。 （2）所编写方案应包括事故应急处置措施。 （3）所编写方案应注明相应风险控制措施					

序号	项目名称	质量要求	满分	扣分标准	扣分原因	得分
1	工作准备					
1.1	标题	要写清楚输电线路名称、杆号及作业内容	5	未写清楚输电线路名称扣2分； 未写清楚杆号扣2分； 未写清楚作业内容扣1分		
1.2	检修工作介绍	应对检修工作概况或该工作的背景进行简单描述	5	没有进行简单描述扣5分		
2	工作许可					
2.1	许可方式	向考评员示意准备就绪，申请开始工作	5	未向考评员示意即开始工作扣5分		
3	工作步骤及技术要求					
3.1	工作内容	应写清楚工作的输电线路、杆号、工作内容	5	未写清楚输电线路扣2分； 未写清楚杆号扣2分； 未写清楚工作内容扣1分		
3.2	工作人员及分工	（1）应写清楚工作班组和人数；或者逐一填写工作人员名字。 （2）单位名称和个人姓名不得使用真实名称。 （3）应有明确分工	5	未写清楚工作班组和人数扣2分； 单位名称和个人姓名使用真实名称扣2分； 无明确分工扣1分		
3.3	工作时间	应写清楚计划工作时间，计划工作开始及工作结束时间均应以年、月、日、时、分填写清楚	5	没有填写时间扣5分，时间填写不清楚的扣3分		
3.4	准备工作	（1）安全措施宣讲及落实（作业人员着装正确，戴安全帽，系安全带）。 （2）人员分工（杆上作业及地面配合人员）。 （3）作业开始前的准备（防振锤及螺栓、平垫、弹垫、铝包带的检查）	5	作业人员着装不正确，未戴安全帽，未系安全带扣2分； 人员未分工扣1分； 防振锤及螺栓、平垫、弹垫、铝包带未检查扣2分		

续表

序号	项目名称	质量要求	满分	扣分标准	扣分原因	得分
3.5	更换防振锤	（1）登杆。 （2）沿软梯进入下导线。 （3）出导线。 （4）量出安装位置。 （5）缠绕铝包带。 （6）安装防振锤。 （7）拆除旧防振锤及铝包带。 （8）下杆	10	登杆、沿软梯进入下导线、出导线、量出安装位置、缠绕铝包带、安装防振锤、拆除旧防振锤及铝包带、下杆各少一项扣2分，扣完为止		
3.6	防触电措施	作业前应核对输电线路双重名称	5	作业前未核对输电线路双重名称扣5分		
3.7	防止高坠措施	（1）安全带、延长绳外观检查及冲击试验。 （2）登杆过程中应全程使用安全带。 （3）杆上人员作业过程中不得失去保护	5	未对安全带、延长绳外观检查及未冲击试验扣1分； 登杆过程中未全程使用安全带扣2分； 杆上人员作业过程中失去保护扣2分		
3.8	防止高空落物伤人措施	（1）杆上作业人员应将工具放置在牢固的构件上。 （2）上下传递工具材料应使用绳索传递，不得抛掷。 （3）作业人员应正确佩戴安全帽。 （4）作业点下方不得有人逗留或通过	10	杆上作业人员未将工具放置在牢固的构件上扣2分； 上下传递工具材料未使用绳索传递扣2分； 作业人员应未正确佩戴安全帽扣3分； 作业点下方有人逗留或通过扣3分		
3.9	质量要求	（1）铝包带的缠绕方向、出头及质量。 （2）螺栓穿向。 （3）防振锤安装位置及质量	5	铝包带的缠绕方向、出头及质量错误扣2分； 螺栓穿向错误扣2分； 防振锤安装位置及质量一项错误扣1分		
4	工作结束					
4.1	工具	（1）应有工具清单。 （2）应含有安全带、延长绳、脚扣等安全工器具	5	无工具清单扣2分； 无安全带、延长绳、脚扣等安全工器具扣3分		
4.2	材料	（1）应有材料清单。 （2）应有防振锤及配件、铝包带等材料，并应根据情况选择适当的型号	5	无材料清单扣2分； 无适当的型号扣3分		
5	工作结束汇报	向考评员报告工作已结束，场地已清理	5	未向考评员报告工作结束扣3分； 未清理场地扣2分		
6	其他要求	（1）要求着装正确（工作服、工作胶鞋、安全帽）。 （2）操作动作熟练。 （3）清理工作现场符合文明生产要求。 （4）在规定的时间内完成	15	不满足要求一项扣3～4分，扣完为止		
合计			100			

Jc0006252012　编写更换220kV直线杆防振锤的检修方案。（100分）

考核知识点：技术管理及培训

难易度：中

技能等级评价专业技能考核操作工作任务书

一、任务名称

编写停电更换220kV直线杆防振锤的检修方案。

二、适用工种

高压线路带电检修工（输电）技师。

三、具体任务

220kV 某线 28 号杆（杆型 Z3）B 相大号侧防振锤下滑 1m，计划对该防振锤进行更换。针对此项工作，考生编写一份停电更换 220kV 直线杆防振锤的检修方案。

四、工作规范及要求

请按以下要求完成停电更换 220kV 直线杆防振锤的检修方案；方案编写在教室内完成。

（1）人员配置分工合理（方案中不得出现真实单位名称及个人姓名）。

（2）工器具及材料清楚。

（3）主要作业程序正确。

（4）关键工序工艺质量标准清楚。

（5）组织、安全、技术措施齐全。

（6）考核时间结束终止考试。

五、考核及时间要求

考核时间共 40 分钟。每超过 2 分钟扣 1 分，到 45 分钟终止考核。

技能等级评价专业技能考核操作评分标准

工种	高压线路带电检修工				评价等级	技师
项目模块	技术管理及培训—技术管理			编号	Jc0006252012	
单位		准考证号			姓名	
考试时限	40 分钟	题型		单项操作	题分	100 分
成绩		考评员		考评组长	日期	
试题正文	编写更换 220kV 直线杆防振锤的检修方案					
需要说明的问题和要求	（1）所编写方案须注明检修时间、组织措施、现场工作环境、具体检修内容、检修分工、风险定级、技术措施、检修流程。 （2）所编写方案应包括事故应急处置措施。 （3）所编写方案应注明相应风险控制措施					

序号	项目名称	质量要求	满分	扣分标准	扣分原因	得分
1	工作准备					
1.1	标题	要写清楚输电线路名称、杆号及作业内容	5	未写清楚输电线路名称、杆号及作业内容各扣 2 分		
1.2	检修工作介绍	应对检修工作概况或该工作的背景进行简单描述	5	没有进行简单描述扣 5 分		
2	工作许可					
2.1	许可方式	向考评员示意准备就绪，申请开始工作	5	未向考评员示意即开始工作扣 5 分		
3	工作步骤及技术要求					
3.1	工作内容	应写清楚工作的输电线路、杆号、工作内容	6	未写清楚工作的输电线路、杆号、工作内容各扣 2 分		
3.2	工作人员及分工	（1）应写清楚工作班组和人数；或者逐一填写工作人员名字。 （2）单位名称和个人姓名不得使用真实名称。 （3）应有明确分工	6	未写清楚工作班组和人数扣 2 分； 单位名称和个人姓名使用真实名称扣 2 分； 无明确分工扣 2 分		

续表

序号	项目名称	质量要求	满分	扣分标准	扣分原因	得分
3.3	工作时间	应写清楚计划工作时间，计划工作开始及工作结束时间均应以年、月、日、时、分填写清楚	10	没有填写时间扣 10 分； 时间填写不清楚的扣 5 分		
3.4	准备工作	（1）安全措施宣讲及落实（作业人员着装正确，戴安全帽，系安全带）。 （2）人员分工（杆上作业及地面配合人员）。 （3）作业开始前的准备（防振锤及螺栓、平垫、弹垫、铝包带的检查）	6	无安全措施宣讲及落实扣 2 分； 人员分工不合理扣 2 分； 作业开始前无准备（防振锤及螺栓、平垫、弹垫、铝包带的检查）扣 2 分		
3.5	更换防振锤	（1）登杆。 （2）沿软梯进入下导线。 （3）出导线。 （4）量出安装位置。 （5）缠绕铝包带。 （6）安装防振锤。 （7）拆除旧防振锤及铝包带。 （8）下杆	8	登杆、沿软梯进入下导线、出导线、量出安装位置、缠绕铝包带、安装防振锤、拆除旧防振锤及铝包带下杆少一步各扣 1 分，扣完为止		
3.6	防触电措施	作业前应核对输电线路双重名称	5	作业前未核对输电线路双重名称扣 5 分		
3.7	防止高坠措施	（1）安全带、延长绳外观检查及冲击试验。 （2）登杆过程中应全程使用安全带。 （3）杆上人员作业过程中不得失去保护	5	安全带、延长绳外观未检查及冲击试验扣 1 分； 登杆过程中无全程使用安全带扣 2 分； 杆上人员作业过程中失去保护扣 2 分		
3.8	防止高空落物伤人措施	（1）杆上作业人员应将工具放置在牢固的构件上。 （2）上下传递工具材料应使用绳索传递，不得抛掷。 （3）作业人员应正确佩戴安全帽。 （4）作业点下方不得有人逗留或通过	8	杆上作业人员未将工具放置在牢固的构件上扣 2 分； 上下传递工具材料未将使用绳索传递扣 2 分； 作业人员未正确佩戴安全帽扣 2 分； 作业点下方有人逗留或通过扣 2 分		
3.9	质量要求	（1）铝包带的缠绕方向、出头及质量。 （2）螺栓穿向。 （3）防振锤安装位置及质量	5	铝包带的缠绕方向、出头及质量错误扣 1 分； 螺栓穿向错误扣 2 分； 防振锤安装位置及质量一项错误扣 2 分		
4	工作结束					
4.1	工具	（1）应有工具清单。 （2）应含有安全带、延长绳、脚扣等安全工器具	5	无工具清单扣 2 分； 无安全带、延长绳、脚扣等安全工器具扣 3 分		
4.2	材料	（1）应有材料清单。 （2）应有防振锤及配件、铝包带等材料，并应根据情况选择适当的型号	5	无材料清单扣 2 分； 无防振锤及配件、铝包带等材料，扣 2 分； 型号选择不正确扣 1 分		
5	工作结束汇报	向考评员报告工作已结束，场地已清理	5	未向考评员报告工作结束扣 3 分； 未清理场地扣 2 分		
6	其他要求	（1）要求着装正确（工作服、工作胶鞋、安全帽）。 （2）操作动作熟练。 （3）清理工作现场符合文明生产要求	11	不满足要求一项扣 4 分，扣完为止		
合计			100			

Jc0004252013　编写更换 330kV 直线杆防振锤的检修方案。（100 分）

考核知识点：技术管理及培训

难易度：中

职业技能鉴定操作技能考核工作任务书

一、任务名称

编写停电更换 330kV 直线杆防振锤的检修方案。

二、适用工种

高压线路带电检修工（输电）技师。

三、具体任务

330kV 某线 88 号杆（杆型 Z3）A 相大号侧防振锤下滑 1m，计划对该防振锤进行更换。针对此项工作，考生编写一份停电更换 330kV 直线杆防振锤的检修方案。

四、工作规范及要求

请按以下要求完成停电更换 330kV 直线杆防振锤的检修方案；方案编写在教室内完成。

（1）人员配置分工合理（方案中不得出现真实单位名称及个人姓名）。

（2）工器具及材料清楚。

（3）主要作业程序正确。

（4）关键工序工艺质量标准清楚。

（5）组织、安全、技术措施齐全。

（6）考核时间结束终止考试。

五、考核及时间要求

考核时间共 40 分钟。每超过 2 分钟扣 1 分，到 45 分钟终止考核。

技能等级评价专业技能考核操作评分标准

工种	高压线路带电检修工				评价等级	技师
项目模块	高压线路带电检修工—高压线路带电检修方法及操作技巧			编号	Jc0004252013	
单位		准考证号			姓名	
考试时限	40 分钟	题型	单项操作		题分	100 分
成绩		考评员		考评组长	日期	
试题正文	编写更换 330kV 直线杆防振锤的检修方案					
需要说明的问题和要求	（1）所编写方案须注明检修时间、组织措施、现场工作环境、具体检修内容、检修分工、风险定级、技术措施、检修流程。 （2）所编写方案措施需注明跨越通信线、公路、输电线路位置，防止感应电安全措施及其他风险管控措施。 （3）所编写方案措施应包括事故应急处置措施					

序号	项目名称	质量要求	满分	扣分标准	扣分原因	得分
1	工作准备					
1.1	标题	要写清楚输电线路名称、杆号及作业内容	5	未写清楚输电线路名称、杆号及作业内容各扣 2 分		
1.2	检修工作介绍	应对检修工作概况或该工作的背景进行简单描述	5	没有工程概况介绍扣 5 分		
2	工作许可					

续表

序号	项目名称	质量要求	满分	扣分标准	扣分原因	得分
2.1	许可方式	向考评员示意准备就绪，申请开始工作	5	未向考评员示意即开始工作扣5分		
3	工作步骤及技术要求					
3.1	工作内容	应写清楚工作的输电线路、杆号、工作内容	5	未写清楚工作的输电线路、杆号、工作内容各扣2分，扣完为止		
3.2	工作人员及分工	（1）应写清楚工作班组和人数；或者逐一填写工作人员名字。 （2）单位名称和个人姓名不得使用真实名称。 （3）应有明确分工	5	未写清楚工作班组和人数扣1分； 单位名称和个人姓名使用真实名称扣2分； 无明确分工扣2分		
3.3	工作时间	应写清楚计划工作时间，计划工作开始及工作结束时间均应以年、月、日、时、分填写清楚	5	没有填写时间扣5分，时间填写不清楚的扣3分		
3.4	准备工作	（1）安全措施宣讲及落实（作业人员着装正确，戴安全帽，系安全带）。 （2）人员分工（杆上作业及地面配合人员）。 （3）作业开始前的准备（防振锤及螺栓、平垫、弹垫、铝包带的检查）	5	无安全措施宣讲及落实扣2分； 人员分工不合理扣1分； 作业开始前无准备（防振锤及螺栓、平垫、弹垫、铝包带的检查）扣2分		
3.5	更换防振锤	（1）登杆。 （2）沿软梯进入下导线。 （3）出导线。 （4）量出安装位置。 （5）缠绕铝包带。 （6）安装防振锤。 （7）拆除旧防振锤及铝包带。 （8）下杆	10	登杆、沿软梯进入下导线、出导线、量出安装位置、缠绕铝包带、安装防振锤、拆除旧防振锤及铝包带、下杆，少一步扣2分，扣完为止		
3.6	防触电措施	作业前应核对输电线路双重名称	5	作业前未核对输电线路双重名称扣5分		
3.7	防止高坠措施	（1）安全带、延长绳外观检查及冲击试验。 （2）登杆过程中应全程使用安全带。 （3）杆上人员作业过程中不得失去保护	10	安全带、延长绳外观未检查及冲击试验扣3分； 登杆过程中无全程使用安全带扣3分； 杆上人员作业过程中失去保护扣4分		
3.8	防止高空落物伤人措施	（1）杆上作业人员应将工具放置在牢固的构件上。 （2）上下传递工具材料应使用绳索传递，不得抛掷。 （3）作业人员应正确佩戴安全帽。 （4）作业点下方不得有人逗留或通过	5	杆上作业人员未将工具放置在牢固的构件上扣1.5分； 上下传递工具材料未将使用绳索传递扣1分； 作业人员未正确佩戴安全帽扣1.5分； 作业点下方有人逗留或通过扣1分		
3.9	质量要求	（1）铝包带的缠绕方向、出头及质量。 （2）螺栓穿向。 （3）防振锤安装位置及质量	5	铝包带的缠绕方向、出头及质量错误扣1分； 螺栓穿向错误扣2分； 防振锤安装位置及质量一项错误扣2分		
4	工作结束					
4.1	工具	（1）应有工具清单。 （2）应含有安全带、延长绳、脚扣等安全工器具	5	无工具清单扣2分； 无安全带、延长绳、脚扣等安全工器具扣3分		
4.2	材料	（1）应有材料清单。 （2）应有防振锤及配件、铝包带等材料，并应根据情况选择适当的型号	5	无材料清单扣2分； 无防振锤及配件、铝包带等材料，扣2分； 型号选择不正确扣1分		

续表

序号	项目名称	质量要求	满分	扣分标准	扣分原因	得分
5	工作结束汇报	向考评员报告工作已结束，场地已清理	5	未向考评员报告工作结束扣3分； 未清理场地扣2分		
6	其他要求	（1）要求着装正确（工作服、工作胶鞋、安全帽）。 （2）操作动作熟练。 （3）清理工作现场符合文明生产要求。 （4）在规定的时间内完成	11	不满足要求一项扣3～4分，扣完为止		
	合计		100			

Jc0006252014　编写更换330kV耐张单片检修方案。(100分)

考核知识点：技术管理及培训

难易度：中

技能等级评价专业技能考核操作工作任务书

一、任务名称

编写带电更换330kV耐张单片检修方案。

二、适用工种

高压线路带电检修工（输电）技师。

三、具体任务

330kV某线28号杆（塔型ZB1）C相大号侧第8片玻璃绝缘子破损，计划对该绝缘子进行更换。针对此项工作，考生编写一份带电更换330kV耐张单片检修方案。

四、工作规范及要求

请按以下要求完成带电更换330kV耐张单片检修方案；方案编写在教室内完成。

（1）人员配置分工合理（方案中不得出现真实单位名称及个人姓名）。

（2）工器具及材料清楚。

（3）主要作业程序正确。

（4）关键工序工艺质量标准清楚。

（5）组织、安全、技术措施齐全。

（6）考核时间结束终止考试。

五、考核及时间要求

考核时间共60分钟。每超过2分钟扣1分，到65分钟终止考核。

技能等级评价专业技能考核操作评分标准

<table>
<tr><td>工种</td><td colspan="5">高压线路带电检修工</td><td>评价等级</td><td>技师</td></tr>
<tr><td>项目模块</td><td colspan="4">高压线路带电检修工—高压线路带电检修方法及操作技巧</td><td>编号</td><td colspan="2">Jc0006252014</td></tr>
<tr><td>单位</td><td colspan="2"></td><td>准考证号</td><td colspan="2"></td><td>姓名</td><td></td></tr>
<tr><td>考试时限</td><td colspan="2">40分钟</td><td>题型</td><td colspan="2">单项操作</td><td>题分</td><td>100分</td></tr>
<tr><td>成绩</td><td></td><td>考评员</td><td></td><td>考评组长</td><td></td><td>日期</td><td></td></tr>
<tr><td>试题正文</td><td colspan="7">编写带电更换330kV耐张单片检修方案</td></tr>
<tr><td>需要说明的问题和要求</td><td colspan="7">（1）所编写方案须注明检修时间、组织措施、现场工作环境、具体检修内容、检修分工、风险定级、技术措施、检修流程。
（2）所编写方案措施需注明跨越通信线、公路、输电线路位置，防止感应电安全措施及其他风险管控措施。
（3）所编写方案措施应包括事故应急处置措施</td></tr>
</table>

续表

序号	项目名称	质量要求	满分	扣分标准	扣分原因	得分
1	工作准备					
1.1	标题	要写清楚输电线路名称、杆塔号及作业内容	5	未写清楚输电线路名称、杆号及作业内容各扣2分		
1.2	工作介绍	应对检修工作概况或该工作的背景进行简单描述	5	没有进行简单描述扣5分		
2	工作许可					
2.1	许可方式	向考评员示意准备就绪，申请开始工作	5	未向考评员示意即开始工作扣5分		
3	工作步骤及技术要求					
3.1	工作内容	应写清楚工作的输电线路、杆塔号、工作内容	5	未写清楚工作的输电线路、杆号、工作内容各扣2分，扣完为止		
3.2	工作人员及分工	（1）应写清楚工作班组和人数；或者逐一填写工作人员名字。 （2）单位名称和个人姓名不得使用真实名称。 （3）应有明确分工	5	未写清楚工作班组和人数扣1分； 单位名称和个人姓名使用真实名称扣2分； 无明确分工扣2分		
3.3	工作时间	应写清楚计划工作时间，计划工作开始及工作结束时间均应以年、月、日、时、分填写清楚	5	没有填写时间扣5分，时间填写不清楚的扣3分		
3.4	准备工作	（1）安全措施宣讲及落实（作业人员着装正确，戴安全帽，系安全带）。 （2）人员分工（杆塔上作业及地面配合人员）。 （3）作业开始前的准备（防振锤及螺栓、平垫、弹垫、铝包带的检查）	5	无安全措施宣讲及落实扣2分； 人员分工不合理扣1分； 作业开始前无准备（防振锤及螺栓、平垫、弹垫、铝包带的检查）扣2分		
3.5	更换绝缘子	（1）登杆。 （2）跨二短三法进入破损绝缘子处。 （3）安装好传递绳。 （4）拆除破损绝缘子。 （5）更换新绝缘子。 （6）按相反程序返回地面	5	登杆、跨二短三法进入破损绝缘子处、安装好传递绳、拆除破损绝缘子、更换新绝缘子、按相反程序返回地面少一步扣1分，扣完为止		
3.6	防触电措施	（1）作业前应核对输电线路双重名称。 （2）着全套屏蔽服且各部位连接良好	5	作业前未核对输电线路双重名称扣3分； 未着全套屏蔽服且各部位连接不好扣2分		
3.7	防止高坠措施	（1）安全带、延长绳外观检查及冲击试验。 （2）登杆过程中应全程使用安全带。 （3）杆上人员作业过程中不得失去保护	5	安全带、延长绳外观未检查及未冲击试验扣1分； 登杆过程中无全程使用安全带扣2分； 杆上人员作业过程中失去保护扣2分		
3.8	防止高空落物伤人措施	（1）杆上作业人员应将工具放置在牢固的构件上。 （2）上下传递工具材料应使用绳索传递，不得抛掷。 （3）作业人员应正确佩戴安全帽。 （4）作业点下方不得有人逗留或通过	5	杆上作业人员未将工具放置在牢固的构件上扣1.5分； 上下传递工具材料未将使用绳索传递扣1分； 作业人员未正确佩戴安全帽扣1.5分； 作业点下方有人逗留或通过扣1分		

续表

序号	项目名称	质量要求	满分	扣分标准	扣分原因	得分
3.9	质量要求	（1）绝缘子大口方向。 （2）W销是否安装到位	5	铝包带的缠绕方向、出头及质量错误扣1分； 螺栓穿向错误扣2分； 防振锤安装位置及质量一项错误扣2分		
3.10	工具	（1）应有工具清单。 （2）应含有安全带、延长绳、闭式卡等安全工器具	5	无工具清单扣2分； 无安全带、延长绳、脚扣等安全工器具扣3分		
3.11	材料	（1）应有材料清单。 （2）应有绝缘子等材料，并应根据情况选择适当的型号	5	无材料清单扣2分； 无绝缘子等材料扣2分； 型号选择不正确扣1分		
4	工作结束					
4.1	整理工具，清理现场	整理好工具，清理好现场	10	错误一项扣5分，扣完为止		
5	工作结束汇报	向考评员报告工作已结束，场地已清理	5	未向考评员报告工作结束扣3分； 未清理场地扣2分		
6	其他要求	（1）要求着装正确（工作服、工作胶鞋、安全帽）。 （2）操作动作熟练。 （3）清理工作现场符合文明生产要求。 （4）在规定的时间内完成	15	不满足要求一项扣3～4分，扣完为止		
合计			100			

Jc0006252015 编写带电更换220kV耐张单片检修方案。（100分）

考核知识点：技术管理及培训

难易度：中

技能等级评价专业技能考核操作工作任务书

一、任务名称

编写带电更换220kV耐张单片检修方案。

二、适用工种

高压线路带电检修工（输电）技师。

三、具体任务

220kV某线30号杆（塔型ZB1）B相大号侧第7片玻璃绝缘子破损，计划对该绝缘子进行更换。针对此项工作，考生编写一份带电更换220kV耐张单片检修方案。

四、工作规范及要求

请按以下要求完成带电更换220kV耐张单片检修方案；方案编写在教室内完成。

（1）人员配置分工合理（方案中不得出现真实单位名称及个人姓名）。

（2）工器具及材料清楚。

（3）主要作业程序正确。

（4）关键工序工艺质量标准清楚。

（5）组织、安全、技术措施齐全。

（6）考核时间结束终止考试。

五、考核及时间要求

考核时间共40分钟。每超过2分钟扣1分，到45分钟终止考核。

技能等级评价专业技能考核操作评分标准

工种	高压线路带电检修工					评价等级	技师
项目模块	高压线路带电检修工—高压线路带电检修方法及操作技巧				编号	Jc0006252015	
单位			准考证号			姓名	
考试时限	40 分钟		题型	单项操作		题分	100 分
成绩		考评员		考评组长		日期	
试题正文	编写带电更换 220kV 耐张单片检修方案						
需要说明的问题和要求	（1）所编写方案须注明检修时间、组织措施、现场工作环境、具体检修内容、检修分工、风险定级、技术措施、检修流程。 （2）所编写方案措施需注明跨越通信线、公路、输电线路位置，防止感应电安全措施及其他风险管控措施。 （3）所编写方案措施应包括事故应急处置措施						

序号	项目名称	质量要求	满分	扣分标准	扣分原因	得分
1	工作准备					
1.1	标题	要写清楚输电线路名称、杆塔号及作业内容	5	未写清楚输电线路名称、杆号及作业内容各扣 2 分		
1.2	工作介绍	应对检修工作概况或该工作的背景进行简单描述	5	没有进行简单描述扣 5 分		
2	工作许可					
2.1	许可方式	向考评员示意准备就绪，申请开始工作	5	未向考评员示意即开始工作扣 5 分		
3	工作步骤及技术要求					
3.1	工作内容	应写清楚工作的输电线路、杆塔号、工作内容	5	未写清楚工作的输电线路、杆号、工作内容各扣 2 分，扣完为止		
3.2	工作人员及分工	（1）应写清楚工作班组和人数；或者逐一填写工作人员名字。 （2）单位名称和个人姓名不得使用真实名称。 （3）应有明确分工	5	未写清楚工作班组和人数扣 1 分； 单位名称和个人姓名使用真实名称扣 2 分； 无明确分工扣 2 分		
3.3	工作时间	应写清楚计划工作时间，计划工作开始及工作结束时间均应以年、月、日、时、分填写清楚	5	没有填写时间扣 5 分，时间填写不清楚的扣 3 分		
3.4	准备工作	（1）安全措施宣讲及落实（作业人员着装正确，戴安全帽，系安全带）。 （2）人员分工（杆塔上作业及地面配合人员）。 （3）作业开始前的准备（防振锤及螺栓、平垫、弹垫、铝包带的检查）	5	无安全措施宣讲及落实扣 2 分； 人员分工不合理扣 1 分； 作业开始前无准备（防振锤及螺栓、平垫、弹垫、铝包带的检查）扣 2 分		
3.5	更换绝缘子	（1）登杆。 （2）跨二短三法进入破损绝缘子处。 （3）安装好传递绳。 （4）拆除破损绝缘子。 （5）更换新绝缘子。 （6）按相反程序返回地面	5	登杆、跨二短三法进入破损绝缘子处、安装好传递绳、拆除破损绝缘子、更换新绝缘子、按相反程序返回地面少一步各扣 1 分，扣完为止		

续表

序号	项目名称	质量要求	满分	扣分标准	扣分原因	得分
3.6	防触电措施	（1）作业前应核对输电线路双重名称。 （2）着全套屏蔽服且各部位连接良好	5	作业前未核对输电线路双重名称扣 3 分； 未着全套屏蔽服扣 2 分		
3.7	防止高坠措施	（1）安全带、延长绳外观检查及冲击试验。 （2）登杆过程中应全程使用安全带。 （3）杆上人员作业过程中不得失去保护	5	安全带、延长绳外观未检查及冲击试验扣 1 分； 登杆过程中无全程使用安全带扣 2 分； 杆上人员作业过程中失去保护扣 2 分		
3.8	防止高空落物伤人措施	（1）杆上作业人员应将工具放置在牢固的构件上。 （2）上下传递工具材料应使用绳索传递，不得抛掷。 （3）作业人员应正确佩戴安全帽。 （4）作业点下方不得有人逗留或通过	5	杆上作业人员未将工具放置在牢固的构件上扣 1.5 分； 上下传递工具材料未将使用绳索传递扣 1 分； 作业人员未正确佩戴安全帽扣 1.5 分； 作业点下方有人逗留或通过扣 1 分		
3.9	质量要求	（1）绝缘子大口方向正确。 （2）W 销安装到位	5	绝缘子大口方向不正确扣 2 分； W 销未安装到位扣 3 分		
3.10	工具	（1）应有工具清单。 （2）应含有安全带、延长绳、闭式卡等安全工器具	5	无工具清单扣 2 分； 无安全带、延长绳、安全工器具扣 3 分		
3.11	材料	（1）应有材料清单。 （2）应有绝缘子等材料，并应根据情况选择适当的型号	5	无材料清单扣 2 分； 无绝缘子等材料扣 2 分； 型号选择不正确扣 1 分		
4	工作结束					
4.1	整理工具，清理现场	整理好工具，清理好现场	10	错误一项扣 5 分，扣完为止		
5	工作结束汇报	向考评员报告工作已结束，场地已清理	5	未向考评员报告工作结束扣 3 分； 未清理场地扣 2 分		
6	其他要求	（1）要求着装正确（工作服、工作胶鞋、安全帽）。 （2）操作动作熟练。 （3）清理工作现场符合文明生产要求。 （4）在规定的时间内完成	15	不满足要求一项扣 3～4 分，扣完为止		
合计			100			

Jc0004252016　闭式卡更换 220kV 耐张串单片绝缘子的操作。（100 分）

考核知识点： 高压线路带电检修方法及操作技巧

难易度： 中

技能等级评价专业技能考核操作工作任务书

一、任务名称

更换 220kV 耐张串单片绝缘子。

二、适用工种

高压线路带电检修工（输电）技师。

三、具体任务

采用闭式卡更换 220kV 耐张串单片绝缘子。针对此项工作，考生须在规定时间内完成更换处理操作。

四、工作规范及要求

（1）要求单独操作，杆下 1 人监护，3 人配合。

（2）更换的绝缘子从横担向线夹数第 7 片。

（3）用闭式卡进行带电更换单片绝缘子。

（4）要求着装正确（全套屏蔽服、安全帽）。

（5）工具。

1）绝缘子及弹簧销；

2）选用登杆工器具：脚扣、安全带、延长绳、个人保安线、滑车及传递绳、绝缘子；

3）个人工器具；

4）在培训输电线路上操作。

五、考核及时间要求

考核时间共30分钟。每超过2分钟扣1分，到35分钟终止考核。

技能等级评价专业技能考核操作评分标准

工种	高压线路带电检修工					评价等级	技师
项目模块	高压线路带电检修工—高压线路带电检修方法及操作技巧				编号	Jc0004252016	
单位			准考证号			姓名	
考试时限	30分钟		题型	单项操作		题分	100分
成绩		考评员		考评组长		日期	
试题正文	采用闭式卡更换220kV耐张串单片绝缘子						
需要说明的问题和要求	（1）要求单人操作，地面人员配合，工作负责人监护。 （2）上下杆塔、作业、转位时不得失去安全保护。 （3）接触或接近导线前应使用个人保安线防止感应电伤人。 （4）高处作业一律使用工具袋。 （5）上下传递工器具、材料应绑扎牢固，防止坠物伤人。 （6）工作地点正下方严禁站人、通过和逗留						

序号	项目名称	质量要求	满分	扣分标准	扣分原因	得分
1	工作准备					
1.1	工器具的选用	（1）脚扣、安全带、绝缘延长绳外观检查，进行冲击试验。 （2）全套屏蔽服连接可靠	10	安全带、延长绳未检查、未做冲击试验不得分； 全套屏蔽服连接不可靠不得分		
1.2	材料的选用	检查绝缘子是否干净无缺陷	5	型号不正确不得分		
2	工作许可					
2.1	许可方式	向考评员示意准备就绪，申请开始工作	5	未向考评员示意即开始工作扣5分		
3	工作步骤及技术要求					
3.1	登杆	（1）登杆时脚扣不得相碰。 （2）步幅与身体相互协调。 （3）上、下横担时动作规范。 （4）正确使用安全带，安全带应系在牢固的构件上，检查扣环闭锁是否扣好	10	登杆动作不协调熟练扣3分； 安全带、延长绳闭锁装置未按要求扣好扣7分		
3.2	横担上的工作	绝缘延长绳应系在牢固的构件上，检查扣环闭锁是否扣好	5	低挂高用扣2.5分； 未检查扣环闭锁扣2.5分		
3.3	更换绝缘子	（1）登杆。 （2）跨二短三法进入破损绝缘子处。 （3）安装好传递绳。 （4）拆除破损绝缘子。 （5）更换新绝缘子。 （6）按相反程序返回地面	5	少一步扣1分，扣完为止		

续表

序号	项目名称	质量要求	满分	扣分标准	扣分原因	得分
3.4	安装卡具	（1）卡具吊上安装时应按照卡四取二的方法进行。 （2）将卡具卡住要更换的绝缘子，检查卡具是否卡到位，对受力丝杠部件作相应的冲击试验。 （3）取弹簧销，收紧卡具丝杠，至绝缘子一次取出，不得反复	10	卡具安装未一次到位扣3分； 未检查卡具丝杠等受力部件扣4分； 绝缘子未一次取出扣3分		
3.5	起吊绝缘子	起吊绝缘子时绝缘子绑扎方法应正确	5	绝缘子绑扎不正确扣5分		
3.6	安装绝缘子弹簧销	安装新绝缘子时弹簧销方向应由上往下穿入	5	绝缘子弹簧销穿向不正确扣5分		
3.7	松卡具丝杠	松卡具丝杠时应检查绝缘子各部件连接可靠时方可取下并绑扎牢固放置地面	5	未按照要求上下传递物品扣5分		
3.8	下塔返回	作业人员返回时	5	作业人员未按带电作业要求退出强电场扣5分		
4	工作结束					
4.1	整理工具，清理现场	整理好工具，清理好现场	10	错误一项扣5分，扣完为止		
5	工作结束汇报	向考评员报告工作已结束，场地已清理	5	未向考评员报告工作结束扣3分； 未清理场地扣2分		
6	其他要求	（1）要求着装正确（工作服、工作胶鞋、安全帽）。 （2）操作动作熟练。 （3）高空不得落物。 （4）清理工作现场符合文明生产要求。 （5）在规定的时间内完成	15	每项不正确扣3分； 高空落物不得分； 超过时间不给分，每超过1分钟扣2分（无上限）		
合计			100			

Jc0004253017　闭式卡更换330kV耐张串单片绝缘子的操作。（100分）

考核知识点：高压线路带电检修方法及操作技巧

难易度：难

技能等级评价专业技能考核操作工作任务书

一、任务名称

更换330kV耐张串单片绝缘子。

二、适用工种

高压线路带电检修工（输电）技师。

三、具体任务

采用闭式卡更换330kV耐张串单片绝缘子。针对此项工作，考生须在规定时间内完成更换处理操作。

四、工作规范及要求

（1）要求单独操作，杆下1人监护，3人配合。

（2）更换的绝缘子从横担向线夹数第9片。

（3）用闭式卡进行带电更换单片绝缘子。

（4）要求着装正确（全套屏蔽服、安全帽）。

（5）工具。① 绝缘子及弹簧销；② 选用登杆工器具：脚扣、安全带、延长绳、个人保安线、滑车及传递绳、绝缘子；③ 个人工器具；④ 在培训输电线路上操作。

五、考核及时间要求

考核时间共50分钟，每超过2分钟扣1分，到55分钟终止考核。

技能等级评价专业技能考核操作评分标准

工种	高压线路带电检修工					评价等级	技师
项目模块	高压线路带电检修工—高压线路带电检修方法及操作技巧				编号	Jc0004253017	
单位			准考证号			姓名	
考试时限	50分钟	题型		单项操作		题分	100分
成绩		考评员		考评组长		日期	
试题正文	采用闭式卡更换330kV耐张串单片绝缘子						
需要说明的问题和要求	（1）要求单人操作，地面人员配合，工作负责人监护。 （2）上下杆塔、作业、转位时不得失去安全保护。 （3）接触或接近导线前应使用个人保安线防止感应电伤人。 （4）高处作业一律使用工具袋。 （5）上下传递工器具、材料应绑扎牢固，防止坠物伤人。 （6）工作地点正下方严禁站人、通过和逗留						

序号	项目名称	质量要求	满分	扣分标准	扣分原因	得分
1	工作准备					
1.1	工器具的选用	（1）脚扣、安全带、绝缘延长绳外观检查，进行冲击试验。 （2）全套屏蔽服是否连接可靠	10	安全带、延长绳未检查做冲击试验不得分； 全套屏蔽服是否连接不可靠不得分		
1.2	材料的选用	检查绝缘子是否干净无缺陷	5	未检查绝缘子是否干净无缺陷不得分		
2	工作许可					
2.1	许可方式	向考评员示意准备就绪，申请开始工作	5	未向考评员示意即开始工作扣5分		
3	工作步骤及技术要求					
3.1	登杆	（1）登杆时脚扣不得相碰。 （2）步幅与身体相互协调。 （3）上、下横担时动作规范。 （4）正确使用安全带，安全带应系在牢固的构件上，检查扣环闭锁是否扣好	10	登杆动作不协调熟练扣3分； 安全带、延长绳闭锁装置未按要求扣好扣7分		
3.2	横担上的工作	绝缘延长绳应系在牢固的构件上检查扣环闭锁是否扣好	10	低挂高用扣5分； 未检查扣环闭锁扣5分		
3.3	安装卡具	（1）卡具吊上安装时应按照卡四取二的方法进行。 （2）将卡具卡住要更换的绝缘子检查卡具是否卡到位，对受力丝杠部件并做相应的冲击试验。 （3）取弹簧销，收紧卡具丝杠，至绝缘子一次取出，不得反复	10	卡具安装未一次到位扣5分； 未检查卡具丝杠等受力部件扣2分； 绝缘子未一次取出扣3分		

续表

序号	项目名称	质量要求	满分	扣分标准	扣分原因	得分
3.4	起吊绝缘子	起吊绝缘子时绝缘子绑扎方法应正确	5	绝缘子绑扎不正确扣5分		
3.5	安装绝缘子	安装新绝缘子时弹簧销方向应由上往下穿入	5	绝缘子弹簧销穿向不正确扣5分		
3.6	取卡具丝杠	松卡具丝杠时应检查绝缘子各部件连接可靠时方可取下并绑扎牢固放置地面	5	未按照要求上下传递物品扣5分		
3.7	返回地面	作业人员应按带电作业要求退出强电场并安全返回地面	5	作业人员未按带电作业要求退出强电场扣5分		
4	工作结束					
4.1	整理工具，清理现场	整理好工具，清理好现场	10	错误一项扣5分，扣完为止		
5	工作结束汇报	向考评员报告工作已结束，场地已清理	5	未向考评员报告工作结束扣3分； 未清理场地扣2分		
6	其他要求	（1）要求着装正确（工作服、工作胶鞋、安全帽）。 （2）操作动作熟练。 （3）高空不得落物。 （4）清理工作现场符合文明生产要求。 （5）在规定的时间内完成	15	每项不正确扣3分； 高空落物不得分； 超过时间不给分，每超过1分钟扣2分（无上限）		
合计			100			

Jc0004251018 光学经纬仪对中、整平、对光、调焦操作。（100分）

考核知识点：高压线路带电检修方法及操作技巧

难易度：易

技能等级评价专业技能考核操作工作任务书

一、任务名称

光学经纬仪使用操作。

二、适用工种

高压线路带电检修工（输电）技师。

三、具体任务

要求考生完成光学经纬仪对中、整平、对光、调焦操作。针对此项工作，考生须在规定时间内完成更换处理操作。

四、工作规范及要求

按照以下要求完成使用光学经纬仪对中、整平、对光、调焦操作。

（1）光学经纬仪使用常见的J_2或J_6型。

（2）使用光学对点器对中。

（3）在平坦的地面钉一木桩，桩头中心钉一颗小铁钉作为测量站点。

（4）关键工序完整正确。

（5）考核时间结束终止考试。

五、考核及时间要求

考核时间共10分钟，每超过2分钟扣1分，到15分钟终止考核。

技能等级评价专业技能考核操作评分标准

工种	高压线路带电检修工					评价等级	技师
项目模块	高压线路带电检修工—高压线路带电检修方法及操作技巧				编号	Jc0004251018	
单位			准考证号			姓名	
考试时限	10 分钟		题型	单项操作		题分	100 分
成绩		考评员		考评组长		日期	
试题正文	光学经纬仪对中、整平、对光、调焦操作						
需要说明的问题和要求	（1）要求单人操作测量，地面完成。 （2）经纬仪架设完毕后应经考官检查完毕后方可进行下一步。 （3）对光、调焦完毕后申请检查验收。 （4）测量仪器使用、操作、安装应规范						

序号	项目名称	质量要求	满分	扣分标准	扣分原因	得分
1	工作准备					
1.1	将三脚架高度调节好后架于测站点上	高度便于操作	5	高度不便于操作扣 5 分		
1.2	仪器从箱中取出	一手握扶照准部，一手握住三角机座	5	姿势不正确扣 1～5 分		
1.3	将仪器放于三脚架上，转动中心固定螺旋	将仪器固定于脚架上，不能拧太紧，留有余地	5	仪器未安放牢固扣 5 分		
2	工作许可					
2.1	许可方式	向考评员示意准备就绪，申请开始工作	5	未向考评员示意即开始工作扣 5 分		
3	工作步骤及技术要求					
3.1	旋转对点器目镜	使分化板清晰	4	不正确扣 4 分		
3.2	拉伸对点器镜管	使对中标志清晰	4	不正确扣 4 分		
3.3	两手各持三脚架中两脚，另一脚用右（左）手胳膊与右（左）腿配合好，将仪器平稳脱离地，来回移动	找到木桩	4	未找到木桩扣 4 分		
3.4	将仪器平稳放落地，将分化板的小圆圈套住桩上小铁钉	仪器一次放成功	4	每超过二次倒扣 3 分		
3.5	仪器调平后再滑动仪器调整	使小铁钉准确处于分化的小圆圈中心	5	圈外扣 5 分，不在中心视情况扣 1～3 分		
3.6	将三脚架踩紧或调整各脚的高度	使圆水泡中的气泡居中	5	调整圆水泡不正确扣 5 分		
3.7	将仪器照准部转动 180° 后再检查仪器对中情况，然后拧紧中心固定螺栓	仪器调平后还要再精细对中一次，使小铁钉准确处于分化板小圆圈中心	5	精确对中不正确扣 1～5 分		
3.8	转动仪器照准部	使长型水准器与任意两个脚螺旋的链接线平行	2	不正确扣 2 分		
3.9	以相反方向等量转动此两脚螺旋	使气泡正确居中	2	不正确扣 2 分		

续表

序号	项目名称	质量要求	满分	扣分标准	扣分原因	得分
3.10	将仪器转动 90°，旋转第三个脚螺旋	使气泡居中	2	不正确扣 2 分		
3.11	反复调整两次	仪器旋转至任何位置，水准气泡最大偏离值都不超过 1/4 格值	2	反复超过二次倒扣 2 分		
3.12	仪器精对中后还要再检查调平一次	所有要求合格	2	不合格扣 2 分		
3.13	将望远镜想着光亮均匀的背景（天空），转动目镜	使分划板十字丝清晰明确	2	不正确扣 2 分		
3.14	记住屈光度后再重调一次	要求两次屈光度一致	2	要求两次屈光度不一致扣 2 分		
3.15	从瞄准器上对准目标后，拧紧照准部制动手轮	对准目标	2	未对准目标扣 2 分		
3.16	旋转望远镜调焦手轮	使标杆的影像清晰	2	标杆的影像不清晰扣 2 分		
3.17	旋动照准部微动手轮	使标杆在十字丝双丝正中	2	标杆不在十字丝双丝正中扣 2 分		
3.18	眼睛上下左右移动检查有无视差	如有视差，再进行调焦清除	2	有视差，未再进行调焦清除扣 2 分		
3.19	旋动照准部微动手轮	仔细检查使标杆在十字丝双丝正中	2	未仔细检查使标杆不在十字丝双丝正中，漏一项扣 1 分，扣完为止		
4	工作结束					
4.1	松动所有制动手轮	仪器活动	2	仪器活动不正确扣 2 分		
4.2	松开仪器中心固定螺旋	一手握仪器，一手旋下固定螺旋	2	方法不正确扣 2 分		
4.3	双手将功能仪器轻轻拿下放进箱内	要求位置正确，一次成功	2	每失误一次扣 1 分，扣完为止		
4.4	清除三角架上的泥土	将三角架收回，扣上皮带	2	未将三角架收回扣 1 分； 未扣上皮带扣 1 分		
4.5	操作时动作	熟练流畅	1	动作不熟练扣 1 分		
4.6	按时完成	按要求完成	1	超过时间不给分		
5	工作结束汇报	向考评员报告工作已结束，场地已清理	5	未向考评员报告工作结束扣 3 分； 未清理场地扣 2 分		
6	其他要求	（1）要求着装正确（工作服、工作胶鞋、安全帽）。 （2）操作动作熟练。 （3）清理工作现场符合文明生产要求	10	不满足要求一项扣 3 分		
合计			100			

Jc0004251019　使用 ZC－8 型接地电阻测量仪测量接地电阻的操作。（100 分）

考核知识点：高压线路带电检修方法及操作技巧

难易度：易

技能等级评价专业技能考核操作工作任务书

一、任务名称

使用 ZC－8 型接地电阻测量仪测量接地电阻的操作。

二、适用工种

高压线路带电检修工（输电）技师。

三、具体任务

使用 ZC－8 型接地电阻测量仪测量接地电阻的操作。针对此项工作，考生须在规定时间内完成操作。

四、工作规范及要求

（1）使用国产 ZC－8 型接地电阻测量仪。

（2）只测一组接地体电阻值。

（3）要求着装正确（工作服、工作胶鞋、安全帽）。

（4）工具。① ZC－8 型接地电阻的测量仪；② 连接线；③ 接地棒；④ 手锤；⑤ 在培训输电线路上操作（个人工器具）。

五、考核及时间要求

考核时间共 15 分钟，每超过 2 分钟扣 1 分，到 20 分钟终止考核。

技能等级评价专业技能考核操作评分标准

工种	高压线路带电检修工				评价等级	技师
项目模块	高压线路带电检修工—高压线路带电检修方法及操作技巧			编号	Jc0004251019	
单位		准考证号			姓名	
考试时限	15 分钟	题型	单项操作		题分	100 分
成绩	考评员		考评组长		日期	
试题正文	使用 ZC－8 型接地电阻测量仪测量接地电阻的操作					
需要说明的问题和要求	（1）测量前应将接地装置与被保护的电气设备断开。 （2）测量前仪表应水平放置，然后调零。 （3）接地电阻测量仪不准开路摇动手把，否则将损坏仪表。 （4）将倍率开关放在最大倍率档，按照要求调整再计算得出接地电阻值					

序号	项目名称	质量要求	满分	扣分标准	扣分原因	得分
1	工作准备	（1）外观检查，有有效的检测合格证。 （2）连接线的检查，截面积不小于 1～1.5mm²。 （3）连接线绝缘层良好，无脱落龟裂	15	外观检查，未有效的检测合格证扣 1～5 分； 连接线的检查，截面积小于 1～1.5mm² 扣 1～5 分； 连接线绝缘层差，脱落龟裂扣 1～5 分		
2	工作许可					
2.1	许可方式	向考评员示意准备就绪，申请开始工作	5	未向考评员示意即开始工作扣 5 分		
3	工作步骤及技术要求					
3.1	现场布置连接线	两根接地测量导线彼此相距 5m	5	两根接地测量导线彼此相距不足 5m，扣 1～3 分		

续表

序号	项目名称	质量要求	满分	扣分标准	扣分原因	得分
3.2	布置测量辅助射线	按本杆塔设计的接地线长度 *L*，布置测量辅助射线为 2.5*L* 和 4*L*，或电压辅助射线应比本杆塔接地线长 20m，电流辅助射线比本杆塔接地线长 40m	5	不正确每项扣 1～3 分，扣完为止		
3.3	预处理接地探针	将接地探针用砂纸擦拭干净，并使接地测量导线与探针接触可靠、良好	5	未将接地探针用砂纸擦拭干净，接地测量导线与探针接触差扣 1～5 分		
3.4	安装接地探针	探针应紧密不松动地插入土壤中 20cm 以上且应与土壤接触良好	5	探针未紧密不松动地插入土壤扣 1～5 分		
3.5	拆除接地引下线	用扳手将与杆塔连接的所有接地引下线螺栓拆除，并保持接地网与杆塔处于断开状态	5	未用扳手将与杆塔连接的所有接地引下线螺栓拆除，未保持接地网与杆塔处于断开状态，扣 1～5 分	10	
3.6	接线	（1）将接地引下线用砂纸擦拭干净，以确保连接可靠。 （2）将接地测量射线与 E、P、C 正确连接	5	未将接地引下线用砂纸擦拭干净，确保连接可靠扣 2 分； 未将接地测量射线与 E、P、C 正确连接扣 3 分		
3.7	调试电阻测量仪	将仪表放置水平，检查检流计是否指在中心线上，否则可用调零器调整指在中心线上	2	未将仪表放置水平，未检查检流计是否指在中心线上扣 2 分		
3.8	选用适当倍率转动转盘	将倍率标度指在最大倍率上，慢慢摇动发电机摇把，同时拨动测量标度盘使检流计指针指在中心线上	3	未选用适当倍率转动转盘扣 1～3 分		
3.9	摇动摇把调整读盘	当检流计指针接近平衡时，加大摇把转速，使其达到 120r/min 以上，调整测量标度盘使指针指在中心线上	5	摇动摇把调整读盘不正确扣 1～5 分		
3.10	读数	如测量标度盘的读数小于 1 时，应将倍率标度置于较小标度倍数上。 用测量标度盘的读数乘以倍率标度的倍数即为所测杆塔的工频接地电阻值，按季节系数换算后为本杆塔的实际工频接地电阻值	10	读数不正确扣 1～10 分		
4	工作结束					
4.1	恢复连接	测量结束，拆除绝缘电阻表，恢复接地体与杆塔连接，清除连接体表面的铁锈，并涂抹导电脂。确保所有接地引下线全部复位，并紧固	5	恢复连接不正确不得分		
4.2	安全文明生产	（1）测量过程中，裸手不得触碰绝缘电阻表接线头，防止触电。 （2）操作动作熟练连贯。 （3）按照规定时间完成此项目	5	测量过程中，裸手触碰绝缘电阻表接线头扣 1～2 分； 操作动作不熟练连贯扣 1～2 分； 未按照规定时间完成此项目扣 1～2 分； 以上扣分，扣完为止		
5	工作结束汇报	向考评员报告工作已结束，场地已清理	5	未向考评员报告工作结束扣 3 分； 未清理场地扣 2 分		
6	其他要求	（1）要求着装正确（工作服、工作胶鞋、安全帽）。 （2）操作动作熟练。 （3）清理工作现场符合文明生产要求。 （4）在规定的时间内完成	15	不满足要求一项扣 3～4 分，扣完为止		
合计			100			

Jc0004253020　用闭式卡更换 330kV 输电线路耐张杆上双耐张串上单片瓷绝缘子。（100 分）

考核知识点：高压线路带电检修方法及操作技巧

难易度：难

技能等级评价专业技能考核操作工作任务书

一、任务名称

更换 330kV 输电线路耐张杆上双耐张串上单片瓷绝缘子。

二、适用工种

高压线路带电检修工（输电）技师。

三、具体任务

采用闭式卡更换 330kV 输电线路耐张杆上双耐张串上单片瓷绝缘子。针对此项工作，考生须在规定时间内完成更换操作。

四、工作规范及要求

（1）杆塔上 1 人单独操作，杆塔下设 1 监护人员配合。

（2）更换的绝缘子从横担向导线侧数第 15 片。

（3）登杆工具自选，准备吊绳、安全带，带个人工具。

（4）要求着装正确（穿工作服、工作胶鞋，戴安全帽）。

（5）工具：利用不带电的培训输电线路操作、配合用换单个绝缘子的卡具。

五、考核及时间要求

考核时间共 30 分钟。每超过 2 分钟扣 1 分，到 35 分钟终止考核。

工种	高压线路带电检修工					评价等级	技师
项目模块	高压线路带电检修工—高压线路带电检修方法及操作技巧				编号	Jc0004253020	
单位			准考证号			姓名	
考试时限	30 分钟		题型	单项操作		题分	100 分
成绩		考评员		考评组长		日期	
试题正文	采用闭式卡更换 330kV 输电线路耐张杆上双耐张串上单片瓷绝缘子						
需要说明的问题和要求	本细则依据 GB 50233—2014《110kV～750kV 架空输电线路施工及验收规范》制定						

序号	项目名称	质量要求	满分	扣分标准	扣分原因	得分
1	工作准备					
1.1	卡具检查	合格适用	2	卡具检查不正确扣 1～2 分		
1.2	检查登杆工具，整理传递绳	操作正确	2	检查登杆工具，整理传递绳操作不正确扣 1～2 分		
1.3	瓷绝缘子检查	无缺陷、有弹簧销、清擦干净	2	瓷绝缘子未检查扣 1～2 分		
1.4	工具材料摆放	工具材料摆放有序，专用卡具轻拿轻放	2	工具材料摆放混乱，专用卡具未轻拿轻放扣 1～2 分		

续表

序号	项目名称	质量要求	满分	扣分标准	扣分原因	得分
2	工作许可					
2.1	许可方式	向考评员示意准备就绪，申请开始工作	5	未向考评员示意即开始工作扣5分		
3	工作步骤及技术要求					
3.1	登杆动作	熟练正确，带传递绳头上杆	4	登杆动作不熟练正确，未带传递绳头上杆扣1～4分		
3.2	上横担	动作安全，上横担后登杆工具放稳当	4	上横担动作不安全，上横担后登杆工具未放稳当扣1～4分		
3.3	正确使用安全带	所系部位正确，安全带扣后要检查扣环是否扣牢	4	未正确使用安全带扣1～4分		
3.4	从横担进入工作点	方式正确，手扶一串、脚踩一串绝缘子或坐在绝缘子串上移动	4	从横担进入工作点方式不正确扣1～4分		
3.5	到工作点后人员定位	定位正确，坐好后不得反复移动	4	到工作点后人员未定位，反复移动扣1～4分		
3.6	吊卡具上杆塔	吊上卡具动作熟练正确，绳子尾部不得与卡具缠绕	4	吊上卡具动作不熟练正确，绳子尾部与卡具缠绕扣4分		
3.7	调整卡具丝杠	使卡具长度合适，一次操作到位	4	一次操作不到位扣2分，扣完为止		
3.8	松开卡具螺栓，将卡具卡住绝缘子	卡住要换的绝缘子，不能卡错	4	卡住要换的绝缘子，卡错扣1～4分		
3.9	取弹簧销	取出要换的绝缘子两端的弹簧销，操作顺利	4	取出要换的绝缘子两端的弹簧销，操作不顺利扣1～4分		
3.10	收紧丝杠卡具，至绝缘子可取出为止	一次操作到位，不得反复	4	一次操作不到位，反复操作扣1～4分		
3.11	取出绝缘子	旧绝缘子取出顺利	4	旧绝缘子未取出顺利扣1～4分		
3.12	旧绝缘子吊下，新绝缘子吊上	绑绝缘子方法正确，操作正确	4	绑绝缘子方法不正确，操作不正确扣1～4分		
3.13	装新绝缘子顺利，装弹簧销、转绝缘子、整理绝缘子弹簧销方向	装新绝缘子顺利，弹簧销方向正确，穿入方向是由上往下	3	装新绝缘子不顺利，弹簧销方向错误，穿入方向不正确扣1～3分		
3.14	松丝杠	丝杠棘轮换向，松开丝杠	3	丝杠棘轮换向，松开丝杠不正确扣1～3分		
3.15	取下卡具吊下	卡具收好，绑牢固再吊下	3	卡具未收好，未绑牢固再吊下1～3分； 卡具掉下扣3分； 以上扣分，扣完为止		
4	工作结束					
4.1	整理工具，清理现场	整理好工具，清理好现场	10	错误一项扣5分，扣完为止		
5	工作结束汇报	向考评员报告工作已结束，场地已清理	5	未向考评员报告工作结束扣3分； 未清理场地扣2分		
6	其他要求					
6.1	材料、工具传递	杆上不能掉东西	5	每掉一件材料扣2分，扣完为止		
6.2	着装正确	应穿工作服、工作胶鞋，戴安全帽	5	未穿工作服扣1分； 未穿工作胶鞋扣1分； 未戴安全帽扣3分		

续表

序号	项目名称	质量要求	满分	扣分标准	扣分原因	得分
6.3	操作情况	动作熟练流畅	3	动作不熟练扣 1～3 分		
6.4	考核时间	按时完成	2	超过时间不给分，每超过 2 分钟扣 1 分		
合计			100			

Jc0006252021　编写一份 110kV 输电线路基础工程验收的组织方案。（100 分）

考核知识点：技术管理及培训

难易度：中

技能等级评价专业技能考核操作工作任务书

一、任务名称

编写一份 110kV 输电线路基础工程验收的组织方案。

二、适用工种

高压线路带电检修工（输电）技师。

三、具体任务

某 110kV 输电线路基础工程已经施工完成，根据安排，要对其进行基础验收。针对此项工作，要求考生编写一份 110kV 输电线路基础工程验收的组织方案。

四、工作规范及要求

请按以下要求完成 110kV 输电线路基础工程验收的组织方案的编写；方案编写在教室内完成。

（1）人员配置分工合理、职责清楚（方案中不得出现真实单位名称及个人姓名）。

（2）工器具清楚。

（3）验收内容清楚。

（4）验收质量标准清楚。

（5）组织、安全、技术措施齐全。

（6）考核时间结束终止考试。

五、考核及时间要求

考核时间共 40 分钟，每超过 2 分钟扣 1 分，到 45 分钟终止考核。

技能等级评价专业技能考核操作评分标准

工种	高压线路带电检修工					评价等级	技师
项目模块	技术管理及培训—技术管理				编号	Jc0006252021	
单位			准考证号			姓名	
考试时限	40 分钟		题型	单项操作		题分	100 分
成绩		考评员		考评组长		日期	
试题正文	编写一份 110kV 输电线路基础工程验收的组织方案						
需要说明的问题和要求	（1）学员集中于教室在 40 分钟内完成方案编写。 （2）方案中施工班组、作业人员不指定，由考生自行填写，但不得出现真实单位名称和个人姓名。 （3）所用工具、材料由考生根据施工需要进行安排						

续表

序号	项目名称	质量要求	满分	扣分标准	扣分原因	得分
1	工作准备					
1.1	标题	要写清楚输电线路名称、杆号及作业内容	5	未写清楚输电线路名称、杆号及作业内容各扣5分		
1.2	工作概况介绍	应对工作概况或该工作的背景进行简单描述	5	没有工程概况介绍扣3分		
2	工作许可					
2.1	许可方式	向考评员示意准备就绪，申请开始工作	5	未向考评员示意即开始工作扣5分		
3	工作步骤及技术要求					
3.1	工作内容	应写清楚工作的输电线路、杆号、工作内容	5	未写清楚工作的输电线路、杆号、工作内容各扣2分，扣完为止		
3.2	工作人员及分工	写清楚工作班组和人数；或者逐一填写工作人员名字。 单位名称和个人姓名不得使用真实名称。 有明确分工	5	未写清楚工作班组和人数扣1分； 单位名称和个人姓名使用真实名称扣2分； 无明确分工扣2分		
3.3	工作时间	应写清楚计划工作时间，计划工作开始及工作结束时间均应以年、月、日、时、分填写清楚	5	没有填写时间扣5分，时间填写不清楚的扣3分		
3.4	表面	应对基础表面有明确的质量要求	5	无相关内容不得分		
3.5	强度	应对基础强度有明确的强度要求	5	无相关内容不得分		
3.6	尺寸	应包括以下方面明确的技术要求： （1）高差。 （2）根开。 （3）螺距。 （4）保护层厚度。 （5）断面尺寸	10	无高差扣2分； 无根开扣2分； 无螺距扣2分； 无保护层厚度扣2分； 无断面尺寸扣2分		
3.7	基础培土	有对基础培土情况的要求	5	无对基础培土情况的要求扣5分		
3.8	资料	应对施工记录进行检查	5	未施工记录进行检查扣5分		
3.9	基础开挖时的安全措施	应对基础开挖时有一定的安全要求	5	无相关内容不得分，内容不全酌情扣分		
3.10	工器具的使用要求	应有测量工器具的使用有明确的要求	5	无相关内容不得分，内容不全酌情扣分		
4	工作结束					
4.1	整理工具，清理现场	整理好工具，清理好现场	10	错误一项扣5分，扣完为止		
5	工作结束汇报	向考评员报告工作已结束，场地已清理	5	未向考评员报告工作结束扣3分； 未清理场地扣2分		
6	其他要求	（1）要求着装正确（工作服、工作胶鞋、安全帽）。 （2）操作动作熟练。 （3）清理工作现场符合文明生产要求。 （4）在规定的时间内完成	15	不满足要求一项扣3～4分，扣完为止		
合计			100			

Jc0006252022 编写一份220kV输电线路基础工程验收的组织方案。（100分）

考核知识点：技术管理及培训

难易度：中

技能等级评价专业技能考核操作工作任务书

一、任务名称

编写一份 220kV 输电线路基础工程验收的组织方案。

二、适用工种

高压线路带电检修工（输电）技师。

三、具体任务

某 220kV 输电线路杆塔工程已经施工完成，根据安排，要对其进行验收。针对此项工作，要求考生编写一份 220kV 输电线路杆塔工程验收的组织方案。

四、工作规范及要求

该输电线路杆塔工程全部为混凝土杆，请按以下要求完成 220kV 输电线路杆塔验收的组织方案的编写；方案编写在教室内完成。

（1）人员配置分工合理、职责清楚（方案中不得出现真实单位名称及个人姓名）。

（2）工器具清楚。

（3）验收内容清楚。

（4）验收质量标准清楚。

（5）组织、安全、技术措施齐全。

（6）考核时间结束终止考试。

五、考核及时间要求

考核时间共 40 分钟，每超过 2 分钟扣 1 分，到 45 分钟终止考核。

技能等级评价专业技能考核操作评分标准

工种	高压线路带电检修工					评价等级	技师
项目模块	技术管理及培训—技术管理				编号	Jc0006252022	
单位			准考证号			姓名	
考试时限	40 分钟		题型	单项操作		题分	100 分
成绩		考评员		考评组长		日期	
试题正文	编写一份 220kV 输电线路基础工程验收的组织方案						
需要说明的问题和要求	（1）学员集中于教室在 40 分钟内完成方案编写。 （2）方案中施工班组、作业人员不指定，由考生自行填写，但不得出现真实单位名称和个人姓名。 （3）所用工具、材料由考生根据施工需要进行安排						

序号	项目名称	质量要求	满分	扣分标准	扣分原因	得分
1	工作准备					
1.1	标题	要写清楚输电线路名称、杆号及作业内容	5	未写清楚输电线路名称、杆号及作业内容各扣 2 分		
1.2	工作概况介绍	应对工作概况或该工作的背景进行简单描述	5	没有工程概况介绍扣 5 分		
2	工作许可					
2.1	许可方式	向考评员示意准备就绪，申请开始工作	5	未向考评员示意即开始工作扣 5 分		

续表

序号	项目名称	质量要求	满分	扣分标准	扣分原因	得分
3	工作步骤及技术要求					
3.1	工作内容	应写清楚工作的输电线路、杆号、工作内容	5	未写清楚工作的输电线路、杆号、工作内容各扣2分，扣完为止		
3.2	工作人员及分工	写清楚工作班组和人数；或者逐一填写工作人员名字。 单位名称和个人姓名不得使用真实名称。 有明确分工	5	未写清楚工作班组和人数扣1分； 单位名称和个人姓名使用真实名称扣2分； 无明确分工扣2分		
3.3	工作时间	应写清楚计划工作时间，计划工作开始及工作结束时间均应以年、月、日、时、分填写清楚	5	没有填写时间扣5分，时间填写不清楚的扣3分		
3.4	表面	应对基础表面有明确的质量要求	5	对基础表面无明确的质量要求不得分		
3.5	强度	应对基础强度有明确的强度要求	5	无明确的基础强度要求不得分		
3.6	尺寸	应包括以下方面明确的技术要求： （1）高差。 （2）根开。 （3）螺距。 （4）保护层厚度。 （5）断面尺寸	10	无高差扣2分； 无根开扣2分； 无螺距扣2分； 无保护层厚度扣2分； 无断面尺寸扣2分		
3.7	基础培土	有对基础培土情况的要求	5	无对基础培土情况的要求不得分		
3.8	资料	应对施工记录进行检查	5	未对施工记录进行检查不得分		
3.9	基础开挖时的安全措施	应对基础开挖时有一定的安全要求	5	无相关内容不得分，内容不全酌情扣分		
3.10	工器具的使用要求	应有测量工器具的使用有明确的要求	5	无相关内容不得分，内容不全酌情扣分		
4	工作结束					
4.1	整理工具，清理现场	整理好工具，清理好现场	10	错误一项扣5分，扣完为止		
5	工作结束汇报	向考评员报告工作已结束，场地已清理	5	未向考评员报告工作结束扣3分； 未清理场地扣2分		
6	其他要求	（1）要求着装正确（工作服、工作胶鞋、安全帽）。 （2）操作动作熟练。 （3）清理工作现场符合文明生产要求	15	不满足要求一项扣5分		
合计			100			

Jc0004252023 编写一份更换 220kV 直线塔单串绝缘子的检修方案。（100 分）

考核知识点：高压线路带电检修方法及操作技巧

难易度：中

技能等级评价专业技能考核操作工作任务书

一、任务名称

编写一份停电更换 220kV 直线塔单串绝缘子的检修方案。

二、适用工种

高压线路带电检修工（输电）技师。

三、具体任务

220kV 某线 5 号塔（ZM 型）A 相绝缘子串的玻璃绝缘子由于表面脏污，某单位计划将其更换为防污绝缘子串，针对此项工作，考生编写一份停电更换 220kV 直线塔整串绝缘子的检修方案。

四、工作规范及要求

请按以下要求完成停电更换 220kV 直线塔单串绝缘子的检修方案；方案编写在教室内完成。

（1）人员配置分工合理（方案中不得出现真实单位名称及个人姓名）。

（2）工器具及材料清楚。

（3）主要作业程序正确。

（4）关键工序工艺质量标准清楚。

（5）组织、安全、技术措施齐全。

（6）考核时间结束终止考试。

五、考核及时间要求

考核时间共 40 分钟，每超过 2 分钟扣 1 分，到 45 分钟终止考核。

技能等级评价专业技能考核操作评分标准

工种	高压线路带电检修工					评价等级	技师
项目模块	高压线路带电检修工—高压线路带电检修方法及操作技巧				编号	Jc0004252023	
单位			准考证号			姓名	
考试时限	40 分钟		题型	单项操作		题分	100 分
成绩		考评员		考评组长		日期	
试题正文	编写一份更换 220kV 直线塔单串绝缘子的检修方案						
需要说明的问题和要求	（1）学员集中于教室在 40 分钟内完成方案编写。 （2）方案中施工班组、作业人员不指定，由考生自行填写，但不得出现真实单位名称和个人姓名。 （3）导线提升工具可选择丝杠、倒链、手扳葫芦等。 （4）所用工具、材料由考生根据检修需要进行安排						

序号	项目名称	质量要求	满分	扣分标准	扣分原因	得分
1	工作准备					
1.1	标题	要写清楚输电线路名称、杆号及作业内容	5	未写清楚输电线路名称、杆号及作业内容各扣 2 分		
1.2	检修工作介绍	应对检修工作概况或该工作的背景进行简单描述	5	没有工程概况介绍扣 5 分		
2	工作许可					
2.1	许可方式	向考评员示意准备就绪，申请开始工作	5	未向考评员示意即开始工作扣 5 分		
3	工作步骤及技术要求					
3.1	工作内容	应写清楚工作的输电线路、杆号、工作内容	5	未写清楚工作的输电线路、杆号、工作内容各扣 2 分，扣完为止		

续表

序号	项目名称	质量要求	满分	扣分标准	扣分原因	得分
3.2	工作人员及分工	（1）应写清楚工作班组和人数；或者逐一填写工作人员名字。 （2）单位名称和个人姓名不得使用真实名称。 （3）应有明确分工	5	未写清楚工作班组和人数扣1分； 单位名称和个人姓名使用真实名称扣2分； 无明确分工扣2分		
3.3	工作时间	应写清楚计划工作时间，计划工作开始及工作结束时间均应以年、月、日、时、分填写清楚	5	没有填写时间扣5分，时间填写不清楚的扣3分		
3.4	准备工作	（1）安全措施宣讲及落实（作业人员着装正确，戴安全帽，系安全带，停电、验电、挂接地线）。 （2）人员分工（塔上作业及地面配合人员）。 （3）作业开始前的检查（绝缘子串的表面检查、安全带及延长绳的外观检查和冲击试验、导线提升工具的检查）	5	安全措施未宣讲或落实扣2分； 人员未分工扣1分； 作业开始前未进行绝缘子串表面、安全带、导线提升工具的检查扣2分		
3.5	登塔及更换绝缘子	（1）登塔。 （2）挂吊绳，起吊导线后备保护钢丝绳和提升工具。 （3）挂导线后备保护钢丝绳。 （4）挂好导线提升工具，提升导线。 （5）绑扎绝缘子串，取销子。 （6）落绝缘子串，并起吊新绝缘子串。 （7）安装新绝缘子串及销子。 （8）落导线提升工具和导线后备保护钢丝绳。 （9）下塔，清理现场	5	登塔、挂吊绳、挂导线后备保护钢丝绳、挂好导线提升工具，提升导线、绑扎绝缘子串，取销子、落绝缘子串，并起吊新绝缘子串、安装新绝缘子串及销子、落导线提升工具和导线后备保护钢丝绳、下塔，清理现场少一步扣1分，扣完为止		
3.6	防触电措施	（1）核对输电线路名称。 （2）停电，在作业点两端验电、挂接地线。 （3）加装个人保安线	5	未核对输电线路名称扣1分； 停电，未在作业点两端验电、挂接地线扣2分； 未加装个人保安线扣2分		
3.7	防止高坠措施	（1）安全带、延长绳外观检查及冲击试验。 （2）登杆过程中应全程使用安全带。 （3）杆上人员作业过程中不得失去保护	5	安全带、延长绳外观未检查及未冲击试验扣1分； 登杆过程中全程未使用安全带扣2分； 杆上人员作业过程中失去保护扣2分		
3.8	防止高空落物伤人措施	（1）杆上作业人员应将工具放置在牢固的构件上。 （2）上下传递工具材料应使用绳索传递，不得抛掷。 （3）作业人员应正确佩戴安全帽。 （4）作业点下方不得有人逗留或通过	5	杆上作业人员未将工具放置在牢固的构件上扣1.5分； 上下传递工具材料未使用绳索传递扣1分； 作业人员未正确佩戴安全帽扣1.5分； 作业点下方有人逗留或通过扣1分		
3.9	防止掉线措施	（1）应使用导线后备保护钢丝绳。 （2）断开绝缘子前应检查导线提升工具	5	未使用导线后备保护钢丝绳扣3分； 断开绝缘子前未检查导线提升工具扣2分		
3.10	工器具的使用要求	导线提升工具的使用要求	5	无此项内容不得分，内容不全酌情扣分		
3.11	质量要求	销子安装质量	5	无此项内容不得分，内容不全酌情扣分		
4	工具材料					
4.1	工具	（1）应有工具清单。 （2）应含有导线提升工具、导线后备保护钢丝绳、绳索、滑车等工具，并应根据情况选择适当的型号。 （3）应含有验电器、接地线、安全带、延长绳、脚扣等安全工器具	5	无工具清单、无导线提升工具、无导线后备保护钢丝绳、绳索、滑车等工具各扣1分； 无验电器、接地线、安全带、延长绳、脚扣等安全工器具各扣1分； 型号选择不正确扣1分； 以上扣分，扣完为止		

续表

序号	项目名称	质量要求	满分	扣分标准	扣分原因	得分
4.2	材料	（1）应有材料清单。 （2）应有防污绝缘子、销子等材料，并应根据情况选择适当的型号	5	无材料清单扣 2 分； 无防污绝缘子、销子等材料，扣 2 分； 型号选择不正确扣 1 分		
5	工作结束					
5.1	整理工具，清理现场	整理好工具，清理好现场	5	错误一项扣 2 分，扣完为止		
6	工作结束汇报	向考评员报告工作已结束，场地已清理	5	未向考评员报告工作结束扣 3 分； 未清理场地扣 2 分		
7	其他要求	（1）要求着装正确（工作服、工作胶鞋、安全帽）。 （2）操作动作熟练。 （3）清理工作现场符合文明生产要求	10	不满足要求一项扣 3 分		
合计			100			

Jc0006252024　编写 110kV 耐张塔绝缘子串涂刷 RTV 涂料检修方案。（100 分）

考核知识点：技术管理及培训

难易度：中

技能等级评价专业技能考核操作工作任务书

一、任务名称

编写 110kV 耐张塔绝缘子串涂刷 RTV 涂料检修方案。

二、适用工种

高压线路带电检修工（输电）技师。

三、具体任务

110kV 某线 7 号塔（塔型 JG1）绝缘子型号为 XP－7，为了提高输电线路绝缘子的防污能力，计划对塔绝缘子串涂刷 RTV 涂料。针对此项工作，考生编写一份 110kV 耐张塔绝缘子串喷涂 RTV 涂料的检修方案。

四、工作规范及要求

请按以下要求完成 110kV 耐张塔绝缘子串喷涂 RTV 涂料的检修方案；方案编写在教室内完成。

（1）人员配置分工合理（方案中不得出现真实单位名称及个人姓名）。

（2）工器具及材料清楚。

（3）主要作业程序正确。

（4）关键工序工艺质量标准清楚。

（5）组织、安全、技术措施齐全。

（6）考核时间结束终止考试。

五、考核及时间要求

考核时间共 40 分钟。每超过 2 分钟扣 1 分，到 45 分钟终止考核。

技能等级评价专业技能考核操作评分标准

<table>
<tr><td>工种</td><td colspan="4">高压线路带电检修工</td><td>评价等级</td><td>技师</td></tr>
<tr><td>项目模块</td><td colspan="3">高压线路带电检修工—高压线路带电检修方法及操作技巧</td><td>编号</td><td colspan="2">Jc0006252024</td></tr>
<tr><td>单位</td><td colspan="2"></td><td>准考证号</td><td></td><td>姓名</td><td></td></tr>
<tr><td>考试时限</td><td>40 分钟</td><td>题型</td><td colspan="2">单项操作</td><td>题分</td><td>100 分</td></tr>
</table>

续表

成绩		考评员		考评组长		日期	
试题正文	编写 110kV 耐张塔绝缘子串涂刷 RTV 涂料检修方案						
需要说明的问题和要求	（1）考生集中于教室在 40 分钟内完成方案编写。 （2）方案中施工班组、作业人员不指定，由考生自行填写，但不得出现真实单位名称和个人姓名。 （3）所用工具、材料由考生根据检修需要进行安排						

序号	项目名称	质量要求	满分	扣分标准	扣分原因	得分
1	工作准备					
1.1	标题	要写清楚输电线路名称、杆号及作业内容	5	未写清楚输电线路名称、杆号及作业内容各扣 2 分，扣完为止		
1.2	检修工作介绍	应对检修工作概况或该工作的背景进行简单描述	5	没有进行简述扣 5 分		
2	工作许可					
2.1	许可方式	向考评员示意准备就绪，申请开始工作	5	未向考评员示意即开始工作扣 5 分		
3	工作步骤及技术要求					
3.1	工作内容	应写清楚工作的输电线路、杆号、工作内容	5	未写清楚工作的输电线路、杆号、工作内容各扣 2 分，扣完为止		
3.2	工作人员及分工	（1）应写清楚工作班组和人数；或者逐一填写工作人员名字。 （2）单位名称和个人姓名不得使用真实名称。 （3）应有明确分工	5	未写清楚工作班组和人数扣 1 分； 单位名称和个人姓名使用真实名称扣 2 分； 无明确分工扣 2 分		
3.3	工作时间	应写清楚计划工作时间，计划工作开始及工作结束时间均应以年、月、日、时、分填写清楚	5	没有填写时间扣 5 分，时间填写不清楚的扣 3 分		
3.4	准备工作	（1）安全措施宣讲及落实（作业人员着装正确，戴安全帽，系安全带）。 （2）人员分工（杆上作业及地面配合人员）。 （3）作业开始前的准备（喷枪调试等）	3	安全措施未宣讲或落实扣 1 分； 人员未分工扣 1 分； 无作业开始前准备工作扣 1 分		
3.5	喷涂 PRTV 涂料	（1）登塔。 （2）挂滑车及绳索。 （3）起吊喷涂设备及涂料。 （4）出绝缘子串至导线侧。 （5）涂料喷涂。 （6）自导线侧边喷涂边后退至横担侧。 （7）吊落喷涂设备下塔	7	无登塔扣 1 分； 无挂滑车及绳索扣 1 分； 无起吊喷涂设备及涂料扣 1 分； 未出绝缘子串至导线侧扣 1 分； 未涂料喷涂扣 1 分； 自导线侧边喷涂边后未退至横担侧扣 1 分； 无吊落喷涂设备扣 1 分下塔		
3.6	防触电措施	（1）作业前应核对输电线路双重名称。 （2）停电、在作业点两端验电、挂接地线	5	作业前未核对输电线路双重名称扣 2 分； 停电、未在作业点两端验电、挂接地线扣 3 分		
3.7	防止高坠措施	（1）安全带、延长绳外观检查及冲击试验。 （2）登杆过程中应全程使用安全带。 （3）杆上人员作业过程中不得失去保护	5	安全带、延长绳外观未检查及未冲击试验扣 1 分； 登杆过程中未全程使用安全带扣 2 分； 杆上人员作业过程中失去保护扣 2 分		
3.8	防止高空落物伤人措施	（1）杆上作业人员应将工具放置在牢固的构件上。 （2）上下传递工具材料应使用绳索传递，不得抛掷。 （3）作业人员应正确佩戴安全帽。 （4）作业点下方不得有人逗留或通过	5	杆上作业人员未将工具放置在牢固的构件上扣 1.5 分； 上下传递工具材料未使用绳索传递扣 1 分； 作业人员未正确佩戴安全帽扣 1.5 分； 作业点下方有人逗留或通过扣 1 分		

续表

序号	项目名称	质量要求	满分	扣分标准	扣分原因	得分
3.9	质量要求	RTV 涂料的厚度要求。 涂料的表面覆盖效果	5	无此项内容不得分；内容不全酌情扣分		
3.10	工具	（1）应有工具清单。 （2）应含有安全带、延长绳等安全工器具。 （3）应有喷涂 RTV 涂料的设备，滑车、绳索等，并根据要求选择合适的型号	5	无工具清单扣 1 分； 无安全带、延长绳等安全工器具扣 2 分； 未喷涂 RTV 涂料的设备，滑车、绳索等扣 2 分； 未选择合适的型号扣 2 分		
3.11	材料	（1）应有材料清单。 （2）应有 RTV 涂料的数量和型号	5	无材料清单扣 3 分； 无 PRTV 涂料的数量和型号扣 2 分		
4	工作结束					
4.1	整理工具，清理现场	整理好工具，清理好现场	10	错误一项扣 5 分，扣完为止		
5	工作结束汇报	向考评员报告工作已结束，场地已清理	5	未向考评员报告工作结束扣 3 分； 未清理场地扣 2 分		
6	其他要求	（1）要求着装正确（工作服、工作胶鞋、安全帽）。 （2）操作动作熟练。 （3）清理工作现场符合文明生产要求	15	不满足要求一项扣 5 分		
合计			100			

Jc0006251025　中级工技能培训方案的编写。（100 分）

考核知识点：技术管理及培训

难易度：易

技能等级评价专业技能考核操作工作任务书

一、任务名称

中级工技能培训方案的编写。

二、适用工种

高压线路带电检修工（输电）技师。

三、具体任务

某单位有张三等 15 名输电线路中级工需进行技能培训。针对此项工作，考生编写一份中级工技能培训方案。

四、工作规范及要求

结合培训任务按照以下要求完成技能培训方案的编写。

（1）培训项目为实操项目。

（2）培训相关内容由考生自行组织。

五、考核及时间要求

考核时间共 30 分钟，每超过 2 分钟扣 1 分，到 35 分钟终止考核。

技能等级评价专业技能考核操作评分标准

<table>
<tr><td>工种</td><td colspan="4">高压线路带电检修工</td><td>评价等级</td><td>技师</td></tr>
<tr><td>项目模块</td><td colspan="3">技术管理及培训—技术培训</td><td>编号</td><td colspan="2">Jc0006251025</td></tr>
<tr><td>单位</td><td colspan="2"></td><td>准考证号</td><td></td><td>姓名</td><td></td></tr>
<tr><td>考试时限</td><td>30 分钟</td><td>题型</td><td colspan="2">单项操作</td><td>题分</td><td>100 分</td></tr>
</table>

续表

成绩		考评员		考评组长		日期	
试题正文	中级工技能培训方案的编写						
需要说明的问题和要求	（1）所编写培训方案应包含培训对象、培训目标、培训形式、内容设置、考试安排、考核评价、工作要求。 （2）现场实操项目应含有相应作业的组织、技术、安全措施。 （3）使用工器具、材料应合格齐备						

序号	项目名称	质量要求	满分	扣分标准	扣分原因	得分
1	培训目标	应有明确的培训目标	10	无明确的培训目标扣 10 分		
2	培训人	应有明确的授课人	10	无明确的授课人扣 10 分		
3	培训对象	应明确培训对象	10	无明确培训对扣 10 分		
4	培训内容	（1）应有具体的培训项目名称。 （2）应有项目的具体内容	20	无具体的培训项目名称扣 10 分； 无项目的具体内容扣 10 分		
5	培训方式	应有明确的培训方式，培训方式为实操	10	无明确的培训方式扣 10 分		
6	培训时间与地点	应明确培训时间，培训地点	20	无明确培训时间、培训地点各扣 10 分		
7	培训考核方式	应明确培训的考核方式，考核方式为实操	10	无明确培训的考核方式扣 10 分		
8	其他相关事宜	其他相关的培训事宜，如奖惩方式、劳动纪律等要求	10	培训事宜不明确扣 10 分		
合计			100			

Jc0006243026 编写带电接 10kV 架空线路的检修方案。（100 分）

考核知识点：技术管理及培训

难易度：难

技能等级评价专业技能考核操作工作任务书

一、任务名称

编写带电接 10kV 架空线路的检修方案。

二、适用工种

高压线路带电检修工（输电）技师。

三、具体任务

带电接 10kV 架空线路，针对此项工作，考生编写一份带电接 10kV 架空线路的检修方案。

四、工作规范及要求

请按以下要求完成带电接 10kV 架空线路的检修方案；方案编写在教室内完成。

（1）人员配置分工合理（方案中不得出现真实单位名称及个人姓名）。

（2）工器具及材料清楚。

（3）主要作业程序正确。

（4）关键工序工艺质量标准清楚。

（5）组织、安全、技术措施齐全。

（6）考核时间结束终止考试。

五、考核及时间要求

考核时间共 40 分钟。每超过 2 分钟扣 1 分，到 45 分钟终止考核。

技能等级评价专业技能考核操作评分标准

<table>
<tr><td>工种</td><td colspan="4">高压线路带电检修工</td><td>评价等级</td><td>技师</td></tr>
<tr><td>项目模块</td><td colspan="3">高压线路带电检修工—高压线路带电检修方法及操作技巧</td><td>编号</td><td colspan="2">Jc0006243026</td></tr>
<tr><td>单位</td><td colspan="2"></td><td>准考证号</td><td></td><td>姓名</td><td></td></tr>
<tr><td>考试时限</td><td>40 分钟</td><td>题型</td><td colspan="2">单项操作</td><td>题分</td><td>100 分</td></tr>
<tr><td>成绩</td><td>考评员</td><td></td><td>考评组长</td><td></td><td>日期</td><td></td></tr>
<tr><td>试题正文</td><td colspan="6">编写带电接 10kV 架空线路的检修方案</td></tr>
<tr><td>需要说明的问题和要求</td><td colspan="6">（1）学员集中于教室在 60 分钟内完成方案编写。
（2）方案中施工班组、作业人员不指定，由考生自行填写，但不得出现真实单位名称和个人姓名。
（3）所用工具、材料由考生根据检修需要进行安排</td></tr>
</table>

序号	项目名称	质量要求	满分	扣分标准	扣分原因	得分
1	工作准备					
1.1	标题	要写清楚输电线路名称、杆号及作业内容	5	少一项扣 2 分		
1.2	检修工作介绍	应对检修工作概况或该工作的背景进行简单描述	5	没有工程概况介绍扣 5 分		
2	工作许可					
2.1	许可方式	向考评员示意准备就绪，申请开始工作	5	未向考评员示意即开始工作扣 5 分		
3	工作步骤及技术要求					
3.1	工作内容	应写清楚工作的输电线路、杆号、工作内容	3	少一项内容扣 1 分，扣完为止		
3.2	工作人员及分工	（1）应写清楚工作班组和人数；或者逐一填写工作人员名字。 （2）单位名称和个人姓名不得使用真实名称。 （3）应有明确分工	3	一项不正确扣 1 分		
3.3	工作时间	应写清楚计划工作时间，计划工作开始及工作结束时间均应以年、月、日、时、分填写清楚	3	没有填写时间扣 3 分，时间填写不清楚的扣 2 分		
3.4	方案中作业前准备	（1）作业前，工作负责人与调度联系，履行许可手续，取得配电调度值班人员许可后，下令带电作业开始。 （2）工作负责人组织全体工作人员学习工作票，交代安全措施、注意事项、危险点及防范措施	3	不准确一项扣 1.5 分		
3.5	查看所有断路器位置	工作负责人必须亲自查看被接引线路上的所有断路器在断开位置，线路上无人工作，相位确定无误后，并确认线路长度为 1000m 以内	3	不准确一项扣 1 分，扣完为止		
3.6	绝缘斗臂车	绝缘斗臂车停到合适位置，将车体良好接地	3	不准确一项扣 1 分，扣完为止		
3.7	全面检查	带电作业操作工带好绝缘传递绳、对讲机，经工作负责人全面检查无误后，进入斗内系好安全带，并戴好绝缘手套	3	不准确一项扣 1 分，扣完为止		

续表

序号	项目名称	质量要求	满分	扣分标准	扣分原因	得分
3.8	到达位置	根据工作需要和工作负责人的布置，由地面电工将所需的工器具装入绝缘斗内。工作负责人命令带电作业操作工操纵绝缘斗臂车，到达预先选好的适当位置。带电作业操作工到达作业位置后，进一步确定安全距离是否合适	3	不准确一项扣1分，扣完为止		
3.9	验电、开始工作	对被接引的线路进行验电。验明确无电压后，用绝缘摇表测量被接引的线路。确认该线路无接地、短路现象。工作负责人发令进行接引工作	3	不准确一项扣1分，扣完为止		
3.10	绝缘遮蔽	带电作业操作工，对人体可能触及范围内的横担、金属支撑件、带电导体按照由近到远，由下到上的顺序进行绝缘遮蔽。安装好被接引相的绝缘过引线，先接负荷侧，后接电源侧	3	不准确一项扣1分，扣完为止		
3.11	拆除绝缘过引线	过引线的接点必须牢固。进行该相接引，接好后，拆除绝缘过引线，并对该相进行绝缘遮蔽。其他两相按上述操作方法依次进行	3	不准确一项扣1分，扣完为止		
3.12	拆除绝缘遮蔽工具	断引工作全部完毕后，按照由远至近，由上到下的顺序拆除绝缘遮蔽工具	3	不准确一项扣1分，扣完为止		
3.13	返回地面	工作负责人命令带电作业操作工返回地面，组织工作班成员清理现场	2	不准确一项扣1分，扣完为止		
3.14	汇报调度	工作负责人全面查看现场无误后，向调度值班员汇报工作结束。工作结束后，工作班撤离现场	2	不准确一项扣1分，扣完为止		
3.15	防触电措施	（1）核对输电线路名称。 （2）停电，在作业点两端验电、挂接地线。 （3）加装个人保安线	3	少一项扣1分		
3.16	防止高坠措施	（1）安全带、延长绳外观检查及冲击试验。 （2）登杆过程中应全程使用安全带。 （3）杆上人员作业过程中不得失去保护	3	少一项扣1分		
3.17	防止高空落物伤人措施	（1）杆上作业人员应将工具放置在牢固的构件上。 （2）上下传递工具材料应使用绳索传递，不得抛掷。 （3）作业人员应正确佩戴安全帽。 （4）作业点下方不得有人逗留或通过	4	少一项扣1分		
3.18	工器具的使用要求	按要求使用	2	无此项内容不得分，内容不全酌情扣分		
3.19	质量要求	应达到的检修质量	3	无此项内容不得分，内容不全酌情扣分		
3.20	工具	（1）应有工具清单。 （2）应含有导线提升工具、导线后备保护钢丝绳、绳索、滑车等工具，并应根据情况选择适当的型号。 （3）应含有验电器、接地线、安全带、延长绳、脚扣等安全工器具	3	少一项扣1分； 型号选择不正确扣1分 以上扣分，扣完为止		
3.21	材料	（1）应有材料清单。 （2）应有防污绝缘子、销子等材料，并应根据情况选择适当的型号	2	少一项扣1分； 型号选择不正确扣1分 以上扣分，扣完为止		

续表

序号	项目名称	质量要求	满分	扣分标准	扣分原因	得分
4	工作结束					
4.1	整理工具，清理现场	整理好工具，清理好现场	5	错误一项扣2分，扣完为止		
5	工作结束汇报	向考评员报告工作已结束，场地已清理	10	未向考评员报告工作结束扣5分； 未清理场地扣5分		
6	其他要求	（1）要求着装正确（工作服、工作胶鞋、安全帽）。 （2）操作动作熟练。 （3）清理工作现场符合文明生产要求	10	不满足要求一项扣3分		
合计			100			

Jc0004243027　110kV 输电线路带电更换跳线（引流线）绝缘子串。（100 分）

考核知识点：高压线路带电检修方法及操作技巧

难易度：难

技能等级评价专业技能考核操作工作任务书

一、任务名称

110kV 输电线路带电更换跳线（引流线）绝缘子串。

二、适用工种

高压线路带电检修工（输电）技师。

三、具体任务

模拟 110kV 输电线路地电位结合滑车组法带电更换跳线（引流线）绝缘子串。针对此项作业，考生须在规定时间内完成。

四、工作规范及要求

（1）作业中保持安全距离。

（2）正确进行带电作业工器具现场检查及使用。

（3）作业中各安全措施执行到位。

（4）带电作业操作流程正确，顺畅。

（5）作业人员配合默契。

五、考核及时间要求

（1）本考核整体操作时间为 60 分钟，时间到停止考评，包括作业场地工具、材料整理。

（2）项目工作人员共计 6 人。其中工作负责人 1 人，地面电工 3 人，杆塔上电工 2 人，本项目仅对杆塔上人员进行评审。

技能等级评价专业技能考核操作评分标准

工种	高压线路带电检修工					评价等级	技师
项目模块	高压线路带电检修工—高压线路带电检修方法及操作技巧				编号	Jc0004243027	
单位			准考证号			姓名	
考试时限	60分钟	题型	单项操作			题分	100分
成绩		考评员		考评组长		日期	
试题正文	110kV 输电线路地电位结合滑车组法带电更换跳线（引流线）绝缘子串						
需要说明的问题和要求	（1）要求多人配合操作，仅对杆塔上作业人员进行考评。 （2）操作应注意安全，按照标准化作业书的技术安全说明做好安全措施。						

续表

需要说明的问题和要求	（3）严格按照带电作业流程进行，流程是否正确将列入考评内容。 （4）工具材料的检查由被考核人员配合完成。 （5）视作业现场线路重合闸已停用

序号	项目名称	质量要求	满分	扣分标准	扣分原因	得分
1	工作准备					
1.1	安全劳动防护用品的准备	正确佩戴安全帽，穿全套劳动防护用品，包括工作服、绝缘鞋（带电作业应穿导电鞋）、棉手套	5	未正确佩戴安全帽，穿工作服、绝缘鞋、棉手套。（带电作业应穿导电鞋、全套屏蔽服）每项扣2分，扣完为止		
1.2	工器具的准备	熟练正确使用各种工器具	10	未正确使用一次扣1分，扣完为止		
1.3	相关安全措施的准备	（1）正确进行绝缘工具检查。 （2）带电作业现场条件复核。 （3）进行绝缘子零值检查。 （4）合理布置地面材料、工具	10	未进行绝缘工具绝缘性检查、擦拭及屏蔽服电阻检测扣2分； 未进行现场风速、湿度检查扣2分； 未进行绝缘子零值检查扣2分； 绝缘子零值检查操作错误扣2分； 地面工具、材料摆放不整齐、不合理扣2分		
2	工作许可					
2.1	许可方式	向考评员示意准备就绪，申请开始工作	5	未向考评员示意即开始工作扣5分		
3	工作步骤及技术要求					
3.1	作业中使用工具材料	能按要求正确选择作业工具，顺利完成工具的组合	10	滑车组滑车组合不正确扣5分； 作业工具选择错误、不全扣5分		
3.2	作业程序	杆塔上作业人员与地面人员相互配合，杆塔上作业人员做好个人防护工作	20	作业人员作业时失去安全保护（无后备保护、未系安全带）扣5分； 绝缘滑车和绝缘绳固定位置不合适，导致重复移动的扣5分； 各操作不顺畅，重复操作的扣5分； 绝缘承力工具受力后，未进行检查确认安全可靠后脱离绝缘子串的扣5分		
3.3	安全措施	塔上作业人员与带电体保持足够的安全距离，使用的带电工器具作业时保持有效的绝缘长度	20	登高作业前，未对登高工具及安全带进行检查和冲击试验的扣5分； 塔上作业人员与带电体安全距离小于1m的一次扣5分； 使用的绝缘承力工具安全长度小于1m、绝缘操作杆的有效长度小于1.3m，扣5分； 杆塔上电工无安全措施徒手摘开横担侧绝缘子，扣10分		
4	工作结束					
4.1	作业结束	作业完成后检查检修质量，确认作业现场有无遗留物，申请下塔	2	作业结束后未检查绝缘子清扫情况的不得分； 未向工作负责人申请下塔或工作负责人未批准下塔的不得分； 下塔后塔上有遗留物的不得分		
4.2	材料、工具规整	作业结束后进行现场工具材料规整	3	未进行现场工具材料规整不得分		
5	工作终结汇报	向考评员报告工作已结束，场地已清理	5	未向考评员报告工作结束扣3分； 未清理场地扣2分		
6	其他要求					
6.1	动作要求	动作熟练顺畅	5	动作不熟练扣1～5分		
6.2	安全要求	严格遵守“四不伤害”原则，不得损坏工器具和设备	5	工器具或设备损坏不得分		
合计			100			

Jc0006243028　编写220kV输电线路导、地线工程验收的组织方案。（100分）

考核知识点：技术管理及培训

难易度：难

技能等级评价专业技能考核操作工作任务书

一、任务名称

编写220kV输电线路导、地线工程验收的组织方案。

二、适用工种

高压线路带电检修工（输电）技师。

三、具体任务

220kV某输电线路架线工程已经施工完成，根据安排，输电工区要对其进行验收。针对此项工作，要求考生编写一份220kV输电线路导、地线工程验收的组织方案。针对此项作业，考生必须在规定时间内完成。

四、工作规范及要求

请按以下要求完成220kV输电线路导、地线工程验收的组织方案的编写；方案编写在教室内完成。

（1）人员配置分工合理、职责清楚（方案中不得出现真实单位名称及个人姓名）。

（2）工器具清楚。

（3）验收内容清楚。

（4）验收质量标准清楚。

（5）组织、安全、技术措施齐全。

（6）考核时间结束终止考试。

五、考核及时间要求

考核时间共40分钟，每超过2分钟扣1分，到45分钟终止考核。

技能等级评价专业技能考核操作评分标准

<table>
<tr><td>工种</td><td colspan="5">高压线路带电检修工</td><td>评价等级</td><td>技师</td></tr>
<tr><td>项目模块</td><td colspan="4">技术管理及培训—技术管理</td><td>编号</td><td colspan="2">Jc0006243028</td></tr>
<tr><td>单位</td><td colspan="2"></td><td>准考证号</td><td colspan="2"></td><td>姓名</td><td></td></tr>
<tr><td>考试时限</td><td colspan="2">40分钟</td><td>题型</td><td colspan="2">单项操作</td><td>题分</td><td>100分</td></tr>
<tr><td>成绩</td><td></td><td>考评员</td><td></td><td>考评组长</td><td></td><td>日期</td><td></td></tr>
<tr><td>试题正文</td><td colspan="7">编写220kV输电线路导、地线工程验收的组织方案</td></tr>
<tr><td>需要说明的问题和要求</td><td colspan="7">（1）学员集中于教室在40分钟内完成方案编写。
（2）方案中施工班组、作业人员不指定，由考生自行填写，但不得出现真实单位名称和个人姓名。
（3）验收范围应包括导、地线和附件。
（4）所用工具、材料由考生根据施工需要进行安排</td></tr>
</table>

序号	项目名称	质量要求	满分	扣分标准	扣分原因	得分
1	工作准备					
1.1	标题	要写清楚输电线路名称、杆号及作业内容	5	少一项扣2分，扣完为止		
1.2	工程概况介绍	应对工程概况或该工作的背景进行简单描述	5	没有工程概况介绍扣5分		

续表

序号	项目名称	质量要求	满分	扣分标准	扣分原因	得分
2	工作许可					
2.1	许可方式	向考评员示意准备就绪，申请开始工作	5	未向考评员示意即开始工作扣 5 分		
3	工作步骤及技术要求					
3.1	工作内容	应写清楚工作的输电线路、杆号、工作内容、工作范围	5	少一项内容扣 2 分，扣完为止		
3.2	工作人员及分工	应写清楚工作班组和人数；或者逐一填写工作人员名字单位名称和个人姓名不得使用真实名称。应有明确分工	5	一项不正确扣 2 分，扣完为止		
3.3	工作时间	应写清楚计划工作时间，计划工作开始及工作结束时间均应以年、月、日、时、分填写清楚	5	没有填写时间扣 5 分，时间填写不清楚的扣 3 分		
3.4	导、地线	应对导、地线有以下方面有明确的要求： （1）导线弛度。 （2）导线水平度。 （3）导线接头（压接管、接续管）数量。 （4）交跨距离。 （5）导、地线外观检查。 （6）引流线距离	6	少一项扣 1 分		
3.5	附件	应对附件有以下方面有明确要求： （1）线夹、金具安装质量。 （2）防振锤安装位置、质量。 （3）螺帽及开口销是否齐全	6	少一项扣 2 分		
3.6	绝缘子	（1）应对绝缘子以下方面有明确要求。 （2）悬瓶钢脚弯曲度、表面清洁度、绝缘子型号、片数是否符合设计要求。 （3）复合绝缘子外观检查、倾斜度检查	5	少一项扣 2 分，扣完为止		
3.7	资料	应对设计图纸、施工记录进行检查	2	无此项不得分		
3.8	登杆的安全措施	（1）有防高空坠落措施。 （2）有防止高空落物伤人的措施	3	少一项扣 1.5 分		
3.9	防止感应电伤人措施	接触导线作业须先加挂个人保安线	5	无此项内容不得分，内容不全酌情扣分		
3.10	工器具的使用要求	应对测量工器具（经纬仪）的使用有明确的要求。 测距杆的使用要求	5	无此项内容不得分，内容不全酌情扣分		
3.11	测量仪器	应有测量仪器清单，并根据需要对仪器的型号作出一定的要求	3	少一项扣 1 分； 没有型号要求扣 2 分		
4	工作结束					
4.1	整理工具，清理现场	整理好工具，清理好现场	10	错误一项扣 5 分，扣完为止		
5	工作结束汇报	向考评员报告工作已结束，场地已清理	10	未向考评员报告工作结束扣 5 分； 未清理场地扣 5 分		
6	其他要求	（1）要求着装正确（工作服、工作胶鞋、安全帽）。 （2）操作动作熟练。 （3）清理工作现场符合文明生产要求	15	不满足要求一项扣 5 分		
合计			100			

Jc0004241029　制作 110kV 耐张引流的操作。（100 分）

考核知识点： 高压线路带电检修方法及操作技巧

难易度： 易

技能等级评价专业技能考核操作工作任务书

一、任务名称

停电制作 110kV 耐张引流的操作。

二、适用工种

高压线路带电检修工（输电）技师。

三、具体任务

依据铁塔实际情况，停电制作 110kV 耐张引流。针对此项工作，考生须在规定时间内完成引流线制作。

四、工作规范及要求

（1）要求单独操作，杆下 1 人监护，1 人配合。

（2）告知安装尺寸。

（3）要求着装正确（工作服、工作胶鞋、安全帽）。

（4）工具。① 与导线型号相符的并沟线夹、铝包带；② 选用登杆工器具：脚扣、安全带、延长绳、个人保安线、滑车及传递绳、断线钳、软梯；③ 个人工器具；④ 在培训输电线路上操作。

五、考核及时间要求

考核时间共 30 分钟，每超过 2 分钟扣 1 分，到 35 分钟终止。

技能等级评价专业技能考核操作评分标准

工种	高压线路带电检修工					评价等级	技师
项目模块	技术管理及培训—技术管理				编号	Jc0004241029	
单位			准考证号			姓名	
考试时限	30 分钟		题型	单项操作		题分	100 分
成绩		考评员		考评组长		日期	
试题正文	停电制作 110kV 耐张引流的操作						
需要说明的问题和要求	（1）要求两人配合操作，完成树线交跨距离的测量。 （2）操作应注意安全，按照标准化作业书的技术安全说明做好安全措施						

序号	项目名称	质量要求	满分	扣分标准	扣分原因	得分
1	工作准备					
1.1	安全劳动防护用品的准备	正确佩戴安全帽，穿全套工作，包括工作服、绝缘鞋、棉手套	5	未正确佩戴安全帽，穿工作服、绝缘鞋、棉手套每项扣 2 分，扣完为止		
1.2	工器具的准备	熟练正确使用各种工器具	5	工器具少一个扣 1 分，扣完为止		
1.3	材料的选用	导线并沟线夹、铝包带	5	型号不正确不得分，差一项扣 1～3 分，扣完为止		
2	工作许可					
2.1	许可方式	向考评员示意准备就绪，申请开始工作	5	未向考评员示意即开始工作扣 5 分		

续表

序号	项目名称	质量要求	满分	扣分标准	扣分原因	得分
3	工作步骤及技术要求					
3.1	登杆	（1）登杆时脚扣不得相碰。 （2）步幅与身体相互协调。 （3）上、下横担时动作规范	10	动作不规范不协调扣1～10分		
3.2	检查扣环、闭锁进入导线端	安全带、延长绳应系在牢固的构件上，检查扣环闭锁是否扣好，挂好延长绳及个人保安线沿绝软梯进入导线引流作业点	10	少挂一项扣2分，扣完为止		
3.3	量取引流对横担距离	（1）挂好滑车及传递绳。 （2）引流对横担距离1.35～1.45m	10	未挂好滑车及传递绳扣5分； 距离量取不正确扣5分		
3.4	画印	（1）画印并进行铝包带的缠绕，铝包带的绕相长度必须符合要求。 （2）切断多余导线	10	画印不正确扣3分； 铝包带绕相不正确、不紧密扣1～3分； 未切断多余导线扣4分		
3.5	安装并沟线夹及安装工艺	引流并沟线夹安装时应注意螺栓的穿向，两端并沟线夹导线出头10mm，耐张引流必须自然垂直地面不得变形，并沟线夹螺栓穿向从下往上穿入，弹簧垫片必须压紧	10	并沟线夹螺栓穿向反一次扣1～10分		
4	工作结束					
4.1	下杆	（1）登杆时脚扣不得相碰。 （2）步幅与身体相互协调。 （3）上、下横担时动作规范	5	动作不规范不协调扣1～5分		
4.2	清理现场	清理工作现场符合文明生产要求	5	现场未清理干净扣4分		
5	工作终结汇报	向考评员报告工作已结束，场地已清理	5	未向考评员报告工作结束扣3分； 未清理场地扣2分		
6	其他要求					
6.1	动作要求	动作熟练顺畅	5	动作不熟练扣1～5分		
6.2	安全要求	严格遵守“四不伤害”原则，不得损坏工器具和设备	10	工器具或设备损坏不得分		
合计			100			

Jc0006243030　编写高级工技能培训方案。（100分）

考核知识点：技术管理及培训

难易度：难

技能等级评价专业技能考核操作工作任务书

一、任务名称

编写高级工技能培训方案。

二、适用工种

高压线路带电检修工（输电）技师。

三、具体任务

某单位输电工区有张三等 15 名输电线路高级工需进行技能培训。针对此项工作，考生编写一份高级工技能培训方案。针对此项作业，考生必须在规定时间内完成。

四、工作规范及要求

结合培训任务按照以下要求完成技能培训方案的编写。

（1）培训项目为实操项目。

（2）培训相关内容由考生自行组织。

五、考核及时间要求

考核时间共 40 分钟，每超过 2 分钟扣 1 分，到 45 分钟终止考核。

技能等级评价专业技能考核操作评分标准

工种	高压线路带电检修工				评价等级	技师
项目模块	技术管理及培训—技能培训			编号	Jc0006243030	
单位		准考证号			姓名	
考试时限	40 分钟	题型	单项操作		题分	100 分
成绩		考评员		考评组长	日期	
试题正文	高级工技能培训方案的编写					
需要说明的问题和要求	（1）所编写培训方案应包含培训对象、培训目标、培训形式、内容设置、考试安排、考核评价、工作要求。 （2）现场实操项目应含有相应作业的组织、技术、安全措施。 （3）使用工器具、材料应合格齐备					

序号	项目名称	质量要求	满分	扣分标准	扣分原因	得分
1	培训目标	应有明确的培训目标	10	缺少一项扣 10 分		
2	培训人	应有明确的授课人	10	缺少一项扣 10 分		
3	培训对象	应明确培训对象	10	缺少一项扣 10 分		
4	培训内容	（1）应有具体的培训项目名称。 （2）应有项目的具体内容	20	缺少一项扣 10 分		
5	培训方式	应有明确的培训方式，培训方式为实操	10	缺少一项扣 10 分		
6	培训时间与地点	应明确培训时间，培训地点	20	缺少一项扣 10 分		
7	培训考核方式	应明确培训的考核方式，考核方式为实操	10	缺少一项扣 10 分		
8	其他相关事宜	其他相关的培训事宜，如奖惩方式、劳动纪律等要求	10	缺少一项扣 10 分		
合计			100			

Jc0006243031　编写 35kV 输电线路导、地线工程验收的组织方案。（100 分）

考核知识点：技术管理及培训

难易度：难

技能等级评价专业技能考核操作工作任务书

一、任务名称

编写35kV输电线路导、地线工程验收的组织方案。

二、适用工种

高压线路带电检修工（输电）技师。

三、具体任务

35kV某输电线路架线工程已经施工完成，根据安排，输电工区要对其进行验收。针对此项工作，要求考生编写一份35kV输电线路导、地线工程验收的组织方案。针对此项作业，考生必须在规定时间内完成。

四、工作规范及要求

请按以下要求完成35kV输电线路导、地线工程验收的组织方案的编写；方案编写在教室内完成。

（1）人员配置分工合理、职责清楚（方案中不得出现真实单位名称及个人姓名）。

（2）工器具清楚。

（3）验收内容清楚。

（4）验收质量标准清楚。

（5）组织、安全、技术措施齐全。

（6）考核时间结束终止考试。

五、考核及时间要求

考核时间共40分钟，每超过2分钟扣1分，到45分钟终止考核。

技能等级评价专业技能考核操作评分标准

工种	高压线路带电检修工				评价等级	技师
项目模块	技术管理及培训—技术管理			编号	Jc0006243031	
单位		准考证号			姓名	
考试时限	40分钟	题型	单项操作		题分	100分
成绩	考评员		考评组长		日期	
试题正文	编写35kV输电线路导、地线工程验收的组织方案					
需要说明的问题和要求	（1）学员集中于教室在40分钟内完成方案编写。 （2）方案中施工班组、作业人员不指定，由考生自行填写，但不得出现真实单位名称和个人姓名。 （3）验收范围应包括导、地线和附件。 （4）所用工具、材料由考生根据施工需要进行安排					

序号	项目名称	质量要求	满分	扣分标准	扣分原因	得分
1	工作准备					
1.1	标题	要写清楚输电线路名称、杆号及作业内容	5	少一项扣2分，扣完为止		
1.2	工程概况介绍	应对工程概况或该工作的背景进行简单描述	5	没有工程概况介绍扣5分		
2	工作许可					
2.1	许可方式	向考评员示意准备就绪，申请开始工作	5	未向考评员示意即开始工作扣5分		

续表

序号	项目名称	质量要求	满分	扣分标准	扣分原因	得分
3	工作步骤及技术要求					
3.1	工作内容	应写清楚工作的输电线路、杆号、工作内容、工作范围	5	少一项内容扣3分，扣完为止		
3.2	工作人员及分工	（1）应写清楚工作班组和人数；或者逐一填写工作人员名字。 （2）单位名称和个人姓名不得使用真实名称。 （3）应有明确分工	5	一项不正确扣2分，扣完为止		
3.3	工作时间	应写清楚计划工作时间，计划工作开始及工作结束时间均应以年、月、日、时、分填写清楚	5	没有填写时间扣5分，时间填写不清楚的扣3分		
3.4	导、地线	应对导、地线有以下方面有明确的要求： （1）导线弛度。 （2）导线水平度。 （3）导线接头（压接管、接续管）数量。 （4）交跨距离。 （5）导、地线外观检查。 （6）引流线距离	6	少一项扣1分		
3.5	附件	应对附件有以下方面有明确要求： （1）线夹、金具安装质量。 （2）防振锤安装位置、质量。 （3）螺帽及开口销是否齐全	6	少一项扣2分		
3.6	绝缘子	（1）应对绝缘子有以下方面有明确要求。 （2）悬瓶钢脚弯曲度、表面清洁度、绝缘子型号、片数是否符合设计要求。 （3）复合绝缘子外观检查、倾斜度检查	4	少一项扣2分，扣完为止		
3.7	资料	应对设计图纸、施工记录进行检查	4	无此项不得分，内容不全酌情扣分		
3.8	登杆的安全措施	（1）有防高空坠落措施。 （2）有防止高空落物伤人的措施	5	少一项扣2分		
3.9	防止感应电伤人措施	接触导线作业须先加挂个人保安线	5	无此项内容不得分，内容不全酌情扣分		
3.10	工器具的使用要求	（1）应有测量工器具（经纬仪）的使用有明确的要求。 （2）测距杆的使用要求	5	无此项内容不得分，内容不全酌情扣分		
3.11	测量仪器	应有测量仪器清单，并根据需要对仪器的型号作出一定的要求	5	仪器少一项扣2分，扣完为止； 没有型号要求扣2分		
3.12	安全工器具	登杆塔的工器具，安全带、脚扣、延长绳等	5	少一项扣2分，扣完为止		
4	工作结束					
4.1	整理工具，清理现场	整理好工具，清理好现场	10	错误一项扣5分，扣完为止		
5	工作结束汇报	向考评员报告工作已结束，场地已清理	5	未向考评员报告工作结束扣3分； 未清理场地扣2分		
6	其他要求	（1）要求着装正确（工作服、工作胶鞋、安全帽）。 （2）操作动作熟练。 （3）清理工作现场符合文明生产要求	10	不满足要求一项扣3分		
合计			100			

Jc0006243032　编写 35kV 输电线路工程验收的组织方案。（100 分）

考核知识点：技术管理及培训

难易度：难

技能等级评价专业技能考核操作工作任务书

一、任务名称

编写 35kV 输电线路工程验收的组织方案。

二、适用工种

高压线路带电检修工（输电）技师。

三、具体任务

某 35kV 输电线路工程已经施工完成，根据安排，输电工区要对该输电线路进行验收。针对此项工作，要求考生编写一份 35kV 输电线路工程验收的组织方案。针对此项作业，考生必须在规定时间内完成。

四、工作规范及要求

请按以下要求完成 35kV 输电线路工程验收的组织方案的编写；方案编写在教室内完成。

（1）人员配置分工合理、职责清楚（方案中不得出现真实单位名称及个人姓名）。

（2）工器具清楚。

（3）验收内容清楚。

（4）验收质量标准清楚。

（5）组织、安全、技术措施齐全。

（6）考核时间结束终止考试。

五、考核及时间要求

考核时间共 40 分钟，每超过 2 分钟扣 1 分，到 45 分钟终止考核。

技能等级评价专业技能考核操作评分标准

工种	高压线路带电检修工				评价等级	技师
项目模块	技术管理及培训—技术管理			编号	Jc0006243032	
单位		准考证号			姓名	
考试时限	40 分钟	题型	单项操作		题分	100 分
成绩	考评员		考评组长		日期	
试题正文	编写 35kV 输电线路导、地线工程验收的组织方案					
需要说明的问题和要求	（1）学员集中于教室在 40 分钟内完成方案编写。 （2）方案中施工班组、作业人员不指定，由考生自行填写，但不得出现真实单位名称和个人姓名。 （3）验收范围应包括输电线路除基础外的所有内容。 （4）所用工具、材料由考生根据施工需要进行安排					

序号	项目名称	质量要求	满分	扣分标准	扣分原因	得分
1	工作准备					
1.1	标题	要写清楚输电线路名称、杆号及作业内容	5	少一项扣 2 分，扣完为止		
1.2	工作概况介绍	应对工作概况或该工作的背景进行简单描述	5	没有工程概况介绍扣 5 分		
2	工作许可					
2.1	许可方式	向考评员示意准备就绪，申请开始工作	5	未向考评员示意即开始工作扣 5 分		

续表

序号	项目名称	质量要求	满分	扣分标准	扣分原因	得分
3	工作步骤及技术要求					
3.1	工作内容	应写清楚工作的输电线路、杆号、工作内容、工作范围	5	少一项内容扣2分，扣完为止		
3.2	工作人员及分工	（1）应写清楚工作班组和人数；或者逐一填写工作人员名字。 （2）单位名称和个人姓名不得使用真实名称。 （3）应有明确分工	3	一项不正确扣1分		
3.3	工作时间	应写清楚计划工作时间，计划工作开始及工作结束时间均应以年、月、日、时、分填写清楚	3	没有填写时间扣3分，时间填写不清楚的扣2分		
3.4	导、地线	应对导、地线有以下方面有明确的要求： （1）导线弛度。 （2）导线水平度。 （3）导线接头（压接管、接续管）数量。 （4）交跨距离。 （5）表面有无损伤、散股、折弯现象。 （6）引流线对杆塔距离	6	少一项扣1分		
3.5	附件	应对附件有以下方面有明确要求： （1）线夹安装质量。 （2）防振锤安装位置。 （3）螺帽及开口销是否齐全	6	少一项扣2分		
3.6	杆塔	应对杆塔有以下方面有明确要求： （1）杆塔倾斜度。 （2）塔材挠度。 （3）杆塔防腐、防盗。 （4）耐张塔预偏。 （5）混凝土杆表面裂纹、迈步。 （6）螺栓、脚钉数量、穿向及紧固情况	6	少一项扣1分		
3.7	接地装置	应对接地装置有以下方面有明确要求： （1）接地引下线连接情况。 （2）接地电阻要求	4	少一项扣2分		
3.8	通道	应对通道有以下方面有明确要求： （1）通道交跨。 （2）线下树木、道路、河流等方面的要求。 （3）档距核对。 （4）砌护情况	4	少一项扣1分		
3.9	资料	应对设计图纸、施工记录进行检查	2	少一项扣1分，扣完为止		
3.10	登杆的安全措施	（1）有防高空坠落措施。 （2）有防止高空落物伤人的措施	4	少一项扣2分		
3.11	防止感应电伤人的措施	接触带电体作业前须加挂个人保安线	5	无此项内容不得分，内容不全酌情扣分		
3.12	工器具的使用要求	应有测量工器具（经纬仪）的使用有明确的要求和测距杆的使用要求	5	无此项内容不得分，内容不全酌情扣分		
3.13	测量仪器	应有测量仪器清单，并根据需要对仪器的型号作出一定的要求	2	无此项内容不得分，内容不全酌情扣分		
4	工作结束					
4.1	整理工具，清理现场	整理好工具，清理好现场	10	错误一项扣5分，扣完为止		
5	工作结束汇报	向考评员报告工作已结束，场地已清理	10	未向考评员报告工作结束扣5分； 未清理场地扣5分		
6	其他要求	（1）要求着装正确（工作服、工作胶鞋、安全帽）。 （2）操作动作熟练。 （3）清理工作现场符合文明生产要求	10	不满足要求一项扣3分		
合计			100			

Jc0004243033　压接引流线并安装的操作。（100 分）

考核知识点：高压线路带电检修方法及操作技巧

难易度：难

技能等级评价专业技能考核操作工作任务书

一、任务名称

压接引流线并安装的操作。

二、适用工种

高压线路带电检修工（输电）技师。

三、具体任务

压接引流线（耐张跳线、弓子线）并安装的操作。针对此项工作，考生须在规定时间内完成更换处理操作。

四、工作规范及要求

（1）杆塔上 2 人操作，尽量两人同时鉴定，杆塔下 1 人监护。

（2）引流线长度已知，耐张绝缘子为串。

（3）要求着装正确（穿工作服、工作胶鞋、戴安全帽）。

（4）准备工具：吊绳及个人工具、油盘、汽油、画线笔等，细钢丝刷、导电胶、卷尺、液压机、断线钳等。

五、考核及时间要求

考核时间共 50 分钟，每超过 2 分钟扣 1 分，到 55 分钟终止考核。

技能等级评价专业技能考核操作评分标准

工种	高压线路带电检修工				评价等级	技师
项目模块	高压线路带电检修工—高压线路带电检修方法及操作技巧			编号	Jc0004243033	
单位		准考证号			姓名	
考试时限	50 分钟	题型	单项操作		题分	100 分
成绩	考评员		考评组长		日期	
试题正文	压接引流线并安装的操作					
需要说明的问题和要求	（1）要求两名高空作业人员操作，地面人员配合，工作负责人监护。 （2）上下杆塔、作业、转位时不得失去安全保护。 （3）接触或接近导线前应使用个人保安线防止感应电伤人。 （4）高处作业一律使用工具袋。 （5）上下传递工器具、材料应绑扎牢固，防止坠物伤人。 （6）工作地点正下方严禁站人、通过和逗留。 （7）使用压接引流线时，中间不得有接头。引流线的走向应自然、顺畅、美观，呈近似悬链状自然下垂。 （8）引流线不宜从均压环穿过，避免与其他部件摩擦。 （9）连板的连接面应光滑平整、光洁，并沟线夹的接触面应光滑。 （10）引流线弧垂及引流线与杆塔构件的最小间隙应符合设计规程要求。 （11）如采用引流线专用悬垂线夹，其结构面应该垂直于引流线束					

序号	项目名称	质量要求	满分	扣分标准	扣分原因	得分
1	工作准备					
1.1	安全劳动防护用品的准备	正确佩戴安全帽，穿全套工作，包括工作服、绝缘鞋、棉手套	6	未正确佩戴安全帽，穿工作服、绝缘鞋、棉手套每项扣 2 分，扣完为止		

续表

1.2	检查钢芯铝绞线	符合设计要求，不扭曲	2	不正确扣1～2分		
1.3	检查液压引流板	符合设计要求，带螺栓及垫圈，无损伤及脏污	2	不正确扣1～2分		
1.4	检查液压机	性能正常，选用的压模合格	5	不正确扣1～5分		
2	工作许可					
2.1	许可方式	向考评员示意准备就绪，申请开始工作	5	未向考评员示意即开始工作扣5分		
3	工作步骤及技术要求					
3.1	正确使用仪器	（1）爱护仪器设备，轻开轻合，双手托举仪器安装在三脚架上。 （2）仪器箱取出和装上仪器后，应关闭完好	10	拆装仪器动作粗放，每项扣2分； 单手安装三脚架、仪器每项扣5分； 仪器箱打开和关闭未妥善处置每项扣2分； 以上扣分，扣完为止		
3.2	正确使用塔尺	（1）塔尺应轻拿轻放。 （2）应注意塔尺与上方导线的安全距离，塔尺拔出不应过长。 （3）塔尺使用过程中应竖直	10	塔尺不轻拿轻放扣3分； 塔尺存在与上方导线的安全距离不足，拔出过长危险，扣4分； 塔尺使用过程中不竖直扣3分		
3.3	正确读出塔尺上、下丝读数和方向角度	应够利用经纬仪正确读出塔尺上、下丝读数和方向角度	10	每个读数和测量角度不正确扣2分/项		
3.4	水平距离计算	利用经纬仪在塔尺上的读数正确计算水平距离	10	公式不正确扣10分，结果不正确但公式正确扣5分		
3.5	垂直交跨距离计算	利用水平距离和方向角度正确计算垂直交跨距离	10	公式不正确扣10分，结果不正确但公式正确扣5分		
4	工作结束					
4.1	经纬仪装箱	经纬仪松开垂直及水平制动，仪器放置到位，拆卸电池	5	仪器设备未轻拿轻放扣5分		
4.2	三脚架和塔尺恢复	三脚架和塔尺恢复	5	仪器设备未轻拿轻放扣5分		
5	工作终结汇报	向考评员报告工作已结束，场地已清理	5	未向考评员报告工作结束扣3分； 未清理场地扣2分		
6	其他要求					
6.1	动作要求	动作熟练顺畅	5	动作不熟练扣1～5分		
6.2	安全要求	严格遵守“四不伤害”原则，不得损坏工器具和设备	10	工器具或设备损坏不得分		
合计			100			

Jc0006243034　编写带电更换110kV耐张杆防振锤的检修方案。（100分）

考核知识点：技术管理及培训

难易度：难

技能等级评价专业技能考核操作工作任务书

一、任务名称

编写带电更换110kV耐张杆防振锤的检修方案。

二、适用工种

高压线路带电检修工（输电）技师。

三、具体任务

110kV某线8号杆（杆型JG）A相大号侧防振锤下滑1m，计划对该防振锤进行更换。针对此项工作，考生编写一份带电更换110kV耐张杆防振锤的检修方案。

四、工作规范及要求

请按以下要求完成带电更换110kV耐张杆防振锤的检修方案；方案编写在教室内完成。

（1）人员配置分工合理（方案中不得出现真实单位名称及个人姓名）。

（2）工器具及材料清楚。

（3）主要作业程序正确。

（4）关键工序工艺质量标准清楚。

（5）组织、安全、技术措施齐全。

（6）考核时间结束终止考试。

五、考核及时间要求

考核时间共40分钟。每超过2分钟扣1分，到45分钟终止考核。

技能等级评价专业技能考核操作评分标准

工种	高压线路带电检修工			评价等级	技师
项目模块	高压线路带电检修工—高压线路带电检修方法及操作技巧		编号	Jc0006243034	
单位		准考证号		姓名	
考试时限	40分钟	题型	单项操作	题分	100分
成绩	考评员		考评组长	日期	
试题正文	编写带电更换110kV耐张杆防振锤的检修方案				
需要说明的问题和要求	（1）所编写方案须注明检修时间、组织措施、现场工作环境、具体检修内容、检修分工、风险定级、技术措施、检修流程。 （2）所编写方案应包括事故应急处置措施。 （3）所编写方案应注明相应风险控制措施				

序号	项目名称	质量要求	满分	扣分标准	扣分原因	得分
1	工作准备					
1.1	标题	要写清楚输电线路名称、杆号及作业内容	10	少一项扣3分，扣完为止		
1.2	检修工程介绍	应对检修工程概况或该工程的背景进行简单描述	5	没有工程概况介绍扣5分		
2	工作许可					
2.1	许可方式	向考评员示意准备就绪，申请开始工作	5	未向考评员示意即开始工作扣5分		
3	工作步骤及技术要求					
3.1	工作内容	应写清楚工作的输电线路、杆号、工作内容	5	少一项内容扣2分，扣完为止		

续表

序号	项目名称	质量要求	满分	扣分标准	扣分原因	得分
3.2	工作人员及分工	（1）应写清楚工作班组和人数；或者逐一填写工作人员名字。 （2）单位名称和个人姓名不得使用真实名称。 （3）应有明确分工	3	每一项不正确扣1分		
3.3	工作时间	应写清楚计划工作时间，计划工作开始及工作结束时间均应以年、月、日、时、分填写清楚	3	没有填写时间扣3分，时间填写不清楚的扣1分		
3.4	准备工作	（1）安全措施宣讲及落实（作业人员着装正确，戴安全帽，系安全带）。 （2）人员分工（杆上作业及地面配合人员）。 （3）作业开始前的准备（防振锤及螺栓、平垫、弹垫、铝包带的检查）	6	少一项扣2分		
3.5	更换防振锤	（1）登塔。 （2）塔上作业人员将跟头滑车挂在导线上。 （3）地面人员将软梯头及软体起吊至导线安装好。 （4）地面等电位电工爬软梯进入强电场。 （5）量出安装位置。 （6）缠绕铝包带。 （7）安装防振锤。 （8）拆除旧防振锤及铝包带。 （9）退出强电场，下软梯至地面。 （10）拆除软梯头和软梯，以及跟头滑车	10	每少一步扣1分		
3.6	防触电措施	（1）作业前应核对输电线路双重名称。 （2）着全套屏蔽服且各部位连接良好	5	每少一项扣2.5分		
3.7	防止高坠措施	（1）安全带、延长绳外观检查及冲击试验。 （2）登杆过程中应全程使用安全带。 （3）杆上人员作业过程中不得失去保护	3	每少一项扣1分		
3.8	防止高空落物伤人措施	（1）杆上作业人员应将工具放置在牢固的构件上。 （2）上下传递工具材料应使用绳索传递，不得抛掷。 （3）作业人员应正确佩戴安全帽。 （4）作业点下方不得有人逗留或通过	4	每少一项扣1分		
3.9	质量要求	（1）铝包带的缠绕方向、出头及质量。 （2）螺栓穿向。 （3）防振锤安装位置及质量	3	每一项错误扣1分		
3.10	工具	（1）应有工具清单。 （2）应含有安全带、延长绳、脚扣等安全工器具	4	少一项扣2分，扣完为止		
3.11	材料	（1）应有材料清单。 （2）应有防振锤及配件、铝包带等材料，并应根据情况选择适当的型号	4	少一项扣2分； 型号选择不正确扣2分； 以上扣分，扣完为止		
4	工作结束					
4.1	整理工具，清理现场	整理好工具，清理好现场	10	错误一项扣5分，扣完为止		

续表

序号	项目名称	质量要求	满分	扣分标准	扣分原因	得分
5	工作结束汇报	向考评员报告工作已结束，场地已清理	5	未向考评员报告工作结束扣3分； 未清理场地扣2分		
6	其他要求	（1）要求着装正确（工作服、工作胶鞋、安全帽）。 （2）操作动作熟练。 （3）清理工作现场符合文明生产要求	15	不满足要求一项扣5分		
合计			100			

Jc0006243035 编写带电更换220kV耐张杆防振锤的检修方案。（100分）

考核知识点：技术管理及培训

难易度：难

技能等级评价专业技能考核操作工作任务书

一、任务名称

编写带电更换220kV耐张杆防振锤的检修方案。

二、适用工种

高压线路带电检修工（输电）技师。

三、具体任务

220kV某线28号杆（杆型JG）B相大号侧防振锤下滑1m，计划对该防振锤进行更换。针对此项工作，考生编写一份带电更换220kV耐张杆防振锤的检修方案。

四、工作规范及要求

请按以下要求完成带电更换220kV耐张杆防振锤的检修方案；方案编写在教室内完成。

（1）人员配置分工合理（方案中不得出现真实单位名称及个人姓名）。

（2）工器具及材料清楚。

（3）主要作业程序正确。

（4）关键工序工艺质量标准清楚。

（5）组织、安全、技术措施齐全。

（6）考核时间结束终止考试。

五、考核及时间要求

考核时间共40分钟。每超过2分钟扣1分，到45分钟终止考核。

技能等级评价专业技能考核操作评分标准

工种	高压线路带电检修工				评价等级	技师
项目模块	技术管理及培训—技术管理			编号	Jc0006243035	
单位		准考证号			姓名	
考试时限	40分钟	题型	单项操作		题分	100分
成绩	考评员		考评组长		日期	
试题正文	编写带电更换220kV耐张杆防振锤的检修方案					

续表

需要说明的问题和要求	（1）所编写方案须注明检修时间、组织措施、现场工作环境、具体检修内容、检修分工、风险定级、技术措施、检修流程。 （2）所编写方案应包括事故应急处置措施。 （3）所编写方案应注明相应风险控制措施

序号	项目名称	质量要求	满分	扣分标准	扣分原因	得分
1	工作准备					
1.1	标题	要写清楚输电线路名称、杆号及作业内容	10	少一项扣5分，扣完为止		
1.2	检修工作介绍	应对检修工作概况或该工作的背景进行简单描述	5	没有工程概况介绍扣5分		
2	工作许可					
2.1	许可方式	向考评员示意准备就绪，申请开始工作	5	未向考评员示意即开始工作扣5分		
3	工作步骤及技术要求					
3.1	工作内容	应写清楚工作的输电线路、杆号、工作内容	5	少一项内容扣1分		
3.2	工作人员及分工	（1）应写清楚工作班组和人数；或者逐一填写工作人员名字。 （2）单位名称和个人姓名不得使用真实名称。 （3）应有明确分工	3	一项不正确扣1分		
3.3	工作时间	应写清楚计划工作时间，计划工作开始及工作结束时间均应以年、月、日、时、分填写清楚	5	没有填写时间扣5分，时间填写不清楚的扣3分		
3.4	准备工作	（1）安全措施宣讲及落实（作业人员着装正确，戴安全帽，系安全带）。 （2）人员分工（杆上作业及地面配合人员）。 （3）作业开始前的准备（防振锤及螺栓、平垫、弹垫、铝包带的检查）	3	少一项扣1分		
3.5	更换防振锤	（1）登塔。 （2）塔上作业人员将跟头滑车挂在导线上。 （3）地面人员将软梯头及软体起吊至导线安装好。 （4）地面等电位电工爬软梯进入强电场。 （5）量出安装位置。 （6）缠绕铝包带。 （7）安装防振锤。 （8）拆除旧防振锤及铝包带。 （9）退出强电场，下软梯至地面。 （10）拆除软梯头和软梯，以及跟头滑车	10	少一步扣1分		
3.6	防触电措施	（1）作业前应核对输电线路双重名称。 （2）着全套屏蔽服且各部位连接良好	4	少一项扣2分		
3.7	防止高坠措施	（1）安全带、延长绳外观检查及冲击试验。 （2）登杆过程中应全程使用安全带。 （3）杆上人员作业过程中不得失去保护	6	少一项扣2分		

续表

序号	项目名称	质量要求	满分	扣分标准	扣分原因	得分
3.8	防止高空落物伤人措施	（1）杆上作业人员应将工具放置在牢固的构件上。 （2）上下传递工具材料应使用绳索传递，不得抛掷。 （3）作业人员应正确佩戴安全帽。 （4）作业点下方不得有人逗留或通过	4	少一项扣1分		
3.9	质量要求	（1）铝包带的缠绕方向、出头及质量。 （2）螺栓穿向。 （3）防振锤安装位置及质量	6	一项错误扣2分		
3.10	工具	（1）应有工具清单。 （2）应含有安全带、延长绳、脚扣等安全工器具	2	少一项扣1分，扣完为止		
3.11	材料	（1）应有材料清单。 （2）应有防振锤及配件、铝包带等材料，并应根据情况选择适当的型号	2	少一项扣1分； 型号选择不正确扣1分； 以上扣分，扣完为止		
4	工作结束					
4.1	整理工具，清理现场	整理好工具，清理好现场	10	错误一项扣5分，扣完为止		
5	工作结束汇报	向考评员报告工作已结束，场地已清理	5	未向考评员报告工作结束扣3分； 未清理场地扣2分		
6	其他要求	（1）要求着装正确（工作服、工作胶鞋、安全帽）。 （2）操作动作熟练。 （3）清理工作现场符合文明生产要求	15	不满足要求一项扣5分		
合计			100			

Jc0006243036 编写带电更换330kV耐张杆防振锤的检修方案。(100分)

考核知识点：技术管理及培训

难易度：难

技能等级评价专业技能考核操作工作任务书

一、任务名称

编写带电更换330kV耐张杆防振锤的检修方案。

二、适用工种

高压线路带电检修工（输电）技师。

三、具体任务

330kV某线88号杆（杆型JG）A相大号侧防振锤下滑1m，计划对该防振锤进行更换。针对此项工作，考生编写一份带电更换330kV耐张杆防振锤的检修方案。

四、工作规范及要求

请按以下要求完成带电更换330kV耐张杆防振锤的检修方案；方案编写在教室内完成。

（1）人员配置分工合理（方案中不得出现真实单位名称及个人姓名）。

（2）工器具及材料清楚。

（3）主要作业程序正确。

（4）关键工序工艺质量标准清楚。

（5）组织、安全、技术措施齐全。

（6）考核时间结束终止考试。

五、考核及时间要求

考核时间共40分钟。每超过2分钟扣1分，到45分钟终止考核。

技能等级评价专业技能考核操作评分标准

工种	高压线路带电检修工						评价等级	技师
项目模块	技术管理及培训—技术管理				编号		Jc0006243036	
单位			准考证号				姓名	
考试时限	40分钟		题型	单项操作			题分	100分
成绩		考评员		考评组长			日期	
试题正文	编写带电更换330kV耐张杆防振锤的检修方案							
需要说明的问题和要求	（1）所编写方案须注明检修时间、组织措施、现场工作环境、具体检修内容、检修分工、风险定级、技术措施、检修流程。 （2）所编写方案应包括事故应急处置措施。 （3）所编写方案应注明相应风险控制措施							

序号	项目名称	质量要求	满分	扣分标准	扣分原因	得分
1	工作准备					
1.1	标题	要写清楚输电线路名称、杆号及作业内容	10	少一项扣5分，扣完为止		
1.2	检修工作介绍	应对检修工作概况或该工作的背景进行简单描述	5	没有工程概况介绍扣5分		
2	工作许可					
2.1	许可方式	向考评员示意准备就绪，申请开始工作	5	未向考评员示意即开始工作扣5分		
3	工作步骤及技术要求					
3.1	工作内容	应写清楚工作的输电线路、杆号、工作内容	5	少一项内容扣2分，扣完为止		
3.2	工作人员及分工	（1）应写清楚工作班组和人数；或者逐一填写工作人员名字。 （2）单位名称和个人姓名不得使用真实名称。 （3）应有明确分工	3	一项不正确扣1分		
3.3	工作时间	应写清楚计划工作时间，计划工作开始及工作结束时间均应以年、月、日、时、分填写清楚	4	计划工作时间未填写或填写不清楚扣4分		
3.4	准备工作	（1）安全措施宣讲及落实（作业人员着装正确，戴安全帽，系安全带）。 （2）人员分工（杆上作业及地面配合人员）。 （3）作业开始前的准备（防振锤及螺栓、平垫、弹垫、铝包带的检查）	3	安全措施未宣讲或未落实扣1分； 人员未分工扣1分； 未进行作业开始前的准备工作扣1分		
3.5	更换防振锤	（1）登塔。 （2）塔上作业人员将跟头滑车挂在导线上。 （3）地面人员将软梯头及软体起吊至导线安装好。 （4）地面等电位电工爬软梯进入强电场。 （5）量出安装位置。 （6）缠绕铝包带。 （7）安装防振锤。 （8）拆除旧防振锤及铝包带。 （9）退出强电场，下软梯至地面。 （10）拆除软梯头和软梯，以及跟头滑车	10	少一步扣1分		

续表

序号	项目名称	质量要求	满分	扣分标准	扣分原因	得分
3.6	防触电措施	（1）作业前应核对输电线路双重名称。 （2）着全套屏蔽服且各部位连接良好	4	少一项扣2分		
3.7	防止高坠措施	（1）安全带、延长绳外观检查及冲击试验。 （2）登杆过程中应全程使用安全带。 （3）杆上人员作业过程中不得失去保护	6	少一项扣2分		
3.8	防止高空落物伤人措施	（1）杆上作业人员应将工具放置在牢固的构件上。 （2）上下传递工具材料应使用绳索传递，不得抛掷。 （3）作业人员应正确佩戴安全帽。 （4）作业点下方不得有人逗留或通过	4	少一项扣1分		
3.9	质量要求	（1）铝包带的缠绕方向、出头及质量。 （2）螺栓穿向。 （3）防振锤安装位置及质量	3	一项错误扣1分		
3.10	工具	（1）应有工具清单。 （2）应含有安全带、延长绳、脚扣等安全工器具	4	少一项扣2分，扣完为止		
3.11	材料	（1）应有材料清单。 （2）应有防振锤及配件、铝包带等材料，并应根据情况选择适当的型号	4	少一项扣2分； 型号选择不正确扣2分； 以上扣分，扣完为止		
4	工作结束					
4.1	整理工具，清理现场	整理好工具，清理好现场	10	错误一项扣5分，扣完为止		
5	工作结束汇报	向考评员报告工作已结束，场地已清理	5	未向考评员报告工作结束扣3分； 未清理场地扣2分		
6	其他要求	（1）要求着装正确（工作服、工作胶鞋、安全帽）。 （2）操作动作熟练。 （3）清理工作现场符合文明生产要求	15	不满足要求一项扣5分		
合计			100			

Jc0006243037　编写更换330kV耐张单片检修方案。（100分）

考核知识点：技术管理及培训

难易度：难

技能等级评价专业技能考核操作工作任务书

一、任务名称

编写停电更换330kV耐张单片检修方案。

二、适用工种

高压线路带电检修工（输电）技师。

三、具体任务

330kV某线124号杆（塔型JG）C相大号侧第8片玻璃绝缘子破损，计划对该绝缘子进行更换。针对此项工作，考生编写一份停电更换330kV耐张单片检修方案。

四、工作规范及要求

请按以下要求完成停电更换330kV耐张单片检修方案；方案编写在教室内完成。

（1）人员配置分工合理（方案中不得出现真实单位名称及个人姓名）。

（2）工器具及材料清楚。

（3）主要作业程序正确。
（4）关键工序工艺质量标准清楚。
（5）组织、安全、技术措施齐全。
（6）考核时间结束终止考试。

五、考核及时间要求

考核时间共60分钟。每超过2分钟扣1分，到65分钟终止考核。

技能等级评价专业技能考核操作评分标准

工种	高压线路带电检修工					评价等级	技师
项目模块	技术管理及培训—技术管理				编号	Jc0006243037	
单位			准考证号			姓名	
考试时限	60分钟		题型	单项操作		题分	100分
成绩		考评员		考评组长		日期	
试题正文	编写更换330kV耐张单片检修方案						
需要说明的问题和要求	（1）所编写方案须注明检修时间、组织措施、现场工作环境、具体检修内容、检修分工、风险定级、技术措施、检修流程。 （2）所编写方案应包括事故应急处置措施。 （3）所编写方案应注明相应风险控制措施						

序号	项目名称	质量要求	满分	扣分标准	扣分原因	得分
1	工作准备					
1.1	标题	要写清楚输电线路名称、杆号及作业内容	10	少一项扣5分，扣完为止		
1.2	检修工作介绍	应对检修工作概况或该工作的背景进行简单描述	5	没有工程概况介绍扣5分		
2	工作许可					
2.1	许可方式	向考评员示意准备就绪，申请开始工作	5	未向考评员示意即开始工作扣5分		
3	工作步骤及技术要求					
3.1	标题	要写清楚输电线路名称、杆塔号及作业内容	5	少一项扣2分，扣完为止		
3.2	工作介绍	应对检修工作概况或该工作的背景进行简单描述	5	没有工程概况介绍扣5分		
3.3	工作内容	应写清楚工作的输电线路、杆塔号、工作内容	3	少一项内容扣1分，扣完为止		
3.4	工作人员及分工	（1）应写清楚工作班组和人数；或者逐一填写工作人员名字。 （2）单位名称和个人姓名不得使用真实名称。 （3）应有明确分工	6	一项不正确扣2分		
3.5	工作时间	应写清楚计划工作时间，计划工作开始及工作结束时间均应以年、月、日、时、分填写清楚	2	没有填写时间或时间填写不清楚的扣2分		
3.6	准备工作	（1）安全措施宣讲及落实（作业人员着装正确，戴安全帽，系安全带）。 （2）人员分工（杆塔上作业及地面配合人员）。 （3）作业开始前的准备（防振锤及螺栓、平垫、弹垫、铝包带的检查）	3	安全措施未宣讲或未落实扣1分； 人员未分工扣1分； 未进行作业开始前的准备工作扣1分		

续表

序号	项目名称	质量要求	满分	扣分标准	扣分原因	得分
3.7	更换绝缘子	（1）登杆。 （2）沿绝缘子进入破损绝缘子处。 （3）安装好传递绳。 （4）拆除破损绝缘子。 （5）更换新绝缘子。 （6）按相反程序返回地面	6	少一步扣1分		
3.8	防触电措施	作业前应核对输电线路双重名称	5	未核对扣5分		
3.9	防止高坠措施	（1）安全带、延长绳外观检查及冲击试验。 （2）登杆过程中应全程使用安全带。 （3）杆上人员作业过程中不得失去保护	3	少一项扣1分		
3.10	防止高空落物伤人措施	（1）杆上作业人员应将工具放置在牢固的构件上。 （2）上下传递工具材料应使用绳索传递，不得抛掷。 （3）作业人员应正确佩戴安全帽。 （4）作业点下方不得有人逗留或通过	4	少一项扣1分		
3.11	质量要求	（1）绝缘子大口方向。 （2）W销是否安装到位	4	一项错误扣2分		
3.12	工具	（1）应有工具清单。 （2）应含有安全带、延长绳、闭式卡等安全工器具	2	少一项扣1分，扣完为止		
3.13	材料	（1）应有材料清单。 （2）应有绝缘子等材料，并应根据情况选择适当的型号	2	少一项扣1分； 型号选择不正确扣1分； 以上扣分，扣完为止		
4	工作结束					
4.1	整理工具，清理现场	整理好工具，清理好现场	10	错误一项扣5分，扣完为止		
5	工作结束汇报	向考评员报告工作已结束，场地已清理	5	未向考评员报告工作结束扣3分； 未清理场地扣2分		
6	其他要求	（1）要求着装正确（工作服、工作胶鞋、安全帽）。 （2）操作动作熟练。 （3）清理工作现场符合文明生产要求	15	不满足要求一项扣5分		
	合计		100			

Jc0006243038　编写更换220kV耐张单片绝缘子检修方案。（100分）

考核知识点：技术管理及培训

难易度：难

技能等级评价专业技能考核操作工作任务书

一、任务名称

编写更换220kV耐张单片绝缘子检修方案。

二、适用工种

高压线路带电检修工（输电）技师。

三、具体任务

220kV某线53号杆（塔型JG）A相大号侧第12片玻璃绝缘子破损，计划对该绝缘子进行更换。

针对此项工作，考生编写一份停电更换220kV耐张单片绝缘子检修方案。

四、工作规范及要求

请按以下要求完成停电更换220kV耐张单片绝缘子检修方案；方案编写在教室内完成。

（1）人员配置分工合理（方案中不得出现真实单位名称及个人姓名）。

（2）工器具及材料清楚。

（3）主要作业程序正确。

（4）关键工序工艺质量标准清楚。

（5）组织、安全、技术措施齐全。

（6）考核时间结束终止考试。

五、考核及时间要求

考核时间共60分钟。每超过2分钟扣1分，到65分钟终止考核。

技能等级评价专业技能考核操作评分标准

工种	高压线路带电检修工				评价等级	技师
项目模块	技术管理及培训—技术管理			编号	Jc0006243038	
单位		准考证号			姓名	
考试时限	60分钟	题型	单项操作		题分	100分
成绩	考评员		考评组长		日期	
试题正文	编写更换220kV耐张单片检修方案					
需要说明的问题和要求	（1）所编写方案须注明检修时间、组织措施、现场工作环境、具体检修内容、检修分工、风险定级、技术措施、检修流程。 （2）所编写方案应包括事故应急处置措施。 （3）所编写方案应注明相应风险控制措施					

序号	项目名称	质量要求	满分	扣分标准	扣分原因	得分
1	工作准备					
1.1	标题	要写清楚输电线路名称、杆号及作业内容	10	少一项扣5分，扣完为止		
1.2	检修工作介绍	应对检修工作概况或该工作的背景进行简单描述	5	没有工程概况介绍扣5分		
2	工作许可					
2.1	许可方式	向考评员示意准备就绪，申请开始工作	5	未向考评员示意即开始工作扣5分		
3	工作步骤及技术要求					
3.1	标题	要写清楚输电线路名称、杆塔号及作业内容	5	少一项扣2分，扣完为止		
3.2	工作介绍	应对检修工作概况或该工作的背景进行简单描述	3	没有工程概况介绍扣3分		
3.3	工作内容	应写清楚工作的输电线路、杆塔号、工作内容	4	少一项内容扣1分，扣完为止		
3.4	工作人员及分工	（1）应写清楚工作班组和人数；或者逐一填写工作人员名字。 （2）单位名称和个人姓名不得使用真实名称。 （3）应有明确分工	3	一项不正确扣1分		
3.5	工作时间	应写清楚计划工作时间，计划工作开始及工作结束时间均应以年、月、日、时、分填写清楚	3	没有填写时间扣3分，时间填写不清楚的扣1分		

续表

序号	项目名称	质量要求	满分	扣分标准	扣分原因	得分
3.6	准备工作	（1）安全措施宣讲及落实（作业人员着装正确，戴安全帽，系安全带）。 （2）人员分工（杆塔上作业及地面配合人员）。 （3）作业开始前的准备（防振锤及螺栓、平垫、弹垫、铝包带的检查）	6	少一项扣2分		
3.7	更换绝缘子	（1）登杆。 （2）沿绝缘子进入破损绝缘子处。 （3）安装好传递绳。 （4）拆除破损绝缘子。 （5）更换新绝缘子。 （6）按相反程序返回地面	6	少一步扣1分		
3.8	防触电措施	作业前应核对输电线路双重名称	3	未核对扣3分		
3.9	防止高坠措施	（1）安全带、延长绳外观检查及冲击试验。 （2）登杆过程中应全程使用安全带。 （3）杆上人员作业过程中不得失去保护	3	少一项扣1分		
3.10	防止高空落物伤人措施	（1）杆上作业人员应将工具放置在牢固的构件上。 （2）上下传递工具材料应使用绳索传递，不得抛掷。 （3）作业人员应正确佩戴安全帽。 （4）作业点下方不得有人逗留或通过	4	少一项扣1分		
3.11	质量要求	（1）绝缘子大口方向。 （2）W销是否安装到位	4	一项错误扣2分		
3.12	工具	（1）应有工具清单。 （2）应含有安全带、延长绳、闭式卡等安全工器具	2	少一项扣1分，扣完为止		
3.13	材料	（1）应有材料清单。 （2）应有绝缘子等材料，并应根据情况选择适当的型号	4	少一项扣2分； 型号选择不正确扣2分； 以上扣分，扣完为止		
4	工作结束					
4.1	整理工具，清理现场	整理好工具，清理好现场	10	错误一项扣5分，扣完为止		
5	工作结束汇报	向考评员报告工作已结束，场地已清理	5	未向考评员报告工作结束扣3分； 未清理场地扣2分		
6	其他要求	（1）要求着装正确（工作服、工作胶鞋、安全帽）。 （2）操作动作熟练。 （3）清理工作现场符合文明生产要求	15	不满足要求一项扣5分		
合计			100			

Jc0006243039　编写更换110kV耐张单片检修方案。（100分）

考核知识点：技术管理及培训

难易度：难

技能等级评价专业技能考核操作工作任务书

一、任务名称

编写停电更换110kV耐张单片检修方案。

二、适用工种

高压线路带电检修工（输电）技师。

三、具体任务

110kV 某线 35 号杆（塔型 JG）C 相大号侧第 3 片玻璃绝缘子破损，计划对该绝缘子进行更换。针对此项工作，考生编写一份停电更换 330kV 耐张单片检修方案。

四、工作规范及要求

请按以下要求完成停电更换 110kV 耐张单片检修方案；方案编写在教室内完成。

（1）人员配置分工合理（方案中不得出现真实单位名称及个人姓名）。

（2）工器具及材料清楚。

（3）主要作业程序正确。

（4）关键工序工艺质量标准清楚。

（5）组织、安全、技术措施齐全。

（6）考核时间结束终止考试。

五、考核及时间要求

考核时间共 60 分钟。每超过 2 分钟扣 1 分，到 65 分钟终止考核。

技能等级评价专业技能考核操作评分标准

工种	高压线路带电检修工					评价等级	技师
项目模块	技术管理及培训—技术管理				编号	Jc0006243039	
单位			准考证号			姓名	
考试时限	60 分钟	题型		单项操作		题分	100 分
成绩		考评员		考评组长		日期	
试题正文	编写更换 110kV 耐张单片检修方案						
需要说明的问题和要求	（1）所编写方案须注明检修时间、组织措施、现场工作环境、具体检修内容、检修分工、风险定级、技术措施、检修流程。 （2）所编写方案应包括事故应急处置措施。 （3）所编写方案应注明相应风险控制措施						

序号	项目名称	质量要求	满分	扣分标准	扣分原因	得分
1	工作准备					
1.1	标题	要写清楚输电线路名称、杆号及作业内容	10	少一项扣 5 分，扣完为止		
1.2	检修工作介绍	应对检修工作概况或该工作的背景进行简单描述	5	没有工程概况介绍扣 5 分		
2	工作许可					
2.1	许可方式	向考评员示意准备就绪，申请开始工作	5	未向考评员示意即开始工作扣 5 分		
3	工作步骤及技术要求					
3.1	标题	要写清楚输电线路名称、杆塔号及作业内容	5	少一项扣 2 分，扣完为止		
3.2	工作介绍	应对检修工作概况或该工作的背景进行简单描述	5	没有工程概况介绍扣 5 分		
3.3	工作内容	应写清楚工作的输电线路、杆塔号、工作内容	4	少一项内容扣 1 分，扣完为止		
3.4	工作人员及分工	（1）应写清楚工作班组和人数；或者逐一填写工作人员名字。 （2）单位名称和个人姓名不得使用真实名称。 （3）应有明确分工	3	一项不正确扣 1 分		

续表

序号	项目名称	质量要求	满分	扣分标准	扣分原因	得分
3.5	工作时间	应写清楚计划工作时间，计划工作开始及工作结束时间均应以年、月、日、时、分填写清楚	3	没有填写时间扣 3 分，时间填写不清楚的扣 1 分		
3.6	准备工作	（1）安全措施宣讲及落实（作业人员着装正确，戴安全帽，系安全带）。 （2）人员分工（杆塔上作业及地面配合人员）。 （3）作业开始前的准备（防振锤及螺栓、平垫、弹垫、铝包带的检查）	6	少一项扣 2 分		
3.7	更换绝缘子	（1）登杆。 （2）沿绝缘子进入破损绝缘子处。 （3）安装好传递绳。 （4）拆除破损绝缘子。 （5）更换新绝缘子。 （6）按相反程序返回地面	6	少一步扣 1 分		
3.8	防触电措施	作业前应核对输电线路双重名称	3	未核对扣 3 分		
3.9	防止高坠措施	（1）安全带、延长绳外观检查及冲击试验。 （2）登杆过程中应全程使用安全带。 （3）杆上人员作业过程中不得失去保护	3	少一项扣 1 分		
3.10	防止高空落物伤人措施	（1）杆上作业人员应将工具放置在牢固的构件上。 （2）上下传递工具材料应使用绳索传递，不得抛掷。 （3）作业人员应正确佩戴安全帽。 （4）作业点下方不得有人逗留或通过	4	少一项扣 1 分		
3.11	质量要求	（1）绝缘子大口方向。 （2）W 销是否安装到位	2	一项错误扣 1 分		
3.12	工具	（1）应有工具清单。 （2）应含有安全带、延长绳、闭式卡等安全工器具	2	少一项扣 1 分，扣完为止		
3.13	材料	（1）应有材料清单。 （2）应有绝缘子等材料，并应根据情况选择适当的型号	4	少一项扣 2 分； 型号选择不正确扣 2 分； 以上扣分，扣完为止		
4	工作结束					
4.1	整理工具，清理现场	整理好工具，清理好现场	10	错误一项扣 5 分，扣完为止		
5	工作结束汇报	向考评员报告工作已结束，场地已清理	5	未向考评员报告工作结束扣 3 分； 未清理场地扣 2 分		
6	其他要求	（1）要求着装正确（工作服、工作胶鞋、安全帽）。 （2）操作动作熟练。 （3）清理工作现场符合文明生产要求	15	不满足要求一项扣 5 分		
合计			100			

Jc0006243040　编写带电更换 110kV 直线杆防振锤的检修方案。（100 分）

考核知识点：技术管理及培训

难易度：难

技能等级评价专业技能考核操作工作任务书

一、任务名称

编写带电更换 110kV 直线杆防振锤的检修方案。

二、适用工种

高压线路带电检修工（输电）技师。

三、具体任务

110kV 某线 8 号杆（杆型 JG）A 相大号侧防振锤下滑 1m，计划对该防振锤进行更换。针对此项工作，考生编写一份直线更换 110kV 耐张杆防振锤的检修方案。

四、工作规范及要求

请按以下要求完成带电更换 110kV 直线杆防振锤的检修方案；方案编写在教室内完成。

（1）人员配置分工合理（方案中不得出现真实单位名称及个人姓名）。

（2）工器具及材料清楚。

（3）主要作业程序正确。

（4）关键工序工艺质量标准清楚。

（5）组织、安全、技术措施齐全。

（6）考核时间结束终止考试。

五、考核及时间要求

考核时间共 40 分钟。每超过 2 分钟扣 1 分，到 45 分钟终止考核。

技能等级评价专业技能考核操作评分标准

<table>
<tr><td>工种</td><td colspan="5">高压线路带电检修工</td><td>评价等级</td><td>技师</td></tr>
<tr><td>项目模块</td><td colspan="4">技术管理及培训—技术管理</td><td>编号</td><td colspan="2">Jc0006243040</td></tr>
<tr><td>单位</td><td colspan="2"></td><td>准考证号</td><td colspan="2"></td><td>姓名</td><td></td></tr>
<tr><td>考试时限</td><td colspan="2">40 分钟</td><td>题型</td><td colspan="2">单项操作</td><td>题分</td><td>100 分</td></tr>
<tr><td>成绩</td><td></td><td>考评员</td><td></td><td>考评组长</td><td></td><td>日期</td><td></td></tr>
<tr><td>试题正文</td><td colspan="7">编写带电更换 110kV 直线杆防振锤的检修方案</td></tr>
<tr><td>需要说明的问题和要求</td><td colspan="7">（1）所编写方案须注明检修时间、组织措施、现场工作环境、具体检修内容、检修分工、风险定级、技术措施、检修流程。
（2）所编写方案应包括事故应急处置措施。
（3）所编写方案应注明相应风险控制措施</td></tr>
</table>

序号	项目名称	质量要求	满分	扣分标准	扣分原因	得分
1	工作准备					
1.1	标题	要写清楚输电线路名称、杆号及作业内容	10	少一项扣 5 分，扣完为止		
1.2	检修工作介绍	应对检修工作概况或该工作的背景进行简单描述	5	没有工程概况介绍扣 5 分		
2	工作许可		5			
2.1	许可方式	向考评员示意准备就绪，申请开始工作	5	未向考评员示意即开始工作扣 5 分		
3	工作步骤及技术要求					
3.1	标题	要写清楚输电线路名称、杆号及作业内容	3	少一项扣 1 分，扣完为止		
3.2	检修工作介绍	应对检修工作概况或该工作的背景进行简单描述	5	没有工程概况介绍扣 5 分		
3.3	工作内容	应写清楚工作的输电线路、杆号、工作内容	3	少一项内容扣 1 分，扣完为止		

续表

序号	项目名称	质量要求	满分	扣分标准	扣分原因	得分
3.4	工作人员及分工	（1）应写清楚工作班组和人数；或者逐一填写工作人员名字。 （2）单位名称和个人姓名不得使用真实名称。 （3）应有明确分工	3	一项不正确扣1分		
3.5	工作时间	应写清楚计划工作时间，计划工作开始及工作结束时间均应以年、月、日、时、分填写清楚	3	没有填写时间扣3分，时间填写不清楚的扣1分		
3.6	准备工作	（1）安全措施宣讲及落实（作业人员着装正确，戴安全帽，系安全带）。 （2）人员分工（杆上作业及地面配合人员）。 （3）作业开始前的准备（防振锤及螺栓、平垫、弹垫、铝包带的检查）	3	少一项扣1分		
3.7	更换防振锤	（1）登塔。 （2）塔上作业人员将跟头滑车挂在导线上。 （3）地面人员将软梯头及软体起吊至导线安装好。 （4）地面等电位电工爬软梯进入强电场。 （5）量出安装位置。 （6）缠绕铝包带。 （7）安装防振锤。 （8）拆除旧防振锤及铝包带。 （9）退出强电场，下软梯至地面。 （10）拆除软梯头和软梯，以及跟头滑车	10	少一步扣1分		
3.8	防触电措施	（1）作业前应核对输电线路双重名称。 （2）着全套屏蔽服且各部位连接良好	2	少一项扣1分		
3.9	防止高坠措施	（1）安全带、延长绳外观检查及冲击试验。 （2）登杆过程中应全程使用安全带。 （3）杆上人员作业过程中不得失去保护	3	少一项扣1分		
3.10	防止高空落物伤人措施	（1）杆上作业人员应将工具放置在牢固的构件上。 （2）上下传递工具材料应使用绳索传递，不得抛掷。 （3）作业人员应正确佩戴安全帽。 （4）作业点下方不得有人逗留或通过	4	少一项扣1分		
3.11	质量要求	（1）铝包带的缠绕方向、出头及质量。 （2）螺栓穿向。 （3）防振锤安装位置及质量	3	一项错误扣1分		
3.12	工具	（1）应有工具清单。 （2）应含有安全带、延长绳、脚扣等安全工器具	4	少一项扣2分，扣完为止		
3.13	材料	（1）应有材料清单。 （2）应有防振锤及配件、铝包带等材料，并应根据情况选择适当的型号	4	少一项扣2分； 型号选择不正确扣2分； 以上扣分，扣完为止		
4	工作结束					
4.1	整理工具，清理现场	整理好工具，清理好现场	10	错误一项扣5分，扣完为止		
5	工作结束汇报	向考评员报告工作已结束，场地已清理	5	未向考评员报告工作结束扣3分； 未清理场地扣2分		
6	其他要求	（1）要求着装正确（工作服、工作胶鞋、安全帽）。 （2）操作动作熟练。 （3）清理工作现场符合文明生产要求	15	不满足要求一项扣5分		
合计			100			

Jc0006243041　编写带电更换 220kV 直线杆防振锤的检修方案。（100 分）

考核知识点：技术管理及培训

难易度：难

技能等级评价专业技能考核操作工作任务书

一、任务名称

编写带电更换 220kV 直线杆防振锤的检修方案。

二、适用工种

高压线路带电检修工（输电）技师。

三、具体任务

220kV 某线 28 号杆（杆型 JG）B 相大号侧防振锤下滑 1m，计划对该防振锤进行更换。针对此项工作，考生编写一份带电更换 220kV 直线杆防振锤的检修方案。

四、工作规范及要求

请按以下要求完成带电更换 220kV 直线杆防振锤的检修方案；方案编写在教室内完成。

（1）人员配置分工合理（方案中不得出现真实单位名称及个人姓名）。

（2）工器具及材料清楚。

（3）主要作业程序正确。

（4）关键工序工艺质量标准清楚。

（5）组织、安全、技术措施齐全。

（6）考核时间结束终止考试。

五、考核及时间要求

考核时间共 40 分钟。每超过 2 分钟扣 1 分，到 45 分钟终止考核。

技能等级评价专业技能考核操作评分标准

工种	高压线路带电检修工					评价等级	技师
项目模块	技术管理及培训—技术管理				编号	Jc0006243041	
单位			准考证号			姓名	
考试时限	40 分钟		题型	单项操作		题分	100 分
成绩		考评员		考评组长		日期	
试题正文	编写带电更换 220kV 直线杆防振锤的检修方案						
需要说明的问题和要求	（1）所编写方案须注明检修时间、组织措施、现场工作环境、具体检修内容、检修分工、风险定级、技术措施、检修流程。 （2）所编写方案应包括事故应急处置措施。 （3）所编写方案应注明相应风险控制措施						

序号	项目名称	质量要求	满分	扣分标准	扣分原因	得分
1	工作准备					
1.1	标题	要写清楚输电线路名称、杆号及作业内容	10	少一项扣 5 分，扣完为止		
1.2	检修工作介绍	应对检修工作概况或该工作的背景进行简单描述	5	没有工程概况介绍扣 5 分		
2	工作许可					
2.1	许可方式	向考评员示意准备就绪，申请开始工作	5	未向考评员示意即开始工作扣 5 分		
3	工作步骤及技术要求					

续表

序号	项目名称	质量要求	满分	扣分标准	扣分原因	得分
3.1	标题	要写清楚输电线路名称、杆号及作业内容	3	少一项扣1分，扣完为止		
3.2	检修工作介绍	应对检修工作概况或该工作的背景进行简单描述	5	没有工程概况介绍扣5分		
3.3	工作内容	应写清楚工作的输电线路、杆号、工作内容	3	少一项内容扣1分，扣完为止		
3.4	工作人员及分工	（1）应写清楚工作班组和人数；或者逐一填写工作人员名字。 （2）单位名称和个人姓名不得使用真实名称。 （3）应有明确分工	3	一项不正确扣1分		
3.5	工作时间	应写清楚计划工作时间，计划工作开始及工作结束时间均应以年、月、日、时、分填写清楚	3	没有填写时间扣3分，时间填写不清楚的扣1分		
3.6	准备工作	（1）安全措施宣讲及落实（作业人员着装正确，戴安全帽，系安全带）。 （2）人员分工（杆上作业及地面配合人员）。 （3）作业开始前的准备（防振锤及螺栓、平垫、弹垫、铝包带的检查）	3	少一项扣1分		
3.7	更换防振锤	（1）登塔。 （2）塔上作业人员将跟头滑车挂在导线上。 （3）地面人员将软梯头及软体起吊至导线安装好。 （4）地面等电位电工爬软梯进入强电场。 （5）量出安装位置。 （6）缠绕铝包带。 （7）安装防振锤。 （8）拆除旧防振锤及铝包带。 （9）退出强电场，下软梯至地面。 （10）拆除软梯头和软梯，以及跟头滑车	10	少一步扣1分		
3.8	防触电措施	（1）作业前应核对输电线路双重名称。 （2）着全套屏蔽服且各部位连接良好	2	少一项扣1分		
3.9	防止高坠措施	（1）安全带、延长绳外观检查及冲击试验。 （2）登杆过程中应全程使用安全带。 （3）杆上人员作业过程中不得失去保护	3	少一项扣1分		
3.10	防止高空落物伤人措施	（1）杆上作业人员应将工具放置在牢固的构件上。 （2）上下传递工具材料应使用绳索传递，不得抛掷。 （3）作业人员应正确佩戴安全帽。 （4）作业点下方不得有人逗留或通过	4	少一项扣1分		
3.11	质量要求	（1）铝包带的缠绕方向、出头及质量。 （2）螺栓穿向。 （3）防振锤安装位置及质量	3	一项错误扣1分		
3.12	工具	（1）应有工具清单。 （2）应含有安全带、延长绳、脚扣等安全工器具	4	少一项扣2分，扣完为止		

续表

序号	项目名称	质量要求	满分	扣分标准	扣分原因	得分
3.13	材料	（1）应有材料清单。 （2）应有防振锤及配件、铝包带等材料，并应根据情况选择适当的型号	4	少一项扣2分； 型号选择不正确扣2分； 以上扣分，扣完为止		
4	工作结束					
4.1	整理工具，清理现场	整理好工具，清理好现场	10	错误一项扣5分，扣完为止		
5	工作结束汇报	向考评员报告工作已结束，场地已清理	5	未向考评员报告工作结束扣3分； 未清理场地扣2分		
6	其他要求	（1）要求着装正确（工作服、工作胶鞋、安全帽）。 （2）操作动作熟练。 （3）清理工作现场符合文明生产要求	15	不满足要求一项扣5分		
合计			100			

Jc0006243042　编写带电更换330kV直线杆防振锤的检修方案。（100分）

考核知识点：技术管理及培训

难易度：难

技能等级评价专业技能考核操作工作任务书

一、任务名称

编写带电更换330kV直线杆防振锤的检修方案。

二、适用工种

高压线路带电检修工（输电）技师。

三、具体任务

330kV某线88号杆（杆型JG）A相大号侧防振锤下滑1m，计划对该防振锤进行更换。针对此项工作，考生编写一份带电更换330kV直线杆防振锤的检修方案。

四、工作规范及要求

请按以下要求完成带电更换330kV直线杆防振锤的检修方案；方案编写在教室内完成。

（1）人员配置分工合理（方案中不得出现真实单位名称及个人姓名）。

（2）工器具及材料清楚。

（3）主要作业程序正确。

（4）关键工序工艺质量标准清楚。

（5）组织、安全、技术措施齐全。

（6）考核时间结束终止考试。

五、考核及时间要求

考核时间共40分钟。每超过2分钟扣1分，到45分钟终止考核。

技能等级评价专业技能考核操作评分标准

<table>
<tr><td>工种</td><td colspan="5">高压线路带电检修工</td><td>评价等级</td><td>技师</td></tr>
<tr><td>项目模块</td><td colspan="4">技术管理及培训—技术管理</td><td>编号</td><td colspan="2">Jc0006243042</td></tr>
<tr><td>单位</td><td colspan="2"></td><td>准考证号</td><td colspan="2"></td><td>姓名</td><td></td></tr>
<tr><td>考试时限</td><td>40分钟</td><td>题型</td><td colspan="3">单项操作</td><td>题分</td><td>100分</td></tr>
<tr><td>成绩</td><td></td><td>考评员</td><td></td><td>考评组长</td><td></td><td>日期</td><td></td></tr>
</table>

续表

试题正文	编写带电更换 330kV 直线杆防振锤的检修方案
需要说明的问题和要求	（1）所编写方案须注明检修时间、组织措施、现场工作环境、具体检修内容、检修分工、风险定级、技术措施、检修流程。 （2）所编写方案应包括事故应急处置措施。 （3）所编写方案应注明相应风险控制措施

序号	项目名称	质量要求	满分	扣分标准	扣分原因	得分
1	工作准备					
1.1	标题	要写清楚输电线路名称、杆号及作业内容	10	少一项扣 5 分，扣完为止		
1.2	检修工作介绍	应对检修工作概况或该工作的背景进行简单描述	5	没有工程概况介绍扣 5 分		
2	工作许可					
2.1	许可方式	向考评员示意准备就绪，申请开始工作	5	未向考评员示意即开始工作扣 5 分		
3	工作步骤及技术要求					
3.1	标题	要写清楚输电线路名称、杆号及作业内容	3	少一项扣 1 分，扣完为止		
3.2	检修工作介绍	应对检修工作概况或该工作的背景进行简单描述	5	没有工程概况介绍扣 5 分		
3.3	工作内容	应写清楚工作的输电线路、杆号、工作内容	3	少一项内容扣 1 分，扣完为止		
3.4	工作人员及分工	（1）应写清楚工作班组和人数；或者逐一填写工作人员名字。 （2）单位名称和个人姓名不得使用真实名称。 （3）应有明确分工	3	一项不正确扣 1 分		
3.5	工作时间	应写清楚计划工作时间，计划工作开始及工作结束时间均应以年、月、日、时、分填写清楚	3	没有填写时间扣 3 分，时间填写不清楚的扣 1 分		
3.6	准备工作	（1）安全措施宣讲及落实（作业人员着装正确，戴安全帽，系安全带）。 （2）人员分工（杆上作业及地面配合人员）。 （3）作业开始前的准备（防振锤及螺栓、平垫、弹垫、铝包带的检查）	3	少一项扣 1 分		
3.7	更换防振锤	（1）登塔。 （2）塔上作业人员将跟头滑车挂在导线上。 （3）地面人员将软梯头及软体起吊至导线安装好。 （4）地面等电位电工爬软梯进入强电场。 （5）量出安装位置。 （6）缠绕铝包带。 （7）安装防振锤。 （8）拆除旧防振锤及铝包带。 （9）退出强电场，下软梯至地面。 （10）拆除软梯头和软梯，以及跟头滑车	10	少一步扣 1 分		
3.8	防触电措施	（1）作业前应核对输电线路双重名称。 （2）着全套屏蔽服且各部位连接良好	2	少一项扣 1 分		
3.9	防止高坠措施	（1）安全带、延长绳外观检查及冲击试验。 （2）登杆过程中应全程使用安全带。 （3）杆上人员作业过程中不得失去保护	3	少一项扣 1 分		
3.10	防止高空落物伤人措施	（1）杆上作业人员应将工具放置在牢固的构件上。 （2）上下传递工具材料应使用绳索传递，不得抛掷。 （3）作业人员应正确佩戴安全帽。 （4）作业点下方不得有人逗留或通过	4	少一项扣 1 分		

续表

序号	项目名称	质量要求	满分	扣分标准	扣分原因	得分
3.11	质量要求	（1）铝包带的缠绕方向、出头及质量。 （2）螺栓穿向。 （3）防振锤安装位置及质量	3	一项错误扣1分		
3.12	工具	（1）应有工具清单。 （2）应含有安全带、延长绳、脚扣等安全工器具	4	少一项扣2分，扣完为止		
3.13	材料	（1）应有材料清单。 （2）应有防振锤及配件、铝包带等材料，并应根据情况选择适当的型号	4	少一项扣2分； 型号选择不正确扣2分； 以上扣分，扣完为止		
4	工作结束					
4.1	整理工具，清理现场	整理好工具，清理好现场	10	错误一项扣5分，扣完为止		
5	工作结束汇报	向考评员报告工作已结束，场地已清理	5	未向考评员报告工作结束扣3分； 未清理场地扣2分		
6	其他要求	（1）要求着装正确（工作服、工作胶鞋、安全帽）。 （2）操作动作熟练。 （3）清理工作现场符合文明生产要求	15	不满足要求一项扣5分		
合计			100			

Jc0006243043　编写带电更换110kV耐张杆防振锤的检修方案。（100分）

考核知识点：技术管理及培训

难易度：难

技能等级评价专业技能考核操作工作任务书

一、任务名称

编写带电更换110kV耐张杆防振锤的检修方案。

二、适用工种

高压线路带电检修工（输电）技师。

三、具体任务

110kV某线12号杆（杆型JG）A相大号侧防振锤下滑2m，计划对该防振锤进行更换。针对此项工作，考生编写一份停电更换110kV耐张杆防振锤的检修方案。

四、工作规范及要求

请按以下要求完成带电更换110kV耐张杆防振锤的检修方案；方案编写在教室内完成。

（1）人员配置分工合理（方案中不得出现真实单位名称及个人姓名）。

（2）工器具及材料清楚。

（3）主要作业程序正确。

（4）关键工序工艺质量标准清楚。

（5）组织、安全、技术措施齐全。

（6）考核时间结束终止考试。

五、考核及时间要求

考核时间共40分钟。每超过2分钟扣1分，到45分钟终止考核。

技能等级评价专业技能考核操作评分标准

<table>
<tr><td>工种</td><td colspan="4">高压线路带电检修工</td><td>评价等级</td><td colspan="3">技师</td></tr>
<tr><td>项目模块</td><td colspan="3">技术管理及培训—技术管理</td><td>编号</td><td colspan="4">Jc0006243043</td></tr>
<tr><td>单位</td><td colspan="2"></td><td>准考证号</td><td></td><td>姓名</td><td colspan="3"></td></tr>
<tr><td>考试时限</td><td>40 分钟</td><td>题型</td><td colspan="2">单项操作</td><td>题分</td><td colspan="3">100 分</td></tr>
<tr><td>成绩</td><td>考评员</td><td></td><td>考评组长</td><td></td><td>日期</td><td colspan="3"></td></tr>
<tr><td>试题正文</td><td colspan="8">编写带电更换 110kV 耐张杆防振锤的检修方案</td></tr>
<tr><td>需要说明的问题和要求</td><td colspan="8">（1）所编写方案须注明检修时间、组织措施、现场工作环境、具体检修内容、检修分工、风险定级、技术措施、检修流程。
（2）所编写方案应包括事故应急处置措施。
（3）所编写方案应注明相应风险控制措施</td></tr>
</table>

序号	项目名称	质量要求	满分	扣分标准	扣分原因	得分
1	工作准备					
1.1	标题	要写清楚输电线路名称、杆号及作业内容	10	少一项扣 5 分，扣完为止		
1.2	检修工作介绍	应对检修工作概况或该工作的背景进行简单描述	5	没有工程概况介绍扣 5 分		
2	工作许可					
2.1	许可方式	向考评员示意准备就绪，申请开始工作	5	未向考评员示意即开始工作扣 5 分		
3	工作步骤及技术要求					
3.1	标题	要写清楚输电线路名称、杆号及作业内容	3	少一项扣 1 分，扣完为止		
3.2	检修工作介绍	应对检修工作概况或该工作的背景进行简单描述	5	没有工程概况介绍扣 5 分		
3.3	工作内容	应写清楚工作的输电线路、杆号、工作内容	3	少一项内容扣 1 分，扣完为止		
3.4	工作人员及分工	（1）应写清楚工作班组和人数；或者逐一填写工作人员名字。 （2）单位名称和个人姓名不得使用真实名称。 （3）应有明确分工	3	一项不正确扣 1 分		
3.5	工作时间	应写清楚计划工作时间，计划工作开始及工作结束时间均应以年、月、日、时、分填写清楚	3	没有填写时间扣 3 分，时间填写不清楚的扣 1 分		
3.6	准备工作	（1）安全措施宣讲及落实（作业人员着装正确，戴安全帽，系安全带）。 （2）人员分工（杆上作业及地面配合人员）。 （3）作业开始前的准备（防振锤及螺栓、平垫、弹垫、铝包带的检查）	3	少一项扣 1 分		
3.7	更换防振锤	（1）登塔。 （2）塔上作业人员将跟头滑车挂在导线上。 （3）地面人员将软梯头及软体起吊至导线安装好。 （4）地面等电位电工爬软梯进入强电场。 （5）量出安装位置。 （6）缠绕铝包带。 （7）安装防振锤。 （8）拆除旧防振锤及铝包带。 （9）退出强电场，下软梯至地面。 （10）拆除软梯头和软梯，以及跟头滑车	10	少一步扣 1 分		

续表

序号	项目名称	质量要求	满分	扣分标准	扣分原因	得分
3.8	防触电措施	（1）作业前应核对输电线路双重名称。 （2）着全套屏蔽服且各部位连接良好	2	少一项扣 1 分		
3.9	防止高坠措施	（1）安全带、延长绳外观检查及冲击试验。 （2）登杆过程中应全程使用安全带。 （3）杆上人员作业过程中不得失去保护	3	少一项扣 1 分		
3.10	防止高空落物伤人措施	（1）杆上作业人员应将工具放置在牢固的构件上。 （2）上下传递工具材料应使用绳索传递，不得抛掷。 （3）作业人员应正确佩戴安全帽。 （4）作业点下方不得有人逗留或通过	4	少一项扣 1 分		
3.11	质量要求	（1）铝包带的缠绕方向、出头及质量。 （2）螺栓穿向。 （3）防振锤安装位置及质量	3	一项错误扣 1 分		
3.12	工具	（1）应有工具清单。 （2）应含有安全带、延长绳、脚扣等安全工器具	4	少一项扣 2 分，扣完为止		
3.13	材料	（1）应有材料清单。 （2）应有防振锤及配件、铝包带等材料，并应根据情况选择适当的型号	4	少一项扣 2 分； 型号选择不正确扣 2 分； 以上扣分，扣完为止		
4	工作结束					
4.1	整理工具，清理现场	整理好工具，清理好现场	10	错误一项扣 5 分，扣完为止		
5	工作结束汇报	向考评员报告工作已结束，场地已清理	5	未向考评员报告工作结束扣 3 分； 未清理场地扣 2 分		
6	其他要求	（1）要求着装正确（工作服、工作胶鞋、安全帽）。 （2）操作动作熟练。 （3）清理工作现场符合文明生产要求	15	不满足要求一项扣 5 分		
合计			100			

Jc0006243044　编写带电更换 220kV 耐张杆防振锤的检修方案。（100 分）

考核知识点：技术管理及培训

难易度：难

技能等级评价专业技能考核操作工作任务书

一、任务名称

编写带电更换 220kV 耐张杆防振锤的检修方案。

二、适用工种

高压线路带电检修工（输电）技师。

三、具体任务

220kV 某线 21 号杆（杆型 JG）A 相大号侧防振锤下滑 1m，计划对该防振锤进行更换。针对此项工作，考生编写一份带电更换 220kV 耐张杆防振锤的检修方案。

四、工作规范及要求

请按以下要求完成带电更换 220kV 耐张杆防振锤的检修方案；方案编写在教室内完成。

（1）人员配置分工合理（方案中不得出现真实单位名称及个人姓名）。
（2）工器具及材料清楚。
（3）主要作业程序正确。
（4）关键工序工艺质量标准清楚。
（5）组织、安全、技术措施齐全。
（6）考核时间结束终止考试。

五、考核及时间要求

考核时间共40分钟。每超过2分钟扣1分，到45分钟终止考核。

<table>
<tr><td>工种</td><td colspan="5">高压线路带电检修工</td><td>评价等级</td><td>技师</td></tr>
<tr><td>项目模块</td><td colspan="5">技术管理及培训—技术管理</td><td>编号</td><td>Jc0006243044</td></tr>
<tr><td>单位</td><td colspan="3"></td><td>准考证号</td><td></td><td>姓名</td><td></td></tr>
<tr><td>考试时限</td><td colspan="2">40分钟</td><td>题型</td><td colspan="2">单项操作</td><td>题分</td><td>100分</td></tr>
<tr><td>成绩</td><td></td><td>考评员</td><td></td><td>考评组长</td><td></td><td>日期</td><td></td></tr>
<tr><td>试题正文</td><td colspan="7">编写带电更换220kV耐张杆防振锤的检修方案</td></tr>
<tr><td>需要说明的问题和要求</td><td colspan="7">（1）所编写方案须注明检修时间、组织措施、现场工作环境、具体检修内容、检修分工、风险定级、技术措施、检修流程。
（2）所编写方案应包括事故应急处置措施。
（3）所编写方案应注明相应风险控制措施</td></tr>
</table>

序号	项目名称	质量要求	满分	扣分标准	扣分原因	得分
1	工作准备					
1.1	标题	要写清楚输电线路名称、杆号及作业内容	10	少一项扣3分，扣完为止		
1.2	检修工作介绍	应对检修工作概况或该工作的背景进行简单描述	5	没有工程概况介绍扣5分		
2	工作许可					
2.1	许可方式	向考评员示意准备就绪，申请开始工作	5	未向考评员示意即开始工作扣5分		
3	工作步骤及技术要求					
3.1	工作内容	应写清楚工作的输电线路、杆号、工作内容	5	少一项内容扣2分，扣完为止		
3.2	工作人员及分工	（1）应写清楚工作班组和人数；或者逐一填写工作人员名字。 （2）单位名称和个人姓名不得使用真实名称。 （3）应有明确分工	3	一项不正确扣1分		
3.3	工作时间	应写清楚计划工作时间，计划工作开始及工作结束时间均应以年、月、日、时、分填写清楚	3	没有填写时间扣3分，时间填写不清楚的扣1分		
3.4	准备工作	（1）安全措施宣讲及落实（作业人员着装正确，戴安全帽，系安全带）。 （2）人员分工（杆上作业及地面配合人员）。 （3）作业开始前的准备（防振锤及螺栓、平垫、弹垫、铝包带的检查）	6	少一项扣2分		

续表

序号	项目名称	质量要求	满分	扣分标准	扣分原因	得分
3.5	更换防振锤	（1）登塔。 （2）塔上作业人员将跟头滑车挂在导线上。 （3）地面人员将软梯头及软体起吊至导线安装好。 （4）地面等电位电工爬软梯进入强电场。 （5）量出安装位置。 （6）缠绕铝包带。 （7）安装防振锤。 （8）拆除旧防振锤及铝包带。 （9）退出强电场，下软梯至地面。 （10）拆除软梯头和软梯，以及跟头滑车	10	少一步扣1分		
3.6	防触电措施	（1）作业前应核对输电线路双重名称。 （2）着全套屏蔽服且各部位连接良好	2	少一项扣1分		
3.7	防止高坠措施	（1）安全带、延长绳外观检查及冲击试验。 （2）登杆过程中应全程使用安全带。 （3）杆上人员作业过程中不得失去保护	6	少一项扣2分		
3.8	防止高空落物伤人措施	（1）杆上作业人员应将工具放置在牢固的构件上。 （2）上下传递工具材料应使用绳索传递，不得抛掷。 （3）作业人员应正确佩戴安全帽。 （4）作业点下方不得有人逗留或通过	4	少一项扣1分		
3.9	质量要求	（1）铝包带的缠绕方向、出头及质量。 （2）螺栓穿向。 （3）防振锤安装位置及质量	3	一项错误扣1分		
3.10	工具	（1）应有工具清单。 （2）应含有安全带、延长绳、脚扣等安全工器具	4	少一项扣2分，扣完为止		
3.11	材料	（1）应有材料清单。 （2）应有防振锤及配件、铝包带等材料，并应根据情况选择适当的型号	4	少一项扣2分； 型号选择不正确扣2分； 以上扣分，扣完为止		
4	工作结束					
4.1	整理工具，清理现场	整理好工具，清理好现场	10	错误一项扣5分，扣完为止		
5	工作结束汇报	向考评员报告工作已结束，场地已清理	5	未向考评员报告工作结束扣3分； 未清理场地扣2分		
6	其他要求	（1）要求着装正确（工作服、工作胶鞋、安全帽）。 （2）操作动作熟练。 （3）清理工作现场符合文明生产要求	15	不满足要求一项扣5分		
合计			100			

Jc0006243045　编写带电更换330kV耐张杆防振锤的检修方案。（100分）

考核知识点：技术管理及培训

难易度：难

技能等级评价专业技能考核操作工作任务书

一、任务名称

编写带电更换330kV耐张杆防振锤的检修方案。

二、适用工种

高压线路带电检修工（输电）技师。

三、具体任务

330kV 某线 88 号杆（杆型 JG）C 相大号侧防振锤下滑 1.5m，计划对该防振锤进行更换。针对此项工作，考生编写一份带电更换 330kV 耐张杆防振锤的检修方案。

四、工作规范及要求

请按以下要求完成带电更换 330kV 耐张杆防振锤的检修方案；方案编写在教室内完成。

（1）人员配置分工合理（方案中不得出现真实单位名称及个人姓名）。

（2）工器具及材料清楚。

（3）主要作业程序正确。

（4）关键工序工艺质量标准清楚。

（5）组织、安全、技术措施齐全。

（6）考核时间结束终止考试。

五、考核及时间要求

考核时间共 40 分钟。每超过 2 分钟扣 1 分，到 45 分钟终止考核。

技能等级评价专业技能考核操作评分标准

工种	高压线路带电检修工				评价等级	技师
项目模块	技术管理及培训—技术管理			编号	Jc0006243045	
单位		准考证号			姓名	
考试时限	40 分钟	题型	单项操作		题分	100 分
成绩	考评员		考评组长		日期	
试题正文	编写带电更换 330kV 耐张杆防振锤的检修方案					
需要说明的问题和要求	（1）所编写方案须注明检修时间、组织措施、现场工作环境、具体检修内容、检修分工、风险定级、技术措施、检修流程。 （2）所编写方案应包括事故应急处置措施。 （3）所编写方案应注明相应风险控制措施					

序号	项目名称	质量要求	满分	扣分标准	扣分原因	得分
1	工作准备					
1.1	标题	要写清楚输电线路名称、杆号及作业内容	10	少一项扣 10 分		
1.2	检修工作介绍	应对检修工作概况或该工作的背景进行简单描述	5	没有工程概况介绍扣 5 分		
2	工作许可					
2.1	许可方式	向考评员示意准备就绪，申请开始工作	5	未向考评员示意即开始工作扣 5 分		
3	工作步骤及技术要求					
3.1	标题	要写清楚输电线路名称、杆号及作业内容	3	少一项扣 1 分，扣完为止		
3.2	检修工作介绍	应对检修工作概况或该工作的背景进行简单描述	5	没有工程概况介绍扣 5 分		
3.3	工作内容	应写清楚工作的输电线路、杆号、工作内容	3	少一项内容扣 1 分，扣完为止		
3.4	工作人员及分工	（1）应写清楚工作班组和人数；或者逐一填写工作人员名字。 （2）单位名称和个人姓名不得使用真实名称。 （3）应有明确分工	3	一项不正确扣 1 分		

续表

序号	项目名称	质量要求	满分	扣分标准	扣分原因	得分
3.5	工作时间	应写清楚计划工作时间，计划工作开始及工作结束时间均应以年、月、日、时、分填写清楚	3	没有填写时间扣 3 分，时间填写不清楚的扣 1 分		
3.6	准备工作	（1）安全措施宣讲及落实（作业人员着装正确，戴安全帽，系安全带）。 （2）人员分工（杆上作业及地面配合人员）。 （3）作业开始前的准备（防振锤及螺栓、平垫、弹垫、铝包带的检查）	3	少一项扣 1 分		
3.7	更换防振锤	（1）登塔。 （2）塔上作业人员将跟头滑车挂在导线上。 （3）地面人员将软梯头及软体起吊至导线安装好。 （4）地面等电位电工爬软梯进入强电场。 （5）量出安装位置。 （6）缠绕铝包带。 （7）安装防振锤。 （8）拆除旧防振锤及铝包带。 （9）退出强电场，下软梯至地面。 （10）拆除软梯头和软梯，以及跟头滑车	10	少一步扣 1 分		
3.8	防触电措施	（1）作业前应核对输电线路双重名称。 （2）着全套屏蔽服且各部位连接良好	2	少一项扣 1 分		
3.9	防止高坠措施	（1）安全带、延长绳外观检查及冲击试验。 （2）登杆过程中应全程使用安全带。 （3）杆上人员作业过程中不得失去保护	3	少一项扣 1 分		
3.10	防止高空落物伤人措施	（1）杆上作业人员应将工具放置在牢固的构件上。 （2）上下传递工具材料应使用绳索传递，不得抛掷。 （3）作业人员应正确佩戴安全帽。 （4）作业点下方不得有人逗留或通过	4	少一项扣 1 分		
3.11	质量要求	（1）铝包带的缠绕方向、出头及质量。 （2）螺栓穿向。 （3）防振锤安装位置及质量	3	一项错误扣 1 分		
3.12	工具	（1）应有工具清单。 （2）应含有安全带、延长绳、脚扣等安全工器具	4	少一项扣 2 分，扣完为止		
3.13	材料	（1）应有材料清单。 （2）应有防振锤及配件、铝包带等材料，并应根据情况选择适当的型号	4	少一项扣 2 分； 型号选择不正确扣 2 分； 以上扣分，扣完为止		
4	工作结束					
4.1	整理工具，清理现场	整理好工具，清理好现场	10	错误一项扣 5 分，扣完为止		
5	工作结束汇报	向考评员报告工作已结束，场地已清理	5	未向考评员报告工作结束扣 3 分； 未清理场地扣 2 分		
6	其他要求	（1）要求着装正确（工作服、工作胶鞋、安全帽）。 （2）操作动作熟练。 （3）清理工作现场符合文明生产要求	15	不满足要求一项扣 5 分		
合计			100			

Jc0006243046　编写等电位法断开 220kV 阻波器引线的施工方案和安全措施。（100 分）

考核知识点： 技术管理及培训

难易度： 难

技能等级评价专业技能考核操作工作任务书

一、任务名称

编写等电位法断开220kV阻波器引线的施工方案和安全措施。

二、适用工种

高压线路带电检修工（输电）技师。

三、具体任务

编写等电位法断开220kV阻波器引线的施工方案和安全措施。

四、工作规范及要求

请按以下要求完成220kV阻波器引线的施工方案和安全措施；方案编写在教室内完成。

（1）人员配置分工合理（方案中不得出现真实单位名称及个人姓名）。

（2）工器具及材料清楚。

（3）主要作业程序正确。

（4）关键工序工艺质量标准清楚。

（5）组织、安全、技术措施齐全。

（6）考核时间结束终止考试。

五、考核及时间要求

考核时间共40分钟。每超过2分钟扣1分，到45分钟终止考核。

技能等级评价专业技能考核操作评分标准

工种	高压线路带电检修工					评价等级	技师
项目模块	技术管理及培训—技术管理				编号	Jc0006243046	
单位			准考证号			姓名	
考试时限	40分钟	题型	综合操作			题分	100分
成绩		考评员		考评组长		日期	
试题正文	编写等电位法断开220kV阻波器引线的施工方案和安全措施						
需要说明的问题和要求	（1）所编写方案须注明检修时间、组织措施、现场工作环境、具体检修内容、检修分工、风险定级、技术措施、检修流程。 （2）所编写方案应包括事故应急处置措施。 （3）所编写方案应注明相应风险控制措施						

序号	项目名称	质量要求	满分	扣分标准	扣分原因	得分
1	工作准备					
1.1	标题	要写清楚输电线路名称、杆号及作业内容	10	少一项扣10分		
1.2	检修工作介绍	应对检修工作概况或该工作的背景进行简单描述	5	没有工程概况介绍扣5分		
2	工作许可					
2.1	许可方式	向考评员示意准备就绪，申请开始工作	5	未向考评员示意即开始工作扣5分		
3	工作步骤及技术要求					
3.1	施工方法	采用何种方法并说明理由	10	不合格一项扣5分，扣完为止		
3.2	填写第二种工作票	人员满足工作要求，工作范围清晰，填写正确	10	不合格一项扣5分，扣完为止		

续表

序号	项目名称	质量要求	满分	扣分标准	扣分原因	得分
3.3	工作进行顺序及方法	每个工作班成员任务明确，前后顺序正确，工作方法正确	10	不正确每项扣5分，扣完为止		
3.4	安全要求	安全措施具体无漏项	10	不合格一项扣5分，扣完为止		
3.5	组织措施	人员配备合理，工作任务清楚	10	不合格一项扣5分，扣完为止		
4	工作结束					
4.1	整理工具，清理现场	整理好工具，清理好现场	10	错误一项扣5分，扣完为止		
5	工作结束汇报	向考评员报告工作已结束，场地已清理	5	未向考评员报告工作结束扣3分； 未清理场地扣2分		
6	其他要求	（1）要求着装正确（工作服、工作胶鞋、安全帽）。 （2）操作动作熟练。 （3）清理工作现场符合文明生产要求	15	不满足要求一项扣5分		
合计			100			

Jc0005243047　指挥用吊车或绝缘斗臂车配合带电更换10kV直线水泥杆。（100分）

考核知识点：工具试验、消防、起重、触电急救

难易度：难

技能等级评价专业技能考核操作工作任务书

一、任务名称

指挥用吊车或绝缘斗臂车配合带电更换10kV直线水泥杆。

二、适用工种

高压线路带电检修工（输电）技师。

三、具体任务

指挥用吊车或绝缘斗臂车配合带电更换10kV直线水泥杆。

四、工作规范及要求

（1）人员配置分工合理（方案中不得出现真实单位名称及个人姓名）。

（2）工器具及材料清楚。

（3）主要作业程序正确。

（4）关键工序工艺质量标准清楚。

（5）组织、安全、技术措施齐全。

（6）考核时间结束终止考试。

五、考核及时间要求

考核时间共150分钟。每超过2分钟扣1分，到155分钟终止考核。

技能等级评价专业技能考核操作评分标准

工种	高压线路带电检修工					评价等级	技师
项目模块	高压线路带电检修工—工具试验、消防、起重、触电急救				编号	Jc0005243047	
单位			准考证号			姓名	
考试时限	150分钟	题型	综合操作			题分	100分
成绩		考评员		考评组长		日期	

续表

试题正文	指挥用吊车或绝缘斗臂车配合带电更换 10kV 直线水泥杆
需要说明的问题和要求	（1）指挥吊车应有司索证且具有输电线路工作负责人资格。 （2）指挥前应明确简明、易懂、统一信号并告知工作班成员。 （3）操作前应组织调试相应设备并检查检测记录是否合格齐备

序号	项目名称	质量要求	满分	扣分标准	扣分原因	得分
1	工作准备	工作班成员技术等级搭配合理，工器具齐全	15	工作班成员技术等级搭配不合理扣 5 分； 工器具漏一项扣 3 分，扣完为止		
2	工作许可					
2.1	许可方式	向考评员示意准备就绪，申请开始工作	5	未向考评员示意即开始工作扣 5 分		
3	工作步骤及技术要求					
3.1	填写第二种工作票	工作票填写正确	10	不合格一项扣 5 分，扣完为止		
3.2	工作进行顺序及方法	每个工作班成员任务明确，前后顺序正确，工作方法正确	20	不正确每项扣 5 分，扣完为止		
3.3	安全要求	安全措施具体无漏项	20	不合格一项扣 5 分，扣完为止		
4	工作结束					
4.1	整理工具，清理现场	整理好工具，清理好现场	10	错误一项扣 5 分，扣完为止		
5	工作结束汇报	向考评员报告工作已结束，场地已清理	5	未向考评员报告工作结束扣 3 分； 未清理场地扣 2 分		
6	其他要求	（1）要求着装正确（工作服、工作胶鞋、安全帽）。 （2）操作动作熟练。 （3）清理工作现场符合文明生产要求	15	不满足要求一项扣 5 分		
	合计		100			

Jc0003242048　背画本单位管辖的 220kV 及以上送电线路单线系统图。（100 分）

考核知识点：高压线路构成

难易度：中

技能等级评价专业技能考核操作工作任务书

一、任务名称

背画本单位管辖的 220kV 及以上送电线路单线系统图。

二、适用工种

高压线路带电检修工（输电）技师。

三、具体任务

背画本单位管辖的 220kV 及以上送电线路单线系统图。

四、工作规范及要求

请按以下要求完成背画本单位管辖的 220kV 及以上送电线路单线系统图；在教室内完成。

（1）根据考评员提供线路名称绘制 220kV××线单线系统图。

（2）需在系统图旁简要说明线路基本参数如杆塔基数、长度、导线型号、地理环境等。

（3）需标注送电及受电端变电站，终端塔、转角耐张塔需注明塔号，线路整体走径与实际走径需保持一致。

（4）每基塔需注明相别。

五、考核及时间要求

考核时间共20分钟。每超过2分钟扣1分，到25分钟终止考核。

技能等级评价专业技能考核操作评分标准

工种	高压线路带电检修工					评价等级	技师
项目模块	高压线路带电检修工—高压线路构成				编号	Jc0003242048	
单位			准考证号			姓名	
考试时限	20分钟		题型	单项操作		题分	100分
成绩		考评员		考评组长		日期	
试题正文	背画本单位管辖的220kV及以上送电线路单线系统图						
需要说明的问题和要求	（1）背画线路应为本单位在运220kV及以上送电线路。 （2）线路长度精确至个位即可，如15km。 （3）如存在换相情况需在系统图中体现						

序号	项目名称	质量要求	满分	扣分标准	扣分原因	得分
1	工作准备	（1）穿全套工作服，戴安全帽，穿绝缘鞋。 （2）准备好背画所需笔、纸	15	漏一项扣3分，扣完为止		
2	工作许可		5			
2.1	许可方式	向考评员示意准备就绪，申请开始工作	5	未向考评员示意即开始工作扣5分		
3	工作步骤及技术要求					
3.1	画出系统图注明线路名称，变电站名称	标注清晰正确	10	不准确一项扣5分，扣完为止		
3.2	标注起止杆塔，分界点	杆号无误准确	10	不准确一项扣5分，扣完为止		
3.3	标注导线型号	符合实际并准确	10	不准确一项扣5分，扣完为止		
3.4	架空地线型号	符合实际并准确	10	不准确一项扣5分，扣完为止		
3.5	线路长度	符合实际并准确	10	不准确一项扣5分，扣完为止		
4	工作结束					
4.1	整理工具，清理现场	整理好工具，清理好现场	10	错误一项扣5分，扣完为止		
5	工作结束汇报	向考评员报告工作已结束，场地已清理	5	未向考评员报告工作结束扣3分； 未清理场地扣2分		
6	其他要求	（1）要求着装正确（工作服、工作胶鞋、安全帽）。 （2）操作动作熟练。 （3）清理工作现场符合文明生产要求	15	不满足要求一项扣5分		
合计			100			

Jc0005241049　带电处理10kV架空线路线伤及摘取悬挂物。（100分）

考核知识点：高压线路构成

难易度：易

技能等级评价专业技能考核操作工作任务书

一、任务名称

带电处理10kV架空线路线伤及摘取悬挂物。

二、适用工种

高压线路带电检修工（输电）技师。

三、具体任务

模拟带电处理某10kV架空线路线伤及摘取导线悬挂物。针对此项作业，考生必须在规定时间内完成。

四、工作规范及要求

（1）作业前，工作负责人与调度联系，履行许可手续，取得配电调度值班人员许可后，下令带电作业开始。

（2）工作负责人组织全体工作人员学习工作票，交待安全措施、注意事项、危险点及防范措施。

（3）绝缘斗臂车停到合适位置，将车体良好接地。

五、考核及时间要求

考核时间共30分钟。每超过2分钟扣1分，到35分钟终止考核。

技能等级评价专业技能考核操作评分标准

工种	高压线路带电检修工				评价等级	技师
项目模块	高压线路带电检修工—高压线路带电检修方法及操作技巧			编号		Jc0005241049
单位		准考证号			姓名	
考试时限	30分钟	题型	单项操作		题分	100分
成绩		考评员		考评组长		日期
试题正文	带电处理10kV架空线路线伤及摘取悬挂物					
需要说明的问题和要求	（1）要求多人配合操作，仅对等电位电工进行考评。 （2）操作应注意安全，按照标准化作业书的技术安全说明做好安全措施。 （3）严格按照带电作业流程进行，流程是否正确将列入考评内容。 （4）工具材料的检查由被考核人员配合完成。 （5）视作业现场线路重合闸已停用					

序号	项目名称	质量要求	满分	扣分标准	扣分原因	得分
1	工作准备					
1.1	安全劳动防护用品的准备	正确佩戴安全帽，穿全套工作，包括工作服、绝缘鞋、棉手套	5	未正确佩戴安全帽，穿工作服、绝缘鞋、棉手套每项扣2分，扣完为止		
1.2	工器具的准备	熟练正确使用各种工器具	5	未正确使用一次扣1分，扣完为止		
1.3	作业前准备	工作负责人与调度联系；读工作票	5	未与调度联系扣5分		
2	工作许可					
2.1	许可方式	向考评员示意准备就绪，申请开始工作	5	未向考评员示意即开始工作扣5分		
3	工作步骤及技术要求					
3.1	进入斗臂车	（1）带电作业操作工带好绝缘传递绳、对讲机，经工作负责人全面检查无误后，进入斗内系好安全带，并戴好绝缘手套。 （2）根据工作需要和工作负责人的布置，由地面电工将所需的工器具装入绝缘斗内	10	未正确使用一次扣5分		
3.2	到达作业位置	（1）工作负责人命令带电作业操作工操纵绝缘斗臂车，到达预先选好的适当位置。 （2）带电作业操作工到达作业位置后，进一步确定安全距离是否合适	10	未正确使用一次扣5分		
3.3	进行绝缘屏蔽	带电作业操作工，对人体可能触及范围内的横担、金属支撑件、带电导体按照由近到远，由下到上的顺序进行绝缘遮蔽	10	未正确使用一次扣10分		

续表

序号	项目名称	质量要求	满分	扣分标准	扣分原因	得分
3.4	摘取悬挂物	摘取导线上的悬挂物时，应轻轻摘取，以防导线摆动造成相间短路或接地。遇有悬挂物接地时，应先用绝缘杆将接地现象消除，再进行摘取（绝缘杆有效长度不得小于0.7m）	20	未正确使用一次扣20分		
4	工作结束					
4.1	拆除绝缘屏蔽	处理完毕后，按照由远至近，由上到下的顺序拆除绝缘遮蔽工具	10	未正确使用一次扣10分		
4.2	返回地面	（1）工作负责人命令带电作业操作工返回地面，组织工作班成员清理现场，工作负责人全面查看现场无误后，向值班调度员汇报工作结束。 （2）工作结束后，工作班撤离现场	5	未正确使用一次扣1～5分		
5	工作终结汇报	向考评员报告工作已结束，场地已清理	5	未向考评员报告工作结束扣3分； 未清理场地扣2分		
6	其他要求					
6.1	动作要求	动作熟练顺畅	5	动作不熟练扣1～5分		
6.2	安全要求	严格遵守“四不伤害”原则，不得损坏工器具和设备	5	工器具或设备损坏不得分		
合计			100			

Jc0005241050　带电更换10kV架空线路直线针式绝缘子。（100分）

考核知识点：高压线路构成

难易度：易

技能等级评价专业技能考核操作工作任务书

一、任务名称

带电更换10kV架空线路直线针式绝缘子。

二、适用工种

高压线路带电检修工（输电）技师。

三、具体任务

模拟带电更换某10kV架空线路直线塔针式绝缘子。针对此项作业，考生必须在规定时间内完成。

四、工作规范及要求

（1）作业前，工作负责人与调度联系，履行许可手续，取得配电调度值班人员许可后，下令带电作业开始。

（2）工作负责人组织全体工作人员学习工作票，交待安全措施、注意事项、危险点及防范措施。

（3）绝缘斗臂车停到合适位置，将车体良好接地。

五、考核及时间要求

考核时间共30分钟。每超过2分钟扣1分，到35分钟终止考核。

技能等级评价专业技能考核操作评分标准

<table>
<tr><td>工种</td><td colspan="5">高压线路带电检修工</td><td>评价等级</td><td>技师</td></tr>
<tr><td>项目模块</td><td colspan="5">高压线路带电检修工—高压线路带电检修方法及操作技巧</td><td>编号</td><td>Jc0005241050</td></tr>
<tr><td>单位</td><td colspan="3"></td><td>准考证号</td><td></td><td>姓名</td><td></td></tr>
<tr><td>考试时限</td><td colspan="2">30 分钟</td><td>题型</td><td colspan="2">单项操作</td><td>题分</td><td>100 分</td></tr>
<tr><td>成绩</td><td></td><td>考评员</td><td></td><td>考评组长</td><td></td><td>日期</td><td></td></tr>
<tr><td>试题正文</td><td colspan="7">带电更换 10kV 架空线路直线针式绝缘子</td></tr>
<tr><td>需要说明的问题和要求</td><td colspan="7">（1）要求多人配合操作，仅对等电位电工进行考评。
（2）操作应注意安全，按照标准化作业书的技术安全说明做好安全措施。
（3）严格按照带电作业流程进行，流程是否正确将列入考评内容。
（4）工具材料的检查由被考核人员配合完成。
（5）视作业现场线路重合闸已停用</td></tr>
</table>

序号	项目名称	质量要求	满分	扣分标准	扣分原因	得分
1	工作准备					
1.1	安全劳动防护用品的准备	正确佩戴安全帽，穿全套工作服，包括工作服、绝缘鞋、棉手套	5	未正确佩戴安全帽，穿工作服、绝缘鞋、棉手套每项扣 2 分，扣完为止		
1.2	工器具的准备	熟练正确使用各种工器具	5	未正确使用一次扣 1 分，扣完为止		
1.3	作业前准备	工作负责人与调度联系；读工作票	5	未与调度联系扣 5 分		
2	工作许可					
2.1	许可方式	向考评员示意准备就绪，申请开始工作	5	未向考评员示意即开始工作扣 5 分		
3	工作步骤及技术要求					
3.1	进入斗臂车	（1）带电作业操作工带好绝缘传递绳、对讲机，经工作负责人全面检查无误后，进入斗内系好安全带，并戴好绝缘手套。 （2）根据工作需要和工作负责人的布置，由地面电工将所需的工器具装入绝缘斗内	10	未正确操作一次扣 5 分		
3.2	到达作业位置	（1）工作负责人命令带电作业操作工操纵绝缘斗臂车，到达预先选好的适当位置。 （2）带电作业操作工到达作业位置后，进一步确定安全距离是否合适	10	未正确操作一次扣 5 分		
3.3	进行绝缘屏蔽	带电作业操作工，对人体可能触及范围内的横担、金属支撑件、带电导体按照由近到远，由下到上的顺序进行绝缘遮蔽	10	未正确操作一次扣 10 分		
3.4	更换绝缘子	（1）工作斗到达作业的位置后，① 对离身体最近的边相导线安装导线遮蔽罩，并拉到靠近绝缘子的边缘处。② 绝缘子两端边相导线遮蔽完成后，采用针式绝缘子遮蔽罩对边相绝缘子进行绝缘遮蔽。 （2）对在作业范围内的所有带电部件进行遮蔽。若是更换中相绝缘子，则三相带电体均必须完全遮蔽。 （3）采用横担遮蔽用具对横担进行遮蔽，若是更换三角排列的中相针式绝缘子，还应对电杆顶部进行绝缘遮蔽。 若杆塔有拉线且在作业范围内，还应对拉线进行绝缘遮蔽。如果更换双回线路下排水平排列中相针式绝缘子时，应对电杆做绝缘隔离措施。 （4）用小吊臂作业法更换绝缘子	20	未正确操作一项扣 5 分		

续表

序号	项目名称	质量要求	满分	扣分标准	扣分原因	得分
4	工作结束					
4.1	拆除绝缘屏蔽	处理完毕后，按照由远至近，由上到下的顺序拆除绝缘遮蔽工具	5	未正确操作扣5分		
4.2	返回地面	（1）工作负责人命令带电作业操作工返回地面，组织工作班成员清理现场，工作负责人全面查看现场无误后，向值班调度员汇报工作结束。 （2）工作结束后，工作班撤离现场	5	未正确操作一项扣2.5分		
5	工作终结汇报	向考评员报告工作已结束，场地已清理	5	未向考评员报告工作结束扣3分； 未清理场地扣2分		
6	其他要求					
6.1	动作要求	动作熟练顺畅	5	动作不熟练扣1～5分		
6.2	安全要求	严格遵守“四不伤害”原则，不得损坏工器具和设备	10	工器具或设备损坏不得分		
合计			100			

Jc0005241051　带电更换10kV变压器台跌落式熔断器。(100分)

考核知识点： 高压线路构成

难易度： 易

技能等级评价专业技能考核操作工作任务书

一、任务名称

带电更换10kV变压器台跌落式熔断器。

二、适用工种

高压线路带电检修工（输电）技师。

三、具体任务

模拟带电更换某10kV变台跌落式熔断器。针对此项作业，考生必须在规定时间内完成。

四、工作规范及要求

（1）作业前，工作负责人与调度联系，履行许可手续，取得配电调度值班人员许可后，下令带电作业开始。

（2）工作负责人组织全体工作人员学习工作票，交代安全措施、注意事项、危险点及防范措施。

（3）绝缘斗臂车停到合适位置，将车体良好接地。

五、考核及时间要求

考核时间共30分钟。每超过2分钟扣1分，到35分钟终止考核。

技能等级评价专业技能考核操作评分标准

<table>
<tr><td>工种</td><td colspan="5">高压线路带电检修工</td><td>评价等级</td><td>技师</td></tr>
<tr><td>项目模块</td><td colspan="4">高压线路带电检修工—高压线路带电检修方法及操作技巧</td><td>编号</td><td colspan="2">Jc0005241051</td></tr>
<tr><td>单位</td><td colspan="2"></td><td>准考证号</td><td colspan="2"></td><td>姓名</td><td></td></tr>
<tr><td>考试时限</td><td colspan="2">30分钟</td><td>题型</td><td colspan="2">单项操作</td><td>题分</td><td>100分</td></tr>
<tr><td>成绩</td><td></td><td>考评员</td><td></td><td>考评组长</td><td></td><td>日期</td><td></td></tr>
<tr><td>试题正文</td><td colspan="7">带电更换10kV变压器台跌落式熔断器</td></tr>
</table>

续表

需要说明的问题和要求	（1）要求多人配合操作，仅对等电位电工进行考评。 （2）操作应注意安全，按照标准化作业书的技术安全说明做好安全措施。 （3）严格按照带电作业流程进行，流程是否正确将列入考评内容。 （4）工具材料的检查由被考核人员配合完成。 （5）视作业现场线路重合闸已停用

序号	项目名称	质量要求	满分	扣分标准	扣分原因	得分
1	工作准备					
1.1	安全劳动防护用品的准备	正确佩戴安全帽，穿全套工作服，包括工作服、绝缘鞋、棉手套	5	未正确佩戴安全帽，穿工作服、绝缘鞋、棉手套每项扣2分，扣完为止		
1.2	工器具的准备	熟练正确使用各种工器具	5	未正确使用一次扣1分，扣完为止		
1.3	作业前准备	工作负责人与调度联系；读工作票	5	未与调度联系扣5分		
2	工作许可					
2.1	许可方式	向考评员示意准备就绪，申请开始工作	5	未向考评员示意即开始工作扣5分		
3	工作步骤及技术要求					
3.1	进入斗臂车	（1）带电作业操作工带好绝缘传递绳、对讲机，经工作负责人全面检查无误后，进入斗内系好安全带，并戴好绝缘手套。 （2）根据工作需要和工作负责人的布置，由地面电工将所需的工器具装入绝缘斗内	10	未正确操作一项扣5分		
3.2	到达作业位置	（1）工作负责人命令带电作业操作工操纵绝缘斗臂车，到达预先选好的适当位置。 （2）带电作业操作工到达作业位置后，进一步确定安全距离是否合适	10	未正确操作一项扣5分		
3.3	进行绝缘屏蔽	带电作业操作工，对人体可能触及范围内的横担、金属支撑件、带电导体按照由近到远，由下到上的顺序进行绝缘遮蔽	10	未正确操作一项扣10分		
3.4	更换跌落开关	（1）安装好被断引相的绝缘过引线，过引线的接点必须牢固。 （2）断开该相引流线，将断开引流线固定在本导线上，注意不得碰触邻相及接地体。 （3）拆除过引线：先拆电源侧，后拆负荷侧。 （4）其他两相按上述方法依次进行	20	未正确操作一项扣5分		
4	工作结束					
4.1	拆除绝缘屏蔽	处理完毕后，按照由远至近，由上到下的顺序拆除绝缘遮蔽工具	5	未正确操作一项扣5分		
4.2	返回地面	（1）工作负责人命令带电作业操作工返回地面，组织工作班成员清理现场，工作负责人全面查看现场无误后，向值班调度员汇报工作结束。 （2）工作结束后，工作班撤离现场	5	未正确操作一项扣2.5分		
5	工作终结汇报	向考评员报告工作已结束，场地已清理	5	未向考评员报告工作结束扣3分；未清理场地扣2分		
6	其他要求					
6.1	动作要求	动作熟练顺畅	5	动作不熟练扣1～5分		
6.2	安全要求	严格遵守"四不伤害"原则，不得损坏工器具和设备	10	工器具或设备损坏不得分		
合计			100			

Jc0005243052　带电接 10kV 架空线路。(100 分)

考核知识点：高压线路构成

难易度：难

技能等级评价专业技能考核操作工作任务书

一、任务名称

带电接 10kV 架空线路。

二、适用工种

高压线路带电检修工（输电）技师。

三、具体任务

模拟带电接入 10kV 架空线路。针对此项作业，考生必须在规定时间内完成。

四、工作规范及要求

（1）作业前，工作负责人与调度联系，履行许可手续，取得配电调度值班人员许可后，下令带电作业开始。

（2）工作负责人组织全体工作人员学习工作票，交代安全措施、注意事项、危险点及防范措施。

（3）工作负责人必须亲自查看被接引线路上的所有开关在断开位置，线路上无人工作，相位确定无误后，并确认线路长度为 1000m 以内。

五、考核及时间要求

考核时间共 60 分钟。每超过 2 分钟扣 1 分，到 65 分钟终止考核。

技能等级评价专业技能考核操作评分标准

工种	高压线路带电检修工				评价等级	技师
项目模块	高压线路带电检修工—高压线路带电检修方法及操作技巧			编号	Jc0005243052	
单位		准考证号			姓名	
考试时限	60 分钟	题型	单项操作		题分	100 分
成绩	考评员		考评组长		日期	
试题正文	带电接 10kV 架空线路					
需要说明的问题和要求	（1）要求多人配合操作，仅对等电位电工进行考评。 （2）操作应注意安全，按照标准化作业书的技术安全说明做好安全措施。 （3）严格按照带电作业流程进行，流程是否正确将列入考评内容。 （4）工具材料的检查由被考核人员配合完成。 （5）视作业现场线路重合闸已停用					

序号	项目名称	质量要求	满分	扣分标准	扣分原因	得分
1	工作准备					
1.1	安全劳动防护用品的准备	正确佩戴安全帽，穿全套工作服，包括工作服、绝缘鞋、棉手套	5	未正确佩戴安全帽，穿工作服、绝缘鞋、棉手套每项扣 2 分，扣完为止		
1.2	工器具的准备	熟练正确使用各种工器具	5	未正确使用一次扣 1 分，扣完为止		
1.3	作业前准备	工作负责人与调度联系；读工作票	5	未与调度联系扣 5 分		
2	工作许可					
2.1	许可方式	向考评员示意准备就绪，申请开始工作	5	未向考评员示意即开始工作扣 5 分		
3	工作步骤及技术要求					

续表

序号	项目名称	质量要求	满分	扣分标准	扣分原因	得分
3.1	进入斗臂车	（1）带电作业操作工带好绝缘传递绳、对讲机，经工作负责人全面检查无误后，进入斗内系好安全带，并戴好绝缘手套。 （2）根据工作需要和工作负责人的布置，由地面电工将所需的工器具装入绝缘斗内	10	未正确操作一项扣5分		
3.2	到达作业位置	（1）工作负责人命令带电作业操作工操纵绝缘斗臂车，到达预先选好的适当位置。 （2）带电作业操作工到达作业位置后，进一步确定安全距离是否合适	10	未正确操作一项扣5分		
3.3	验电	对被接引的线路进行验电。验明确无电压后，用绝缘摇表测量被接引的线路。确认该线路无接地、短路现象	10	未正确操作扣10分		
3.4	接引线路	（1）工作负责人发令进行接引工作。 （2）带电作业操作工，对人体可能触及范围内的横担、金属支撑件、带电导体按照由近到远，由下到上的顺序进行绝缘遮蔽。 （3）安装好被接引相的绝缘过引线，先接负荷侧，后接电源侧。过引线的接点必须牢固。 （4）进行该相接引，接好后，拆除绝缘过引线，并对该相进行绝缘遮蔽。 （5）其他两相按上述操作方法依次进行	20	未正确操作一项扣4分		
4	工作结束					
4.1	拆除绝缘屏蔽	处理完毕后，按照由远至近，由上到下的顺序拆除绝缘遮蔽工具	5	未正确操作扣5分		
4.2	返回地面	（1）工作负责人命令带电作业操作工返回地面，组织工作班成员清理现场，工作负责人全面查看现场无误后，向值班调度员汇报工作结束。 （2）工作结束后，工作班撤离现场	5	未正确操作扣5分		
5	工作终结汇报	向考评员报告工作已结束，场地已清理	5	未向考评员报告工作结束扣3分； 未清理场地扣2分		
6	其他要求					
6.1	动作要求	动作熟练顺畅	5	动作不熟练扣1～5分		
6.2	安全要求	严格遵守“四不伤害”原则，不得损坏工器具和设备	10	工器具或设备损坏不得分		
合计			100			

Jc0004243053 处理损坏间隔棒的操作。（100分）

考核知识点：高压线路带电检修方法及操作技巧

难易度：难

技能等级评价专业技能考核操作工作任务书

一、任务名称

处理损坏间隔棒的操作。

二、适用工种

高压线路带电检修工（输电）技师。

三、具体任务

模拟处理某220kV线路损坏间隔棒的操作。针对此项工作，考生须在规定时间内完成更换处理操作。

四、工作规范及要求

（1）杆塔上单独操作，使用飞车。

（2）杆塔下1人配合，1人监护。

（3）要求着装正确（穿工作服、工作胶鞋、戴安全帽）。

（4）直线杆塔上下飞车。

五、考核及时间要求

考核时间共40分钟，每超过2分钟扣1分，到45分钟终止考核。

技能等级评价专业技能考核操作评分标准

工种	高压线路带电检修工				评价等级	技师
项目模块	技术管理及培训—技术管理			编号	Jc0004243053	
单位		准考证号			姓名	
考试时限	40分钟	题型	单项操作		题分	100分
成绩	考评员		考评组长		日期	
试题正文	处理损坏间隔棒的操作					
需要说明的问题和要求	（1）要求多人配合操作，仅对等电位电工进行考评。 （2）操作应注意安全，按照标准化作业书的技术安全说明做好安全措施。 （3）严格按照带电作业流程进行，流程是否正确将列入考评内容。 （4）工具材料的检查由被考核人员配合完成。 （5）视作业现场线路重合闸已停用					

序号	项目名称	质量要求	满分	扣分标准	扣分原因	得分
1	工作准备					
1.1	安全劳动防护用品的准备	正确佩戴安全帽，穿全套工作服，包括工作服、绝缘鞋、棉手套	5	未正确佩戴安全帽，穿工作服、绝缘鞋、棉手套每项扣2分，扣完为止		
1.2	工器具的准备	熟练正确使用各种工器具	5	未正确使用一次扣1分，扣完为止		
1.3	飞车检查	结构牢固、无变形、无裂纹，转动机构灵活，轮子挂胶完好，刹车可靠，计数器可靠，检查部位正确，合格适用	5	不正确扣1～5分		
2	工作许可					
2.1	许可方式	向考评员示意准备就绪，申请开始工作	5	未向考评员示意即开始工作扣5分		
3	工作步骤及技术要求					
3.1	选择工作杆塔	选择直线杆塔上飞车、登杆塔动作熟练，动作正确	5	不正确扣1～5分		
3.2	使用安全带	正确使用安全带，检查扣环是否扣牢	5	不正确扣1～5分		
3.3	吊飞车上杆塔	可挂滑车，由杆下人员拉上，也可以不用滑车，由杆上人员站在横担上，直接将飞车吊上	5	不正确扣1～5分		

续表

序号	项目名称	质量要求	满分	扣分标准	扣分原因	得分
3.4	打开前后活门，将飞车吊起超过导线高度，从两根导线中间插入	操作正确	5	不正确扣1～5分		
3.5	沿绝缘子串下至导线，检查飞车确实挂好	操作正确	5	不正确扣1～5分		
3.6	慢慢坐上飞车，关闭前后活门，系好安全带	稳住飞车（必要时用吊绳固定），安全带系在正确位置上（绕住导线，并且不妨碍飞车运行）	10	不正确扣1～10分		
3.7	将传递强带上飞车	操作正确	5	不正确扣1～5分		
3.8	慢慢蹬动飞车	用稳定速度行驶	5	不正确扣1～5分		
3.9	行至脱落的间隔棒边，拆除旧间隔棒，吊下旧间隔棒，吊上新间隔棒并安装好	操作正确	5	不正确扣1～5分		
3.10	装螺栓、过间隔棒	螺栓由线束外侧向内穿入并切实拧紧，先拆除，飞车过后再安装	5	不正确扣1～5分		
4	工作结束					
4.1	下飞车，将飞车从导线上取出	行至悬垂绝缘子边，稳住飞车，抱住绝缘子，人坐至导线上，打开飞车活门，吊绳绑好飞车，人站在导线上，安全带系在绝缘子串上将飞车取出	5	不正确扣1～5分		
4.2	飞车吊下杆塔，人沿绝缘子串上横担，下杆塔	操作正确	5	不正确扣1～5分		
5	工作终结汇报	向考评员报告工作已结束，场地已清理	5	未向考评员报告工作结束扣3分；未清理场地扣2分		
6	其他要求					
6.1	动作要求	动作熟练顺畅	5	动作不熟练扣1～5分		
6.2	安全要求	严格遵守“四不伤害”原则，不得损坏工器具和设备	5	工器具或设备损坏不得分		
合计			100			

Jc0004243054　110kV 输电线路带电安装防鸟罩。（100 分）

考核知识点：高压线路带电检修方法及操作技巧

难易度：难

技能等级评价专业技能考核操作工作任务书

一、任务名称

110kV 输电线路带电安装防鸟罩。

二、适用工种

高压线路带电检修工（输电）技师。

三、具体任务

模拟 110kV 输电线路地电位结合滑车组法带电安装防鸟罩。针对此项作业，考生必须在规定时间内完成。

四、工作规范及要求

（1）作业中保持安全距离。

（2）正确进行带电作业工器具现场检查及使用。

（3）作业中各安全措施执行到位。

（4）带电作业操作流程正确，顺畅。

（5）作业人员配合默契。

五、考核及时间要求

（1）本考核整体操作时间为60分钟，时间到停止考评，包括作业场地工具、材料整理。

（2）项目工作人员共计5人。其中工作负责人1人，地面电工3人，杆塔上电工1人，本项目仅对杆塔上人员进行评审。

技能等级评价专业技能考核操作评分标准

工种	高压线路带电检修工				评价等级	技师
项目模块	高压线路带电检修工—高压线路带电检修方法及操作技巧			编号	Jc0004243054	
单位		准考证号			姓名	
考试时限	60分钟	题型	单项操作		题分	100分
成绩		考评员		考评组长		日期	
试题正文	110kV输电线路带电安装防鸟罩					
需要说明的问题和要求	（1）要求多人配合操作，仅对杆塔上作业人员进行考评。 （2）操作应注意安全，按照标准化作业书的技术安全说明做好安全措施。 （3）严格按照带电作业流程进行，流程是否正确将列入考评内容。 （4）工具材料的检查由被考核人员配合完成。 （5）视作业现场线路重合闸已停用					

序号	项目名称	质量要求	满分	扣分标准	扣分原因	得分
1	工作准备					
1.1	安全劳动防护用品的准备	正确佩戴安全帽，穿全套劳动防护用品，包括工作服、绝缘鞋（带电作业应穿导电鞋）、棉手套	10	未正确佩戴安全帽，穿工作服、绝缘鞋、棉手套（带电作业应穿导电鞋、全套屏蔽服），每项扣2分，扣完为止		
1.2	工器具的准备	熟练正确使用各种工器具	5	未正确使用一次扣1分，扣完为止		
1.3	相关安全措施的准备	（1）正确进行绝缘工具检查。 （2）带电作业现场条件复核。 （3）进行绝缘子零值检查	5	未进行绝缘工具绝缘性检查、擦拭及屏蔽服电阻检测扣2分； 未进行现场风速、湿度检查扣1分； 地面工具、材料摆放不整齐、不合理扣2分		
2	工作许可					
2.1	许可方式	向考评员示意准备就绪，申请开始工作	5	未向考评员示意即开始工作扣5分		
3	工作步骤及技术要求					
3.1	作业中使用工具材料	能按要求正确选择作业工具，顺利完成工具的组合	10	滑车组滑车组合不正确扣5分； 作业工具选择错误、不全扣5分		
3.2	作业程序	杆塔上作业人员与地面人员相互配合，杆塔上作业人员做好个人防护工作	20	作业人员作业时失去安全保护（无后备保护、未系安全带）扣5分； 绝缘滑车和绝缘绳固定位置不合适，导致重复移动的扣5分； 各操作不顺畅，重复操作的扣5分； 绝缘承力工具受力后，未进行检查确认安全可靠后脱离绝缘子串的扣5分		

续表

序号	项目名称	质量要求	满分	扣分标准	扣分原因	得分
3.3	安全措施	塔上作业人员与带电体保持足够的安全距离，正确使用防导线脱落的后备保护，使用的带电工器具作业时保持有效的绝缘长度	20	登高作业前，未对登高工具及安全带进行检查和冲击试验的扣4分； 塔上作业人员与带电体安全距离小于1m的扣3分； 使用的绝缘承力工具安全长度小于1m、绝缘操作杆的有效长度小于1.3m，扣3分； 无防导线脱落后备保护或未提前装设的扣3分； 杆塔上电工无安全措施徒手摘开横担侧绝缘子的扣3分； 出现高空落物一次扣2分		
4	工作结束					
4.1	作业结束	作业完成后检查检修质量，确认作业现场有无遗留物，申请下塔	2	作业结束后未检查绝缘子清扫情况的不得分； 未向工作负责人申请下塔或工作负责人未批准下塔的不得分； 下塔后塔上有遗留物的不得分		
4.2	材料、工具规整	作业结束后进行现场工具材料规整	3	未进行现场工具材料规整不得分		
5	工作终结汇报	向考评员报告工作已结束，场地已清理	5	未向考评员报告不得分		
6	其他要求					
6.1	动作要求	动作熟练顺畅	5	动作不熟练扣1～5分		
6.2	安全要求	严格遵守“四不伤害”原则，不得损坏工器具和设备	10	工器具或设备损坏不得分		
合计			100			

Jc0004243055 等长法观测导线弧垂的操作。（100分）

考核知识点：高压线路带电检修方法及操作技巧

难易度：难

技能等级评价专业技能考核操作工作任务书

一、任务名称

等长法观测导线弧垂的操作。

二、适用工种

高压线路带电检修工（输电）技师

三、具体任务

模拟采用等长法观测某220kV线路23号～24号导线弧垂的操作。针对此项工作，考生须在规定时间内完成更换处理操作。

四、工作规范及要求

（1）要求单独操作，1人配合记录，写计算过程。

（2）给出档距、前后杆塔呼称高。

（3）工具。① 选用光学经纬仪，J_2、J_6型均可；② 塔尺、钢卷尺、计算器；③ 在培训输电线路上操作。

五、考核及时间要求

考核时间共30分钟，每超过2分钟扣1分，到35分钟终止考核。

技能等级评价专业技能考核操作评分标准

工种	高压线路带电检修工					评价等级	技师
项目模块	高压线路带电检修工—高压线路带电检修方法及操作技巧				编号	Jc0004243055	
单位			准考证号			姓名	
考试时限	30分钟	题型		单项操作		题分	100分
成绩		考评员		考评组长		日期	
试题正文	等长法观测导线弧垂的操作						
需要说明的问题和要求	（1）要求单人操作测量，1人配合立塔尺，地面完成。 （2）经纬仪架设完毕后应经考官检查完毕后方可进行下一步。 （3）应有完整测量记录过程。 （4）测量仪器使用、安装应规范						

序号	项目名称	质量要求	满分	扣分标准	扣分原因	得分
1	工作准备					
1.1	工器具	经纬仪、塔尺、计算器	5	缺项不得分		
1.2	选定仪器的测量点	观测点位置，在该杆塔所测导线挂线点正投影至地面上的点	10	不正确每项扣5分，扣完为止		
2	工作许可					
2.1	许可方式	向考评员示意准备就绪，申请开始工作	5	未向考评员示意即开始工作扣5分		
3	工作步骤及技术要求					
3.1	仪器对中、整平、对光，采集该档观测点处杆塔呼称高	在观测点位置将仪器对中、整平、对光	5	不正确扣1～5分		
3.2	测量经纬仪高度	量出经纬仪高（望远镜转轴中心至杆塔基面的高度）	5	不正确扣1～5分		
3.3	计算杆塔呼称高	用观测点导线挂点至杆塔高度减去仪高	5	不正确扣1～5分		
3.4	核对高度	核对该档档距、观测点、导线挂点高度是否准确	5	不正确扣1～5分		
3.5	测量导线弧垂最低点垂直角度，计算弧垂	将仪器竖盘照明反光镜转动使显微镜中的读数最明亮、清晰	10	不正确扣1～10分		
3.6	锁紧望远镜制动手轮	转动镜筒瞄准导线方向锁紧望远镜制动手轮	5	不正确扣5分		
3.7	读垂直角α	转动望远镜微动手轮使十字丝中横丝与导线弧垂最低点精确相切，精确读出垂直角α	5	不正确扣1～5分		
3.8	读垂直角β	转动望远镜微动手轮使十字丝中横丝与导线挂线点精确相切，精确读出垂直角β	5	不正确扣1～5分		
3.9	计算真实弧垂	计算： $B=$ 档距 $(\tan\beta-\tan\alpha)$； 再按照异长法公式 $f=\frac{1}{4}(\sqrt{\alpha}+\sqrt{b})^2$	5	不正确扣1～5分		

续表

序号	项目名称	质量要求	满分	扣分标准	扣分原因	得分
4	工作结束	整理好工具，清理好现场	10	错误一项扣5分，扣完为止		
5	工作结束汇报	向考评员报告工作已结束，场地已清理	5	未向考评员报告工作结束扣3分； 未清理场地扣2分		
6	其他要求	（1）要求着装正确（工作服、工作胶鞋、安全帽）。 （2）操作动作熟练。 （3）将仪器一次性装箱成功。 （4）清理工作现场符合文明生产要求。 （5）在规定的时间内完成	15	每项酌情扣1～3分		
合计			100			

Jc0004243056　110kV 输电线路带电修补导线。(100 分)

考核知识点：高压线路带电检修方法及操作技巧

难易度：难

技能等级评价专业技能考核操作工作任务书

一、任务名称

110kV 输电线路带电修补导线。

二、适用工种

高压线路带电检修工（输电）技师。

三、具体任务

模拟 110kV 输电线路等电位结合绝缘软梯法带电修补导线。针对此项作业，考生必须在规定时间内完成。

四、工作规范及要求

（1）作业中保持安全距离。

（2）正确进行带电作业工器具现场检查及使用。

（3）作业中各安全措施执行到位。

（4）带电作业操作流程正确，顺畅。

（5）作业人员配合默契。

五、考核及时间要求

（1）本考核整体操作时间为 40 分钟，时间到停止考评，包括作业场地工具、材料整理。

（2）项目工作人员共计 5 人。其中工作负责人 1 人，地面电工 3 人，等电位电工 1 人，本项目仅对等电位电工进行评审。

技能等级评价专业技能考核操作评分标准

<table>
<tr><td>工种</td><td colspan="5">高压线路带电检修工</td><td>评价等级</td><td>技师</td></tr>
<tr><td>项目模块</td><td colspan="4">高压线路带电检修工—高压线路带电检修方法及操作技巧</td><td>编号</td><td colspan="2">Jc0004243056</td></tr>
<tr><td>单位</td><td colspan="3"></td><td>准考证号</td><td></td><td>姓名</td><td></td></tr>
<tr><td>考试时限</td><td colspan="2">40 分钟</td><td>题型</td><td colspan="2">单项操作</td><td>题分</td><td>100 分</td></tr>
<tr><td>成绩</td><td></td><td>考评员</td><td></td><td>考评组长</td><td></td><td>日期</td><td></td></tr>
<tr><td>试题正文</td><td colspan="7">110kV 输电线路等电位结合绝缘软梯法带电修补导线</td></tr>
</table>

续表

需要说明的问题和要求	（1）要求多人配合操作，仅对等电位电工进行考评。 （2）操作应注意安全，按照标准化作业书的技术安全说明做好安全措施。 （3）严格按照带电作业流程进行，流程是否正确将列入考评内容。 （4）工具材料的检查由被考核人员配合完成。 （5）视作业现场线路重合闸已停用

序号	项目名称	质量要求	满分	扣分标准	扣分原因	得分
1	工作准备					
1.1	安全劳动防护用品的准备	正确佩戴安全帽，穿全套劳动防护用品，包括工作服、绝缘鞋（带电作业应穿导电鞋）、棉手套	10	未正确佩戴安全帽，穿工作服、绝缘鞋、棉手套（带电作业应穿导电鞋、全套屏蔽服），每项扣2分，扣完为止		
1.2	工器具的准备	熟练正确使用各种工器具	5	未正确使用一次扣1分，扣完为止		
1.3	相关安全措施的准备	（1）正确进行绝缘工具检查。 （2）带电作业现场条件复核。 （3）进行绝缘子零值检查	5	未进行绝缘工具绝缘性检查、擦拭及屏蔽服电阻检测扣2分； 未进行现场风速、湿度检查扣1分； 地面工具、材料摆放不整齐、不合理扣2分		
2	工作许可					
2.1	许可方式	向考评员示意准备就绪，申请开始工作	5	未向考评员示意即开始工作扣5分		
3	工作步骤及技术要求					
3.1	作业中使用工具材料	能按要求正确选择作业工具，顺利完成工具的组合	10	软体及梯头组合不正确扣5分； 作业工具选择错误、不全扣5分		
3.2	作业程序	高空作业人员与地面人员相互配合，高空作业人员做好个人防护工作	20	作业人员作业时失去安全保护（无后备保护、未系安全带）扣10分； 绝缘绳固定位置不合适，导致重复移动的扣10分		
3.3	安全措施	塔上作业人员与带电体保持足够的安全距离，使用的带电工器具作业时保持有效的绝缘长度	20	登高作业前，未对登高工具及安全带进行检查和冲击试验的扣4分； 等电位电工电位转移时未向工作负责人申请或未经批准后进行转移的扣4分； 等电位人员与相邻导线距离小于1.4m每次扣4分； 电位转移时，人体裸露部分与带电体未保持0.3m每次扣4分； 出现高空落物情况，每次扣4分； 以上扣分，扣完为止		
4	工作结束					
4.1	作业结束	作业完成后检查检修质量，确认作业现场有无遗留物，申请下塔	2	作业结束后未检查绝缘子清扫情况的不得分； 未向工作负责人申请下塔或工作负责人未批准下塔的不得分； 下塔后塔上有遗留物的不得分		
4.2	材料、工具规整	作业结束后进行现场工具材料规整	3	未进行现场工具材料规整不得分		
5	工作终结汇报	向考评员报告工作已结束，场地已清理	5	未向考评员报告工作结束扣3分； 未清理场地扣2分		
6	其他要求					
6.1	动作要求	动作熟练顺畅	5	动作不熟练扣1～5分		
6.2	安全要求	严格遵守“四不伤害”原则，不得损坏工器具和设备	10	工器具或设备损坏不得分		
合计			100			

Jc0004243057 220kV 输电线路带修补导线。（100 分）

考核知识点：高压线路带电检修方法及操作技巧

难易度：难

技能等级评价专业技能考核操作工作任务书

一、任务名称

220kV 输电线路带电修补导线。

二、适用工种

高压线路带电检修工（输电）技师。

三、具体任务

模拟 220kV 输电线路等电位结合绝缘软梯法带电修补导线。针对此项作业，考生必须在规定时间内完成。

四、工作规范及要求

（1）作业中保持安全距离。

（2）正确进行带电作业工器具现场检查及使用。

（3）作业中各安全措施执行到位。

（4）带电作业操作流程正确，顺畅。

（5）作业人员配合默契。

五、考核及时间要求

（1）本考核整体操作时间为 40 分钟，时间到停止考评，包括作业场地工具、材料整理。

（2）项目工作人员共计 5 人。其中工作负责人 1 人，地面电工 3 人，等电位电工 1 人，本项目仅对等电位电工进行评审。

技能等级评价专业技能考核操作评分标准

<table>
<tr><td>工种</td><td colspan="5">高压线路带电检修工</td><td>评价等级</td><td>技师</td></tr>
<tr><td>项目模块</td><td colspan="4">高压线路带电检修工—高压线路带电检修方法及操作技巧</td><td>编号</td><td colspan="2">Jc0004243057</td></tr>
<tr><td>单位</td><td colspan="2"></td><td>准考证号</td><td colspan="2"></td><td>姓名</td><td></td></tr>
<tr><td>考试时限</td><td>40 分钟</td><td>题型</td><td colspan="3">单项操作</td><td>题分</td><td>100 分</td></tr>
<tr><td>成绩</td><td></td><td>考评员</td><td></td><td>考评组长</td><td></td><td>日期</td><td></td></tr>
<tr><td>试题正文</td><td colspan="7">220kV 输电线路等电位结合绝缘软梯法带电修补导线</td></tr>
<tr><td>需要说明的问题和要求</td><td colspan="7">（1）要求多人配合操作，仅对等电位电工进行考评。
（2）操作应注意安全，按照标准化作业书的技术安全说明做好安全措施。
（3）严格按照带电作业流程进行，流程是否正确将列入考评内容。
（4）工具材料的检查由被考核人员配合完成。
（5）视作业现场线路重合闸已停用</td></tr>
</table>

序号	项目名称	质量要求	满分	扣分标准	扣分原因	得分
1	工作准备					
1.1	安全劳动防护用品的准备	正确佩戴安全帽，穿全套劳动防护用品，包括工作服、绝缘鞋（带电作业应穿导电鞋）、棉手套	5	未正确佩戴安全帽，穿工作服、绝缘鞋、棉手套（带电作业应穿导电鞋、全套屏蔽服），每项扣 2 分，扣完为止		
1.2	工器具的准备	熟练正确使用各种工器具	5	未正确使用一次扣 1 分，扣完为止		

续表

序号	项目名称	质量要求	满分	扣分标准	扣分原因	得分
1.3	相关安全措施的准备	（1）正确进行绝缘工具检查。 （2）带电作业现场条件复核。 （3）进行绝缘子零值检查	5	未进行绝缘工具绝缘性检查、擦拭及屏蔽服电阻检测扣 2 分； 未进行现场风速、湿度检查扣 1 分； 地面工具、材料摆放不整齐、不合理扣 2 分		
2	工作许可					
2.1	许可方式	向考评员示意准备就绪，申请开始工作	5	未向考评员示意即开始工作扣 5 分		
3	工作步骤及技术要求					
3.1	作业中使用工具材料	能按要求正确选择作业工具，顺利完成工具的组合	10	软体及梯头组合不正确扣 5 分； 作业工具选择错误、不全扣 5 分		
3.2	作业程序	高空作业人员与地面人员相互配合，高空作业人员做好个人防护工作	20	作业人员作业时失去安全保护（无后备保护、未系安全带）扣 10 分； 绝缘绳固定位置不合适，导致重复移动的扣 10 分		
3.3	安全措施	塔上作业人员与带电体保持足够的安全距离，使用的带电工器具作业时保持有效的绝缘长度	20	登高作业前，未对登高工具及安全带进行检查和冲击试验的扣 4 分； 等电位电工电位转移时未向工作负责人申请或未经批准后进行转移的扣 4 分； 等电位人员与相邻导线距离小于 2.5m，每次扣 4 分； 电位转移时，人体裸露部分与带电体未保持 0.3m，每次扣 4 分； 出现高空落物情况，每次扣 4 分 以上扣分，扣完为止		
4	工作结束					
4.1	作业结束	作业完成后检查检修质量，确认作业现场有无遗留物，申请下塔	5	作业结束后未检查绝缘子清扫情况的不得分； 未向工作负责人申请下塔或工作负责人未批准下塔的不得分； 下塔后塔上有遗留物的不得分		
4.2	材料、工具规整	作业结束后进行现场工具材料规整	5	未进行现场工具材料规整不得分		
5	工作终结汇报	向考评员报告工作已结束，场地已清理	5	未向考评员报告工作结束扣 3 分； 未清理场地扣 2 分		
6	其他要求					
6.1	动作要求	动作熟练顺畅	5	动作不熟练扣 1～5 分		
6.2	安全要求	严格遵守“四不伤害”原则，不得损坏工器具和设备	10	工器具或设备损坏不得分		
合计			100			

Jc0004243058　220kV 输电线路带电更换直线绝缘子串（地电位结合滑车组法）。（100 分）

考核知识点：高压线路带电检修方法及操作技巧

难易度：难

技能等级评价专业技能考核操作工作任务书

一、任务名称

220kV 输电线路带电更换直线绝缘子串。

二、适用工种

高压线路带电检修工（输电）技师。

三、具体任务

模拟220kV输电线路地电位结合滑车组法带电更换直线绝缘子串。针对此项作业，考生必须在规定时间内完成。

四、工作规范及要求

（1）作业中保持安全距离。

（2）正确进行带电作业工器具现场检查及使用。

（3）作业中各安全措施执行到位。

（4）带电作业操作流程正确，顺畅。

（5）作业人员配合默契。

五、考核及时间要求

（1）本考核整体操作时间为60分钟，时间到停止考评，包括作业场地工具、材料整理。

（2）项目工作人员共计6人。其中工作负责人1人，地面电工3人，杆塔上电工2人，本项目仅对杆塔上人员进行评审。

技能等级评价专业技能考核操作评分标准

<table>
<tr><td>工种</td><td colspan="5">高压线路带电检修工</td><td>评价等级</td><td colspan="2">技师</td></tr>
<tr><td>项目模块</td><td colspan="5">高压线路带电检修工—高压线路带电检修方法及操作技巧</td><td>编号</td><td colspan="2">Jc0004243058</td></tr>
<tr><td>单位</td><td colspan="3"></td><td>准考证号</td><td></td><td>姓名</td><td colspan="2"></td></tr>
<tr><td>考试时限</td><td colspan="2">60分钟</td><td>题型</td><td colspan="2">单项操作</td><td>题分</td><td colspan="2">100分</td></tr>
<tr><td>成绩</td><td></td><td>考评员</td><td></td><td>考评组长</td><td></td><td>日期</td><td colspan="2"></td></tr>
<tr><td>试题正文</td><td colspan="8">220kV输电线路带电更换直线绝缘子串（地电位结合滑车组法）</td></tr>
<tr><td>需要说明的问题和要求</td><td colspan="8">（1）要求多人配合操作，仅对杆塔上作业人员进行考评。
（2）操作应注意安全，按照标准化作业书的技术安全说明做好安全措施。
（3）严格按照带电作业流程进行，流程是否正确将列入考评内容。
（4）工具材料的检查由被考核人员配合完成。
（5）视作业现场线路重合闸已停用</td></tr>
</table>

序号	项目名称	质量要求	满分	扣分标准	扣分原因	得分
1	工作准备					
1.1	安全劳动防护用品的准备	正确佩戴安全帽，穿全套劳动防护用品，包括工作服、绝缘鞋（带电作业应穿导电鞋）、棉手套	5	未正确佩戴安全帽，穿工作服、绝缘鞋、棉手套（带电作业应穿导电鞋、全套屏蔽服），每项扣2分，扣完为止		
1.2	工器具的准备	熟练正确使用各种工器具	5	未正确使用一次扣1分，扣完为止		
1.3	相关安全措施的准备	（1）正确进行绝缘工具检查。 （2）带电作业现场条件复核。 （3）进行绝缘子零值检查。 （4）合理布置地面材料、工具	10	未进行绝缘工具绝缘性检查、擦拭及屏蔽服电阻检测扣2分； 未进行现场风速、湿度检查扣2分； 未进行绝缘子零值检查扣2分； 绝缘子零值检查操作错误扣2分； 地面工具、材料摆放不整齐、不合理扣2分		
2	工作许可					
2.1	许可方式	向考评员示意准备就绪，申请开始工作	5	未向考评员示意即开始工作扣5分		
3	工作步骤及技术要求					

续表

序号	项目名称	质量要求	满分	扣分标准	扣分原因	得分
3.1	作业中使用工具材料	能按要求正确选择作业工具，顺利完成工具的组合	10	滑车组滑车组合不正确扣5分； 作业工具选择错误、不全扣5分		
3.2	作业程序	杆塔上作业人员与地面人员相互配合，杆塔上作业人员做好个人防护工作	20	作业人员作业时失去安全保护（无后备保护、未系安全带）扣5分； 绝缘滑车和绝缘绳固定位置不合适，导致重复移动的扣5分； 各操作不顺畅，重复操作的扣5分； 绝缘承力工具受力后，未进行检查确认安全可靠后脱离绝缘子串的扣5分		
3.3	安全措施	塔上作业人员与带电体保持足够的安全距离，正确使用防导线脱落的后备保护，使用的带电工器具作业时保持有效的绝缘长度	20	登高作业前，未对登高工具及安全带进行检查和冲击试验的扣4分； 塔上作业人员与带电体安全距离小于1.8m的扣4分； 使用的绝缘承力工具安全长度小于1.8m、绝缘操作杆的有效长度小于2.1m，扣4分； 无防导线脱落后备保护或未提前装设的扣4分； 杆塔上电工无安全措施徒手摘开横担侧绝缘子，扣4分		
4	工作结束					
4.1	作业结束	作业完成后检查检修质量，确认作业现场有无遗留物，申请下塔	2	作业结束后未检查绝缘子清扫情况的不得分； 未向工作负责人申请下塔或工作负责人未批准下塔的不得分； 下塔后塔上有遗留物的不得分		
4.2	材料、工具规整	作业结束后进行现场工具材料规整	3	未进行现场工具材料规整不得分		
5	工作终结汇报	向考评员报告工作已结束，场地已清理	5	未向考评员报告工作结束扣3分； 未清理场地扣2分		
6	其他要求					
6.1	动作要求	动作熟练顺畅	5	动作不熟练扣1～5分		
6.2	安全要求	严格遵守“四不伤害”原则，不得损坏工器具和设备	10	工器具或设备损坏不得分		
合计			100			

Jc0004243059　220kV 输电线路带电更换直线双联绝缘子串（地电位法与等电位结合紧线杆法）。（100分）

考核知识点：高压线路带电检修方法及操作技巧

难易度：中

技能等级评价专业技能考核操作工作任务书

一、任务名称

220kV 输电线路地电位与等电位结合紧线杆法带电更换直线双联任意串绝缘子。

二、适用工种

高压线路带电检修工（输电）技师。

三、具体任务

模拟 220kV 输电线路地电位法与等电位结合紧线杆法带电更换直线双联任意串绝缘子。针对此项作业，考生必须在规定时间内完成。

四、工作规范及要求

（1）作业中保持安全距离。

（2）正确进行带电作业工器具现场检查及使用。

（3）作业中各安全措施执行到位。

（4）带电作业操作流程正确，顺畅。

（5）作业人员配合默契。

五、考核及时间要求

（1）本考核整体操作时间为60分钟，时间到停止考评，包括作业场地工具、材料整理。

（2）项目工作人员共计6人。其中工作负责人1人，地面电工3人，杆塔上电工1人，等电位电工1人，本项目仅对杆塔上人员及等电位电工进行评审。

技能等级评价专业技能考核操作评分标准

<table>
<tr><td>工种</td><td colspan="5">高压线路带电检修工</td><td>评价等级</td><td>技师</td></tr>
<tr><td>项目模块</td><td colspan="5">高压线路带电检修工—高压线路带电检修方法及操作技巧</td><td>编号</td><td>Jc0004243059</td></tr>
<tr><td>单位</td><td colspan="2"></td><td>准考证号</td><td colspan="2"></td><td>姓名</td><td></td></tr>
<tr><td>考试时限</td><td colspan="2">60分钟</td><td>题型</td><td colspan="2">单项操作</td><td>题分</td><td>100分</td></tr>
<tr><td>成绩</td><td></td><td>考评员</td><td></td><td>考评组长</td><td></td><td>日期</td><td></td></tr>
<tr><td>试题正文</td><td colspan="7">220kV输电线路地电位法与等电位结合紧线杆法带电更换直线双联任意串绝缘子</td></tr>
<tr><td>需要说明的问题和要求</td><td colspan="7">（1）要求多人配合操作，仅对杆塔上作业人员及等电位电工进行考评。
（2）操作应注意安全，按照标准化作业书的技术安全说明做好安全措施。
（3）严格按照带电作业流程进行，流程是否正确将列入考评内容。
（4）工具材料的检查由被考核人员配合完成。
（5）视作业现场线路重合闸已停用</td></tr>
</table>

序号	项目名称	质量要求	满分	扣分标准	扣分原因	得分
1	工作准备					
1.1	安全劳动防护用品的准备	正确佩戴安全帽，穿全套劳动防护用品，包括工作服、绝缘鞋（带电作业应穿导电鞋）、棉手套	5	未正确佩戴安全帽，穿工作服、绝缘鞋、棉手套（带电作业应穿导电鞋、全套屏蔽服），每项扣2分，扣完为止		
1.2	工器具的准备	熟练正确使用各种工器具	5	未正确使用一次扣1分，扣完为止		
1.3	相关安全措施的准备	（1）正确进行绝缘工具检查。 （2）带电作业现场条件复核。 （3）进行绝缘子零值检查。 （4）合理布置地面材料、工具	10	未进行绝缘工具绝缘性检查、擦拭及屏蔽服电阻检测扣2分； 未进行现场风速、湿度检查扣2分； 未进行绝缘子零值检查扣2分； 绝缘子零值检查操作错误扣2分； 地面工具、材料摆放不整齐、不合理扣2分		
2	工作许可					
2.1	许可方式	向考评员示意准备就绪，申请开始工作	5	未向考评员示意即开始工作扣5分		
3	工作步骤及技术要求					
3.1	作业中使用工具材料	能按要求正确选择作业工具，顺利完成工具的组合	10	紧线杆组合不正确扣5分； 作业工具选择错误、不全扣5分		

续表

序号	项目名称	质量要求	满分	扣分标准	扣分原因	得分
3.2	作业程序	高空作业人员与地面人员相互配合，高空作业人员做好个人防护工作	20	作业人员作业时失去安全保护（无后备保护、未系安全带）扣7分； 紧线杆和绝缘绳固定位置不合适，导致重复移动的扣6分； 绝缘承力工具受力后，未进行检查确认安全可靠后脱离绝缘子串的扣7分		
3.3	安全措施	塔上作业人员与带电体保持足够的安全距离，正确使用防导线脱落的后备保护，使用的带电工器具作业时保持有效的绝缘长度	20	登高作业前，未对登高工具及安全带进行检查和冲击试验的扣3分； 等电位电工电位转移时未向工作负责人申请或未经批准后进行转移的扣3分； 塔上作业人员与带电体安全距离小于1.8m的扣4分； 使用的绝缘承力工具安全长度小于1.8m、绝缘操作杆的有效长度小于2.1m，扣3分； 无防导线脱落后备保护或未提前装设的扣3分； 杆塔上电工无安全措施徒手摘开横担侧绝缘子，扣4分		
4	工作结束					
4.1	作业结束	作业完成后检查检修质量，确认作业现场有无遗留物，申请下塔	2	作业结束后未检查绝缘子清扫情况的不得分； 未向工作负责人申请下塔或工作负责人未批准下塔的不得分； 下塔后塔上有遗留物的不得分		
4.2	材料、工具规整	作业结束后进行现场工具材料规整	3	未进行现场工具材料规整不得分		
5	工作终结汇报	向考评员报告工作已结束，场地已清理	5	未向考评员报告工作结束扣3分； 未清理场地扣2分		
6	其他要求					
6.1	动作要求	动作熟练顺畅	5	动作不熟练扣1～5分		
6.2	安全要求	严格遵守“四不伤害”原则，不得损坏工器具和设备	10	工器具或设备损坏不得分		
合计			100			

Jc0004243060　220kV 输电线路带电更换更换直线 V 串单片绝缘子。（100 分）

考核知识点：高压线路带电检修方法及操作技巧

难易度：中

技能等级评价专业技能考核操作工作任务书

一、任务名称

220kV 输电线路带电更换直线 V 串单片绝缘子。

二、适用工种

高压线路带电检修工（输电）技师。

三、具体任务

模拟 220kV 输电线路地电位作业丝杠法带电更换直线 V 串单片绝缘子。针对此项作业，考生必

须在规定时间内完成。

四、工作规范及要求

（1）作业中保持安全距离。

（2）正确进行带电作业工器具现场检查及使用。

（3）作业中各安全措施执行到位。

（4）带电作业操作流程正确，顺畅。

（5）作业人员配合默契。

五、考核及时间要求

（1）本考核整体操作时间为60分钟，时间到停止考评，包括作业场地工具、材料整理。

（2）项目工作人员共计4人。其中工作负责人1人，地面电工1人，杆塔上电工2人，本项目仅对杆塔上人员进行评审。

技能等级评价专业技能考核操作评分标准

工种	高压线路带电检修工				评价等级	技师
项目模块	高压线路带电检修工—高压线路带电检修方法及操作技巧			编号	Jc0004243060	
单位		准考证号			姓名	
考试时限	60分钟	题型	单项操作		题分	100分
成绩	考评员		考评组长		日期	
试题正文	220kV输电线路地电位作业丝杠法带电更换直线V串单片绝缘子					
需要说明的问题和要求	（1）要求多人配合操作，仅对杆塔上作业人员进行考评。 （2）操作应注意安全，按照标准化作业书的技术安全说明做好安全措施。 （3）严格按照带电作业流程进行，流程是否正确将列入考评内容。 （4）工具材料的检查由被考核人员配合完成。 （5）视作业现场线路重合闸已停用					

序号	项目名称	质量要求	满分	扣分标准	扣分原因	得分
1	工作准备					
1.1	安全劳动防护用品的准备	正确佩戴安全帽，穿全套劳动防护用品，包括工作服、绝缘鞋（带电作业应穿导电鞋）、棉手套	5	未正确佩戴安全帽，穿工作服、绝缘鞋、棉手套（带电作业应穿导电鞋、全套屏蔽服），每项扣2分，扣完为止		
1.2	工器具的准备	熟练正确使用各种工器具	5	未正确使用一次扣1分，扣完为止		
1.3	相关安全措施的准备	（1）正确进行绝缘工具检查。 （2）带电作业现场条件复核。 （3）进行绝缘子零值检查。 （4）合理布置地面材料、工具	10	未进行绝缘工具绝缘性检查、擦拭及屏蔽服电阻检测扣2分； 未进行现场风速、湿度检查扣2分； 未进行绝缘子零值检查扣2分； 绝缘子零值检查操作错误扣2分； 地面工具、材料摆放不整齐、不合理扣2分		
2	工作许可					
2.1	许可方式	向考评员示意准备就绪，申请开始工作	5	未向考评员示意即开始工作扣5分		
3	工作步骤及技术要求					
3.1	作业中使用工具材料	能按要求正确选择作业工具，顺利完成工具的组合	10	绝缘杆与取销器组装不正确扣5分； 作业工具选择错误、不全扣5分		

续表

序号	项目名称	质量要求	满分	扣分标准	扣分原因	得分
3.2	作业程序	杆塔上作业人员与地面人员相互配合，杆塔上作业人员做好个人防护工作	20	作业人员作业时失去安全保护（无后备保护、未系安全带）扣5分； 绝缘绳固定位置不合适，导致重复移动的扣5分； 各操作不顺畅，重复操作的扣5分； 绝缘承力工具受力后，未进行检查确认安全可靠后摘除绝缘子的扣5分		
3.3	安全措施	塔上作业人员与带电体保持足够的安全距离，正确使用防导线脱落的后备保护，使用的带电工器具作业时保持有效的绝缘长度	20	登高作业前，未对登高工具及安全带进行检查和冲击试验的扣4分； 塔上作业人员与带电体安全距离小于1.8m的扣4分； 使用绝缘操作杆的有效长度小于2.1m，扣4分； 无防导线脱落后备保护或未提前装设的扣4分； 杆塔上电工无安全措施徒手摘开横担侧绝缘子，扣4分		
4	工作结束					
4.1	作业结束	作业完成后检查检修质量，确认作业现场有无遗留物，申请下塔	2	作业结束后未检查绝缘子清扫情况的不得分； 未向工作负责人申请下塔或工作负责人未批准下塔的不得分； 下塔后塔上有遗留物的不得分		
4.2	材料、工具规整	作业结束后进行现场工具材料规整	3	未进行现场工具材料规整不得分		
5	工作终结汇报	向考评员报告工作已结束，场地已清理	5	未向考评员报告工作结束扣3分； 未清理场地扣2分		
6	其他要求					
6.1	动作要求	动作熟练顺畅	5	动作不熟练扣1～5分		
6.2	安全要求	严格遵守“四不伤害”原则，不得损坏工器具和设备	10	工器具或设备损坏不得分		
合计			100			

第五部分 高级技师

第九章　高压线路带电检修工（输电）高级技师技能笔答

Jb0001131001　什么是规律档距？（5 分）

考核知识点：规律档距

难易度：易

标准答案：

为了简化导线应力的计算，将具有若干连续档的耐张段，用一个悬挂点等高的等价档距来代表，此档距称为代表档距也叫规律档距。

Jb0001131002　什么叫观测档距？（5 分）

考核知识点：观测档距

难易度：易

标准答案：

架线时进行弧垂测定档的档距称为观测档距。

Jb0001131003　间接带电作业有哪些操作方法？（5 分）

考核知识点：间接带电作业

难易度：易

标准答案：

间接带电作业主要是在保护安全距离的条件下，使用合格的绝缘工具进行的操作，因此，使用支、拉、吊、紧等方法更换绝缘子、金具、横担、杆塔、拆搭空载线路或设备引线等，都是间接带电作业法。此外，带电水冲洗、气吹绝缘子，是利用水柱和气流作为主要绝缘体，也属于间接带电作业。

Jb0001131004　保护间隙的整定原则是什么？（5 分）

考核知识点：保护间隙

难易度：易

标准答案：

保护间隙的整定原则为：

在系统中出现危及人身安全的操作过电压时，保护间隙能够正确动作。

保护间隙的使用不应过于增加线路的跳闸率。

保护间隙在最大工作相电压时不得误动作。

一般在 220kV 及以上电压等级的线路上的带电作业中，圆弧形保护间隙的整定值为：220kV 为 0.7～0.8m；500kV 为 2.0～2.5m。

Jb0001131005　为什么要检测线路绝缘子的电压分布？（5 分）

考核知识点：绝缘子电压分布

难易度： 易

标准答案：

绝缘子串的作用是承受导线的重量和张力，并起到绝缘隔离作用，绝缘子长期处于机电联合作用下，又受到环境污染影响，必将发生老化。按理论分析和试验结果证明，正常绝缘子各片分别承受电压，靠导线和横担侧电压分布高，中间部分电压分布低，如果其中有的绝缘子老化失去绝缘能力，就会改变整串绝缘子电压分布，加重完好绝缘子的负担，进而加速老化。为了保证输电线路的安全运行，对运行中的绝缘子串需定期检测电压分布。在开始带电更换绝缘子串作业前，需首先检测绝缘子串电压分布，防止因绝缘能力降低而影响作业安全。

Jb0001131006　什么是临界档距？（5 分）

考核知识点： 临界档距

难易度： 易

标准答案：

架空线应力主要受气温影响，同时也受比载的影响。由一种导线应力控制气象条件过渡到另一种应力气象条件临界点的档距大小，称为临界档距。

Jb0001131007　什么叫绝缘配合？（5 分）

考核知识点： 绝缘配合

难易度： 易

标准答案：

绝缘配合是指导线绝缘子串的绝缘强度与导线对杆塔的最小空气间隙的绝缘强度同预期过电压值的配合。

Jb0001131008　操作过电压是如何产生的？由它决定哪些因素？（5 分）

考核知识点： 操作过电压

难易度： 易

标准答案：

操作过电压又称内过电压，是由系统内的正常操作，切除故障操作或因故障（如弧光接地等）所造成的。这种过电压的特点是幅值较高、持续时间短、衰减快。由于操作过电压可以达到较高的数值，所以在带电作业中应受到重视，在 330kV 及以上电压等级的超高压系统内，空气间隔和绝缘水平通道都由操作过电压决定。

Jb0001131009　导线为什么要换位？（5 分）

考核知识点： 导线换位

难易度： 易

标准答案：

一般情况下，三相导线间的相互距离是不相等的，因此各相导线的电容和电抗是不相等的，即使各相负荷相等，各相电压降也是不相等的，为了使三相电压降和相位角保持均衡，就必须换位，另外一个原因是输电线路如果与邻近电信线路平行距离较长，由于线路三相电压不平衡，将对电信线路产生相当大的干扰，为了减少对平行电信线路的干扰，也要进行换位。

Jb0001131010　试述钢筋混凝土拔捎单杆的特点。（5 分）

考核知识点：拔梢单杆

难易度：易

标准答案：

拔梢单杆具有结构简单、稳定性好、施工方便的特点。

Jb0001131011　什么是避雷线的保护角？（5分）

考核知识点：避雷线保护角

难易度：易

标准答案：

避雷线悬挂点和导线悬挂点的连线与避雷线悬挂点和地面间的垂线的夹角，称为避雷线的保护角。

Jb0001131012　影响空气间隙击穿特性的因素有哪些？（5分）

考核知识点：空气间隙击穿

难易度：易

标准答案：

（1）电压种类与波形。

（2）电场的均匀程度。

（3）邻近效应。

（4）大气状态。

Jb0001131013　怎样设定500kV线路保护间隙？（5分）

考核知识点：线路保护间隙

难易度：易

标准答案：

（1）500kV线路保护间隙的设定值为1.3m。

（2）安装前间隙距离应大于2.5m安装就绪后通过绝缘工具将电极间隙距离调至保护间隙的设定值1.3m拆除前先将间隙距离调回2.5m以上，再按拆除程序拆除。

Jb0001131014　如何确定保护间隙的安装位置？（5分）

考核知识点：保护间隙安装

难易度：易

标准答案：

（1）保护间隙应安装在被检修相一地之间。

（2）对倒三角排列的上两相线路，保护间隙可垂直安装在V型绝缘子串两挂点中间的构架与导线之间，对下相线路可水平安装在杆塔构架与导线之间。

（3）对不用型式的杆塔，以装拆方便为条件，保护间隙可水平安装、垂直安装，也可成一定角度倾斜安装。

Jb0001111015　画出地电位作业的示意图和等值电路图。（5分）

考核知识点：地电位作业

难易度：易

标准答案：

如图 Jb0001111015 所示。

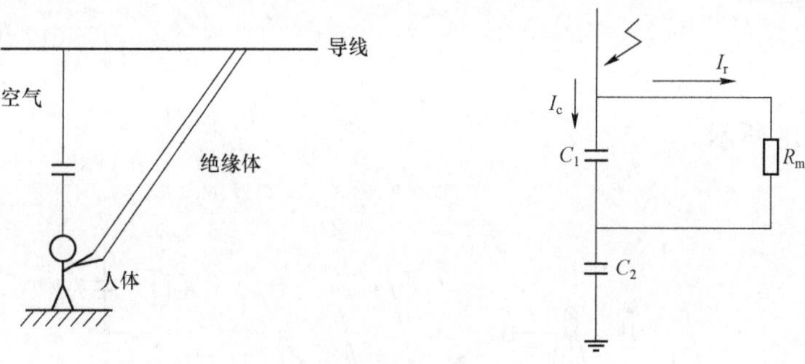

图 Jb0001111015

Jb0001111016　画出中间电位作业的示意图和等效电路图。已知：R_1、R_2为两部分绝缘工具（或绝缘子串）的绝缘电阻，C_1、C_2为人体对带电体和接地体的电容。（5分）

考核知识点：绝缘电阻

难易度：易

标准答案：

如图 Jb0001111016 所示。

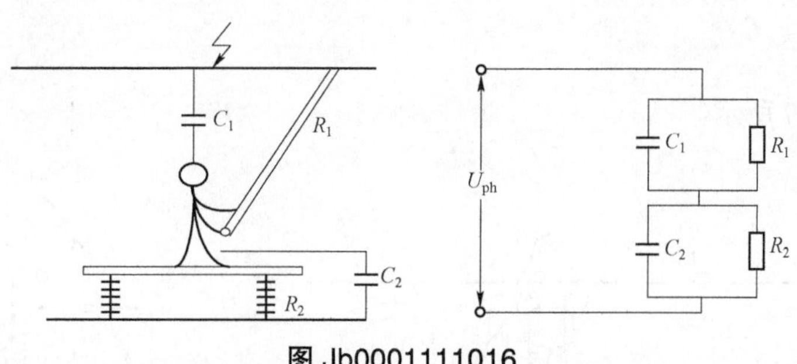

图 Jb0001111016

Jb0001111017　试画出等电位作业时的位置示意图和等效电路图。已知：人体电阻 R_r，屏蔽服电阻 R_p。（5分）

考核知识点：等电位作业

难易度：易

标准答案：

如图 Jb0001111017 所示。

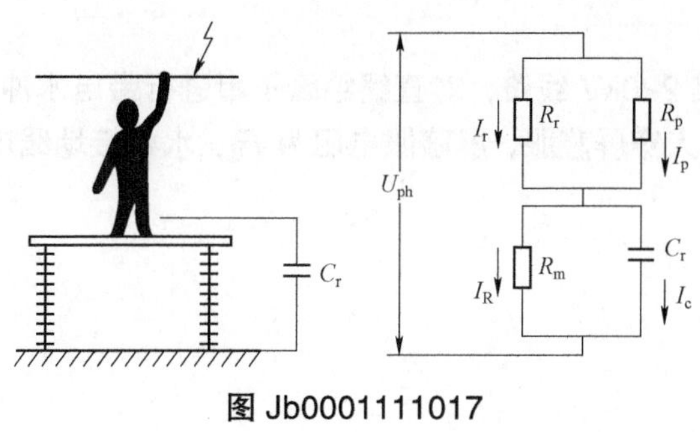

图 Jb0001111017

Jb0001111018　试画出人沿耐张串进入强电场时的等效电路图。已知：R_1、R_2 为绝缘子串两部分绝缘电阻，C_1、C_2 为人体对带电体和接地体电容，画出等效电路图。（5 分）

考核知识点：基础知识

难易度：易

标准答案：

如图 Jb0001111018 所示。

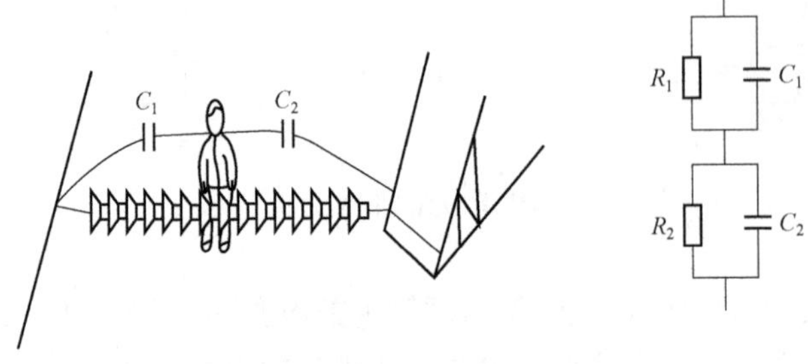

图 Jb0001111018

Jb0001111019　请画出等电位作业，等电位电工爬软梯进入强电场后作业时的等效电路图，已知：人体电阻为 R_r；屏蔽服电阻 R_p；软梯电阻 R_m；人体对地电容 C_r。（5 分）

考核知识点：基础知识

难易度：易

标准答案：

如图 Jb0001111019 所示。

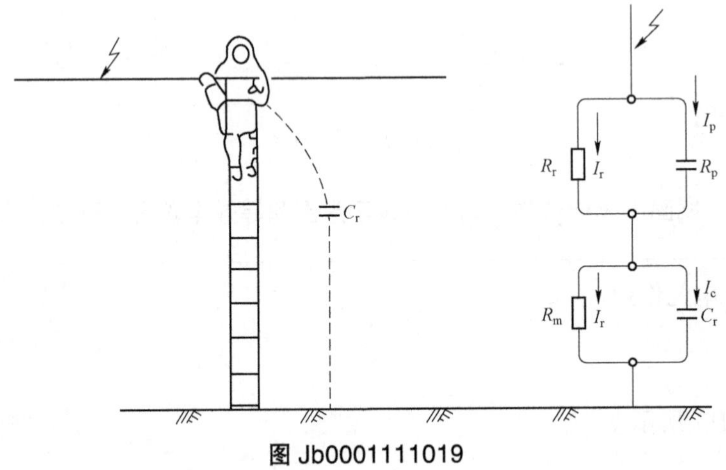

图 Jb0001111019

Jb0001111020　已知某 220kV 线路，对直线绝缘子串进行带电水冲洗作业，喷嘴前端接地，水电阻为 R_1，人体电阻为 R_2，人穿屏蔽服，屏蔽服电阻为 R_3，水枪接地线电阻为 r。画出带电水冲洗作业等效电路图。（5 分）

考核知识点：基础知识

难易度：易

标准答案：

如图 Jb0001111020 所示。

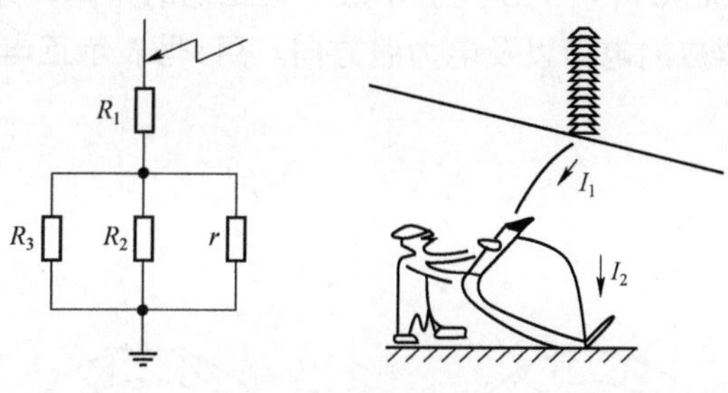

图 Jb0001111020

Jb0001111021 画出人穿屏蔽服在软梯中央等效电路图。（5 分）

考核知识点：基础知识

难易度：易

标准答案：

如图 Jb0001111021 所示：

R_1—人体与带电体间的绝缘电阻；

R_2—人体与接地体间的绝缘电阻；

C_1—带电体与人体的电容；

C_2—人体与接地体的电容；

I_r—流过人体的电流；

I_P—流过屏蔽服的电流；

U_{ph}—导体对地电压。

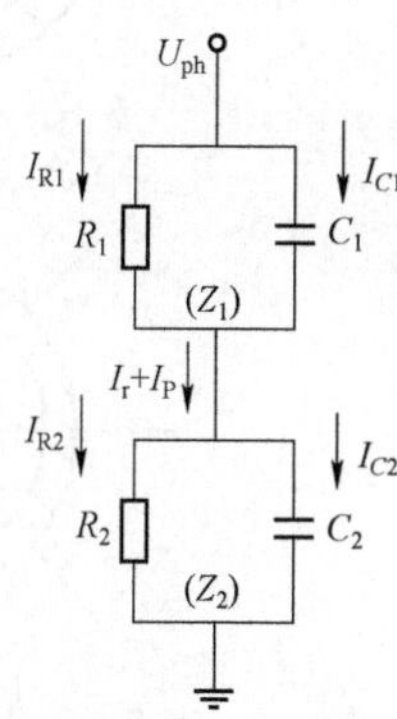

图 Jb0001111021

Jb0001111022 图 Jb0001111022（a）中为单根带电导线截面和地面，绘出导线下空间电位分布图，包括等位线和电力线。（5 分）

考核知识点：等位线

难易度：易

标准答案：

如图 Jb0001111022（b）所示。

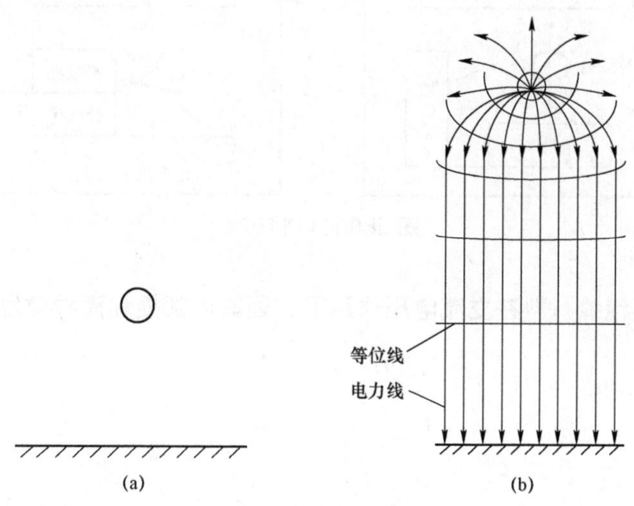

图 Jb0001111022

Jb0001111023　在图 Jb0001111023 空腔中放一带正电的导体，分别标出空腔金属外壳接地和不接地情况下空腔内外表面感应的电荷以及电力线方向。用+号表示正电荷，–号表示负电荷。（5 分）

考核知识点：电荷

难易度：易

标准答案：

如图 Jb0001111023 所示。

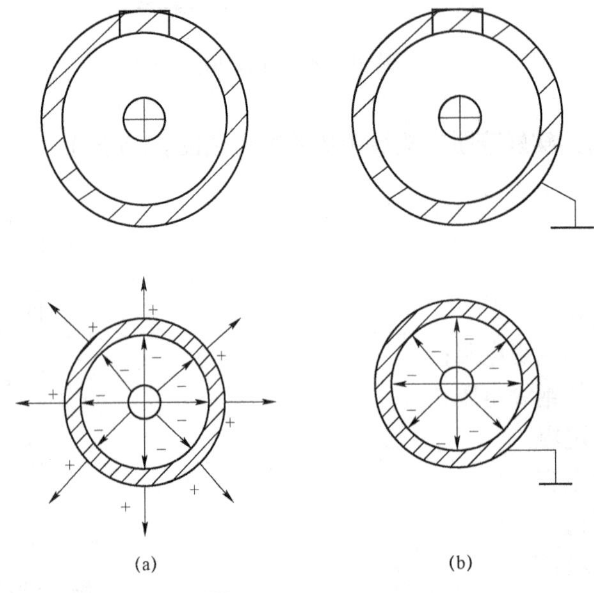

图 Jb0001111023

Jb0001111024　画出静电感应使人体受电击的两种情况示意图（答案中感应电画法仅供参考）。（5 分）

考核知识点：静电感应

难易度：易

标准答案：

如图 Jb0001111024 所示。

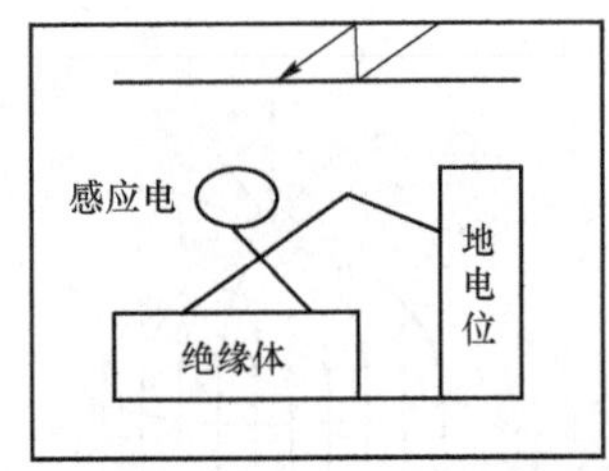

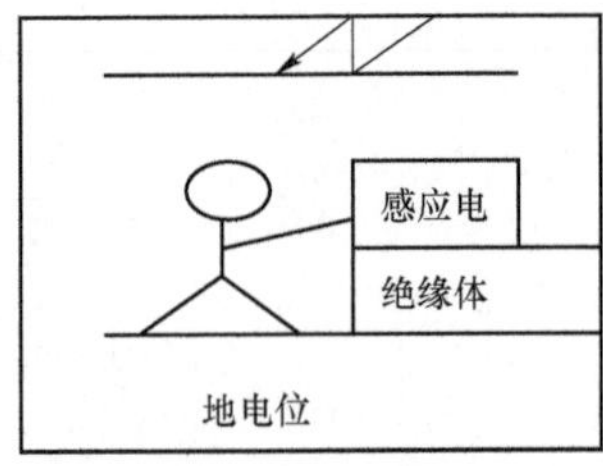

图 Jb0001111024

Jb0001111025　某绝缘材料在交流电压作用下，因其内部损耗而导致发热。试绘出其并联等效电路图及相量图。（5 分）

考核知识点：基础知识

难易度：易

标准答案：

如图 Jb0001111025 所示。

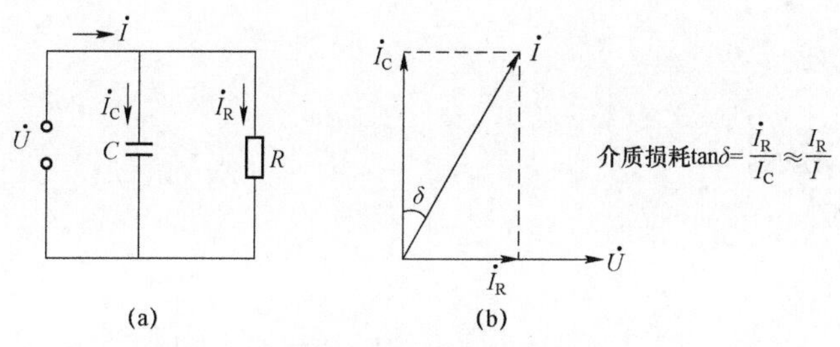

图 Jb0001111025

（a）绝缘材料的等效电路；（b）相量图

Jb0001111026　请画出牵引绳从定滑轮引出 1－2 滑轮组示意图。（5 分）

考核知识点：滑轮组

难易度：易

标准答案：

如图 Jb0001111026 所示。

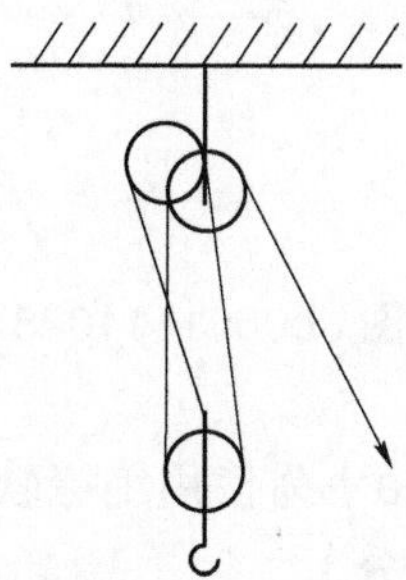

图 Jb0001111026

Jb0001111027　请画出牵引绳从动滑轮引出 1－2 滑轮组示意图。（5 分）

考核知识点：滑轮组

难易度：易

标准答案：

如图 Jb0001111027 所示。

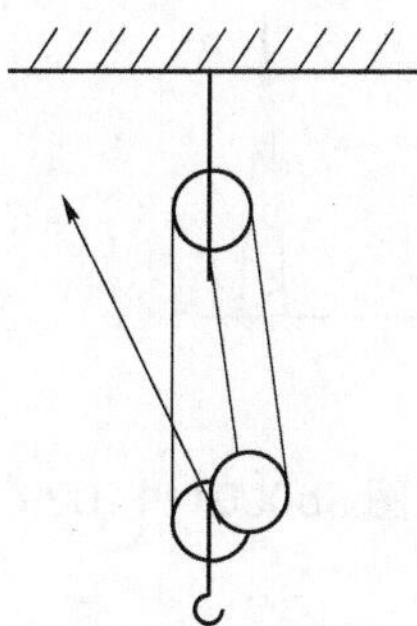

图 Jb0001111027

Jb0001111028　已知绝缘子风偏角为：工作电压 θ_g，内过电压 θ_{ng}，大气过电压 θ_{da}，空气间隙工作电压 S_g，内过电压 S_{ng}，大气过电压 S_{da}，试画出导线对杆塔的空气间隙。（图中表达方式仅供参考）（5 分）

考核知识点：电工基础

难易度：易

标准答案：

如图 Jb0001111028 所示。

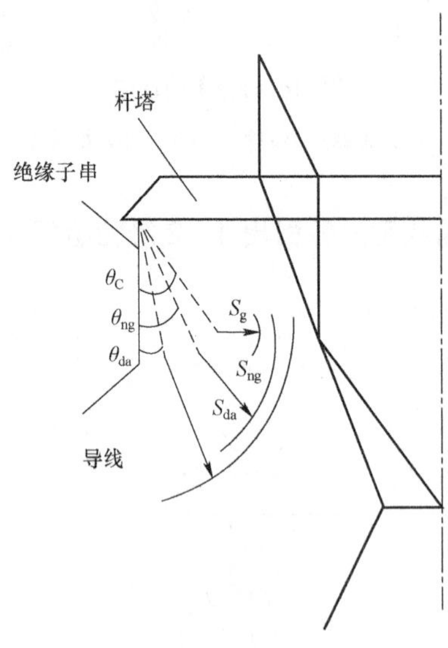

图 Jb0001111028

Jb0001111029　图 Jb0001111029（a）为使用绝缘软梯等电位修补导线的工作状态，*G* 为软梯和人体重力。画出软梯挂点的受力图。（5 分）

考核知识点：受力分析

难易度：易

标准答案：

如图 Jb0001111029（b）所示。

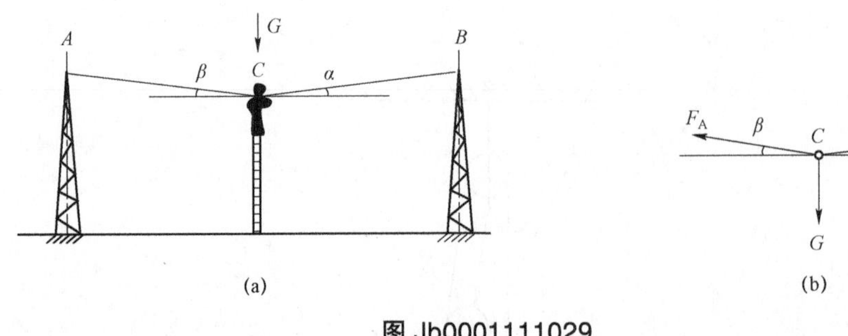

图 Jb0001111029

Jb0001111030　图 Jb0001111030（a）为使用绝缘平梯进行等电位作业的工作状态，*G* 为人体重力。画出梯头的受力图。（5 分）

考核知识点：受力分析

难易度：易

标准答案：

如图 Jb0001111030（b）所示。

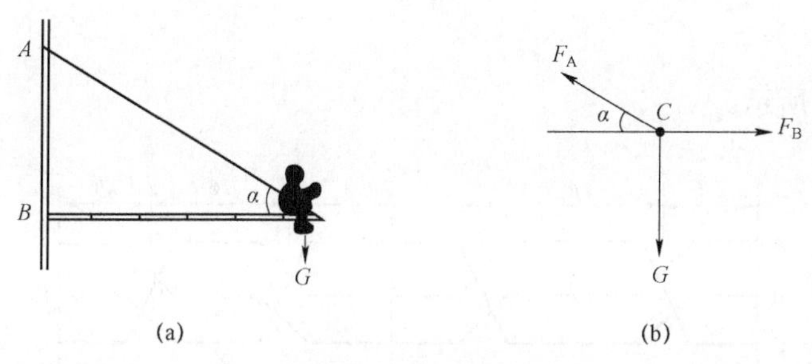

图 Jb0001111030

Jb0001111031 已知某 220kV 线路，导线挂点到杆塔水平距离为 *L*，悬垂绝缘子串长度为 *a*，带电作业时风偏角为 *β*，地电位作业。画出地电位作业时作业人员在杆塔上作业的安全距离示意图。（图中表达方式仅供参考）（5 分）

考核知识点：电工基础

难易度：易

标准答案：

如图 Jb0001111031 所示。

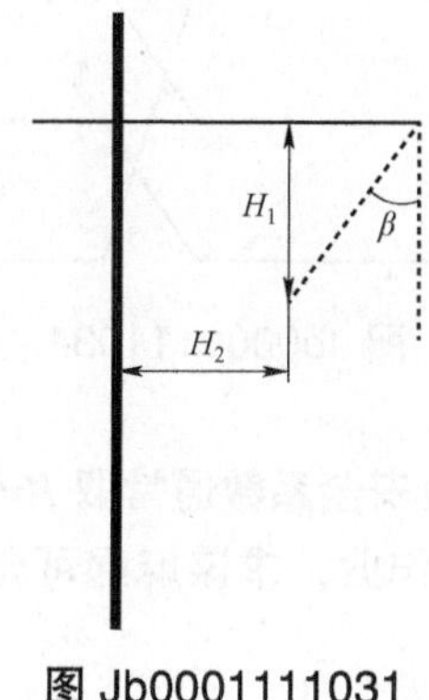

图 Jb0001111031

Jb0001111032 指出图中 OPGW 光缆各部分的名称。（5 分）

考核知识点：OPGW

难易度：易

标准答案：

如图 Jb0001111032 所示。

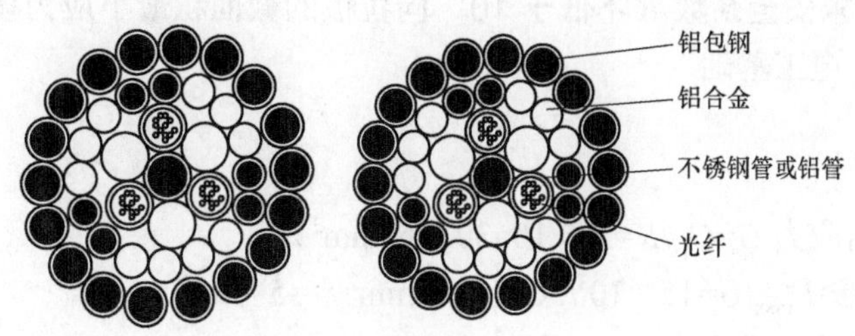

图 Jb0001111032

Jb0001111033 请画出输电线路全换位图。（5 分）

考核知识点：线路全换位图

难易度：易

标准答案：

如图 Jb0001111033 所示。

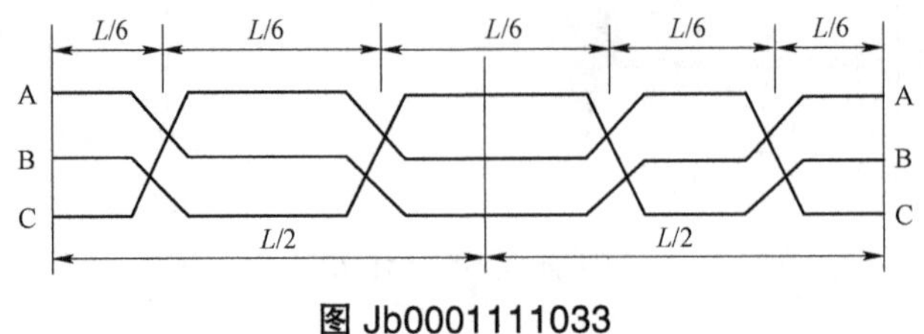

图 Jb0001111033

Jb0001111034　画出线路一个正循环，且两端相序一致的换位示意图。（5 分）

考核知识点：换位图

难易度：易

标准答案：

如图 Jb0001111034 所示。

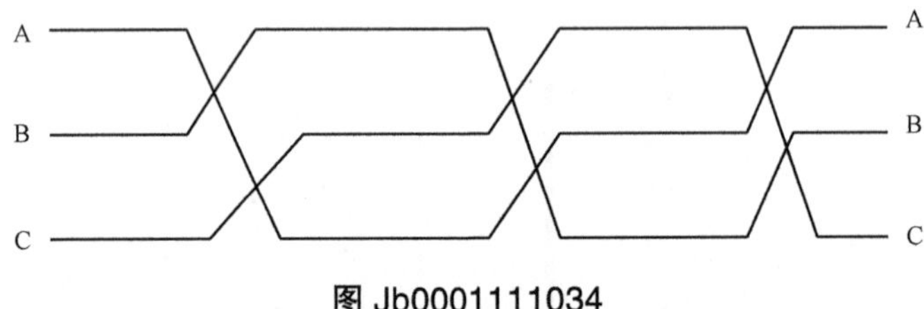

图 Jb0001111034

Jb0001121035　麻绳的一般起吊作业安全系数通常取 K=5，若用直径 d=20mm、破断拉力 δ=16kN（1600kg）的旗鱼牌白麻绳进行一般起吊作业，求该麻绳可允许起吊重物的质量 G 为多少？（5 分）

考核知识点：质量计算

难易度：易

标准答案：

$$G \leqslant \delta d/K=16\times 20/5=64\text{（kN）}=6400\text{（kg）}$$

答：允许起吊重物为 6400kg。

Jb0001121036　某绝缘板的极限应力 G_{jx}=300N/mm²，如用这种材料做绝缘拉板，其最大使用荷重 F_{max}=15kN，要求安全系数 K 不低于 10，问拉板的截面积最小应为多少？（5 分）

考核知识点：电工基础

难易度：易

标准答案：

绝缘板的许用应力 $G=G_{jx}/K=300/10=30$（N/mm^2）

拉板的面积 $S \geqslant F_{max}/G=15\times 10^3/30=500$（$mm^2$）$=5$（$cm^2$）

答：拉板的截面积最小应为 $5cm^2$。

Jb0001121037　用丝杠收紧更换双串耐张绝缘子中的一串绝缘子，如导线最大线张力为 19110N，应选择使用什么规格的丝杠？（安全系数取 2.5，不均匀系数取 1.2）（5 分）

考核知识点：电工基础

难易度：易

标准答案：

一串绝缘子受力大小 F_1=1/2×19 110=9555（N）

考虑安全系数和不均匀系数后的丝杆受力 F=2.5×1.2×F_1=2.5×1.2×9555=28 665（N）；应选择可耐受 28 665N 的丝杠，即 3T 的丝杠。

Jb0001121038　常规天然纤维绝缘绳索起吊的安全系数为 5，断裂强度为 8.3kN，允许起吊的质量是 17kN，求该绝缘绳的直径至少要多大，规格型号？（5 分）

考核知识点：基础计算

难易度：易

标准答案：

$$d=GK/\delta=17\times 5/8.3=10.24\text{（mm）}$$

至少采用直径为 10mm 的 TJS－12 绝缘绳。

Jb0001121039　某绝缘绳的最小破断拉力 T_D=25000N，设其安全系数 K=2.5。试求绝缘绳的允许使用拉力 T 为多少？（5 分）

考核知识点：基础计算

难易度：易

标准答案：

绝缘绳的允许使用拉力 $T=T_D/K$=25000/2.5=10000（N）

绝缘绳的允许使用拉力为 10000N。

Jb0001121040　已知 LGJ-400 型导线的瞬时拉断力 T_p=131kN，计算截面积 S=454.60mm^2，导线的安全系数 K=2.5。试求导线的允许应力［σ］。（5 分）

考核知识点：基础计算

难易度：易

标准答案：

解：

$$[\sigma]=\frac{T_p}{KS}=131\times 10^3/(454.6\times 2.5)\approx 115.3\text{（MPa）}$$

答：导线的允许应力为 115.3MPa。

Jb0001121041　更换某耐张绝缘子串，导线 LGJ-150 型，导线截面积 S=150mm^2。试估算一下收紧导线时工具需承受多大的拉力。（已知导线的应力 σ=98MPa）（5 分）

考核知识点：基础计算

难易度：易

标准答案：

$$F=\sigma S=98\times 150=14700\text{N}$$

Jb0001121042　某 220kV 线路带电更换直线杆绝缘子，采用 2～3 绝缘滑车组进行作业（综合效率 η=0.9），该线路导线为 2×LGJ－240/40，其水平档距为 250m，垂直档距为 300m，已知导线质量为 964kg/km。问需要几人来提升导线（设一个人拉力为 50kg）？（5 分）

考核知识点：基础计算

难易度：易

标准答案：

解：

导线质量：$G=2\times964\times0.3=578.4$（kg）

所需提升力 $P=G/(N\times\eta)=578.4/(5\times0.9)=128.5$（kg）

所需人数：$R=128.5/50=2.57$（人）

答：需要3名地面电工来提升导线。

Jb0001121043　如图 Jb0001121043 所示，在带电作业中，需要提升工具或构件。已知滑轮组的综合效率 $\eta_{\Sigma}=0.94$，分别计算采用图中两种方法提升重物时，$Q=100$kg，所需拉力 P_1、P_2 各为多少？（5分）

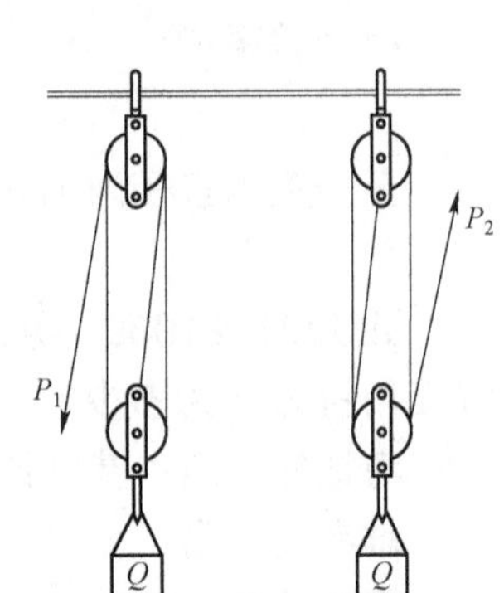

图 Jb0001121043

考核知识点：基础计算

难易度：易

标准答案：

解：

（1）因为 P_1 的牵引绳由定滑车引出，滑轮数 $n=3$

所以 $P_1=\dfrac{Q}{n\times\eta_{\Sigma}}=\dfrac{100\times9.8}{3\times0.94}=0.35(\text{kN})$

（2）因为 P_2 的牵引绳由动滑车引出，滑轮数 $n=4$

所以 $P_1=\dfrac{Q}{n\times\eta_{\Sigma}}=\dfrac{100\times9.8}{4\times0.94}=0.26(\text{kN})$

答：按上述方法提升器件时，拉力 P_1、P_2 分别为 0.35kN、0.26kN。

Jb0001121044　在变电站的两构架间拉一根导线，然后在导线上挂单轮挂梯等电位作业，如图 Jb0001121044（a）所示。若人体与梯子共重 1000N，设已测出两侧悬挂角 $\alpha=15°$，问导线的张力有多少（导线重量忽略不计）？（5分）

考核知识点：基础计算

难易度：易

标准答案：

解：

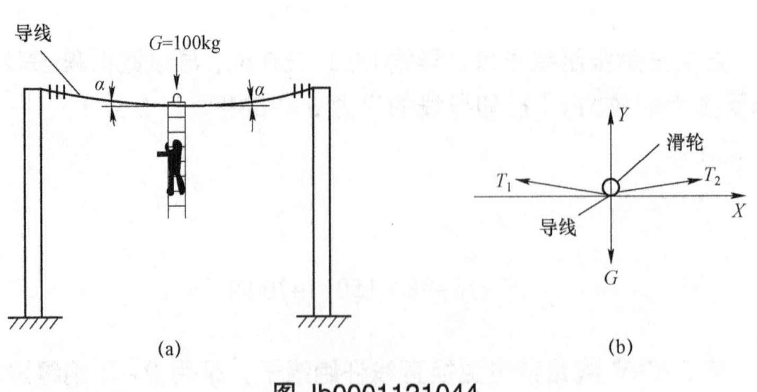

图 Jb0001121044

（1）画出受力图，如图 Jb0001121044（b）所示。

（2）

$$\Sigma P_x=0,\quad -T_1\cos\alpha+T_2\cos\alpha=0$$

$$\Sigma P_y=0,\quad -1000+T_1\sin\alpha+T_2\sin\alpha=0$$

因为 $T_1=T_2$

所以 $T_1=T_2=1000/2\sin\alpha=500/\sin15°=1932$（N）

答：导线的张力为1932N。

Jb0001121045　如图Jb0001121045（a）所示为带电作业用抱杆起吊绝缘子串示意图。已知绝缘子串和吊瓶架的总质量 G=2000N，抱杆与铅垂线交角 α=45°。画出受力分析图并求滑车组BC受到的拉力和抱杆AB受到的压力分别是多少？（抱杆和滑车组重量忽略不计，A点为绞连。）（5分）

考核知识点：基础计算

难易度：易

标准答案：

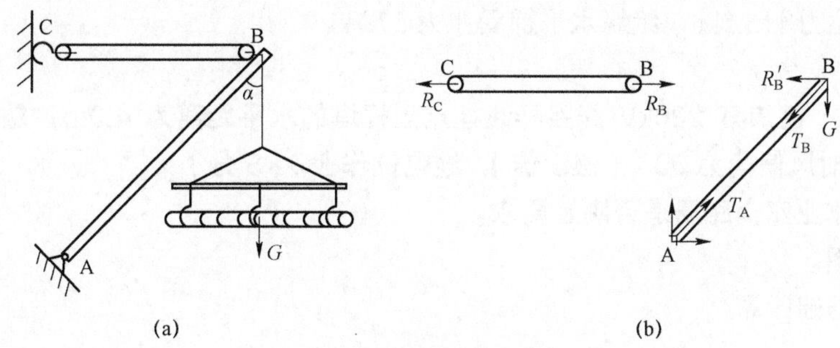

图 Jb0001121045

分析受力如图Jb0001121045（b）所示。图中 $R_C=R_B=R'_B$，$T_A=T_B$。

T_B 的大小由 R_B 和 G 的合力决定。

因为∠CAB=∠CBA=45°

所以 $R_B=G=2000$N

$$T_B=\sqrt{R_B^2+G^2}=\sqrt{2}G=2828(\text{N})$$

滑车组BC受到的拉力和抱杆AB所受到压力分别是2000N和2828N。

Jb0001121046　某带电班用一块厚 a=10mm的3240环氧酚醛玻璃布板（环氧酚醛玻璃布板极限破坏应力为 σ=1800kg/cm²，安全系数 K=4，冲击系数 K_1=1.1，不均衡系数 K_2=1.2），做一副带电更换LGJ－240导线的线路双串耐张绝缘子中的单串耐张绝缘子串拉板，导线张力 P 估算为2400kg，与绝缘子卡具配合的螺孔直径 φ 为13mm，计算拉板的宽度？（5分）

考核知识点：基础计算

难易度：易

标准答案：

解：

$$\text{拉杆许用拉力}\quad F=\frac{\sigma}{K}=\frac{1800}{4}=450(\text{kg/cm}^2)$$

$$\text{拉杆受力}\quad F'=P\bullet K_1\bullet\frac{K_2}{2}=2400\times1.1\times\frac{1.2}{2}=1584(\text{kg})$$

$$最小截面积\quad A=\frac{F'}{F}=\frac{1584}{450}=3.52(\text{cm}^2)=352(\text{mm}^2)$$

$$拉板宽度 b=\frac{A}{a}+\varphi=\frac{352}{10}+13=48.2(\text{mm})$$

答：拉板的宽度48.2mm。

Jb0001121047　采用绝缘平梯进行等电位作业，在等电位电工处于工作状态时，人员和工具总质量 *G* 按100kg计，绝缘绳与绝缘平梯的夹角为60°。试求绝缘绳和绝缘平梯的受力？（5分）

考核知识点：基础计算

难易度：易

标准答案：

绝缘绳受力　　$F=G/\sin60°=100/0.866=115.5$（kg）

$P=F\times\cos60°=115.5\times0.5=57.7$（kg）

答：绝缘绳受拉力115.5kg，绝缘水平梯受压力57.7kg。

Jb0001121048　已知某220kV线路导线挂点到杆塔的水平距离为4.9m，悬垂绝缘子串长度为2.741m，带电作业时风偏角为30°（假设值），地电位作业。（5分）

（1）验算带电作业安全距离是否满足要求。

（2）画出示意图。

考核知识点：基础计算

难易度：易

标准答案：

（1）设风偏角30°时导线挂点到杆塔水平距离为 H_1，导线挂点到横担的垂直距离为 H_2。则

$$H_1=4.9-2.741\sin30°=3.595(\text{m})$$

$$H_2=2.741\cos30°=2.374(\text{m})$$

因为 H_1、H_2 均大于220kV带电部分与杆塔构件最小间隙，因此满足带电作业安全距离要求。

（2）示意图如图Jb0001121048所示。

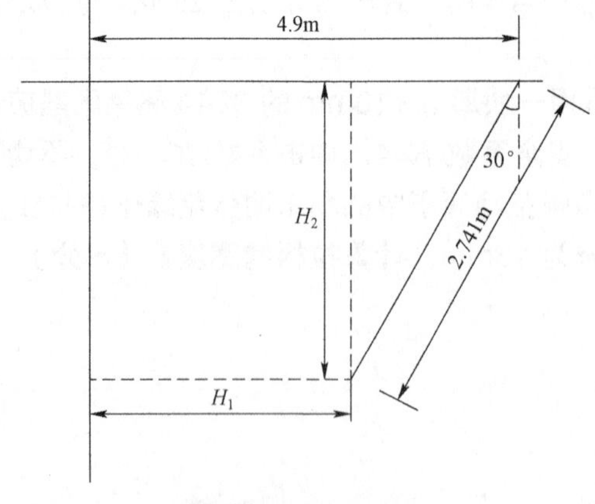

图 Jb0001121048

Jb0001121049　在施工现场起吊一4t重的重物，用破断力为48.94kN的钢丝绳作牵引绳，现场有单轮滑轮一只、双轮滑轮两只，问：应如何组装滑轮组？画出示意图。（滑轮组综合效率93%，钢

丝绳安全系数 K=4，动荷系数 K_1=1.2，不平衡系数 K_2=1.2）（5 分）

考核知识点：基础计算

难易度：易

标准答案：

（1）钢丝绳最大受力

$$T_{\max}=\frac{T}{KK_1K_2}=\frac{48.9}{4\times1.2\times1.2}=8.49\text{（kN）}$$

（2）钢丝绳实际受力

$$T'=\frac{Q}{\eta(n+1)}=\frac{4\times9.8}{93\%\times(4+1)}=8.43\text{（kN）}$$

示意图如图 Jb0001121049 所示。

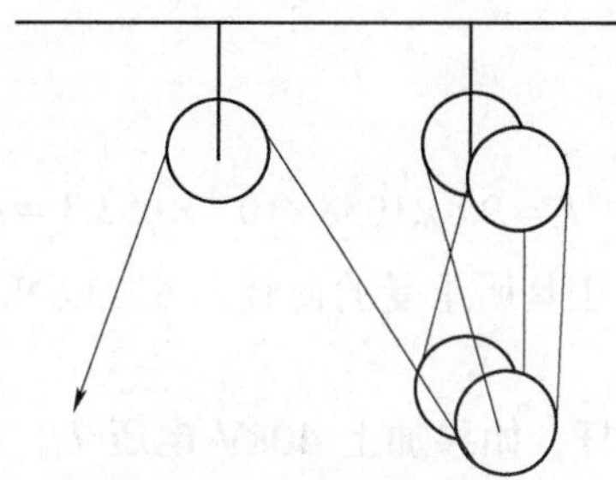

图 Jb0001121049

Jb0001121050　有一横担拉杆结构如图 Jb0001121050 所示，边导线绝缘子串、金具总质量 G=500kg，横拉杆和斜拉杆重量不计，试说明 AC、BC 段各受哪种作用力，大小如何？（5 分）

考核知识点：基础计算

难易度：易

标准答案：

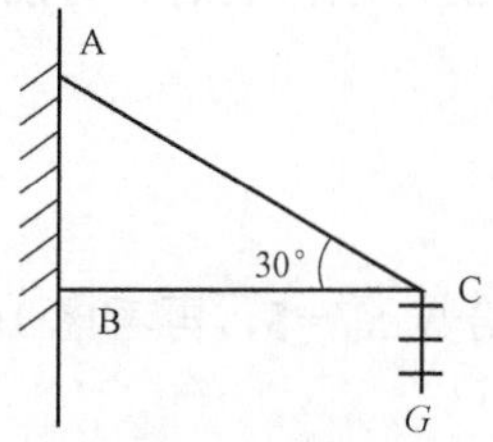

图 Jb0001121050

金属所受总重力 $F=G\cdot g$=500×9.8=4900（N）

AC 斜拉杆受拉力 $F_{AC}=F/\sin30°$=4900/sin30°=9800（N）

BC 横担受压力 $F_{BC}=F/\tan30°$=4900/tan30°=8487.05（N）

Jb0001121051　图 Jb0001121051 所示为某 220kV 输电线路中的一个耐张段，导线型号为 LGJ－300/25，计算质量为 1058kg/km，计算截面积为 333.31mm^2，计算直径 d=23.76mm。3 号杆塔的垂直档距为 653.3m。试计算该耐张段中 3 号直线杆塔在带电更换悬垂线夹作业时，提线工具所承受的荷载。（5 分）

考核知识点：基础计算

难易度：易

标准答案：

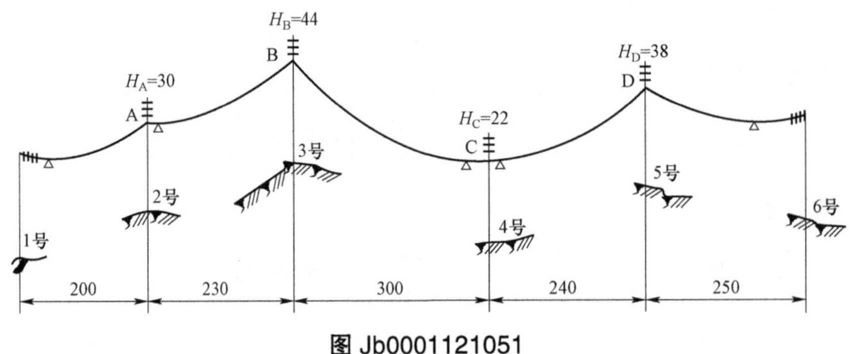

图 Jb0001121051

解：

3 号杆塔的垂直荷载

$$G = 9.8G_0 \times 10^{-3} l_v = 9.8 \times 1058 \times 10^{-3} \times 653.3 = 6773.6（N）$$

答：3 号直线杆塔作业时，提线工具所承受的荷载为 6773.6N。

Jb0001121052　一根绝缘操作杆，如果加上 40kV 电压 *U*，其泄漏电流 *I* 不允许超过 1mA，问操作杆的绝缘电阻 *R* 应是多少？（5 分）

考核知识点：基础计算

难易度：易

标准答案：

操作杆的绝缘电阻　$R=U/I=40 \times 10^3/1=40000$（kΩ）=40（MΩ）

答：操作杆的绝缘电阻不应小于 40MΩ。

Jb0001121053　试求在 220kV 线路上带电作业时，可能出现的最大内过电压值是多少？（5 分）

考核知识点：基础计算

难易度：易

标准答案：

解：根据 220kV 线路最大内过电压倍数 $K_1=3$，再考虑 10%的电压升高，所以 220kV 线路可能出现的内过电压最大值为

$$U_m=K_1K_0U_{xg}=3 \times (1+10\%) \times 220 \times \frac{\sqrt{2}}{\sqrt{3}}=592.7\text{（kV）}$$

答：220kV 线路上可能出现的最大内过电压值为 592.7kV。

Jb0001121054　某 220kV 输电线路，使用 XWP－70 型号绝缘子，有效泄漏距离 *L*=400mm，线路通过第二级污区，爬电比距 *λ*=2cm/kV（2.3cm/kV），系统最高工作电压取工作电压的 1.15 倍，运行情况安全系数 *K*=2.7。问：（1）单串运行情况能够承受的最大荷载是多少？（2）工作电压下需要多少片绝缘子？（5 分）

考核知识点：基础计算

难易度：易

标准答案：

解：

（1）$T_{max}=\frac{T}{K}=\frac{70}{2.7}=26\text{（kN）}$

（2）$n=\lambda U_m/L=\frac{2\times1.15\times220}{400\times10^{-1}}=12.65\approx13$（片）

答：单串运行情况能够承受的最大荷载 26kN，工作电压下需要 13 片绝缘子。

Jb0001131055　什么是分裂导线？为什么要用分裂导线？（5 分）

考核知识点：分裂导线的优点

难易度：易

标准答案：

（1）在一般输电线路上，由一根导线或两根、三根或更多根数的导线，一般称此种导线叫相分裂导线，其中每一根导线叫子导线或分裂导线。

（2）采用相分裂导线，一方面是把一相的导线由一根变成几根，相当于加大导线的截面积，加大了导线的直径，从而防止电晕的发生；另一方面采用相分裂导线还可以加大线路的输送功率，同时也可以减少断线拉力，所以要采用相分裂导线。

Jb0001132056　碳纤维导线的特点有哪些？（5 分）

考核知识点：碳纤维导线的基本性能

难易度：中

标准答案：

① 强度高；② 线损低、导电率高；③ 弧垂小；④ 允许工作温度高、载流量大；⑤ 质量轻；⑥ 耐腐蚀、使用寿命长；⑦ 同样容量线路投资比普通导线高。

Jb0001133057　挂线的方法有哪些？（5 分）

考核知识点：挂线的方法

难易度：难

标准答案：

（1）直接挂线法。当导地线收紧至规定弧垂时，直接在杆塔上进行卡线挂线。

（2）杆上划印挂线法。当导、地线收紧至规定弧垂时，即停止紧线，在横担挂线点铅垂下方的导、地线上划一印记，然后将导、地线松下来，在地面上进行安装线夹和绝缘子串，再紧线，将导、地线挂在横担上。

（3）地面划印法。是将导地线悬挂在杆塔的接近地面处进行紧线工作，当垂度观测好后，在地面上滑车处划印，通过计算，调整因悬挂点升高后引起的线长变化，然后进行割线、安装线夹及绝缘子串，再挂到横担上。

Jb0001132058　与架空线路相比，电缆线路具有哪些优点？（5 分）

考核知识点：电缆线路的优点

难易度：中

标准答案：

（1）电缆线路能适应各种敷设环境，敷设在地下，基本上不占用地面空间，同一地下电缆通道，可以容纳多回电缆线路。

（2）电缆线路供电可靠性较高，对人身比较安全。自然因素（如风雨、雷电、盐雾、污秽等）和周围环境对电缆影响很小。

（3）在城市电网中电缆隐蔽于地下能满足美化市容的需要。

（4）电缆线路运行维护费用少。

（5）电缆的电容能改善电力系统功率因数，有利于降低供电成本。

Jb0001132059　冲击接地电阻与工频作用下的电阻有什么不同？（5分）

考核知识点：接地电阻

难易度：中

标准答案：

（1）冲击接地电阻是指接地装置在冲击电流作用下的电阻抗值。由于冲击电流幅值高、陡度大，与工频电流作用下的阻抗值有所不同。

（2）由于雷电流的幅值很高，接地体附近出现很大的电流密度和很高的电场强度，使接地体附近土壤的局部地段发生火花放电，相当于接地体的尺寸加大，截面积放宽，因而使电阻值下降。

（3）对于伸长形的接地体，因为它有一定的电感，而雷电流陡度很大，相当于波前部分的等效频率很高，所以有较大的感抗，即电阻值上升。

Jb0001132060　输电线路防污闪涂料憎水性检测的原则？（5分）

考核知识点：憎水性检测

难易度：中

标准答案：

（1）按照涂料的不同厂家、不同涂覆年份，在每个（条）110kV及以上电压等级变电站（输电线路）选择1～2个测量点。

（2）被检测设备外绝缘表面防污闪涂料涂层的憎水性在HC5～HC6时，应扩大检测范围，所检测数量不得少于同厂家、同涂敷年份设备（绝缘子串）总数的10%。

（3）扩大检测范围后，憎水性在HC5～HC6的数量占所检测数量的10%时，应对同一变电站（线路）的憎水性进行检测。

（4）测量前3日内，无持续雨、雾、雪日出现，而涂层为HC5；或虽有上述天气出现，但测试后3日内均为晴天，而涂层憎水性依然为HC5级时，应进行复涂。

Jb0001113061　试推导弧垂观测中采用平视法时弧垂观察板固定点与导线悬点之间的垂直距离 *a* 和 *b*。（5分）

考核知识点：弧垂计算

难易度：难

标准答案：

（1）平视法多用于悬点不等高档内进行弧垂观测，若悬点等高，则 $a=b=f$。

（2）在悬点不等高档中，导线最低点偏移档距中点的水平距离

$$m=\frac{\sigma_0\Delta h}{gl}$$

式中　σ_0——导线最低点应力，MPa；

Δh ——悬点高差，m；

g——导线比载，N/（m·mm²）；

l——档距，m。

高悬点对应的等效档距

$$l_{\mathrm{A}}=2\left(\frac{l}{2}+m\right)=l+\frac{2\sigma_0\Delta h}{gl}$$

低悬点对应的等效档距

$$l_{\mathrm{B}}=2\left(\frac{l}{2}-m\right)=l-\frac{2\sigma_0\Delta h}{gl}$$

（3）a、b 值。

高悬点

$$a=f_{\mathrm{A}}=\frac{gl_{\mathrm{A}}^2}{8\sigma_0}=\frac{g}{8\sigma_0}\left(l+\frac{2\sigma_0\Delta h}{gl}\right)^2=f\left(1+\frac{\Delta h}{4f}\right)^2 \text{（m）}$$

低悬点

$$b=f_{\mathrm{B}}=\frac{gl_{\mathrm{B}}^2}{8\sigma_0}=\frac{g}{8\sigma_0}\left(l-\frac{2\sigma_0\Delta h}{gl}\right)^2=f\left(1-\frac{\Delta h}{4f}\right)^2 \text{（m）}$$

式中　f——档距为1的观测档，其观测弧垂，m。

Jb0001133062　试简要叙述切空载线路过电压按最大值逐增过程。（5 分）

考核知识点：输电线路电压特性

难易度：难

标准答案：

（1）空载线路，容抗大于感抗，电容电流近似超前电压 90°，在电流第一次过零时，断路器断口电弧暂时熄灭，线路各相电压达到幅值+U_{ph}（相电压）并维持在幅值处。

（2）随着系统侧电压变化，断路器断口电压逐渐回升，当升至 $2U_{\mathrm{ph}}$ 时，断路器断口因绝缘未恢复将引起电弧重燃，相当于合空载线路一次，此时线路上电压的初始值为+U_{ph}，稳态值为$-U_{\mathrm{ph}}$，过电压等于 2 倍稳态值减初始值，即为$-3U_{\mathrm{ph}}$。

（3）当系统电压达到$-U_{\mathrm{ph}}$ 幅值处，断路器断口电弧电流第二次过零，电弧熄灭，此时线路各相相电压达到$-3U_{\mathrm{ph}}$ 并维持该过电压。

（4）随着系统侧电压继续变化，断路器断口电压升为 $4U_{\mathrm{ph}}$，断口电弧重燃，相当于合空载线路，此时过电压达到+$5U_{\mathrm{ph}}$。

（5）按上述反复，只要电弧重燃一次，过电压幅值就会按$-3U_{\mathrm{ph}}$、+$5U_{\mathrm{ph}}$、$-7U_{\mathrm{ph}}$、+$9U_{\mathrm{ph}}$…的规律增长，以致达到很高数值。

Jb0001131063　什么是零值绝缘子？简要说明产生零值绝缘子的原因。（5 分）

考核知识点：零值绝缘子特性

难易度：易

标准答案：

（1）零值绝缘子是指在运行中绝缘子两端电位分布为零的绝缘子。

（2）产生原因：① 制造质量不良；② 运输安装不当产生裂纹；③ 气象条件变化，冷热交替作用；④ 空气中水分和污秽气体的作用；⑤ 长期承受较大张力，年久老化而劣化。

Jb0001132064　简要说明系统中性点接地方式的使用。（5分）

考核知识点：电力系统接线方式

难易度：中

标准答案：

（1）中性点直接接地方式使用在电压等级在110kV及以上电压的系统和380V/220V的低压配电系统中。

（2）中性点不接地方式使用在单相接地电容电流分别不超过30A的10kV系统和不超过10A的35kV系统中。

（3）中性点经消弧线圈接地方式使用在单相接地电容电流分别超过30A的10kV系统和超过10A的35kV系统中，也可用于雷电活动强、供电可靠性要求高的110kV系统中。

Jb0001113065　如图Jb0001113065（a）所示，$R_1=R_2=10\Omega$，$R_3=25\Omega$，$R_4=R_5=20\Omega$，$E_1=20V$，$E_2=10V$，$E_3=80V$，利用戴维南定理，求流过R_3上的电流？（5分）

考核知识点：识别电路图、戴维南定理

难易度：难

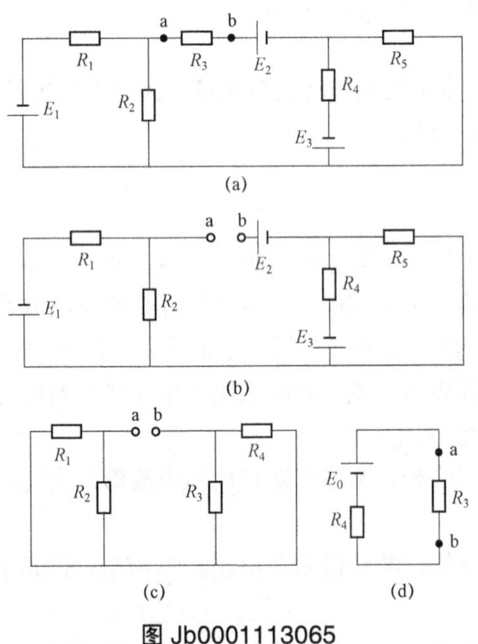

图 Jb0001113065

标准答案：

开口电压如图Jb0001113065（b）所示，入端电阻如图Jb0001113065（c）、（d）所示。

解：

$$E_0=U_{ab}=-\frac{E_1}{R_1+R_2}\times R_2+\frac{E_3}{R_4+R_5}\times R_5-E_2$$

$$=-\frac{20}{10+10}\times 10+\frac{80}{20+20}\times 20-10=20\text{（V）}$$

$$R_0 = R_{ab} = \frac{R_1 R_2}{R_1 + R_2} + \frac{R_4 R_5}{R_4 + R_5}$$

$$= \frac{10\times10}{10+10} + \frac{20\times20}{20+20} = 15\ (\Omega)$$

$$I_{R3} = \frac{E_0}{R_0 + R_3} = \frac{20}{15+25} = 0.5\ (\text{A})$$

答：流过 R_3 上的电流为 0.5A。

Jb0001111066　图 Jb0001111066（a）所示支架的横杆 CB 上作用有力偶矩 T_1=0.2kN·m 和 T_2=0.5kN·m 的两个力偶，已知 CB=0.8m。试求横杆所受反力。（5 分）

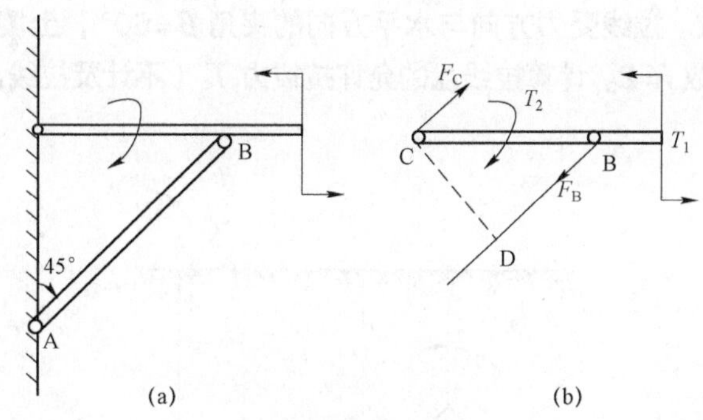

图 Jb0001111066

考核知识点：力的计算

难易度：易

标准答案：

解：

取横杆 CB 为研究对象，其上除作用有力偶矩为 T_1 和 T_2 的两个力偶外，BC 两处还受有约束反力 F_B 和 F_C。由于力偶只能由力偶来平衡，故反力 F_B 和 F_C 必组成一力偶。斜杆 AB 为二力杆，F_B 的作用沿线 A、B 两点的连线；F_B 和 F_C 大小相等，平行反向。由此，受力横杆的受力图如图 Jb0001111066（b）所示，其中 F_B、F_C 的指向是假设的。三力组成一平面力偶系，由平面力偶的平衡条件有

$$\sum T = 0$$

$$T_1 - T_2 - F_B \times \sin 45^\circ = 0$$

$$0.2 - 0.5 - F_B \times \sin 45^\circ = 0$$

$$F_B = -2.36\ (\text{kN})$$

$$F_B = F_C = -2.36\ (\text{kN})$$

答：所受反力为 −2.36kN（负号说明假设的指向与实际指向相反）。

Jb0001111067　钢螺栓长 l=1600mm，拧紧时产生了 Δl=1.2mm 的伸长，已知钢的弹性模量 E_g=200×10³MPa。试求螺栓内的应力 σ_0。（5 分）

考核知识点：应力的计算

难易度：易

标准答案：

解：

因为螺栓纵应变

$$\varepsilon=\frac{\Delta l}{l}=\frac{+1.2}{1600}=+0.75\times10^{-3}$$

所以螺栓内的应力

$$\sigma=E_{\mathrm{g}}\varepsilon=(200\times10^{3})\times0.75\times10^{-3}$$
$$=+150\ (\mathrm{MPa})$$

答：螺栓内的应力为150MPa。

Jb0001113068　如图Jb0001113068所示，某耐张杆拉线盘，其宽度 b=0.7m，长度 l=1.4m，埋深 h=2.4m，拉线盘为斜放。拉线受力方向与水平方向的夹角 β=60°，土壤的计算上拔角 α=30°，单位容重 γ=18kN/m³，安全系数 K=2。计算拉线盘的允许抗拔力 T。（不计及拉线盘自重的影响）（5分）

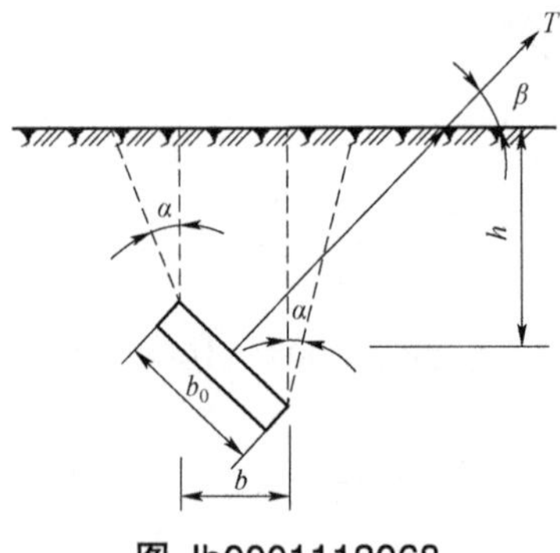

图 Jb0001113068

考核知识点：力的计算

难易度：难

标准答案：

解：

已知拉线盘斜放，则其短边的有效宽度为

$$b=b_0\sin\beta=0.7\sin60^\circ=0.606\ (\mathrm{m})$$

抵抗上拔时的土重为

$$G_0=h\left[bl+(b+l)h\tan\alpha+\frac{4}{3}h^2\tan^2\alpha\right]$$
$$=2.4\times\left[0.606\times1.4+(0.606+1.4)\times2.4\times\tan30^\circ+\frac{4}{3}\times2.4^2\times\tan^2 30^\circ\right]\times18$$
$$=267.12\,(\mathrm{kN})$$

$$T\sin\beta\leqslant\frac{G_0}{K}$$

所以 $T\leqslant\dfrac{G_0}{K\sin\beta}=\dfrac{267.12}{2\times\sin60^\circ}=154.23\ (\mathrm{kN})$

答：拉线允许抗拔力为154.23kN。

Jb0001213069 某变电站负荷为 30MW，cosφ=0.85，T=5500h，由 50km 外的发电厂以 110kV 的双回路供电，线间几何均距为 5m，如图 Jb0001213069 所示，要求线路在一回线运行时不出现过负荷。试按经济电流密度选择钢芯铝绞线的截面积和按允许的电压损耗进行校验。[提示：经济电流密度 J=0.9A/mm²，钢芯铝绞线的导电系数 γ =32m/ (Ω · mm²)，LGJ－120 型导线的直径 d=15.2mm](5 分)

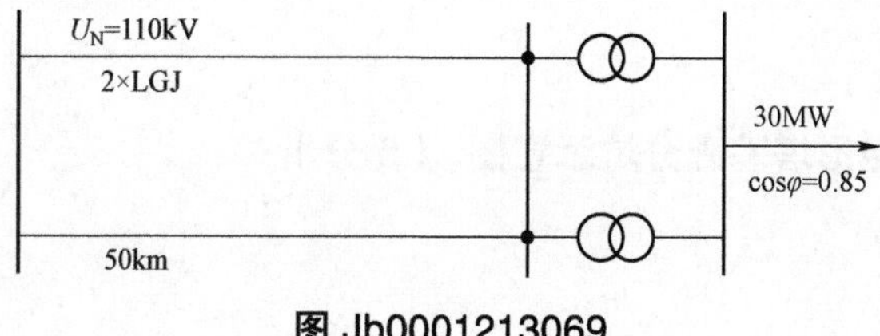

图 Jb0001213069

考核知识点：电能损耗的计算

难易度：难

标准答案：

解：

（1）按经济电流密度选择导线截面积。

线路需输送的电流

$$I_{max}=\frac{P}{\sqrt{3}U_N\cos\varphi}=\frac{30000}{\sqrt{3}\times110\times0.85}=185\ (\mathrm{A})$$

$$S=\frac{I_{max}}{2J}=\frac{185}{2\times0.9}=103\ (\mathrm{mm^2})$$

因此选择 LGJ－120 型导线，又因为导线允许电流远大于经济电流，故一回路运行时线路不会过负荷。

（2）按允许的电压损耗（$\Delta U_{xu}\%=10$）校验。

因为有功功率 P=30MW，cosφ=0.85，则

$$\sin\varphi=0.527，\tan\varphi=0.62$$

$$Q=P\tan\varphi=30\times0.62=18.59\ (\mathrm{Mvar})$$

每千米导线的电阻

$$\gamma_0=\frac{10^3}{\gamma S}=\frac{10^3}{32\times120}=0.26\ (\Omega/\mathrm{km})$$

每千米导线的电抗

$$x_0=0.1445\lg\frac{D_j}{\gamma}+0.0157$$

$$=0.1445\lg\frac{5000}{7.6}+0.0157=0.423\ (\Omega/\mathrm{km})$$

$$\Delta U=\frac{PR+QX}{U_N}$$

$$=\frac{30\times0.26\times50+18.59\times0.423\times50}{110}=7.12\ (\mathrm{kV})$$

$$\Delta U\%=\frac{\Delta U}{U_N}\times100=\frac{7.12}{110}\times100=6.47<\Delta U_{xu}\%$$

答：选择 LGJ－120 型导线，一回路运行时线路不会过负荷，且线电压损耗 $\Delta U\%$ 小于允许值，因此满足允许电压损耗的要求。

Jb0001121070　画出三相交流电动势的正弦曲线图。（5 分）

考核知识点：交流电的特性

难易度：易

标准答案：

如图 Jb0001121070 所示。

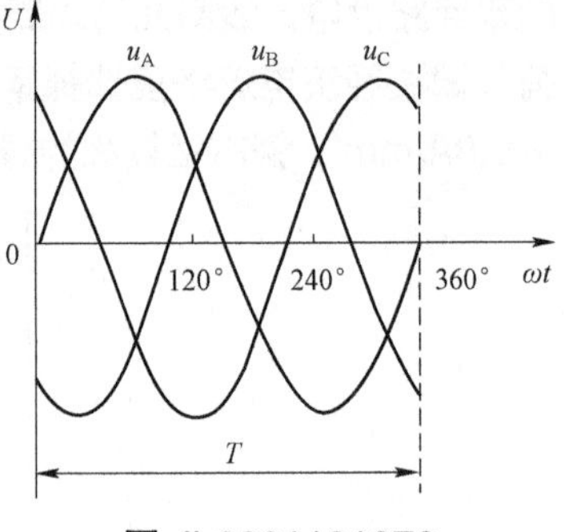

图 Jb0001121070

Jb0001122071　画出矩形塔基础分坑示意图。（5 分）

考核知识点：基础验收

难易度：中

标准答案：

如图 Jb0001122071 所示。

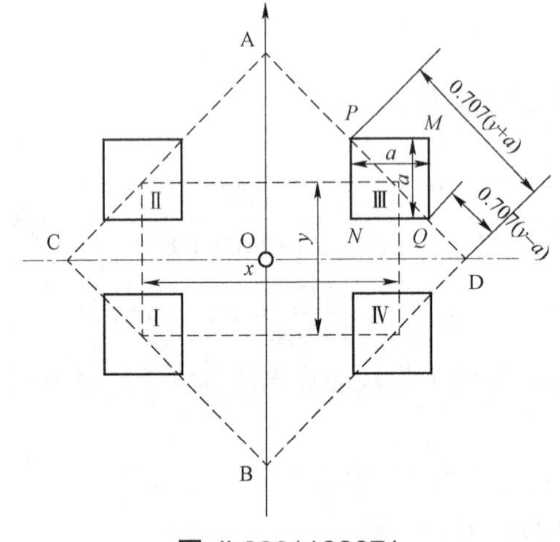

图 Jb0001122071

Jb0001122072　请画出将档端观测弧垂仪器置于较低一侧观测示意图。（5 分）

考核知识点：弧垂观测

难易度：中

标准答案：

如图 Jb0001122072 所示。

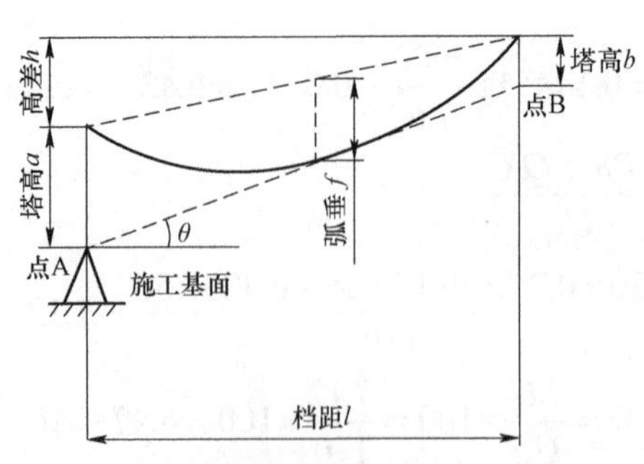

图 Jb0001122072

h—杆塔呼称高；l—悬垂串长度

Jb0001113073 有一条长度为 100km，电压等级为 220kV 的架空线路，导线水平排列，线间距离为 7.5m，每相采用 2×LGJ－300/25 分裂导线，分裂间距 d_{12} 为 0.3m，求线路参数并绘制出等效电路。（10 分）

考核知识点：线路计算

难易度：难

标准答案：

（1）线路每相每千米参数

每千米的电阻 $r_0=\dfrac{10^3}{\lambda A}=\dfrac{10^3}{32\times2\times300}=0.052$（Ω/km）

每千米的电抗 $x_0=0.1445\lg\dfrac{D_{\rm jj}}{r}+0.0157=0.1445\lg\dfrac{1.26D}{\sqrt{rd_{12}}}+0.0157$

$=0.1445\lg\dfrac{1.26\times750}{\sqrt{1.1865\times30}}+0.0157=0.334$（Ω/km）

每千米电纳 $b_0=\dfrac{7.58}{\lg\dfrac{D_{\rm jj}}{r}}\times10^{-6}=\dfrac{7.58\times10^{-6}}{\lg\dfrac{1.26\times750}{\sqrt{1.1865\times30}}}=3.46\times10^{-6}$（S/km）

（2）线路每相参数

$$R=r_0L=0.052\times100=5.2\ (\Omega)$$

$$X=x_0L=0.334\times100=33.4\ (\Omega)$$

$$B=b_0L=3.46\times10^{-6}\times100=346\times10^{-6}\ (\mathrm{S})$$

$$Q_0=U_{\rm N}^2B=220^2\times346\times10^{-6}=16.74\ (\mathrm{Mvar})$$

（3）线路等效电路图如图 Jb0001113073 所示。

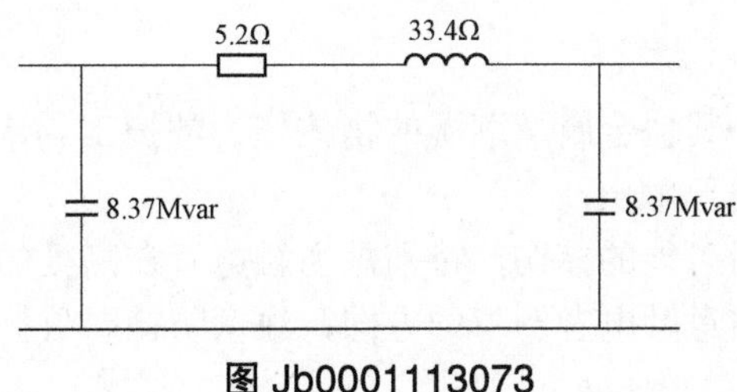

图 Jb0001113073

Jb0001123074 请画出档外观测法观测弧垂示意图并写出弧垂计算公式。（5 分）

考核知识点：线路测量

难易度：难

标准答案：

如图 Jb0001123074 所示。

弧垂 $f=1/4[\sqrt{l_1(\tan\sigma-\tan\theta)}+\sqrt{(l_1+l)(\tan\beta-\tan\theta)}]^2$

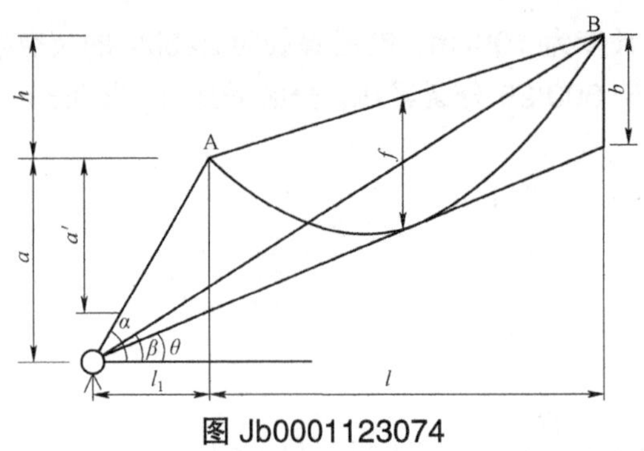

图 Jb0001123074

Jb0001123075　画出测量交叉跨越时安放仪器位置示意图。（5分）

考核知识点：线路画图

难易度：难

标准答案：

如图 Jb0001123075 所示。

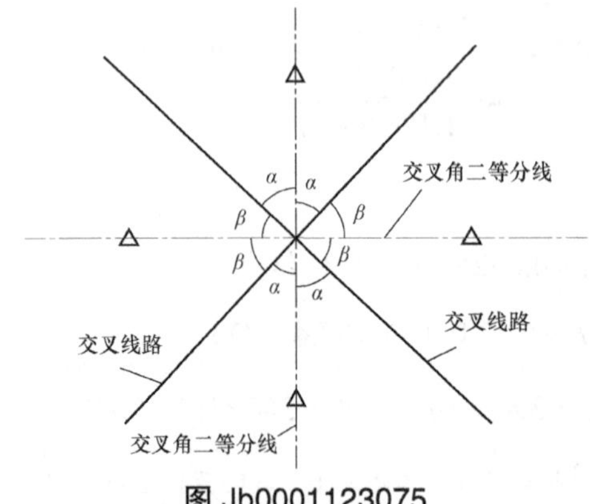

图 Jb0001123075

Jb0001133076　开展触电急救，伤者脱离电源后救护者应注意的事项有哪些？（5分）

考核知识点：触电急救

难易度：难

标准答案：

（1）救护人不可直接用手、其他金属及潮湿的物体作为救护工具，而应使用适当的绝缘工具。救护人最好用一只手操作，以防自己触电。

（2）防止触电者脱离电源后可能的摔伤，特别是当触电者在高处的情况下，应考虑防止坠落的措施。即使触电者在平地，也要注意触电者倒下的方向，注意防摔。救护者也应注意救护中自身的防坠落、摔伤措施。

（3）救护者在救护过程中特别是在杆上或高处抢救伤者时，要注意自身和被救者与附近带电体之间的安全距离，防止再次触及带电设备。电气设备、线路即使电源已断开，对未做安全措施挂上接地线的设备也应视作有电设备。救护人员登高时应随身携带必要的绝缘工具和牢固的绳索等。

（4）如事故发生在夜间，应设置临时照明灯，以便于抢救，避免意外事故，但不能因此延误切除电源和进行急救的时间。

Jb0001133077　触电急救过程中，胸外心脏按压常见的错误有哪些？（5分）

考核知识点：触电急救

难易度：难

标准答案：

（1）按压除掌根部贴在胸骨外，手指也压在胸壁上，这容易引起骨折（肋骨或肋软骨）。

（2）按压定位不正确，向下易使剑突受压折断而致肝破裂。向两侧易致肋骨或肋软骨骨折，导致气胸、血胸。

（3）按压用力不垂直，导致按压无效或肋软骨骨折，特别是摇摆式按压更易出现严重并发症。

（4）抢救者按压时肘部弯曲，因而用力不够，按压深度达不到 3.8～5cm。

（5）按压冲击式，猛压，其效果差，且易导致骨折。

（6）放松时抬手离开胸骨定位点，造成下次按压部位错误，引起骨折。

（7）放松时未能使胸部充分松弛，胸部仍承受压力，使血液难以回到心脏。

（8）按压速度不自主地加快或减慢，影响按压效果。

（9）双手掌不是重叠放置，而是交叉放置。

Jb0001122078　绘出接触器控制正反转启动异步电动机控制电路图。（5分）

考核知识点：送电线路基本技能

难易度：中

标准答案：

如图 Jb0001122078 所示。

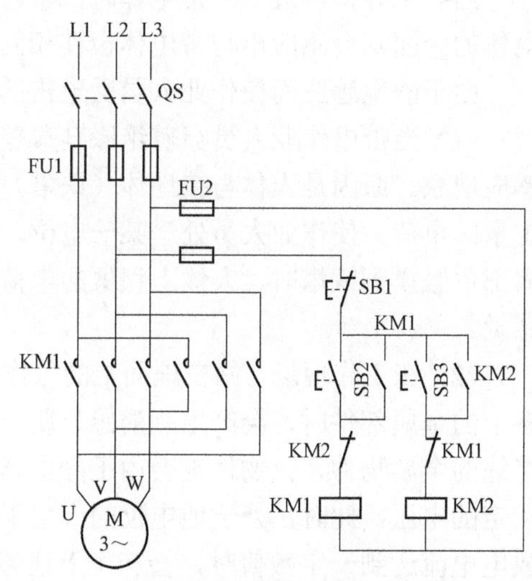

图 Jb0001122078

Jb0001122079　图 Jb0001122079 为某线路导线机械特性曲线，请在图中找出临界档距，并指出档距大于临界档距时的控制应力及其对应的气象条件。（5分）

考核知识点：送电线路基本技能

难易度：中

标准答案：

依据图 Jb0001122079 可知，临界档距为 163.76m，在大于临界档距时的控制应力就是最大使用应力，即 130MPa，对应气象条件为覆冰。

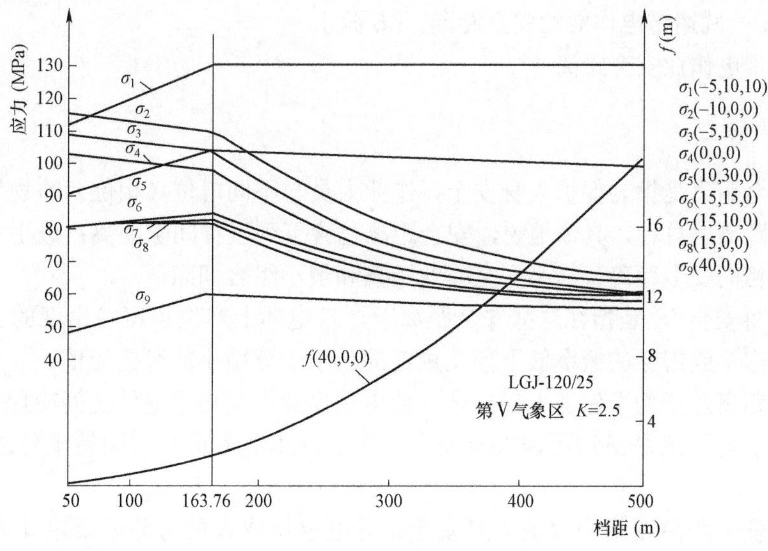

图 Jb0001122079

Jb0002131080　影响绝缘子串电压分布的因素有哪些？各有什么影响？（5分）

考核知识点：绝缘子串电压分布

难易度：易

标准答案：

影响绝缘子串电压分布的因素有湿度、污秽程度、电晕、绝缘子串的结构等。现场经验表明，影响绝缘子串电压分布的主要因素是大气湿度与绝缘子表面的污秽状况。当湿度越大，污秽越严重时，绝缘子表面电阻降得越低，电压分布由原来的按电容分配关系转为电阻分配关系。另外，当靠近导线侧的绝缘子所承受的电压高于起始电晕电压时，绝缘子将发生电晕放电，此时，绝缘子串上的电压也生变化。还有绝缘子串元件数越多、串越长，电压分布越不均匀。

Jb0002131081　试分析静电感应现象，并举例说明其对作业人员的主要危害有哪些？（5分）

考核知识点：静电感应

难易度：易

标准答案：

当一个导体接近一个带电体时，靠近带电体的一面会感应出与带电体极性相反的电荷，而背离带电体的一面则会感应出与带电体极性相同的电荷，这种现象被称为静电感应现象。

由于静电感应而使作业人员受电击的情况有以下两种：

（1）当带电作业人员穿着绝缘鞋攀登到杆塔窗口处，手触摸塔身感觉的触痛感，就属于一种静电感应现象。原因是人体与接地体（铁塔）绝缘，在人体进入强电场的过程中，因静电感应而积聚起一定量的电荷，使作业人员处于某一电位，即人体上具有一定的感应电压。在这种情况下，当人体的暴露部位触摸到铁塔时，人体上积聚的电荷就会对接地体放电，放电电流达到一定值时，就会产生上述感觉。

（2）在工作现场，站在地面上的工作人员用手触摸强电场中悬空的大件金属以及用手触摸停电设备上的金属部件时，会产生刺痛感，属于另一种静电感应现象。原因是在静电场中，如果有一个对地绝缘的金属物件，该物件也会由于静电感应而在其上积聚一定量的电荷，使其处于某一电位，即具有一定的电压。此时，处于地电位的人用手触摸该物体，物体上积繁的电荷将会通过人体对地放电，当放电电流达到一定数值时，会产生上述感觉。

Jb0002131082　试述带电作业的安全距离。（5分）

考核知识点：带电作业安全距离

难易度：易

标准答案：

带电作业的安全距离是指为保护人身安全，作业人员与不同电位（相位）的物体之间所应保持的各种最小空气间隙距离的总称。具体地说，安全距离包含下列五种间隙距离：最小安全距离、最小对地安全距离、最小相间安全距离、最小安全作业距离和最小组合间隙。

所谓“保证人身安全”，是指在这些安全距离下，带电体上产生了可能出现的各种过电压时，该间隙都不可能发生击穿或击穿的概率低于预先规定的一个十分微小的可接受值。

（1）最小安全距离是指为了保证人身安全，地电位作业人员与带电体之间应保持的最小距离。

（2）最小对地安全距离是指为保证人身安全，等电位作业人员与周围接地体之间应保持的最小距离。

（3）最小相间安全距离是指为保证人身安全，等电位作业人员与邻近带电体之间应保持的最小距离。

（4）最小安全作业距离是指为保证人身安全，考虑到工作中必要的活动范围，地电位作业人员在作业过程中与带电体之间应保持的最小距离。确定最小安全作业距离的基本原则是：在最小安全距离的基础上增加一个合理的人体活动增量，一般而言，增量可取0.5m。

（5）最小组合间隙是指为了保证人身安全，在组合间隙中的作业人员处于最低50%操作冲击放电电压位置时，人体对接地体和对带电体两者应保持的最小距离之和。

Jb0002131083　在等电位作业过程中出现麻电现象产生的主要原因有以下几种？（5分）

考核知识点：麻电现象

难易度：易

标准答案：

（1）屏蔽服各部分的连接不好。最常见的是手套与屏蔽衣间连接不好，以致电位转移时，电流通过手腕而造成麻电。

（2）作业人员的头部未屏蔽。当面部、颈部在电位转移过程中不慎先行接触带电体时，接触瞬间的暂态电流对人体产生电击。

（3）屏蔽服使用日久，局部金属丝折断而形成尖端，电阻增大或屏蔽性能变差，造成人体局部电位差或电场不均匀而使人产生不舒服感觉。

（4）屏蔽服内穿有衬衣、衬裤，而袜子、手套又均有内衬蒸，人体与屏蔽服之间便被一层薄薄的绝缘物所隔开，这样，人体与屏蔽服之间就存在电位差，当人的外露部分如颈部接触屏蔽服衣领时，便会出现麻刺感。

（5）等电位作业人员上下传递金属物体时，也存在一个电位转移问题，特别是金属物的体积较大或长度较长时，其暂态电流将较大。如果作业人员所穿的屏蔽服的连接不良或金属丝断裂，在接触或脱离物体瞬间有可能产生麻电现象。

Jb0002132084　杆塔补强拉线应符合什么要求？（5分）

考核知识点：补强拉线的要求

难易度：中

标准答案：

（1）补强拉线可用钢丝绳或钢绞线制作，拉线一般打在横担端或避雷线挂点处。地锚与杆塔中心距离应大于挂线点的高度，拉线与杆塔间的夹角不小于45°。

（2）补强拉线的松紧程度，以平衡设计规定的水平张力为准。

（3）补强拉线的地锚埋设位置应在张力作用方向的反侧。

Jb0002133085　钳形表检测混凝土杆接地电阻时，发现混凝土杆接地螺栓接触电阻大有什么改善措施？（5分）

考核知识点：接地电阻

难易度：难

标准答案：

发现混凝土电杆接触电阻大，检测时可以规定双杆面向大号右边的接地引上线，作为钳型表周期测试混凝土电杆接地装置工频接地电阻的固定点，这样能防止混凝土电杆接地螺栓由于多次拆卸易受损增大接触电阻而人为造成杆塔接地电阻超标。对检测发现接触电阻大的电杆，可以用M16板牙丝攻对电杆内的螺帽重新进行板牙，修复螺纹帽螺纹后涂上导电脂后将螺栓紧固。使地面检测得到的接地线工频接地电阻与接地引下线恢复连接后的电杆接地装置工频接地电阻两者相吻合。

Jb0002131086　降低冲击接地电阻值常采用哪些措施？为什么要尽可能地降低接地电阻的数值？（5分）

考核知识点：接地电阻

难易度：易

标准答案：

（1）降低冲击接地电阻值常采用下列措施：采用多射线形、环网形环网接地装置；采用换土壤或化学改良土壤的办法。

（2）降低接地电阻值的原因：因为接地电阻值越小，雷击放电时引起的过压越小，防雷效果越好。

Jb0002132087　巡线检查交叉跨越时，着重注意哪几方面情况？（5分）

考核知识点：送电线路运维

难易度：中

标准答案：

（1）运行中的线路，导线弧垂大小决定于气温、导线温升和导线的荷重。当导线温度最高或导线覆冰时都能使弧垂变大，因此在检查交叉跨越距离是否合格时，应分别以导线覆冰或导线最高允许温度来验算。

（2）档距中导线弧垂的变化是不一样的，靠近档距中央变化大，靠近导线悬挂点变化小。因此，在检查交叉跨越时，一定要注意交叉点与杆塔的距离。

（3）检查交叉跨越时，应记录当时的气温，并换算到最高气温，以计算最小的交叉距离。

Jb0002133088　在正常运行时，引起线路耐张段中直线杆承受不平衡张力的原因主要有哪些？（5分）

考核知识点：杆塔荷载

难易度：难

标准答案：

（1）耐张段中各档距长度相差悬殊，当气象条件变化后，引起各档张力不等。

（2）耐张段中各档不均匀覆冰或不同时脱冰时，引起各档张力不等。

（3）线路检修时，先松下某悬点导线或后挂上某悬点导线将引起相邻各档张力不等。

（4）耐张段中在某档飞车作业，绝缘梯作业等悬挂集中荷载时引起不平衡张力。

（5）山区连续倾斜档的张力不等。

Jb0002133089　孤立档在运行中有何优点？施工中有何缺点？（5分）

考核知识点：耐张段特性

难易度：难

标准答案：

（1）运行中的优点：

1）可以隔离本档以外的断线事故。

2）导线两端悬点不能移动，垂直排列档距中央线间距离在不同时脱冰时能得到保障，故可使用在较大档距。

3）杆塔微小的挠度，可使导线、架空地线大大松弛，因此杆塔很少破坏。

（2）施工中的缺点：

1）为保证弧垂能满足要求，安装时要根据杆塔或构架能承受的强度进行过牵引。

2）当孤立档档距较小时，绝缘子串下垂将占全部弧垂一半甚至更多，施工安装难度大。

Jb0002112090　已知某 110kV 线路有一耐张段，其各直线档档距分别为：l_1=260m，l_2=310m，l_3=330m，l_4=280m。在最高气温时比载为 36.51×10^{-3}N/（m·mm^2），由耐张段代表档距查得最高气温时的弧垂 f_0=5.22m。求在最高气温条件下 l_3 档的中点弧垂 f_3。（不计悬点高差）（5 分）

考核知识点：弧垂的计算

难易度：中

标准答案：

解：

耐张段的代表档距为

$$l_0=\sqrt{\frac{\sum l_i^3}{\sum l_i}}=\sqrt{\frac{l_1^3+l_2^3+l_3^3+l_4^4}{l_1+l_2+l_3+l_4}}$$

$$=\sqrt{\frac{260^3+310^3+330^3+280^3}{260+310+330+280}}=298.66$$

l_3 档的中点弧垂

$$f_3=f_0\left(\frac{l_3}{l_0}\right)^2=5.22\times\left(\frac{330}{298.66}\right)^2=6.373\text{（m）}$$

答：在最高气温气象条件下 l_3 档的中点弧垂 f_3 为 6.373m。

Jb0002113091　如图 Jb0002113091 所示，某 110kV 输电线路中的一个耐张段，导线型号为 LGJ－120/20，计算重量 G_0 为 466.8kg/km，计算截面积 S 为 134.49mm^2，计算直径 d 为 15.07mm，覆冰条件下导线应力 σ_0 为 110MPa。试计算该耐张段中 3 号直线杆塔在第Ⅳ气象区覆冰条件下的水平荷载和垂直荷载。（覆冰厚度 b=5mm，相应风速 v 为 10m/s，冰的比重 γ 为 0.9g/cm³，α=1.0，k=1.2）（5 分）

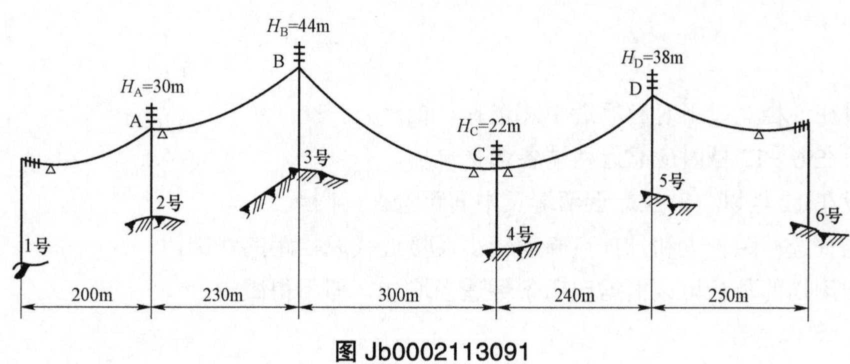

图 Jb0002113091

考核知识点：杆塔荷载的计算

难易度：难

标准答案：

解：

导线的自重比载

$$g_1=\frac{9.8G_0}{S}\times10^{-3}=\frac{9.8\times466.8}{134.49}\times10^{-3}=34.01\times10^{-3}\ [\text{N/（m·mm}^2)]$$

冰的比载

$$g_2=\frac{9.8\pi\gamma b(d+b)}{S}\times10^{-3}=\frac{9.8\pi\times0.9\times5\times(15.07+5)}{134.49}\times10^{-3}=20.66\times10^{-3}\ [\text{N/（m·mm}^2)]$$

风压比载

$$g_3=\alpha k(d+2b)\frac{9.8\pi v^2}{16S}\times10^{-3}=1.0\times1.2\times(15.07+2\times5)\times\frac{9.8\pi\times10^2}{16\times134.49}\times10^{-3}=43.02\times10^{-3}\ [\text{N/（m·mm}^2)]$$

3 号杆塔的水平档距

$$L_h=\frac{L_1+L_2}{2}=\frac{230+300}{2}=265\ (\text{m})$$

3 号杆塔的垂直档距

$$L_v=\frac{L_1+L_2}{2}+\frac{\sigma_0}{g_1+g_2}\left(\frac{\pm\Delta h_1}{L_1}+\frac{\pm\Delta h_2}{L_2}\right)$$

$$=\frac{230+300}{2}+\frac{110}{(34.01+20.66)\times10^{-3}}\times\left(\frac{44-30}{230}+\frac{44-22}{300}\right)$$

=535.0（m）

3 号杆塔的水平荷载

$$P=g_3SL_h=43.02\times10^{-3}\times134.49\times265=1533.2\ (\text{N})$$

3 号杆塔的垂直荷载

$$G=(g_1+g_2)SL_v=(34.01+20.66)\times10^{-3}\times134.49\times535=3933.6\ (\text{N})$$

答：3 号直线杆塔在第Ⅳ气象区覆冰条件下的水平荷载和垂直荷载分别为 1533.2N 和 3933.6N。

Jb0002132092　弧垂观测档的选择应符合哪些规定？（5 分）

考核知识点：弧垂测量

难易度：中

标准答案：

（1）紧线段在 5 档及以下时应靠近中间选择一档。

（2）紧线段在 6～12 档时应靠近两端各选择一档。

（3）紧线段在 12 档以上时应靠近两端及中间可选 3～4 档。

（4）观测档宜选档距较大和悬挂点高差较小及接近代表档距的线档。

（5）弧垂观测档的数量可以根据现场条件适当增加，但不得减少。

Jb0002132093　隐蔽工程的验收检查应在隐蔽前进行，哪些内容为隐蔽工程？（5 分）

考核知识点：隐蔽工程验收

难易度：中

标准答案：

（1）基础坑深及地基处理情况。

（2）现浇基础中钢筋和预埋件的规格、尺寸、数量、位置、底座断面尺寸、混凝土的保护层厚度

及浇制质量。

（3）预制基础中钢筋和预埋件的规格、数量、安装位置，立柱的组装质量。

（4）岩石及掏挖基础的成孔尺寸、孔深、埋入铁件及混凝土浇制质量。

（5）灌注桩基础的成孔、清孔、钢筋骨架及水下混凝土浇灌。

（6）液压或爆压连接的接续管、耐张线夹、引流管。

（7）导线、架空地线补修处理及线股损伤情况。

（8）铁塔接地装置的埋设情况。

Jb0002113094　采用盐密仪测试 X－45 型绝缘子盐密，用蒸馏水 V=130cm^{3}清洗绝缘子表面。清洗前，测出 20℃时蒸馏水的含盐浓度为 0.000 723；清洗后，测出 20℃时污秽液中含盐浓度为 0.013 6。已知绝缘子表面积 S=645cm^2，求绝缘子表面盐密值？（5 分）

考核知识点：分析计算

难易度：难

标准答案：

解：

$$d = 10\times\frac{V(D_2 - D_1)}{S}$$

$$= 10\times\frac{130\times(0.013\,6 - 0.000\,723)}{645} = 0.026\text{（mg/cm）}$$

答：绝缘子表面盐密值为0.026mg/cm 。

Jb0002123095　绘制用经纬仪测量线路交叉跨越示意图。（5 分）

考核知识点：交跨测量

难易度：难

标准答案：

如图 Jb0002123095 所示。

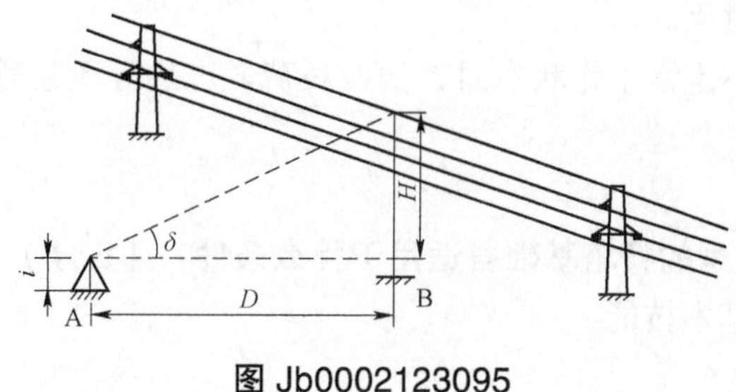

图 Jb0002123095

Jb0002132096　线路大修及改进工程包括哪些主要内容？（5 分）

考核知识点：送电线路基本技能

难易度：中

标准答案：

（1）据防汛、反污染等反事故措施的要求调整线路的路径。

（2）更换或补强线路杆塔及其部件。

（3）换或补修导线、架空地线并调整弧垂。

（4）换绝缘子或为加强线路绝缘水平而增装绝缘子。

（5）更换接地装置。

（6）塔基础加固。

（7）更换或增装防振装置。

（8）铁塔金属部件的防锈刷漆。

（9）处理不合理的交叉跨越。

Jb0002133097　对电力线路有哪些基本要求？（5分）

考核知识点：送电线路基本技能

难易度：难

标准答案：

（1）保证线路架设的质量，加强运行维护，提高对用户供电的可靠性。

（2）要求电力线路的供电电压在允许的波动范围内，以便向用户提供质量合格的电压。

（3）在送电过程中，要减少线路损耗，提高送电效率，降低送电成本。

（4）架空线路由于长期置于露天下运行，线路的各元件除受正常的电气负荷和机械荷载作用外，还受到风、雨、冰、雪、大气污染、雷电活动等各种自然和人为条件的影响，要求线路各元件应有足够的机械和电气强度。

Jb0002133098　继电保护的基本任务是什么？（5分）

考核知识点：送电线路基本技能

难易度：难

标准答案：

（1）保护电力系统中的电气设备（如发电机、变压器、输电线路等）。当运行中的设备发生故障或不正常工作情况时，继电保护装置应使断路器跳闸并发出信号。

（2）当被保护的电气设备发生故障时，它能自动地、迅速地、有选择地借助断路器将故障设备从电力系统中切除，以保证系统无故障部分迅速恢复正常运行，并使故障设备免于继续遭受破坏。

（3）对于某些故障，如小接地电流系统的单相接地故障，因它不会直接破坏电力系统的正常运行，继电保护发信号而不立即去跳闸。

（4）当某电气设备出现不正常工作状态时，如过负荷、过热等现象时继电保护装置可根据要求发出信号，并通知运行人员及时处理。

Jb0002132099　不同类型的杆塔基础各适用于什么条件？（5分）

考核知识点：送电线路基本技能

难易度：中

标准答案：

（1）现场浇制的混凝土和钢筋混凝土基础：适用在施工季节砂石和劳动力条件较好的情况下。

（2）预制钢筋混凝土基础：这种基础适合于缺少砂石、水源的塔位或者需要在冬季施工而不宜在现场浇制基础时采用。预制钢筋混凝土基础的单件重量要适应于运输条件，因此预制基础的部件大小和组合方式有所不同。

（3）金属基础：这种基础适合于高山地区交通运输条件极为困难的塔位。

（4）灌注桩式基础：灌注桩式基础可分为等径灌注桩和扩底短桩两种。当塔位处于河滩时，考虑到河床冲刷及防止漂浮物对铁塔影响，常采用等径灌注桩深埋基础。扩底短桩基础最适用于黏性土或

其他坚实土壤的塔位。

Jb0002132100 鸟类活动会造成哪些线路故障？如何防止鸟害？（10分）

考核知识点：技能指导

难易度：中

标准答案：

（1）鸟类活动会给电力架空线路造成的故障情况如下。

鸟类在横担上做窝。当这些鸟类嘴里叼着树枝、柴草、铁丝等杂物在线路上空往返飞行，树枝等杂物落到导线间或搭在导线与横担之间时，就会造成接地或短路事故。体形较大的鸟在线间飞行或鸟类打架也会造成短路事故。杆塔上的鸟巢与导线间的距离过近，在阴雨天气或其他原因，便会引起线路接地事故；在大风暴雨的天气里，鸟巢被风吹散触及导线，因而造成跳闸停电事故。

（2）防止鸟害的办法：

1）增加巡线次数，随时拆除鸟巢。

2）安装惊鸟装置，使鸟类不敢接近架空线路。常用的具体方法有：① 在杆塔上部挂镜子或玻璃片；② 装风车或翻板；③ 在杆塔上挂带有颜色或能发声响的物品；④ 在杆塔上部吊死鸟；⑤ 在鸟类集中处还可以用猎枪或爆竹来惊鸟。这些办法虽然行之有效，但时间较长后，鸟类习以为常也会失去作用，所以最好是各种办法轮换使用。

Jb0002133101 基建阶段防倒塔措施有哪些规定？（5分）

考核知识点：《国家电网有限公司十八项电网重大反事故措施》

难易度：难

标准答案：

（1）工程应留有影像资料，并经监理单位质量验收合格后方可隐蔽；竣工验收时运行单位应检查隐蔽工程影像资料的完整性，并进行必要的抽检。

（2）铁塔现场组立前应对紧固件螺栓、螺母及铁附件进行抽样检测，经确认合格后方可使用。地脚螺栓直径级差宜控制在6mm及以上，螺杆顶面、螺母顶面或侧面加盖规格钢印标记，安装前应对螺杆、螺母型号进行匹配。架线前、后应对地脚螺栓紧固情况进行检查，严禁在地脚螺母紧固不到位时进行保护帽施工。

（3）对山区线路，设计单位应提出余土处理方案，施工单位应严格执行余土处理方案。

Jb0002131102 拉线塔的防倒塔措施有哪些规定？（5分）

考核知识点：《国家电网有限公司十八项电网重大反事故措施》

难易度：易

标准答案：

（1）加强拉线塔的保护和维修。

（2）拉线下部应采取可靠的防盗、防割措施；应及时更换锈蚀严重的拉线和拉棒；对易受撞击的杆塔和拉线，应采取防撞措施。

（3）对机械化耕种区的拉线塔，宜改造为自立式铁塔。

Jb0002133103 线路运行阶段防止断线事故有哪些规定？（5分）

考核知识点：《国家电网有限公司十八项电网重大反事故措施》

难易度：难

标准答案：

（1）加强对大跨越段线路的运行管理，按期进行导地线测振，发现动弯应变值超标时应及时分析、处理。

（2）在腐蚀严重地区，应根据导地线运行情况进行鉴定性试验；出现多处严重锈蚀、散股、断股、表面严重氧化时，宜换线。

（3）运行线路的重要跨越［不包括“三跨”（跨高速铁路、跨高速公路、跨重要输电通道）］档内接头应采用预绞式金具加固。

Jb0002133104　线路运行阶段防止风偏闪络有哪些规定？（5分）

考核知识点：《国家电网有限公司十八项电网重大反事故措施》

难易度：难

标准答案：

（1）运行单位应加强通道周边新增构筑物、各类交叉跨越距离及山区线路大档距侧边坡的排查，对影响线路安全运行的隐患及时治理。

（2）线路风偏故障后，应检查导线、金具、铁塔等受损情况并及时处理。

（3）更换不同型式的悬垂绝缘子串后，应对导线风偏角及导线弧垂重新校核。

Jb0002132105　输电线路绝缘子串的状态巡检要求有哪些？（5分）

考核知识点：状态巡检

难易度：中

标准答案：

（1）绝缘子串无异物附着。

（2）绝缘子钢帽、钢脚无腐蚀；锁紧销无锈蚀、脱位或脱落。

（3）绝缘子串无移位或非正常偏斜。

（4）绝缘子无破损。

（5）绝缘子串无严重局部放电现象、无明显闪络或电蚀痕迹。

（6）室温硫化硅橡胶涂层无龟裂、粉化、脱落。

（7）复合绝缘子无撕裂、鸟啄、变形；端部金具无裂纹和滑移；护套完整。

Jb0002131106　输电线路杆塔与接地、拉线与基础的状态巡检要求有哪些？（5分）

考核知识点：线路巡检

难易度：易

标准答案：

答：（1）杆塔结构无倾斜，横担无弯扭。

（2）杆塔部件无松动、锈蚀、损坏和缺件。

（3）拉线及金具无松弛、断股和缺件；张力分配应均匀。

（4）杆塔和拉线基础无下沉及上拔，基础无裂纹损伤，防洪设施无坍塌和损坏，接地良好。

（5）塔上无危及安全运行的鸟巢和异物。

Jb0002133107　输电线路通道和防护区的状态巡检要求有哪些？（5分）

考核知识点：线路巡检

难易度：难

标准答案：

（1）无可燃易爆物和腐蚀性气体。

（2）树木与输电线路间绝缘距离的观测。

（3）无土方挖掘、地下采矿、施工爆破。

（4）无架设或敷设影响输电线路安全运行的电力线路、通信线路、架空索道、各种管道等。

（5）未修建鱼塘、采石场及射击场等。

（6）无高大机械及可移动式的设备。

（7）无其他不正常情况，如山洪暴发、森林起火等。

（8）无架设或敷设影响输电线路安全运行的电力线路、通信线路、架空索道、各种管道等。

（9）未修建鱼塘、采石场及射击场等。

（10）无高大机械及可移动式的设备。

（11）无其他不正常情况，如山洪暴发、森林起火等。

Jb0002132108　在线路的防覆冰工作中，融冰电流与保线电流有什么区别？（5分）

考核知识点：防覆冰

难易度：中

标准答案：

答：所谓融冰电流是在某种气候条件下，导线已经出现一定厚度的覆冰，为了使覆冰脱落，在导线上通过一定电流，在一定时间内能将冰融化，这个电流称为融冰电流，融冰电流在导线电阻上所产生的热量与导线传导、对流、辐射及融化冰层吸收的热量之和相平衡。保线电流是出现覆冰气候条件，导线上尚未覆冰，为了防止覆冰，在导线上通过一定的电流，此电流在导线电阻上产生的热量与导线辐射对流损失的热量相平衡，保护导线温度在0℃以上（一般取2℃）从而保证导线上不出现覆冰。

Jb0002132109　防污闪技术管理包括哪些？（5分）

考核知识点：防污闪

难易度：中

标准答案：

污闪技术管理包括了盐密和灰度测定及分析机构：划分污秽等级、绘制污秽等级分布图：合理配置电瓷外绝缘爬距；清扫绝缘子：采用防污涂料；控制污源：加强绝缘子选型和质量检查：配电装置防污选择。污闪事故统计及分析资料；污闪组织机构、明确责任和建立技术档案管理等十几个方面。这充分说明了线路季节性事故预防中，防污秽的工作重要性，各运行单位必须按防污闪技术管理的十几个方面逐条落实，并结合本部门线路运行工作制定防污措施，健全档案管理，力争将污闪事故减少最低程度。

Jb0002132110　架空电力线路架设避雷线的原则是什么？（5分）

考核知识点：避雷线

难易度：中

标准答案：

架空电力线路避雷线的设计，因根据线路电压、负荷性质和系统运行方式，并结合当地已有线路的运行经验，地区雷电活动的强弱，地形地貌特点及土壤电阻率高低等情况，通过技术和经济的比较，进行综合考虑。

各级电压架空电力线路的避雷线一般采用下列方式装设。

（1）35kV 输电线路，一般仅在进出变电站 1～2km 内装设避雷线。

（2）110kV 及以上输电线路宜全线架设避雷线，但在年平均雷电日不超过 15 天或运行经验证明雷电活动较微的地区，可不全线架设避雷线。

Jb0002133111　防止输电线路发生季节性事故应采取哪些措施？（5 分）

考核知识点：线路巡检

难易度：难

标准答案：

运行中的架空输电线路由于受大自然气象条件变化，如风、雨、雪、雷电、覆冰、洪水、雾等的影响都会危及线路安全运行，严重时会造成事故。因此，应该与可能引起各种季节性事故的自然灾害进行斗争，搞好事故预防工作。线路的季节性事故的预防工作根据各地气候及地形条件有所不同，一般采取下列措施：春季主要抓防冻、防鸟害、防树害工作；夏季应继续抓防树害及防雷、防洪工作；秋季抓防风及防雷；冬季应抓好防污闪（防雾）、防冻及防雷准备等工作，应根据各条线路的具体情况，列入年度重点预防检查及进行的工作项目，把维护工作做细做好。

Jb0002131112　降低接地电阻常见的方法有哪些？（5 分）

考核知识点：接地电阻

难易度：易

标准答案：

（1）尽量利用杆塔金属基础，钢筋混凝土基础等自然接地体。

（2）尽量利用杆塔基础坑埋设人工接地体。

（3）采用适当比例的食盐、木炭、铁屑与土壤混合。

（4）采用电阻率较低的土壤置换原电阻率较高的土壤。

（5）采用接地模块改善接地体电阻。

（6）采用降阻剂与土壤混合。

Jb0002113113　110kV 线路某一跨越档，其档距 L=350m，代表档距 L_{np}=340m，被跨越通信线路跨越点距跨越档杆塔的水平距离 X=100m。在气温 20℃时测得上导线弧垂 f=5m，导线对被跨越线路的交叉距离 h 为 6m，导线热膨胀系数 $\alpha=19\times10^{-6}$。试计算当温度为 40℃时，交叉距离是否满足要求？（5 分）

考核知识点：线路计算

难易度：难

标准答案：

解：

（1）将实测导线弧垂换算为 40℃时的弧垂，有

$$f_{max}=\sqrt{f^2+\frac{3L^4}{8L_{np}^2}(t_{max}-t)\alpha}=\sqrt{5^2+\frac{3\times350^4}{8\times340^2}(40-20)\times19\times10^{-6}}=6.5\ (\text{m})$$

（2）计算交叉跨越点的弧垂增量

$$\Delta f=\frac{4X}{L}\left(1-\frac{X}{L}\right)(f_{\max}-h)=\frac{4\times100}{350}\times\left(1-\frac{100}{350}\right)\times(6.5-6)=0.408\text{（m）}$$

（3）计算40℃时导线对被跨越线路的垂直距离 H 为

$$H=h-\Delta f=6-0.408=5.592\text{（m）}$$

答：交叉跨越距离为5.592m，大于规程规定的最小净空距离3m，满足要求。

Jb0002113114　现有一根19股、70mm² 的镀锌钢绞线，用作线路避雷线，为保证安全，请验算该镀锌钢绞线的拉断力 T_b 和最大允许拉力 T_{max} 各是多少？（提示：19股钢绞线扭绞系数 f=0.89，用于避雷线时其安全系数 K 不应低于2.5，极限抗拉强度 σ=1370N/mm²）（5分）

考核知识点：线路计算

难易度：难

标准答案：

解：

（1）该钢绞线的拉断力为　$T_b=A\sigma\cdot f=70\times1370\times0.89=85.351$（kN）。

（2）最大允许拉力为　$T_{\max}=\dfrac{T_b}{K}=\dfrac{85.351}{2.5}=34.14$（kN）。

答：该镀锌钢绞线的拉断力为85.351kN，最大允许拉力为34.14kN。

Jb0002133115　巡视人员在巡线过程中应注意哪些事项？（5分）

考核知识点：线路运行

难易度：难

标准答案：

（1）在巡视线路时，无人监护一律不准登杆巡视。

（2）在巡视过程中，应始终认为线路是带电运行的，即使知道该线路已停电，巡线员也应认为线路随时有送电的可能。

（3）夜间巡视时应有照明工具，巡线员应在线路两侧行走，以防止触及断落的导线。

（4）巡线中遇有大风时，巡线员应在上风侧沿线行走，不得在线路的下风侧行走，以防断线倒杆危及巡线员的安全。

（5）巡线时必须全面巡视，不得遗漏。

（6）在故障巡视中，无论是否发现故障点都必须将所分担的线段和任务巡视完毕，并随时与指挥人联系；如已发现故障点，应设法保护现场，以便分析故障原因。

（7）发现导线或避雷线掉落地面时，应设法防止居民、行人靠近断线场所。

（8）在巡视中如发现线路附近修建有危及线路安全的工程设施应立即制止。

（9）发现危急缺陷应向本单位及时报告，以便迅速处理。

（10）巡线时遇有雷电或远方雷声时，应远离线路或停止巡视，以保证巡线员的人身安全。

Jb0002123116　请画出交叉跨越测量示意图。（5分）

考核知识点：线路画图

难易度：难

标准答案：

如图Jb0002123116所示。

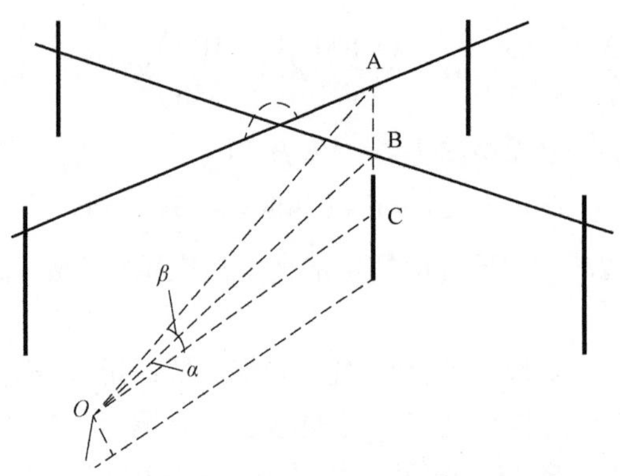

图 Jb0002123116

Jb0002123117　画出等长法观测弧垂示意图。（5 分）

考核知识点：线路画图

难易度：难

标准答案：

如图 Jb0002123117 所示。

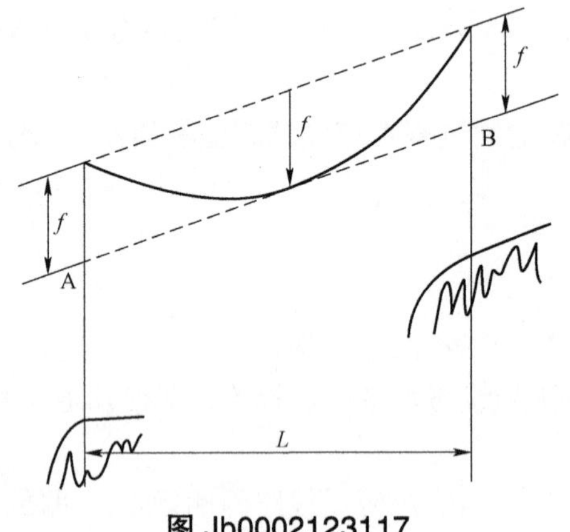

图 Jb0002123117

Jb0002123118　请绘制等长样板法的原理示意图。（5 分）

考核知识点：线路画图

难易度：难

标准答案：

如图 Jb0002123118 所示。

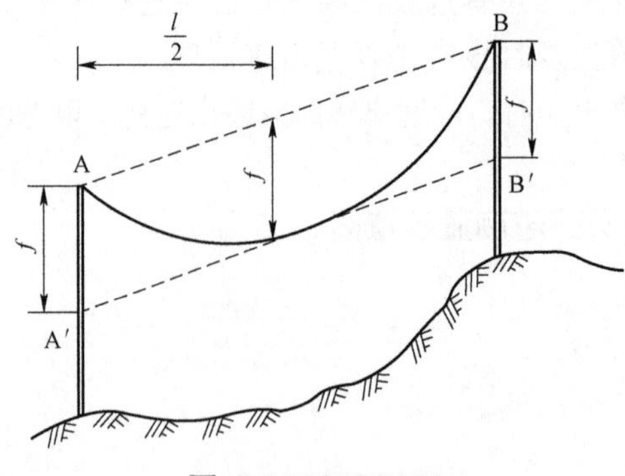

图 Jb0002123118

Jb0003131119　线路正常运行时，简要说明直线杆和耐张杆承受荷载的类型及其构成。（5分）

考核知识点：直线杆、耐张杆

难易度：易

标准答案：

（1）直线杆：在正常运行时主要承受水平荷载和垂直荷载；其中水平荷载主要由导线和避雷线的风压荷载、杆身的风压荷载、绝缘子及金具风压荷载构成；而垂直荷载主要由导线、避雷线、金具、绝缘子的自重及拉线的垂直分力引起的荷载。

（2）耐张杆：在正常运行时主要承受水平荷载、垂直荷载和纵向荷载；其中纵向荷载主要由顺线路方向不平衡张力构成，水平荷载和垂直荷载与直线杆构成相似。

Jb0003131120　简要说明导线机械特性曲线计算绘制步骤。（5分）

考核知识点：导线机械特性曲线

难易度：易

标准答案：

（1）根据导线型号查出机械物理特性参数，确定最大使用应力，结合防振要求确定年平均运行应力。

（2）根据导线型号及线路所在气象区，查出所需比载及各气象条件的设计气象条件三要素。

（3）计算临界档距并进行有效临界档距的判定。

（4）根据有效临界档距，利用状态方程式分别计算各气象条件在不同代表档距时的应力和部分气象条件的弧垂。

（5）根据计算结果，逐一描点绘制每种气象条件的应力随代表档距变化的曲线和部分气象条件的弧垂曲线。

Jb0003131121　简述架空线应力弧垂曲线的制作步骤。（5分）

考核知识点：架空线应力弧垂曲线

难易度：易

标准答案：

（1）确定工程所采用的气象条件。

（2）依据选用的架空线规格，查取有关参数和机械物理性能，选定架空线各种气象条件下的需用应力。

（3）计算各种气象条件下的比载。

（4）计算临界档距值，并判定有效临界档距和控制气象条件。

（5）判定最大弧垂出现的气象条件。

（6）以控制条件为已知状态，利用状态方程式计算不同档距、各种气象条件下架空线的应力和弧垂值。

（7）按一定比例绘制出应力弧垂曲线。

Jb0003131122　简述直线杆塔的定位过程？（5分）

考核知识点：直线杆

难易度：易

标准答案：

（1）估计待排耐张段的代表档距，得到相应的模板 K 值，选好弧垂曲线模板。

（2）用选好的最大弧垂模板和已知的定位高度 H_D，先自左向右排杆塔位。

（3）根据所排的杆塔位置，算得该耐张段的代表档距，查取或计算出导线应力，再求出模板 K 值，检查该值是否与所选用模板 K 值相符误差应在 0.05×10^{-4} 以内。

（4）排完一个耐张段以后，再排下一个耐张段，直至排完全线路的杆塔。

Jb0003131123　输电线路的防雷保护主要应从哪几个方面进行？（5 分）

考核知识点：防雷保护

难易度：易

标准答案：

（1）保护线路导线不遭受直接雷击，为此可采用避雷针、避雷线或将架空线改为地下电缆。

（2）当杆搭或避雷线遭受雷击后不使线路绝缘发生闪络，为此需改普避雷线的接地，或适当加强线路绝缘。

（3）即使绝缘受冲击而至发生闪络，也不使它转变为两相短路故障或不导致线路跳闸，为此可将系统中性点采用非直接接地方式。

（4）即使线路跳闸也不致中断供电，为此可采用重合闸装置。

Jb0003131124　中性点直接接地系统的特点是什么？（5 分）

考核知识点：中性点接地

难易度：易

标准答案：

中性点直接接地系统的特点是在单相短路时，未接地相电压不会升高，设备和线路的绝缘可以按相电压考虑，从而降低了造价；在该系统的线路上广泛采用了自动重合闸装置：为了限制单相短路电流，通常只将系统中一部分变压器的中性点接地。

Jb000313125　影响空气间隙击穿特性的因素有哪些？研究它对带电作业有什么意义？（5 分）

考核知识点：空气击穿特性

难易度：易

标准答案：

影响空气间隙击穿特性的因素主要有电压的种类和波形、电场的均匀性、电压极性、邻近物体、大气状态等。研究它对我们确定合理的安全距离有着非常重要的意义。

Jb0003131126　架空线悬挂点等高或不等高时，悬挂点的应力有什么变化？（5 分）

考核知识点：架空线悬挂点

难易度：易

标准答案：

悬挂点等高时，两悬挂点处的架空线应力相等；若悬挂点不等高时，则高悬挂点处的架空线应力增大，而悬挂点位于较低处的架空线应力减小。

Jb0003133127　架线后对全部拉线进行检查和调整，应符合哪些规定？（5 分）

考核知识点：拉线的检查

难易度：难

标准答案：

（1）拉线与拉线棒应呈一直线。

（2）X 型拉线的交叉处应留有足够的空隙，避免相互磨碰。

（3）拉线的对地夹角允许偏差应为 1°，个别特殊杆塔拉线对地夹角需超出 1°时应符合设计规定。

（4）NUT 型线夹带螺母后及花篮螺栓的螺杆必须露出螺纹，并应留有不小于 1/2 螺杆的螺纹长度，以供运行时调整。在 NUT 型线夹的螺母上应装设防盗罩，并应将双螺母拧紧，花篮螺栓应封固。

（5）组合拉线的每根拉线受力应一致。

Jb0003113128　某 110kV 架空线路，通过Ⅵ级气象区，导线型号为 LGJ－150/25，档距=300m，悬挂点高度 h=12m，导线计算直径 d=17.1mm，导线自重比载 g_1=34.047×10^{-3}N/（m·mm^2），最低气温时最大应力 σ_{max}=113.68MPa，最高气温时最小应力 σ_{min}=49.27MPa，风速下限值 V_{min}=0.5m/s，风速上限值 V_{max}=4.13m/s。求防振锤安装距离 L。（5 分）

考核知识点：防振锤安装距离的计算

难易度：难

标准答案：

解：最小半波长

$$\begin{aligned}\frac{\lambda_{min}}{2}&=\frac{d}{400V_{max}}\sqrt{\frac{9.81\sigma_{min}}{g_1}}\\&=\frac{17.1}{400\times4.13}\sqrt{\frac{9.81\times49.27}{34.047\times10^{-3}}}\\&=1.233\text{（m）}\end{aligned}$$

最大半波长

$$\begin{aligned}\frac{\lambda_{max}}{2}&=\frac{d}{400V_{min}}\sqrt{\frac{9.81\sigma_{max}}{g_1}}\\&=\frac{17.1}{400\times0.5}\sqrt{\frac{9.81\times113.68}{34.047\times10^{-3}}}\\&=15.474\text{（m）}\end{aligned}$$

防振锤安装距离为

$$\begin{aligned}L&=\frac{\dfrac{\lambda_{min}}{2}\times\dfrac{\lambda_{max}}{2}}{\dfrac{\lambda_{min}}{2}+\dfrac{\lambda_{max}}{2}}=\frac{1.233\times15.474}{1.233+15.474}\\&=1.142\text{（m）}\end{aligned}$$

答：防振锤安装距离为 1.142m。

Jb0003113129　如图 Jb0003113129 所示为起吊混凝土电杆情况，混凝土杆重 8000N。为防止混凝土电杆沿地面滑动，在混凝土杆的 A 点系一制动绳。当混凝土电杆起吊至 α=30°、β=60° 位置时，试求起吊钢绳、制动绳所受的拉力和地面 A 点对混凝土杆的反力。（5 分）

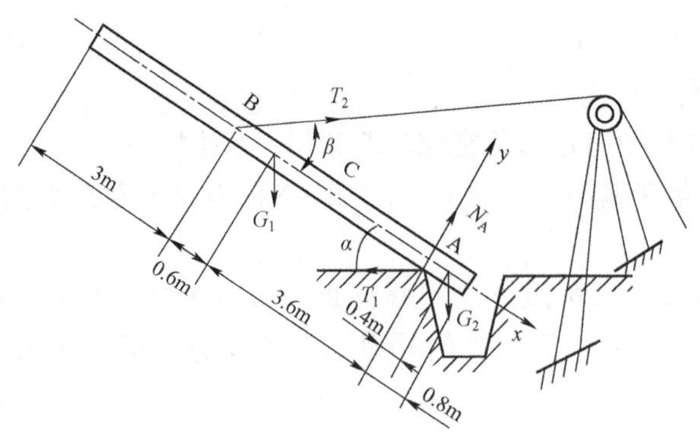

图 Jb0003113129

考核知识点：力的计算

难易度：难

标准答案：

解：

近似将混凝土杆视为等径杆，并作受力图，如图 Jb0003113129 所示。

图中
$$G_1=\frac{8000}{8}\times7.2=7200\text{（N）}$$

$$G_2=\frac{8000}{8}\times0.8=800\text{（N）}$$

由
$$\sum M_{\mathrm{A}}=0$$

得
$$3.6G_1\cos\alpha-4.2T_2\sin\beta-0.4G_2\cos\alpha=0$$

$$3.6\times7200\times\cos30^\circ-4.2T_2\sin60^\circ-0.4\times800\times\cos30^\circ=0$$

所以
$$T_2=5485.71\text{（N）}$$

由
$$\sum X=0$$

得
$$T_2\cos\beta+G\sin\alpha-T_1\cos\alpha=0$$

$$5485.71\times\cos60^\circ+8000\times\sin30^\circ-T_1\cos30^\circ=0$$

所以
$$T_1=7785.98\text{（N）}$$

由
$$\sum Y=0$$

得
$$T_2\sin\beta-G\cos\alpha-T_1\sin\alpha+N_{\mathrm{A}}=0$$

所以 $N_{\mathrm{A}}=-5485.71\times\sin60^\circ+8000\times\cos30^\circ+7785.98\times\sin30^\circ$

$=15\,571.96$（N）

答：起吊钢绳所受的拉力为 5485.71N，制动绳所受的拉力为 7785.98N，地面 A 点时混凝土杆的反力为 15 571.96N。

Jb0003113130　已知导线重量 G=11701N，起吊布置图如图 Jb0003113130（a）所示（图中 S_1 为导线风绳的大绳，S_2 为起吊钢绳）。求安装上导线时上横担自由端 A 的荷重。（不计悬点高差）（5 分）

考核知识点：杆塔荷载的计算

难易度：难

标准答案：

解：

设大绳拉力为 S_1，钢绳拉力为 S_2，大绳对地的夹角为 45° 。由图 Jb0003113130（b），AB 的

长度为

$$\sqrt{1.2^2+6.2^2}=6.31\ （m）$$

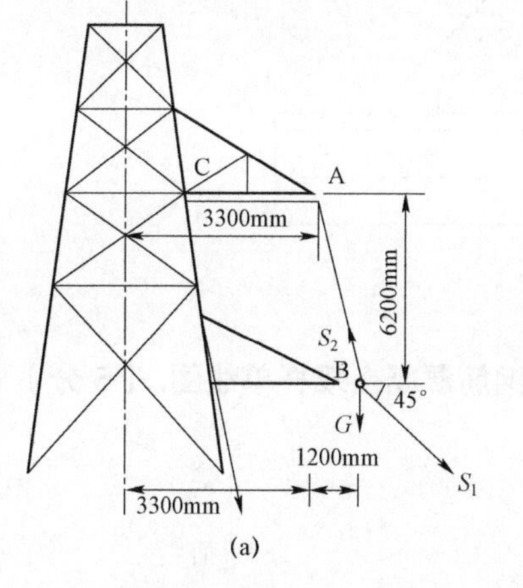

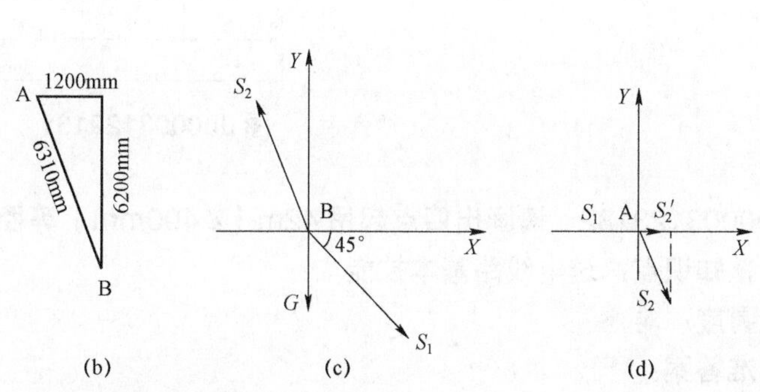

图 Jb0003113130

B 点上作用一平面汇交力系 S_1、S_2 和 G，由图 Jb0003113130（c）可知并得平衡方程

$$\sum X=0 \qquad S_1\cos 45°-S_2\frac{1.2}{6.31}=0$$

$$S_1=\frac{1.2S_2}{6.31\cos 45°}$$

$$\sum Y=0 \qquad S_1\sin 45°+G-S_2\times\frac{6.2}{6.31}=0$$

$$S_1=\frac{6.2S_2}{6.31\sin 45°}-\frac{G}{\sin 45°}$$

即

$$\frac{1.2S_2}{6.31\cos 45°}=\frac{6.2S_2}{6.31\sin 45°}-\frac{G}{\sin 45°}$$

可解得　S_2=14 767（N），S_1=3971（N）

由于转向滑车的作用，于是横担上的荷重如图 Jb0003113130（d）所示。

水平荷重

$$14\,767\times\frac{1.2}{6.31}=11\,959\ （N）$$

垂直荷重

$$14\,767\times\frac{6.2}{6.31}=14\,510\ （N）$$

答：在安装上导线时上横担自由端 A 的水平荷重 11 959N，垂直荷重 14 510N。

Jb0003122131　请画出三点起吊 36m（ϕ400mm）等径钢筋混凝土双杆单线图。（5 分）

考核知识点：杆塔组立

难易度：中

标准答案：

如图 Jb0003122131 所示。

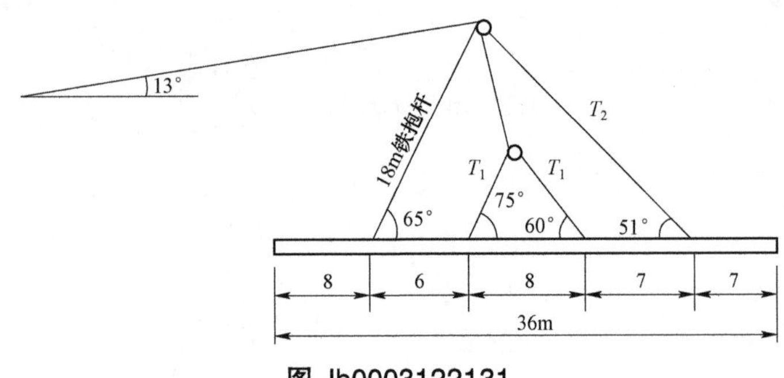

图 Jb0003122131

Jb0003123132　请画出四点起吊 42m（ϕ400mm）等径钢筋混凝土双杆单线图。（5 分）

考核知识点：送电线路基本技能

难易度：难

标准答案：

如图 Jb0003123132 所示。

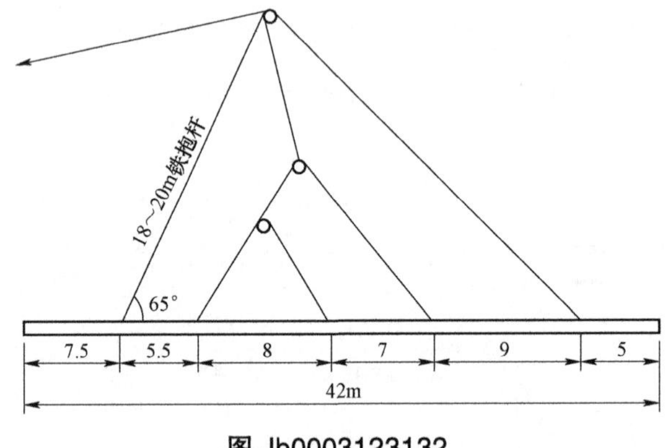

图 Jb0003123132

Jb0003122133　请画出送配电线路用皮尺分角法示意图，并说出相关要求。（5 分）

考核知识点：基础验收

难易度：中

标准答案：

图 Jb0003122133 中量取 OA=OB（不小于 10m），再取皮尺适当长度（使 OC 不能短），钩紧皮尺中点 C，则 OC 即为转角二等分线。

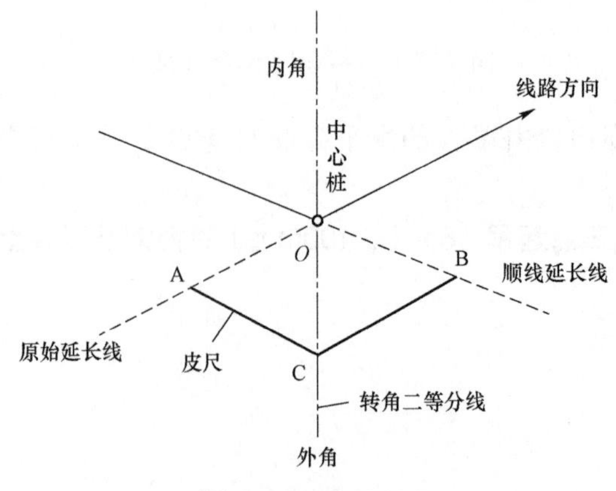

图 Jb0003122133

Jb0003123134　请画出档外观测仪器置于较低一侧观测弧垂示意图。（5分）

考核知识点：送电线路基本技能

难易度：难

标准答案：

如图 Jb0003123134 所示。

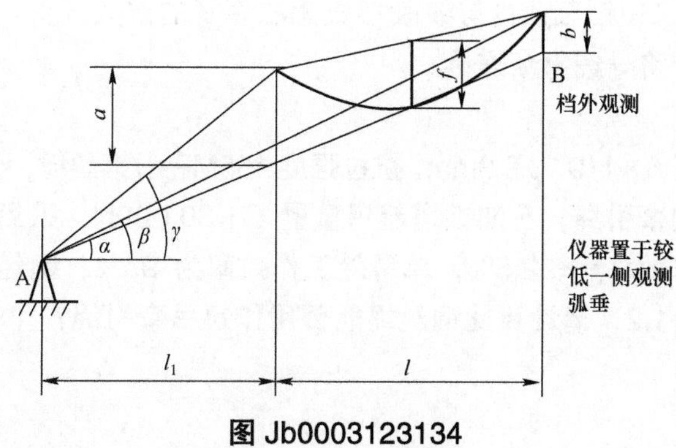

图 Jb0003123134

Jb0003122135　请画出井点降低水位基本原理示意图。（5分）

考核知识点：送电线路基本技能

难易度：中

标准答案：

如图 Jb0003122135 所示。

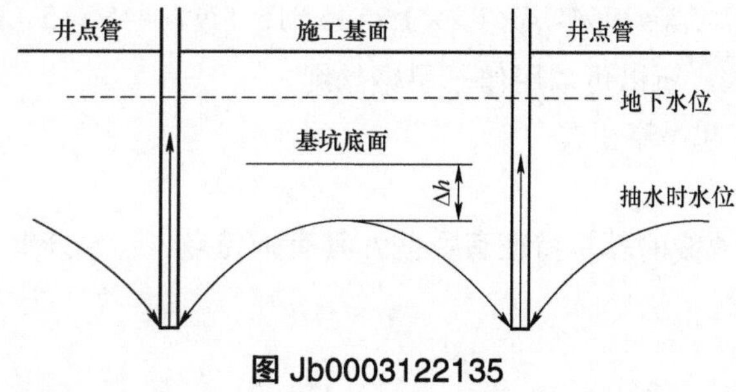

图 Jb0003122135

Jb0003133136　张力放线、紧线及附件安装时，应防止导线磨损，在容易产生磨损处应采取有效的防止措施。导线磨损的处理应符合哪些规定？（5分）

考核知识点：张力放线

难易度：难

标准答案：

（1）外层导线线股有轻微擦伤，其擦伤深度不超过单股直径的 1/4，且截面积损伤不超过导电部分截面积的 2%时，可不补修，用不粗于 0 号细砂纸磨光表面棱刺。

（2）当导线损伤已超过轻微损伤，但在同一处损伤的强度损失尚不超过保证计算拉断力的 8.5%，且损伤截面积不超过导电部分截面积的 12.5%时为中度损伤。中度损伤应采用补修管进行补修，补修时应符合哪些的规定。

1）将损伤处的线股先恢复原绞制状态，线股处理平整；

2）补修管的中心应位于损伤最严重处，需补修的范围应位于管内各 20mm。

（3）有下列情况之一时定为严重损伤：

1）强度损失超过保证计算拉断力的 8.5%；

2）截面积损伤超过导电部分截面积的 12.5%；

3）损伤的范围超过一个补修管允许补修的范围；

4）钢芯有断股；

5）金钩、破股和灯笼已使钢芯或内层线股形成无法修复的永久变形。达到严重损伤时，应将损伤部分全部锯掉，用接续管将导线重新连接。

Jb0003113137　有一（6×119，ϕ9.3mm，抗拉强度 155MPa）钢丝绳，已知其破断拉力 P_1=48.9kN，欲用此钢丝绳做起吊铁塔的牵引绳，已知铁塔起吊重量 Q=30 000N，采用 1–2 滑轮组，牵引绳由动滑轮引出，滑轮组综合工作效率 η=92.5%，单滑轮工作效率为 95%，钢丝绳安全系数 K=4，动荷系数 K_1=1.2，不平衡系数 K_2=1.2，请计算此钢丝绳能否用作起吊牵引绳？（5 分）

考核知识点：受力计算

难易度：难

标准答案：

解：

（1）由题意知 n=3，η=0.925，牵引绳从动滑轮引出，所以牵引力

$$P=\frac{9.81Q}{\eta(n+1)}=\frac{3000\times 9.81}{0.925\times(3+1)}=7954.1\text{（N）}$$

（2）钢丝绳破断拉力

$$P_1=PK_1K_2K=7954\times 4\times 1.2\times 1.2=45\ 815\text{（N）}=45.815\text{（kN）}$$

因为 48.9kN＞45.815kN，所以可以用作牵引钢丝绳。

答：此钢丝绳可以用作起吊牵引绳。

Jb0003133138　张力放线的基本特征有哪些？其有何特点？（5 分）

考核知识点：张力放线

难易度：难

标准答案：

（1）张力放线的基本特征。

1）导线在架线施工全过程中处于架空状态。

2）以施工段为架线施工的单元工程，放线、紧线等作业在施工段内进行。

3）施工段不受设计耐张段的限制，可以用直线塔作为施工起止塔，在耐张塔上直通放线。

4）在直线塔上紧线并作直线塔锚线，凡直通放线的耐张塔也直通紧线。

5）在直通紧线的耐张塔上作平衡挂线。

6）同相子导线要求同时展放、同时收紧。

（2）张力放线的优点。

1）避免导线与地面摩擦致伤，减轻运行中的电晕损失及对无线电系统的干扰。

2）施工作业高度机械化、速度快、工效高。

3）用于跨越公路、铁路、河网等复杂地形条件，更能取得良好的经济效益。

4）能减少青苗损失。

Jb0003133139　施工图各分卷、册的主要内容有哪些？（5 分）

考核知识点：识图

难易度：难

标准答案：

（1）施工图总说明书及附图：其主要内容有线路设计依据、设计范围及建设期限、路径说明方案、工程技术特性、经济指标、线路主要材料和设备汇总表及附图等。

（2）线路平断面图和杆塔明细表：其主要内容有线路平断面图、线路杆塔明细表和交叉跨越分图。

（3）机电施工安装图及说明：其主要内容有架空检录型号和机械物理特性、导线相位图、绝缘子和金具组合、架空线路防震措施、防雷保护及绝缘配合、接地装置工程等。

（4）杆塔施工图：其主要内容有混凝土电杆制造图、混凝土电杆安装图和铁塔组装图。

（5）基础施工图：其主要内容有混凝土电杆基础和铁塔基础施工图。

（6）通信保护计算：其主要内容有对本线路平行或交叉的通信、信号线的保护措施及安装图。

（7）材料汇总表：其主要内容有施工线路所有的材料名称、规格、型号、数量及加工材料的有关要求。

（8）预算书：其主要内容有线路工程概况、工程投资和预算指标、编制依据和取费标准及预算的编制范围。

Jb0003133140　采用楔形线夹连接好的拉线应符合哪些规定？架线后对全部拉线进行检查和调整，应符合哪些规定？（10 分）

考核知识点：送电线路施工

难易度：难

标准答案：

（1）采用楔形线夹连接的拉线，安装时应符合下列规定。

1）线夹的舌板与拉线紧密接触，受力后不应滑动。线夹的凸肚应在尾线侧，安装时不应使线股损伤。

2）拉线弯曲部分不应有明显的松股，其断头应用镀锌铁丝扎牢，线夹尾线宜露出 300～500mm，尾线回头后与本线应采取有效方法扎牢或压牢。

3）同组拉线使用两个线夹时，其线夹尾端的方向应统一。

（2）架线后应对全部拉线进行检查和调整，并应符合下列规定。

1）拉线与拉线棒应呈一直线。

2）X 型拉线的交叉处应留有足够的空隙，避免相互磨碰。

3）拉线的对地夹角允许偏差应为 1°，个别特殊杆塔拉线需超出 1° 时应符合设计规定。

4）NUT 型线夹带螺母后及花篮螺栓的螺杆必须露出螺纹，并应留有不小于 1/2 螺杆的螺纹长度，以供运行时调整。在 NUT 型线夹的螺母上应装设防盗罩，并应将双螺母拧紧，花篮螺栓应封固。

5）组合拉线的各根拉线受力应一致。

Jb0003132141　对于杆塔组立作业应符合哪些规定？（5 分）

考核知识点：《国家电网有限公司十八项电网重大反事故措施》

难易度：中

标准答案：

对于杆塔组立工作，应做好起重设备、杆塔稳定性方面的风险分析、评估与预控，作业人员应做好安全防护措施，严格执行作业流程，监护人员应现场监护，全面检查现场安全防护措施状态，严禁擅自组织施工，严禁无保护、无监护登塔作业等行为。

Jb0003132142　对于输电线路放紧线作业应符合哪些规定？（5分）

考核知识点：《国家电网有限公司十八项电网重大反事故措施》

难易度：中

标准答案：

对于输电线路放线紧线工作，应做好防杆塔倾覆风险辨识与预控，登杆塔前对塔架、根部、基础、拉线、桩锚、地脚螺母（螺栓）等进行全面检查，正确使用卡线器或其他专用工具、安全限位以及过载保护装置，充分做好防跑线措施，并确保现场各岗位联系畅通，严禁违反施工作业技术和安全措施盲目作业。

Jb0003132143　对于特种作业持证上岗应符合哪些规定？（5分）

考核知识点：《国家电网有限公司十八项电网重大反事故措施》

难易度：中

标准答案：

严格执行特殊工种、特种作业人员持证上岗制度。项目监理单位要严格执行特殊工种、特种作业人员入场资格审查制度，审查上岗证件的有效性。施工单位要加强特殊工种、特种作业人员管理，工作负责人不得使用非合格专业人员从事特种作业。

Jb0003111144　安装螺栓型耐张线夹时，导线型号为 LGJ－185/25，金具与导线接触长度为 L_1=250mm，采用 1×10mm 铝包带，要求铝包带的两端露出线夹 10mm，铝包带两头回缠长度为 c=110mm，已知 LGJ－185/25 型导线直径 d=18.9mm，求所需铝包带长度 $L_{带}$？（5分）

考核知识点：铝包带的计算

难易度：易

标准答案：

解：

（1）铝包缠绕导线的总长度

$$L=L_1+2c+2\times10$$
$$=250+2\times110+2\times10=490\ (\text{mm})$$

（2）铝包带的总长

$$L_{带}=\frac{\pi(d+b)L}{a}$$
$$=\frac{\pi(18.9+1)\times490}{10}=3063\ (\text{mm})$$

答：所需铝包带长度为 3063mm。

Jb0003112145　某 220kV 输电线路中有一悬点不等高档，档距 l=400m，高悬点 A 与低悬点 B 铅垂高差 Δh=12m，导线在最大应力气象条件下比载 $g=89.21\times10^{-3}$N/（m·mm²），应力 σ_0=132MPa。试求在最大应力气象条件下高低悬点的等效档距 l_A、l_B、悬点弧垂 f_A、f_B 及悬点应力 σ_A、σ_B。（5分）

考核知识点：弧垂的计算

难易度：中

标准答案：

解：

（1）导线最低点偏移档距中央位置的水平距离为

$$m=\frac{\sigma_0\Delta h}{gl}=\frac{132\times12}{89.21\times10^{-3}\times400}\approx44.39\text{（m）}$$

（2）高、低悬点对应等效档距分别为

$$l_A=l+2m=400+2\times44.39=488.78\text{（m）}$$

$$l_B=l-2m=400-2\times44.39=331.22\text{（m）}$$

（3）高、低悬点的悬点弧垂分别为

$$f_A=\frac{gl_A^2}{8\sigma_0}=\frac{89.21\times10^{-3}\times488.78^2}{8\times132}\approx20.18\text{（m）}$$

$$f_B=\frac{gl_B^2}{8\sigma_0}=\frac{89.21\times10^{-3}\times311.22^2}{8\times132}\approx8.18\text{（m）}$$

（4）在最大应力气象条件下高、低悬点应力分别为

$$\sigma_A=\sigma_0+gf_A=132+89.21\times10^{-3}\times20.18\approx133.8\text{（MPa）}$$

$$\sigma_B=\sigma_0+gf_B=132+89.21\times10^{-3}\times8.18\approx132.73\text{（MPa）}$$

答：在最大应力气象条件下高低悬点的等效档距分别为 488.78m 和 311.22m，悬点弧垂分别为 20.18m 和 8.18m，悬点应力分别为 133.8MPa 和 132.73MPa。

Jb0003112146　已知某 110kV 线路有一耐张段，其各直线档档距分别为：l_1=260m，l_2=310m，l_3=330m，l_4=280m，l_5=300m。现在 l_3 档测得一根导线的弧垂 $f_{c0}=6.2$m，不符合设计 f_c=5.5m 的要求，求导线需调整多长才能满足设计要求？（不计悬点高差）（5 分）

考核知识点：弧垂的计算

难易度：中

标准答案：

解：

耐张段总长为

$$\sum l_i=l_1+l_2+l_3+l_4+l_5$$

$$=260+310+330+280+300=1480\text{（m）}$$

耐张段的代表档距为

$$l_0=\sqrt{\frac{\sum l_i^3}{\sum l_i}}=\sqrt{\frac{l_1^3+l_2^3+l_3^3+l_4^3+l_5^3}{l_1+l_2+l_3+l_4+l_5}}=\sqrt{\frac{260^3+310^3+330^3+280^3+300^3}{260+310+330+280+300}}=298.94\text{（m）}$$

因为线长调整量的计算式为

$$\Delta L=\frac{8l_o^2}{3l_c^4}\cos^2\varphi_c\left(f_{co}^2-f_c^2\right)\sum\frac{l_i}{\cos\phi_i}$$

式中　ΔL——导线调整量（m）；

f_c——设计弧垂（m）；

f_{co}——观测弧垂（m）；

l_c——弧垂观测档距（m）；

l_o——耐张段代表档距（m）。

不计悬点高差，$\cos\phi_c=1$，$\cos\phi_i=1$。

所以 $\Delta L=\dfrac{8\times298.94^2}{3\times330^4}\times(6.2^2-5.5^2)\times1480\approx0.244$（m）

即：为使孤立档弧垂达到设计值，导线应调短 0.244m。

答：导线需调短 0.244m 才能满足要求。

Jb0003113147　某 110kV 输电线路中的某档导线跨越低压电力线路，已知悬点高程 H_A=56m，H_B=70m，交叉跨越点 P 低压线路高程 H_P=51m，档距 l=360m，P 点距 A 杆 100m，导线的弹性系数 E=73 000MPa，温度热膨胀系数 α=19.6×10^{-6}（1/℃），自重比载 g_1=32.772×10^{-3}N/（m·mm^2），线路覆冰时的垂直比载 g_3=48.454×10^{-3}N/（m·mm^2），气温为－5℃。在最高气温气象条件下应力 σ_1=84MPa，气温为 40℃。试校验在最大垂直弧垂气象条件下交叉跨越点距离能否满足要求？（规程规定最小允许安全距离[d]=3.0m）（5 分）

考核知识点：弧垂的计算

难易度：难

标准答案：

解：

（1）确定最大垂直气象条件。

由临界比载法可得：

$$g_{1j}=g_1+\frac{\alpha E g_1}{\sigma_1}(t_{max}-t_3)$$

式中　g_{1j}——临界比载［N/（m·mm^2）］；

g_1——导线自重比载［N/（m·mm^2）］；

σ_1——最高气温时导线应力（MPa）；

t_{max}——最高气温（℃）；

t_3——覆冰气温（℃）。

所以　$g_{1j}=32.772\times10^{-3}+\dfrac{19.6\times10^{-6}\times73\,000}{84}\times32.772\times10^{-3}\times[40-(-5)]$

$=57.892\times10^{-3}$（N/m·mm^2）

因为　g_3=48.454×10^{-3}N/（m·mm^2）

$$g_{1j}>g_3$$

所以导线最大弧垂出现在最高气温气象条件。

（2）交叉跨越点在最高气温时的距离。

$$d=H_B-H_P-f_{px}-h_x$$

式中　f_{px}——交叉跨越点 P 处输电线路导线弧垂（m），$f_{px}=\dfrac{g_1}{2\sigma_1}l_a l_b$（m），$l_a$、$l_b$ 为 P 点到 A、B 悬点的水平距离（m）；

h_x——导线悬点连线在交叉跨越点 P 处与 B 点的高差（m）；

h_x 由三角相似关系可求得：$h_x=\dfrac{H_A-H_B}{l}l_b$（m）

所以　$d=70-51-\dfrac{32.772\times10^{-3}}{2\times84}\times(360-100)\times100-\dfrac{70-56}{360}\times260=3.818$（m）

因为　$d>[d]=3.0$（m）

所以交叉跨越点的距离能满足安全距离要求。

答：在最大垂直弧垂气象条件下交叉跨越点距离能满足安全距离的要求。

Jb0003112148　如图 Jb0003112148 所示，某 110kV 输电线路中直线杆拉线单杆，地线的垂直荷载为 1142N，水平荷载为 914N；导线的垂直荷载为 2146N，水平荷载为 1954N。拉线采用 GJ－35 型镀锌钢绞线，其破断拉力为 45.472kN，拉线对横担水平投影夹角 α=30°，拉线对地夹角 β=60°。试确定拉线是否满足安全系数 K=2.4 的要求。（5 分）

考核知识点：拉线的计算

难易度：中

标准答案：

解：

所有荷载对电杆根部的力矩和

$$\sum M=1.142\times0.3+0.914\times21+2.146\times1.9+1.954\times(21-2.6)+$$
$$2\times1.954\times(13.4+1.5)=117.797\text{（kN·m）}$$

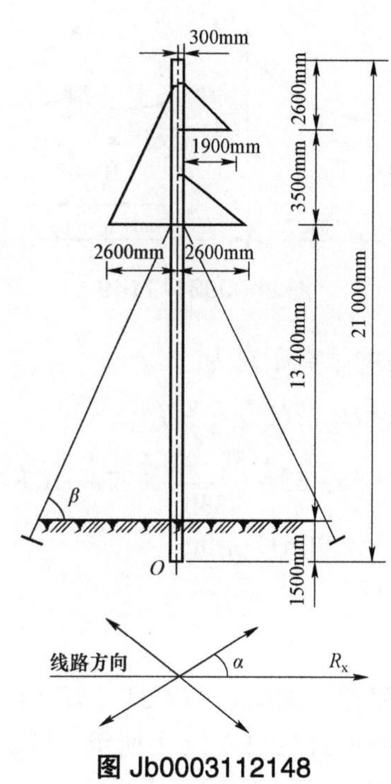

图 Jb0003112148

所有外力在拉线点 A 处引起的反力

$$R_x = \frac{\sum M}{l} = \frac{117.797}{13.4+1.5} = 7.906 \text{（kN）}$$

拉力受力 T 为

$$T = \frac{R_x}{2\cos\alpha\cos\beta} = \frac{7.906}{2\cos 30°\cos 60°} = 9.129 \text{（kN）}$$

$$K = \frac{T_P}{T} = \frac{45.472}{9.129} = 4.981 > 2.4$$

答：选用 GJ－35 钢绞线能满足安全系数 2.4 的要求。

Jb0003111149　某 110kV 输电线路，导线型号为 LGJ－95/20，其中某耐张段布置如图 Jb0003111149 所示，已知 15℃、无风气象条件时导线应力 σ_0=81.6MPa，自重比载 g_1=35.187×10^{-3}N/（m・mm^2），绝缘子串长度 λ=1.73m，假设导线断线张力衰减系数 α=0.48。试校验邻档断线后导线对通信线的垂直距离（要求不小于 1.0m）能否满足要求？（H_A=55m，H_B=40m，H_C=32m）（5 分）

考核知识点：弧垂的计算

难易度：易

标准答案：

解：

断线后交叉跨越点的弧垂为

$$f_x = \frac{g}{2\sigma} l_a l_b = \frac{g_1}{2\alpha\sigma_0} l_a l_b$$

$$= \frac{35.187\times 10^{-3}}{2\times 0.48\times 81.6}\times 110\times 220 = 10.87 \text{（m）}$$

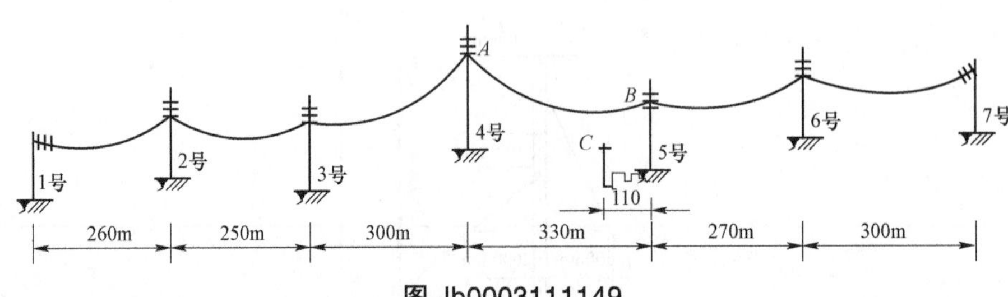

图 Jb0003111149

断线后交叉跨越点导线与通信线的垂直距离为

$$d = H_A - H_C - h_x - f_x$$

$$= 55 - 32 - \frac{55-40}{330}\times 220 - 10.87$$

$$= 2.13(\text{m}) > 1.0\text{m}$$

答：交叉跨越距离满足要求。

Jb0003112150　输电线路某耐张段［如图 Jb0003112150（a）所示］进行导线安装，导线型号为 LGJ－120/25，安装曲线如图 Jb0003112150（b）所示，试确定弧垂观测档及观测弧垂值（设现场实测弧垂观测时气温为 t_1=7.5℃，取 Δt=17.5℃）。（5 分）

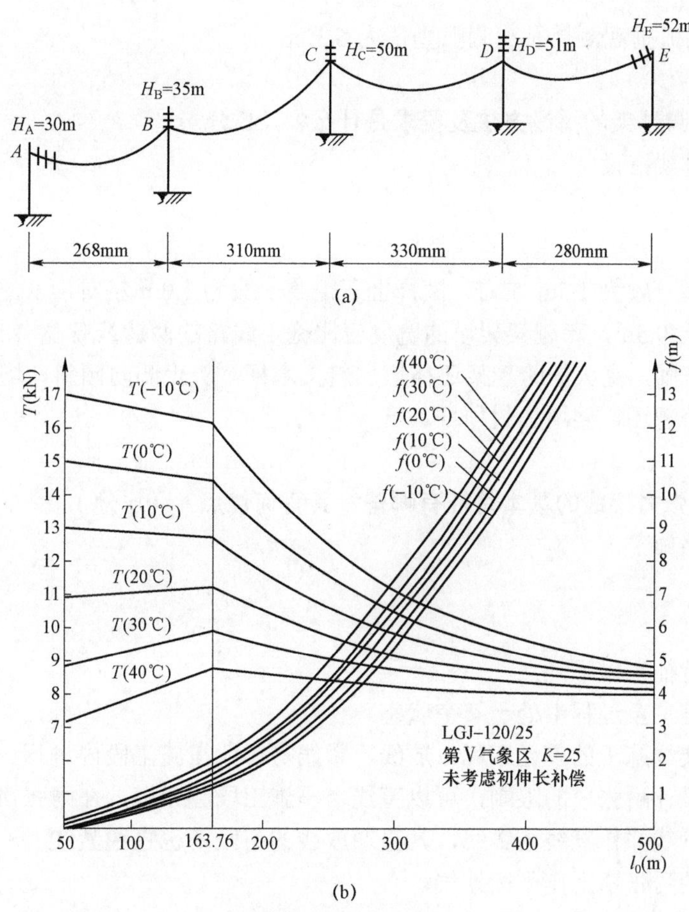

图 Jb0003112150

考核知识点：弧垂的计算

难易度：中

标准答案：

解：

（1）根据弧垂观测档的选择原则，AB 档和 DE 档不宜作弧垂观测档，因这两档有耐张绝缘子串的影响。BC 档和 CD 档中选择 CD 档较好，因该档悬点高差较小。现选 CD 档为弧垂观测档，观测档档距为 l=330m。

该耐张段的代表档距为

$$l_0=\sqrt{\frac{\sum l_i^3}{\sum l_i}}=\sqrt{\frac{268^3+310^3+330^3+280^3}{268+310+330+280}}=300\text{（m）}$$

（2）因现场实测弧垂观测时气温为 t_1=7.5℃，取 Δt=17.5℃，则

$$t=t_1-\Delta t=7.5-17.5=-10\text{（℃）}$$

（3）依据 l_0=300m，查 t=－10℃时的安装曲线得

$$f_0=5.22\text{m}$$

（4）观测档档距 l=330m，所以观测弧垂值为

$$f=f_0\left(\frac{l}{l_0}\right)^2=5.22\times\left(\frac{330}{300}\right)^2=6.32\text{（m）}$$

答：选择 CD 档为弧垂观测档及观测弧垂值为 6.32m。

Jb0003131151　跨越架的搭设方法及要求是什么？（5 分）

考核知识点：跨越架搭设

难易度：易

标准答案：

跨越架主柱间距离一般为 1.5m 左右，横杆上下距离一般为 1.0m 左右，以便于上下攀登，主柱支撑杆应埋入土内不少于 0.5m，跨越架架设的宽度应比施工线路的两边线各宽 1.5m，并对称于线路的中心线，用铁线绑扎牢固，高大的跨越架还需增加斜叉木杆，防止侧向倾斜，增设撑杆和拉线，保证跨越架的稳固，带电跨越还需要增加封顶杆。

Jb0003133152　张力架线的基本特征有哪些？其有何优点？（5 分）

考核知识点：线路施工

难易度：难

标准答案：

张力架线的基本特征有以下几点。

（1）导线在架线施工全过程中处于架空状态。

（2）以施工段为架线施工的单元工程，放线、紧线等作业在施工段内进行。

（3）施工段不受设计耐张段的限制，可以直线塔作施工段起止塔，在耐张塔上直通放线。

（4）在直线塔上紧线并作直线塔锚线，凡直通放线的耐张塔也直通紧线。

（5）在直通紧线的耐张塔上作平衡挂线。

（6）同相子导线要求同时展放。同时收紧。

张力架线的优点有以下几点。

（1）避免导线与地面摩擦致伤，减轻运行中的电晕损失及对无线电系统的干扰。

（2）施工作业高度机械化、速度快、工效高。

（3）用于跨越公路、铁路、河网等复杂地形条件，更能取得良好的经济效益。

（4）能减少青苗损失。

Jb0004131153　间接带电作业为什么会产生感应电压？如何预防？（5 分）

考核知识点：间接带电作业

难易度：易

标准答案：

间接带电作业时，如人体与接地部分绝缘，当人体进入强电场后，在电场作用下，由于静电感应，使人体内积聚电荷，电位升高，在这种情况下，人体一旦与杆塔或接地部分接触。就会引起瞬间放电，人就会感到麻痹或不适，往往造成意外。有效而简便的解决方法就是穿导电鞋或屏蔽服，使人体内不积聚电荷而保持“零电位”。

Jb0004131154　带电作业现场勘察的目的是什么？（5 分）

考核知识点：现场勘察

难易度：易

标准答案：

根据现场勘查的结果，作出能否进行带电作业的判断，并确定采用的带电作业方法，操作程序、

安全措施。对于大型的复杂的带电作业项目，还应根据现场勘察的结果做好事故预想及采用防范措施。

Jb0004131155　什么是设备的全绝缘作业？（5分）

考核知识点：全绝缘作业

难易度：易

标准答案：

所谓对电气设备进行全绝缘作业，系指用绝缘薄膜、绝缘板、绝缘遮蔽罩等工具将设备可能使用触电的部分，以及可能造成相间短路和接地短路的部分可靠地遮盖好，只露出作业部分，以保证作业安全。

Jb0004131156　为什么带电作业时要求设备绝缘良好？（5分）

考核知识点：带电作业

难易度：易

标准答案：

带电作业都是在运行设备上进行的，设备绝缘不良，易发生闪络、接地事故，这样必然会危及人员、设备、工具的安全，所以作业前应先了解，检查绝缘状况，只有在其良好情况下，才可进行带电作业。

Jb0004131157　怎么安装保护间隙？（5分）

考核知识点：保护间隙

难易度：易

标准答案：

（1）将保护间隙各部分组装好，调整好间隙距离。

（2）将绝缘绳、绝缘滑车挂在带电导线上。

（3）将保护间隙接地线良好接地，然后用绝缘操作杆（或绝缘绳）把间隙的接线端固定在导线上。

Jb0004131158　沿着耐张绝缘子串进入强电场需遵循哪些规定？（5分）

考核知识点：耐张绝缘子

难易度：易

标准答案：

沿着耐：张绝缘子串进入强电场首先应在天气良好的情况下并在220kV及以上的线路上进行，同时，扣除人体短接的片数和零值绝缘子片数后，良好绝缘子片数和组合间隙要满足规程要求。最后，作业人员要穿合格的全套屏蔽服。

Jb0004131159　采用等电位更换220kV耐张串单片绝缘子时应注意哪些事项？（5分）

考核知识点：等电位更换耐张串单片绝缘子

难易度：易

标准答案：

（1）良好绝缘子片数大于9片及组合空气间隙大于2.1m。

（2）人体短接的绝缘子片数不应超过3片。

（3）卡具承受张力后要认真检查，无变形或丝杠受力不均等现象。

Jb0004131160　怎样防止等电位过程中瞬间过渡阶段所产生危害。（5分）

考核知识点：等电位作业

难易度：易

标准答案：

在人体与带电体间间距离接近放电距离牵前，应先用电位转移或穿着导流良好的屏蔽服将人体与导体迅速等电位，这样可使瞬间过渡阶段的充放电电流分流而不通过人体，在等电位后，应保持与导线接触稳定良好，防止反复充放电。

Jb0004131161　火花间隙法测量零值绝缘子分布的注意事项有哪些？（5分）

考核知识点：火花间隙法

难易度：易

标准答案：

测量顺序应先从导线侧开始逐步向横担侧进行。

在同一串绝缘子中，如发现低值或零值绝缘子数超过规定允许数，一不能保证正常运行电压要求，应停止检测。

空气湿度大的天气一般不宜进行检测。

应特别注意检测仪靠近导线时的放电声与火花间隙放电声的区别，以免误判。

Jb0004131162　某些带电作业项目，为什么事先要向调度申请退出线路重合闸装置。（5分）

考核知识点：安全规程

难易度：易

标准答案：

重合闸是防止系统故障点扩大，消除瞬时故障，减少事故停电的一种后备措施，退出重合闸装置的目的有以下几个方面。① 减少内过电压出现的概率，作业中遇到系统故障。断路器跳闸后不再重合，减少了过电压出现的机会。② 带电作业时发生事故，退出重合闸装置，可以保证事故不再扩大，保护作业人员免遭第二次电压的伤害。③ 退出重合闸装置，可以避免因过电压而引起的对地放电严重后果。

Jb0004131163　带电水冲洗时影响水柱泄漏电流的主要因素有哪些？（5分）

考核知识点：带电作业

难易度：易

标准答案：

（1）被冲洗电气设备的电压。

（2）水柱的水电阻率。

（3）水柱的长度。

（4）水枪喷口直径。

Jb0004131164　带电作业对屏蔽服的加工工艺和原材料的要求有哪些？（5分）

考核知识点：带电作业

难易度：易

标准答案：

（1）屏蔽服的导电材料应由抗锈蚀、耐磨损、电阻率低的金属材料组成。

（2）布样编织方式应有利于经纬间纱线金属的接触，以降低接触电阻，提高屏蔽率。

（3）分流线对降低屏蔽服电阻及增大通流容量起重要作用，所有各部件（帽、袜、手套等）连接均要用两个及以上连接头。

（4）纤维材料应有足够的防火性能。

（5）尽量降低人体裸露部分表面电场，缩小裸露面积。

Jb0004131165 带电作业用屏蔽服的选用原则有哪些？（5分）

考核知识点：带电作业

难易度：易

标准答案：

（1）控制人体内部电场强度不超过30kV/m。

（2）全套屏蔽服的整体电阻应控制在20Ω以内，使穿屏蔽服后流经人体的电流不大于50mA。

Jb0004131166 用分流线带电短接断路器（开关）、隔离开关（刀闸）等载流设备应遵守哪些规定？（5分）

考核知识点：分流线带电短接断路器

难易度：易

标准答案：

（1）短接前一定要核对相位。

（2）组装分流线的导线处必须清除氧化层，且线夹接触应牢固可靠。

（3）35kV及以下设备使用的绝缘分流线的绝缘水平应符合规程规定。

（4）断路器（开关）必须处于合闸位置，并取下跳闸回路熔断器（保险）锁死跳闸机构后，方可短接。分流线应支撑好，以防摆动造成接地和短路。

Jb0004131167 简述带电更换66kV线路架空地线的施工过程方法。（5分）

考核知识点：架空地线施工

难易度：易

标准答案：

带电更换的架空地线锈蚀程度要轻，换线长度一般为一个耐张段，采用新旧线张力循环牵引法进行。把旧线放入直线杆的滑车内时，应有防止滑车脱钩的保护措施；新线可在地面上展放，新线在两侧耐张塔引至塔上时要满足安全距离，距离小的地方，可采用无头绳通道引线上塔；新旧线连接后要保持张力略低于运行张力，张力牵引可在地面上进行，牵引中应不断瞭望，了解各塔的信号和情况；旧线的压接管通过滑车时要特别注意，滑轮的半径应尽量大，旧线断股点应事先补强。

每塔要设专人看守，各项工作均听1人指挥，信号明确，联系畅通。

Jb0004131168 采用分相接地法更换35kV线路断线档导线时应注意哪些安全事项？（5分）

考核知识点：分相接地法

难易度：易

标准答案：

（1）作业人员及换线相新旧导线对其他相带电导线应保持足够的安全距离。

（2）接地点的接地电阻必须小于10Ω才允许采用分相接地作业。

（3）在杆塔上已接地的导线上作业时，应加挂临时接地线。

（4）在接地点附近应装好围栏。

（5）人工接地时应估算好接地电容电流，再选择有足够消弧能力的消弧装置来接通或断开这一电流。

Jb0004132169　紧线作业应注意哪些事项？（5分）

考核知识点：紧线的安全注意事项

难易度：中

标准答案：

（1）应在白天进行，如遇五级以上大风、雾、雨、雪等应停止作业。

（2）紧线作业一般以一个耐张段为作业单位，紧线时要严密监视耐张杆塔变形情况。

（3）挂线时对孤立档及较短的耐张段过牵引张力应符合规定。

（4）抽余线过程中，发现异常及时处理，并防止导线突然弹起打伤工作人员。

（5）对交叉跨越处要看护，防止导地线脱出而造成危险。

Jb0004133170　现场浇制混凝土的养护应符合哪些规定？（5分）

考核知识点：基础浇筑

难易度：难

标准答案：

（1）浇制后应在12h内开始浇水养护，当天气炎热、干燥有风时，应在3h内进行浇水养护，养护时应在基础模板外侧加遮盖物，浇水次数应能够保持混凝土表面始终湿润。

（2）对普通硅酸盐和矿渣硅酸盐水泥拌制的混凝土浇水养护日期，一般塔基础不得少于5昼夜，当使用其他品种水泥和大跨越塔基础不得少于7昼夜，大体积基础按有关规定处理。

（3）基础拆模经表面质量检查合格后应立即回填，并对基础外露部分加遮盖物，按规定期限继续浇水养护，养护时应使遮盖物及基础周围的土始终保持湿润。

（4）采用养护剂养护时，应在拆模并经表面检查合格后立即涂刷，涂刷后不再浇水。

Jb0004131171　架空输电线路为什么要定期检修？（5分）

考核知识点：检修目的

难易度：易

标准答案：

为了维持架空输电线路及其附件、附属设备的安全运行，并使失去可靠性的线路、设备及其附件恢复原设计的机械性能的要求，所以必须对架空线路进行定期检修。

Jb0004132172　架空绝缘导线作业有哪些安全规定？（5分）

考核知识点：线路检修

难易度：中

标准答案：

（1）架空绝缘导线不应视为绝缘设备，作业人员不得直接接触或接近。

（2）禁止工作人员穿越未停电接地或未采取隔离措施的绝缘导线进行工作。

（3）在停电检修作业中，开断或接入绝缘导线前，应做好防感应电的安全措施。

Jb0004133173　为了防止在同杆塔架设多回线路中误登有电线路及直流线路中误登有电极，应采取哪些措施？（5分）

考核知识点：线路检修

难易度：难

标准答案：

（1）每基杆塔应设识别标记（色标、判别标识等）和双重名称。

（2）工作前应发给作业人员相对应线路的识别标记。

（3）经核对停电检修线路的识别标记和双重名称无误，验明线路确已停电并挂好接地线后，工作负责人方可发令开始工作。

（4）登杆塔和在杆塔上工作时，每基杆塔都应设专人监护。

（5）作业人员登杆塔前应核对停电检修线路的识别标记和双重名称无误后，方可攀登。

（6）登杆塔至横担处时，应再次核对停电线路的识别标记与双重称号，确实无误后方可进入停电线路侧横担。

Jb0004133174　正常绝缘子上是否有泄漏电流通过？在什么情况下这种电流会流过人体？怎样防护？（5分）

考核知识点：安全防护

难易度：难

标准答案：

正常绝缘子串上有泄漏电流流过。当塔上电工在横担一侧摘挂绝缘子时绝缘子的另一端未脱离带电体，那么，绝缘子串的泄漏电流将通过人体流入大地。为了防止上述电流流经人体造成不良后果（如由于刺痛使操作者失手，使绝缘子串坠落），一般采用塔上电工穿屏蔽服，使泄漏电流经屏蔽服的手套和衣裤入地，也可是先用金属连线把绝缘子的钢帽与横担（接地体）连接起来，使摘挂过程中泄漏电流经过金属线入地。

Jb0005131175　简要说明1121灭火器的灭火原理、特点及适用火灾情况。（5分）

考核知识点：电力消防安全

难易度：易

标准答案：

（1）原理：1121是一种液化气体灭火剂，化学名称是二氟一氯一溴甲烷，它能抑制燃烧的连锁反应而中止燃烧。当灭火剂接触火焰时，受热产生的溴离子与燃烧产生的氢基化合物发生化学反应，使燃烧连锁反应停止，同时还兼有冷却窒息作用。

（2）特点：1121灭火剂具有灭火后不留痕迹、不污染灭火对象、无腐蚀作用、毒性低、绝缘性能好和久存不变质的特点。

（3）适用火灾场合：可用于扑灭油类、易燃液体、气体、大型电力变压器及电子设备的火灾。

Jb0005132176　简要说明三端钮接地电阻测量仪E、P1、C1和四端钮接地电阻测量仪P2、C2、P1、C1端钮的用途？（5分）

考核知识点：线路检测

难易度：中

标准答案：

（1）三端钮接地电阻测量仪：① E 接被测接地体；② P1 接电位辅助探针；③ C1 接电流辅助探针。

（2）四端钮接地电阻测量仪：① P2、C2 短接与被测接地体相连；② P1、C1 与三端钮接地电阻测量仪连接相同。

Jb0005132177 使用双钩紧线器应注意的事项有哪些？（5 分）

考核知识点：安全工器具

难易度：中

标准答案：

（1）双钩应经常润滑保养。运输途中或不用时，应将其收缩至最短限度，防止丝扣碰伤。

（2）双钩的换向失灵、螺旋杆无保险螺丝、表面裂纹或变形等严禁使用。

（3）使用时应按额定负荷控制拉力，严禁超载使用。

（4）双钩只承受拉力，不得代替千斤顶让其承受压力。

（5）使用、搬运等作业严禁抛掷，从杆塔上拆除后应用绳索绑牢送至地面。

（6）双钩收紧后要防止因钢丝绳自身扭力使双钩倒转，一般应将双钩上下端用钢绳套连通绑死。

（7）双钩收紧后，丝杆与套管的单头连接长度不应小于 50mm，尤其是套式双钩应注意结合长度，防止突然松脱。

Jb0005133178 试述液压操作的一般规定。（5 分）

考核知识点：线路施工

难易度：难

标准答案：

（1）液压时所使用的钢模应与被压管相配套。凡上模与下模有固定方向时，则钢模上应有明显标记，不得错放。液压机的缸体应垂直地平面，并放置平稳。

（2）被压管放入下钢模时，位置应正确，检查定位印记是否处于指定位置，双手把住管、线后合上模。此时应使两侧导线或避雷线与管保持水平状态，并与液压机轴心相一致，以减少管子受压后可能产生弯曲。然后开动液压机。

（3）液压机的操作必须使每模都达到规定的压力，而不以合模为压好的标准。

（4）施压时相邻两模间至少应重叠 5mm。

（5）各种液压管在第一模压好后应检查压后对边距尺寸（也可用标准卡具检查）。符合标准后再继续进行液压操作。

（6）对钢模应进行定期检查，如发现有变形现象，应停止或修复后使用。

（7）当管子压完后有飞边时，应将飞边锉掉，铝管应锉成圆弧状。对 500kV 线路，已压部分如有飞边时，除锉掉外还应用细砂纸将锉过处磨光。管子压完后因飞边过大而使对边距尺寸超过规定值时，应将飞边锉掉后重新施压。

（8）钢管压后，凡锌皮脱落者，不论是否裸露于外，皆涂以富锌漆以防生锈。

Jb0005131179 使用火花间隙检测器检测绝缘子时，应遵守什么规定？（5 分）

考核知识点：带电检测

难易度：易

标准答案：

（1）检测前，应对检测器进行检测，保证操作灵活，测量准确。

（2）针式绝缘子及少于 3 片的悬式绝缘子不准使用火花间隙检测器进行检测。

（3）检测 35kV 及以上电压等级的绝缘子串时，当发现同一串中的零值绝缘子片数达到安规的规定时，应立即停止检测。

（4）直流线路不采用带电检测绝缘子的检测方法。

（5）应在干燥天气进行。

第十章　高压线路带电检修工（输电）高级技师技能操作

Jc0004162001　110kV 输电线路带电更换直线绝缘子串（地电位结合滑车组法）。（100 分）

考核知识点：

（1）带电作业原理和基本方法。

（2）带电作业的安全技术。

（3）带电作业工具的检查与使用。

难易度：中

技能等级评价专业技能考核操作工作任务书

一、任务名称

110kV 输电线路地电位结合滑车组法带电更换直线绝缘子串。

二、适用工种

高压线路带电检修工（输电）高级技师。

三、具体任务

模拟 110kV 输电线路地电位结合滑车组法带电更换直线绝缘子串。

四、工作规范及要求

（1）作业中保持安全距离。

（2）正确进行带电作业工器具现场检查及使用。

（3）作业中各安全措施执行到位。

（4）带电作业操作流程正确，顺畅。

（5）作业人员配合默契。

五、考核及时间要求

（1）本考核整体操作时间为 60 分钟，时间到停止考评，包括作业场地工具、材料整理。

（2）项目工作人员共计 6 人。其中工作负责人 1 人，地面电工 3 人，杆塔上电工 2 人，本项目仅对杆塔上人员进行评审。

技能等级评价专业技能考核操作评分标准

<table>
<tr><td>工种</td><td colspan="5">高压线路带电检修工</td><td>评价等级</td><td>高级技师</td></tr>
<tr><td>项目模块</td><td colspan="4">高压线路带电检修方法及操作技巧—输电线路带电作业</td><td>编号</td><td colspan="2">Jc0004162001</td></tr>
<tr><td>单位</td><td colspan="2"></td><td>准考证号</td><td colspan="2"></td><td>姓名</td><td></td></tr>
<tr><td>考试时限</td><td colspan="2">60 分钟</td><td>题型</td><td colspan="2">单项操作</td><td>题分</td><td>100 分</td></tr>
<tr><td>成绩</td><td></td><td>考评员</td><td></td><td>考评组长</td><td></td><td>日期</td><td></td></tr>
<tr><td>试题正文</td><td colspan="7">110kV 输电线路地电位结合滑车组法带电更换直线绝缘子串</td></tr>
</table>

续表

需要说明的问题和要求	（1）要求多人配合操作，仅对杆塔上作业人员进行考评。 （2）操作应注意安全，按照标准化作业书的技术安全说明做好安全措施。 （3）严格按照带电作业流程进行，流程是否正确将列入考评内容。 （4）工具材料的检查由被考核人员配合完成。 （5）视作业现场线路重合闸已停用					
序号	项目名称	质量要求	满分	扣分标准	扣分原因	得分
1	工作准备					
1.1	安全劳动防护用品的准备	正确佩戴安全帽，穿全套劳动防护用品，包括工作服、绝缘鞋（带电作业应穿导电鞋）、棉手套	5	未正确佩戴安全帽，穿工作服、绝缘鞋、棉手套（带电作业应穿导电鞋、全套屏蔽服），每项扣2分，扣完为止		
1.2	工器具的准备	熟练正确使用各种工器具	10	未正确使用一次扣1分，扣完为止		
1.3	相关安全措施的准备	（1）正确进行绝缘工具检查。 （2）带电作业现场条件复核。 （3）进行绝缘子零值检查。 （4）合理布置地面材料、工具	10	未进行绝缘工具绝缘性检查、擦拭及屏蔽服电阻检测扣2分； 未进行现场风速、湿度检查扣2分； 未进行绝缘子零值检查扣2分； 绝缘子零值检查操作错误扣2分； 地面工具、材料摆放不整齐、不合理扣2分		
2	工作许可					
2.1	许可方式	向考评员示意准备就绪，申请开始工作	5	未向考评员示意即开始工作扣5分		
3	工作步骤及技术要求					
3.1	作业中使用工具材料	能按要求正确选择作业工具，顺利完成工具的组合	10	滑车组合不正确扣5分； 作业工具选择错误、不全扣5分		
3.2	作业程序	杆塔上作业人员与地面人员相互配合，杆塔上作业人员做好个人防护工作	20	作业人员作业时失去安全保护（无后备保护、未系安全带）扣5分； 绝缘滑车和绝缘绳固定位置不合适，导致重复移动的扣5分； 各操作不顺畅，重复操作的扣5分； 绝缘承力工具受力后，未进行检查确认安全可靠后脱离绝缘子串的扣5分		
3.3	安全措施	塔上作业人员与带电体保持足够的安全距离，正确使用防导线脱落的后备保护，使用的带电工器具作业时保持有效的绝缘长度	20	登高作业前，未对登高工具及安全带进行检查和冲击试验的扣4分； 塔上作业人员与带电体安全距离小于1m的扣4分； 使用的绝缘承力工具安全长度小于1m、绝缘操作杆的有效长度小于1.3m，扣4分； 无防导线脱落后备保护或未提前装设的扣4分； 杆塔上电工无安全措施徒手摘开横担侧绝缘子，扣4分		
4	工作结束					
4.1	作业结束	作业完成后检查检修质量，确认作业现场有无遗留物，申请下塔	2	作业结束后未检查绝缘子清扫情况的不得分； 未向工作负责人申请下塔或工作负责人未批准下塔的不得分； 下塔后塔上有遗留物的不得分		
4.2	材料、工具规整	作业结束后进行现场工具材料规整	3	未进行现场工具材料规整不得分		
5	工作终结汇报	向考评员报告工作已结束，场地已清理	5	未向考评员报告工作结束扣3分； 未清理场地扣2分		
6	其他要求					

续表

序号	项目名称	质量要求	满分	扣分标准	扣分原因	得分
6.1	动作要求	动作熟练顺畅	5	动作不熟练扣 1～5 分		
6.2	安全要求	严格遵守“四不伤害”原则，不得损坏工器具和设备	5	工器具或设备损坏不得分		
合计			100			

Jc0004162002　110kV 输电线路带电更换直线绝缘子串（地电位与等电位结合紧线杆法）。（100 分）

考核知识点：

（1）带电作业原理和基本方法。

（2）带电作业的安全技术。

（3）带电作业工具的检查与使用。

难易度：中

技能等级评价专业技能考核操作工作任务书

一、任务名称

110kV 输电线路地电位与等电位结合紧线杆法带电更换直线双联任意一串绝缘子。

二、适用工种

高压线路带电检修工（输电）高级技师。

三、具体任务

要求考生在规定时间内使用地电位与等电位结合紧线杆法完成 110kV 线路带电更换直线双联任意一串绝缘子。

四、工作规范及要求

（1）作业中保持安全距离。

（2）正确进行带电作业工器具现场检查及使用。

（3）作业中各安全措施执行到位。

（4）带电作业操作流程正确，顺畅。

（5）作业人员配合默契。

五、考核及时间要求

（1）本考核整体操作时间为 60 分钟，时间到停止考评，包括作业场地工具、材料整理。

（2）项目工作人员共计 6 人。其中工作负责人 1 人，地面电工 3 人，杆塔上电工 1 人，等电位电工 1 人，本项目仅对杆塔上人员及等电位电工进行评审。

技能等级评价专业技能考核操作评分标准

<table>
<tr><td>工种</td><td colspan="5">高压线路带电检修工</td><td>评价等级</td><td>高级技师</td></tr>
<tr><td>项目模块</td><td colspan="4">高压线路带电检修方法及操作技巧—输电线路带电作业</td><td>编号</td><td colspan="2">Jc0004162002</td></tr>
<tr><td>单位</td><td colspan="3"></td><td>准考证号</td><td></td><td>姓名</td><td></td></tr>
<tr><td>考试时限</td><td colspan="2">60 分钟</td><td>题型</td><td colspan="2">单项操作</td><td>题分</td><td>100 分</td></tr>
<tr><td>成绩</td><td></td><td>考评员</td><td></td><td>考评组长</td><td></td><td>日期</td><td></td></tr>
</table>

续表

试题正文	使用地电位与等电位结合紧线杆法完成110kV输电线路带电更换直线双联任意一串绝缘子
需要说明的问题和要求	（1）要求多人配合操作，仅对杆塔上作业人员及等电位电工进行考评。 （2）操作应注意安全，按照标准化作业书的技术安全说明做好安全措施。 （3）严格按照带电作业流程进行，流程是否正确将列入考评内容。 （4）工具材料的检查由被考核人员配合完成。 （5）视作业现场线路重合闸已停用

序号	项目名称	质量要求	满分	扣分标准	扣分原因	得分
1	工作准备					
1.1	安全劳动防护用品的准备	正确佩戴安全帽，穿全套劳动防护用品，包括工作服、绝缘鞋（带电作业应穿导电鞋）、棉手套	5	未正确佩戴安全帽，穿工作服、绝缘鞋、棉手套（带电作业应穿导电鞋、全套屏蔽服），每项扣2分，扣完为止		
1.2	工器具的准备	熟练正确使用各种工器具	10	未正确使用一次扣1分，扣完为止		
1.3	相关安全措施的准备	（1）正确进行绝缘工具检查。 （2）带电作业现场条件复核。 （3）进行绝缘子零值检查。 （4）合理布置地面材料、工具	10	未进行绝缘工具绝缘性检查、擦拭及屏蔽服电阻检测扣2分； 未进行现场风速、湿度检查扣2分； 未进行绝缘子零值检查扣2分； 绝缘子零值检查操作错误扣2分； 地面工具、材料摆放不整齐、不合理扣2分		
2	工作许可					
2.1	许可方式	向考评员示意准备就绪，申请开始工作	5	未向考评员示意即开始工作扣5分		
3	工作步骤及技术要求					
3.1	作业中使用工具材料	能按要求正确选择作业工具，顺利完成工具的组合	10	紧线杆组合不正确扣5分； 作业工具选择错误、不全扣5分		
3.2	作业程序	高空作业人员与地面人员相互配合，高空作业人员做好个人防护工作	20	作业人员作业时失去安全保护（无后备保护、未系安全带）扣7分； 紧线杆和绝缘绳固定位置不合适，导致重复移动的扣6分； 绝缘承力工具受力后，未进行检查确认安全可靠后脱离绝缘子串的扣7分		
3.3	安全措施	塔上作业人员与带电体保持足够的安全距离，正确使用防导线脱落的后备保护，使用的带电工器具作业时保持有效的绝缘长度	20	登高作业前，未对登高工具及安全带进行检查和冲击试验的扣3分； 等电位电工电位转移时未向工作负责人申请或未经批准后进行转移的扣3分； 塔上作业人员与带电体安全距离小于1m的扣3分； 使用的绝缘承力工具安全长度小于1m、绝缘操作杆的有效长度小于1.3m，扣3分； 无防导线脱落后备保护或未提前装设的扣4分； 杆塔上电工无安全措施徒手摘开横担侧绝缘子的扣4分		
4	工作结束					
4.1	作业结束	作业完成后检查检修质量，确认作业现场有无遗留物，申请下塔	2	作业结束后未检查绝缘子清扫情况的不得分； 未向工作负责人申请下塔或工作负责人未批准下塔的不得分； 下塔后塔上有遗留物的不得分		

续表

序号	项目名称	质量要求	满分	扣分标准	扣分原因	得分
4.2	材料、工具规整	作业结束后进行现场工具材料规整	3	未进行现场工具材料规整不得分		
5	工作终结汇报	向考评员报告工作已结束，场地已清理	5	未向考评员报告工作结束扣3分； 未清理场地扣2分		
6	其他要求					
6.1	动作要求	动作熟练顺畅	5	动作不熟练扣1～5分		
6.2	安全要求	严格遵守“四不伤害”原则，不得损坏工器具和设备	5	工器具或设备损坏不得分		
合计			100			

Jc0004162003　110kV 输电线路带电更换直线绝缘子串（地电位与等电位结合滑车组法）。（100分）

考核知识点：

（1）带电作业原理和基本方法。

（2）带电作业的安全技术。

（3）带电作业工具的检查与使用。

难易度：中

技能等级评价专业技能考核操作工作任务书

一、任务名称

110kV 输电线路地电位与等电位结合滑车组法带电更换直线绝缘子串。

二、适用工种

高压线路带电检修工（输电）高级技师。

三、具体任务

模拟 110kV 输电线路地电位与等电位结合滑车组法带电更换直线绝缘子串。

四、工作规范及要求

（1）作业中保持安全距离。

（2）正确进行带电作业工器具现场检查及使用。

（3）作业中各安全措施执行到位。

（4）带电作业操作流程正确，顺畅。

（5）作业人员配合默契。

五、考核及时间要求

（1）本考核整体操作时间为 60 分钟，时间到停止考评，包括作业场地工具、材料整理。

（2）项目工作人员共计 6 人。其中工作负责人 1 人，地面电工 3 人，杆塔上电工 1 人，等电位电工 1 人，本项目仅对杆塔上人员及等电位电工进行评审。

技能等级评价专业技能考核操作评分标准

工种	高压线路带电检修工			评价等级	高级技师
项目模块	高压线路带电检修方法及操作技巧—输电线路带电作业		编号	Jc0004162003	
单位		准考证号		姓名	

续表

<table>
<tr><td>考试时限</td><td colspan="2">60 分钟</td><td>题型</td><td colspan="2">单项操作</td><td>题分</td><td>100 分</td></tr>
<tr><td>成绩</td><td></td><td>考评员</td><td></td><td>考评组长</td><td></td><td>日期</td><td></td></tr>
<tr><td>试题正文</td><td colspan="7">采用地电位与等电位结合滑车组法完成 110kV 输电线路带电更换直线绝缘子串</td></tr>
<tr><td>需要说明的问题和要求</td><td colspan="7">（1）要求多人配合操作，仅对杆塔上作业人员及等电位电工进行考评。
（2）操作应注意安全，按照标准化作业书的技术安全说明做好安全措施。
（3）严格按照带电作业流程进行，流程是否正确将列入考评内容。
（4）工具材料的检查由被考核人员配合完成。
（5）视作业现场线路重合闸已停用</td></tr>
</table>

序号	项目名称	质量要求	满分	扣分标准	扣分原因	得分
1	工作准备					
1.1	安全劳动防护用品的准备	正确佩戴安全帽，穿全套劳动防护用品，包括工作服、绝缘鞋（带电作业应穿导电鞋）、棉手套	5	未正确佩戴安全帽，穿工作服、绝缘鞋、棉手套（带电作业应穿导电鞋、全套屏蔽服），每项扣 2 分，扣完为止		
1.2	工器具的准备	熟练正确使用各种工器具	10	未正确使用一次扣 1 分，扣完为止		
1.3	相关安全措施的准备	（1）正确进行绝缘工具检查。 （2）带电作业现场条件复核。 （3）进行绝缘子零值检查。 （4）合理布置地面材料、工具	10	未进行绝缘工具绝缘性检查、擦拭及屏蔽服电阻检测扣 2 分； 未进行现场风速、湿度检查扣 2 分； 未进行绝缘子零值检查扣 2 分； 绝缘子零值检查操作错误扣 2 分； 地面工具、材料摆放不整齐、不合理扣 2 分		
2	工作许可					
2.1	许可方式	向考评员示意准备就绪，申请开始工作	5	未向考评员示意即开始工作扣 5 分		
3	工作步骤及技术要求					
3.1	作业中使用工具材料	能按要求正确选择作业工具，顺利完成工具的组合	10	紧线杆组合不正确扣 5 分； 作业工具选择错误、不全扣 5 分		
3.2	作业程序	高空作业人员与地面人员相互配合，高空作业人员做好个人防护工作	20	作业人员作业时失去安全保护（无后备保护、未系安全带）扣 7 分； 紧线杆和绝缘绳固定位置不合适，导致重复移动的扣 6 分； 绝缘承力工具受力后，未进行检查确认安全可靠后脱离绝缘子串的扣 7 分		
3.3	安全措施	塔上作业人员与带电体保持足够的安全距离，正确使用防导线脱落的后备保护，使用的带电工器具作业时保持有效的绝缘长度	20	登高作业前，未对登高工具及安全带进行检查和冲击试验的扣 3 分； 等电位电工电位转移时未向工作负责人申请或未经批准后进行转移的扣 3 分； 塔上作业人员与带电体安全距离小于 1m 的扣 3 分； 使用的绝缘承力工具安全长度小于 1m、绝缘操作杆的有效长度小于 1.3m，扣 3 分 无防导线脱落后备保护或未提前装设的扣 4 分； 杆塔上电工无安全措施徒手摘开横担侧绝缘子的扣 4 分		
4	工作结束					

续表

序号	项目名称	质量要求	满分	扣分标准	扣分原因	得分
4.1	作业结束	作业完成后检查检修质量，确认作业现场有无遗留物，申请下塔	2	作业结束后未检查绝缘子清扫情况的不得分； 未向工作负责人申请下塔或工作负责人未批准下塔的不得分； 下塔后塔上有遗留物的不得分		
4.2	材料、工具规整	作业结束后进行现场工具材料规整	3	未进行现场工具材料规整不得分		
5	工作终结汇报	向考评员报告工作已结束，场地已清理	5	未向考评员报告工作结束扣 3 分； 未清理场地扣 2 分		
6	其他要求					
6.1	动作要求	动作熟练顺畅	5	动作不熟练扣 1～5 分		
6.2	安全要求	严格遵守“四不伤害”原则，不得损坏工器具和设备	5	工器具或设备损坏不得分		
合计			100			

Jc0004161004　110kV 输电线路带电清扫绝缘子。（100 分）

考核知识点：

（1）带电作业原理和基本方法。

（2）带电作业的安全技术。

（3）带电作业工具的检查与使用。

难易度：易

技能等级评价专业技能考核操作工作任务书

一、任务名称

110kV 输电线路地电位结合绝缘子清扫工具法带电清扫绝缘子。

二、适用工种

高压线路带电检修工（输电）高级技师。

三、具体任务

要求在规定时间内使用地电位结合绝缘子清扫工具法模拟 110kV 输电线路带电清扫绝缘子。

四、工作规范及要求

（1）作业中保持安全距离。

（2）正确进行带电作业工器具现场检查及使用。

（3）作业中各安全措施执行到位。

（4）带电作业操作流程正确，顺畅。

（5）作业人员配合默契。

五、考核及时间要求

（1）本考核整体操作时间为 60 分钟，时间到停止考评，包括作业场地工具、材料整理。

（2）项目工作人员共计 5 人。其中工作负责人 1 人，地面电工 3 人，杆塔上电工 1 人，本项目仅对杆塔上人员及等电位电工进行评审。

技能等级评价专业技能考核操作评分标准

<table>
<tr><td>工种</td><td colspan="5">高压线路带电检修工</td><td>评价等级</td><td>高级技师</td></tr>
<tr><td>项目模块</td><td colspan="4">高压线路带电检修方法及操作技巧—输电线路带电作业</td><td>编号</td><td colspan="2">Jc0004161004</td></tr>
<tr><td>单位</td><td colspan="2"></td><td>准考证号</td><td colspan="2"></td><td>姓名</td><td></td></tr>
<tr><td>考试时限</td><td>60分钟</td><td>题型</td><td colspan="3">单项操作</td><td>题分</td><td>100分</td></tr>
<tr><td>成绩</td><td></td><td>考评员</td><td></td><td>考评组长</td><td></td><td>日期</td><td></td></tr>
<tr><td>试题正文</td><td colspan="7">110kV输电线路地电位结合绝缘子清扫工具法带电清扫绝缘子</td></tr>
<tr><td>需要说明的问题和要求</td><td colspan="7">（1）要求多人配合操作，仅对杆塔上作业人员及等电位电工进行考评。
（2）操作应注意安全，按照标准化作业书的技术安全说明做好安全措施。
（3）严格按照带电作业流程进行，流程是否正确将列入考评内容。
（4）工具材料的检查由被考核人员配合完成。
（5）视作业现场线路重合闸已停用</td></tr>
</table>

序号	项目名称	质量要求	满分	扣分标准	扣分原因	得分
1	工作准备					
1.1	安全劳动防护用品的准备	正确佩戴安全帽，穿全套劳动防护用品，包括工作服、绝缘鞋、棉手套	5	未正确佩戴安全帽，穿工作服、绝缘鞋、棉手套（带电作业应穿导电鞋、全套屏蔽服），每项扣2分，扣完为止		
1.2	工器具的准备	熟练正确使用各种工器具	10	未正确使用一次扣1分，扣完为止		
1.3	相关安全措施的准备	（1）正确进行绝缘工具检查。 （2）带电作业现场条件复核。 （3）合理布置地面材料、工具	10	未进行绝缘工具绝缘性检查扣3分； 未进行现场风速、湿度检查扣3分； 地面工具、材料摆放不整齐、不合理扣4分		
2	工作许可					
2.1	许可方式	向考评员示意准备就绪，申请开始工作	5	未向考评员示意即开始工作扣5分		
3	工作步骤及技术要求					
3.1	作业中使用工具材料	能按要求正确选择作业工具，顺利完成工具的组合	10	绝缘子清扫工具组合不正确扣5分； 作业工具选择错误、不全扣5分		
3.2	作业程序	高空作业人员与地面人员相互配合，高空作业人员做好个人防护工作	20	作业人员作业时失去安全保护（无后备保护、未系安全带）扣7分； 滑车组和绝缘绳固定位置不合适，导致重复移动的扣6分； 向下传递工具材料时出现落物情况扣7分		
3.3	安全措施	塔上作业人员与带电体保持足够的安全距离，使用的带电工器具作业时保持有效的绝缘长度	20	登高作业前，未对登高工具及安全带进行检查和冲击试验的扣5分； 塔上作业人员与带电体安全距离小于1m的扣5分； 使用的绝缘承力工具安全长度小于1m、绝缘操作杆的有效长度小于1.3m，扣5分； 绝缘子清扫顺序错误扣5分		
4	工作结束					
4.1	作业结束	作业完成后检查检修质量，确认作业现场有无遗留物，申请下塔	2	作业结束后未检查绝缘子清扫情况的不得分； 未向工作负责人申请下塔或工作负责人未批准下塔的不得分； 下塔后塔上有遗留物的不得分		
4.2	材料、工具规整	作业结束后进行现场工具材料规整	3	未进行现场工具材料规整不得分		
5	工作终结汇报	向考评员报告工作已结束，场地已清理	5	未向考评员报告工作结束扣3分； 未清理场地扣2分		

续表

序号	项目名称	质量要求	满分	扣分标准	扣分原因	得分
6	其他要求					
6.1	动作要求	动作熟练顺畅	5	动作不熟练扣 1～5 分		
6.2	安全要求	严格遵守“四不伤害”原则，不得损坏工器具和设备	5	工器具或设备损坏不得分		
合计			100			

Jc0004162005　110kV 输电线路带电更换耐张绝缘子串［地电位卡具、紧线板（棒）法］。（100 分）

考核知识点：

（1）带电作业原理和基本方法。

（2）带电作业的安全技术。

（3）带电作业工具的检查与使用。

难易度：中

技能等级评价专业技能考核操作工作任务书

一、任务名称

110kV 输电线路地电位卡具、紧线板（棒）法带电更换耐张整串绝缘子。

二、适用工种

高压线路带电检修工（输电）高级技师。

三、具体任务

要求考生在规定时间内使用地电位卡具、紧线板（棒）法模拟 110kV 输电线路带电更换耐张整串绝缘子。

四、工作规范及要求

（1）作业中保持安全距离。

（2）正确进行带电作业工器具现场检查及使用。

（3）作业中各安全措施执行到位。

（4）带电作业操作流程正确，顺畅。

（5）作业人员配合默契。

五、考核及时间要求

（1）本考核整体操作时间为 60 分钟，时间到停止考评，包括作业场地工具、材料整理。

（2）项目工作人员共计 6 人。其中工作负责人 1 人，地面电工 3 人，杆塔上电工 2 人，本项目仅对杆塔上人员及等电位电工进行评审。

技能等级评价专业技能考核操作评分标准

<table>
<tr><td>工种</td><td colspan="5">高压线路带电检修工</td><td>评价等级</td><td>高级技师</td></tr>
<tr><td>项目模块</td><td colspan="4">高压线路带电检修方法及操作技巧—输电线路带电作业</td><td>编号</td><td colspan="2">Jc0004162005</td></tr>
<tr><td>单位</td><td colspan="3"></td><td>准考证号</td><td></td><td>姓名</td><td></td></tr>
<tr><td>考试时限</td><td colspan="2">60 分钟</td><td>题型</td><td colspan="2">单项操作</td><td>题分</td><td>100 分</td></tr>
<tr><td>成绩</td><td></td><td>考评员</td><td></td><td>考评组长</td><td></td><td>日期</td><td></td></tr>
</table>

续表

试题正文	110kV 输电线路地电位卡具、紧线板（棒）法带电更换耐张整串绝缘子
需要说明的问题和要求	（1）要求多人配合操作，仅对杆塔上作业人员及等电位电工进行考评。 （2）操作应注意安全，按照标准化作业书的技术安全说明做好安全措施。 （3）严格按照带电作业流程进行，流程是否正确将列入考评内容。 （4）工具材料的检查由被考核人员配合完成。 （5）视作业现场线路重合闸已停用

序号	项目名称	质量要求	满分	扣分标准	扣分原因	得分
1	工作准备					
1.1	安全劳动防护用品的准备	正确佩戴安全帽，穿全套劳动防护用品，包括工作服、绝缘鞋（带电作业应穿导电鞋）、棉手套	5	未正确佩戴安全帽，穿工作服、绝缘鞋、棉手套（带电作业应穿导电鞋、全套屏蔽服），每项扣2分，扣完为止		
1.2	工器具的准备	熟练正确使用各种工器具	5	未正确使用一次扣1分，扣完为止		
1.3	相关安全措施的准备	（1）正确进行绝缘工具检查。 （2）带电作业现场条件复核。 （3）进行绝缘子零值检查。 （4）合理布置地面材料、工具	10	未进行绝缘工具绝缘性检查、擦拭及屏蔽服电阻检测扣2分； 未进行现场风速、湿度检查扣2分； 未进行绝缘子零值检查扣2分； 绝缘子零值检查操作错误扣2分； 地面工具、材料摆放不整齐、不合理扣2分		
2	工作许可					
2.1	许可方式	向考评员示意准备就绪，申请开始工作	5	未向考评员示意即开始工作扣5分		
3	工作步骤及技术要求					
3.1	作业中使用工具材料	能按要求正确选择作业工具，顺利完成工具的组合	10	翼型卡具、紧线板（棒）组合不正确扣5分； 作业工具选择错误、不全扣5分		
3.2	作业程序	高空作业人员与地面人员相互配合，高空作业人员做好个人防护工作	20	作业人员作业时失去安全保护（无后备保护、未系安全带）扣7分； 绝缘绳固定位置不合适，导致重复移动的扣6分； 绝缘承力工具受力后，未进行检查确认安全可靠后脱离绝缘子串的扣7分		
3.3	安全措施	塔上作业人员与带电体保持足够的安全距离，使用的带电工器具作业时保持有效的绝缘长度	20	登高作业前，未对登高工具及安全带进行检查和冲击试验的一次扣5分； 塔上作业人员与带电体安全距离小于1m的一次扣5分； 使用的绝缘承力工具安全长度小于1m、绝缘操作杆的有效长度小于1.3m，扣5分； 杆塔上电工无安全措施徒手摘开横担侧绝缘子的扣5分		
4	工作结束					
4.1	作业结束	作业完成后检查检修质量，确认作业现场有无遗留物，申请下塔	2	作业结束后未检查绝缘子清扫情况的不得分； 未向工作负责人申请下塔或工作负责人未批准下塔的不得分； 下塔后塔上有遗留物的不得分		
4.2	材料、工具规整	作业结束后进行现场工具材料规整	3	未进行现场工具材料规整不得分		

续表

序号	项目名称	质量要求	满分	扣分标准	扣分原因	得分
5	工作终结汇报	向考评员报告工作已结束，场地已清理	5	未向考评员报告工作结束扣3分； 未清理场地扣2分		
6	其他要求					
6.1	动作要求	动作熟练顺畅	5	动作不熟练扣1～5分		
6.2	安全要求	严格遵守“四不伤害”原则，不得损坏工器具和设备	10	工器具或设备损坏不得分		
合计			100			

Jc0004162006　110kV输电线路带电更换耐张绝缘子串（地电位结合丝杠法）。（100分）

考核知识点：

（1）带电作业原理和基本方法。

（2）带电作业的安全技术。

（3）带电作业工具的检查与使用。

难易度：中

技能等级评价专业技能考核操作工作任务书

一、任务名称

110kV输电线路地电位结合丝杠法带电更换双串耐张整串绝缘子。

二、适用工种

高压线路带电检修工（输电）高级技师。

三、具体任务

要求在规定时间内使用地电位结合丝杠法模拟110kV输电线路带电更换双串耐张整串绝缘子。

四、工作规范及要求

（1）作业中保持安全距离。

（2）正确进行带电作业工器具现场检查及使用。

（3）作业中各安全措施执行到位。

（4）带电作业操作流程正确，顺畅。

（5）作业人员配合默契。

五、考核及时间要求

（1）本考核整体操作时间为60分钟，时间到停止考评，包括作业场地工具、材料整理。

（2）项目工作人员共计6人。其中工作负责人1人，地面电工3人，杆塔上电工2人，本项目仅对杆塔上人员及等电位电工进行评审。

技能等级评价专业技能考核操作评分标准

<table>
<tr><td>工种</td><td colspan="5">高压线路带电检修工</td><td>评价等级</td><td>高级技师</td></tr>
<tr><td>项目模块</td><td colspan="5">高压线路带电检修方法及操作技巧—输电线路带电作业</td><td>编号</td><td>Jc0004162006</td></tr>
<tr><td>单位</td><td colspan="3"></td><td>准考证号</td><td></td><td>姓名</td><td></td></tr>
<tr><td>考试时限</td><td colspan="2">60分钟</td><td>题型</td><td colspan="2">单项操作</td><td>题分</td><td>100分</td></tr>
<tr><td>成绩</td><td></td><td>考评员</td><td></td><td>考评组长</td><td></td><td>日期</td><td></td></tr>
</table>

续表

试题正文	110kV 输电线路带电更换双串耐张整串绝缘子
需要说明的问题和要求	（1）要求多人配合操作，仅对杆塔上作业人员及等电位电工进行考评。 （2）操作应注意安全，按照标准化作业书的技术安全说明做好安全措施。 （3）严格按照带电作业流程进行，流程是否正确将列入考评内容。 （4）工具材料的检查由被考核人员配合完成。 （5）视作业现场线路重合闸已停用

序号	项目名称	质量要求	满分	扣分标准	扣分原因	得分
1	工作准备					
1.1	安全劳动防护用品的准备	正确佩戴安全帽，穿全套劳动防护用品，包括工作服、绝缘鞋（带电作业应穿导电鞋）、棉手套	5	未正确佩戴安全帽，穿工作服、绝缘鞋、棉手套（带电作业应穿导电鞋、全套屏蔽服），每项扣2分，扣完为止		
1.2	工器具的准备	熟练正确使用各种工器具	5	未正确使用一次扣1分，扣完为止		
1.3	相关安全措施的准备	（1）正确进行绝缘工具检查。 （2）带电作业现场条件复核。 （3）进行绝缘子零值检查。 （4）合理布置地面材料、工具	10	未进行绝缘工具绝缘性检查、擦拭及屏蔽服电阻检测扣2分； 未进行现场风速、湿度检查扣2分； 未进行绝缘子零值检查扣2分； 绝缘子零值检查操作错误扣2分； 地面工具、材料摆放不整齐、不合理扣2分		
2	工作许可					
2.1	许可方式	向考评员示意准备就绪，申请开始工作	5	未向考评员示意即开始工作扣5分		
3	工作步骤及技术要求					
3.1	作业中使用工具材料	能按要求正确选择作业工具，顺利完成工具的组合	10	大刀卡具、丝杠组合不正确扣5分； 作业工具选择错误、不全扣5分		
3.2	作业程序	高空作业人员与地面人员相互配合，高空作业人员做好个人防护工作	20	作业人员作业时失去安全保护（无后备保护、未系安全带）扣7分； 绝缘绳固定位置不合适，导致重复移动的扣6分； 绝缘承力工具受力后，未进行检查确认安全可靠后脱离绝缘子串的扣7分		
3.3	安全措施	塔上作业人员与带电体保持足够的安全距离，使用的带电工器具作业时保持有效的绝缘长度	20	登高作业前，未对登高工具及安全带进行检查和冲击试验的一次扣5分； 塔上作业人员与带电体安全距离小于1m的一次扣5分； 使用的绝缘承力工具安全长度小于1m、绝缘操作杆的有效长度小于1.3m，扣5分； 杆塔上电工无安全措施徒手摘开横担侧绝缘子的扣5分		
4	工作结束					
4.1	作业结束	作业完成后检查检修质量，确认作业现场有无遗留物，申请下塔	2	作业结束后未检查绝缘子清扫情况的不得分； 未向工作负责人申请下塔或工作负责人未批准下塔的不得分； 下塔后塔上有遗留物的不得分		
4.2	材料、工具规整	作业结束后进行现场工具材料规整	3	未进行现场工具材料规整不得分		
5	工作终结汇报	向考评员报告工作已结束，场地已清理	5	未向考评员报告工作结束扣3分； 未清理场地扣2分		

续表

序号	项目名称	质量要求	满分	扣分标准	扣分原因	得分
6	其他要求					
6.1	动作要求	动作熟练顺畅	5	动作不熟练扣1～5分		
6.2	安全要求	严格遵守“四不伤害”原则，不得损坏工器具和设备	10	工器具或设备损坏不得分		
合计			100			

Jc0004163007　110kV输电线路带电更换耐张绝缘子串。（100分）

考核知识点：

（1）带电作业原理和基本方法。

（2）带电作业的安全技术。

（3）带电作业工具的检查与使用。

难易度：难

技能等级评价专业技能考核操作工作任务书

一、任务名称

110kV输电线路地电位与等电位结合丝杠法带电更换单串耐张整串绝缘子。

二、适用工种

高压线路带电检修工（输电）高级技师。

三、具体任务

要求在规定时间内使用地电位与等电位结合丝杠法模拟110kV输电线路带电更换单串耐张整串绝缘子。

四、工作规范及要求

（1）作业中保持安全距离。

（2）正确进行带电作业工器具现场检查及使用。

（3）作业中各安全措施执行到位。

（4）带电作业操作流程正确，顺畅。

（5）作业人员配合默契。

五、考核及时间要求

（1）本考核整体操作时间为60分钟，时间到停止考评，包括作业场地工具、材料整理。

（2）项目工作人员共计7人。其中工作负责人1人，地面电工3人，杆塔上电工2人，等电位电工1人，本项目仅对杆塔上人员及等电位电工进行评审。

技能等级评价专业技能考核操作评分标准

<table>
<tr><td>工种</td><td colspan="6">高压线路带电检修工</td><td>评价等级</td><td>高级技师</td></tr>
<tr><td>项目模块</td><td colspan="5">高压线路带电检修方法及操作技巧—输电线路带电作业</td><td>编号</td><td colspan="2">Jc0004163007</td></tr>
<tr><td>单位</td><td colspan="3"></td><td>准考证号</td><td colspan="2"></td><td>姓名</td><td></td></tr>
<tr><td>考试时限</td><td colspan="2">60分钟</td><td>题型</td><td colspan="3">单项操作</td><td>题分</td><td>100分</td></tr>
<tr><td>成绩</td><td></td><td>考评员</td><td></td><td>考评组长</td><td colspan="2"></td><td>日期</td><td></td></tr>
</table>

续表

试题正文	110kV输电线路地电位与等电位结合丝杠法带电更换单串耐张整串绝缘子
需要说明的问题和要求	（1）要求多人配合操作，仅对杆塔上作业人员及等电位电工进行考评。 （2）操作应注意安全，按照标准化作业书的技术安全说明做好安全措施。 （3）严格按照带电作业流程进行，流程是否正确将列入考评内容。 （4）工具材料的检查由被考核人员配合完成。 （5）视作业现场线路重合闸已停用

序号	项目名称	质量要求	满分	扣分标准	扣分原因	得分
1	工作准备					
1.1	安全劳动防护用品的准备	正确佩戴安全帽，穿全套劳动防护用品，包括工作服、绝缘鞋（带电作业应穿导电鞋）、棉手套	5	未正确佩戴安全帽，穿工作服、绝缘鞋、棉手套（带电作业应穿导电鞋、全套屏蔽服），每项扣2分，扣完为止		
1.2	工器具的准备	熟练正确使用各种工器具	5	未正确使用一次扣1分，扣完为止		
1.3	相关安全措施的准备	（1）正确进行绝缘工具检查。 （2）带电作业现场条件复核。 （3）进行绝缘子零值检查。 （4）合理布置地面材料、工具	10	未进行绝缘工具绝缘性检查、擦拭及屏蔽服电阻检测扣2分； 未进行现场风速、湿度检查扣2分； 未进行绝缘子零值检查扣2分； 绝缘子零值检查操作错误扣2分； 地面工具、材料摆放不整齐、不合理扣2分		
2	工作许可					
2.1	许可方式	向考评员示意准备就绪，申请开始工作	5	未向考评员示意即开始工作扣5分		
3	工作步骤及技术要求					
3.1	作业中使用工具材料	能按要求正确选择作业工具，顺利完成工具的组合	10	丝杠、大刀卡具或翼型卡具组合不正确扣5分； 作业工具选择错误、不全扣5分		
3.2	作业程序	高空作业人员与地面人员相互配合，高空作业人员做好个人防护工作	20	作业人员作业时失去安全保护（无后备保护、未系安全带）扣7分； 滑车组和绝缘绳固定位置不合适，导致重复移动的扣6分； 绝缘承力工具受力后，未进行检查确认安全可靠后脱离绝缘子串的扣7分		
3.3	安全措施	塔上作业人员与带电体保持足够的安全距离，使用的带电工器具作业时保持有效的绝缘长度	20	登高作业前，未对登高工具及安全带进行检查和冲击试验的扣3分； 等电位电工电位转移时未向工作负责人申请或未经批准后进行转移的扣3分； 塔上作业人员与带电体安全距离小于1m的扣3分； 使用的绝缘承力工具安全长度小于1m、绝缘操作杆的有效长度小于1.3m，扣3分； 无防导线脱落后备保护或未提前装设的扣4分； 杆塔上电工无安全措施徒手摘开横担侧绝缘子的扣4分		
4	工作结束					
4.1	作业结束	作业完成后检查检修质量，确认作业现场有无遗留物，申请下塔	2	作业结束后未检查绝缘子清扫情况的不得分； 未向工作负责人申请下塔或工作负责人未批准下塔的不得分； 下塔后塔上有遗留物的不得分		
4.2	材料、工具规整	作业结束后进行现场工具材料规整	3	未进行现场工具材料规整不得分		

续表

序号	项目名称	质量要求	满分	扣分标准	扣分原因	得分
5	工作终结汇报	向考评员报告工作已结束，场地已清理	5	未向考评员报告工作结束扣3分； 未清理场地扣2分		
6	其他要求					
6.1	动作要求	动作熟练顺畅	5	动作不熟练扣1～5分		
6.2	安全要求	严格遵守“四不伤害”原则，不得损坏工器具和设备	10	工器具或设备损坏不得分		
合计			100			

Jc0004162008　110kV 输电线路带电更换跳线（引流线）绝缘子串。（100 分）

考核知识点：

（1）带电作业原理和基本方法。

（2）带电作业的安全技术。

（3）带电作业工具的检查与使用。

难易度：中

技能等级评价专业技能考核操作工作任务书

一、任务名称

110kV 输电线路带电更换跳线（引流线）绝缘子串。

二、适用工种

高压线路带电检修工（输电）高级技师。

三、具体任务

要求在规定时间内使用地电位结合滑车组法模拟 110kV 输电线路带电更换跳线（引流线）绝缘子串。

四、工作规范及要求

（1）作业中保持安全距离。

（2）正确进行带电作业工器具现场检查及使用。

（3）作业中各安全措施执行到位。

（4）带电作业操作流程正确，顺畅。

（5）作业人员配合默契。

五、考核及时间要求

（1）本考核整体操作时间为 60 分钟，时间到停止考评，包括作业场地工具、材料整理。

（2）项目工作人员共计 6 人。其中工作负责人 1 人，地面电工 3 人，杆塔上电工 2 人，本项目仅对杆塔上人员进行评审。

技能等级评价专业技能考核操作评分标准

<table>
<tr><td>工种</td><td colspan="5">高压线路带电检修工</td><td>评价等级</td><td>高级技师</td></tr>
<tr><td>项目模块</td><td colspan="4">高压线路带电检修方法及操作技巧—输电线路带电作业</td><td>编号</td><td colspan="2">Jc0004162008</td></tr>
<tr><td>单位</td><td colspan="3"></td><td>准考证号</td><td></td><td>姓名</td><td></td></tr>
<tr><td>考试时限</td><td colspan="2">60 分钟</td><td>题型</td><td colspan="2">单项操作</td><td>题分</td><td>100 分</td></tr>
<tr><td>成绩</td><td></td><td>考评员</td><td></td><td>考评组长</td><td></td><td>日期</td><td></td></tr>
</table>

续表

试题正文	110kV 输电线路带电更换跳线（引流线）绝缘子串
需要说明的问题和要求	（1）要求多人配合操作，仅对杆塔上作业人员进行考评。 （2）操作应注意安全，按照标准化作业书的技术安全说明做好安全措施。 （3）严格按照带电作业流程进行，流程是否正确将列入考评内容。 （4）工具材料的检查由被考核人员配合完成。 （5）视作业现场线路重合闸已停用

序号	项目名称	质量要求	满分	扣分标准	扣分原因	得分
1	工作准备					
1.1	安全劳动防护用品的准备	正确佩戴安全帽，穿全套劳动防护用品，包括工作服、绝缘鞋（带电作业应穿导电鞋）、棉手套	5	未正确佩戴安全帽，穿工作服、绝缘鞋、棉手套（带电作业应穿导电鞋、全套屏蔽服），每项扣 2 分，扣完为止		
1.2	工器具的准备	熟练正确使用各种工器具	5	未正确使用一次扣 1 分，扣完为止		
1.3	相关安全措施的准备	（1）正确进行绝缘工具检查。 （2）带电作业现场条件复核。 （3）进行绝缘子零值检查。 （4）合理布置地面材料、工具	10	未进行绝缘工具绝缘性检查、擦拭及屏蔽服电阻检测扣 2 分； 未进行现场风速、湿度检查扣 2 分； 未进行绝缘子零值检查扣 2 分； 绝缘子零值检查操作错误扣 2 分； 地面工具、材料摆放不整齐、不合理扣 2 分		
2	工作许可					
2.1	许可方式	向考评员示意准备就绪，申请开始工作	5	未向考评员示意即开始工作扣 5 分		
3	工作步骤及技术要求					
3.1	作业中使用工具材料	能按要求正确选择作业工具，顺利完成工具的组合	10	滑车组滑车组合不正确扣 5 分； 作业工具选择错误、不全扣 5 分		
3.2	作业程序	杆塔上作业人员与地面人员相互配合，杆塔上作业人员做好个人防护工作	20	作业人员作业时失去安全保护（无后备保护、未系安全带）扣 5 分； 绝缘滑车和绝缘绳固定位置不合适，导致重复移动的扣 5 分； 各操作不顺畅，重复操作的扣 5 分； 绝缘承力工具受力后，未进行检查确认安全可靠后脱离绝缘子串的扣 5 分		
3.3	安全措施	塔上作业人员与带电体保持足够的安全距离，使用的带电工器具作业时保持有效的绝缘长度	20	登高作业前，未对登高工具及安全带进行检查和冲击试验的扣 5 分； 塔上作业人员与带电体安全距离小于 1m 的一次扣 5 分； 使用的绝缘承力工具安全长度小于 1m、绝缘操作杆的有效长度小于 1.3m，扣 5 分； 杆塔上电工无安全措施徒手摘开横担侧绝缘子的扣 5 分		
4	工作结束					
4.1	作业结束	作业完成后检查检修质量，确认作业现场有无遗留物，申请下塔	2	作业结束后未检查绝缘子清扫情况的不得分； 未向工作负责人申请下塔或工作负责人未批准下塔的不得分； 下塔后塔上有遗留物的不得分		
4.2	材料、工具规整	作业结束后进行现场工具材料规整	3	未进行现场工具材料规整不得分		
5	工作终结汇报	向考评员报告工作已结束，场地已清理	5	未向考评员报告工作结束扣 3 分； 未清理场地扣 2 分		
6	其他要求					
6.1	动作要求	动作熟练顺畅	5	动作不熟练扣 1～5 分		
6.2	安全要求	严格遵守“四不伤害”原则，不得损坏工器具和设备	10	工器具或设备损坏不得分		
合计			100			

Jc0004162009　110kV 输电线路带电更换导线直线线夹。（100 分）

考核知识点：

（1）带电作业原理和基本方法。

（2）带电作业的安全技术。

（3）带电作业工具的检查与使用。

难易度：中

技能等级评价专业技能考核操作工作任务书

一、任务名称

110kV 输电线路带电更换导线直线线夹。

二、适用工种

高压线路带电检修工（输电）高级技师。

三、具体任务

要求在规定时间内使用地电位与等电位结合滑车组法模拟 110kV 输电线路带电更换导线直线线夹。

四、工作规范及要求

（1）作业中保持安全距离。

（2）正确进行带电作业工器具现场检查及使用。

（3）作业中各安全措施执行到位。

（4）带电作业操作流程正确，顺畅。

（5）作业人员配合默契。

五、考核及时间要求

（1）本考核整体操作时间为 60 分钟，时间到停止考评，包括作业场地工具、材料整理。

（2）项目工作人员共计 6 人。其中工作负责人 1 人，地面电工 3 人，杆塔上电工 1 人，等电位电工 1 人，本项目仅对杆塔上人员及等电位电工进行评审。

技能等级评价专业技能考核操作评分标准

工种	高压线路带电检修工			评价等级	高级技师	
项目模块	高压线路带电检修方法及操作技巧—输电线路带电作业		编号	Jc0004162009		
单位		准考证号		姓名		
考试时限	60 分钟	题型	单项操作	题分	100 分	
成绩		考评员		考评组长		日期
试题正文	110kV 输电线路带电更换导线直线线夹					
需要说明的问题和要求	（1）要求多人配合操作，仅对杆塔上作业人员及等电位电工进行考评。 （2）操作应注意安全，按照标准化作业书的技术安全说明做好安全措施。 （3）严格按照带电作业流程进行，流程是否正确将列入考评内容。 （4）工具材料的检查由被考核人员配合完成。 （5）视作业现场线路重合闸已停用					
序号	项目名称	质量要求	满分	扣分标准	扣分原因	得分
1	工作准备					
1.1	安全劳动防护用品的准备	正确佩戴安全帽，穿全套劳动防护用品，包括工作服、绝缘鞋（带电作业应穿导电鞋）、棉手套	5	未正确佩戴安全帽，穿工作服、绝缘鞋、棉手套（带电作业应穿导电鞋、全套屏蔽服），每项扣 2 分，扣完为止		

续表

序号	项目名称	质量要求	满分	扣分标准	扣分原因	得分
1.2	工器具的准备	熟练正确使用各种工器具	5	未正确使用一次扣1分，扣完为止		
1.3	相关安全措施的准备	（1）正确进行绝缘工具检查。 （2）带电作业现场条件复核。 （3）合理布置地面材料、工具	10	未进行绝缘工具绝缘性检查、擦拭及屏蔽服电阻检测扣4分； 未进行现场风速、湿度检查扣3分； 地面工具、材料摆放不整齐、不合理扣3分		
2	工作许可					
2.1	许可方式	向考评员示意准备就绪，申请开始工作	5	未向考评员示意即开始工作扣5分		
3	工作步骤及技术要求					
3.1	作业中使用工具材料	能按要求正确选择作业工具，顺利完成工具的组合	10	滑车组滑车或其他提线装置组合不正确扣5分； 作业工具选择错误、不全扣5分		
3.2	作业程序	高空作业人员与地面人员相互配合，高空作业人员做好个人防护工作	20	作业人员作业时失去安全保护（无后备保护、未系安全带）扣4分； 绝缘绳固定位置不合适，导致重复移动的扣4分； 绝缘承力工具受力后，未进行检查确认安全可靠后脱离绝缘子串的扣4分； 工具材料脱手掉落的一次扣4分； 线夹内铝包带缠绕长度不够的扣4分		
3.3	安全措施	塔上作业人员与带电体保持足够的安全距离，正确使用防导线脱落的后备保护，使用的带电工器具作业时保持有效的绝缘长度	20	登高作业前，未对登高工具及安全带进行检查和冲击试验的扣3分； 等电位电工电位转移时未向工作负责人申请或未经批准后进行转移的扣3分； 塔上作业人员与带电体安全距离小于1m的扣3分； 使用的绝缘承力工具安全长度小于1m、绝缘操作杆的有效长度小于1.3m，扣3分； 无防导线脱落后备保护或未提前装设的扣4分； 杆塔上电工无安全措施徒手摘开横担侧绝缘子的扣4分		
4	工作结束					
4.1	作业结束	作业完成后检查检修质量，确认作业现场有无遗留物，申请下塔	2	作业结束后未检查绝缘子清扫情况的不得分； 未向工作负责人申请下塔或工作负责人未批准下塔的不得分； 下塔后塔上有遗留物的不得分		
4.2	材料、工具规整	作业结束后进行现场工具材料规整	3	未进行现场工具材料规整不得分		
5	工作终结汇报	向考评员报告工作已结束，场地已清理	5	未向考评员报告工作结束扣3分； 未清理场地扣2分		
6	其他要求					
6.1	动作要求	动作熟练顺畅	5	动作不熟练扣1～5分		
6.2	安全要求	严格遵守“四不伤害”原则，不得损坏工器具和设备	10	工器具和设备损坏不得分		
合计			100			

Jc0004163010　110kV输电线路带电更换跳线（引流线）并沟线夹。（100分）

考核知识点：

（1）带电作业原理和基本方法。

（2）带电作业的安全技术。

（3）带电作业工具的检查与使用。

难易度：难

技能等级评价专业技能考核操作工作任务书

一、任务名称

110kV 输电线路带电更换跳线（引流线）并沟线夹。

二、适用工种

高压线路带电检修工（输电）高级技师。

三、具体任务

要求在规定时间内使用地电位与等电位结合绝缘转臂梯法模拟 110kV 输电线路带电更换耐张跳线（引流线）并沟线夹。

四、工作规范及要求

（1）作业中保持安全距离。

（2）正确进行带电作业工器具现场检查及使用。

（3）作业中各安全措施执行到位。

（4）带电作业操作流程正确，顺畅。

（5）作业人员配合默契。

五、考核及时间要求

（1）本考核整体操作时间为 60 分钟，时间到停止考评，包括作业场地工具、材料整理。

（2）项目工作人员共计 6 人。其中工作负责人 1 人，地面电工 3 人，杆塔上电工 1 人，等电位电工 1 人，本项目仅对杆塔上人员及等电位电工进行评审。

技能等级评价专业技能考核操作评分标准

<table>
<tr><td>工种</td><td colspan="5">高压线路带电检修工</td><td>评价等级</td><td>高级技师</td></tr>
<tr><td>项目模块</td><td colspan="4">高压线路带电检修方法及操作技巧—输电线路带电作业</td><td>编号</td><td colspan="2">Jc0004163010</td></tr>
<tr><td>单位</td><td colspan="2"></td><td>准考证号</td><td colspan="2"></td><td>姓名</td><td></td></tr>
<tr><td>考试时限</td><td>60 分钟</td><td>题型</td><td colspan="3">单项操作</td><td>题分</td><td>100 分</td></tr>
<tr><td>成绩</td><td></td><td>考评员</td><td></td><td>考评组长</td><td></td><td>日期</td><td></td></tr>
<tr><td>试题正文</td><td colspan="7">110kV 输电线路带电更换耐张跳线（引流线）并沟线夹</td></tr>
<tr><td>需要说明的问题和要求</td><td colspan="7">（1）要求多人配合操作，仅对杆塔上作业人员进行考评。
（2）操作应注意安全，按照标准化作业书的技术安全说明做好安全措施。
（3）严格按照带电作业流程进行，流程是否正确将列入考评内容。
（4）工具材料的检查由被考核人员配合完成。
（5）视作业现场线路重合闸已停用</td></tr>
</table>

序号	项目名称	质量要求	满分	扣分标准	扣分原因	得分
1	工作准备					
1.1	安全劳动防护用品的准备	正确佩戴安全帽，穿全套劳动防护用品，包括工作服、绝缘鞋（带电作业应穿导电鞋）、棉手套	5	未正确佩戴安全帽，穿工作服、绝缘鞋、棉手套（带电作业应穿导电鞋、全套屏蔽服），每项扣 2 分，扣完为止		

续表

序号	项目名称	质量要求	满分	扣分标准	扣分原因	得分
1.2	工器具的准备	熟练正确使用各种工器具	5	未正确使用一次扣1分，扣完为止		
1.3	相关安全措施的准备	（1）正确进行绝缘工具检查。 （2）带电作业现场条件复核。 （3）进行绝缘子零值检查	10	未进行绝缘工具绝缘性检查、擦拭及屏蔽服电阻检测扣4分； 未进行现场风速、湿度检查扣3分； 地面工具、材料摆放不整齐、不合理扣3分		
2	工作许可					
2.1	许可方式	向考评员示意准备就绪，申请开始工作	5	未向考评员示意即开始工作扣5分		
3	工作步骤及技术要求					
3.1	作业中使用工具材料	能按要求正确选择作业工具，顺利完成工具的组合	10	绝缘转臂梯组合不正确扣3分； 作业工具选择错误、不全扣3分； 使用绝缘梯进入电场的方式错误扣4分		
3.2	作业程序	杆塔上作业人员与地面人员相互配合，杆塔上作业人员做好个人防护工作	20	作业人员作业时失去安全保护（无后备保护、未系安全带）扣4分； 绝缘绳固定位置不合适，导致重复移动的扣4分； 各操作不顺畅，重复操作的扣4分； 绝缘承力工具受力后，未进行检查确认安全可靠后脱离绝缘子串的扣4分； 未用砂纸打磨引流线并均匀涂抹导电膏的扣4分		
3.3	安全措施	塔上作业人员与带电体保持足够的安全距离，使用的带电工器具作业时保持有效的绝缘长度	20	登高作业前，未对登高工具及安全带进行检查和冲击试验的扣4分； 塔上作业人员与带电体安全距离小于1m的扣4分； 等电位人员进入带电体时组合间隙小于1.2m扣4分； 使用的绝缘承力工具安全长度小于1m、绝缘操作杆的有效长度小于1.3m，扣4分； 出现高空落物的情况每次扣4分		
4	工作结束					
4.1	作业结束	作业完成后检查检修质量，确认作业现场有无遗留物，申请下塔	2	作业结束后未检查绝缘子清扫情况的不得分； 未向工作负责人申请下塔或工作负责人未批准下塔的不得分； 下塔后塔上有遗留物的不得分		
4.2	材料、工具规整	作业结束后进行现场工具材料规整	3	未进行现场工具材料规整不得分		
5	工作终结汇报	向考评员报告工作已结束，场地已清理	5	未向考评员报告工作结束扣3分； 未清理场地扣2分		
6	其他要求					
6.1	动作要求	动作熟练顺畅	5	动作不熟练扣1～5分		
6.2	安全要求	严格遵守“四不伤害”原则，不得损坏工器具和设备	10	工器具或设备损坏不得分		
合计			100			

Jc0004161011　110kV 输电线路带电更换导线防振锤。（100 分）

考核知识点：

（1）带电作业原理和基本方法。

（2）带电作业的安全技术。

（3）带电作业工具的检查与使用。

难易度：易

技能等级评价专业技能考核操作工作任务书

一、任务名称

110kV 输电线路地电位与等电位结合丝杠法带电更换导线防振锤。

二、适用工种

高压线路带电检修工（输电）高级技师。

三、具体任务

要求在规定时间内使用等电位结合绝缘软梯法模拟 110kV 输电线路带电更换导线防振锤（防舞动失谐摆）。

四、工作规范及要求

（1）作业中保持安全距离。

（2）正确进行带电作业工器具现场检查及使用。

（3）作业中各安全措施执行到位。

（4）带电作业操作流程正确，顺畅。

（5）作业人员配合默契。

五、考核及时间要求

（1）本考核整体操作时间为 40 分钟，时间到停止考评，包括作业场地工具、材料整理。

（2）项目工作人员共计 4 人。其中工作负责人 1 人，地面电工 2 人，等电位电工 1 人，本项目仅对等电位电工进行评审。

技能等级评价专业技能考核操作评分标准

工种	高压线路带电检修工					评价等级	高级技师
项目模块	高压线路带电检修方法及操作技巧—输电线路带电作业				编号	Jc0004161011	
单位			准考证号			姓名	
考试时限	60 分钟		题型	单项操作		题分	100 分
成绩		考评员		考评组长		日期	
试题正文	110kV 输电线路等电位结合绝缘软梯法带电更换导线防振锤（防舞动失谐摆）						
需要说明的问题和要求	（1）要求多人配合操作，仅对等电位电工进行考评。 （2）操作应注意安全，按照标准化作业书的技术安全说明做好安全措施。 （3）严格按照带电作业流程进行，流程是否正确将列入考评内容。 （4）工具材料的检查由被考核人员配合完成。 （5）视作业现场线路重合闸已停用						

序号	项目名称	质量要求	满分	扣分标准	扣分原因	得分
1	工作准备					
1.1	安全劳动防护用品的准备	正确佩戴安全帽，穿全套劳动防护用品，包括工作服、绝缘鞋（带电作业应穿导电鞋）、棉手套	5	未正确佩戴安全帽，穿工作服、绝缘鞋、棉手套（带电作业应穿导电鞋、全套屏蔽服），每项扣 2 分，扣完为止		
1.2	工器具的准备	熟练正确使用各种工器具	5	未正确使用一次扣 1 分，扣完为止		
1.3	相关安全措施的准备	（1）正确进行绝缘工具检查。 （2）带电作业现场条件复核。 （3）进行绝缘子零值检查	10	未进行绝缘工具绝缘性检查、擦拭及屏蔽服电阻检测扣 4 分； 未进行现场风速、湿度检查扣 3 分； 地面工具、材料摆放不整齐、不合理扣 3 分		

续表

序号	项目名称	质量要求	满分	扣分标准	扣分原因	得分
2	工作许可					
2.1	许可方式	向考评员示意准备就绪，申请开始工作	5	未向考评员示意即开始工作扣5分		
3	工作步骤及技术要求					
3.1	作业中使用工具材料	能按要求正确选择作业工具，顺利完成工具的组合	10	软体及梯头组合不正确扣5分； 作业工具选择错误、不全扣5分		
3.2	作业程序	高空作业人员与地面人员相互配合，高空作业人员做好个人防护工作	20	作业人员作业时失去安全保护（无后备保护、未系安全带）扣10分； 绝缘绳固定位置不合适，导致重复移动的扣10分		
3.3	安全措施	塔上作业人员与带电体保持足够的安全距离，使用的带电工器具作业时保持有效的绝缘长度	20	登高作业前，未对登高工具及安全带进行检查和冲击试验的扣4分； 等电位电工电位转移时未向工作负责人申请或未经批准后进行转移的扣4分； 等电位人员与相邻导线距离小于1.4m每次扣4分； 电位转移时，人体裸露部分与带电体未保持0.3m每次扣4分； 出现高空落物情况，每次扣4分； 以上扣分，扣完为止		
4	工作结束					
4.1	作业结束	作业完成后检查检修质量，确认作业现场有无遗留物，申请下塔	2	作业结束后未检查绝缘子清扫情况的不得分； 未向工作负责人申请下塔或工作负责人未批准下塔的不得分； 下塔后塔上有遗留物的不得分		
4.2	材料、工具规整	作业结束后进行现场工具材料规整	3	未进行现场工具材料规整不得分		
5	工作终结汇报	向考评员报告工作已结束，场地已清理	5	未向考评员报告工作结束扣3分； 未清理场地扣2分		
6	其他要求					
6.1	动作要求	动作熟练顺畅	5	动作不熟练扣1～5分		
6.2	安全要求	严格遵守“四不伤害”原则，不得损坏工器具和设备	10	工器具或设备损坏不得分		
	合计		100			

Jc0004161012　110kV输电线路带电更换子导线间隔棒。(100分)

考核知识点：

(1) 带电作业原理和基本方法。

(2) 带电作业的安全技术。

(3) 带电作业工具的检查与使用。

难易度： 易

技能等级评价专业技能考核操作工作任务书

一、任务名称

110kV输电线路带电更换子导线间隔棒。

二、适用工种

高压线路带电检修工（输电）高级技师。

三、具体任务

要求在规定时间内使用等电位结合绝缘软梯法模拟110kV输电线路带电更换子导线间隔棒（环）。

四、工作规范及要求

（1）作业中保持安全距离。

（2）正确进行带电作业工器具现场检查及使用。

（3）作业中各安全措施执行到位。

（4）带电作业操作流程正确，顺畅。

（5）作业人员配合默契。

五、考核及时间要求

（1）本考核整体操作时间为40分钟，时间到停止考评，包括作业场地工具、材料整理。

（2）项目工作人员共计5人。其中工作负责人1人，地面电工3人，等电位电工1人，本项目仅对等电位电工进行评审。

技能等级评价专业技能考核操作评分标准

工种	高压线路带电检修工					评价等级	高级技师
项目模块	高压线路带电检修方法及操作技巧—输电线路带电作业				编号	Jc0004161012	
单位			准考证号			姓名	
考试时限	40分钟		题型	单项操作		题分	100分
成绩		考评员		考评组长		日期	
试题正文	110kV输电线路带电更换子导线间隔棒（环）						
需要说明的问题和要求	（1）要求多人配合操作，仅对等电位电工进行考评。 （2）操作应注意安全，按照标准化作业书的技术安全说明做好安全措施。 （3）严格按照带电作业流程进行，流程是否正确将列入考评内容。 （4）工具材料的检查由被考核人员配合完成。 （5）视作业现场线路重合闸已停用						

序号	项目名称	质量要求	满分	扣分标准	扣分原因	得分
1	工作准备					
1.1	安全劳动防护用品的准备	正确佩戴安全帽，穿全套劳动防护用品，包括工作服、绝缘鞋（带电作业应穿导电鞋）、棉手套	5	未正确佩戴安全帽，穿工作服、绝缘鞋、棉手套（带电作业应穿导电鞋、全套屏蔽服），每项扣2分，扣完为止		
1.2	工器具的准备	熟练正确使用各种工器具	5	未正确使用一次扣1分，扣完为止		
1.3	相关安全措施的准备	（1）正确进行绝缘工具检查。 （2）带电作业现场条件复核。 （3）进行绝缘子零值检查	10	未进行绝缘工具绝缘性检查、擦拭及屏蔽服电阻检测扣4分； 未进行现场风速、湿度检查扣3分； 地面工具、材料摆放不整齐、不合理扣3分		
2	工作许可					
2.1	许可方式	向考评员示意准备就绪，申请开始工作	5	未向考评员示意即开始工作扣5分		
3	工作步骤及技术要求					
3.1	作业中使用工具材料	能按要求正确选择作业工具，顺利完成工具的组合	10	软体及梯头组合不正确扣5分； 作业工具选择错误、不全扣5分		
3.2	作业程序	高空作业人员与地面人员相互配合，高空作业人员做好个人防护工作	20	作业人员作业时失去安全保护（无后备保护、未系安全带）扣10分； 绝缘绳固定位置不合适，导致重复移动的扣10分		

续表

序号	项目名称	质量要求	满分	扣分标准	扣分原因	得分
3.3	安全措施	塔上作业人员与带电体保持足够的安全距离，使用的带电工器具作业时保持有效的绝缘长度	20	登高作业前，未对登高工具及安全带进行检查和冲击试验的扣4分； 等电位电工电位转移时未向工作负责人申请或未经批准后进行转移的扣4分； 等电位人员与相邻导线距离小于1.4m每次扣4分； 电位转移时，人体裸露部分与带电体未保持0.3m每次扣4分； 出现高空落物情况，每次扣4分 以上扣分，扣完为止		
4	工作结束					
4.1	作业结束	作业完成后检查检修质量，确认作业现场有无遗留物，申请下塔	2	作业结束后未检查绝缘子清扫情况的不得分； 未向工作负责人申请下塔或工作负责人未批准下塔的不得分； 下塔后塔上有遗留物的不得分		
4.2	材料、工具规整	作业结束后进行现场工具材料规整	3	未进行现场工具材料规整不得分		
5	工作终结汇报	向考评员报告工作已结束，场地已清理	5	未向考评员报告工作结束扣3分； 未清理场地扣2分		
6	其他要求					
6.1	动作要求	动作熟练顺畅	5	动作不熟练扣1～5分		
6.2	安全要求	严格遵守“四不伤害”原则，不得损坏工器具和设备	10	工器具或设备损坏不得分		
	合计		100			

Jc0004161013　110kV 输电线路带电安装导线防舞鞭。(100 分)

考核知识点：

（1）带电作业原理和基本方法。

（2）带电作业的安全技术。

（3）带电作业工具的检查与使用。

难易度：易

技能等级评价专业技能考核操作工作任务书

一、任务名称

110kV 输电线路带电安装导线防舞鞭。

二、适用工种

高压线路带电检修工（输电）高级技师。

三、具体任务

要求在规定时间内使用等电位结合绝缘软梯法模拟 110kV 输电线路带电安装导线防舞鞭。

四、工作规范及要求

（1）作业中保持安全距离。

（2）正确进行带电作业工器具现场检查及使用。

（3）作业中各安全措施执行到位。

（4）带电作业操作流程正确，顺畅。

（5）作业人员配合默契。

五、考核及时间要求

（1）本考核整体操作时间为40分钟，时间到停止考评，包括作业场地工具、材料整理。

（2）项目工作人员共计5人。其中工作负责人1人，地面电工3人，等电位电工1人，本项目仅对等电位电工进行评审。

技能等级评价专业技能考核操作评分标准

工种	高压线路带电检修工				评价等级	高级技师
项目模块	高压线路带电检修方法及操作技巧—输电线路带电作业			编号	Jc0004161013	
单位		准考证号			姓名	
考试时限	40分钟	题型	单项操作		题分	100分
成绩		考评员		考评组长		日期	
试题正文	110kV输电线路带电安装导线防舞鞭					
需要说明的问题和要求	（1）要求多人配合操作，仅对等电位电工进行考评。 （2）操作应注意安全，按照标准化作业书的技术安全说明做好安全措施。 （3）严格按照带电作业流程进行，流程是否正确将列入考评内容。 （4）工具材料的检查由被考核人员配合完成。 （5）视作业现场线路重合闸已停用					

序号	项目名称	质量要求	满分	扣分标准	扣分原因	得分
1	工作准备					
1.1	安全劳动防护用品的准备	正确佩戴安全帽，穿全套劳动防护用品，包括工作服、绝缘鞋(带电作业应穿导电鞋)、棉手套	5	未正确佩戴安全帽，穿工作服、绝缘鞋、棉手套（带电作业应穿导电鞋、全套屏蔽服），每项扣2分，扣完为止		
1.2	工器具的准备	熟练正确使用各种工器具	5	未正确使用一次扣1分，扣完为止		
1.3	相关安全措施的准备	（1）正确进行绝缘工具检查。 （2）带电作业现场条件复核。 （3）进行绝缘子零值检查	10	未进行绝缘工具绝缘性检查、擦拭及屏蔽服电阻检测扣4分； 未进行现场风速、湿度检查扣3分； 地面工具、材料摆放不整齐、不合理扣3分		
2	工作许可					
2.1	许可方式	向考评员示意准备就绪，申请开始工作	5	未向考评员示意即开始工作扣5分		
3	工作步骤及技术要求					
3.1	作业中使用工具材料	能按要求正确选择作业工具，顺利完成工具的组合	10	软体及梯头组合不正确扣5分； 作业工具选择错误、不全扣5分		
3.2	作业程序	高空作业人员与地面人员相互配合，高空作业人员做好个人防护工作	20	作业人员作业时失去安全保护（无后备保护、未系安全带）扣10分； 绝缘绳固定位置不合适，导致重复移动的扣10分		
3.3	安全措施	塔上作业人员与带电体保持足够的安全距离，使用的带电工器具作业时保持有效的绝缘长度	20	登高作业前，未对登高工具及安全带进行检查和冲击试验的扣4分； 等电位电工电位转移时未向工作负责人申请或未经批准后进行转移的扣4分； 等电位人员与相邻导线距离小于1.4m，每次扣4分； 电位转移时，人体裸露部分与带电体未保持0.3m，每次扣4分； 出现高空落物情况，每次扣4分； 以上扣分，扣完为止		

续表

序号	项目名称	质量要求	满分	扣分标准	扣分原因	得分
4	工作结束					
4.1	作业结束	作业完成后检查检修质量，确认作业现场有无遗留物，申请下塔	2	作业结束后未检查绝缘子清扫情况的不得分； 未向工作负责人申请下塔或工作负责人未批准下塔的不得分； 下塔后塔上有遗留物的不得分		
4.2	材料、工具规整	作业结束后进行现场工具材料规整	3	未进行现场工具材料规整不得分		
5	工作终结汇报	向考评员报告工作已结束，场地已清理	5	未向考评员报告工作结束扣 3 分； 未清理场地扣 2 分		
6	其他要求					
6.1	动作要求	动作熟练顺畅	5	动作不熟练扣 1～5 分		
6.2	安全要求	严格遵守“四不伤害”原则，不得损坏工器具和设备	10	工器具或设备损坏不得分		
合计			100			

Jc0004161014　110kV 输电线路带电安装导线防舞器。(100 分)

考核知识点：

（1）带电作业原理和基本方法。

（2）带电作业的安全技术。

（3）带电作业工具的检查与使用。

难易度：易

技能等级评价专业技能考核操作工作任务书

一、任务名称

110kV 输电线路带电安装（更换）双摆防舞器。

二、适用工种

高压线路带电检修工（输电）高级技师。

三、具体任务

要求在规定时间内使用等电位结合绝缘软梯法模拟 110kV 输电线路带电安装（更换）双摆防舞器。

四、工作规范及要求

（1）作业中保持安全距离。

（2）正确进行带电作业工器具现场检查及使用。

（3）作业中各安全措施执行到位。

（4）带电作业操作流程正确，顺畅。

（5）作业人员配合默契。

五、考核及时间要求

（1）本考核整体操作时间为 40 分钟，时间到停止考评，包括作业场地工具、材料整理。

（2）项目工作人员共计 5 人。其中工作负责人 1 人，地面电工 3 人，等电位电工 1 人，本项目仅对等电位电工进行评审。

技能等级评价专业技能考核操作评分标准

工种	高压线路带电检修工				评价等级	高级技师
项目模块	高压线路带电检修方法及操作技巧—输电线路带电作业			编号	Jc0004161014	
单位		准考证号			姓名	
考试时限	40分钟	题型	单项操作		题分	100分
成绩		考评员		考评组长	日期	
试题正文	110kV输电线路带电安装（更换）双摆防舞器					
需要说明的问题和要求	（1）要求多人配合操作，仅对等电位电工进行考评。 （2）操作应注意安全，按照标准化作业书的技术安全说明做好安全措施。 （3）严格按照带电作业流程进行，流程是否正确将列入考评内容。 （4）工具材料的检查由被考核人员配合完成。 （5）视作业现场线路重合闸已停用					

序号	项目名称	质量要求	满分	扣分标准	扣分原因	得分
1	工作准备					
1.1	安全劳动防护用品的准备	正确佩戴安全帽，穿全套劳动防护用品，包括工作服、绝缘鞋（带电作业应穿导电鞋）、棉手套	5	未正确佩戴安全帽，穿工作服、绝缘鞋、棉手套（带电作业应穿导电鞋、全套屏蔽服），每项扣2分，扣完为止		
1.2	工器具的准备	熟练正确使用各种工器具	5	未正确使用一次扣1分，扣完为止		
1.3	相关安全措施的准备	（1）正确进行绝缘工具检查。 （2）带电作业现场条件复核。 （3）进行绝缘子零值检查	10	未进行绝缘工具绝缘性检查、擦拭及屏蔽服电阻检测扣4分； 未进行现场风速、湿度检查扣3分； 地面工具、材料摆放不整齐、不合理扣3分		
2	工作许可					
2.1	许可方式	向考评员示意准备就绪，申请开始工作	5	未向考评员示意即开始工作扣5分		
3	工作步骤及技术要求					
3.1	作业中使用工具材料	能按要求正确选择作业工具，顺利完成工具的组合	10	软体及梯头组合不正确扣5分； 作业工具选择错误、不全扣5分		
3.2	作业程序	高空作业人员与地面人员相互配合，高空作业人员做好个人防护工作	20	作业人员作业时失去安全保护（无后备保护、未系安全带）扣10分； 绝缘绳固定位置不合适，导致重复移动的扣10分		
3.3	安全措施	塔上作业人员与带电体保持足够的安全距离，使用的带电工器具作业时保持有效的绝缘长度	20	登高作业前，未对登高工具及安全带进行检查和冲击试验的扣4分； 等电位电工电位转移时未向工作负责人申请或未经批准后进行转移的扣4分； 等电位人员与相邻导线距离小于1.4m，每次扣4分； 电位转移时，人体裸露部分与带电体未保持0.3m，每次扣4分； 出现高空落物情况，每次扣4分； 以上扣分，扣完为止		
4	工作结束					
4.1	作业结束	作业完成后检查检修质量，确认作业现场有无遗留物，申请下塔	2	作业结束后未检查绝缘子清扫情况的不得分； 未向工作负责人申请下塔或工作负责人未批准下塔的不得分； 下塔后塔上有遗留物的不得分		
4.2	材料、工具规整	作业结束后进行现场工具材料规整	3	未进行现场工具材料规整不得分		

续表

序号	项目名称	质量要求	满分	扣分标准	扣分原因	得分
5	工作终结汇报	向考评员报告工作已结束，场地已清理	5	未向考评员报告工作结束扣3分；未清理场地扣2分		
6	其他要求					
6.1	动作要求	动作熟练顺畅	5	动作不熟练扣1～5分		
6.2	安全要求	严格遵守“四不伤害”原则，不得损坏工器具和设备	10	工器具或设备损坏不得分		
合计			100			

Jc0004162015　110kV 输电线路带电安装防鸟罩。（100 分）

考核知识点：

（1）带电作业原理和基本方法。

（2）带电作业的安全技术。

（3）带电作业工具的检查与使用。

难易度：中

技能等级评价专业技能考核操作工作任务书

一、任务名称

110kV 输电线路带电安装防鸟罩。

二、适用工种

高压线路带电检修工（输电）高级技师。

三、具体任务

要求在规定时间内使用地电位结合滑车组法模拟 110kV 输电线路带电安装防鸟罩。

四、工作规范及要求

（1）作业中保持安全距离。

（2）正确进行带电作业工器具现场检查及使用。

（3）作业中各安全措施执行到位。

（4）带电作业操作流程正确，顺畅。

（5）作业人员配合默契。

五、考核及时间要求

（1）本考核整体操作时间为 60 分钟，时间到停止考评，包括作业场地工具、材料整理。

（2）项目工作人员共计 5 人。其中工作负责人 1 人，地面电工 3 人，杆塔上电工 1 人，本项目仅对杆塔上人员进行评审。

技能等级评价专业技能考核操作评分标准

<table>
<tr><td>工种</td><td colspan="4">高压线路带电检修工</td><td>评价等级</td><td>高级技师</td></tr>
<tr><td>项目模块</td><td colspan="3">高压线路带电检修方法及操作技巧—输电线路带电作业</td><td>编号</td><td colspan="2">Jc0004162015</td></tr>
<tr><td>单位</td><td colspan="2"></td><td>准考证号</td><td></td><td>姓名</td><td></td></tr>
<tr><td>考试时限</td><td colspan="2">60 分钟</td><td>题型</td><td>单项操作</td><td>题分</td><td>100 分</td></tr>
<tr><td>成绩</td><td></td><td>考评员</td><td></td><td>考评组长</td><td></td><td>日期</td><td></td></tr>
</table>

续表

试题正文	110kV 输电线路带电安装防鸟罩
需要说明的问题和要求	（1）要求多人配合操作，仅对杆塔上作业人员进行考评。 （2）操作应注意安全，按照标准化作业书的技术安全说明做好安全措施。 （3）严格按照带电作业流程进行，流程是否正确将列入考评内容。 （4）工具材料的检查由被考核人员配合完成。 （5）视作业现场线路重合闸已停用

序号	项目名称	质量要求	满分	扣分标准	扣分原因	得分
1	工作准备					
1.1	安全劳动防护用品的准备	正确佩戴安全帽，穿全套劳动防护用品，包括工作服、绝缘鞋（带电作业应穿导电鞋）、棉手套	5	未正确佩戴安全帽，穿工作服、绝缘鞋、棉手套（带电作业应穿导电鞋、全套屏蔽服），每项扣 2 分，扣完为止		
1.2	工器具的准备	熟练正确使用各种工器具	5	未正确使用一次扣 1 分，扣完为止		
1.3	相关安全措施的准备	（1）正确进行绝缘工具检查。 （2）带电作业现场条件复核。 （3）进行绝缘子零值检查	10	未进行绝缘工具绝缘性检查、擦拭及屏蔽服电阻检测扣 4 分； 未进行现场风速、湿度检查扣 3 分； 地面工具、材料摆放不整齐、不合理扣 3 分		
2	工作许可					
2.1	许可方式	向考评员示意准备就绪，申请开始工作	5	未向考评员示意即开始工作扣 5 分		
3	工作步骤及技术要求					
3.1	作业中使用工具材料	能按要求正确选择作业工具，顺利完成工具的组合	10	滑车组滑车组合不正确扣 5 分； 作业工具选择错误、不全扣 5 分		
3.2	作业程序	杆塔上作业人员与地面人员相互配合，杆塔上作业人员做好个人防护工作	20	作业人员作业时失去安全保护（无后备保护、未系安全带）扣 5 分； 绝缘滑车和绝缘绳固定位置不合适，导致重复移动的扣 5 分； 各操作不顺畅，重复操作的扣 5 分； 绝缘承力工具受力后，未进行检查确认安全可靠后脱离绝缘子串的扣 5 分		
3.3	安全措施	塔上作业人员与带电体保持足够的安全距离，正确使用防导线脱落的后备保护，使用的带电工器具作业时保持有效的绝缘长度	20	登高作业前，未对登高工具及安全带进行检查和冲击试验的扣 3 分； 塔上作业人员与带电体安全距离小于 1m 的扣 3 分； 使用的绝缘承力工具安全长度小于 1m、绝缘操作杆的有效长度小于 1.3m，扣 3 分； 无防导线脱落后备保护或未提前装设的扣 4 分； 杆塔上电工无安全措施徒手摘开横担侧绝缘子的扣 4 分； 出现高空落物情况扣 3 分		
4	工作结束					
4.1	作业结束	作业完成后检查检修质量，确认作业现场有无遗留物，申请下塔	2	作业结束后未检查绝缘子清扫情况的不得分； 未向工作负责人申请下塔或工作负责人未批准下塔的不得分； 下塔后塔上有遗留物的不得分		
4.2	材料、工具规整	作业结束后进行现场工具材料规整	3	未进行现场工具材料规整不得分		
5	工作终结汇报	向考评员报告工作已结束，场地已清理	5	未向考评员报告工作结束扣 3 分； 未清理场地扣 2 分		
6	其他要求					

续表

序号	项目名称	质量要求	满分	扣分标准	扣分原因	得分
6.1	动作要求	动作熟练顺畅	5	动作不熟练扣1～5分		
6.2	安全要求	严格遵守“四不伤害”原则，不得损坏工器具和设备	10	工器具或设备损坏不得分		
	合计		100			

Jc0004161016　110kV 输电线路带修补导线。（100 分）

考核知识点：

（1）带电作业原理和基本方法。

（2）带电作业的安全技术。

（3）带电作业工具的检查与使用。

难易度：易

技能等级评价专业技能考核操作工作任务书

一、任务名称

110kV 输电线路带电修补导线。

二、适用工种

高压线路带电检修工（输电）高级技师。

三、具体任务

要求在规定时间内使用等电位结合绝缘软梯法模拟 110kV 输电线路带电修补导线。

四、工作规范及要求

（1）作业中保持安全距离。

（2）正确进行带电作业工器具现场检查及使用。

（3）作业中各安全措施执行到位。

（4）带电作业操作流程正确，顺畅。

（5）作业人员配合默契。

五、考核及时间要求

（1）本考核整体操作时间为 40 分钟，时间到停止考评，包括作业场地工具、材料整理。

（2）项目工作人员共计 5 人。其中工作负责人 1 人，地面电工 3 人，等电位电工 1 人，本项目仅对等电位电工进行评审。

技能等级评价专业技能考核操作评分标准

<table>
<tr><td>工种</td><td colspan="5">高压线路带电检修工</td><td>评价等级</td><td>高级技师</td></tr>
<tr><td>项目模块</td><td colspan="4">高压线路带电检修方法及操作技巧—输电线路带电作业</td><td>编号</td><td colspan="2">Jc0004161016</td></tr>
<tr><td>单位</td><td colspan="3"></td><td>准考证号</td><td></td><td>姓名</td><td></td></tr>
<tr><td>考试时限</td><td colspan="2">40 分钟</td><td>题型</td><td colspan="2">单项操作</td><td>题分</td><td>100 分</td></tr>
<tr><td>成绩</td><td></td><td>考评员</td><td></td><td>考评组长</td><td></td><td>日期</td><td></td></tr>
<tr><td>试题正文</td><td colspan="7">110kV 输电线路带电修补导线</td></tr>
</table>

续表

需要说明的问题和要求	（1）要求多人配合操作，仅对等电位电工进行考评。 （2）操作应注意安全，按照标准化作业书的技术安全说明做好安全措施。 （3）严格按照带电作业流程进行，流程是否正确将列入考评内容。 （4）工具材料的检查由被考核人员配合完成。 （5）视作业现场线路重合闸已停用					
序号	项目名称	质量要求	满分	扣分标准	扣分原因	得分
1	工作准备					
1.1	安全劳动防护用品的准备	正确佩戴安全帽，穿全套劳动防护用品，包括工作服、绝缘鞋（带电作业应穿导电鞋）、棉手套	5	未正确佩戴安全帽，穿工作服、绝缘鞋、棉手套（带电作业应穿导电鞋、全套屏蔽服），每项扣2分，扣完为止		
1.2	工器具的准备	熟练正确使用各种工器具	5	未正确使用一次扣1分，扣完为止		
1.3	相关安全措施的准备	（1）正确进行绝缘工具检查。 （2）带电作业现场条件复核。 （3）进行绝缘子零值检查	10	未进行绝缘工具绝缘性检查、擦拭及屏蔽服电阻检测扣4分； 未进行现场风速、湿度检查扣3分； 地面工具、材料摆放不整齐、不合理扣3分		
2	工作许可					
2.1	许可方式	向考评员示意准备就绪，申请开始工作	5	未向考评员示意即开始工作扣5分		
3	工作步骤及技术要求					
3.1	作业中使用工具材料	能按要求正确选择作业工具，顺利完成工具的组合	10	软体及梯头组合不正确扣5分； 作业工具选择错误、不全扣5分		
3.2	作业程序	高空作业人员与地面人员相互配合，高空作业人员做好个人防护工作	20	作业人员作业时失去安全保护（无后备保护、未系安全带）扣10分； 绝缘绳固定位置不合适，导致重复移动的扣10分		
3.3	安全措施	塔上作业人员与带电体保持足够的安全距离，使用的带电工器具作业时保持有效的绝缘长度	20	登高作业前，未对登高工具及安全带进行检查和冲击试验的扣4分； 等电位电工电位转移时未向工作负责人申请或未经批准后进行转移的扣4分； 等电位人员与相邻导线距离小于1.4m每次扣4分； 电位转移时，人体裸露部分与带电体未保持0.3m每次扣4分； 出现高空落物情况，每次扣4分； 以上扣分，扣完为止		
4	工作结束					
4.1	作业结束	作业完成后检查检修质量，确认作业现场有无遗留物，申请下塔	2	作业结束后未检查绝缘子清扫情况的不得分； 未向工作负责人申请下塔或工作负责人未批准下塔的不得分； 下塔后塔上有遗留物的不得分		
4.2	材料、工具规整	作业结束后进行现场工具材料规整	3	未进行现场工具材料规整不得分		
5	工作终结汇报	向考评员报告工作已结束，场地已清理	5	未向考评员报告工作结束扣3分； 未清理场地扣2分		
6	其他要求					
6.1	动作要求	动作熟练顺畅	5	动作不熟练扣1～5分		
6.2	安全要求	严格遵守“四不伤害”原则，不得损坏工器具和设备	10	工器具或设备损坏不得分		
合计			100			

Jc0004161017　220kV 输电线路带修补导线。（100 分）

考核知识点：

（1）带电作业原理和基本方法。

（2）带电作业的安全技术。

（3）带电作业工具的检查与使用。

难易度：易

技能等级评价专业技能考核操作工作任务书

一、任务名称

220kV 输电线路带电修补导线。

二、适用工种

高压线路带电检修工（输电）高级技师。

三、具体任务

在规定时间内使用等电位结合绝缘软梯法模拟 220kV 输电线路带电修补导线。

四、工作规范及要求

（1）作业中保持安全距离。

（2）正确进行带电作业工器具现场检查及使用。

（3）作业中各安全措施执行到位。

（4）带电作业操作流程正确，顺畅。

（5）作业人员配合默契。

五、考核及时间要求

（1）本考核整体操作时间为 40 分钟，时间到停止考评，包括作业场地工具、材料整理。

（2）项目工作人员共计 5 人。其中工作负责人 1 人，地面电工 3 人，等电位电工 1 人，本项目仅对等电位电工进行评审。

技能等级评价专业技能考核操作评分标准

<table>
<tr><td>工种</td><td colspan="5">高压线路带电检修工</td><td>评价等级</td><td>高级技师</td></tr>
<tr><td>项目模块</td><td colspan="4">高压线路带电检修方法及操作技巧—输电线路带电作业</td><td colspan="2">编号</td><td>Jc0004161017</td></tr>
<tr><td>单位</td><td colspan="2"></td><td>准考证号</td><td colspan="2"></td><td>姓名</td><td></td></tr>
<tr><td>考试时限</td><td colspan="2">40 分钟</td><td>题型</td><td colspan="2">单项操作</td><td>题分</td><td>100 分</td></tr>
<tr><td>成绩</td><td></td><td>考评员</td><td></td><td>考评组长</td><td></td><td>日期</td><td></td></tr>
<tr><td>试题正文</td><td colspan="7">220kV 输电线路带电修补导线</td></tr>
<tr><td>需要说明的问题和要求</td><td colspan="7">（1）要求多人配合操作，仅对等电位电工进行考评。
（2）操作应注意安全，按照标准化作业书的技术安全说明做好安全措施。
（3）严格按照带电作业流程进行，流程是否正确将列入考评内容。
（4）工具材料的检查由被考核人员配合完成。
（5）视作业现场线路重合闸已停用</td></tr>
</table>

序号	项目名称	质量要求	满分	扣分标准	扣分原因	得分
1	工作准备					
1.1	安全劳动防护用品的准备	正确佩戴安全帽，穿全套劳动防护用品，包括工作服、绝缘鞋（带电作业应穿导电鞋）、棉手套	5	未正确佩戴安全帽，穿工作服、绝缘鞋、棉手套（带电作业应穿导电鞋、全套屏蔽服），每项扣 2 分，扣完为止		

续表

序号	项目名称	质量要求	满分	扣分标准	扣分原因	得分
1.2	工器具的准备	熟练正确使用各种工器具	5	未正确使用一次扣1分，扣完为止		
1.3	相关安全措施的准备	（1）正确进行绝缘工具检查。 （2）带电作业现场条件复核。 （3）进行绝缘子零值检查	10	未进行绝缘工具绝缘性检查、擦拭及屏蔽服电阻检测扣4分； 未进行现场风速、湿度检查扣3分； 地面工具、材料摆放不整齐、不合理扣3分		
2	工作许可					
2.1	许可方式	向考评员示意准备就绪，申请开始工作	5	未向考评员示意即开始工作扣5分		
3	工作步骤及技术要求					
3.1	作业中使用工具材料	能按要求正确选择作业工具，顺利完成工具的组合	10	软体及梯头组合不正确扣5分； 作业工具选择错误、不全扣5分		
3.2	作业程序	高空作业人员与地面人员相互配合，高空作业人员做好个人防护工作	20	作业人员作业时失去安全保护（无后备保护、未系安全带）扣10分； 绝缘绳固定位置不合适，导致重复移动的扣10分		
3.3	安全措施	塔上作业人员与带电体保持足够的安全距离，使用的带电工器具作业时保持有效的绝缘长度	20	登高作业前，未对登高工具及安全带进行检查和冲击试验的扣4分； 等电位电工电位转移时未向工作负责人申请或未经批准后进行转移的扣4分； 等电位人员与相邻导线距离小于2.5m每次扣4分； 电位转移时，人体裸露部分与带电体未保持0.3m每次扣4分； 出现高空落物情况，每次扣4分； 以上扣分，扣完为止		
4	工作结束					
4.1	作业结束	作业完成后检查检修质量，确认作业现场有无遗留物，申请下塔	2	作业结束后未检查绝缘子清扫情况的不得分； 未向工作负责人申请下塔或工作负责人未批准下塔的不得分； 下塔后塔上有遗留物的不得分		
4.2	材料、工具规整	作业结束后进行现场工具材料规整	3	未进行现场工具材料规整不得分		
5	工作终结汇报	向考评员报告工作已结束，场地已清理	5	未向考评员报告工作结束扣3分； 未清理场地扣2分		
6	其他要求					
6.1	动作要求	动作熟练顺畅	5	动作不熟练扣1～5分		
6.2	安全要求	严格遵守“四不伤害”原则，不得损坏工器具和设备	10	工器具或设备损坏不得分		
合计			100			

Jc0004162018　220kV输电线路带电更换直线绝缘子串（地电位结合滑车组法）。（100分）

考核知识点：

（1）带电作业原理和基本方法。

（2）带电作业的安全技术。

（3）带电作业工具的检查与使用。

难易度：中

技能等级评价专业技能考核操作工作任务书

一、任务名称

220kV 输电线路带电更换直线绝缘子串。

二、适用工种

高压线路带电检修工（输电）高级技师。

三、具体任务

要求在规定时间内使用地电位结合滑车组法模拟 220kV 输电线路带电更换直线绝缘子串。

四、工作规范及要求

（1）作业中保持安全距离。

（2）正确进行带电作业工器具现场检查及使用。

（3）作业中各安全措施执行到位。

（4）带电作业操作流程正确，顺畅。

（5）作业人员配合默契。

五、考核及时间要求

（1）本考核整体操作时间为 60 分钟，时间到停止考评，包括作业场地工具、材料整理。

（2）项目工作人员共计 6 人。其中工作负责人 1 人，地面电工 3 人，杆塔上电工 2 人，本项目仅对杆塔上人员进行评审。

技能等级评价专业技能考核操作评分标准

工种	高压线路带电检修工					评价等级	高级技师
项目模块	高压线路带电检修方法及操作技巧—输电线路带电作业				编号	Jc0004162018	
单位			准考证号			姓名	
考试时限	60 分钟		题型		单项操作	题分	100 分
成绩		考评员		考评组长		日期	
试题正文	220kV 输电线路带电更换直线绝缘子串						
需要说明的问题和要求	（1）要求多人配合操作，仅对杆塔上作业人员进行考评。 （2）操作应注意安全，按照标准化作业书的技术安全说明做好安全措施。 （3）严格按照带电作业流程进行，流程是否正确将列入考评内容。 （4）工具材料的检查由被考核人员配合完成。 （5）视作业现场线路重合闸已停用						

序号	项目名称	质量要求	满分	扣分标准	扣分原因	得分
1	工作准备					
1.1	安全劳动防护用品的准备	正确佩戴安全帽，穿全套劳动防护用品，包括工作服、绝缘鞋（带电作业应穿导电鞋）、棉手套	5	未正确佩戴安全帽，穿工作服、绝缘鞋、棉手套（带电作业应穿导电鞋、全套屏蔽服），每项扣 2 分，扣完为止		
1.2	工器具的准备	熟练正确使用各种工器具	5	未正确使用一次扣 1 分，扣完为止		
1.3	相关安全措施的准备	（1）正确进行绝缘工具检查。 （2）带电作业现场条件复核。 （3）进行绝缘子零值检查。 （4）合理布置地面材料、工具	10	未进行绝缘工具绝缘性检查、擦拭及屏蔽服电阻检测扣 2 分； 未进行现场风速、湿度检查扣 2 分； 未进行绝缘子零值检查扣 2 分； 绝缘子零值检查操作错误扣 2 分； 地面工具、材料摆放不整齐、不合理扣 2 分		
2	工作许可					

续表

序号	项目名称	质量要求	满分	扣分标准	扣分原因	得分
2.1	许可方式	向考评员示意准备就绪，申请开始工作	5	未向考评员示意即开始工作扣5分		
3	工作步骤及技术要求					
3.1	作业中使用工具材料	能按要求正确选择作业工具，顺利完成工具的组合	10	滑车组滑车组合不正确扣5分； 作业工具选择错误、不全扣5分		
3.2	作业程序	杆塔上作业人员与地面人员相互配合，杆塔上作业人员做好个人防护工作	20	作业人员作业时失去安全保护（无后备保护、未系安全带）扣5分； 绝缘滑车和绝缘绳固定位置不合适，导致重复移动的扣5分； 各操作不顺畅，重复操作的扣5分； 绝缘承力工具受力后，未进行检查确认安全可靠后脱离绝缘子串的扣5分		
3.3	安全措施	塔上作业人员与带电体保持足够的安全距离，正确使用防导线脱落的后备保护，使用的带电工器具作业时保持有效的绝缘长度	20	登高作业前，未对登高工具及安全带进行检查和冲击试验的扣4分； 塔上作业人员与带电体安全距离小于1.8m的扣4分； 使用的绝缘承力工具安全长度小于1.8m、绝缘操作杆的有效长度小于2.1m，扣4分； 无防导线脱落后备保护或未提前装设的扣4分； 杆塔上电工无安全措施徒手摘开横担侧绝缘子的扣4分		
4	工作结束					
4.1	作业结束	作业完成后检查检修质量，确认作业现场有无遗留物，申请下塔	2	作业结束后未检查绝缘子清扫情况的不得分； 未向工作负责人申请下塔或工作负责人未批准下塔的不得分； 下塔后塔上有遗留物的不得分		
4.2	材料、工具规整	作业结束后进行现场工具材料规整	3	未进行现场工具材料规整不得分		
5	工作终结汇报	向考评员报告工作已结束，场地已清理	5	未向考评员报告工作结束扣3分； 未清理场地扣2分		
6	其他要求					
6.1	动作要求	动作熟练顺畅	5	动作不熟练扣1～5分		
6.2	安全要求	严格遵守“四不伤害”原则，不得损坏工器具和设备	10	工器具或设备损坏不得分		
合计			100			

Jc0004162019　220kV 输电线路带电更换直线双联任意半绝缘子（地电位法与等电位结合紧线杆法）。（100分）

考核知识点：

（1）带电作业原理和基本方法。

（2）带电作业的安全技术。

（3）带电作业工具的检查与使用。

难易度：中

技能等级评价专业技能考核操作工作任务书

一、任务名称

220kV 输电线路带电更换直线双联任意串绝缘子。

二、适用工种

高压线路带电检修工（输电）高级技师。

三、具体任务

要求在规定时间内使用地电位法与等电位结合紧线杆法模拟 220kV 输电线路带电更换直线双联任意串绝缘子。

四、工作规范及要求

（1）作业中保持安全距离。

（2）正确进行带电作业工器具现场检查及使用。

（3）作业中各安全措施执行到位。

（4）带电作业操作流程正确，顺畅。

（5）作业人员配合默契。

五、考核及时间要求

（1）本考核整体操作时间为 60 分钟，时间到停止考评，包括作业场地工具、材料整理。

（2）项目工作人员共计 6 人。其中工作负责人 1 人，地面电工 3 人，杆塔上电工 1 人，等电位电工 1 人，本项目仅对杆塔上人员及等电位电工进行评审。

技能等级评价专业技能考核操作评分标准

工种	高压线路带电检修工				评价等级	高级技师
项目模块	高压线路带电检修方法及操作技巧—输电线路带电作业			编号	Jc0004162019	
单位		准考证号			姓名	
考试时限	60 分钟	题型	单项操作		题分	100 分
成绩	考评员		考评组长		日期	
试题正文	220kV 输电线路地电位法与等电位结合紧线杆法带电更换直线双联任意串绝缘子					
需要说明的问题和要求	（1）要求多人配合操作，仅对杆塔上作业人员及等电位电工进行考评。 （2）操作应注意安全，按照标准化作业书的技术安全说明做好安全措施。 （3）严格按照带电作业流程进行，流程是否正确将列入考评内容。 （4）工具材料的检查由被考核人员配合完成。 （5）视作业现场线路重合闸已停用					
序号	项目名称	质量要求	满分	扣分标准	扣分原因	得分
1	工作准备					
1.1	安全劳动防护用品的准备	正确佩戴安全帽，穿全套劳动防护用品，包括工作服、绝缘鞋（带电作业应穿导电鞋）、棉手套	5	未正确佩戴安全帽，穿工作服、绝缘鞋、棉手套（带电作业应穿导电鞋、全套屏蔽服），每项扣 2 分，扣完为止		
1.2	工器具的准备	熟练正确使用各种工器具	5	未正确使用一次扣 1 分，扣完为止		
1.3	相关安全措施的准备	（1）正确进行绝缘工具检查。 （2）带电作业现场条件复核。 （3）进行绝缘子零值检查。 （4）合理布置地面材料、工具	10	未进行绝缘工具绝缘性检查、擦拭及屏蔽服电阻检测扣 2 分； 未进行现场风速、湿度检查扣 2 分； 未进行绝缘子零值检查扣 2 分； 绝缘子零值检查操作错误扣 2 分； 地面工具、材料摆放不整齐、不合理扣 2 分		

续表

序号	项目名称	质量要求	满分	扣分标准	扣分原因	得分
2	工作许可					
2.1	许可方式	向考评员示意准备就绪，申请开始工作	5	未向考评员示意即开始工作扣5分		
3	工作步骤及技术要求					
3.1	作业中使用工具材料	能按要求正确选择作业工具，顺利完成工具的组合	10	紧线杆组合不正确扣5分； 作业工具选择错误、不全扣5分		
3.2	作业程序	高空作业人员与地面人员相互配合，高空作业人员做好个人防护工作	20	作业人员作业时失去安全保护（无后备保护、未系安全带）扣7分； 紧线杆和绝缘绳固定位置不合适，导致重复移动的扣6分； 绝缘承力工具受力后，未进行检查确认安全可靠后脱离绝缘子串的扣7分		
3.3	安全措施	塔上作业人员与带电体保持足够的安全距离，正确使用防导线脱落的后备保护，使用的带电工器具作业时保持有效的绝缘长度	20	登高作业前，未对登高工具及安全带进行检查和冲击试验的扣3分； 等电位电工电位转移时未向工作负责人申请或未经批准后进行转移的扣3分； 塔上作业人员与带电体安全距离小于1.8m的扣3分； 使用的绝缘承力工具安全长度小于1.8m、绝缘操作杆的有效长度小于2.1m，扣3分； 无防导线脱落后备保护或未提前装设的扣4分； 杆塔上电工无安全措施徒手摘开横担侧绝缘子，扣4分		
4	工作结束					
4.1	作业结束	作业完成后检查检修质量，确认作业现场有无遗留物，申请下塔	2	作业结束后未检查绝缘子清扫情况的不得分； 未向工作负责人申请下塔或工作负责人未批准下塔的不得分； 下塔后塔上有遗留物的不得分		
4.2	材料、工具规整	作业结束后进行现场工具材料规整	3	未进行现场工具材料规整不得分		
5	工作终结汇报	向考评员报告工作已结束，场地已清理	5	未向考评员报告工作结束扣3分； 未清理场地扣2分		
6	其他要求					
6.1	动作要求	动作熟练顺畅	5	动作不熟练扣1～5分		
6.2	安全要求	严格遵守“四不伤害”原则，不得损坏工器具和设备	10	工器具或设备损坏不得分		
合计			100			

Jc0004162020　220kV 输电线路带电更换更换直线 V 串单片绝缘子。(100 分)

考核知识点：

(1) 带电作业原理和基本方法。

(2) 带电作业的安全技术。

(3) 带电作业工具的检查与使用。

难易度：中

技能等级评价专业技能考核操作工作任务书

一、任务名称

220kV 输电线路带电更换直线 V 串单片绝缘子。

二、适用工种

高压线路带电检修工（输电）高级技师。

三、具体任务

要求在规定时间内使用地电位作业丝杠法模拟 220kV 输电线路带电更换直线 V 串单片绝缘子。

四、工作规范及要求

（1）作业中保持安全距离。

（2）正确进行带电作业工器具现场检查及使用。

（3）作业中各安全措施执行到位。

（4）带电作业操作流程正确，顺畅。

（5）作业人员配合默契。

五、考核及时间要求

（1）本考核整体操作时间为 60 分钟，时间到停止考评，包括作业场地工具、材料整理。

（2）项目工作人员共计 4 人。其中工作负责人 1 人，地面电工 1 人，杆塔上电工 2 人，本项目仅对杆塔上人员进行评审。

技能等级评价专业技能考核操作评分标准

<table>
<tr><td>工种</td><td colspan="5">高压线路带电检修工</td><td>评价等级</td><td>高级技师</td></tr>
<tr><td>项目模块</td><td colspan="4">高压线路带电检修方法及操作技巧—输电线路带电作业</td><td>编号</td><td colspan="2">Jc0004162020</td></tr>
<tr><td>单位</td><td colspan="2"></td><td>准考证号</td><td colspan="2"></td><td>姓名</td><td></td></tr>
<tr><td>考试时限</td><td colspan="2">60 分钟</td><td>题型</td><td colspan="2">单项操作</td><td>题分</td><td>100 分</td></tr>
<tr><td>成绩</td><td></td><td>考评员</td><td></td><td>考评组长</td><td></td><td>日期</td><td></td></tr>
<tr><td>试题正文</td><td colspan="7">220kV 输电线路带电更换直线 V 串单片绝缘子</td></tr>
<tr><td>需要说明的问题和要求</td><td colspan="7">（1）要求多人配合操作，仅对杆塔上作业人员进行考评。
（2）操作应注意安全，按照标准化作业书的技术安全说明做好安全措施。
（3）严格按照带电作业流程进行，流程是否正确将列入考评内容。
（4）工具材料的检查由被考核人员配合完成。
（5）视作业现场线路重合闸已停用</td></tr>
</table>

序号	项目名称	质量要求	满分	扣分标准	扣分原因	得分
1	工作准备					
1.1	安全劳动防护用品的准备	正确佩戴安全帽，穿全套劳动防护用品，包括工作服、绝缘鞋（带电作业应穿导电鞋）、棉手套	5	未正确佩戴安全帽，穿工作服、绝缘鞋、棉手套（带电作业应穿导电鞋、全套屏蔽服），每项扣 2 分，扣完为止		
1.2	工器具的准备	熟练正确使用各种工器具	5	未正确使用一次扣 1 分，扣完为止		
1.3	相关安全措施的准备	（1）正确进行绝缘工具检查。 （2）带电作业现场条件复核。 （3）进行绝缘子零值检查。 （4）合理布置地面材料、工具	10	未进行绝缘工具绝缘性检查、擦拭及屏蔽服电阻检测扣 2 分； 未进行现场风速、湿度检查扣 2 分； 未进行绝缘子零值检查扣 2 分； 绝缘子零值检查操作错误扣 2 分； 地面工具、材料摆放不整齐、不合理扣 2 分		

续表

序号	项目名称	质量要求	满分	扣分标准	扣分原因	得分
2	工作许可					
2.1	许可方式	向考评员示意准备就绪，申请开始工作	5	未向考评员示意即开始工作扣 5 分		
3	工作步骤及技术要求					
3.1	作业中使用工具材料	能按要求正确选择作业工具，顺利完成工具的组合	10	绝缘杆与取销器组装不正确扣 5 分； 作业工具选择错误、不全扣 5 分		
3.2	作业程序	杆塔上作业人员与地面人员相互配合，杆塔上作业人员做好个人防护工作	20	作业人员作业时失去安全保护（无后备保护、未系安全带）扣 5 分； 绝缘绳固定位置不合适，导致重复移动的扣 5 分； 各操作不顺畅，重复操作的扣 5 分； 绝缘承力工具受力后，未进行检查确认安全可靠后摘除绝缘子的扣 5 分		
3.3	安全措施	塔上作业人员与带电体保持足够的安全距离，正确使用防导线脱落的后备保护，使用的带电工器具作业时保持有效的绝缘长度	20	登高作业前，未对登高工具及安全带进行检查和冲击试验的扣 4 分； 塔上作业人员与带电体安全距离小于 1.8m 的扣 4 分； 使用绝缘操作杆的有效长度小于 2.1m，扣 4 分； 无防导线脱落后备保护或未提前装设的扣 4 分； 杆塔上电工无安全措施徒手摘开横担侧绝缘子的扣 4 分		
4	工作结束					
4.1	作业结束	作业完成后检查检修质量，确认作业现场有无遗留物，申请下塔	2	作业结束后未检查绝缘子清扫情况的不得分； 未向工作负责人申请下塔或工作负责人未批准下塔的不得分； 下塔后塔上有遗留物的不得分		
4.2	材料、工具规整	作业结束后进行现场工具材料规整	3	未进行现场工具材料规整不得分		
5	工作终结汇报	向考评员报告工作已结束，场地已清理	5	未向考评员报告工作结束扣 3 分； 未清理场地扣 2 分		
6	其他要求					
6.1	动作要求	动作熟练顺畅	5	动作不熟练扣 1～5 分		
6.2	安全要求	严格遵守“四不伤害”原则，不得损坏工器具和设备	10	工器具或设备损坏不得分		
合计			100			

Jc0004162021　220kV 输电线路带电更换耐张绝缘子串。（100 分）

考核知识点：

（1）带电作业原理和基本方法。

（2）带电作业的安全技术。

（3）带电作业工具的检查与使用。

难易度：中

技能等级评价专业技能考核操作工作任务书

一、任务名称

220kV 输电线路地电位结合丝杠法带电更换双串耐张整串绝缘子。

二、适用工种

高压线路带电检修工（输电）高级技师。

三、具体任务

要求在规定时间内使用地电位结合丝杠法模拟 220kV 输电线路带电更换双串耐张整串绝缘子。

四、工作规范及要求

（1）作业中保持安全距离。

（2）正确进行带电作业工器具现场检查及使用。

（3）作业中各安全措施执行到位。

（4）带电作业操作流程正确，顺畅。

（5）作业人员配合默契。

五、考核及时间要求

（1）本考核整体操作时间为 60 分钟，时间到停止考评，包括作业场地工具、材料整理。

（2）项目工作人员共计 6 人。其中工作负责人 1 人，地面电工 3 人，杆塔上电工 2 人，本项目仅对杆塔上人员及等电位电工进行评审。

技能等级评价专业技能考核操作评分标准

工种	高压线路带电检修工					评价等级	高级技师
项目模块	高压线路带电检修方法及操作技巧—输电线路带电作业				编号	Jc0004162021	
单位			准考证号			姓名	
考试时限	60 分钟		题型	单项操作		题分	100 分
成绩		考评员		考评组长		日期	
试题正文	220kV 输电线路地电位结合丝杠法带电更换双串耐张整串绝缘子						
需要说明的问题和要求	（1）要求多人配合操作，仅对杆塔上作业人员及等电位电工进行考评。 （2）操作应注意安全，按照标准化作业书的技术安全说明做好安全措施。 （3）严格按照带电作业流程进行，流程是否正确将列入考评内容。 （4）工具材料的检查由被考核人员配合完成。 （5）视作业现场线路重合闸已停用						

序号	项目名称	质量要求	满分	扣分标准	扣分原因	得分
1	工作准备					
1.1	安全劳动防护用品的准备	正确佩戴安全帽，穿全套劳动防护用品，包括工作服、绝缘鞋（带电作业应穿导电鞋）、棉手套	5	未正确佩戴安全帽，穿工作服、绝缘鞋、棉手套（带电作业应穿导电鞋、全套屏蔽服），每项扣 2 分，扣完为止		
1.2	工器具的准备	熟练正确使用各种工器具	5	未正确使用一次扣 1 分，扣完为止		
1.3	相关安全措施的准备	（1）正确进行绝缘工具检查。 （2）带电作业现场条件复核。 （3）进行绝缘子零值检查。 （4）合理布置地面材料、工具	10	未进行绝缘工具绝缘性检查、擦拭及屏蔽服电阻检测扣 2 分； 未进行现场风速、湿度检查扣 2 分； 未进行绝缘子零值检查扣 2 分； 绝缘子零值检查操作错误扣 2 分； 地面工具、材料摆放不整齐、不合理扣 2 分		

续表

序号	项目名称	质量要求	满分	扣分标准	扣分原因	得分
2	工作许可					
2.1	许可方式	向考评员示意准备就绪，申请开始工作	5	未向考评员示意即开始工作扣5分		
3	工作步骤及技术要求					
3.1	作业中使用工具材料	能按要求正确选择作业工具，顺利完成工具的组合	10	大刀卡具、丝杠组合不正确扣5分； 作业工具选择错误、不全扣5分		
3.2	作业程序	高空作业人员与地面人员相互配合，高空作业人员做好个人防护工作	20	作业人员作业时失去安全保护（无后备保护、未系安全带）扣7分； 绝缘绳固定位置不合适，导致重复移动的扣6分； 绝缘承力工具受力后，未进行检查确认安全可靠后脱离绝缘子串的扣7分		
3.3	安全措施	塔上作业人员与带电体保持足够的安全距离，使用的带电工器具作业时保持有效的绝缘长度	20	登高作业前，未对登高工具及安全带进行检查和冲击试验的一次扣5分； 塔上作业人员与带电体安全距离小于1.8m的一次扣5分； 使用的绝缘承力工具安全长度小于1.8m、绝缘操作杆的有效长度小于2.1m，扣5分； 杆塔上电工无安全措施徒手摘开横担侧绝缘子，扣5分		
4	工作结束					
4.1	作业结束	作业完成后检查检修质量，确认作业现场有无遗留物，申请下塔	2	作业结束后未检查绝缘子清扫情况的不得分； 未向工作负责人申请下塔或工作负责人未批准下塔的不得分； 下塔后塔上有遗留物的不得分		
4.2	材料、工具规整	作业结束后进行现场工具材料规整	3	未进行现场工具材料规整不得分		
5	工作终结汇报	向考评员报告工作已结束，场地已清理	5	未向考评员报告工作结束扣3分； 未清理场地扣2分		
6	其他要求					
6.1	动作要求	动作熟练顺畅	5	动作不熟练扣1～5分		
6.2	安全要求	严格遵守“四不伤害”原则，不得损坏工器具和设备	10	工器具或设备损坏不得分		
合计			100			

Jc0004161022　110kV输电线路带电检测直线串绝缘子低零值。（100分）

考核知识点：

（1）带电作业原理和基本方法。

（2）带电作业的安全技术。

（3）带电作业工具的检查与使用。

难易度： 易

技能等级评价专业技能考核操作工作任务书

一、任务名称

110kV 输电线路带电检测直线串绝缘子低零值。

二、适用工种

高压线路带电检修工（输电）高级技师。

三、具体任务

要求在规定时间内模拟 110kV 输电线路带电检测直线串绝缘子低零值。

四、工作规范及要求

（1）作业中保持安全距离。

（2）正确进行带电作业工器具现场检查及使用。

（3）作业中各安全措施执行到位。

（4）带电作业操作流程正确，顺畅。

（5）作业人员配合默契。

五、考核及时间要求

（1）本考核整体操作时间为 30 分钟，时间到停止考评，包括作业场地工具、材料整理。

（2）项目工作人员共计 3 人。其中工作负责人 1 人，地面电工 1 人，杆塔上电工 1 人，本项目仅对杆塔上电工进行评审。

技能等级评价专业技能考核操作评分标准

工种	高压线路带电检修工			评价等级	高级技师
项目模块	高压线路带电检修方法及操作技巧—输电线路带电作业		编号	Jc0004161022	
单位		准考证号		姓名	
考试时限	30 分钟	题型	单项操作	题分	100 分
成绩	考评员		考评组长	日期	
试题正文	110kV 输电线路带电检测直线串绝缘子低零值				
需要说明的问题和要求	（1）要求多人配合操作，仅对杆塔上作业人员进行考评。 （2）操作应注意安全，按照标准化作业书的技术安全说明做好安全措施。 （3）严格按照带电作业流程进行，流程是否正确将列入考评内容。 （4）工具材料的检查由被考核人员配合完成。 （5）视作业现场线路重合闸已停用				

序号	项目名称	质量要求	满分	扣分标准	扣分原因	得分
1	工作准备					
1.1	安全劳动防护用品的准备	正确佩戴安全帽，穿全套劳动防护用品，包括工作服、绝缘鞋（带电作业应穿导电鞋）、棉手套	5	未正确佩戴安全帽，穿工作服、绝缘鞋、棉手套（带电作业应穿导电鞋、全套屏蔽服），每项扣 2 分，扣完为止		
1.2	工器具的准备	熟练正确使用各种工器具	5	未正确使用一次扣 1 分，扣完为止		
1.3	相关安全措施的准备	（1）正确进行绝缘工具检查。 （2）带电作业现场条件复核。 （3）合理布置地面材料、工具	10	未进行绝缘工具绝缘性检查、擦拭及屏蔽服电阻检测扣 4 分； 未进行现场风速、湿度检查扣 3 分； 地面工具、材料摆放不整齐、不合理扣 3 分		
2	工作许可					
2.1	许可方式	向考评员示意准备就绪，申请开始工作	5	未向考评员示意即开始工作扣 5 分		

续表

序号	项目名称	质量要求	满分	扣分标准	扣分原因	得分
3	工作步骤及技术要求					
3.1	作业中使用工具材料	能按要求正确选择作业工具，顺利完成工具的组合	10	未正确选择并组装作业工具扣10分		
3.2	作业程序	高空作业人员与地面人员相互配合，高空作业人员做好个人防护工作	20	作业人员作业时失去安全保护（无后备保护、未系安全带）扣10分； 绝缘绳固定位置不合适，导致重复移动的扣10分		
3.3	安全措施	塔上作业人员与带电体保持足够的安全距离，使用的带电工器具作业时保持有效的绝缘长度	20	登高作业前，未对登高工具及安全带进行检查和冲击试验的扣5分； 塔上作业人员与带电体安全距离小于1m的扣5分； 使用的绝缘承力工具安全长度小于1m、绝缘操作杆的有效长度小于1.3m，扣5分； 出现高空落物情况扣5分		
4	工作结束					
4.1	作业结束	作业完成后检查检修质量，确认作业现场有无遗留物，申请下塔	2	作业结束后未检查绝缘子清扫情况的不得分； 未向工作负责人申请下塔或工作负责人未批准下塔的不得分； 下塔后塔上有遗留物的不得分		
4.2	材料、工具规整	作业结束后进行现场工具材料规整	3	未进行现场工具材料规整不得分		
5	工作终结汇报	向考评员报告工作已结束，场地已清理	5	未向考评员报告工作结束扣3分； 未清理场地扣2分		
6	其他要求					
6.1	动作要求	动作熟练顺畅	5	动作不熟练扣1～5分		
6.2	安全要求	严格遵守“四不伤害”原则，不得损坏工器具和设备	10	工器具或设备损坏不得分		
合计			100			

Jc0004161023　110kV 输电线路带电检测耐张绝缘子低零值。（100 分）

考核知识点：

（1）带电作业原理和基本方法。

（2）带电作业的安全技术。

（3）带电作业工具的检查与使用。

难易度：易

技能等级评价专业技能考核操作工作任务书

一、任务名称

110kV 输电线路带电检测耐张串绝缘子低零值。

二、适用工种

高压线路带电检修工（输电）高级技师。

三、具体任务

要求在规定时间内模拟 110kV 输电线路带电检测耐张串绝缘子低零值的操作。

四、工作规范及要求

（1）作业中保持安全距离。

（2）正确进行带电作业工器具现场检查及使用。

（3）作业中各安全措施执行到位。

（4）带电作业操作流程正确，顺畅。

（5）作业人员配合默契。

五、考核及时间要求

（1）本考核整体操作时间为30分钟，时间到停止考评，包括作业场地工具、材料整理。

（2）项目工作人员共计3人。其中工作负责人1人，地面电工1人，杆塔上电工1人，本项目仅对杆塔上电工进行评审。

技能等级评价专业技能考核操作评分标准

工种	高压线路带电检修工				评价等级	高级技师	
项目模块	高压线路带电检修方法及操作技巧—输电线路带电作业			编号	Jc0004161023		
单位			准考证号		姓名		
考试时限	30分钟	题型		单项操作	题分	100分	
成绩		考评员		考评组长		日期	
试题正文	110kV输电线路带电检测耐张串绝缘子低零值						
需要说明的问题和要求	（1）要求多人配合操作，仅对杆塔上作业人员进行考评。 （2）操作应注意安全，按照标准化作业书的技术安全说明做好安全措施。 （3）严格按照带电作业流程进行，流程是否正确将列入考评内容。 （4）工具材料的检查由被考核人员配合完成。 （5）视作业现场线路重合闸已停用						

序号	项目名称	质量要求	满分	扣分标准	扣分原因	得分
1	工作准备					
1.1	安全劳动防护用品的准备	正确佩戴安全帽，穿全套劳动防护用品，包括工作服、绝缘鞋（带电作业应穿导电鞋）、棉手套	5	未正确佩戴安全帽，穿工作服、绝缘鞋、棉手套（带电作业应穿导电鞋、全套屏蔽服），每项扣2分，扣完为止		
1.2	工器具的准备	熟练正确使用各种工器具	5	未正确使用一次扣1分，扣完为止		
1.3	相关安全措施的准备	（1）正确进行绝缘工具检查。 （2）带电作业现场条件复核。 （3）合理布置地面材料、工具	10	未进行绝缘工具绝缘性检查、擦拭及屏蔽服电阻检测扣4分； 未进行现场风速、湿度检查扣3分； 地面工具、材料摆放不整齐、不合理扣3分		
2	工作许可					
2.1	许可方式	向考评员示意准备就绪，申请开始工作	5	未向考评员示意即开始工作扣5分		
3	工作步骤及技术要求					
3.1	作业中使用工具材料	能按要求正确选择作业工具，顺利完成工具的组合	10	未正确选择并组装作业工具扣10分		
3.2	作业程序	高空作业人员与地面人员相互配合，高空作业人员做好个人防护工作	20	作业人员作业时失去安全保护（无后备保护、未系安全带）扣10分； 绝缘绳固定位置不合适，导致重复移动的扣10分		

续表

序号	项目名称	质量要求	满分	扣分标准	扣分原因	得分
3.3	安全措施	塔上作业人员与带电体保持足够的安全距离，使用的带电工器具作业时保持有效的绝缘长度	20	登高作业前，未对登高工具及安全带进行检查和冲击试验的扣5分； 塔上作业人员与带电体安全距离小于1m的扣5分； 使用的绝缘承力工具安全长度小于1m、绝缘操作杆的有效长度小于1.3m，扣5分； 出现高空落物情况扣5分		
4	工作结束					
4.1	作业结束	作业完成后检查检修质量，确认作业现场有无遗留物，申请下塔	2	作业结束后未检查绝缘子清扫情况的不得分； 未向工作负责人申请下塔或工作负责人未批准下塔的不得分； 下塔后塔上有遗留物的不得分		
4.2	材料、工具规整	作业结束后进行现场工具材料规整	3	未进行现场工具材料规整不得分		
5	工作终结汇报	向考评员报告工作已结束，场地已清理	5	未向考评员报告工作结束扣3分； 未清理场地扣2分		
6	其他要求					
6.1	动作要求	动作熟练顺畅	5	动作不熟练扣1～5分		
6.2	安全要求	严格遵守“四不伤害”原则，不得损坏工器具和设备	10	工器具或设备损坏不得分		
合计			100			

Jc0004161024　220kV 输电线路带电检测直线串绝缘子低零值。（100 分）

考核知识点：

（1）带电作业原理和基本方法。

（2）带电作业的安全技术。

（3）带电作业工具的检查与使用。

难易度：易

技能等级评价专业技能考核操作工作任务书

一、任务名称

220kV 输电线路带电检测直线串绝缘子低零值。

二、适用工种

高压线路带电检修工（输电）高级技师。

三、具体任务

要求在规定时间内模拟 220kV 输电线路带电检测直线串绝缘子低零值的操作。

四、工作规范及要求

（1）作业中保持安全距离。

（2）正确进行带电作业工器具现场检查及使用。

（3）作业中各安全措施执行到位。

（4）带电作业操作流程正确，顺畅。

（5）作业人员配合默契。

五、考核及时间要求

（1）本考核整体操作时间为 30 分钟，时间到停止考评，包括作业场地工具、材料整理。

（2）项目工作人员共计 3 人。其中工作负责人 1 人，地面电工 1 人，杆塔上电工 1 人，本项目仅对杆塔上电工进行评审。

技能等级评价专业技能考核操作评分标准

<table>
<tr><td>工种</td><td colspan="6">高压线路带电检修工</td><td>评价等级</td><td>高级技师</td></tr>
<tr><td>项目模块</td><td colspan="5">高压线路带电检修方法及操作技巧—输电线路带电作业</td><td>编号</td><td colspan="2">Jc0004161024</td></tr>
<tr><td>单位</td><td colspan="3"></td><td>准考证号</td><td colspan="2"></td><td>姓名</td><td></td></tr>
<tr><td>考试时限</td><td colspan="2">30 分钟</td><td colspan="2">题型</td><td colspan="2">单项操作</td><td>题分</td><td>100 分</td></tr>
<tr><td>成绩</td><td></td><td>考评员</td><td colspan="2"></td><td>考评组长</td><td></td><td>日期</td><td></td></tr>
<tr><td>试题正文</td><td colspan="8">220kV 输电线路带电检测直线串绝缘子低零值</td></tr>
<tr><td>需要说明的问题和要求</td><td colspan="8">（1）要求多人配合操作，仅对杆塔上作业人员进行考评。
（2）操作应注意安全，按照标准化作业书的技术安全说明做好安全措施。
（3）严格按照带电作业流程进行，流程是否正确将列入考评内容。
（4）工具材料的检查由被考核人员配合完成。
（5）视作业现场线路重合闸已停用</td></tr>
</table>

序号	项目名称	质量要求	满分	扣分标准	扣分原因	得分
1	工作准备					
1.1	安全劳动防护用品的准备	正确佩戴安全帽，穿全套劳动防护用品，包括工作服、绝缘鞋（带电作业应穿导电鞋）、棉手套	5	未正确佩戴安全帽，穿工作服、绝缘鞋、棉手套（带电作业应穿导电鞋、全套屏蔽服），每项扣 2 分，扣完为止		
1.2	工器具的准备	熟练正确使用各种工器具	5	未正确使用一次扣 1 分，扣完为止		
1.3	相关安全措施的准备	（1）正确进行绝缘工具检查。 （2）带电作业现场条件复核。 （3）合理布置地面材料、工具	10	未进行绝缘工具绝缘性检查、擦拭及屏蔽服电阻检测扣 4 分； 未进行现场风速、湿度检查扣 3 分； 地面工具、材料摆放不整齐、不合理扣 3 分		
2	工作许可					
2.1	许可方式	向考评员示意准备就绪，申请开始工作	5	未向考评员示意即开始工作扣 5 分		
3	工作步骤及技术要求					
3.1	作业中使用工具材料	能按要求正确选择作业工具，顺利完成工具的组合	10	未正确选择并组装作业工具扣 10 分		
3.2	作业程序	高空作业人员与地面人员相互配合，高空作业人员做好个人防护工作	20	作业人员作业时失去安全保护（无后备保护、未系安全带）扣 10 分； 绝缘绳固定位置不合适，导致重复移动的扣 10 分		
3.3	安全措施	塔上作业人员与带电体保持足够的安全距离，使用的带电工器具作业时保持有效的绝缘长度	20	登高作业前，未对登高工具及安全带进行检查和冲击试验的扣 5 分； 塔上作业人员与带电体安全距离小于 1.8m 的扣 5 分； 使用的绝缘承力工具安全长度小于 1.8m、绝缘操作杆的有效长度小于 2.1m，扣 5 分； 出现高空落物情况扣 5 分		
4	工作结束					
4.1	作业结束	作业完成后检查检修质量，确认作业现场有无遗留物，申请下塔	2	作业结束后未检查绝缘子清扫情况的不得分； 未向工作负责人申请下塔或工作负责人未批准下塔的不得分； 下塔后塔上有遗留物的不得分		

续表

序号	项目名称	质量要求	满分	扣分标准	扣分原因	得分
4.2	材料、工具规整	作业结束后进行现场工具材料规整	3	未进行现场工具材料规整不得分		
5	工作终结汇报	向考评员报告工作已结束，场地已清理	5	未向考评员报告工作结束扣 3 分；未清理场地扣 2 分		
6	其他要求					
6.1	动作要求	动作熟练顺畅	5	动作不熟练扣 1～5 分		
6.2	安全要求	严格遵守“四不伤害”原则，不得损坏工器具和设备	10	工器具或设备损坏不得分		
合计			100			

Jc0004161025　220kV 输电线路带电检测耐张串绝缘子低零值。（100 分）

考核知识点：

（1）带电作业原理和基本方法。

（2）带电作业的安全技术。

（3）带电作业工具的检查与使用。

难易度：易

技能等级评价专业技能考核操作工作任务书

一、任务名称

220kV 输电线路带电检测耐张串绝缘子低零值。

二、适用工种

高压线路带电检修工（输电）高级技师。

三、具体任务

要求在规定时间内模拟 220kV 输电线路带电检测耐张串绝缘子低零值。

四、工作规范及要求

（1）作业中保持安全距离。

（2）正确进行带电作业工器具现场检查及使用。

（3）作业中各安全措施执行到位。

（4）带电作业操作流程正确，顺畅。

（5）作业人员配合默契。

五、考核及时间要求

（1）本考核整体操作时间为 30 分钟，时间到停止考评，包括作业场地工具、材料整理。

（2）项目工作人员共计 3 人。其中工作负责人 1 人，地面电工 1 人，杆塔上电工 1 人，本项目仅对杆塔上电工进行评审。

技能等级评价专业技能考核操作评分标准

工种	高压线路带电检修工					评价等级	高级技师
项目模块	高压线路带电检修方法及操作技巧—输电线路带电作业				编号	Jc0004161025	
单位			准考证号			姓名	
考试时限	30 分钟	题型	单项操作			题分	100 分
成绩		考评员		考评组长		日期	

续表

试题正文	220kV 输电线路带电检测耐张串绝缘子低零值
需要说明的问题和要求	（1）要求多人配合操作，仅对杆塔上作业人员进行考评。 （2）操作应注意安全，按照标准化作业书的技术安全说明做好安全措施。 （3）严格按照带电作业流程进行，流程是否正确将列入考评内容。 （4）工具材料的检查由被考核人员配合完成。 （5）视作业现场线路重合闸已停用

序号	项目名称	质量要求	满分	扣分标准	扣分原因	得分
1	工作准备					
1.1	安全劳动防护用品的准备	正确佩戴安全帽，穿全套劳动防护用品，包括工作服、绝缘鞋（带电作业应穿导电鞋）、棉手套	5	未正确佩戴安全帽，穿工作服、绝缘鞋、棉手套（带电作业应穿导电鞋、全套屏蔽服），每项扣2分，扣完为止		
1.2	工器具的准备	熟练正确使用各种工器具	5	未正确使用一次扣1分，扣完为止		
1.3	相关安全措施的准备	（1）正确进行绝缘工具检查。 （2）带电作业现场条件复核。 （3）合理布置地面材料、工具	10	未进行绝缘工具绝缘性检查、擦拭及屏蔽服电阻检测扣4分； 未进行现场风速、湿度检查扣3分； 地面工具、材料摆放不整齐、不合理扣3分		
2	工作许可					
2.1	许可方式	向考评员示意准备就绪，申请开始工作	5	未向考评员示意即开始工作扣5分		
3	工作步骤及技术要求					
3.1	作业中使用工具材料	能按要求正确选择作业工具，顺利完成工具的组合	10	未正确选择并组装作业工具扣10分		
3.2	作业程序	高空作业人员与地面人员相互配合，高空作业人员做好个人防护工作	20	作业人员作业时失去安全保护（无后备保护、未系安全带）扣10分； 绝缘绳固定位置不合适，导致重复移动的扣10分		
3.3	安全措施	塔上作业人员与带电体保持足够的安全距离，使用的带电工器具作业时保持有效的绝缘长度	20	登高作业前，未对登高工具及安全带进行检查和冲击试验的扣5分； 塔上作业人员与带电体安全距离小于1.8m的扣5分； 使用的绝缘承力工具安全长度小于1.8m、绝缘操作杆的有效长度小于2.1m，扣5分； 出现高空落物情况扣5分		
4	工作结束					
4.1	作业结束	作业完成后检查检修质量，确认作业现场有无遗留物，申请下塔	2	作业结束后未检查绝缘子清扫情况的不得分； 未向工作负责人申请下塔或工作负责人未批准下塔的不得分； 下塔后塔上有遗留物的不得分		
4.2	材料、工具规整	作业结束后进行现场工具材料规整	3	未进行现场工具材料规整不得分		
5	工作终结汇报	向考评员报告工作已结束，场地已清理	5	未向考评员报告工作结束扣3分； 未清理场地扣2分		
6	其他要求					
6.1	动作要求	动作熟练顺畅	5	动作不熟练扣1～5分		
6.2	安全要求	严格遵守“四不伤害”原则，不得损坏工器具和设备	10	工器具或设备损坏不得分		
合计			100			

Jc0005151026　编写带电更换110kV耐张杆防振锤的检修方案。（100分）

考核知识点：技术管理及培训

难易度：易

技能等级评价专业技能考核操作工作任务书

一、任务名称

编写带电更换 110kV 耐张杆防振锤的检修方案。

二、适用工种

高压线路带电检修工（输电）高级技师。

三、具体任务

110kV 某线 8 号杆（杆型 JG）A 相大号侧防振锤下滑 1m，计划对该防振锤进行更换。针对此项工作，考生编写一份带电更换 110kV 耐张杆防振锤的检修方案。

四、工作规范及要求

请按以下要求完成带电更换 110kV 耐张杆防振锤的检修方案；方案编写在教室内完成。

（1）人员配置分工合理（方案中不得出现真实单位名称及个人姓名）。

（2）工器具及材料清楚。

（3）主要作业程序正确。

（4）关键工序工艺质量标准清楚。

（5）组织、安全、技术措施齐全。

（6）考核时间结束终止考试。

五、考核及时间要求

考核时间共 40 分钟。每超过 2 分钟扣 1 分，到 45 分钟终止考核。

技能等级评价专业技能考核操作评分标准

<table>
<tr><td>工种</td><td colspan="5">高压线路带电检修工</td><td>评价等级</td><td>高级技师</td></tr>
<tr><td>项目模块</td><td colspan="4">技术管理及培训—技术管理</td><td>编号</td><td colspan="2">Jc0005151026</td></tr>
<tr><td>单位</td><td colspan="3"></td><td>准考证号</td><td></td><td>姓名</td><td></td></tr>
<tr><td>考试时限</td><td colspan="2">40 分钟</td><td colspan="2">题型</td><td>单项操作</td><td>题分</td><td>100 分</td></tr>
<tr><td>成绩</td><td></td><td>考评员</td><td></td><td>考评组长</td><td></td><td>日期</td><td></td></tr>
<tr><td>试题正文</td><td colspan="7">编写带电更换 110kV 耐张杆防振锤的检修方案</td></tr>
<tr><td>需要说明的问题和要求</td><td colspan="7">（1）所编写方案须注明检修时间、组织措施、现场工作环境、具体检修内容、检修分工、风险定级、技术措施、检修流程。
（2）所编写方案应包括事故应急处置措施。
（3）所编写方案应注明相应风险控制措施</td></tr>
</table>

序号	项目名称	质量要求	满分	扣分标准	扣分原因	得分
1	工作准备					
1.1	工器具选用	（1）脚扣、安全带、延长绳、双钩安全绳外观检查，进行冲击试验。 （2）全套屏蔽服是否连接可靠	10	脚扣、安全带、延长绳、双钩安全绳未做冲击试验不得分； 全套屏蔽服连接不可靠不得分		
1.2	材料的选用	检查防振锤外观是否正常	5	防振锤外观不合格不得分		
2	工作许可					
2.1	许可方式	向考评员示意准备就绪，申请开始工作	5	未向考评员示意即开始工作扣 5 分		
3	工作步骤及技术要求					
3.1	标题	要写清楚输电线路名称、杆号及作业内容	3	少一项扣 1 分，扣完为止		
3.2	检修工作介绍	应对检修工作概况或该工作的背景进行简单描述	5	没有工程概况介绍扣 5 分		

续表

序号	项目名称	质量要求	满分	扣分标准	扣分原因	得分
3.3	工作内容	应写清楚工作的输电线路、杆号、工作内容	3	少一项内容扣1分，扣完为止		
3.4	工作人员及分工	（1）应写清楚工作班组和人数；或者逐一填写工作人员名字。 （2）单位名称和个人姓名不得使用真实名称。 （3）应有明确分工	3	一项不正确扣1分		
3.5	工作时间	应写清楚计划工作时间，计划工作开始及工作结束时间均应以年、月、日、时、分填写清楚	3	没有填写时间扣3分，时间填写不清楚的扣1分		
3.6	准备工作	（1）安全措施宣讲及落实（作业人员着装正确，戴安全帽，系安全带）。 （2）人员分工（杆上作业及地面配合人员）。 （3）作业开始前的准备（防振锤及螺栓、平垫、弹垫、铝包带的检查）	3	少一项扣1分		
3.7	更换防振锤	（1）登塔。 （2）塔上作业人员将跟头滑车挂在导线上。 （3）地面人员将软梯头及软体起吊至导线安装好。 （4）地面等电位电工爬软梯进入强电场。 （5）量出安装位置。 （6）缠绕铝包带。 （7）安装防振锤。 （8）拆除旧防振锤及铝包带。 （9）退出强电场，下软梯至地面。 （10）拆除软梯头和软梯，以及跟头滑车	10	少一步扣1分		
3.8	防触电措施	（1）作业前应核对输电线路双重名称。 （2）着全套屏蔽服且各部位连接良好	2	少一项扣1分		
3.9	防止高坠措施	（1）安全带、延长绳外观检查及冲击试验。 （2）登杆过程中应全程使用安全带。 （3）杆上人员作业过程中不得失去保护	3	少一项扣1分		
3.10	防止高空落物伤人措施	（1）杆上作业人员应将工具放置在牢固的构件上。 （2）上下传递工具材料应使用绳索传递，不得抛掷。 （3）作业人员应正确佩戴安全帽。 （4）作业点下方不得有人逗留或通过	4	少一项扣1分		
3.11	质量要求	（1）铝包带的缠绕方向、出头及质量。 （2）螺栓穿向。 （3）防振锤安装位置及质量	3	一项错误扣1分		
3.12	工具	（1）应有工具清单。 （2）应含有安全带、延长绳、脚扣等安全工器具	4	少一项扣2分，扣完为止		
3.13	材料	（1）应有材料清单。 （2）应有防振锤及配件、铝包带等材料，并应根据情况选择适当的型号	4	少一项扣2分； 型号选择不正确扣2分； 以上扣分，扣完为止		

续表

序号	项目名称	质量要求	满分	扣分标准	扣分原因	得分
4	工作结束					
4.1	整理工具，清理现场	整理好工具，清理好现场	10	错误一项扣 5 分，扣完为止		
5	工作结束汇报	向考评员报告工作已结束，场地已清理	5	未向考评员报告工作结束扣 3 分；未清理场地扣 2 分		
6	其他要求	（1）要求着装正确（工作服、工作胶鞋、安全帽）。 （2）操作动作熟练。 （3）清理工作现场符合文明生产要求。 （4）在规定的时间内完成	15	不满足要求一项扣 3～4 分，扣完为止		
合计			100			

Jc0005152027　编写带电更换 220kV 耐张杆防振锤的检修方案。（100 分）

考核知识点：技术管理及培训

难易度：中

技能等级评价专业技能考核操作工作任务书

一、任务名称

编写带电更换 220kV 耐张杆防振锤的检修方案。

二、适用工种

高压线路带电检修工（输电）高级技师。

三、具体任务

220kV 某线 28 号杆（杆型 JG）B 相大号侧防振锤下滑 1m，计划对该防振锤进行更换。针对此项工作，考生编写一份带电更换 220kV 耐张杆防振锤的检修方案。

四、工作规范及要求

请按以下要求完成带电更换 220kV 耐张杆防振锤的检修方案；方案编写在教室内完成。

（1）人员配置分工合理（方案中不得出现真实单位名称及个人姓名）。

（2）工器具及材料清楚。

（3）主要作业程序正确。

（4）关键工序工艺质量标准清楚。

（5）组织、安全、技术措施齐全。

（6）考核时间结束终止考试。

五、考核及时间要求

考核时间共 40 分钟。每超过 2 分钟扣 1 分，到 45 分钟终止考核。

技能等级评价专业技能考核操作评分标准

<table>
<tr><td>工种</td><td colspan="5">高压线路带电检修工</td><td>评价等级</td><td>技师</td></tr>
<tr><td>项目模块</td><td colspan="4">技术管理及培训—技术管理</td><td>编号</td><td colspan="2">Jc0005152027</td></tr>
<tr><td>单位</td><td colspan="2"></td><td>准考证号</td><td colspan="2"></td><td>姓名</td><td></td></tr>
<tr><td>考试时限</td><td colspan="2">40 分钟</td><td colspan="2">题型</td><td>单项操作</td><td>题分</td><td>100 分</td></tr>
<tr><td>成绩</td><td></td><td>考评员</td><td></td><td>考评组长</td><td></td><td>日期</td><td></td></tr>
<tr><td>试题正文</td><td colspan="7">编写带电更换 220kV 耐张杆防振锤的检修方案</td></tr>
</table>

续表

需要说明的问题和要求	（1）所编写方案须注明检修时间、组织措施、现场工作环境、具体检修内容、检修分工、风险定级、技术措施、检修流程。 （2）所编写方案应包括事故应急处置措施。 （3）所编写方案应注明相应风险控制措施					
序号	项目名称	质量要求	满分	扣分标准	扣分原因	得分
1	工作准备					
1.1	工器具选用	（1）脚扣、安全带、延长绳、双钩安全绳外观检查，进行冲击试验。 （2）全套屏蔽服是否连接可靠	10	脚扣、安全带、延长绳、双钩安全绳未做冲击试验不得分； 全套屏蔽服连接不可靠不得分		
1.2	材料的选用	检查防振锤外观是否正常	5	防振锤外观不合格不得分		
2	工作许可					
2.1	许可方式	向考评员示意准备就绪，申请开始工作	5	未向考评员示意即开始工作扣5分		
3	工作步骤及技术要求					
3.1	标题	要写清楚输电线路名称、杆号及作业内容	3	少一项扣1分，扣完为止		
3.2	检修工作介绍	应对检修工作概况或该工作的背景进行简单描述	5	没有工程概况介绍扣5分		
3.3	工作内容	应写清楚工作的输电线路、杆号、工作内容	3	少一项内容扣1分，扣完为止		
3.4	工作人员及分工	（1）应写清楚工作班组和人数；或者逐一填写工作人员名字。 （2）单位名称和个人姓名不得使用真实名称。 （3）应有明确分工	3	一项不正确扣1分		
3.5	工作时间	应写清楚计划工作时间，计划工作开始及工作结束时间均应以年、月、日、时、分填写清楚	3	没有填写时间扣3分，时间填写不清楚的扣1分		
3.6	准备工作	（1）安全措施宣讲及落实（作业人员着装正确，戴安全帽，系安全带）。 （2）人员分工（杆上作业及地面配合人员）。 （3）作业开始前的准备（防振锤及螺栓、平垫、弹垫、铝包带的检查）	3	少一项扣1分		
3.7	更换防振锤	（1）登塔。 （2）塔上作业人员将跟头滑车挂在导线上。 （3）地面人员将软梯头及软体起吊至导线安装好。 （4）地面等电位电工爬软梯进入强电场。 （5）量出安装位置。 （6）缠绕铝包带。 （7）安装防振锤。 （8）拆除旧防振锤及铝包带。 （9）退出强电场，下软梯至地面。 （10）拆除软梯头和软梯，以及跟头滑车	10	少一步扣1分		
3.8	防触电措施	（1）作业前应核对输电线路双重名称。 （2）着全套屏蔽服且各部位连接良好	2	少一项扣1分		
3.9	防止高坠措施	（1）安全带、延长绳外观检查及冲击试验。 （2）登杆过程中应全程使用安全带。 （3）杆上人员作业过程中不得失去保护	3	少一项扣1分		
3.10	防止高空落物伤人措施	（1）杆上作业人员应将工具放置在牢固的构件上。 （2）上下传递工具材料应使用绳索传递，不得抛掷。 （3）作业人员应正确佩戴安全帽。 （4）作业点下方不得有人逗留或通过	4	少一项扣1分		

续表

序号	项目名称	质量要求	满分	扣分标准	扣分原因	得分
3.11	质量要求	（1）铝包带的缠绕方向、出头及质量。 （2）螺栓穿向。 （3）防振锤安装位置及质量	3	一项错误扣 1 分		
3.12	工具	（1）应有工具清单。 （2）应含有安全带、延长绳、脚扣等安全工器具	4	少一项扣 2 分，扣完为止		
3.13	材料	（1）应有材料清单。 （2）应有防振锤及配件、铝包带等材料，并应根据情况选择适当的型号	4	少一项扣 2 分； 型号选择不正确扣 2 分； 以上扣分，扣完为止		
4	工作结束					
4.1	整理工具，清理现场	整理好工具，清理好现场	10	错误一项扣 5 分，扣完为止		
5	工作结束汇报	向考评员报告工作已结束，场地已清理	5	未向考评员报告工作结束扣 3 分； 未清理场地扣 2 分		
6	其他要求	（1）要求着装正确（工作服、工作胶鞋、安全帽）。 （2）操作动作熟练。 （3）清理工作现场符合文明生产要求。 （4）在规定的时间内完成	15	不满足要求一项扣 3～4 分，扣完为止		
合计			100			

Jc0005152028　编写带电更换 330kV 耐张杆防振锤的检修方案。（100 分）

考核知识点：技术管理及培训

难易度：中

技能等级评价专业技能考核操作工作任务书

一、任务名称

编写带电更换 330kV 耐张杆防振锤的检修方案。

二、适用工种

高压线路带电检修工（输电）高级技师。

三、具体任务

330kV 某线 88 号杆（杆型 JG）A 相大号侧防振锤下滑 1m，计划对该防振锤进行更换。针对此项工作，考生编写一份带电更换 330kV 耐张杆防振锤的检修方案。

四、工作规范及要求

请按以下要求完成带电更换 330kV 耐张杆防振锤的检修方案；方案编写在教室内完成。

（1）人员配置分工合理（方案中不得出现真实单位名称及个人姓名）。

（2）工器具及材料清楚。

（3）主要作业程序正确。

（4）关键工序工艺质量标准清楚。

（5）组织、安全、技术措施齐全。

（6）考核时间结束终止考试。

五、考核及时间要求

考核时间共 40 分钟。每超过 2 分钟扣 1 分，到 45 分钟终止考核。

技能等级评价专业技能考核操作评分标准

<table>
<tr><td>工种</td><td colspan="3">高压线路带电检修工</td><td>评价等级</td><td>高级技师</td></tr>
<tr><td>项目模块</td><td colspan="2">技术管理及培训—技术管理</td><td>编号</td><td colspan="2">Jc0005152028</td></tr>
<tr><td>单位</td><td></td><td>准考证号</td><td></td><td>姓名</td><td></td></tr>
<tr><td>考试时限</td><td>40 分钟</td><td>题型</td><td>单项操作</td><td>题分</td><td>100 分</td></tr>
<tr><td>成绩</td><td>考评员</td><td></td><td>考评组长</td><td>日期</td><td></td></tr>
<tr><td>试题正文</td><td colspan="5">编写带电更换 330kV 耐张杆防振锤的检修方案</td></tr>
<tr><td>需要说明的问题和要求</td><td colspan="5">（1）所编写方案须注明检修时间、组织措施、现场工作环境、具体检修内容、检修分工、风险定级、技术措施、检修流程。
（2）所编写方案应包括事故应急处置措施。
（3）所编写方案应注明相应风险控制措施</td></tr>
</table>

序号	项目名称	质量要求	满分	扣分标准	扣分原因	得分
1	工作准备					
1.1	工器具选用	（1）脚扣、安全带、延长绳、双钩安全绳外观检查，进行冲击试验。 （2）全套屏蔽服是否连接可靠	10	脚扣、安全带、延长绳、双钩安全绳未做冲击试验不得分； 全套屏蔽服连接不可靠不得分		
1.2	材料的选用	检查防振锤外观是否正常	5	防振锤外观不合格不得分		
2	工作许可					
2.1	许可方式	向考评员示意准备就绪，申请开始工作	5	未向考评员示意即开始工作扣 5 分		
3	工作步骤及技术要求					
3.1	标题	要写清楚输电线路名称、杆号及作业内容	3	少一项扣 1 分，扣完为止		
3.2	检修工作介绍	应对检修工作概况或该工作的背景进行简单描述	5	没有工程概况介绍扣 5 分		
3.3	工作内容	应写清楚工作的输电线路、杆号、工作内容	3	少一项内容扣 1 分，扣完为止		
3.4	工作人员及分工	（1）应写清楚工作班组和人数；或者逐一填写工作人员名字。 （2）单位名称和个人姓名不得使用真实名称。 （3）应有明确分工	3	一项不正确扣 1 分		
3.5	工作时间	应写清楚计划工作时间，计划工作开始及工作结束时间均应以年、月、日、时、分填写清楚	3	没有填写时间扣 3 分，时间填写不清楚的扣 1 分		
3.6	准备工作	（1）安全措施宣讲及落实（作业人员着装正确，戴安全帽，系安全带）。 （2）人员分工（杆上作业及地面配合人员）。 （3）作业开始前的准备（防振锤及螺栓、平垫、弹垫、铝包带的检查）	3	少一项扣 1 分		
3.7	更换防振锤	（1）登塔。 （2）塔上作业人员将跟头滑车挂在导线上。 （3）地面人员将软梯头及软体起吊至导线安装好。 （4）地面等电位电工爬软梯进入强电场。 （5）量出安装位置。 （6）缠绕铝包带。 （7）安装防振锤。 （8）拆除旧防振锤及铝包带。 （9）退出强电场，下软梯至地面。 （10）拆除软梯头和软梯，以及跟头滑车	10	少一步扣 1 分		

续表

序号	项目名称	质量要求	满分	扣分标准	扣分原因	得分
3.8	防触电措施	（1）作业前应核对输电线路双重名称。 （2）着全套屏蔽服且各部位连接良好	2	少一项扣1分		
3.9	防止高坠措施	（1）安全带、延长绳外观检查及冲击试验。 （2）登杆过程中应全程使用安全带。 （3）杆上人员作业过程中不得失去保护	3	少一项扣1分		
3.10	防止高空落物伤人措施	（1）杆上作业人员应将工具放置在牢固的构件上。 （2）上下传递工具材料应使用绳索传递，不得抛掷。 （3）作业人员应正确佩戴安全帽。 （4）作业点下方不得有人逗留或通过	4	少一项扣1分		
3.11	质量要求	（1）铝包带的缠绕方向、出头及质量。 （2）螺栓穿向。 （3）防振锤安装位置及质量	3	一项错误扣1分		
3.12	工具	（1）应有工具清单。 （2）应含有安全带、延长绳、脚扣等安全工器具	4	少一项扣2分，扣完为止		
3.13	材料	（1）应有材料清单。 （2）应有防振锤及配件、铝包带等材料，并应根据情况选择适当的型号	4	少一项扣2分； 型号选择不正确扣2分； 以上扣分，扣完为止		
4	工作结束					
4.1	整理工具，清理现场	整理好工具，清理好现场	10	错误一项扣5分，扣完为止		
5	工作结束汇报	向考评员报告工作已结束，场地已清理	5	未向考评员报告工作结束扣3分； 未清理场地扣2分		
6	其他要求	（1）要求着装正确（工作服、工作胶鞋、安全帽）。 （2）操作动作熟练。 （3）清理工作现场符合文明生产要求。 （4）在规定的时间内完成	15	不满足要求一项扣3～4分，扣完为止		
合计			100			

Jc0005152029　编写更换330kV耐张单片绝缘子检修方案。（100分）

考核知识点：技术管理及培训

难易度：中

技能等级评价专业技能考核操作工作任务书

一、任务名称

编写停电更换330kV耐张单片绝缘子检修方案。

二、适用工种

高压线路带电检修工（输电）高级技师。

三、具体任务

330kV某线124号杆（塔型JG）C相大号侧第8片玻璃绝缘子破损，计划对该绝缘子进行更换。针对此项工作，考生编写一份停电更换330kV耐张单片绝缘子检修方案。

四、工作规范及要求

请按以下要求完成停电更换330kV耐张单片绝缘子检修方案；方案编写在教室内完成。

（1）人员配置分工合理（方案中不得出现真实单位名称及个人姓名）。
（2）工器具及材料清楚。
（3）主要作业程序正确。
（4）关键工序工艺质量标准清楚。
（5）组织、安全、技术措施齐全。
（6）考核时间结束终止考试。

五、考核及时间要求

考核时间共60分钟。每超过2分钟扣1分，到65分钟终止考核。

技能等级评价专业技能考核操作评分标准

工种	高压线路带电检修工			评价等级	高级技师	
项目模块	技术管理及培训—技术管理		编号	Jc0005152029		
单位		准考证号		姓名		
考试时限	40分钟	题型	单项操作	题分	100分	
成绩	考评员		考评组长		日期	
试题正文	编写停电更换330kV耐张单片绝缘子检修方案					
需要说明的问题和要求	（1）所编写方案须注明检修时间、组织措施、现场工作环境、具体检修内容、检修分工、风险定级、技术措施、检修流程。 （2）所编写方案应包括事故应急处置措施。 （3）所编写方案应注明相应风险控制措施					
序号	项目名称	质量要求	满分	扣分标准	扣分原因	得分
1	工作准备					
1.1	工器具选用	（1）脚扣、安全带、延长绳、双钩安全绳外观检查，进行冲击试验。 （2）全套屏蔽服是否连接可靠	10	脚扣、安全带、延长绳、双钩安全绳未做冲击试验不得分； 全套屏蔽服连接不可靠不得分		
1.2	材料的选用	检查绝缘子是否正常	5	绝缘子不合格不得分		
2	工作许可					
2.1	许可方式	向考评员示意准备就绪，申请开始工作	5	未向考评员示意即开始工作扣5分		
3	工作步骤及技术要求					
3.1	标题	要写清楚输电线路名称、杆塔号及作业内容	3	少一项扣1分，扣完为止		
3.2	工作介绍	应对检修工作概况或该工作的背景进行简单描述	5	没有工程概况介绍扣5分		
3.3	工作内容	应写清楚工作的输电线路、杆塔号、工作内容	3	少一项内容扣1分，扣完为止		
3.4	工作人员及分工	（1）应写清楚工作班组和人数；或者逐一填写工作人员名字。 （2）单位名称和个人姓名不得使用真实名称。 （3）应有明确分工	3	一项不正确扣1分		
3.5	工作时间	应写清楚计划工作时间，计划工作开始及工作结束时间均应以年、月、日、时、分填写清楚	3	没有填写时间扣3分，时间填写不清楚的扣1分		
3.6	准备工作	（1）安全措施宣讲及落实（作业人员着装正确，戴安全帽，系安全带）。 （2）人员分工（杆塔上作业及地面配合人员）。 （3）作业开始前的准备（防振锤及螺栓、平垫、弹垫、铝包带的检查）	3	少一项扣1分		

续表

序号	项目名称	质量要求	满分	扣分标准	扣分原因	得分
3.7	更换绝缘子	（1）登杆。 （2）沿绝缘子进入破损绝缘子处。 （3）安装好传递绳。 （4）拆除破损绝缘子。 （5）更换新绝缘子。 （6）按相反程序返回地面	10	少一步扣2分的，扣完为止		
3.8	防触电措施	作业前应核对输电线路双重名称	3	未核对不得分		
3.9	防止高坠措施	（1）安全带、延长绳外观检查及冲击试验。 （2）登杆过程中应全程使用安全带。 （3）杆上人员作业过程中不得失去保护	3	少一项扣1分		
3.10	防止高空落物伤人措施	（1）杆上作业人员应将工具放置在牢固的构件上。 （2）上下传递工具材料应使用绳索传递，不得抛掷。 （3）作业人员应正确佩戴安全帽。 （4）作业点下方不得有人逗留或通过	4	少一项扣1分		
3.11	质量要求	（1）绝缘子大口方向。 （2）W销是否安装到位	2	一项错误扣1分		
3.12	工具	（1）应有工具清单。 （2）应含有安全带、延长绳、闭式卡等安全工器具	4	少一项扣2分，扣完为止		
3.13	材料	（1）应有材料清单。 （2）应有绝缘子等材料，并应根据情况选择适当的型号	4	少一项扣2分； 型号选择不正确扣2分； 以上扣分，扣完为止		
4	工作结束					
4.1	整理工具，清理现场	整理好工具，清理好现场	10	错误一项扣5分，扣完为止		
5	工作结束汇报	向考评员报告工作已结束，场地已清理	5	未向考评员报告工作结束扣3分； 未清理场地扣2分		
6	其他要求	（1）要求着装正确（工作服、工作胶鞋、安全帽）。 （2）操作动作熟练。 （3）清理工作现场符合文明生产要求。 （4）在规定的时间内完成	15	不满足要求一项扣3～4分，扣完为止		
合计			100			

Jc0005152030　编写更换220kV耐张单片绝缘子检修方案。（100分）

考核知识点：技术管理及培训

难易度：中

技能等级评价专业技能考核操作工作任务书

一、任务名称

编写停电更换220kV耐张单片绝缘子检修方案。

二、适用工种

高压线路带电检修工（输电）高级技师。

三、具体任务

220kV某线53号杆（塔型JG）A相大号侧第12片玻璃绝缘子破损，计划对该绝缘子进行更换。针对此项工作，考生编写一份停电更换220kV耐张单片绝缘子检修方案。

四、工作规范及要求

请按以下要求完成停电更换220kV耐张单片绝缘子检修方案；方案编写在教室内完成。

（1）人员配置分工合理（方案中不得出现真实单位名称及个人姓名）。

（2）工器具及材料清楚。

（3）主要作业程序正确。

（4）关键工序工艺质量标准清楚。

（5）组织、安全、技术措施齐全。

（6）考核时间结束终止考试。

五、考核及时间要求

考核时间共60分钟。每超过2分钟扣1分，到65分钟终止考核。

技能等级评价专业技能考核操作评分标准

工种	高压线路带电检修工					评价等级	高级技师
项目模块	技术管理及培训—技术管理				编号	Jc0005152030	
单位			准考证号			姓名	
考试时限	60分钟		题型		单项操作	题分	100分
成绩		考评员		考评组长		日期	
试题正文	编写停电更换220kV耐张单片绝缘子检修方案						
需要说明的问题和要求	（1）所编写方案须注明检修时间、组织措施、现场工作环境、具体检修内容、检修分工、风险定级、技术措施、检修流程。 （2）所编写方案应包括事故应急处置措施。 （3）所编写方案应注明相应风险控制措施						

序号	项目名称	质量要求	满分	扣分标准	扣分原因	得分
1	工作准备					
1.1	工器具选用	（1）脚扣、安全带、延长绳、双钩安全绳外观检查，进行冲击试验。 （2）全套屏蔽服是否连接可靠	10	脚扣、安全带、延长绳、双钩安全绳未做冲击试验不得分； 全套屏蔽服连接不可靠不得分		
1.2	材料的选用	检查绝缘子是否正常	5	绝缘子不合格不得分		
2	工作许可					
2.1	许可方式	向考评员示意准备就绪，申请开始工作	5	未向考评员示意即开始工作扣5分		
3	工作步骤及技术要求					
3.1	标题	要写清楚输电线路名称、杆塔号及作业内容	3	少一项扣1分，扣完为止		
3.2	工作介绍	应对检修工作概况或该工作的背景进行简单描述	5	没有工程概况介绍扣5分		
3.3	工作内容	应写清楚工作的输电线路、杆塔号、工作内容	3	少一项内容扣1分，扣完为止		
3.4	工作人员及分工	（1）应写清楚工作班组和人数；或者逐一填写工作人员名字。 （2）单位名称和个人姓名不得使用真实名称。 （3）应有明确分工	3	一项不正确扣1分		
3.5	工作时间	应写清楚计划工作时间，计划工作开始及工作结束时间均应以年、月、日、时、分填写清楚	3	没有填写时间扣3分，时间填写不清楚的扣1分		
3.6	准备工作	（1）安全措施宣讲及落实（作业人员着装正确，戴安全帽，系安全带）。 （2）人员分工（杆塔上作业及地面配合人员）。 （3）作业开始前的准备（防振锤及螺栓、平垫、弹垫、铝包带的检查）	3	少一项扣1分		

续表

序号	项目名称	质量要求	满分	扣分标准	扣分原因	得分
3.7	更换绝缘子	（1）登杆。 （2）沿绝缘子进入破损绝缘子处。 （3）安装好传递绳。 （4）拆除破损绝缘子。 （5）更换新绝缘子。 （6）按相反程序返回地面	10	少一步扣2分，扣完为止		
3.8	防触电措施	作业前应核对输电线路双重名称	3	未核对不得分		
3.9	防止高坠措施	（1）安全带、延长绳外观检查及冲击试验。 （2）登杆过程中应全程使用安全带。 （3）杆上人员作业过程中不得失去保护	3	少一项扣1分		
3.10	防止高空落物伤人措施	（1）杆上作业人员应将工具放置在牢固的构件上。 （2）上下传递工具材料应使用绳索传递，不得抛掷。 （3）作业人员应正确佩戴安全帽。 （4）作业点下方不得有人逗留或通过	4	少一项扣1分		
3.11	质量要求	（1）绝缘子大口方向。 （2）W销是否安装到位	2	一项错误扣1分		
3.12	工具	（1）应有工具清单。 （2）应含有安全带、延长绳、闭式卡等安全工器具	4	少一项扣2分，扣完为止		
3.13	材料	（1）应有材料清单。 （2）应有绝缘子等材料，并应根据情况选择适当的型号	4	少一项扣2分； 型号选择不正确扣2分； 以上扣分，扣完为止		
4	工作结束					
4.1	整理工具，清理现场	整理好工具，清理好现场	10	错误一项扣5分，扣完为止		
5	工作结束汇报	向考评员报告工作已结束，场地已清理	5	未向考评员报告工作结束扣3分； 未清理场地扣2分		
6	其他要求	（1）要求着装正确（工作服、工作胶鞋、安全帽）。 （2）操作动作熟练。 （3）清理工作现场符合文明生产要求。 （4）在规定的时间内完成	15	不满足要求一项扣3～4分，扣完为止		
合计			100			

Jc0005152031　编写更换110kV耐张单片绝缘子检修方案。（100分）

考核知识点：技术管理及培训

难易度：中

技能等级评价专业技能考核操作工作任务书

一、任务名称

编写更换110kV耐张单片绝缘子检修方案。

二、适用工种

高压线路带电检修工（输电）高级技师。

三、具体任务

110kV某线35号杆（塔型JG）C相大号侧第3片玻璃绝缘子破损，计划对该绝缘子进行更换。针对此项工作，考生编写一份停电更换110kV耐张单片绝缘子检修方案。

四、工作规范及要求

请按以下要求完成停电更换110kV耐张单片绝缘子检修方案；方案编写在教室内完成。

（1）人员配置分工合理（方案中不得出现真实单位名称及个人姓名）。

（2）工器具及材料清楚。

（3）主要作业程序正确。

（4）关键工序工艺质量标准清楚。

（5）组织、安全、技术措施齐全。

（6）考核时间结束终止考试。

五、考核及时间要求

考核时间共60分钟。每超过2分钟扣1分，到65分钟终止考核。

技能等级评价专业技能考核操作评分标准

工种	高压线路带电检修工			评价等级	高级技师
项目模块	技术管理及培训—技术管理		编号	Jc0005152031	
单位		准考证号		姓名	
考试时限	60分钟	题型	单项操作	题分	100分
成绩	考评员		考评组长	日期	
试题正文	编写更换110kV耐张单片绝缘子检修方案				
需要说明的问题和要求	（1）所编写方案须注明检修时间、组织措施、现场工作环境、具体检修内容、检修分工、风险定级、技术措施、检修流程。 （2）所编写方案应包括事故应急处置措施。 （3）所编写方案应注明相应风险控制措施				

序号	项目名称	质量要求	满分	扣分标准	扣分原因	得分
1	工作准备					
1.1	工器具选用	（1）脚扣、安全带、延长绳、双钩安全绳外观检查，进行冲击试验。 （2）全套屏蔽服是否连接可靠	10	脚扣、安全带、延长绳、双钩安全绳未做冲击试验不得分； 全套屏蔽服连接不可靠不得分		
1.2	材料的选用	检查绝缘子是否正常	5	绝缘子不合格不得分		
2	工作许可					
2.1	许可方式	向考评员示意准备就绪，申请开始工作	5	未向考评员示意即开始工作扣5分		
3	工作步骤及技术要求					
3.1	标题	要写清楚输电线路名称、杆塔号及作业内容	3	少一项扣1分，扣完为止		
3.2	工作介绍	应对检修工作概况或该工作的背景进行简单描述	5	没有工程概况介绍扣5分		
3.3	工作内容	应写清楚工作的输电线路、杆塔号、工作内容	3	少一项内容扣1分，扣完为止		
3.4	工作人员及分工	（1）应写清楚工作班组和人数；或者逐一填写工作人员名字。 （2）单位名称和个人姓名不得使用真实名称。 （3）应有明确分工	3	一项不正确扣1分		
3.5	工作时间	应写清楚计划工作时间，计划工作开始及工作结束时间均应以年、月、日、时、分填写清楚	3	没有填写时间扣3分，时间填写不清楚的扣1分		
3.6	准备工作	（1）安全措施宣讲及落实（作业人员着装正确，戴安全帽，系安全带）。 （2）人员分工（杆塔上作业及地面配合人员）。 （3）作业开始前的准备（防振锤及螺栓、平垫、弹垫、铝包带的检查）	3	少一项扣1分		

续表

序号	项目名称	质量要求	满分	扣分标准	扣分原因	得分
3.7	更换绝缘子	（1）登杆。 （2）沿绝缘子进入破损绝缘子处。 （3）安装好传递绳。 （4）拆除破损绝缘子。 （5）更换新绝缘子。 （6）按相反程序返回地面	10	少一步扣2分，扣完为止		
3.8	防触电措施	作业前应核对输电线路双重名称	3	未核对不得分		
3.9	防止高坠措施	（1）安全带、延长绳外观检查及冲击试验。 （2）登杆过程中应全程使用安全带。 （3）杆上人员作业过程中不得失去保护	3	少一项扣1分		
3.10	防止高空落物伤人措施	（1）杆上作业人员应将工具放置在牢固的构件上。 （2）上下传递工具材料应使用绳索传递，不得抛掷。 （3）作业人员应正确佩戴安全帽。 （4）作业点下方不得有人逗留或通过	4	少一项扣1分		
3.11	质量要求	（1）绝缘子大口方向。 （2）W销是否安装到位	2	一项错误扣1分		
3.12	工具	（1）应有工具清单。 （2）应含有安全带、延长绳、闭式卡等安全工器具	4	少一项扣2分，扣完为止		
3.13	材料	（1）应有材料清单。 （2）应有绝缘子等材料，并应根据情况选择适当的型号	4	少一项扣2分； 型号选择不正确扣2分； 以上扣分，扣完为止		
4	工作结束					
4.1	整理工具，清理现场	整理好工具，清理好现场	10	错误一项扣5分，扣完为止		
5	工作结束汇报	向考评员报告工作已结束，场地已清理	5	未向考评员报告工作结束扣3分； 未清理场地扣2分		
6	其他要求	（1）要求着装正确（工作服、工作胶鞋、安全帽）。 （2）操作动作熟练。 （3）清理工作现场符合文明生产要求。 （4）在规定的时间内完成	15	不满足要求一项扣3～4分，扣完为止		
合计			100			

Jc0005151032　编写带电更换110kV直线杆防振锤的检修方案。（100分）

考核知识点：技术管理及培训

难易度：易

技能等级评价专业技能考核操作工作任务书

一、任务名称

编写带电更换110kV直线杆防振锤的检修方案。

二、适用工种

高压线路带电检修工（输电）高级技师。

三、具体任务

110kV某线8号杆（杆型JG）A相大号侧防振锤下滑1m，计划对该防振锤进行更换。针对此项工作，考生编写一份直线更换110kV耐张杆防振锤的检修方案。

四、工作规范及要求

请按以下要求完成带电更换110kV直线杆防振锤的检修方案；方案编写在教室内完成。

（1）人员配置分工合理（方案中不得出现真实单位名称及个人姓名）。

（2）工器具及材料清楚。

（3）主要作业程序正确。

（4）关键工序工艺质量标准清楚。

（5）组织、安全、技术措施齐全。

（6）考核时间结束终止考试。

五、考核及时间要求

考核时间共40分钟。每超过2分钟扣1分，到45分钟终止考核。

技能等级评价专业技能考核操作评分标准

<table>
<tr><td>工种</td><td colspan="5">高压线路带电检修工</td><td>评价等级</td><td>高级技师</td></tr>
<tr><td>项目模块</td><td colspan="4">技术管理及培训—技术管理</td><td>编号</td><td colspan="2">Jc0005151032</td></tr>
<tr><td>单位</td><td colspan="2"></td><td>准考证号</td><td colspan="2"></td><td>姓名</td><td></td></tr>
<tr><td>考试时限</td><td colspan="2">40分钟</td><td colspan="2">题型</td><td>单项操作</td><td>题分</td><td>100分</td></tr>
<tr><td>成绩</td><td></td><td>考评员</td><td></td><td>考评组长</td><td></td><td>日期</td><td></td></tr>
<tr><td>试题正文</td><td colspan="7">编写带电更换110kV直线杆防振锤的检修方案</td></tr>
<tr><td>需要说明的问题和要求</td><td colspan="7">（1）所编写方案须注明检修时间、组织措施、现场工作环境、具体检修内容、检修分工、风险定级、技术措施、检修流程。
（2）所编写方案应包括事故应急处置措施。
（3）所编写方案应注明相应风险控制措施</td></tr>
</table>

序号	项目名称	质量要求	满分	扣分标准	扣分原因	得分
1	工作准备					
1.1	工器具选用	（1）脚扣、安全带、延长绳、双钩安全绳外观检查，进行冲击试验。 （2）全套屏蔽服是否连接可靠	10	脚扣、安全带、延长绳、双钩安全绳未做冲击试验不得分； 全套屏蔽服连接不可靠不得分		
1.2	材料的选用	检查防振锤外观是否正常	5	防振锤外观不合格不得分		
2	工作许可					
2.1	许可方式	向考评员示意准备就绪，申请开始工作	5	未向考评员示意即开始工作扣5分		
3	工作步骤及技术要求					
3.1	标题	要写清楚输电线路名称、杆号及作业内容	3	少一项扣1分，扣完为止		
3.2	检修工作介绍	应对检修工作概况或该工作的背景进行简单描述	5	没有工程概况介绍扣5分		
3.3	工作内容	应写清楚工作的输电线路、杆号、工作内容	3	少一项内容扣1分，扣完为止		
3.4	工作人员及分工	（1）应写清楚工作班组和人数；或者逐一填写工作人员名字。 （2）单位名称和个人姓名不得使用真实名称。 （3）应有明确分工	3	一项不正确扣1分		
3.5	工作时间	应写清楚计划工作时间，计划工作开始及工作结束时间均应以年、月、日、时、分填写清楚	3	没有填写时间扣3分，时间填写不清楚的扣1分		
3.6	准备工作	（1）安全措施宣讲及落实（作业人员着装正确，戴安全帽，系安全带）。 （2）人员分工（杆上作业及地面配合人员）。 （3）作业开始前的准备（防振锤及螺栓、平垫、弹垫、铝包带的检查）	3	少一项扣1分		

续表

序号	项目名称	质量要求	满分	扣分标准	扣分原因	得分
3.7	更换防振锤	（1）登塔。 （2）塔上作业人员将跟头滑车挂在导线上。 （3）地面人员将软梯头及软体起吊至导线安装好。 （4）地面等电位电工爬软梯进入强电场。 （5）量出安装位置。 （6）缠绕铝包带。 （7）安装防振锤。 （8）拆除旧防振锤及铝包带。 （9）退出强电场，下软梯至地面。 （10）拆除软梯头和软梯，以及跟头滑车	10	少一步扣1分		
3.8	防触电措施	（1）作业前应核对输电线路双重名称。 （2）着全套屏蔽服且各部位连接良好	2	少一项扣1分		
3.9	防止高坠措施	（1）安全带、延长绳外观检查及冲击试验。 （2）登杆过程中应全程使用安全带。 （3）杆上人员作业过程中不得失去保护	3	少一项扣1分		
3.10	防止高空落物伤人措施	（1）杆上作业人员应将工具放置在牢固的构件上。 （2）上下传递工具材料应使用绳索传递，不得抛掷。 （3）作业人员应正确佩戴安全帽。 （4）作业点下方不得有人逗留或通过	4	少一项扣1分		
3.11	质量要求	（1）铝包带的缠绕方向、出头及质量。 （2）螺栓穿向。 （3）防振锤安装位置及质量	3	一项错误扣1分		
3.12	工具	（1）应有工具清单。 （2）应含有安全带、延长绳、脚扣等安全工器具	4	少一项扣2分，扣完为止		
3.13	材料	（1）应有材料清单。 （2）应有防振锤及配件、铝包带等材料，并应根据情况选择适当的型号	4	少一项扣2分； 型号选择不正确扣2分； 以上扣分，扣完为止		
4	工作结束					
4.1	整理工具，清理现场	整理好工具，清理好现场	10	错误一项扣5分，扣完为止		
5	工作结束汇报	向考评员报告工作已结束，场地已清理	5	未向考评员报告工作结束扣3分； 未清理场地扣2分		
6	其他要求	（1）要求着装正确（工作服、工作胶鞋、安全帽）。 （2）操作动作熟练。 （3）清理工作现场符合文明生产要求。 （4）在规定的时间内完成	15	不满足要求一项扣3～4分，扣完为止		
合计			100			

Jc0005152033　编写带电更换220kV直线杆防振锤的检修方案。（100分）

考核知识点：技术管理及培训

难易度：中

技能等级评价专业技能考核操作工作任务书

一、任务名称

编写带电更换220kV直线杆防振锤的检修方案。

二、适用工种

高压线路带电检修工（输电）高级技师。

三、具体任务

220kV 某线 28 号杆（杆型 JG）B 相大号侧防振锤下滑 1m，计划对该防振锤进行更换。针对此项工作，考生编写一份带电更换 220kV 直线杆防振锤的检修方案。

四、工作规范及要求

请按以下要求完成带电更换 220kV 直线杆防振锤的检修方案；方案编写在教室内完成。

（1）人员配置分工合理（方案中不得出现真实单位名称及个人姓名）。

（2）工器具及材料清楚。

（3）主要作业程序正确。

（4）关键工序工艺质量标准清楚。

（5）组织、安全、技术措施齐全。

（6）考核时间结束终止考试。

五、考核及时间要求

考核时间共 40 分钟。每超过 2 分钟扣 1 分，到 45 分钟终止考核。

技能等级评价专业技能考核操作评分标准

工种	高压线路带电检修工				评价等级	高级技师
项目模块	技术管理及培训—技术管理			编号	Jc0005152033	
单位		准考证号			姓名	
考试时限	40 分钟	题型		单项操作	题分	100 分
成绩	考评员		考评组长		日期	
试题正文	编写带电更换 220kV 直线杆防振锤的检修方案					
需要说明的问题和要求	（1）所编写方案须注明检修时间、组织措施、现场工作环境、具体检修内容、检修分工、风险定级、技术措施、检修流程。 （2）所编写方案应包括事故应急处置措施。 （3）所编写方案应注明相应风险控制措施					

序号	项目名称	质量要求	满分	扣分标准	扣分原因	得分
1	工作准备					
1.1	工器具选用	（1）脚扣、安全带、延长绳、双钩安全绳外观检查，进行冲击试验。 （2）全套屏蔽服是否连接可靠	10	脚扣、安全带、延长绳、双钩安全绳未做冲击试验不得分； 全套屏蔽服连接不可靠不得分		
1.2	材料的选用	检查防振锤外观是否正常	5	防振锤外观不合格不得分		
2	工作许可					
2.1	许可方式	向考评员示意准备就绪，申请开始工作	5	未向考评员示意即开始工作扣 5 分		
3	工作步骤及技术要求					
3.1	标题	要写清楚输电线路名称、杆号及作业内容	3	少一项扣 1 分，扣完为止		
3.2	检修工作介绍	应对检修工作概况或该工作的背景进行简单描述	5	没有工程概况介绍扣 5 分		
3.3	工作内容	应写清楚工作的输电线路、杆号、工作内容	3	少一项内容扣 1 分，扣完为止		
3.4	工作人员及分工	（1）应写清楚工作班组和人数；或者逐一填写工作人员名字。 （2）单位名称和个人姓名不得使用真实名称。 （3）应有明确分工	3	一项不正确扣 1 分		

续表

序号	项目名称	质量要求	满分	扣分标准	扣分原因	得分
3.5	工作时间	应写清楚计划工作时间，计划工作开始及工作结束时间均应以年、月、日、时、分填写清楚	3	没有填写时间扣3分，时间填写不清楚的扣1分		
3.6	准备工作	（1）安全措施宣讲及落实（作业人员着装正确，戴安全帽，系安全带）。 （2）人员分工（杆上作业及地面配合人员）。 （3）作业开始前的准备（防振锤及螺栓、平垫、弹垫、铝包带的检查）	3	少一项扣1分		
3.7	更换防振锤	（1）登塔。 （2）塔上作业人员将跟头滑车挂在导线上。 （3）地面人员将软梯头及软体起吊至导线安装好。 （4）地面等电位电工爬软梯进入强电场。 （5）量出安装位置。 （6）缠绕铝包带。 （7）安装防振锤。 （8）拆除旧防振锤及铝包带。 （9）退出强电场，下软梯至地面。 （10）拆除软梯头和软梯，以及跟头滑车	10	少一步扣1分		
3.8	防触电措施	（1）作业前应核对输电线路双重名称。 （2）着全套屏蔽服且各部位连接良好	2	少一项扣1分		
3.9	防止高坠措施	（1）安全带、延长绳外观检查及冲击试验。 （2）登杆过程中应全程使用安全带。 （3）杆上人员作业过程中不得失去保护	3	少一项扣1分		
3.10	防止高空落物伤人措施	（1）杆上作业人员应将工具放置在牢固的构件上。 （2）上下传递工具材料应使用绳索传递，不得抛掷。 （3）作业人员应正确佩戴安全帽。 （4）作业点下方不得有人逗留或通过	4	少一项扣1分		
3.11	质量要求	（1）铝包带的缠绕方向、出头及质量。 （2）螺栓穿向。 （3）防振锤安装位置及质量	3	一项错误扣1分		
3.12	工具	（1）应有工具清单。 （2）应含有安全带、延长绳、脚扣等安全工器具	4	少一项扣2分，扣完为止		
3.13	材料	（1）应有材料清单。 （2）应有防振锤及配件、铝包带等材料，并应根据情况选择适当的型号	4	少一项扣2分； 型号选择不正确扣2分； 以上扣分，扣完为止		
4	工作结束					
4.1	整理工具，清理现场	整理好工具，清理好现场	10	错误一项扣5分，扣完为止		
5	工作结束汇报	向考评员报告工作已结束，场地已清理	5	未向考评员报告工作结束扣3分； 未清理场地扣2分		
6	其他要求	（1）要求着装正确（工作服、工作胶鞋、安全帽）。 （2）操作动作熟练。 （3）清理工作现场符合文明生产要求。 （4）在规定的时间内完成	15	不满足要求一项扣3～4分，扣完为止		
合计			100			

Jc0005152034　编写带电更换 330kV 直线杆防振锤的检修方案。（100 分）

考核知识点：技术管理及培训

难易度：中

技能等级评价专业技能考核操作工作任务书

一、任务名称

编写带电更换 330kV 直线杆防振锤的检修方案。

二、适用工种

高压线路带电检修工（输电）高级技师。

三、具体任务

330kV 某线 88 号杆（杆型 JG）A 相大号侧防振锤下滑 1m，计划对该防振锤进行更换。针对此项工作，考生编写一份带电更换 330kV 直线杆防振锤的检修方案。

四、工作规范及要求

请按以下要求完成带电更换 330kV 直线杆防振锤的检修方案；方案编写在教室内完成。

（1）人员配置分工合理（方案中不得出现真实单位名称及个人姓名）。

（2）工器具及材料清楚。

（3）主要作业程序正确。

（4）关键工序工艺质量标准清楚。

（5）组织、安全、技术措施齐全。

（6）考核时间结束终止考试。

五、考核及时间要求

考核时间共 40 分钟。每超过 2 分钟扣 1 分，到 45 分钟终止考核。

技能等级评价专业技能考核操作评分标准

工种	高压线路带电检修工				评价等级	高级技师
项目模块	技术管理及培训—技术管理			编号	Jc0005152034	
单位		准考证号			姓名	
考试时限	40 分钟	题型		单项操作	题分	100 分
成绩		考评员		考评组长	日期	
试题正文	编写带电更换 330kV 直线杆防振锤的检修方案					
需要说明的问题和要求	（1）所编写方案须注明检修时间、组织措施、现场工作环境、具体检修内容、检修分工、风险定级、技术措施、检修流程。 （2）所编写方案应包括事故应急处置措施。 （3）所编写方案应注明相应风险控制措施					

序号	项目名称	质量要求	满分	扣分标准	扣分原因	得分
1	工作准备					
1.1	工器具选用	（1）脚扣、安全带、延长绳、双钩安全绳外观检查，进行冲击试验。 （2）全套屏蔽服是否连接可靠	10	脚扣、安全带、延长绳、双钩安全绳未做冲击试验不得分； 全套屏蔽服连接不可靠不得分		
1.2	材料的选用	检查防振锤外观是否正常	5	防振锤外观不合格不得分		
2	工作许可					
2.1	许可方式	向考评员示意准备就绪，申请开始工作	5	未向考评员示意即开始工作扣 5 分		

续表

序号	项目名称	质量要求	满分	扣分标准	扣分原因	得分
3	工作步骤及技术要求					
3.1	标题	要写清楚输电线路名称、杆号及作业内容	3	少一项扣1分，扣完为止		
3.2	检修工作介绍	应对检修工作概况或该工作的背景进行简单描述	5	没有工程概况介绍扣5分		
3.3	工作内容	应写清楚工作的输电线路、杆号、工作内容	3	少一项内容扣1分，扣完为止		
3.4	工作人员及分工	（1）应写清楚工作班组和人数；或者逐一填写工作人员名字。 （2）单位名称和个人姓名不得使用真实名称。 （3）应有明确分工	3	一项不正确扣1分		
3.5	工作时间	应写清楚计划工作时间，计划工作开始及工作结束时间均应以年、月、日、时、分填写清楚	3	没有填写时间扣3分，时间填写不清楚的扣1分		
3.6	准备工作	（1）安全措施宣讲及落实（作业人员着装正确，戴安全帽，系安全带）。 （2）人员分工（杆上作业及地面配合人员）。 （3）作业开始前的准备（防振锤及螺栓、平垫、弹垫、铝包带的检查）	3	少一项扣1分		
3.7	更换防振锤	（1）登塔。 （2）塔上作业人员将跟头滑车挂在导线上。 （3）地面人员将软梯头及软体起吊至导线安装好。 （4）地面等电位电工爬软梯进入强电场。 （5）量出安装位置。 （6）缠绕铝包带。 （7）安装防振锤。 （8）拆除旧防振锤及铝包带。 （9）退出强电场，下软梯至地面。 （10）拆除软梯头和软梯，以及跟头滑车	10	少一步扣1分		
3.8	防触电措施	（1）作业前应核对输电线路双重名称。 （2）着全套屏蔽服且各部位连接良好	2	少一项扣1分		
3.9	防止高坠措施	（1）安全带、延长绳外观检查及冲击试验。 （2）登杆过程中应全程使用安全带。 （3）杆上人员作业过程中不得失去保护	3	少一项扣1分		
3.10	防止高空落物伤人措施	（1）杆上作业人员应将工具放置在牢固的构件上。 （2）上下传递工具材料应使用绳索传递，不得抛掷。 （3）作业人员应正确佩戴安全帽。 （4）作业点下方不得有人逗留或通过	4	少一项扣1分		
3.11	质量要求	（1）铝包带的缠绕方向、出头及质量。 （2）螺栓穿向。 （3）防振锤安装位置及质量	3	一项错误扣1分		
3.12	工具	（1）应有工具清单。 （2）应含有安全带、延长绳、脚扣等安全工器具	4	少一项扣2分，扣完为止		

续表

序号	项目名称	质量要求	满分	扣分标准	扣分原因	得分
3.13	材料	（1）应有材料清单。 （2）应有防振锤及配件、铝包带等材料，并应根据情况选择适当的型号	4	少一项扣 2 分； 型号选择不正确扣 2 分； 以上扣分，扣完为止		
4	工作结束					
4.1	整理工具，清理现场	整理好工具，清理好现场	10	错误一项扣 5 分，扣完为止		
5	工作结束汇报	向考评员报告工作已结束，场地已清理	5	未向考评员报告工作结束扣 3 分； 未清理场地扣 2 分		
6	其他要求	（1）要求着装正确（工作服、工作胶鞋、安全帽）。 （2）操作动作熟练。 （3）清理工作现场符合文明生产要求。 （4）在规定的时间内完成	15	不满足要求一项扣 3～4 分，扣完为止		
合计			100			

Jc0005153035 编写带电更换 330kV 耐张单相整串绝缘子检修方案。（100 分）

考核知识点：技术管理及培训

难易度：难

技能等级评价专业技能考核操作工作任务书

一、任务名称

编写带电更换 330kV 耐张单相整串绝缘子检修方案。

二、适用工种

高压线路带电检修工（输电）高级技师。

三、具体任务

330kV 某线 124 号杆（塔型 JG）C 相大号侧整串瓷瓶串零值绝缘子过多，计划对该绝缘子进行更换。针对此项工作，考生编写带电更换 330kV 耐张单相整串绝缘子检修方案。

四、工作规范及要求

请按以下要求完成带电更换 330kV 耐张单相整串绝缘子检修方案；方案编写在教室内完成。

（1）人员配置分工合理（方案中不得出现真实单位名称及个人姓名）。

（2）工器具及材料清楚。

（3）主要作业程序正确。

（4）关键工序工艺质量标准清楚。

（5）组织、安全、技术措施齐全。

（6）考核时间结束终止考试。

五、考核及时间要求

考核时间共 60 分钟。每超过 2 分钟扣 1 分，到 65 分钟终止考核。

技能等级评价专业技能考核操作评分标准

<table>
<tr><td>工种</td><td colspan="4">高压线路带电检修工</td><td>评价等级</td><td>高级技师</td></tr>
<tr><td>项目模块</td><td colspan="3">技术管理及培训—技术管理</td><td>编号</td><td colspan="2">Jc0005152035</td></tr>
<tr><td>单位</td><td colspan="2"></td><td>准考证号</td><td colspan="2"></td><td>姓名</td><td></td></tr>
<tr><td>考试时限</td><td>60 分钟</td><td colspan="2">题型</td><td>单项操作</td><td>题分</td><td>100 分</td></tr>
</table>

续表

成绩		考评员		考评组长		日期	
试题正文	编写带电更换330kV耐张单相整串绝缘子检修方案						
需要说明的问题和要求	（1）所编写方案须注明检修时间、组织措施、现场工作环境、具体检修内容、检修分工、风险定级、技术措施、检修流程。 （2）所编写方案应包括事故应急处置措施。 （3）所编写方案应注明相应风险控制措施						

序号	项目名称	质量要求	满分	扣分标准	扣分原因	得分
1	工作准备					
1.1	工器具选用	（1）脚扣、安全带、延长绳、双钩安全绳外观检查，进行冲击试验。 （2）全套屏蔽服是否连接可靠	10	脚扣、安全带、延长绳、双钩安全绳未做冲击试验不得分； 全套屏蔽服连接不可靠不得分		
1.2	材料的选用	检查绝缘子是否正常	5	绝缘子不合格不得分		
2	工作许可					
2.1	许可方式	向考评员示意准备就绪，申请开始工作	5	未向考评员示意即开始工作扣5分		
3	工作步骤及技术要求					
3.1	标题	要写清楚输电线路名称、杆塔号及作业内容	3	少一项扣1分，扣完为止		
3.2	工作介绍	应对检修工作概况或该工作的背景进行简单描述	5	没有工程概况介绍扣5分		
3.3	工作内容	应写清楚工作的输电线路、杆塔号、工作内容	3	少一项内容扣1分，扣完为止		
3.4	工作人员及分工	（1）应写清楚工作班组和人数；或者逐一填写工作人员名字。 （2）单位名称和个人姓名不得使用真实名称。 （3）应有明确分工	3	一项不正确扣1分		
3.5	工作时间	应写清楚计划工作时间，计划工作开始及工作结束时间均应以年、月、日、时、分填写清楚	3	没有填写时间扣3分，时间填写不清楚的扣1分		
3.6	准备工作	（1）安全措施宣讲及落实（作业人员着装正确，戴安全帽，系安全带等）。 （2）人员分工（杆塔上作业及地面配合人员）。 （3）作业开始前的准备（防振锤及螺栓、平垫、弹垫、铝包带的检查）。 （4）检测更换绝缘子绝缘能力，屏蔽服电阻是否合格、各部是否连接良好	4	少一项扣1分		
3.7	更换绝缘子	（1）地电位人员登塔。 （2）塔上作业人员将跟头滑车挂在导线上。 （3）地面人员将软梯头及软体起吊至导线安装好。 （4）地面等电位电工爬软梯进入强电场。 （5）安装带电更换绝缘子相关工器具。 （6）拆除零值绝缘子串。 （7）更换新绝缘子串。 （8）退出强电场，下软梯至地面。 （9）拆除软梯头和软梯，以及跟头滑车	9	少一步扣1分		
3.8	防触电措施	（1）作业前应核对输电线路双重名称。 （2）着全套屏蔽服且各部位连接良好。 （3）注明带电作业过程中各环节中的安全距离	3	少一项扣1分		
3.9	防止高坠措施	（1）安全带、延长绳外观检查及冲击试验。 （2）登杆过程中应全程使用安全带。 （3）杆上人员作业过程中不得失去保护	3	少一项扣1分		

续表

序号	项目名称	质量要求	满分	扣分标准	扣分原因	得分
3.10	防止高空落物伤人措施	（1）杆上作业人员应将工具放置在牢固的构件上。 （2）上下传递工具材料应使用绳索传递，不得抛掷。 （3）作业人员应正确佩戴安全帽。 （4）作业点下方不得有人逗留或通过	4	少一项扣1分		
3.11	质量要求	（1）绝缘子大口方向。 （2）W销是否安装到位	2	一项错误扣1分		
3.12	工具	（1）应有工具清单。 （2）应含有安全带、延长绳、闭式卡等安全工器具	4	少一项扣2分，扣完为止		
3.13	材料	（1）应有材料清单。 （2）应有绝缘子等材料，并应根据情况选择适当的型号	4	少一项扣2分； 型号选择不正确扣2分； 以上扣分，扣完为止		
4	工作结束					
4.1	整理工具，清理现场	整理好工具，清理好现场	10	错误一项扣5分，扣完为止		
5	工作结束汇报	向考评员报告工作已结束，场地已清理	5	未向考评员报告工作结束扣3分； 未清理场地扣2分		
6	其他要求	（1）要求着装正确（工作服、工作胶鞋、安全帽）。 （2）操作动作熟练。 （3）清理工作现场符合文明生产要求。 （4）在规定的时间内完成	15	不满足要求一项扣3～4分，扣完为止		
合计			100			

Jc0005153036　编写带电更换220kV耐张单相整串绝缘子检修方案。（100分）

考核知识点：技术管理及培训

难易度：难

技能等级评价专业技能考核操作工作任务书

一、任务名称

编写带电更换220kV耐张单相整串绝缘子检修方案。

二、适用工种

高压线路带电检修工（输电）高级技师。

三、具体任务

220kV某线124号杆（塔型JG）C相大号侧整串绝缘子串零值瓷瓶过多，计划对该绝缘子进行更换。针对此项工作，考生编写带电更换220kV耐张单相整串绝缘子检修方案。

四、工作规范及要求

请按以下要求完成带电更换220kV耐张单相整串绝缘子检修方案；方案编写在教室内完成。

（1）人员配置分工合理（方案中不得出现真实单位名称及个人姓名）。

（2）工器具及材料清楚。

（3）主要作业程序正确。

（4）关键工序工艺质量标准清楚。

（5）组织、安全、技术措施齐全。

（6）考核时间结束终止考试。

五、考核及时间要求

考核时间共 60 分钟。每超过 2 分钟扣 1 分，到 65 分钟终止考核。

技能等级评价专业技能考核操作评分标准

<table>
<tr><td>工种</td><td colspan="5">高压线路带电检修工</td><td>评价等级</td><td>高级技师</td></tr>
<tr><td>项目模块</td><td colspan="4">技术管理及培训—技术管理</td><td>编号</td><td colspan="2">Jc0005152036</td></tr>
<tr><td>单位</td><td colspan="2"></td><td>准考证号</td><td colspan="2"></td><td>姓名</td><td></td></tr>
<tr><td>考试时限</td><td colspan="2">60 分钟</td><td colspan="2">题型</td><td>单项操作</td><td>题分</td><td>100 分</td></tr>
<tr><td>成绩</td><td></td><td>考评员</td><td colspan="2"></td><td>考评组长</td><td></td><td>日期</td><td></td></tr>
<tr><td>试题正文</td><td colspan="8">编写带电更换 220kV 耐张单相整串绝缘子检修方案</td></tr>
<tr><td>需要说明的问题和要求</td><td colspan="8">（1）所编写方案须注明检修时间、组织措施、现场工作环境、具体检修内容、检修分工、风险定级、技术措施、检修流程。
（2）所编写方案应包括事故应急处置措施。
（3）所编写方案应注明相应风险控制措施</td></tr>
</table>

<table>
<tr><th>序号</th><th>项目名称</th><th>质量要求</th><th>满分</th><th>扣分标准</th><th>扣分原因</th><th>得分</th></tr>
<tr><td>1</td><td>工作准备</td><td></td><td></td><td></td><td></td><td></td></tr>
<tr><td>1.1</td><td>工器具选用</td><td>（1）脚扣、安全带、延长绳、双钩安全绳外观检查，进行冲击试验。
（2）全套屏蔽服是否连接可靠</td><td>10</td><td>脚扣、安全带、延长绳、双钩安全绳未做冲击试验不得分；
全套屏蔽服连接不可靠不得分</td><td></td><td></td></tr>
<tr><td>1.2</td><td>材料的选用</td><td>检查绝缘子是否正常</td><td>5</td><td>绝缘子不合格不得分</td><td></td><td></td></tr>
<tr><td>2</td><td>工作许可</td><td></td><td></td><td></td><td></td><td></td></tr>
<tr><td>2.1</td><td>许可方式</td><td>向考评员示意准备就绪，申请开始工作</td><td>5</td><td>未向考评员示意即开始工作扣 5 分</td><td></td><td></td></tr>
<tr><td>3</td><td>工作步骤及技术要求</td><td></td><td></td><td></td><td></td><td></td></tr>
<tr><td>3.1</td><td>标题</td><td>要写清楚输电线路名称、杆塔号及作业内容</td><td>3</td><td>少一项扣 1 分，扣完为止</td><td></td><td></td></tr>
<tr><td>3.2</td><td>工作介绍</td><td>应对检修工作概况或该工作的背景进行简单描述</td><td>5</td><td>没有工程概况介绍扣 5 分</td><td></td><td></td></tr>
<tr><td>3.3</td><td>工作内容</td><td>应写清楚工作的输电线路、杆塔号、工作内容</td><td>3</td><td>少一项内容扣 1 分，扣完为止</td><td></td><td></td></tr>
<tr><td>3.4</td><td>工作人员及分工</td><td>（1）应写清楚工作班组和人数；或者逐一填写工作人员名字。
（2）单位名称和个人姓名不得使用真实名称。
（3）应有明确分工</td><td>3</td><td>一项不正确扣 1 分</td><td></td><td></td></tr>
<tr><td>3.5</td><td>工作时间</td><td>应写清楚计划工作时间，计划工作开始及工作结束时间均应以年、月、日、时、分填写清楚</td><td>3</td><td>没有填写时间扣 3 分，时间填写不清楚的扣 1 分</td><td></td><td></td></tr>
<tr><td>3.6</td><td>准备工作</td><td>（1）安全措施宣讲及落实（作业人员着装正确，戴安全帽，系安全带等）。
（2）人员分工（杆塔上作业及地面配合人员）。
（3）作业开始前的准备（防振锤及螺栓、平垫、弹垫、铝包带的检查）。
（4）检测更换绝缘子绝缘能力，屏蔽服电阻是否合格、各部是否连接良好</td><td>4</td><td>少一项扣 1 分</td><td></td><td></td></tr>
<tr><td>3.7</td><td>更换绝缘子</td><td>（1）地电位人员登塔。
（2）塔上作业人员将跟头滑车挂在导线上。
（3）地面人员将软梯头及软体起吊至导线安装好。
（4）地面等电位电工爬软梯进入强电场。
（5）安装带电更换绝缘子相关工器具。
（6）拆除零值绝缘子串。
（7）更换新绝缘子串。</td><td>9</td><td>少一步扣 1 分</td><td></td><td></td></tr>
</table>

续表

序号	项目名称	质量要求	满分	扣分标准	扣分原因	得分
3.7	更换绝缘子	（8）退出强电场，下软梯至地面。 （9）拆除软梯头和软梯，以及跟头滑车	9	少一步扣 1 分		
3.8	防触电措施	（1）作业前应核对输电线路双重名称。 （2）着全套屏蔽服且各部位连接良好。 （3）注明带电作业过程中各环节中的安全距离	3	少一项扣 1 分		
3.9	防止高坠措施	（1）安全带、延长绳外观检查及冲击试验。 （2）登杆过程中应全程使用安全带。 （3）杆上人员作业过程中不得失去保护	3	少一项扣 1 分		
3.10	防止高空落物伤人措施	（1）杆上作业人员应将工具放置在牢固的构件上。 （2）上下传递工具材料应使用绳索传递，不得抛掷。 （3）作业人员应正确佩戴安全帽。 （4）作业点下方不得有人逗留或通过	4	少一项扣 1 分		
3.11	质量要求	（1）绝缘子大口方向。 （2）W 销是否安装到位	2	一项错误扣 1 分		
3.12	工具	（1）应有工具清单。 （2）应含有安全带、延长绳、闭式卡等安全工器具	4	少一项扣 2 分		
3.13	材料	（1）应有材料清单。 （2）应有绝缘子等材料，并应根据情况选择适当的型号	4	少一项扣 2 分，没有型号要求扣 4 分		
4	工作结束					
4.1	整理工具，清理现场	整理好工具，清理好现场	10	错误一项扣 5 分，扣完为止		
5	工作结束汇报	向考评员报告工作已结束，场地已清理	5	未向考评员报告工作结束扣 3 分；未清理场地扣 2 分		
6	其他要求	（1）要求着装正确（工作服、工作胶鞋、安全帽）。 （2）操作动作熟练。 （3）清理工作现场符合文明生产要求。 （4）在规定的时间内完成	15	不满足要求一项扣 3～4 分，扣完为止		
合计			100			

Jc0005153037　编写带电更换 110kV 耐张单相整串绝缘子检修方案。（100 分）

考核知识点： 技术管理及培训

难易度： 难

技能等级评价专业技能考核操作工作任务书

一、任务名称

编写带电更换 110kV 耐张单相整串绝缘子检修方案。

二、适用工种

高压线路带电检修工（输电）高级技师。

三、具体任务

110kV 某线 124 号杆（塔型 JG）C 相大号侧整串绝缘子串零值绝缘子过多，计划对该绝缘子进行更换。针对此项工作，考生编写带电更换 110kV 耐张单相整串绝缘子检修方案。

四、工作规范及要求

请按以下要求完成带电更换 110kV 耐张单相整串绝缘子检修方案；方案编写在教室内完成。

（1）人员配置分工合理（方案中不得出现真实单位名称及个人姓名）。
（2）工器具及材料清楚。
（3）主要作业程序正确。
（4）关键工序工艺质量标准清楚。
（5）组织、安全、技术措施齐全。
（6）考核时间结束终止考试。

五、考核及时间要求

考核时间共60分钟。每超过2分钟扣1分，到65分钟终止考核。

技能等级评价专业技能考核操作评分标准

工种	高压线路带电检修工					评价等级	高级技师
项目模块	技术管理及培训—技术管理				编号	Jc0005153037	
单位			准考证号			姓名	
考试时限	60分钟		题型		单项操作	题分	100分
成绩		考评员		考评组长		日期	
试题正文	编写带电更换110kV耐张单相整串绝缘子检修方案						
需要说明的问题和要求	（1）所编写方案须注明检修时间、组织措施、现场工作环境、具体检修内容、检修分工、风险定级、技术措施、检修流程。 （2）所编写方案应包括事故应急处置措施。 （3）所编写方案应注明相应风险控制措施						

序号	项目名称	质量要求	满分	扣分标准	扣分原因	得分
1	工作准备					
1.1	工器具选用	（1）脚扣、安全带、延长绳、双钩安全绳外观检查，进行冲击试验。 （2）全套屏蔽服是否连接可靠	10	脚扣、安全带、延长绳、双钩安全绳未做冲击试验不得分； 全套屏蔽服连接不可靠不得分		
1.2	材料的选用	检查绝缘子是否正常	5	绝缘子不合格不得分		
2	工作许可					
2.1	许可方式	向考评员示意准备就绪，申请开始工作	5	未向考评员示意即开始工作扣5分		
3	工作步骤及技术要求					
3.1	标题	要写清楚输电线路名称、杆塔号及作业内容	3	少一项扣1分，扣完为止		
3.2	工作介绍	应对检修工作概况或该工作的背景进行简单描述	5	没有工程概况介绍扣5分		
3.3	工作内容	应写清楚工作的输电线路、杆塔号、工作内容	3	少一项内容扣1分，扣完为止		
3.4	工作人员及分工	（1）应写清楚工作班组和人数；或者逐一填写工作人员名字。 （2）单位名称和个人姓名不得使用真实名称。 （3）应有明确分工	3	一项不正确扣1分		
3.5	工作时间	应写清楚计划工作时间，计划工作开始及工作结束时间均应以年、月、日、时、分填写清楚	3	没有填写时间扣3分，时间填写不清楚的扣1分		
3.6	准备工作	（1）安全措施宣讲及落实（作业人员着装正确，戴安全帽，系安全带等）。 （2）人员分工（杆塔上作业及地面配合人员）。 （3）作业开始前的准备（防振锤及螺栓、平垫、弹垫、铝包带的检查）。 （4）检测更换绝缘子绝缘能力，屏蔽服电阻是否合格、各部是否连接良好	4	少一项扣1分		

续表

序号	项目名称	质量要求	满分	扣分标准	扣分原因	得分
3.7	更换绝缘子	（1）地电位人员登塔。 （2）塔上作业人员将跟头滑车挂在导线上。 （3）地面人员将软梯头及软体起吊至导线安装好。 （4）地面等电位电工爬软梯进入强电场。 （5）安装带电更换绝缘子相关工器具。 （6）拆除零值绝缘子串。 （7）更换新绝缘子串。 （8）退出强电场，下软梯至地面。 （9）拆除软梯头和软梯，以及跟头滑车	9	少一步扣1分		
3.8	防触电措施	（1）作业前应核对输电线路双重名称。 （2）着全套屏蔽服且各部位连接良好。 （3）注明带电作业过程中各环节中的安全距离	3	少一项扣1分		
3.9	防止高坠措施	（1）安全带、延长绳外观检查及冲击试验。 （2）登杆过程中应全程使用安全带。 （3）杆上人员作业过程中不得失去保护	3	少一项扣1分		
3.10	防止高空落物伤人措施	（1）杆上作业人员应将工具放置在牢固的构件上。 （2）上下传递工具材料应使用绳索传递，不得抛掷。 （3）作业人员应正确佩戴安全帽。 （4）作业点下方不得有人逗留或通过	4	少一项扣1分		
3.11	质量要求	（1）绝缘子大口方向。 （2）W销是否安装到位	2	一项错误扣1分		
3.12	工具	（1）应有工具清单。 （2）应含有安全带、延长绳、闭式卡等安全工器具	4	少一项扣2分		
3.13	材料	（1）应有材料清单。 （2）应有绝缘子等材料，并应根据情况选择适当的型号	4	少一项扣2分，没有型号要求扣4分		
4	工作结束					
4.1	整理工具，清理现场	整理好工具，清理好现场	10	错误一项扣5分，扣完为止		
5	工作结束汇报	向考评员报告工作已结束，场地已清理	5	未向考评员报告工作结束扣3分；未清理场地扣2分		
6	其他要求	（1）要求着装正确（工作服、工作胶鞋、安全帽）。 （2）操作动作熟练。 （3）清理工作现场符合文明生产要求。 （4）在规定的时间内完成	15	不满足要求一项扣3～4分，扣完为止		
	合计		100			

Jc0004151038　等电位更换220kV线路耐张双串中的单片绝缘子的操作。（100分）

考核知识点：高压线路带电检修方法及操作技巧

难易度：易

技能等级评价专业技能考核操作工作任务书

一、任务名称

等电位更换220kV线路耐张双串中的单片绝缘子的操作。

二、适用工种

高压线路带电检修工（输电）高级技师。

三、具体任务

等电位更换220kV线路耐张双串中的单片绝缘子，更换从横担侧数第16片绝缘子。

四、工作规范及要求

（1）带电作业应在良好天气下进行。如遇雷、雨、雪、雾不得进行带电作业，风力大于5级时，一般不宜进行带电作业。

（2）利用闭式卡等电位作业法。

（3）工作负责（监护）人1人，杆上监护人1人，等电位作业人员1人，地面作业人员4～5人，共7～8人。

（4）工作负责人（监护）人办理工作票，组织并合理分配工作，进行安全教育，督促、监护工作人员遵守安全规程，检查工作票所写安全措施是否正确完备，安全措施是否符合现场实际条件。

（5）工作班成员：严格遵守、执行安全规程和现场带电操作规程，互相关心作业安全，认真执行质量要求。

五、考核及时间要求

（1）考核时间为30分钟。

（2）考评员宣布开始工作后，考核人员开始工作，记录考核开始时间。

（3）作业人员下塔，现场清理完毕后，汇报工作终结，记录考核结束时间。

技能等级评价专业技能考核操作评分标准

<table>
<tr><td>工种</td><td colspan="5">高压线路带电检修工</td><td>评价等级</td><td>技师</td></tr>
<tr><td>项目模块</td><td colspan="4">高压线路带电检修方法及操作技巧—输电线路带电作业</td><td>编号</td><td colspan="2">Jc0004151038</td></tr>
<tr><td>单位</td><td colspan="2"></td><td>准考证号</td><td colspan="2"></td><td>姓名</td><td></td></tr>
<tr><td>考试时限</td><td colspan="2">30分钟</td><td colspan="2">题型</td><td>单项操作</td><td>题分</td><td>100分</td></tr>
<tr><td>成绩</td><td></td><td>考评员</td><td colspan="2"></td><td>考评组长</td><td>日期</td><td></td></tr>
<tr><td>试题正文</td><td colspan="7">等电位更换220kV线路耐张双串中的单片绝缘子的操作</td></tr>
<tr><td>需要说明的问题和要求</td><td colspan="7">（1）要求多人配合操作，仅对等电位电工进行考评。
（2）操作应注意安全，按照标准化作业书的技术安全说明做好安全措施。
（3）严格按照带电作业流程进行，流程是否正确将列入考评内容。
（4）工具材料的检查由被考核人员配合完成。
（5）视作业现场线路重合闸已停用</td></tr>
</table>

序号	项目名称	质量要求	满分	扣分标准	扣分原因	得分
1	工作准备					
1.1	工器具选用	（1）脚扣、安全带、延长绳、双钩安全绳外观检查，进行冲击试验。 （2）全套屏蔽服是否连接可靠	10	安全带、延长绳、双钩安全绳未做冲击试验不得分； 全套屏蔽服连接不可靠不得分		
1.2	材料的选用	检查绝缘子是否干净无缺陷	5	绝缘子不合格不得分		
2	工作许可					
2.1	许可方式	向考评员示意准备就绪，申请开始工作	5	未向考评员示意即开始工作扣5分		
3	工作步骤及技术要求					
3.1	攀登杆塔至作业位置	必须使用双钩安全绳登塔，携带传递绳到达绝缘子挂点处横担后，应使用双重保护	10	不使用双钩不得分； 到达作业位置不适用双重保护不得分		

续表

序号	项目名称	质量要求	满分	扣分标准	扣分原因	得分
3.2	检测绝缘子	（1）检测绝缘子时要有经验的工作人员操作或监督，要保证测量工具的使用正确无误，要保证良好绝缘子 9 片以上方可进行作业，如测量出 5 片零值时应立即停止检测。 （2）人身与带电体距离保持 2.1m 的安全距离	10	不进行零值检测不得分； 测量方法不正确扣 5 分； 人体与带电体的安全距离不满足要求扣 5 分		
3.3	沿绝缘子串进入作业点	（1）安全带、延长绳正确使用。 （2）不得出现危险动作	6	一项不正确扣 3 分		
3.4	挂好绳索	绳索挂在不需要工作的绝缘子串上	5	不正确扣 5 分		
3.5	安装卡具	（1）收紧闭式卡，使绝缘子呈松弛状态。 （2）安装方法正确。 （3）安装位置正确	6	一项不正确扣 2 分		
3.6	收紧丝杠	丝杠应同时收紧，防止受力不均，损坏丝杠	6	方法不正确扣 6 分		
3.7	更换绝缘子	（1）利用循环绳把卡具提升至需更换的绝缘子附近。 （2）采取冲击试验无异常。 （3）取掉待更换瓷瓶两侧 M 销。 （4）采用上下交替法更换绝缘子。 （5）更换接受后检查 M 销是否到位，连接及受力情况	5	错漏一项扣 1 分		
4	工作结束					
4.1	沿绝缘子串返回横担	（1）取下传递绳，携带返回横担。 （2）安全带、延长绳正确使用。 （3）不得出现危险动作	6	一项不正确扣 2 分		
4.2	下塔	（1）正确下塔。 （2）下塔时应使用双钩安全绳。 （3）动作流畅，无危险动作	6	一项不正确扣 2 分		
5	工作终结汇报	向考评员报告工作已结束，场地已清理	5	未向考评员报告工作结束扣 3 分； 未清理场地扣 2 分		
6	其他要求	（1）不得有高空坠物。 （2）吊绳使用正确，不得有缠绕死结。 （3）工作服、工作鞋、安全帽、劳保手套穿戴正确。 （4）符合文明生产要求。 （5）进入电场工作过程中满足组合间隙要求	15	一项不正确扣 3 分		
合计			100			

Jc0004151039　等电位更换 330kV 线路耐张双串中的单片绝缘子的操作。（100 分）

考核知识点：高压线路带电检修方法及操作技巧

难易度：易

技能等级评价专业技能考核操作工作任务书

一、任务名称

等电位更换 330kV 线路耐张双串中的单片绝缘子的操作。

二、适用工种

高压线路带电检修工（输电）高级技师。

三、具体任务

等电位更换 330kV 线路耐张双串中的单片绝缘子，更换从横担侧数第 22 片绝缘子。

四、工作规范及要求

（1）带电作业应在良好天气下进行。如遇雷、雨、雪、雾不得进行带电作业，风力大于 5 级时，一般不宜进行带电作业。

（2）利用闭式卡等电位作业法。

（3）工作负责（监护）人 1 人，杆上监护人 1 人，等电位作业人员 1 人，地面作业人员 4～5 人，共 7～8 人。

（4）工作负责人（监护）人办理工作票，组织并合理分配工作，进行安全教育，督促、监护工作人员遵守安全规程，检查工作票所写安全措施是否正确完备，安全措施是否符合现场实际条件。

（5）工作班成员：严格遵守、执行安全规程和现场带电操作规程，互相关心作业安全，认真执行质量要求。

五、考核及时间要求

（1）考核时间为 30 分钟。

（2）考评员宣布开始工作后，考核人员开始工作，记录考核开始时间。

（3）作业人员下塔，现场清理完毕后，汇报工作终结，记录考核结束时间。

技能等级评价专业技能考核操作评分标准

<table>
<tr><td>工种</td><td colspan="5">高压线路带电检修工</td><td>评价等级</td><td>技师</td></tr>
<tr><td>项目模块</td><td colspan="4">高压线路带电检修方法及操作技巧—输电线路带电作业</td><td>编号</td><td colspan="2">Jc0004151039</td></tr>
<tr><td>单位</td><td colspan="2"></td><td>准考证号</td><td colspan="2"></td><td>姓名</td><td></td></tr>
<tr><td>考试时限</td><td>30 分钟</td><td colspan="2">题型</td><td>单项操作</td><td>题分</td><td colspan="2">100 分</td></tr>
<tr><td>成绩</td><td></td><td>考评员</td><td></td><td>考评组长</td><td></td><td>日期</td><td></td></tr>
<tr><td>试题正文</td><td colspan="7">等电位更换 330kV 线路耐张双串中的单片绝缘子的操作</td></tr>
<tr><td>需要说明的问题和要求</td><td colspan="7">（1）要求多人配合操作，仅对等电位电工进行考评。
（2）操作应注意安全，按照标准化作业书的技术安全说明做好安全措施。
（3）严格按照带电作业流程进行，流程是否正确将列入考评内容。
（4）工具材料的检查由被考核人员配合完成。
（5）视作业现场线路重合闸已停用</td></tr>
</table>

序号	项目名称	质量要求	满分	扣分标准	扣分原因	得分
1	工作准备					
1.1	工器具选用	（1）脚扣、安全带、延长绳、双钩安全绳外观检查，进行冲击试验。 （2）全套屏蔽服是否连接可靠	10	安全带、延长绳、双钩安全绳未做冲击试验不得分； 全套屏蔽服连接不可靠不得分		
1.2	材料的选用	检查绝缘子是否干净无缺陷	5	绝缘子不合格不得分		
2	工作许可					
2.1	许可方式	向考评员示意准备就绪，申请开始工作	5	未向考评员示意即开始工作扣 5 分		
3	工作步骤及技术要求					
3.1	攀登杆塔至作业位置	必须使用双钩安全绳登塔，携带传递绳到达绝缘子挂点处横担后，应使用双重保护	10	不使用双钩不得分； 到达作业位置不适用双重保护不得分		

续表

序号	项目名称	质量要求	满分	扣分标准	扣分原因	得分
3.2	检测绝缘子	（1）检测绝缘子时要有经验的工作人员操作或监督，要保证测量工具的使用正确无误，要保证良好绝缘子9片以上方可进行作业，如测量出5片零值时应立即停止检测。 （2）人身与带电体距离保持2.1m的安全距离	10	不进行零值检测不得分； 测量方法不正确扣5分； 人体与带电体的安全距离不满足要求扣5分		
3.3	沿绝缘子串进入作业点	（1）安全带、延长绳正确使用。 （2）不得出现危险动作	6	一项不正确扣3分		
3.4	挂好绳索	绳索挂在不需要工作的绝缘子串上	3	不正确扣3分		
3.5	安装卡具	（1）收紧闭式卡，使绝缘子呈松弛状态。 （2）安装方法正确。 （3）安装位置正确	6	一项不正确扣2分		
3.6	收紧丝杠	丝杠应同时收紧，防止受力不均，损坏丝杠	5	方法不正确扣5分		
3.7	更换绝缘子	（1）利用循环绳把卡具提升至需更换的绝缘子附近。 （2）采取冲击试验无异常。 （3）取掉待更换瓷瓶两侧M销。 （4）采用上下交替法更换绝缘子。 （5）更换接受后检查M销是否到位，连接及受力情况	10	错漏一项扣2分		
4	工作结束					
4.1	沿绝缘子串返回横担	（1）取下传递绳，携带返回横担。 （2）安全带、延长绳正确使用。 （3）不得出现危险动作	5	一项不正确扣2分，扣完为止		
4.2	下塔	（1）正确下塔。 （2）下塔时应使用双钩安全绳。 （3）动作流畅，无危险动作	5	一项不正确扣2分，扣完为止		
5	工作终结汇报	向考评员报告工作已结束，场地已清理	5	未向考评员报告工作结束扣3分； 未清理场地扣2分		
6	其他要求	（1）不得有高空坠物。 （2）吊绳使用正确，不得有缠绕死结。 （3）工作服、工作鞋、安全帽、劳保手套穿戴正确。 （4）符合文明生产要求。 （5）进入电场工作过程中满足组合间隙要求	15	一项不正确扣3分		
合计			100			

Jc0005151040 编写高级工技能培训方案。（100分）

考核知识点：技术管理及培训

难易度：易

技能等级评价专业技能考核操作工作任务书

一、任务名称

编写高级工技能培训方案。

二、适用工种

高压线路带电检修工（输电）高级技师。

三、具体任务

某单位输电工区有张三等 15 名输电线路高级工需进行技能培训。针对此项工作，考生编写一份高级工技能培训方案。

四、工作规范及要求

（1）基本要求：此项工作需在教室内完成。

（2）需用工具：可登录 PMS 系统的计算机 1 台。

（3）账号要求：需部室检修专责类账号登录。

五、考核及时间要求

考核时间共 40 分钟，每超过 2 分钟扣 1 分，到 45 分钟终止考核。

技能等级评价专业技能考核操作评分标准

工种	高压线路带电检修工					评价等级	高级技师
项目模块	技术管理及培训—技能培训				编号	Jc0005151040	
单位		准考证号				姓名	
考试时限	40 分钟	题型			单项操作	题分	100 分
成绩		考评员		考评组长		日期	
试题正文	编写高级工技能培训方案						
需要说明的问题和要求	（1）培训内容应为技能实操项目。 （2）内容不作限制，由考生自行组织						

序号	项目名称	质量要求	满分	扣分标准	扣分原因	得分
1	培训目标	应有明确的培训目标	10	缺少一项扣 10 分		
2	培训人	应有明确的授课人	10	缺少一项扣 10 分		
3	培训对象	应明确培训对象	10	缺少一项扣 10 分		
4	培训内容	（1）应有具体的培训项目名称。 （2）应有项目的具体内容	20	缺少一项扣 10 分，培训课程安排的不合理酌情扣分		
5	培训方式	应有明确的培训方式，培训方式为实操	10	缺少一项扣 10 分		
6	培训时间与地点	应明确培训时间，培训地点	20	缺少一项扣 10 分，扣完为止		
7	培训考核方式	应明确培训的考核方式，考核方式为实操	10	缺少一项扣 10 分		
8	其他相关事宜	其他相关的培训事宜，如奖惩方式、劳动纪律等要求	10	缺少一项扣 10 分		
合计			100			

Jc0005151041　编写 220kV 输电线路导、地线工程验收的组织方案。（100 分）

考核知识点：技术管理及培训

难易度：易

技能等级评价专业技能考核操作工作任务书

一、任务名称

编写220kV输电线路导、地线工程验收的组织方案。

二、适用工种

高压线路带电检修工（输电）高级技师。

三、具体任务

220kV某输电线路架线工程已经施工完成，根据安排，输电工区要对其进行验收。针对此项工作，要求考生编写一份220kV输电线路导、地线工程验收的组织方案。

四、工作规范及要求

请按以下要求完成220kV输电线路导、地线工程验收的组织方案的编写；方案编写在教室内完成。

（1）人员配置分工合理、职责清楚（方案中不得出现真实单位名称及个人姓名）。

（2）工器具清楚。

（3）验收内容清楚。

（4）验收质量标准清楚。

（5）组织、安全、技术措施齐全。

（6）考核时间结束终止考试。

五、考核及时间要求

考核时间共40分钟，每超过2分钟扣1分，到45分钟终止考核。

技能等级评价专业技能考核操作评分标准

工种	高压线路带电检修工					评价等级	高级技师
项目模块	技术管理及培训—技术管理				编号	Jc0005151041	
单位			准考证号			姓名	
考试时限	40分钟		题型		单项操作	题分	100分
成绩		考评员		考评组长		日期	
试题正文	编写220kV输电线路导、地线工程验收的组织方案						
需要说明的问题和要求	（1）考生集中于教室在40分钟内完成方案编写。 （2）方案中施工班组、作业人员不指定，由考生自行填写，但不得出现真实单位名称和个人姓名。 （3）验收范围应包括导、地线和附件。 （4）所用工具、材料由考生根据施工需要进行安排						

序号	项目名称	质量要求	满分	扣分标准	扣分原因	得分
1	工作准备					
1.1	标题	要写清楚输电线路名称、杆号及作业内容	5	少一项扣2分，扣完为止		
1.2	工作概况介绍	应对工作概况或该工作的背景进行简单描述	5	没有工程概况介绍扣5分		
2	工作许可					
2.1	许可方式	向考评员示意准备就绪，申请开始工作	5	未向考评员示意即开始工作扣5分		

续表

序号	项目名称	质量要求	满分	扣分标准	扣分原因	得分
3	工作步骤及技术要求					
3.1	工作内容	应写清楚工作的输电线路、杆号、工作内容、工作范围	5	少一项内容扣3分，扣完为止		
3.2	工作人员及分工	（1）应写清楚工作班组和人数；或者逐一填写工作人员名字。 （2）单位名称和个人姓名不得使用真实名称。 （3）应有明确分工	3	一项不正确扣1分		
3.3	工作时间	应写清楚计划工作时间，计划工作开始及工作结束时间均应以年、月、日、时、分填写清楚	3	没有填写时间扣3分，时间填写不清楚的扣1分		
3.4	导、地线	应对导、地线有以下方面有明确的要求： （1）导线弛度。 （2）导线水平度。 （3）导线接头（压接管、接续管）数量。 （4）交跨距离。 （5）导、地线外观检查。 （6）引流线距离	6	少一项扣1分		
3.5	附件	应对附件有以下方面有明确要求： （1）线夹、金具安装质量。 （2）防振锤安装位置、质量。 （3）螺帽及开口销是否齐全	6	少一项扣2分		
3.6	绝缘子	（1）应对绝缘子有以下方面有明确要求。 （2）悬瓶钢脚弯曲度、表面清洁度、绝缘子型号、片数是否符合设计要求。 （3）复合绝缘子外观检查、倾斜度检查	6	少一项扣2分		
3.7	资料	应对设计图纸、施工记录进行检查	2	无此项不得分		
3.8	登杆的安全措施	（1）有防高空坠落措施。 （2）有防止高空落物伤人的措施	4	少一项扣2分		
3.9	防止感应电伤人措施	接触导线作业须先加挂个人保安线	3	无此项内容不得分		
3.10	工器具的使用要求	（1）应有测量工器具（经纬仪）的使用有明确的要求。 （2）测距杆的使用要求	4	无此项内容不得分，内容不全酌情扣分		
3.11	测量仪器	应有测量仪器清单，并根据需要对仪器的型号作出一定的要求	4	少一项扣2分； 没有型号要求扣2分； 以上扣分，扣完为止		
3.12	安全工器具	登杆塔的工器具，安全带、脚扣、延长绳等	4	少一项扣1分，扣完为止		
4	工作结束					
4.1	整理工具，清理现场	整理好工具，清理好现场	10	错误一项扣5分，扣完为止		
5	工作结束汇报	向考评员报告工作已结束，场地已清理	10	未向考评员报告工作结束扣5分； 未清理场地扣5分		
6	其他要求	（1）要求着装正确（工作服、工作胶鞋、安全帽）。 （2）操作动作熟练。 （3）清理工作现场符合文明生产要求。 （4）在规定的时间内完成	15	不满足要求一项扣3～4分，扣完为止		
合计			100			

Jc0005151042　中级工技能培训方案的编写。（100 分）

考核知识点：生产技术技能培训

难易度：易

技能等级评价专业技能考核操作工作任务书

一、任务名称

中级工技能培训方案的编写操作。

二、适用工种

高压线路带电检修工（输电）高级技师。

三、具体任务

某单位有张三等 15 名输电线路中级工需进行技能培训。针对此项工作，编写一份中级工技能培训方案。

四、工作规范及要求

结合培训任务按照以下要求完成技能培训方案的编写。

（1）培训项目为实操项目。

（2）培训相关内容由考生自行组织。

五、考核及时间要求

考核时间共 30 分钟，每超过 2 分钟扣 1 分，到 35 分钟终止考核。

技能等级评价专业技能考核操作评分标准

工种	高压线路带电检修工					评价等级	高级技师
项目模块	技术管理及培训—技能培训				编号	Jc0005151042	
单位		准考证号				姓名	
考试时限	30 分钟		题型		单项操作	题分	100 分
成绩		考评员		考评组长		日期	
试题正文	编写中级工技能培训方案						
需要说明的问题和要求	（1）所编写培训计划应包含培训对象、培训目标、培训形式、内容设置、考试安排、考核评价、工作要求。 （2）现场实操项目应含有相应作业的组织、技术、安全措施。 （3）使用工器具、材料应合格齐备						

序号	项目名称	质量要求	满分	扣分标准	扣分原因	得分
1	培训目标	应有明确的培训目标	10	缺少一项扣 10 分		
2	培训人	应有明确的授课人	10	缺少一项扣 10 分		
3	培训对象	应明确培训对象	10	缺少一项扣 10 分		
4	培训内容	（1）应有具体的培训项目名称。 （2）应有项目的具体内容	20	缺少一项扣 10 分		
5	培训方式	应有明确的培训方式，培训方式为实操	10	缺少一项扣 10 分		
6	培训时间与地点	应明确培训时间，培训地点	20	缺少一项扣 10 分		
7	培训考核方式	应明确培训的考核方式，考核方式为实操	10	缺少一项扣 10 分		
8	其他相关事宜	其他相关的培训事宜，如奖惩方式、劳动纪律等要求	10	缺少一项扣 10 分		
合计			100			

Jc0005151043 PMS 输电线路临时性工作计划制定与发布操作。（100 分）

考核知识点：生产技术技能培训

难易度：易

技能等级评价专业技能考核操作工作任务书

一、任务名称

PMS 输电线路临时性工作计划制定与发布操作。

二、适用工种

高压线路带电检修工（输电）高级技师。

三、具体任务

PMS 输电线路临时性工作计划制定与发布操作，考生须在规定时间内完成操作。

四、工作规范及要求

（1）基本要求：此项工作需在教室内完成。

（2）需用工具：可登录 PMS 系统的计算机 1 台。

（3）账号要求：需部室检修专责类账号登录。

五、考核及时间要求

（1）操作考核时间共 15 分钟，每超过 2 分钟扣 1 分，到 20 分钟终止考核。

（2）选择项目过程中，如不能找到该项目，该项目不得分，但不影响其他项目得分。

技能等级评价专业技能考核操作评分标准

工种	高压线路带电检修工				评价等级	高级技师
项目模块	技术管理及培训—技术管理			编号	Jc0005151043	
单位		准考证号			姓名	
考试时限	15 分钟	题型		单项操作	题分	100 分
成绩		考评员		考评组长	日期	
试题正文	PMS 输电线路临时性工作计划制定与发布操作					
需要说明的问题和要求	要求单人操作，在 PMS 系统完成输电线路杆塔绝缘子信息的查询操作，时间到终止考试					

序号	项目名称	质量要求	满分	扣分标准	扣分原因	得分
1	工作准备	检查计算机运行是否顺畅、稳定	5	未检查扣 1 分，扣完为止		
2	工作许可	向考评员示意准备就绪，申请开始工作	5	未向考评员示意即开始工作扣 5 分		
3	工作步骤及技术要求					
3.1	登录生产管理系统	正确操作顺利打开、进入界面	10	操作错误未进入界面扣 10 分		
3.2	单击计划任务中心	顺利打开、进入界面	10	单击错误一次扣 1 分，扣完为止；未打开该项扣 10 分		
3.3	单击主网检修计划管理	顺利打开、进入界面	5	未打开该项扣 5 分		
3.4	选择“输电工作计划制定”	选择正确，顺利打开、进入界面	5	选择错误一次扣 1 分，扣完为止；未打开该项扣 5 分		
3.5	选择“计划编制”	选择正确，顺利打开、进入界面	5	选择错误一次扣 2 分，扣完为止；未打开该项扣 5 分		
3.6	选择任意一条输电线路或缺陷并选择“生成计划”	选择正确，顺利打开、进入界面	5	填写不正确扣 5 分		

续表

序号	项目名称	质量要求	满分	扣分标准	扣分原因	得分
3.7	填写计划时间范围和工作班组	选择正确，填写完整	5	填写不正确扣5分		
3.8	勾选后单击界面发送，选择“发布”	选择正确，顺利打开、进入界面	5	填写不正确扣5分		
3.9	退出系统	关闭计算机，检查电源	10	未关闭扣5分； 不检查电源扣5分		
4	工作结束					
4.1	整理工具，清理现场	整理好工具，清理好现场	10	错误一项扣5分，扣完为止		
5	工作结束汇报	向考评员报告工作已结束，场地已清理	5	未向考评员报告工作结束扣3分； 未清理场地扣2分		
6	其他要求	（1）要求着装正确（工作服、工作胶鞋、安全帽）。 （2）操作动作熟练。 （3）清理工作现场符合文明生产要求。 （4）在规定的时间内完成	15	不满足要求一项扣3～4分，扣完为止		
合计			100			

Jc0005151044　××供电公司输电线路110kV××线导线信息查询操作。（100分）

考核知识点：生产技术技能培训

难易度：易

技能等级评价专业技能考核操作工作任务书

一、任务名称

××供电公司输电线路110kV××线导线信息查询操作。

二、适用工种

高压线路带电检修工（输电）高级技师。

三、具体任务

110kV××线导线信息的查询，考生须在规定时间内完成操作。

四、工作规范及要求

（1）基本要求：此项工作需在教室内完成。

（2）需用工具：可登录PMS系统的计算机1台。

五、考核及时间要求

（1）操作考核时间共20分钟，时间到即刻终止考试。

（2）选择项目过程中，如不能找到该项目，该项目不得分，但不影响其他项目得分。

技能等级评价专业技能考核操作评分标准

<table>
<tr><td>工种</td><td colspan="5">高压线路带电检修工</td><td>评价等级</td><td>高级技师</td></tr>
<tr><td>项目模块</td><td colspan="4">技术管理及培训—技术管理</td><td>编号</td><td colspan="2">Jc0005151044</td></tr>
<tr><td>单位</td><td colspan="2"></td><td>准考证号</td><td colspan="2"></td><td>姓名</td><td></td></tr>
<tr><td>考试时限</td><td>20分钟</td><td colspan="3">题型</td><td>单项操作</td><td>题分</td><td>100分</td></tr>
<tr><td>成绩</td><td></td><td>考评员</td><td></td><td>考评组长</td><td></td><td>日期</td><td></td></tr>
<tr><td>试题正文</td><td colspan="7">××供电公司输电线路110kV××线导线信息查询操作</td></tr>
</table>

续表

需要说明的问题和要求	要求单人操作，在 PMS 系统完成输电线路基本信息的查询操作，时间到终止考试					
序号	项目名称	质量要求	满分	扣分标准	扣分原因	得分
1	工作准备	检查计算机运行是否顺畅、稳定	5	未检查扣 5 分		
2	工作许可	向考评员示意准备就绪，申请开始工作	5	未向考评员示意即开始工作扣 5 分		
3	工作步骤及技术要求					
3.1	登录生产管理系统	熟练打开，顺利进入界面	10	每选择错误一次扣 1 分，扣完为止； 未打开该项扣 10 分		
3.2	单击设备中心按钮	熟练打开，顺利进入界面	10	单击错误一次扣 1 分，扣完为止； 未打开该项扣 10 分		
3.3	在“设备台账管理”子菜单中选择“导线台账维护”	熟练打开，选择正确，顺利进入界面	10	单击错误一次扣 1 分，扣完为止； 未打开该项扣 10 分		
3.4	在左侧导航树中选择输电线路节点确定查询输电线路名称	熟练打开，选择正确，顺利进入界面	10	单击错误一次扣 1 分，扣完为止； 未打开该项扣 10 分		
3.5	双击该输电线路弹出安装导线的基本信息	打开，进入查询信息界面	10	每选择错误一次扣 1 分，扣完为止； 未打开该项扣 10 分		
3.6	退出系统	关闭计算机，检查电源断开	10	未关闭扣 5 分； 不检查电源扣 5 分		
4	工作结束					
4.1	整理工具，清理现场	整理好工具，清理好现场	10	错误一项扣 5 分，扣完为止		
5	工作结束汇报	向考评员报告工作已结束，场地已清理	5	未向考评员报告工作结束扣 3 分； 未清理场地扣 2 分		
6	其他要求	（1）要求着装正确（工作服、工作胶鞋、安全帽）。 （2）操作动作熟练。 （3）清理工作现场符合文明生产要求。 （4）在规定的时间内完成	15	不满足要求一项扣 3～4 分，扣完为止		
合计			100			

Jc0005151045　××供电公司输电线路 110kV××线地线信息查询操作。（100 分）

考核知识点：生产技术技能培训

难易度：易

技能等级评价专业技能考核操作工作任务书

一、任务名称

××供电公司输电线路 110kV××线地线信息查询操作。

二、适用工种

高压线路带电检修工（输电）高级技师。

三、具体任务

110kV××线地线信息的查询，考生须在规定时间内完成操作。

四、工作规范及要求

（1）基本要求：此项工作需在教室内完成。

（2）需用工具：可登录 PMS 系统的计算机 1 台。

五、考核及时间要求

（1）操作考核时间共20分钟，时间到即刻终止考试。

（2）选择项目过程中，如不能找到该项目，该项目不得分，但不影响其他项目得分。

技能等级评价专业技能考核操作评分标准

工种	高压线路带电检修工					评价等级	高级技师	
项目模块	技术管理及培训—技术管理				编号	Jc0005151045		
单位			准考证号			姓名		
考试时限	20分钟		题型		单项操作	题分	100分	
成绩		考评员		考评组长		日期		
试题正文	××供电公司输电线路110kV××线地线信息查询操作							
需要说明的问题和要求	要求单人操作，在PMS系统完成输电线路基本信息的查询操作，时间到终止考试							

序号	项目名称	质量要求	满分	扣分标准	扣分原因	得分
1	工作准备	检查计算机运行是否顺畅、稳定	5	未检查扣5分		
2	工作许可					
2.1	许可方式	向考评员示意准备就绪，申请开始工作	5	未向考评员示意即开始工作扣5分		
3	工作步骤及技术要求					
3.1	登录生产管理系统	熟练打开，顺利进入界面	10	每选择错误一次扣1分，扣完为止；未打开该项扣10分		
3.2	单击设备中心按钮	熟练打开，顺利进入界面	10	单击错误一次扣1分，扣完为止；未打开该项扣10分		
3.3	在“设备台账管理”子菜单中选择“导线台账维护”	熟练打开，选择正确，顺利进入界面	10	单击错误一次扣1分，扣完为止；未打开该项扣10分		
3.4	在左侧导航树中选择输电线路节点确定查询输电线路名称	熟练打开，选择正确，顺利进入界面	10	单击错误一次扣1分，扣完为止；未打开该项扣10分		
3.5	双击该输电线路弹出安装地线的基本信息	打开，进入查询信息界面	10	每选择错误一次扣1分，扣完为止；未打开该项扣10分		
3.6	退出系统	关闭计算机，检查电源断开	10	未关闭扣5分；不检查电源扣5分		
4	工作结束					
4.1	整理工具，清理现场	整理好工具，清理好现场	10	错误一项扣5分，扣完为止		
5	工作结束汇报	向考评员报告工作已结束，场地已清理	5	未向考评员报告工作结束扣3分；未清理场地扣2分		
6	其他要求	（1）要求着装正确（工作服、工作胶鞋、安全帽）。 （2）操作动作熟练。 （3）清理工作现场符合文明生产要求。 （4）在规定的时间内完成	15	不满足要求一项扣3～4分，扣完为止		
合计			100			

Jc0005151046　××供电公司输电线路110kV××线杆塔同杆信息查询操作。（100分）

考核知识点：生产技术技能培训

难易度：易

技能等级评价专业技能考核操作工作任务书

一、任务名称

××供电公司输电线路110kV××线杆塔同杆信息查询操作。

二、适用工种

高压线路带电检修工（输电）高级技师。

三、具体任务

110kV××线杆塔同杆信息的查询，考生须在规定时间内完成操作。

四、工作规范及要求

（1）基本要求：此项工作需在教室内完成。

（2）需用工具：可登录PMS系统的计算机1台。

五、考核及时间要求

（1）操作考核时间共20分钟，时间到即刻终止考试。

（2）选择项目过程中，如不能找到该项目，该项目不得分，但不影响其他项目得分。

技能等级评价专业技能考核操作评分标准

工种	高压线路带电检修工					评价等级	高级技师
项目模块	技术管理及培训—技术管理				编号		Jc0005151046
单位			准考证号			姓名	
考试时限	20分钟		题型		单项操作	题分	100分
成绩		考评员		考评组长		日期	
试题正文	××供电公司输电线路110kV××线杆塔同杆信息查询操作						
需要说明的问题和要求	要求单人操作，在PMS系统完成输电线路基本信息的查询操作，时间到终止考试						

序号	项目名称	质量要求	满分	扣分标准	扣分原因	得分
1	工作准备	检查计算机运行是否顺畅、稳定	5	未检查扣5分		
2	工作许可					
2.1	许可方式	向考评员示意准备就绪，申请开始工作	5	未向考评员示意即开始工作扣5分		
3	工作步骤及技术要求					
3.1	登录生产管理系统	熟练打开，顺利进入界面	10	每选择错误一次扣1分，扣完为止；未打开该项扣10分		
3.2	单击设备中心按钮	熟练打开，顺利进入界面	10	单击错误一次扣1分，扣完为止；未打开该项扣10分		
3.3	在“设备台账管理”子菜单中选择“导线台账维护”	熟练打开，选择正确，顺利进入界面	10	单击错误一次扣1分，扣完为止；未打开该项扣10分		
3.4	在左侧导航树中选择输电线路节点确定查询输电线路名称	熟练打开，选择正确，顺利进入界面	10	单击错误一次扣1分，扣完为止；未打开该项扣10分		
3.5	在右侧的对话框中单击“输电线路杆塔同杆信息”可看到输电线路同杆信息	单击正确，打开界面	10	每选择错误一次扣1分，扣完为止；未打开该项扣10分		
3.6	退出系统	关闭计算机，检查电源断开	10	未关闭扣5分；不检查电源扣5分		
4	工作结束					

续表

序号	项目名称	质量要求	满分	扣分标准	扣分原因	得分
4.1	整理工具，清理现场	整理好工具，清理好现场	10	错误一项扣5分，扣完为止		
5	工作结束汇报	向考评员报告工作已结束，场地已清理	5	未向考评员报告工作结束扣3分；未清理场地扣2分		
6	其他要求	（1）要求着装正确（工作服、工作胶鞋、安全帽）。 （2）操作动作熟练。 （3）清理工作现场符合文明生产要求。 （4）在规定的时间内完成	15	不满足要求一项扣3～4分，扣完为止		
合计			100			

Jc0005151047　××供电公司110kV新增杆塔在设备中进行变更的操作。（100分）

考核知识点：生产技术技能培训

难易度：易

技能等级评价专业技能考核操作工作任务书

一、任务名称

××供电公司110kV新增杆塔在设备中进行变更的操作。

二、适用工种

高压线路带电检修工（输电）高级技师。

三、具体任务

架空输电线路设备变更的操作，考生须在规定时间内完成操作。

四、工作规范及要求

（1）基本要求：此项工作需在教室内完成。

（2）需用工具：可登录PMS系统的计算机1台。

五、考核及时间要求

（1）操作考核时间共20分钟，时间到即刻终止考试。

（2）选择项目过程中，如不能找到该项目，该项目不得分，但不影响其他项目得分。

技能等级评价专业技能考核操作评分标准

<table>
<tr><td>工种</td><td colspan="5">高压线路带电检修工</td><td>评价等级</td><td>高级技师</td></tr>
<tr><td>项目模块</td><td colspan="4">技术管理及培训—技术管理</td><td>编号</td><td colspan="2">Jc0005151047</td></tr>
<tr><td>单位</td><td colspan="2"></td><td>准考证号</td><td colspan="2"></td><td>姓名</td><td></td></tr>
<tr><td>考试时限</td><td colspan="2">20分钟</td><td colspan="2">题型</td><td>单项操作</td><td>题分</td><td>100分</td></tr>
<tr><td>成绩</td><td></td><td>考评员</td><td></td><td>考评组长</td><td></td><td>日期</td><td></td></tr>
<tr><td>试题正文</td><td colspan="7">××供电公司110kV新增杆塔在设备中进行变更的操作</td></tr>
<tr><td>需要说明的问题和要求</td><td colspan="7">要求单人操作，在PMS系统完成输电线路基本信息的查询操作，时间到终止考试</td></tr>
</table>

序号	项目名称	质量要求	满分	扣分标准	扣分原因	得分
1	工作准备	检查计算机运行是否顺畅、稳定	5	未检查扣5分		
2	工作许可					

续表

序号	项目名称	质量要求	满分	扣分标准	扣分原因	得分
2.1	许可方式	向考评员示意准备就绪，申请开始工作	5	未向考评员示意即开始工作扣 5 分		
3	工作步骤及技术要求					
3.1	登录生产管理系统	操作正确，顺利打开、进入界面	4	单击错误一次扣 1 分，扣完为止；未打开该项扣 4 分		
3.2	单击“设备中心”按钮	顺利打开、进入界面	4	单击错误一次扣 1 分，扣完为止；未打开该项扣 4 分		
3.3	单击“设备变更（异动）”按钮	顺利打开、进入界面	4	单击错误一次扣 1 分，扣完为止；未打开该项扣 4 分		
3.4	单击“输电架空变更（异动）管理”按钮	顺利打开、进入界面	4	单击错误一次扣 1 分，扣完为止；未打开该项扣 4 分		
3.5	在界面导航树中选择电压等级、输电线路名称	选择正确，顺利打开、进入界面	4	选择错误一次扣 1 分，扣完为止；未打开该项扣 4 分		
3.6	单击输电线路，在右侧显示界面	选择正确，顺利打开、进入界面	4	选择错误一次扣 1 分，扣完为止；未打开该项扣 4 分		
3.7	在输电线路变更类型下拉菜单中选择“增加杆塔”	选择正确，顺利打开、进入界面	4	选择错误一次扣 1 分，扣完为止；未打开该项扣 4 分		
3.8	填写“异动时间”	填写正确，顺利打开、进入界面	4	填写错误一次扣 1 分，扣完为止；未打开该项扣 4 分		
3.9	单击“新建”按钮	操作正确，打开界面	4	单击错误一次扣 1 分，扣完为止；未打开该项扣 4 分		
3.10	在弹出的对话框中填写“变更时间”	填写正确顺利打开、进入界面	4	选择错误一次扣 1 分，扣完为止；未打开该项扣 4 分		
3.11	单击“增加杆塔”按钮	选择正确，顺利打开、进入界面	4	单击错误一次扣 1 分，扣完为止；未打开该项扣 4 分		
3.12	在弹出的对话框中填写信息	填写正确	4	填写不正确扣 4 分		
3.13	单击“确定”按钮	操作正确	4	单击错误一次扣 1 分，扣完为止；未打开该项扣 4 分		
3.14	单击“保存”按钮	操作正确	4	单击错误一次扣 1 分，扣完为止；未打开该项扣 4 分		
3.15	退出系统	关闭计算机，检查电源	4	未关闭扣 2 分；不检查电源扣 2 分		
4	工作结束					
4.1	整理工具，清理现场	整理好工具，清理好现场	10	错误一项扣 5 分，扣完为止		
5	工作结束汇报	向考评员报告工作已结束，场地已清理	10	未向考评员报告工作结束扣 5 分；未清理场地扣 5 分		
6	其他要求	（1）要求着装正确（工作服、工作胶鞋、安全帽）。（2）操作动作熟练。（3）清理工作现场符合文明生产要求。（4）在规定的时间内完成	10	不满足要求一项扣 3～4 分，扣完为止		
合计			100			

Jc0005151048　110kV 某线基本信息查询操作。（100 分）

考核知识点：生产技术技能培训

难易度：易

技能等级评价专业技能考核操作工作任务书

一、任务名称

110kV 某线基本信息查询操作。

二、适用工种

高压线路带电检修工（输电）高级技师。

三、具体任务

110kV 某线基本信息的查询，考生须在规定时间内完成操作。

四、工作规范及要求

（1）基本要求：此项工作需在教室内完成。

（2）需用工具：可登录 PMS 系统的计算机 1 台。

五、考核及时间要求

（1）操作考核时间共 20 分钟，每超过 2 分钟扣 1 分，到 25 分钟终止考核。

（2）选择项目过程中，如不能找到该项目，该项目不得分，但不影响其他项目得分。

技能等级评价专业技能考核操作评分标准

工种	高压线路带电检修工				评价等级	高级技师
项目模块	技术管理及培训—技术管理			编号	Jc0005151048	
单位		准考证号			姓名	
考试时限	20 分钟	题型		单项操作	题分	100 分
成绩		考评员		考评组长	日期	
试题正文	110kV 某线基本信息查询操作					
需要说明的问题和要求	要求单人操作，在 PMS 系统完成输电线路基本信息的查询操作，时间到终止考试					

序号	项目名称	质量要求	满分	扣分标准	扣分原因	得分
1	工作准备	检查计算机运行是否顺畅、稳定	5	未检查扣 5 分		
2	工作许可					
2.1	许可方式	向考评员示意准备就绪，申请开始工作	5	未向考评员示意即开始工作扣 5 分		
3	工作步骤及技术要求					
3.1	登录生产管理系统	熟练打开，顺利进入界面	8	每选择错误一次扣 1 分，扣完为止；未打开该项扣 8 分		
3.2	单击设备中心按钮	熟练打开，顺利进入界面	8	单击错误一次扣 1 分，扣完为止；未打开该项扣 8 分		
3.3	单击设备台账按钮	熟练打开，顺利进入界面	8	单击错误一次扣 1 分，扣完为止；未打开该项扣 8 分		
3.4	单击杆塔台账维护按钮	熟练打开，顺利进入界面	8	单击错误一次扣 1 分，扣完为止；未打开该项扣 8 分		
3.5	在导航树中选择输电线路名称	打开界面，选择正确	8	每选择错误一次扣 1 分，扣完为止；未打开该项扣 8 分		
3.6	单击基本信息按钮	顺利打开、进入界面	10	单击错误一次扣 1 分，扣完为止；未打开该项扣 10 分		
3.7	退出系统	关闭计算机，检查电源断开	10	未关闭扣 5 分；不检查电源扣 5 分		
4	工作结束					

续表

序号	项目名称	质量要求	满分	扣分标准	扣分原因	得分
4.1	整理工具，清理现场	整理好工具，清理好现场	10	错误一项扣5分，扣完为止		
5	工作结束汇报	向考评员报告工作已结束，场地已清理	5	未向考评员报告工作结束扣3分；未清理场地扣2分		
6	其他要求	（1）要求着装正确（工作服、工作胶鞋、安全帽）。 （2）操作动作熟练。 （3）清理工作现场符合文明生产要求。 （4）在规定的时间内完成	15	不满足要求一项扣3～4分，扣完为止		
合计			100			

Jc0005151049　110kV 某线 15 号杆绝缘子信息查询操作。（100 分）

考核知识点：生产技术技能培训

难易度：易

技能等级评价专业技能考核操作工作任务书

一、任务名称

110kV 某线 15 号杆绝缘子信息查询操作。

二、适用工种

高压线路带电检修工（输电）高级技师。

三、具体任务

110kV 某线 15 号杆绝缘子信息查询，考生须在规定时间内完成操作。

四、工作规范及要求

（1）基本要求：此项工作需在教室内完成。

（2）需用工具：可登录 PMS 系统的计算机 1 台。

五、考核及时间要求

（1）操作考核时间共 20 分钟，每超过 2 分钟扣 1 分，到 25 分钟终止考核。

（2）选择项目过程中，如不能找到该项目，该项目不得分，但不影响其他项目得分。

技能等级评价专业技能考核操作评分标准

工种	高压线路带电检修工					评价等级	高级技师
项目模块	技术管理及培训—技术管理				编号	Jc0005151049	
单位			准考证号			姓名	
考试时限	20分钟	题型			单项操作	题分	100分
成绩		考评员		考评组长		日期	
试题正文	110kV 某线 15 号杆绝缘子信息查询操作						
需要说明的问题和要求	要求单人操作，在 PMS 系统完成输电线路杆塔绝缘子信息的查询操作，时间到终止考试						

序号	项目名称	质量要求	满分	扣分标准	扣分原因	得分
1	工作准备	检查计算机运行是否顺畅、稳定	5	未检查扣5分		
2	工作许可					

续表

序号	项目名称	质量要求	满分	扣分标准	扣分原因	得分
2.1	许可方式	向考评员示意准备就绪，申请开始工作	5	未向考评员示意即开始工作扣5分		
3	工作步骤及技术要求					
3.1	登录生产管理系统	熟练打开，顺利进入界面	8	每选择错误一次扣1分，扣完为止；未打开该项扣8分		
3.2	单击设备中心按钮	熟练打开，顺利进入界面	8	单击错误一次扣1分，扣完为止；未打开该项扣8分		
3.3	单击设备台账按钮	熟练打开，顺利进入界面	8	单击错误一次扣1分，扣完为止；未打开该项扣8分		
3.4	单击杆塔台账维护按钮	熟练打开，顺利进入界面	8	单击错误一次扣1分，扣完为止；未打开该项扣8分		
3.5	在导航树中选择输电线路名称	打开界面，选择正确	8	每选择错误一次扣1分，扣完为止；未打开该项扣8分		
3.6	单击绝缘子按钮	顺利打开、进入绝缘子信息界面	10	单击错误一次扣1分，扣完为止；未打开该项扣10分		
3.7	退出系统	关闭计算机，检查电源断开	10	未关闭扣5分；不检查电源扣5分		
4	工作结束					
4.1	整理工具，清理现场	整理好工具，清理好现场	10	错误一项扣5分，扣完为止		
5	工作结束汇报	向考评员报告工作已结束，场地已清理	5	未向考评员报告工作结束扣3分；未清理场地扣2分		
6	其他要求	（1）要求着装正确（工作服、工作胶鞋、安全帽）。 （2）操作动作熟练。 （3）清理工作现场符合文明生产要求。 （4）在规定的时间内完成	15	不满足要求一项扣3～4分，扣完为止		
合计			100			

Jc0005151050　110kV 某线 15 号杆塔安装金具查询操作。（100 分）

考核知识点：生产技术技能培训

难易度：易

技能等级评价专业技能考核操作工作任务书

一、任务名称

110kV 某线×号杆塔安装金具查询操作。

二、适用工种

高压线路带电检修工（输电）高级技师。

三、具体任务

110kV 某线杆塔安装金具的查询，考生须在规定时间内完成操作。

四、工作规范及要求

（1）基本要求：此项工作需在教室内完成。

（2）需用工具：可登录 PMS 系统的计算机 1 台。

五、考核及时间要求

（1）操作考核时间共20分钟，每超过2分钟扣1分，到25分钟终止考核。

（2）选择项目过程中，如不能找到该项目，该项目不得分，但不影响其他项目得分。

技能等级评价专业技能考核操作评分标准

工种	高压线路带电检修工			评价等级	高级技师
项目模块	技术管理及培训—技术管理		编号	Jc0005151050	
单位		准考证号		姓名	
考试时限	20分钟	题型	单项操作	题分	100分
成绩		考评员		考评组长	日期
试题正文	110kV某线×号杆安装金具查询操作				
需要说明的问题和要求	要求单人操作，在PMS系统完成输电线路杆塔绝缘子信息的查询操作，时间到终止考试				

序号	项目名称	质量要求	满分	扣分标准	扣分原因	得分
1	工作准备	检查计算机运行是否顺畅、稳定	5	未检查扣5分		
2	工作许可					
2.1	许可方式	向考评员示意准备就绪，申请开始工作	5	未向考评员示意即开始工作扣5分		
3	工作步骤及技术要求					
3.1	登录生产管理系统	熟练打开，顺利进入界面	8	每选择错误一次扣1分，扣完为止； 未打开该项扣8分		
3.2	单击设备中心按钮	熟练打开，顺利进入界面	8	单击错误一次扣1分，扣完为止； 未打开该项扣8分		
3.3	单击设备台账按钮	熟练打开，顺利进入界面	8	单击错误一次扣1分，扣完为止； 未打开该项扣8分		
3.4	单击杆塔台账维护按钮	熟练打开，顺利进入界面	8	单击错误一次扣1分，扣完为止； 未打开该项扣8分		
3.5	在导航树中选择输电线路名称	打开界面，选择正确	8	每选择错误一次扣1分，扣完为止； 未打开该项扣8分		
3.6	单击金具信息按钮	顺利打开、进入绝缘子信息界面	10	单击错误一次扣1分，扣完为止； 未打开该项扣10分		
3.7	退出系统	关闭计算机，检查电源断开	10	未关闭扣5分； 不检查电源扣5分		
4	工作结束					
4.1	整理工具，清理现场	整理好工具，清理好现场	10	错误一项扣5分，扣完为止		
5	工作结束汇报	向考评员报告工作已结束，场地已清理	5	未向考评员报告工作结束扣3分； 未清理场地扣2分		
6	其他要求	（1）要求着装正确（工作服、工作胶鞋、安全帽）。 （2）操作动作熟练。 （3）清理工作现场符合文明生产要求。 （4）在规定的时间内完成	15	不满足要求一项扣3～4分，扣完为止		
合计			100			

Jc0005151051　110kV输电线路巡视录入率的查询操作。（100分）

考核知识点：生产技术技能培训

难易度：易

技能等级评价专业技能考核操作工作任务书

一、任务名称

110kV 输电线路巡视录入率的查询操作。

二、适用工种

高压线路带电检修工（输电）高级技师。

三、具体任务

架空输电线路巡视录入率的查询，考生须在规定时间内完成操作。

四、工作规范及要求

（1）基本要求：此项工作需在教室内完成。

（2）需用工具：可登录 PMS 系统的计算机 1 台。

五、考核及时间要求

（1）操作考核时间共 10 分钟，每超过 2 分钟扣 1 分，到 15 分钟终止考核。

（2）选择项目过程中，如不能找到该项目，该项目不得分，但不影响其他项目得分。

技能等级评价专业技能考核操作评分标准

工种	高压线路带电检修工					评价等级	高级技师
项目模块	技术管理及培训—技术管理				编号	Jc0005151051	
单位			准考证号			姓名	
考试时限	10 分钟		题型		单项操作	题分	100 分
成绩		考评员		考评组长		日期	
试题正文	110kV 输电线路巡视录入率的查询操作						
需要说明的问题和要求	要求单人操作，在 PMS 系统完成输电线路杆塔绝缘子信息的查询操作，时间到终止考试						

序号	项目名称	质量要求	满分	扣分标准	扣分原因	得分
1	工作准备	检查计算机运行是否顺畅、稳定	5	未检查扣 5 分		
2	工作许可					
2.1	许可方式	向考评员示意准备就绪，申请开始工作	5	未向考评员示意即开始工作扣 5 分		
3	工作步骤及技术要求					
3.1	登录生产管理系统	正确操作顺利打开、进入界面	6	操作错误未进入界面扣 6 分		
3.2	单击系统管理按钮	顺利打开、进入界面	6	单击错误一次扣 1 分，扣完为止；未打开该项扣 6 分		
3.3	单击检查指标统计按钮	顺利打开、进入界面	6	单击错误一次扣 1 分，扣完为止；未打开该项扣 6 分		
3.4	选择“运行记录指标”	选择正确，顺利打开、进入界面	6	选择错误一次扣 1 分，扣完为止；未打开扣 6 分		
3.5	选择“输电线路巡视录入率”	选择正确，顺利打开、进入界面	6	选择错误一次扣 1 分，扣完为止；未打开扣 6 分		
3.6	在右侧填写“电压等级”	填写正确	6	填写不正确扣 6 分		
3.7	填写“时间范围”	填写正确	6	填写不正确扣 6 分		

续表

序号	项目名称	质量要求	满分	扣分标准	扣分原因	得分
3.8	填写“统计单位”	填写正确	6	填写不正确扣 6 分		
3.9	单击统计按钮	顺利打开、进入界面	6	单击错误一次扣 1 分，扣完为止； 未打开该项扣 6 分		
3.10	退出系统	关闭计算机，检查电源	6	未关闭扣 3 分； 不检查电源扣 3 分		
4	工作结束					
4.1	整理工具，清理现场	整理好工具，清理好现场	10	错误一项扣 5 分，扣完为止		
5	工作结束汇报	向考评员报告工作已结束，场地已清理	5	未向考评员报告工作结束扣 3 分； 未清理场地扣 2 分		
6	其他要求	（1）要求着装正确（工作服、工作胶鞋、安全帽）。 （2）操作动作熟练。 （3）清理工作现场符合文明生产要求。 （4）在规定的时间内完成	15	不满足要求一项扣 3～4 分，扣完为止		
合计			100			

Jc0005151052　PMS 系统中录入巡视发现缺陷的登记上报操作。（100 分）

考核知识点：生产技术技能培训

难易度：易

技能等级评价专业技能考核操作工作任务书

一、任务名称

PMS 系统中录入巡视发现缺陷的登记上报操作。

二、适用工种

高压线路带电检修工（输电）高级技师。

三、具体任务

架空输电线路巡视发现缺陷（以 110kV 输电线路某线 10 号杆 B 相瓷质绝缘子第二片破损为例）的录入上报登记，考生须在规定时间内完成操作。

四、工作规范及要求

（1）基本要求：此项工作需在教室内完成。

（2）需用工具：可登录 PMS 系统的计算机 1 台。

五、考核及时间要求

（1）操作考核时间共 30 分钟，每超过 2 分钟扣 1 分，到 35 分钟终止考核。

（2）选择项目过程中，如不能找到该项目，该项目不得分，但不影响其他项目得分。

技能等级评价专业技能考核操作评分标准

<table>
<tr><td>工种</td><td colspan="5">高压线路带电检修工</td><td>评价等级</td><td>高级技师</td></tr>
<tr><td>项目模块</td><td colspan="4">技术管理及培训—技术管理</td><td>编号</td><td colspan="2">Jc0005151052</td></tr>
<tr><td>单位</td><td colspan="2"></td><td>准考证号</td><td colspan="2"></td><td>姓名</td><td></td></tr>
<tr><td>考试时限</td><td>30 分钟</td><td colspan="2">题型</td><td colspan="2">单项操作</td><td>题分</td><td>100 分</td></tr>
<tr><td>成绩</td><td></td><td>考评员</td><td></td><td>考评组长</td><td></td><td>日期</td><td></td></tr>
</table>

续表

试题正文	PMS 系统中录入巡视发现缺陷（以 110kV 输电线路某线 10 号杆 B 相瓷质绝缘子第二片破损为例）的登记上报操作					
需要说明的问题和要求	要求单人操作，在 PMS 系统完成输电线路杆塔绝缘子信息的查询操作，时间到终止考试					
序号	项目名称	质量要求	满分	扣分标准	扣分原因	得分
1	工作准备	检查计算机运行是否顺畅、稳定	5	未检查扣 5 分		
2	工作许可					
2.1	许可方式	向考评员示意准备就绪，申请开始工作	5	未向考评员示意即开始工作扣 5 分		
3	工作步骤及技术要求					
3.1	登录生产管理系统	操作正确，顺利打开、进入界面	3	单击错误一次扣 1 分，扣完为止；未打开该项扣 3 分		
3.2	单击运行工作中心按钮	顺利打开、进入界面	3	单击错误一次扣 1 分，扣完为止；未打开该项扣 3 分		
3.3	选择设备巡视管理	顺利打开、进入界面	3	选择错误一次扣 1 分，扣完为止；未打开该项扣 3 分		
3.4	单击输电线路巡视记录登记按钮	顺利打开、进入界面	3	单击错误一次扣 1 分，扣完为止；未打开该项扣 3 分		
3.5	选择输电线路名称后单击缺陷、隐患中“无”按钮	选择正确，顺利打开、进入界面	3	单击错误一次扣 1 分，扣完为止；未打开该项扣 3 分		
3.6	在对话框中单击“添加按钮”	选择正确，顺利打开、进入界面	3	单击错误一次扣 1 分，扣完为止；未打开该项扣 3 分		
3.7	在弹出的对话框中填写“杆塔号”	填写正确	3	填写不正确扣 3 分		
3.8	在设备部件中选择“绝缘子”项	选择正确	3	选择错误一次扣 1 分，扣完为止；未打开该项扣 3 分		
3.9	在部件种类中选择“绝缘子型号”	选择正确	3	选择错误一次扣 1 分，扣完为止；未打开该项扣 3 分		
3.10	在发现人栏目中确认“发现人员”	选择正确	3	操作不正确扣 3 分		
3.11	在发现方式中选择“设备巡视”	选择正确	3	选择错误一次扣 1 分，扣完为止；未打开该项扣 3 分		
3.12	在缺陷描述中选择“绝缘子损坏情况”	选择正确	3	选择错误一次扣 1 分，扣完为止；未打开该项扣 3 分		
3.13	在分类依据栏中选择“绝缘子破损现象”	选择正确	3	选择错误一次扣 1 分，扣完为止；未打开该项扣 3 分		
3.14	单击“内容生成”按钮	操作正确	3	单击错误一次扣 1 分，扣完为止；未打开该项扣 3 分		
3.15	单击“责任原因”按钮	操作正确	3	单击错误一次扣 1 分，扣完为止；未打开该项扣 3 分		
3.16	选择“故障（缺陷）责任原因”	选择正确	3	选择错误一次扣 1 分，扣完为止；未打开该项扣 3 分		
3.17	在技术原因栏中选择“绝缘子”“损坏原因”	选择正确	3	选择错误一次扣 1 分，扣完为止；未打开该项扣 3 分		
3.18	单击“发送”按钮，会弹出“工作流程迁移”对话框	操作正确、进入界面	3	单击错误一次扣 1 分，扣完为止；未打开该项扣 3 分		

续表

序号	项目名称	质量要求	满分	扣分标准	扣分原因	得分
3.19	在运行专责审核人员名单中双击确定“审核人员”	选择正确	2	选择不正确扣2分		
3.20	单击“发送”按钮	操作正确	2	单击错误一次扣1分，扣完为止； 未打开该项扣2分		
3.21	退出系统	关闭计算机，检查电源	2	未关闭扣1分； 不检查电源扣1分		
4	工作结束					
4.1	整理工具，清理现场	整理好工具，清理好现场	10	错误一项扣5分，扣完为止		
5	工作结束汇报	向考评员报告工作已结束，场地已清理	5	未向考评员报告工作结束扣3分； 未清理场地扣2分		
6	其他要求	（1）要求着装正确（工作服、工作胶鞋、安全帽）。 （2）操作动作熟练。 （3）清理工作现场符合文明生产要求。 （4）在规定的时间内完成	15	不满足要求一项扣3～4分，扣完为止		
合计			100